utb 4893

AF802353

Eine Arbeitsgemeinschaft der Verlage

Brill | Schöningh – Fink · Paderborn –
Vandenhoeck & Ruprecht · Göttingen – Böhlau · Wien · Köln
Verlag Barbara Budrich · Opladen · Toronto
facultas · Wien
Walter de Gruyter · Berlin · Boston
Haupt Verlag · Bern
Verlag Julius Klinkhardt · Bad Heilbrunn
Mohr Siebeck · Tübingen
Narr Francke Attempto Verlag – expert verlag · Tübingen
Psychiatrie Verlag · Köln
Psychosozial-Verlag · Gießen
Ernst Reinhardt Verlag · München
transcript Verlag · Bielefeld
Verlag Eugen Ulmer · Stuttgart
UVK Verlag · München
Waxmann · Münster · New York
wbv Publikation · Bielefeld
Wochenschau Verlag · Frankfurt am Main

Wolfgang Oschmann

Leben der Vorzeit

Grundlagen der Allgemeinen und Speziellen Paläontologie

2. Auflage

Haupt Verlag

Prof. Dr. Wolfgang Oschmann, *1954, promovierte an der Ludwig-Maximilians-Universität in München. Nach Aufenthalten an den Universitäten Lucknow (Indien), Bremen und Würzburg wurde er 1993 an die Universität Tübingen berufen. Seit 1998 ist er Professor für Paläontologie am Institut für Geowissenschaften der Goethe Universität in Frankfurt. Seit 2023 ist er im Ruhestand.

2. Auflage: 2026

Bibliografische Informationen der Deutschen Nationalbibliothek: Die Deutsche Nationalbibliothek verzeichnet diese Publikation in der Deutschen Nationalbibliografie; detaillierte bibliografische Informationen sind im Internet über http//dnb.dnb.de abrufbar.

Umschlaggestaltung und Gestaltungskonzept: Atelier Reichert, D-Stuttgart
Satz: Die Werkstatt Medienproduktion GmbH, D-Göttingen

Gedruckt in Deutschland

Haupt Verlag AG
Falkenplatz 14
3012 Bern
SCHWEIZ
herstellung@haupt.ch

Verantwortlich in der EU (GPSR):
UTB GmbH
Industriestr. 2
70565 Stuttgart
DEUTSCHLAND
hallo-utb@utb.de

UTB-Band-Nr.: 4893
ISBN 978-3-8252-6463-5

Inhaltsverzeichnis

Vorwort

Die Aufmerksamkeit, die der Paläontologie in der Gesellschaft zuteil wird, ist sehr variabel. Die meisten Kinder durchlaufen eine «Dinosaurier-Phase», in der sich mehr oder weniger gut gearbeitete Kunststoffmodelle als Spielzeug großer Beliebtheit erfreuen. Meistens verliert sich das Interesse aber mit dem Erreichen der Pubertät, worauf sich die Aufmerksamkeit stärker auf andere, «lebensnähere» Bereiche richtet. Für viele Erwachsene verkörpert Paläontologie die Sammelleidenschaft leicht verschrobener Zeitgenossen, die ihre Funde dann in verstaubten Vitrinen zur Schau stellen. Ein Ziel dieses Buches ist es zu zeigen, dass die Paläontologie eine moderne, interdisziplinär arbeitende Wissenschaft ist, die sehr viel zum Verständnis der heutigen Organismenvielfalt, ihrer Baupläne und ihrer Lebensweise beiträgt.

Es gibt bereits etliche Lehrbücher zur Paläontologie. Wozu also noch eines? Nahezu alle Bücher mit paläontologischen Inhalten behandeln nur Teilaspekte, z. B. die Mikropaläontologie, Invertebratenpaläontologie, Wirbeltierpaläontologie, Paläoökologie oder Evolution. Mein Anliegen ist es, die Paläontologie in ihrer gesamten Breite als Einführung in einem Buch zusammenzufassen, um Studierenden und eventuell auch interessierten Laien einen Einstieg in der gesamten fachlichen Breite zu ermöglichen. Ich bin mir bewusst, dass der Anspruch, die gesamte Breite des Fachs in einem Buch zu behandeln, ziemlich vermessen ist. Ein Buch wie das hier vorliegende kann nur einen Überblick geben und hoffentlich das Interesse wecken, über weiterführende Literatur das Wissen zu vertiefen. Der Grundstock für dieses Buch besteht aus den Vorlesungsunterlagen zu einer einführenden Vorlesung, die ich 1988 zum ersten Mal gehalten und im Laufe der Zeit erweitert und aktualisiert habe. Als Interessentenkreis sehe ich vor allem Studierende der Geowissenschaften, möglicherweise auch der Biowissenschaften im Bachelor- und Masterstudium. Vielleicht ist es auch für Lehrende hilfreich und für interessierte Laien attraktiv.

Während des Schreibens konnte ich mich mit vielen Kollegen austauschen und von den anregenden Diskussionen profitieren. Stellvertretend hervorheben möchte ich dabei meine Kollegen aus Frankfurt, Prof. Dr. Eberhard Gischler und Priv. Doz. Dr. Joachim Blau. Dr. Susanne Feist-Burkhardt stellte Abbildungen von Palynomorpha zur Verfügung. Vor allem Joachim Blau bin ich zu Dank verpflichtet, weil er das Manuskript gelesen und viele hilfreiche Anmerkungen gegeben hat. Zuletzt möchte ich mich aber vor allem auch bei meiner Frau Christine bedanken, die auf viele gemeinsame Wochenenden verzichtet hat, die für die Arbeit an diesem Buch notwendig waren.

November 2017, Wolfgang Oschmann

Schwach verknöcherter, teilweise pyritisierter Embryo eines Fischsauriers (Länge: 12 cm, Unterjura).

Paläontologie – was ist das?

Die Paläontologie ist die Lehre über die ehemaligen Lebewesen. Sie ist im Schnittfeld der Geologie und der Biologie angesiedelt. Der Begriff «Paläontologie» wurde von Henri de Blainville (1777–1850), einem französischen Zoologen und Anatomen 1825 aufgestellt und leitet sich aus dem Griechischen ab: palaios (παλαιος, alt, ehemalig), on (ον, Wesen, Leben) und λογος (logos, Wort, Lehre). Mit diesem neuen Begriff wurden die vorher gebräuchlichen Begriffe Oryktologie (ορυκτος) oryktos, griech. für «ausgegraben») und Petrefaktenkunde präzisiert. Die Forschungsobjekte der Paläontologie sind die Fossilien (fossilis, lat. «ausgegraben»). Heute werden darunter echte Organismenreste, Lebensäußerungen früherer Lebewesen wie z. B. Spuren (Fußabdrücke, Wurmbauten), Ausscheidungen und Stoffwechselprodukte sowie chemische Reste von Organismen (Chemofossilien) verstanden. Der Begriff «Fossil» geht auf Georgius Agricola (1494–1555) zurück, der aber auch Minerale und Artefakte darunter verstanden hat.

Fossilien sind bereits seit der griechischen Antike bekannt und z. B. von Xenophanes und Eradostenes im 5. bzw. 3. vorchristlichen Jahrhundert richtig als Überreste von Organismen gedeutet worden. Conrad Gessner (1516–1565), ein Schweizer Arzt und Naturforscher, verfasste die erste systematische Auflistung der Tierwelt in seinem vierbändigen Werk «Historia animalum». Er beschreibt darin auch die z. T. große Ähnlichkeit von lebenden Tieren und Fossilien. Als Begründer der modernen Paläontologie gilt der Zoologe Georges Cuvier (1769–1832). Er begründete die vergleichende Anatomie bei lebenden Tieren und Fossilien. Ausgestorbene Organismen erklärte er durch seine Kataklysmentheorie (Katastrophentheorie). Danach wurden mehrfach in der erdgeschichtlichen Vergangenheit alle oder fast alle Organismen durch Katastrophen ausgelöscht und sind im Anschluss durch Neuschöpfung wieder entstanden. Dem widersprach Charles Lyell (1797–1875), ein britischer Geologe in seinem Werk «Principles of Geology». Er propagierte den Aktualismus (auch Aktualitätsprinzip oder Uniformitätsprinzip genannt). Dabei wird die heutige Situation als Vergleich zur Erklärung der Vorgänge in der erdgeschichtlichen Vergangenheit genutzt. Der Aktualismus hat sich in der Folge als Arbeitsmethode sehr bewährt und führte auch zur Aktuopaläontologie als neuer Forschungsrichtung. Auch die Evolutionstheorie von Charles Darwin (1809–1882) wurde vom Aktualitätsprinzip beeinflusst. Es wurde aber rasch erkannt, dass der Aktualismus nicht immer angewendet werden kann. Frühere Organismen lebten oft unter völlig anderen Rahmensituationen als spätere. So wechselte z. B. das Klima in der Erdgeschichte zwischen Eiszeiten und Treibhausklimabedingungen, die mit unserem heutigen Klima nicht vergleichbar sind. Besonders die Bedingungen auf der frühen Erde, als kein oder kaum freier Sauerstoff verfügbar war, lassen sich nicht aktualistisch erklären. Ebenso wenig lassen sich Massenaussterbeereignisse damit erklären. Heute wissen wir, dass es sich dabei um *singuläre* Ereignisse handelt, ausgelöst z. B. durch Meteoriteneinschläge oder extremen Vulkanismus. Auch wenn noch nicht zu allen Massenaussterbeereignissen eine konsistente Erklärung vorliegt, sind globale Katastrophen als Auslöser allgemein akzeptiert.

Fossilien reichen weit in die Erdgeschichte zurück. Allerdings war lange unklar, wie groß diese Zeitspanne tatsächlich ist. Die Zeitvorstellung über das Alter unserer Erde wurde lange durch die drei sogenannten Buchreligionen (Judentum, Christentum und Islam) geprägt, deren Schöpfungsgeschichten weitgehend ähnlich sind. Dabei wurde immer von einer relativ kurzen Zeitspanne (kleiner als 10 000 Jahre) vom Beginn der Schöpfung bis zur Gegenwart ausgegangen. Am deutlichsten wird das in der «Berechnung» des Schöpfungszeitpunkts durch James Ussher (1581–1656), der anglikanischer Bischof in Irland war. Er setzt den 23. Oktober 4004 v. Chr. (einen Sonntag) als Anfangsdatum fest. Kurioserweise gibt es eine ähnliche Berechnung auch von Isaac Newton (1643–1726). In östlichen Religionen wurde für die Erde oft ein wesentlich höheres Alter angenommen (z. B. in der Bhagavad Gida des Hinduismus). Der englische Kanalbauingenieur William Smith (1769–1839) erkannte als Erster den Nutzen von Fossilien zur Altersbestimmung. Seine Erkenntnis wurde von dem deutschen Geologen Leopold von Buch (1774–1853) zum **Leitfossilkonzept** erweitert, welches besagt, dass bestimmte Fossilien für bestimmte Zeitabschnitte der Erdgeschichte charakteristisch sind. Es wurde von zahlreichen anderen Forschern und für alle Zeitalter weiterentwickelt und in der **Biostratigraphie** immer detaillierter untergliedert. Das Leitfossilienkonzept erlaubt aber keinerlei Aussagen über die absoluten Alter der Gesteine und Fossilien. Eine solche wurde erst möglich durch die Entdeckung der Radioaktivität durch den französischen Physiker Antoine Henri Becquerel im Jahr 1896 und der darauf aufbauenden absoluten Zeitbestimmung (Geochronologie) durch den englischen Geologen Arthur Holmes 1913. Mit der Geochronologie konnten seither die Relativalter der Biostratigraphie geeicht werden. Heute wissen wir, dass unsere Erde 4,566 Milliarden Jahre alt ist.

Die Paläontologie wird in zwei große Themenbereiche gegliedert; die Allgemeine und die Spezielle Paläontologie. Themen der **Allgemeinen Paläontologie** sind Taphonomie und Fossilisation, Paläoökologie, Konstruktionsmorphologie, Systematik und Taxonomie, Evolution, Biostratigraphie und Biogeographie (Kap. 1 bis 8). Die **Spezielle Paläontologie** behandelt die verschiedenen Organismengruppen innerhalb der Bakterien, eucaryotischen Einzeller, Pflanzen, Pilze und Tiere (Kap. 9–33). Sie wird aus praktisch-methodischen Gründen unterteilt in die Teildisziplinen Mikropaläontologie, Invertebraten- und Vertebratenpaläontologie sowie Paläobotanik.

Teil I

Allgemeine Paläontologie

Ichthyosaurier *Stenopterygius* (Unterjura); Ausschnitt mit Teilen der Wirbelsäule und Rippenbögen. Unterhalb der Rippenbögen ist der Mageninhalt sichtbar, der aus den chitinigen Fanghäkchen von gefressenen Belemniten besteht.

Die Allgemeine Paläontologie beinhaltet übergeordnete Themenfelder, die sich nicht auf bestimmte Organismengruppen beschränken. In der **Taphonomie und Fossilisation** werden die Vorgänge vom Tod bis zum Auffinden eines Fossils behandelt. Analog zur Biologie wird mithilfe der **Taxonomie und Systematik** versucht, Ordnung in die Vielfalt der Lebewesen zu bringen und verwandtschaftliche Beziehungen zu erkennen. Die **Paläoökologie** betrachtet Fossilien als ehemalige Lebewesen, um die Interaktionen der Organismen untereinander und mit ihrer Umwelt zu verstehen. Damit können die Lebensbedingungen in fossilen Ökosystemen rekonstruiert werden. Bei vielen Organismen gibt es klar erkennbare Zusammenhänge zwischen **Form und Funktion.** Aus den Konstruktionen von Organismen und Organen wird versucht, ihre Funktion in ihrer Umwelt zu erkennen. Darüber hinaus wird versucht abzuleiten, welche evolutionsgeschichtlichen Möglichkeiten und Limitierungen sich aus bestimmten Bauplänen ergeben. Die Paläontologie liefert auch wesentliche Erkenntnisse zur **Evolution:** Zusammen mit der Molekulargenetik ist sie die wichtigste Informationsquelle, um Entwicklungslinien und Stammbäume zu etablieren. Mithilfe der Stratigraphie und vor allem der **Biostratigraphie** wird eine sehr detaillierte zeitliche Einteilung der Erdgeschichte möglich. Sie bildet die Basis für alle Geowissenschaften. Die **Biogeographie** untersucht räumliche Verteilungsmuster von Organismen in der Erdgeschichte. Sie erlaubt unter anderem Rückschlüsse auf Klimaentwicklungen und die Verschiebung von Kontinenten. In der **Paläoklimatologie** wird das Klima der verschiedenen erdgeschichtlichen Epochen rekonstruiert, sehr häufig anhand von Fossilien oder Daten die mit Fossilien gewonnen werden (z. B. Isotopendaten). Die Paläoklimatologie wird ausführlich im **utb Buch «Evolution der Erde»** vom gleichen Autor behandelt.

1 Taphonomie und Fossilisation: Wie entsteht ein Fossil?

Die fossile Erhaltung eines Lebewesens ist der Ausnahmefall. Der Kreislauf von Entstehung und Zerstörung verhindert die Bildung von Fossilien. Der biogene Stoffkreislauf beginnt mit dem Aufbau der organischen Substanz durch autotrophe Organismen. Über die Zwischenstufen von Pflanzenfressern und räuberischen Konsumenten wird schließlich durch Zersetzungs- und Verwesungsprozesse die organische Substanz wieder in anorganische Grundstoffe zurückgeführt (Abb. 1-1). Vom Weichgewebe eines Organismus bleibt normalerweise nichts übrig. In den meisten Fällen werden auch die Hartteile zersetzt. Wie diese Prozesse ablaufen und warum doch Reste von Weichgeweben und Hartteilen übrigbleiben, ist Forschungsgegenstand der Taphonomie.

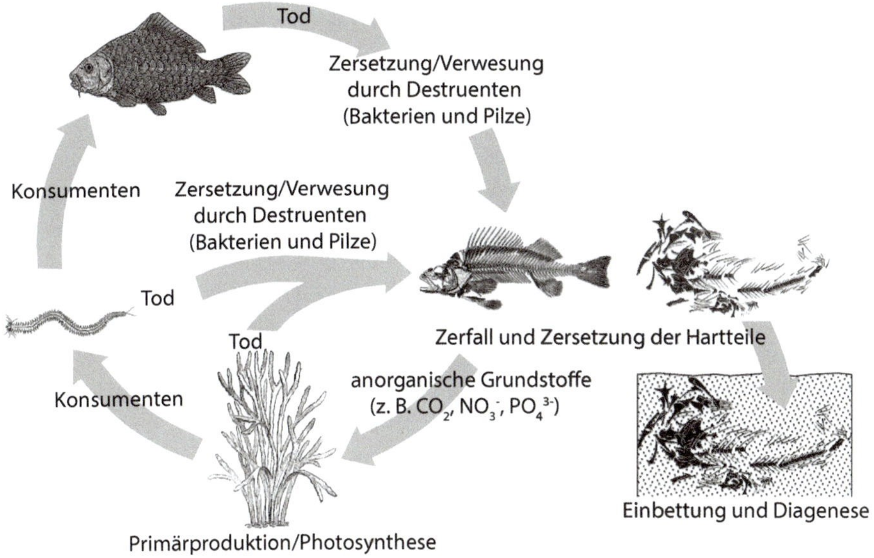

Abb. 1-1: Der biogene Kreislauf von Entstehung und Zersetzung der Organismen bis zur Einbettung. Die Erhaltung von fossilen Resten ist der Ausnahmefall.

Der Begriff «Taphonomie» wurde 1940 von dem russischen Paläontologen Iwan Antonowitsch Jefremov geprägt und beinhaltet die Vorgänge vom Tod eines Organismus bis zum Auffinden als Fossil. Die Voraussetzung dafür, dass sich ein Fossil bilden kann, ist der Tod eines Lebewesens. Es gibt verschiedene Todesursachen, z. B. Alterstod, Hungertod, tödliche Krankheiten oder Prädation. Die Todesursachen können teilweise noch am Fossil festgestellt werden, z. B. durch pathologische Veränderungen an Schalen oder Knochen.

1.1 Zersetzung des Weichkörpers

Nach dem Tod erfolgt die Zersetzung des Weichkörpers. Weichkörperstrukturen gehen bei der Fossilierung fast immer verloren. Seltene Ausnahmen sind die spektakulären Funde in besonderen Fossillagerstätten (z. B. Burgess-Shale (Kambrium, Kanada); Chengjiang-Fauna (Kambrium, China), Hunsrück-Schiefer (Devon, Deutschland), Posidonienschiefer (U.-Jura, Deutschland), Solnhofen-Plattenkalk (O.-Jura, Deutschland), Santana-Formation (Kreide, Brasilien), Johol Biota (Kreide, China), Messel (Alttertiär, Deutschland)), in Bernstein sowie Mumien aus Moorseen und Gletschern. Als «Verwesung» werden Zersetzungsprozesse mit Sauerstoff (aerob) bezeichnet, während «Fäulnis» Zersetzungsprozesse ohne Sauerstoff (anaerob) bezeichnet. Die Erhaltung von Weichkörperstrukturen ist meist an sauerstoffarme bis sauerstofffreie Milieus gebunden.

Der Weichkörper von Organismen besteht im Wesentlichen aus Kohlenhydraten, Eiweißen und Lipiden. Kohlenhydrate und Eiweiße werden rasch zersetzt. Lipide (z. B. Fette und Wachse) sind hingegen teilweise überlieferbar (z. B. in Schwarzschiefern); dasselbe gilt für Gerüstkohlenhydrate und Gerüsteiweiße (siehe unten). Spezifische Molekülgruppen können als **Biomarker** (chemische Fossilien) überliefert werden und sind für bestimmte Organismen oder Organismengruppen diagnostisch. Dazu einige Beispiele: Langkettige, ungeradzahlige n-Alkane stammen von Landpflanzen, kurzkettige, ungeradzahlige n-Alkane von einzelligen Algen. Sterane sind Reste von Zellmembranstrukturen der Eucariota und Hopane sind Relikte der Zellmembran von Eubakterien. Sehr diagnostisch sind auch Arylisoprenoide: Sie sind Reste der Photosynthesepigmente grüner Schwefelbakterien (Chlorobiaceae), die in anoxischen Gewässern Photosynthese betrieben (Abb. 1-2).

Auch ohne freien Sauerstoff geht der Abbau der organischen Substanzen weiter. Verschiedene anaerobe Bakterien sind in der Lage, den Sauerstoff aus oxidierten Verbindungen wie z. B. Nitrat, Fe(III)-Hydroxid oder Sulfat zu nutzen. Durch die Reduktion dieser Substanzen steht Sauerstoff für die Oxidation der organischen Substanzen zur Verfügung. Dabei können durch bakterielle Stoffwechselprodukte mineralische Ausfällungen wie z. B. Markasit, Pyrit, Siderit oder Phosphat entstehen, welche die Weichteilstrukturen ersetzen und somit überliefern. Von diesen Reaktionen ist die Pyritisierung am häufigsten. Die Reduktion von Fe(III)-Hydroxid und Sulfat liefert Fe^{2+} und S^{2-}, die spontan zu Eisensulfid reagieren. Durch Anlagerung von Schwefel entsteht daraus Markasit und Pyrit (Abb. 1-3). In seltenen Fällen ist auf diese Weise die Erhaltung eines kompletten Weichteilorganismus möglich. Spektakulär ist z. B. die Erhaltung eines *Octopus* aus dem Dogger von La Voulte-sur-Rhône (Südfrankreich) oder die Pyriterhaltung von Trilobiten, bei denen nur die Rückenseite des Panzers verkalkt ist, sodass im Normalfall keine Informationen über die Bauchseite vorliegen. Die Anzahl der Beinpaare und die Antennen wurden erst durch

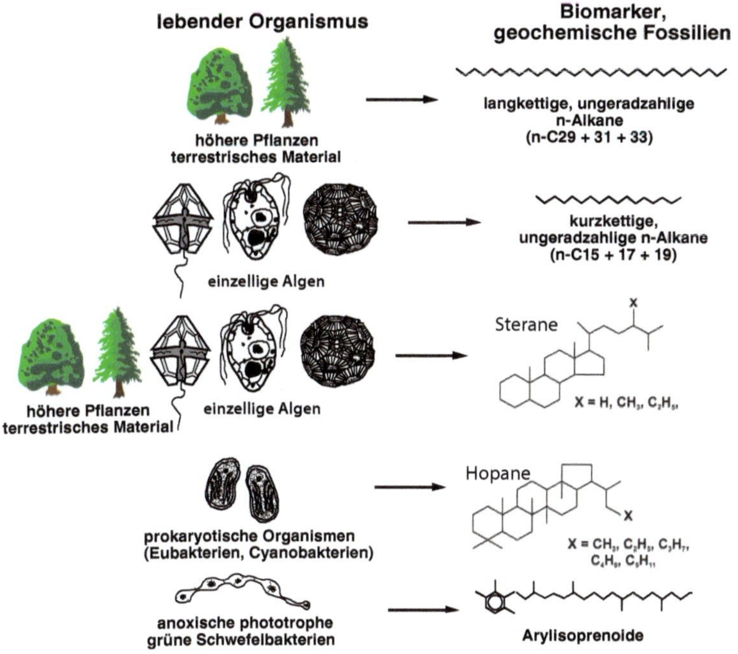

Abb. 1-2: Beispiele für Biomarker, die in organisch reichen Sedimenten Auskunft über ihre Ursprungsorganismen geben.

Röntgenaufnahmen an pyritisierten Fossilien sichtbar (Abb. 1-4). Manche Wirbeltiere, z. B. Frösche oder Ichthyosaurier, können komplett inklusive der Hautumrisse, sogenannter «Hautschatten», erhalten bleiben. In diesen Fällen bleiben die schwer abbaubaren Farbpigmente der Haut (z. B. Melanin) erhalten. Die vollständigste Überlieferung erlaubt der Einschluss in Bernstein (fossiles Harz). Besonders Insekten bleiben dabei vollkörperlich mit allen Details erhalten.

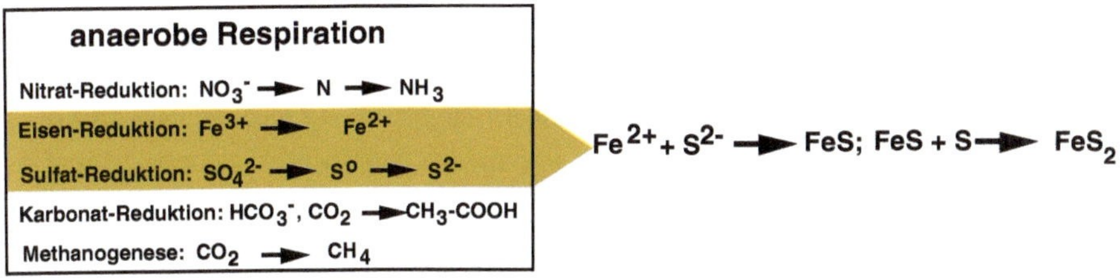

Abb. 1-3: Zusammenfassung der wesentlichen anaeroben Stoffwechselprozesse. Für die Erhaltung von Weichteilstrukturen ist die Eisen- und Sulfatreduktion besonders wichtig. Sie führt zur Bildung von Pyrit.

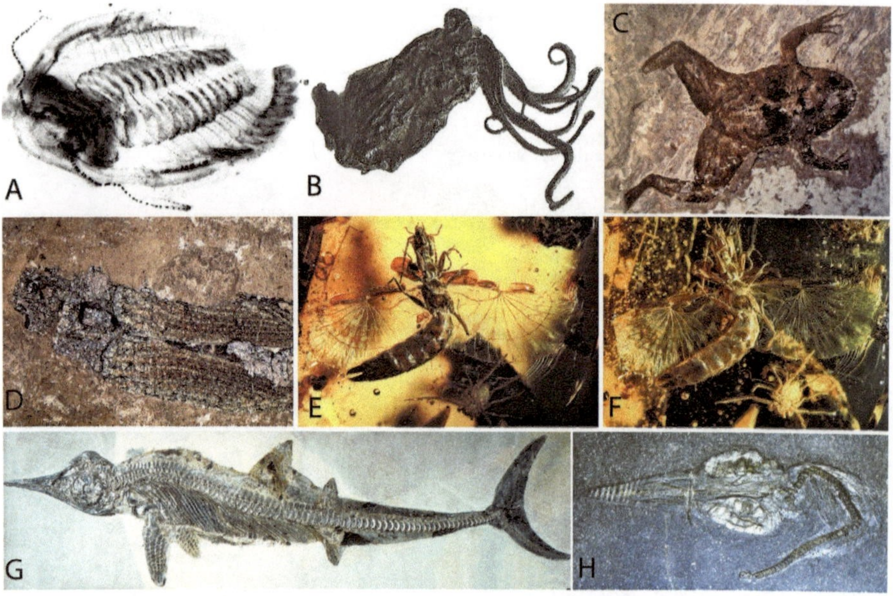

Abb. 1-4: Weichteilerhaltung bei verschiedenen Organismen. A: Unterseite eines pyritisierten Trilobiten mit Beinchen und Antennen. B: Ein komplett in Pyrit erhaltener Octopus (Dogger, La Voulte-sur-Rhône, Südfrankreich). C: Erhaltung der Haut bei einem Frosch (Eozän, Messel). D: Irisierende Farben der Cuticula bei einem Käfer (Eozän, Messel). E, F: Bernstein mit eingeschlossenem Ohrwurm (Dermaptera). Während des Todeskampfes wurde der Ohrwurm von Spinnen befallen, die ebenfalls im Harz eingeschlossen wurden (Dominikanischer Bernstein). G: Ichthyosaurier ***Stenopterygius***, die Rückenflosse und der obere Teil der Schwanzflosse sind nicht verknöchert, aber als «Hautschatten» erhalten (Länge 1,8 m, Unterjura, Posidonienschiefer). H: Schwach verknöcherter, teilweise pyritisierter Embryo eines Fischsauriers (Länge 12 cm, Unterjura, Posidonienschiefer); (kompiliert aus Stürmer 1983, Fischer & Riou 1982, Oschmann et al. 2000, Schlee 1980, Oschmann 2000).

1.2 Organische und mineralische Hartteile

Fossilien bestehen überwiegend aus organischen und mineralischen Hartteilen. Viele Organismen haben im Laufe der Evolution sehr stabile organische Zellwände und Skelette entwickelt. Mineralische Skelettsubstanzen gibt es seit etwa 550 Mio. Jahren. Organismen mit mineralischen Hartteilen haben eine höhere Überlieferungschance, deshalb ist die Häufigkeitsverteilung bei Fossilien deutlich verschieden von der Häufigkeitsverteilung der heutigen Organismengruppe (Abb. 1-5).

Organische Hartteile bestehen aus Gerüstkohlenhydrat und Gerüsteiweißen. Die wichtigsten **Gerüstkohlenhydrate** sind Chitin und Cellulose. Chitin tritt überwiegend bei Pilzen und Arthropoden, z. T. mit Mineraleinlagerungen aus Kalk auf. In seltenen Fällen kann die Cuticula von Insekten mit Farberhaltung vorliegen (Abb. 1-4). Cellulose ist auch wesentlicher Bestandteil des pflanzlichen Stützgewebes. Bei verholzten Pflanzen wird zu-

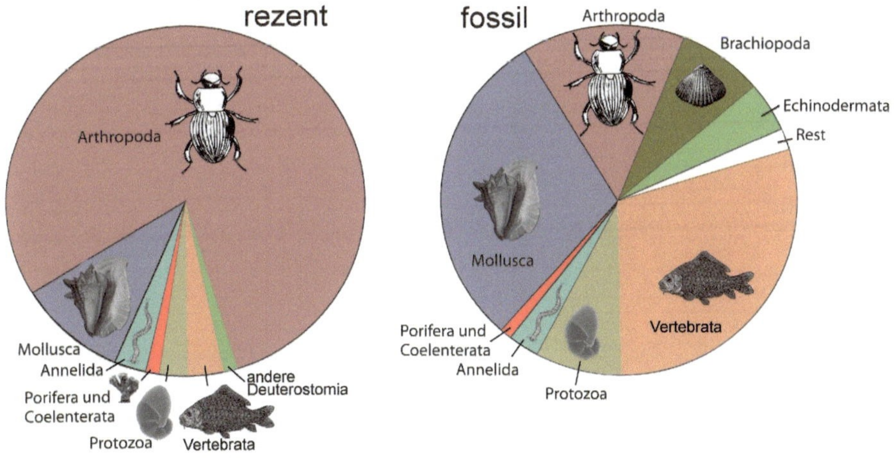

Abb. 1-5: Insekten werden heute auf etwa 5 bis 10 Mio. Arten geschätzt, fossil sind sie viel seltener erhalten. Wirbeltiere und Mollusken sind im Fossilbericht dagegen überproportional häufig (verändert nach Ziegler 1972).

sätzlich **Lignin** in das Stützgewebe eingelagert. Beide sind gut erhaltungsfähig, z. B. als Lignit oder Kohle. Die Zysten von manchen Einzellern (z. B. Dinoflagellaten) und von pflanzlichen Sporen und Pollen bestehen aus dem sehr widerstandsfähigen, komplexen Polymer **Sporopollenin**, das aus verschiedenen organischen Molekülen besteht.

Gerüsteiweiße oder **Strukturproteine** (z. B. Keratine oder Sclerotine) sind ebenfalls weit verbreitet. Keratine sind der Hauptbestandteil der Haare, Hufe oder Hörner bei Säugetieren, bei Vögeln werden daraus die Federn und bei Reptilien die Schuppen gebildet. Sclerotin kommt neben Chitin auch im Arthropodenskelett vor. Auch das Kollagen, das als Bestandteil des Bindegewebes und der Haut bei fast allen Tieren vorkommt, besteht aus Scleroprotein. Bei Sauerstoffmangel sind auch Gerüsteiweiße erhaltungsfähig.

Mineralische Hartteile (Abb. 1-6) sind im Tierreich weit verbreitet und bestehen vor allem aus Kalk ($CaCO_3$) in den Modifikationen Kalzit, Hochmagnesiumkalzit oder Aragonit, Skelettopal (SiO_2) und Ca-Phosphat ($Ca_5(PO_4)_3OH$). Bei Hochmagnesiumkalzit werden etwa 10–15 % des Kalziums im Kalzit durch Magnesium ersetzt. Die meisten Fossilien bestehen aus mineralischen Resten. Nach dem Tod und der Zersetzung der Weichteile zerfallen normalerweise auch Skelette in ihre Einzelelemente, die zusätzlich durch Strömung oder Aasfresser oft separiert und verteilt werden. Ammoniten- und Gastropodengehäuse sind einteilig (abgesehen von Operculum und Aptychen, siehe Kap. 20 und 21), Muscheln zerfallen in zwei Klappen. Seepocken bestehen aus 6 bis 8 Teilen. Wirbeltiere zerfallen in Hunderte von Knochen (der Mensch besteht z. B. aus 206 Einzelknochen). Seelilien sind aus Tausenden sehr ähnlichen Einzelelementen aufgebaut. Bei sehr vielen und sehr ähnlichen Skelettelementen ist es nach dem Zerfall sehr schwierig, sich eine klare Vorstellung vom Aussehen des ursprünglichen Organismus zu machen (Abb. 1-7 und 1-9).

Arthropoda (Gliederfüßer) besitzen ein Exoskelett. Beim Größenwachstum müssen sie die starren Panzer häufig wechseln (siehe Abb. 2-3 und Kap. 22 ff). Diese Häutungs-

		Aragonit	Kalzit	hoch-Mg Kalzit	Aragonit + Kalzit	Ca-Phosphat	Skelett-opal
Phytoplankton	Diatomeen						●
	Coccolithophorida		●				
Algen	Dasycladaceae	●					
	Charophyceae		●	●			
	Corallinaceae			●			
Zooplankton	Radiolaria						●
	Foraminifera	●	●	●			○
	Calpionellida		●				
Porifera	Demospongiae						●
	Calcarea		●				
	Stromatoporoidea		●	●			
	Hexactinellida						●
Cnidaria	Octocorallia						
	Rugosa	●	●				
	Tabulata	●					
	Scleractinia	●					
Bryozoa		●	●				
Brachiopoda	articulate Brachiopoda		●				
	inarticulate Brachiopoda					●	
Mollusca	Bivalvia	●	●		●		
	Gastropoda	●	○				
	Nautiloidea	●	○				
	Ammonoidea	●	○				
	Belemnoidea		●				
Arthropoda	Trilobita		●				
	Ostracoda		●				
	Cirripedia		●				
	Decapoda		●				
Echinodermata				●			
Chordata	Conodonta					●	
	Vertebrata					●	

Abb. 1-6: Zusammensetzung der wichtigen mineralischen Hartteile bei verschiedenen Organismengruppen (offene Kreise: nur untergeordnet vorhanden).

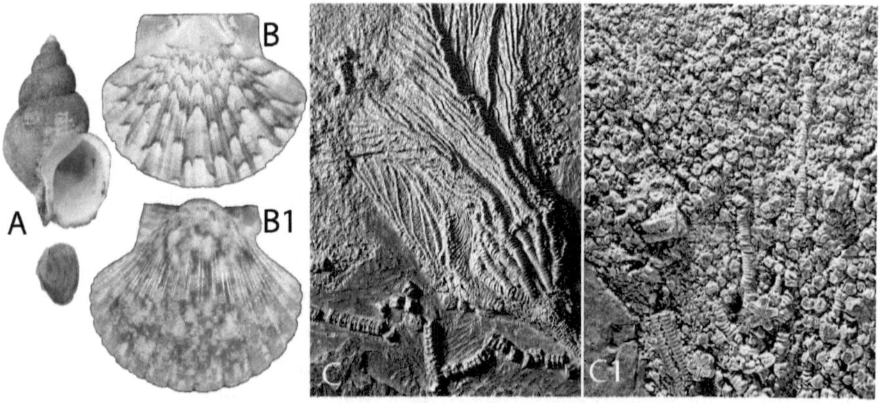

Abb. 1-7: Zerfall der Hartteile bei verschiedenen Organismen. A: Ein Gastropode besteht aus einer Schale und einem Operculum (Deckel). B: Muscheln bestehen aus zwei Klappen. C, C1: Crinoiden (Seelilien) bestehen aus vielen Tausend Skelettelementen. C: Gut erhaltene Krone von *Seirocrinus* (Posidonienschiefer, Unterjura). C1: zerfallene Krone von *Seirocrinus* (Posidonienschiefer, Unterjura).

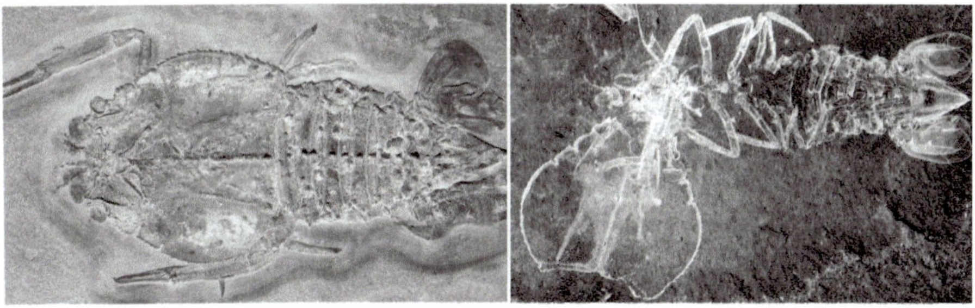

Abb. 1-8: Der Krebs *Proeryon* aus dem Posidonienschiefer (Unterjura) als «echtes» Fossil (links) und als Exuvie (rechts); (kompiliert aus Schmidt-Kaler et al. 1992).

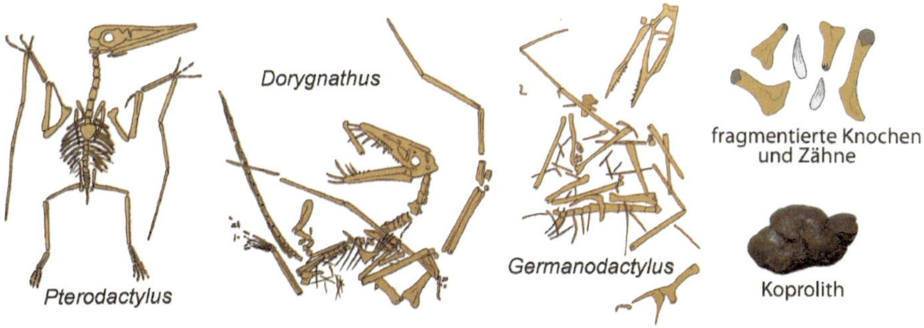

Abb. 1-9: Stufenweiser Informationsverlust bei Wirbeltieren mit zunehmendem Zerfall und Trennung der Skelettelemente vom nahezu vollständigen Skelett bis zu einzelnen Zähnen, zerbrochenen und zerbissenen Knochen und Koprolithen (modifiziert nach Ziegler 1992).

panzer (Exuvien) sind bei Trilobiten und Krebsen häufig zu finden (Abb. 1-8). Ein Organismus kann mehr als 30 Häutungspanzer hinterlassen.

1.3 Transport und Einbettung

Um ein Fossil zu werden, muss ein Organismus bzw. seine Hartteile eingebettet werden. Teilweise erfolgt die Einbettung am Lebens- bzw. Todesort **(autochthone Einbettung)** ohne vorherigen Transport. In diesem Fall sind die Organismen z. T. noch in Lebendstellung anzutreffen (z. B. Muscheln, vor allem grabende Formen). Normalerweise wird ein Fossil jedoch nicht am Lebensort eingebettet **(allochthone Einbettung).** Skelettelemente werden transportiert, als Schalenschill, Bruchschill oder in Sturmlagen konzentriert, in das Sediment eingebettet und oft wieder aufgearbeitet. Dieser Prozess kann mehrfach durchlaufen werden (Abb. 1-10). Auch terrestrische Organismen sind in der Regel nicht autochthon. Knochen, Zähne und andere Reste werden transportiert und in Seen oder Karsthöhlen konzentriert.

Es gibt verschiedene Begriffe, um Lebens- und Fossilgemeinschaften zu benennen. Die **Biozönose** ist die Lebendgemeinschaft, die alle Organismen einschließt, die temporär oder dauerhaft in einem bestimmten Gebiet leben. Die **Thanatozönose** ist die «Totengemeinschaft», die ohne Umlagerung am Lebensort eingebettet wurde. Der Unterschied zur Lebendgemeinschaft ist der Verlust der Weichteilfauna, z. T. der Verlust der Lebendposition, in der Regel der Zerfall des Skelettverbandes und die Zerstörung durch Inkrustierung und Bioerosion (siehe unten). Die **Taphozönose** ist die «Grabgemeinschaft» der gemeinsam eingebetteten Fossilien. Zusätzlich zu dem Informationsverlust, der zur Thanatozönose führt, kommt hier noch der postmortale Transport hinzu. Fossilgemeinschaften sind überwiegend Taphozönosen.

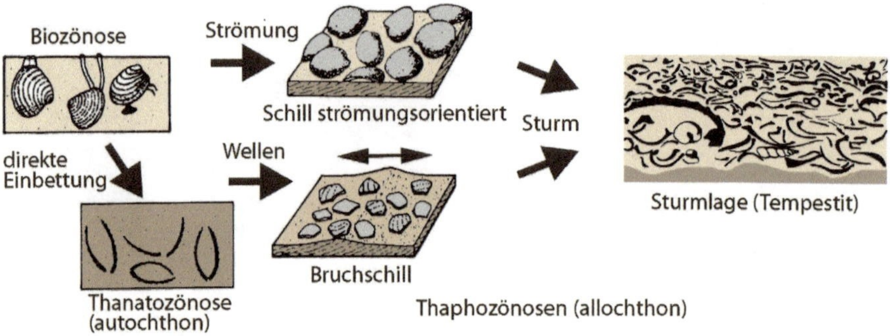

Abb. 1-10: Bis zur Einbettung können Schalen viele verschiedene Prozesse durchlaufen. Bei der direkten Einbettung werden sie oft in Lebendstellung erhalten. Allochthone Schalenkonzentrationen können durch Strömung, Wellenbewegung oder Stürme erzeugt werden (vereinfacht nach Fürsich & Oschmann 1993).

Schalenanhäufungen (Schill oder Bruchschill) werden durch Strömungen, Wellen- und Sturmwellen gebildet und zeigen eine an die Wassertiefe gekoppelte Zonierung. Wellenbewegung im Flachwasser verursacht Abrieb und Bruch an Skelettelementen. Diese mechanische Beanspruchung durch die ständige Wellenbewegung kann bis zum Verschwinden der Hartteile führen. Die Haltbarkeit einer Molluskenschale im Brandungsbereich beträgt oft nur wenige Wochen bis Monate. Durch Sturmereignisse wird das Schalenmaterial oft vom küstennahen Bereich weit in Richtung des offenen und tieferen Meeresbeckens transportiert und bildet typische Sturmlagen (Tempestite). Der Transport erfolgt meist als Suspension. Nach Abflauen des Sturms sinken große Schalen oder Bruchstücke zuerst zum Meeresboden und erzeugen so die typische Gradierung von Tempestiten. Sturmlagen sind in der Regel nur unterhalb der Wellenbasis erhalten (Abb. 1-12). Auch bei Strömung können Schalen weit transportiert werden. Dabei werden sie oft mit der Wölbung nach oben orientiert (Abb. 1-10). Längsgestreckte Schalen (z. B. turmförmige Gastropoda) werden

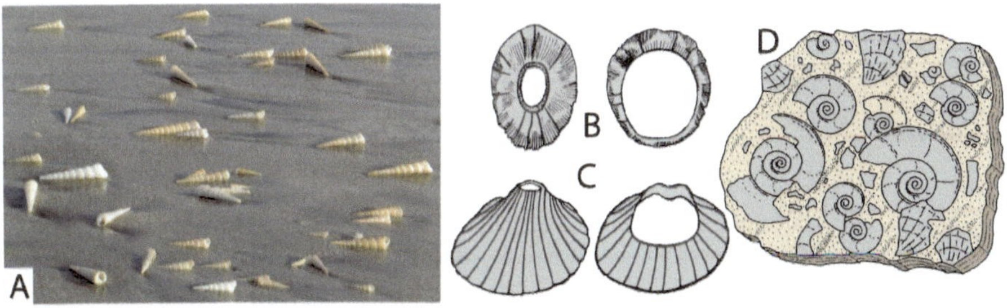

Abb. 1-11 A: Strömungseinregelung von *Turritella* auf dem Strand. B, C: Durch Abrieb (Abrasion) erzeugter «Facettenschliff» an Mollusken (B: Napfschnecken, C: *Cardium*). D: Schalenansammlung aus Bruchstücken von Ammoniten und Muscheln, die eine deutliche mechanische Zerstörung durch Transport erkennen lassen (modifiziert und kompiliert aus Wikipedia, Schäfer 1972 und Ziegler 1972).

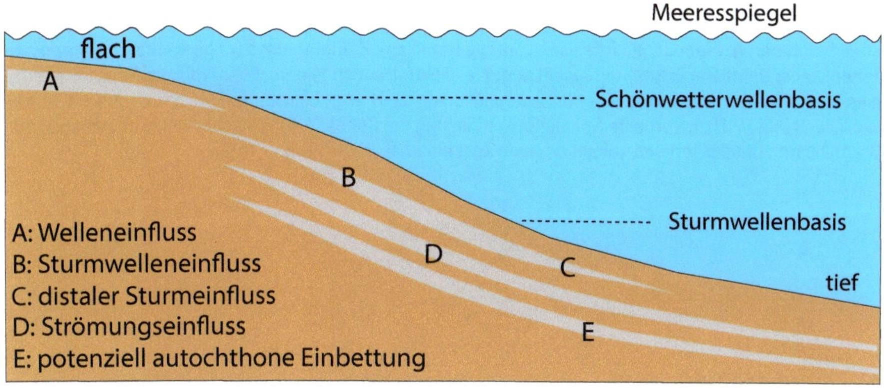

Abb. 1-12: Taphonomische Signaturen von Schalenanreicherungen zeigen eine Zonierung, gekoppelt an die Wassertiefe (vereinfacht nach Fürsich & Oschmann 1993).

mit der Längsachse in die Strömungsrichtung gedreht (Abb. 1-11). Zusätzlich wird das Schalenmaterial in Abhängigkeit von der Wasserenergie nach der Größe sortiert (Transportsortierung).

1.4 Biologische Zerstörung von Hartteilen

Schalentiere fressende Räuber (z. B. marine Reptilien, Fische, Tintenfische, Vögel und Krebse) zerstören die Schalen ihrer Beutetiere. Als Überreste bleiben Spei- oder Kotballen, in denen die Schalenreste mechanisch zerkleinert und oft stark angelöst bis zur Unkenntlichkeit verändert wurden. Teilweise sind aber auch Schalen mit Bruchmustern überliefert, die einem Verursacher zugeordnet werden können (Abb. 1-13).

Schalen, die länger an der Oberfläche liegen, werden von anderen Organismen besiedelt. Als **Bioerosion** wird die Besiedlung durch bohrende Organismen (z. B. Algen, Pilze,

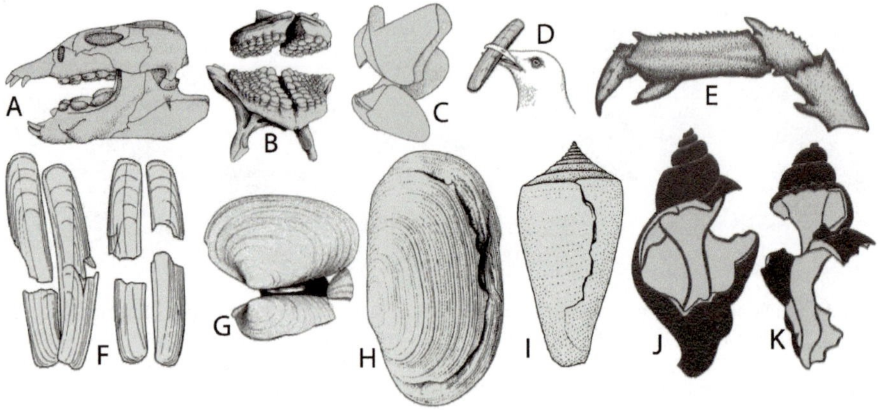

Abb. 1-13: Schalentiere fressende Räuber und typische, dabei erzeugte Bruchmuster. A–E: Verursachende Räuber; A: Placodontia (triasische marine Reptilien); B: Kiefer eines Umberfischs; C: Kiefer eines Tintenfischs; D: Möwe; E: Scheren einer Languste als «Bolzenschneider». F–K: Typische Schalenbruchmuster; F: Von Möwen zerbrochene Scheidenmuscheln; G–H: Bruchmuster bei Muscheln, die z. T. wieder verheilen können (H); I: Verheilte Schalenbeschädigung bei Conus; J, K: Typische, von Krebsen erzeugte Bruchmuster; (modifiziert und kompiliert nach Zuschin et al. 2003, Schäfer 1972).

Abb. 1-14: Bioerosion und Inkrustierung an Muschelschalen. A: Anbohrung von *Cliona* (Bohrschwamm) und *Lithophaga* (Bohrmuschel); B: Fortgeschrittener Bohrbefall von *Cliona*; C: Anbohrung von *Polydora* (Polychaeta); D: Bewuchs von Balaniden (Seepocken) und Serpuliden (Polychaeta) auf *Pecten*; E: Bewuchs von Serpuliden und Bryozoa (Moostierchen, Ausschnitt) auf *Mya*.

Schwämme, Polychaeten und Muscheln) bezeichnet. Dabei werden die Schalen mehr oder weniger stark beschädigt. Die Bohrtätigkeit des Schwamms *Cliona* kann z. B. bis zur vollständigen Zerstörung der Schalen führen. **Inkrustierer** (z. B. Rotalgen, Bryozoa, Serpuliden oder Balaniden) bewachsen Schalen von toten Organismen. Die Schale dient als Substrat und kann bis zur Unkenntlichkeit umkrustet werden.

1.5 Fossildiagenese

Veränderungen an Weich- oder Hartteilen, die nach der Einbettung stattfinden, werden als «Fossildiagenese» bezeichnet. Ereignisse unter größerer Sedimentbedeckung, die nach längeren Zeiträumen stattfinden, heißen «Spätdiagenese». Bei rascher Sedimentbedeckung kann es während der anaeroben Zersetzungsprozesse durch Bakterien zur Mineralisierung von Weichteilen kommen. Dieser seltene Vorgang sorgt für exzellente Erhaltung von Weichteilstrukturen (siehe Abb. 1-4). Auch die Hartteile werden während der Diagenese verändert. Auflast durch zunehmende Sedimentüberlagerung führt zur Entwässerung und Kompaktion und damit zur Volumenreduktion des Sediments. Dadurch werden die Hart-

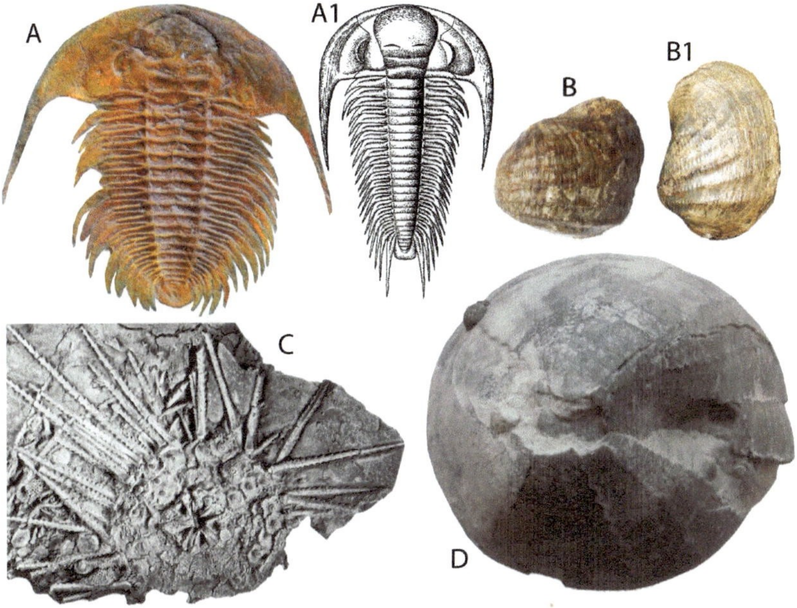

Abb. 1-15: Plastische Deformation und Bruch an fossilen Hartteilen. A, A1: Tektonische Verformung eines Trilobiten *(Paradoxides)* und Zeichnung der ursprünglichen Proportionen; B: Durch Kompaktion verformter Steinkern der Muschel *Pholadomya* mit deutlicher Längenreduktion durch Auflastdruck, B1: unkompaktiert; C, D: Deformationsbruchmuster bei Seeigelgehäusen, C: regulärer Seeigel (nach Schneider et al. 2005) und D: irregulärer Seeigel.

teile häufig deformiert. **Starre Deformation** führt zu Bruch, wobei die Bruchstücke im Verband bleiben und nicht, wie beim Transport, getrennt werden. **Plastische Deformation** (Verformung) findet meist an Steinkernen (siehe unten) statt. In Druckrichtung findet eine Verkürzung durch Volumenverlust bei der Kompaktion statt. Ähnliche Deformationen können auch auf tektonische Bewegungen zurückgehen (Abb. 1-15).

Abhängig von der Skelettmineralogie sind viele Fossilen anfällig für **Lösung** nach der Einbettung. Sie können dadurch teilweise oder ganz zerstört werden. Bei kalkigen Skeletten wird **Aragonit** leichter gelöst als **Kalzit**. Phosphatische und kieselige Skelettelemente sind relativ stabil. Skelette mit inneren Hohlräumen werden oft mit Sediment oder Sparit (ausgefälltem Kalzit) verfüllt und bilden einen **Steinkern**. Ein Steinkern ist somit ein Abdruck des Hohlraumes einer Schale (z. B. bei Muscheln, Schnecken und Ammoniten). Steinkerne lassen die Form des inneren Hohlraums oder, bei kompletter Lösung der Schale auch als Prägesteinkern, die Außenmerkmale der Schale erkennen (Abb. 1-16). Steinkerne, die teilweise mit Sediment und Sparit gefüllt sind, werden als «fossile Wasserwaage» bezeichnet, da sie die Lage der Horizontalen zur Zeit der Einbettung angeben.

Manche Kristalle der Hartteile wachsen diagenetisch weiter (z. B. bei Echinodermen) und zerstören dabei die ursprünglichen Feinbaustrukturen. Dieser Vorgang wird als **Sammelkristallisation** bezeichnet. Die **Umkristallisation** (oder Neomorphose) bezeichnet den isochemen Austausch des Skelettminerals ohne Änderung des Chemismus. Aragonit als instabile Modifikation von Kalk wird gelöst und durch die stabile Modifikation Kalzit ausgetauscht. Hierbei geht auch der Feinbau der Schalen und die primäre Isotopensignatur verloren. Den Ersatz des ursprünglichen Skelettmaterials durch ein anderes bezeichnet man als **allochemen Stoffaustausch**. Bei diesen Reaktionen sind häufig Bakterien beteiligt. Mögliche Austauschreaktionen sind die **Verkieselung,** bei der SiO_2 das ursprüngliche Material ersetzt. Bei der **Verkalkung** ersetzt Kalzit das ursprüngliche Material. Bei dem Ersatz durch Pyrit (FeS_2) spricht man von **Pyritisierung** (oder **Verkiesung**). Diese Reaktion findet im reduzierenden Milieu statt und kann zur Weichteilerhaltung führen (siehe oben). Bei der **Phosphatisierung** ersetzt Phosphat das ursprüngliche Material. Diese Reaktion findet im suboxischen Milieu statt und kann ebenfalls zur Weichteilerhaltung beitragen.

Abb. 1-16: Bei der Bildung eines Innensteinkerns können die äußeren Skulpturmerkmale der Schale verloren gehen. A, A1: Die Muschel *Trigonia*, A: Schalenerhaltung, B: Steinkern mit Details des Schaleninneren (Mantellinie, Schloss und Muskulatur).; B, B1: Die Schnecke *Pleurotomaria*, A: Prägesteinkern mit Außenmerkmalen der Schale, B: Steinkern mit Verlust der Skulpturmerkmale. Es bleibt nur noch ein schwer bestimmbarer Innensteinkern übrig. (B, nach Monari et al. 2011). C: Konkretion mit dem Ammoniten *Amaltheus* als Kern.

Als **Inkohlung** bezeichnet man die Abgabe von Sauerstoff und Wasserstoff aus dem Gewebe von im Sediment eingebetteten Pflanzen. Dabei reichert sich Kohlenstoff an. Dieser Prozess führt über die Bildung von Torf und Braunkohle zu Steinkohle, Anthrazith und Graphit. Bei Versenkung in den Erdmantel kann sogar Diamant entstehen. Niedrig inkohltes pflanzliches Material lässt die primären Strukturen noch gut erkennen.

Konkretionen sind kugelige bis knollige Gebilde z. B. aus Kalk ($CaCO_3$), Eisenkarbonat ($FeCO_3$), Pyrit (FeS_2) oder Ca-Phosphat ($Ca_5(PO_4)_3OH$), die während der Zersetzung häufig um Fossilien wachsen (Abb. 1-16C). Bei den bakteriellen Zersetzungsprozessen ändern sich lokal die Redoxbedingungen und der pH-Wert, die die Ausfällung begünstigen. In Konkretionen können auch Weichteilstrukturen erhalten sein.

Weiterführende Literatur

Benton, M. J. & Harper, D. A. T. (1997): Basic Palaeontology.- 342 pp., Longman.

Benton, M. J. & Harper, D. A. T. (2009): Introduction to Palaeobiology and the fossil record.- 592 pp., Wiley-Blackwell.

Briggs, D. E. G. & Crowther, P.R. (2001): Paleobiology II.- 583 S.; Oxford (Blackwell).

Clarkson, E. N. K. (1998): Invertebrate Palaeontology and Evolution.- 451 pp. Blackwell.

Doyle, P. (1996): Understanding Fossils.- 409 pp. Wiley.

Ziegler, B. (1992): Allgemeine Paläontologie.- 248 S.; Stuttgart (Schweizerbart).

Zitierte Literatur

Fischer, J. C. & Riou, B. (1982): Le plus ancien octopode connu (Cephalopoda, Dibranchiata): *Proteroctopus ribeti* nov. gen., nov. sp., du Callovien de l'Ardèche (France). Comptes Rendus de l'Academie des Sciences de Paris, Serie II 295: 277–280.

Monari, S., Valentini, M., & Conti, M. A. (2011): Earliest Jurassic patellogastropod, vetigastropod, and neritimorph gastropods from Luxembourg with considerations on the Triassic–Jurassic faunal turnover. Acta Palaeontologica Polonica 56: 349–384.

Oschmann, W. (2000): Der Posidonienschiefer (Toarc, Unterer Jura) in SW-Deutschland.- In: Meischner, D. (ed.): Europäische Fossillagerstätten, 71–142; Springer.

Oschmann, W., Dullo, Ch., Mosbrugger, V. & Steininger, F. F. (2000): Evolution des Systems Erde: Geobiologische und Paläobiologische Prozesse als Antrieb.- Kleine Senkenberg-Reihe 35: 1–57, 27 Abb., Waldemar Kramer; Frankfurt.

Schlee, D. (1980): Bernstein in Natur- und Kunstgeschichte.- Bayerische Versicherungskammer, 84 S., München.

Schmidt-Kaler, H., Tischlinger, H. & Werner, W. (1992): Wanderungen in die Erdgeschichte: Sulzkirchen und Sengenthal – zwei berühmte Fossilfundstellen am Rande der Frankenalb. 112 S., Verlag Pfeil; München.

Schneider, C. L., Sprinkle, J. & Ryder, D. (2005): Pennsylvanian (Late Carboniferous) echinoids from the Winchell Formation, North-Central Texas, USA.- Journal of Paleontology, 79(4):745–762. 2005.

Stürmer, W. (1983): Interdisciplinary palaeontology.- Interdiscipl. Sci. Rev., 9: 1–14.

Ziegler, B. (1992): Allgemeine Paläontologie.- 248 S.; Stuttgart (Schweizerbart).

Zuschin, M., Stachowitsch, M. & Robert J. Stanton, R., J. Jr. (2003): Patterns and processes of shell fragmentation in modern and ancient marine environments.- Earth-Science Reviews 63: 33–82.

2 Taxonomie und Systematik

Taxonomie und Systematik umfassen in der Biologie und Paläontologie das Beschreiben und Sortieren von Organismen, z. B. von Fossilien, nach Ähnlichkeitskriterien. Ziel ist es, Ordnung und Übersichtlichkeit in die Vielfalt der Lebewelt zu bringen. Die beiden Begriffe werden meist synonym verwendet. Teilweise wird aber in der Taxonomie ein stärkerer Bezug auf das Klassifizieren in Kategorien gelegt, während die Systematik sich stärker an den verwandtschaftlichen Beziehungen orientiert.

2.1 Ordnungsprinzipien der Taxonomie

In der Taxonomie werden verschiedene Ordnungsprinzipien verwendet. Die klassische Methode vergleicht morphologische Ähnlichkeiten bzw. Unterschiede von Bauplänen der Weichkörper und der Hartteile von verschiedenen Organismen (oder Fossilien). Diese Methode wird in der Biologie und Paläontologie verwendet, wobei der Vergleich der Hartteile in der Paläontologie im Vordergrund steht. In der Biologie wird inzwischen der Abgleich von Aminosäure- und DNA-Sequenzen in der Molekularbiologie und Genetik zur Standardmethode. Sofern es von Fossilien noch moderne Verwandte gibt, können damit auch die Verwandtschaftsbeziehungen fossiler Organismen geklärt werden.

Heute gibt es über 300 000 beschriebene Pflanzen- und 1,4 Mio. beschriebene Tierarten. Dazu kommen noch hunderttausende von (paläontologisch weitgehend unwichtigen) Bakterien- und Pilzarten. Insgesamt wird vermutet, dass es 5 bis 20 Mio. Arten gibt. Schätzungen über die Anzahl der fossilen Arten gehen weit auseinander; sie reichen von einer Zahl, die jener der rezenten Arten gleicht, bis zum Zehnfachen davon. Angesichts dieser immensen Fülle an ehemaligen und rezenten Organismen wird klar, dass der Bedarf an ordnenden Kategorien groß ist. Allerdings gibt es kein allgemeingültiges taxonomisches System, sondern z. T. beträchtliche Unterschiede, je nach den zugrunde gelegten Kriterien. Zudem sind taxonomische Konzepte nicht starr, sondern werden mit dem jeweiligen Stand der Wissenschaft ständig modifiziert.

Eine erste Einteilung der Tierwelt wurde von dem Schweizer Arzt und Naturforscher **Conrad Gessner** (1516–1565) in seinem vierbändigen Werk «Historia animalium» vorgenommen. Er unterschied lebendgebärende Vierfüßer, eierlegende Vierfüßer, die Vögel sowie Fische und Wassertiere. Das Grundprinzip der noch heute verwendeten Taxonomie geht auf **Carl von Linné** (1707–1778) zurück. Er war Anatom und Mediziner in Uppsala (Schweden) und hat in seinen Arbeiten «Systema naturae» (1735 ff) und «Species Plantarum» (1753) die binäre Nomenklatur mit der Verwendung eines Gattungs und Artnamens eingeführt (z. B. *Homo sapiens*). Auf ihn gehen auch die Rangstufen Klasse, Ordnung und Varietät zurück. Antoine-Laurent de Jussieu (1748–1836) revidierte und ergänzte 1789 in seinem Werk «Genera plantarum» Linnés Pflanzensystematik. Linné und Jussieu gingen von der Stabilität der Arten aus, weshalb sie ihre Konzepte starr anlegten. **Charles Darwin** (1809–1882) zeigte jedoch gleichzeitig mit **Alfred Russel Wallace** (1823–1913), dass verwandtschaftliche Beziehungen zwischen verschiedenen Organismen durch evolutive Veränderungen entstanden sind. Die Artentwicklung ist also dynamisch, Arten verändern sich in der Zeit (siehe Kap. 3).

Auf Linné geht auch die bis heute gebräuchliche hierarchische Klassifikation zurück. Der Begriff Taxon (Plural: Taxa) beschreibt eine systematische Kategorie beliebiger Rangstufe, zu der alle folgenden gehören:

Taxon	Beispiel und Erstbeschreiber
Lebewesen	zu Stoffwechsel, Wachstum und Fortpflanzung befähigt
Domäne	Bakterien, Archaea und Eukaryota WOESE et al.1990
Reich	Tiere (Animalia) LINNÉ 1758
Stamm (Phylum)	Chordatiere (Chordata) HAECKEL 1847
Unterstamm	Wirbeltiere (Vertebrata) LAMARCK 1801
Klasse	Säugetiere (Mammalia) LINNÉ 1758
Ordnung	Herrentiere (Primates) LINNÉ 1758
Familie	Menschenähnliche (Hominidae) GRAY 1825
Gattung (Genus)	Mensch *(Homo)* LINNÉ 1758
Art (Spezies)	*Homo sapiens* (weise) LINNÉ 1758
Population	«wir» JOHANNSEN 1903
Individuum	«ich»

Abb. 2-1: Die heute gebräuchlichen Abstufungen der hierarchischen Klassifikation. Bei Bedarf werden noch Zwischenkategorien verwendet (z. B. «Überordnung», «Unterordnung» und «Überfamilie», «Unterfamilie». Die Taxa «Tribus» und «Subtribus» werden zwischen «Familie» und «Gattung» eingefügt. Eine weitere Eigenart ist, dass auf der Stufe des Reichs bei den Pflanzen die Stufe «Abteilung» steht.

Alle taxonomischen Begriffe, auch die Art, sind abstrakt; real existent sind nur Individuen (Einzelorganismen). Die Art als abstrakte Kategorie umfasst alle Individuen einer Art, die in ihrer Gesamtheit natürlich niemand mehr überblicken kann – man denke nur an derzeit über 8 Mia. Menschen auf der Erde. Anders als bei den Gattungen, Ordnungen und allen weiteren höheren Taxa, werden Arten als natürliche Kategorien aufgefasst. Der Evolutionsbiologe Ernst Mayr (1904–2005) definierte Arten als natürliche Fortpflanzungsgemeinschaften mit fertilen Nachkommen. Dieses für viele höhere Organismen nachgewiesene Kriterium ist in vielen Fällen jedoch oft schwer überprüfbar und leider für die Paläontologie untauglich. Arten in der Paläontologie sind durch morphologische Merkmale gekennzeichnet und werden danach abgegrenzt.

Es gibt also verschiedene Artbegriffe und Artkonzepte. Entsprechend kontrovers wird diskutiert, wie eine Art zu definieren ist. Heute gibt es zahlreiche verschiedene, mehr oder weniger sinnvolle Artkonzepte, die sich in drei Grundaussagen zusammenfassen lassen.

1. Arten sind reale, natürliche Grundeinheiten der Lebewelt. Dieses Konzept ist tauglich für höher organisierte Lebewesen (z. B. Mollusca oder Wirbeltiere). Bei manchen Organismengruppen (z. B. Bakterien, Schwämmen oder Korallen) sind Arten morphologisch und genetisch jedoch kaum voneinander trennbar.
2. Arten sind hilfreiche, aber möglicherweise künstliche Sortierkriterien, die «ähnlich» und «unähnlich» auf verschiedenen Ebenen erkennbar machen. Dieses pragmatische Artkonzept ist in der Paläontologie sinnvoll.
3. Arten sind nicht existent. Artkonzepte sind hilflose Sortierversuche und unnütze Zeitverschwendung. Was tatsächlich existiert, sind einzig die Individuen. Diese von den meisten Biologen und Paläontologen abgelehnte Extremposition wird von manchen Genetikern eingenommen und ist für die Taxonomie und Systematik nicht hilfreich.

2.2 Probleme bei der Artabgrenzung

Viele Arten zeigen eine hohe **Variabilität**. Beim Menschen variiert z. B. die Größe der Erwachsenen zwischen 1,50 und 2,30 m. Auch die Haarfarbe, Hautfarbe, Körpergestalt und vieles mehr zeigen signifikante Unterschiede. Eine große Variabilität in der Merkmalsausprägung, z. B. durch Umwelteinflüsse, ist in der Natur weit verbreitet und wird als «phänotypische Plastizität» bezeichnet. Die Variabilität, die aufgrund von Umweltfaktoren auftritt, prägt die **Ökophänotypen**. Variable Merkmale von Individuen einer Art zeigen ein Kontinuum, z. B. eine Gauß-Verteilung (Abb. 2-2).

In der **Ontogenie** (Individualentwicklung) eines Organismus über Larvalstadium, Juvenilstadium und Adultstadium wachsen bestimmte Körperabschnitte zu verschiedenen Zeiten unterschiedlich stark (allometrisches Wachstum). Dadurch ändern sich die Propor-

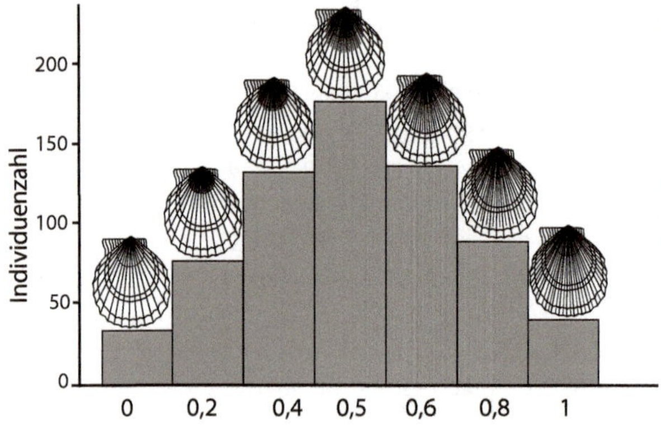

Abb. 2-2: Verteilungsdiagramm für ein Merkmal (Längenverhältnis Sekundärrippen zu Primärrippen) bei einer Muschel. Weitere taxonomisch wichtige Merkmale sind das Höhen/Längenverhältnis, die Länge der Ohren und die Anzahl der Rippen usw. Zur Festlegung einer Art sollen möglichst viele Merkmale kombiniert werden.

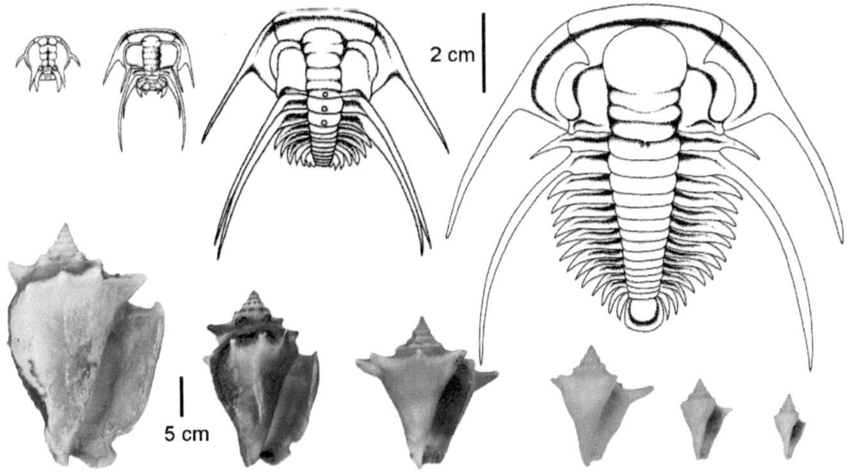

Abb. 2-3: Oben: Ontogenetische Stadien eines Trilobiten (*Eccaparadoxides*, nach Whittington 1957), rekonstruiert aus Larvalstadien und Exuvien. Die Zahl der Segmente und die Proportionen ändern sich erheblich während des Wachstums. Unten: Das Wachstum der Schnecke Strombus vom Juvenil- bis zum Adultstadium dauert etwa 3–4 Jahre (nach Rademacher et al. 2009).

tionen während der Ontogenie deutlich. Ontogenetische Stadien sind für viele Fossilien bekannt (Abb. 2-3).

Wenn bei bestimmten Arten deutliche Unterschiede in der Gestalt zwischen männlichen und weiblichen Individuen erkennbar sind, spricht man von **Sexualdimorphismus** (Abb. 2-4). Sexualdimorphismus ist in der Natur weit verbreitet. Oft besteht ein Größenunterschied zwischen den Geschlechtern. Häufig sind bei männlichen Tieren Hörner oder Geweihe ausgebildet oder, falls beide Geschlechter Hörner oder Geweihe tragen, sind jene der Männchen größer. Viele Weibchen (und manche Männchen) bilden Bruttaschen zum Schutz des Nachwuchses aus (z. B. Ostracoda). Bei manchen Tiefseefischen (z. B. Teufelsangler) leben die Männchen als «Sexualparasiten» an die Weibchen angeheftet.

Sexualdimorphismus bei Fossilien ist schwer nachweisbar. Nur wenn morphologisch ähnliche Formen mit exakt gleicher räumlicher wie zeitlicher (stratigraphischer) Verbreitung vorliegen und wenn diese Formen Adultmerkmale zeigen, kann man von Sexualdimorphismus ausgehen. Bekannte Beispiele aus dem Fossilbefund sind manche Ostracoden und Ammoniten. Da bei Ammoniten das Geschlecht nicht mehr festgestellt werden kann, werden die großen Formen als «Makroconch» und die kleinen als «Mikroconch» bezeichnet.

Bei vielen Organismengruppen (z. B. bei vielen Eucaryota und bei Pflanzen) gibt es einen Wechsel zwischen einer geschlechtlichen und einer ungeschlechtlichen Fortpflanzung (**Generationswechsel**). Die beiden Generationen können morphologisch erheblich verschieden sein. Bei Foraminifera wird nach der Größe der Embryonalkammer zwischen einer mikrosphärischen und einer makrosphärischen Generation unterschieden (Abb. 2-5).

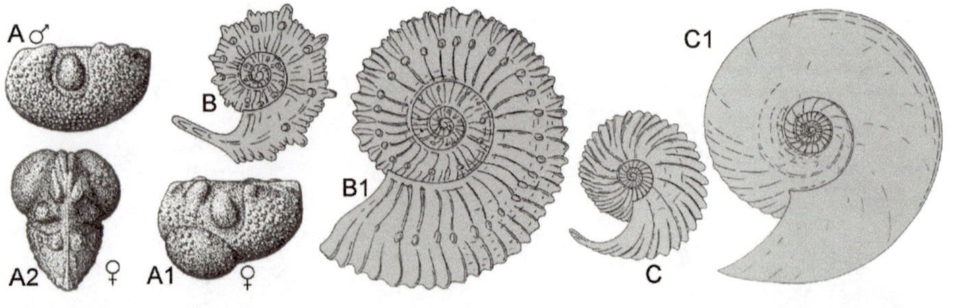

Abb. 2-4: Sexualdimorphismus am Beispiel verschiedener Organismen. A: Der silurische Ostracode *Beyrichia* mit ausgeprägten Bruttaschen bei den Weibchen (A1, A2); B, C: Ammoniten, B: *Kosmoceras*, B1: Mikroconch, B2: Makroconch; C: *Cadoceras*, C: Mikroconch, C1: Makroconch; (kompiliert und modifiziert aus British Palaeozoic Fossils 1975, Ziegler 1983).

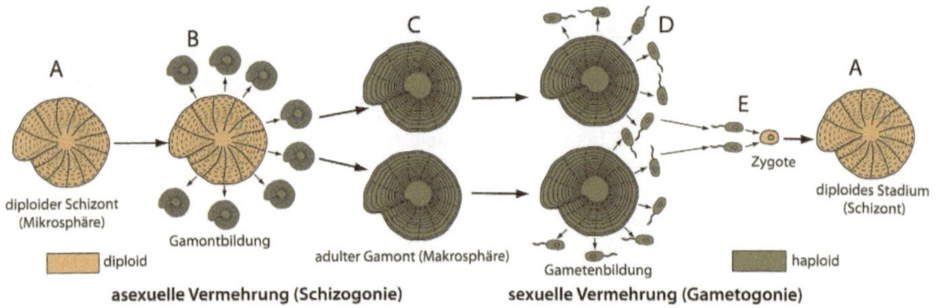

Abb. 2-5: Schema eines Generationswechsels am Beispiel der Foraminifera. Der diploide Schizont (A) teilt sich durch Meiose in viele haploide Tochterzellen (B). Die daraus wachsenden Gamonten (C) bilden Gameten (D). Die haploiden Gameten verschmelzen zur diploiden Zygote (E), die wieder zum diploiden Schizont (A) heranreift. Schizonten und Gamonten können deutlich verschieden aussehen.

In der Paläontologie muss die Artabgrenzung nach morphologischen Merkmalen folglich Variabilität, Ontogenie, Sexualdimorphismus und Generationswechsel berücksichtigen. Diese Aspekte sind aber oft unbekannt. Als Arten definierte Formen können also eventuell verschiedene ontogenetische Stadien, verschiedene Geschlechter oder verschiedene Generationen sein. Bei komplex gebauten Organismen wie Wirbeltieren, die fossil als Knochen und Zähne, oder wie Pflanzen, die als Holzreste, Samen und Blattwedel vorliegen, werden die einzelnen Teile oft nicht als zusammengehörig erkannt. Auf diese Weise kann es vorkommen, dass verschiedene Arten definiert werden, obwohl die fossilen Reste möglicherweise von einer einzigen Art stammen. Diese Beispiele zeigen, dass das paläontologische Artkonzept nur pragmatisch handhabbar ist.

Im Folgenden soll ein simplifiziertes Beispiel die taxonomische Vorgehensweise anhand einer «Schrauben- und Nägel-Vergesellschaftung» erläutern. Eine «Vergesellschaftung» aus morphologisch deutlich verschiedenen Schrauben und Nägeln kann nach verschiedenen Sortierkriterien klassifiziert werden. Die Sortierkriterien sind zweckorientiert

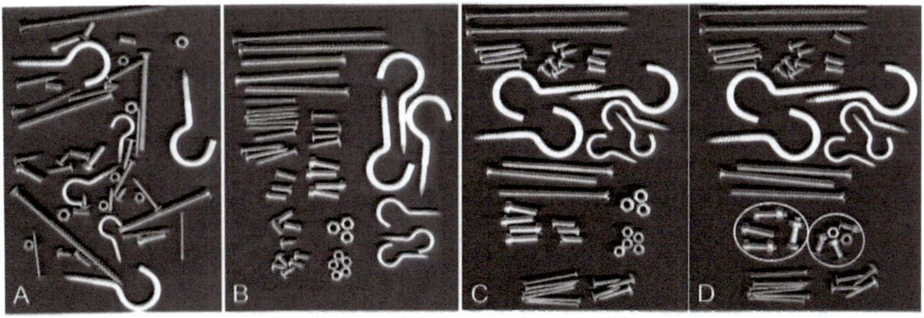

Abb. 2-6: A: Eine «Vergesellschaftung» aus «Schrauben- und Nägelarten» soll nach allen verfügbaren morphologischen Kriterien klassifiziert werden; B: Diese «Taxonomie» berücksichtigt nicht alle verfügbaren Merkmale; C: Hier wurde nach allen verfügbaren «Ähnlichkeitskriterien» (Größe, Form, Nägel, Muttern, Gewindeschrauben mit Metall- oder Holzgewinde) klassifiziert; D: Diese Klassifikation berücksichtigt neben allen morphologischen Kriterien auch den «Dimorphismus» (Schraube und passende Mutter).

zur Erleichterung der Unterscheidbarkeit. Je mehr Sortierkriterien (Länge, Dicke, Art der Gewinde usw.) zur Anwendung kommen, desto besser die Unterscheidbarkeit (Abb. 2-6).

2.3 Konzepte zur Klassifizierung in der Paläontologie

Die **numerische** oder **phänetische Taxonomie** untersucht das gesamte morphologische Merkmalsgefüge, verzichtet aber auf phylogenetische (verwandtschaftliche) Annahmen. Zur Bewältigung der großen Datenmengen werden computergestützte, statistische Verfahren eingesetzt. Das Problem dieser Methode ist, dass Konvergenzen (Ähnlichkeiten zwischen nicht verwandten Gruppen) möglicherweise nicht erkannt werden.

Ziel der **phylogenetischen Systematik** oder Kladistik ist es, ein System der Organismen zu entwickeln, das nur auf phylogenetischer Verwandtschaft beruht. Gesucht wird der Zeitpunkt der Auseinanderentwicklung eines oder mehrerer charakteristischer Merkmale (Apomorphien), wodurch die Nähe oder Ferne von Verwandtschaftsbeziehungen festgelegt werden kann. Die daraus postulierten Verwandtschaftsbeziehungen werden in einem Kladogramm (siehe auch Kap. 3.3) dargestellt. Eine einheitliche Abstammungsgemeinschaft wird als Monophylum bezeichnet. Schwestertaxa (z. B. Reptilien und Vögel) sind paraphyletisch. Warmblütigkeit bei Säugetieren und Vögeln ist kein Verwandtschaftsmerkmal. Sie ist in beiden Gruppen unabhängig entstanden. Deshalb sind Säugetiere und Vögel polyphyletisch (Abb. 2-7).

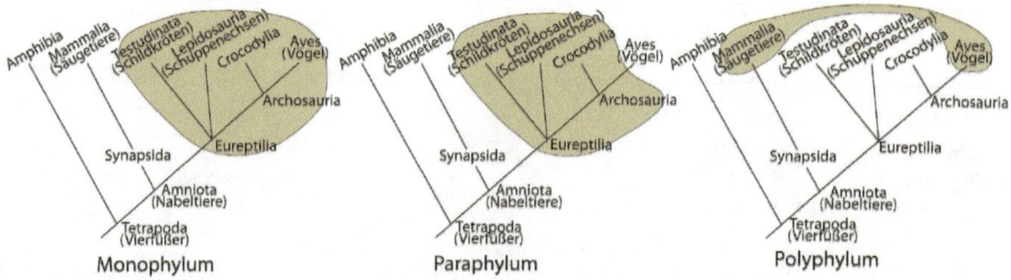

Abb. 2-7: Systematik der tetrapoden Wirbeltiere, dargestellt als Kladogramm (siehe auch Kap. 3 und 3.1). Links: Reptilien und Vögel stellen eine einheitliche Verwandtschaftsgruppe (Monophylum) dar. Mitte: Die Reptilien ohne die Vögel sind ein Paraphylum, da die Vögel zu den Reptilien zu rechnen sind. Warmblütigkeit bei Säugetieren und Vögeln ist kein Verwandtschaftsmerkmal. Säugetiere und Vögel sind polyphyletisch.

Weiterführende Literatur

Ax, P. (1988): Systematik in der Biologie.- 181 S. Fischer (UTB).
Benton, M. J. & Harper, D. A. T. (1997): Basic Palaeontology.- 342 pp., Longman.
Benton, M. J. & Harper, D. A. T. (2009): Introduction to Palaeobiology and the fossil record.- 592 pp., Wiley-Blackwell.
Briggs, D. E. G. & Crowther, P. R. (2001): Paleobiology II.- 583 pp, Blackwell.
Hennig, W. (1982): Phylogenetische Systematik.- 246 S., Parey.
Willmann R. (2005): Die Art in Raum und Zeit. Das Artkonzept in der Biologie und Paläontologie. 207 S., Parey.
Ziegler, B. (1992): Allgemeine Paläontologie.- 248 S.; Schweizerbart.

Zitierte Literatur

Radermacher, P., Bernd R. Schöne, B., R., Gischler, E., Oschmann, W, Julien Thébault, J. & Fiebig, J. (2009): Sclerochronology – a highly versatile tool for mariculture and reconstruction of life history traits of the queen conch, *Strombus gigas* (Gastropoda).- Aquat. Living Resour. 22, 307–318.
Whittington, H. B. (1975): Trilobites with appendages from the middle Cambrian Burgess Shale, British Columbia.- Fossils and Strata, 4: 97–136.

3 Evolution

Geowissenschaftler unterscheiden eine pysikalische, eine chemische und eine biologische Evolution. Die physikalische Evolution begann mit dem Urknall und reicht bis zur Planetenbildung. Unter «chemischer Evolution» wird die Entstehung von Leben aus organischen Ausgangsstoffen im Hadaikum verstanden. Sie dauerte bis zur Anreicherung von Sauerstoff in der Atmosphäre vor etwa 2,4 Mia. Jahren. Die biologische Evolution reicht von der Entstehung der ersten Organismen bis heute, und sie wird auch zukünftig weitergehen. Die biologische Evolution mit der Entwicklung immer komplexerer Lebensformen steht hier im Vordergrund.

3.1 Historische Entwicklung

Erste Überlegungen zur möglichen Entwicklung von Organismen aus Vorläuferorganismen gehen bereits auf die griechische Antike zurück (z. B. Anaximander 610–547 v. Chr. und Empedokles 495–435 v. Chr.), wurden aber erst während des Zeitalters der Aufklärung, etwa seit dem Jahr 1700, weiterentwickelt. **Georges-Louis Leclerc de Buffon** (1707–1788), ein französischer Naturforscher, ging zwar von einer gleichbleibenden Natur aus, die aber dennoch immer wieder neue Formen hervorbrachte. Er postulierte eine gemeinsame Abstammung von Esel und Pferd ebenso wie von Affe und Mensch, die er jeweils derselben Familie zuordnete. Mit dieser Vorstellung widersprach er seinem Zeitgenossen **Carl v. Linné** (1707–1778), der von der Unveränderlichkeit der Arten ausging. In der Folgezeit wurden immer wieder Vorstellungen über die Veränderlichkeit von Arten formuliert, z. B. von **Jean-Baptiste de Lamarck** (1744–1829) und **Erasmus Darwin** (1731–1802, dem Großvater von Charles Darwin), die aber keine konsistente Erklärung lieferten. Die Gegenposition wurde vor allem durch **Georges Cuvier** (1769–1832) vertreten, der durch seine anatomischen Studien zu der Ansicht kam, dass die Teile in einem Organismus so gut aufeinander abgestimmt sind, dass jede Veränderung zwangsläufig zur Unausgewogenheit führen muss (Korrelationsgesetz). Erst **Charles Darwin** (1809–1888) lieferte in seinem Werk «On the origin of species by means of natural selection» (1859) zeitgleich mit **Alfred Russel Wallace** (1823–1913) die Erklärung für evolutive Veränderungen und damit für verwandtschaftliche Beziehungen zwischen verschiedenen Organismen. **Thomas Henry Huxley** (1825–1895) und **Ernst Haeckel** (1834–1919) waren leidenschaftliche Unterstützer Darwins und verhalfen seiner Theorie in England und in Deutschland zum Durchbruch. Auf Ernst Haeckel geht auch die erste Darstellung eines kompletten Stammbaums zurück.

Darwins Evolutionstheorie geht von einer Überproduktion der Nachkommen aus, die in einer Umwelt mit beschränkten Ressourcen leben. Dadurch entsteht ein Konkur-

Abb. 3-1: Synoptische Darstellung der Evolution der Erde. Die physikalische Evolution ist mit der Planetenbildung weitgehend abgeschlossen. Von der Planetenbildung bis zur Anreicherung von Sauerstoff in der Atmosphäre dauerte die chemische Evolution. Die biologische Evolution begann mit der Entstehung der ersten Organismen. Sie ist bis heute die treibende Kraft im System Erde.

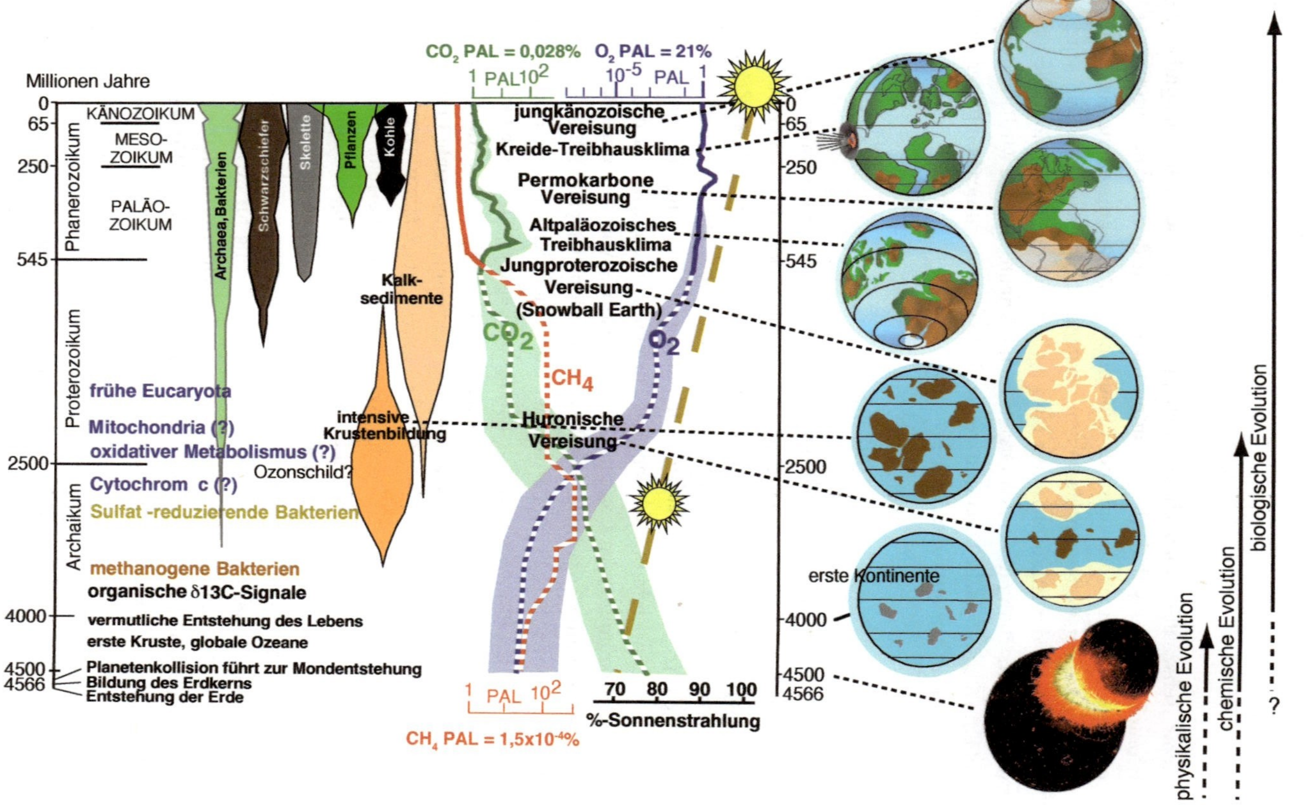

renzdruck, der zur Selektion und damit zum Überleben der «fittesten» führt, d. h. zum Überleben jener, die an die gegebenen, natürlichen Umweltbedingungen am besten angepasst sind. Wie die Anpassung von einer Generation an die nächste weitergegeben wird, konnte Darwin allerdings nicht erklären. Erst **Gregor Mendel** (1822–1884) konnte zeigen, dass bestimmte Merkmale in genau definierter und vorhersagbarer Weise vererbt werden (Abb. 3-2). Er gilt damit als Begründer der Genetik. Obwohl er seine Ergebnisse schon 1866 veröffentlichte, fanden sie erst zu Beginn des 20. Jahrhunderts Eingang in die Evolutionstheorie. Durch die Entdeckung der Chromosomen als Träger des Erbgutes 1910 durch **Thomas Hunt Morgan** und durch die Entschlüsselung der DNA 1953 durch **James Watson, Francis Crick** und **Maurice Wilkins** (unter Verwendung gestohlener Daten von **Rosalind Franklin**) wurde auch auf molekularer Ebene eine Erklärung für die Evolutionstheorie möglich. Die **DNA** ist ein langer, in sich gewundener Molekülstrang (Doppelhelix), der durch Zucker und Phosphate gebildet wird. In der Doppelhelix gibt es Quersprossen, die aus Nukleinbasenpaaren bestehen. Die Abfolge dieser Basenpaare bildet ein Kodierungssystem, in dem die Erbinformation gespeichert ist. Durch die Rekombination bei der Fortpflanzung und durch Mutation kommt es zu Änderungen im Kodierungssystem und damit in der Erbinformation (Abb. 3-4). Auf diese Weise wird die genetische Vielfalt innerhalb einer Art sehr groß. Jedes Individuum ist genomisch einzigartig und reagiert damit individuell auf Umweltfaktoren und Konkurrenzdruck.

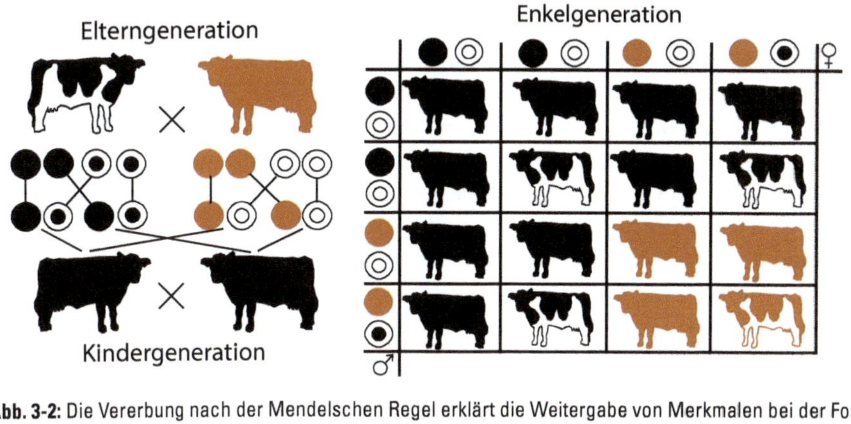

Abb. 3-2: Die Vererbung nach der Mendelschen Regel erklärt die Weitergabe von Merkmalen bei der Fortpflanzung. Erbanlagen sind bei den meisten Lebewesen doppelt (diploid) angelegt. Gleiche Erbanlagen heißen «homozygot» («reinerbig») und sind selten, meist das Ergebnis von Züchtung. Ungleiche Erbanlagen sind der Normalfall und werden als «heterozygot» («mischerbig») bezeichnet. Heterozygote Erbanlagen sind entweder gleich gewichtig, was zur Merkmalsmischung führt, oder ungleich gewichtig. Falls Letzteres der Fall ist, setzt sich das dominante Chromosom durch, das rezessive wird im Phänotyp unterdrückt. Das rezessive Chromosom kommt nur zur Ausprägung, wenn es doppelt vorhanden ist. Im Beispiel sind die Merkmale einfarbig und schwarz dominant, gescheckt und braun rezessiv (modifiziert nach Ziegler 1992). Aus einer schwarzweiß gescheckten und einer braun einfarbigen Elterngeneration folgen nur einfarbig schwarze Junge, die aber heterozygote Erbanlagen haben. In der Enkelgeneration kommt es dann zu einem klaren Verteilungsmuster: neun einfarbig schwarze, drei schwarzweiß gescheckte, drei braun einfarbige und ein braunweiß geschecktes Rind.

3.2 Mikro- und Makroevolution

Als **Mikroevolution** wird die innerartliche Evolution bezeichnet, die sich mit den genetischen Mechanismen der Zellteilung, Fortpflanzung und Mutation erklären lassen. Bei der **Zellteilung** werden die Zellbestandteile (z. B. Organellen, Zellplasma und Zellkern) auf zwei oder mehrere Tochterzellen aufgeteilt. Bei Bakterien ohne Zellkern erfolgt eine einfache Replikation (Verdopplung der DNA) mit anschließender Zellteilung. Eukaryoten besitzen einen Zellkern, in dem die Chromosomen konzentriert sind. Die Chromosomenzahl ist bei jeder Art genau festgelegt, beim Menschen sind es z. B. 23 Paare, also 46 Chromosomen. Hier gibt es im Wesentlichen zwei Wege der Zellteilung, die Mitose und die Meiose. Bei der **Mitose** bilden sich zwei identische Tochterzellen. Dabei wird zunächst die Zellkernmembran aufgelöst, worauf sich eine Spindel bildet, an der die Chromosomen, die aus zwei Chromatiden bestehen, auseinandergezogen werden (Prophase). In der Metaphase werden die Chromosomen in der Zellmitte angeordnet. Durch den Spindelapparat werden die Schwesterchromatiden zu den beiden Spindelpolen gezogen (Anaphase). In der Telophase schnürt sich die Zelle ein und bildet zwei Tochterzellen. Während der Interphase folgt wieder die Verdopplung der Chromatiden. Die Zellteilung von Körperzellen (somatische Zellen) bei Eukaryoten läuft nach diesem Schema ab. Bei der **Meiose** werden die Geschlechtszellen (Gameten) gebildet. Der Verlauf der Meiose ist zunächst analog der Mitose. Anstelle der Interphase der Mitose folgen bei der Meiose je eine zweite Ana- und Telophase. Damit wird die Ausgangszelle in vier haploide Tochterzellen geteilt. Bei dieser Teilung kann es zum Austausch von Chromosomenabschnitten (Crossing-over) kommen, wodurch die Merkmalsvielfalt erhöht wird. Ein Gamet vereinigt sich mit dem Gameten eines anderen Individuums und bildet somit wieder eine diploide Zelle (Zygote). Durch die Verschmelzung kommt es zur Neukombination der Chromosomen. Aus der Zygote entwickelt sich ein neues Individuum, das Merkmale beider Eltern beinhaltet (Abb. 3-3 und 3-4).

Mutationen sind Änderungen im Erbgut, die durch Neukombination bei der Mitose und Meiose, z. T. auch durch Fehler bei der Chromosomentrennung und der Zellteilung entstehen. Zusätzlich werden sie auch durch Strahlung, Chemikalien oder Viren ausgelöst. Mutationen sind ungerichtet und meist ohne sofortige Auswirkung. Sie erweitern den Genpool. Die Mutationsrate ist mit etwa 1:100 000 pro Gen sehr gering. Da aber jeder Organismus viele Gene besitzt, kommen bei vielen Mitgliedern einer Population zahlreiche Mutationen vor. Große Mutationssprünge sind meist negativ. Oft sind sie letal oder führen zu mehr oder weniger starken Missbildungen (z. B. Trisomie 21 beim Menschen; hier ist das Chromosom 21 teilweise oder vollständig dreifach vorhanden).

Die Auswirkungen von Mutationen treten meistens erst bei Veränderungen der Umweltbedingungen in Erscheinung (Präadaptation). Selektion führt zu Strukturvarianten mit veränderten Eigenschaften, Formen und Proportionen und somit schließlich zur Artenneubildung. Mutationen setzen sich in kleinen Populationen rasch durch.

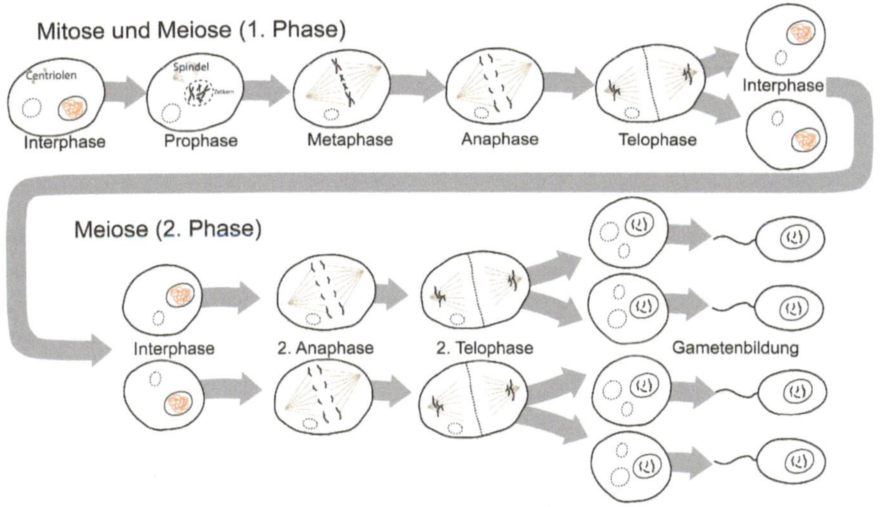

Abb. 3-3: Vereinfachtes Schema der Mitose und Meiose. Bei der Mitose werden die doppelt vorhandenen Chromosomen auf zwei Tochterzellen verteilt und anschließend wieder verdoppelt. Bei der Meiose erfolgt nach der Teilung keine Verdopplung, sondern eine zweite Teilung, bei der die Chromosomen halbiert und zu Geschlechtszellen werden. Nach deren Rekombination entwickelt sich ein neues Individuum.

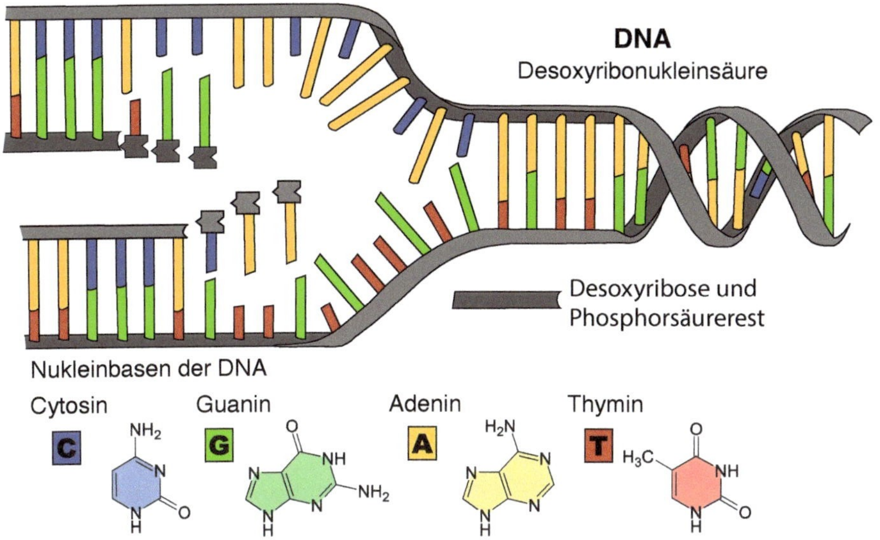

Abb. 3-4: Aufspaltung der DNA während der Rekombination. Die DNA besteht aus einer von Zucker und Phosphorsäureresten aufgebauten Doppelhelix. Die Quersprossen in der Helix werden durch Nukleinbasenpaare gebildet, deren Abfolge die Erbinformation beinhaltet (modifiziert nach Wikipedia).

Unter «**Makroevolution**» versteht man Entwicklungen oberhalb der Artebene, die zu größeren Veränderungen mit neuen Bauplantypen führen. Die Mechanismen der Makroevolution sind weitgehend unklar. Viele Evolutionsbiologen vermuten, dass es die gleichen sind wie bei der Mikroevolution, aber über längere Zeiträume wirksam. Lange wurde deshalb allgemein von einer graduellen Entwicklung (**Gradualismus**) mit ungefähr konstanter Evolutionsrate ausgegangen. In der Erdgeschichte sind aber häufig Phasen sehr rascher Evolution beobachtbar. Solche «Evolutionssprünge» sind bei der Neubesiedlung von Lebensräumen, z. B. bei der kambrischen Explosion und beim Landgang der Pflanzen und Tiere oder nach Massenaussterben mit reduzierter Besiedlungsdichte besonders gut dokumentiert. Möglicherweise können sich wegen des geringeren Konkurrenzdrucks zu solchen Zeiten mehrere Strukturvarianten durchsetzen, die zu verschiedenen Entwicklungslinien führen. Phasen dieser raschen Evolution werden auch als **Punktualismus** (**punctuated equilibrium** nach **Niles Eldridge** und **Stephen Jay Gould**) bezeichnet. Sie unterscheiden sich deutlich von «normalen», langsamen Entwicklungsphasen. Als mögliche genetische Erklärung für die Makroevolution werden regulative Gene (z. B. Hox-Gene) angeführt. Regulative Gene können funktionell zusammenwirkende Abschnitte der DNA aktivieren oder deaktivieren. Mutationen an regulativen Genen können deshalb deutliche Bauplanänderungen hervorrufen.

Bei Entwicklungslinien durch die Zeit kommt es sehr häufig zur Bildung von Schwesterarten durch Artaufspaltung (**Kladogenese**). Wenn sich aus einer Art eine neue durch Weiterentwicklung bildet, ohne dass es zur Artaufspaltung und Ausbildung einer Schwesterart kommt, spricht man von **Anagenese**. Belege für Makroevolution werden vor allem von der Paläontologie geliefert (Abb. 3-5 bis 3-7).

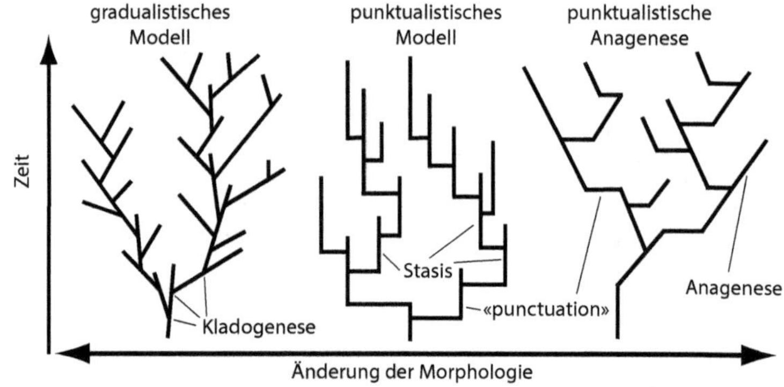

Abb. 3-5: Möglichkeiten der phylogenetischen Entwicklung. Links: Das gradualistische Modell ist durch langsame Übergänge mit Aufspaltung in zwei (oder mehrere) Arten gekennzeichnet (Kladogenese). Mitte: Rasche, nahezu übergangslose Artentstehung («punctuation»), die sich mit Phasen geringer Weiterentwicklung (Stasis) abwechseln, werden im punktualistischen Modell beschrieben. Rechts: Eine sprunghafte Artneubildung wechselt mit Phasen der Weiterentwicklung einer Art ohne Aufspaltung (Anagenese).

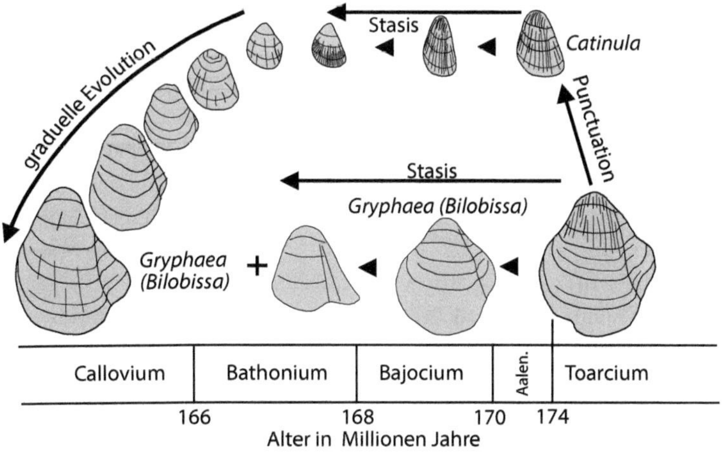

Abb. 3-6 Die phylogenetische Reihe der jurassischen Muschel *Gryphaea* (*Bilobissa*) als Beispiel für Gradualismus und Punktualismus. Im Toarcium kam es zu einer sehr raschen Artneubildung («punctuation») von *Gryphaea* (*Bilobissa*) zu *Catinula*. *Gryphaea* (*Bilobissa*) entwickelte sich vom Toarcium bis zum Bathonium nur geringfügig weiter (Stasis), und starb schließlich im Bathonium aus. *Catinula* entwickelt sich zunächst ebenfalls kaum (Stasis) und durchläuft im Oberbathonium und Callovium eine graduelle Evolution, wobei sie eine sehr ähnliche Morphologie annimmt wie die *Gryphaea (Bilobissa)* aus dem Toarcium (modifiziert nach Johnson 1993).

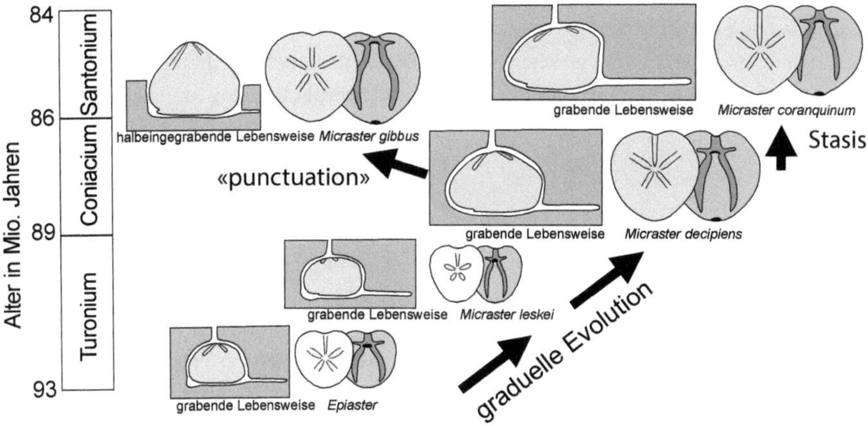

Abb. 3-7: Die phylogenetische Entwicklung des Seeigels *Micraster* in der Oberkreide zeigt sowohl Gradualismus als auch Punktualismus (modifiziert nach Smith 1984).

3.3 Stammbäume und Kladogramme

Bereits 1837 zeichnete Darwin eine rohe Skizze eines Stammbaums in sein Notizbuch. Noch vor ihm (1804) versuchte auch bereits Lamarck die Tierwelt in einem Stammbaum darzustellen. Franz Hilgendorf (1839–1904) erstellte 1866 den ersten Stammbaum für fossile Schnecken *(Planorbis multiformis)* aus dem Steinheimer Becken. Im gleichen Jahr zeichnete auch Ernst Haeckel seinen bereits verblüffend vollständigen Stammbaum der Einzeller, Pflanzen und Tiere.

Zur Darstellung der phylogenetischen Entwicklung werden in der Biologie und Paläontologie Stammbäume und Kladogramme nach verschiedenen Methoden konstruiert. Kladogramme stellen Verwandtschaftsverhältnisse in einfachen, sich meist in zwei Äste aufspaltenden Diagrammen ohne Zeitachse dar. Jeder Ast zeichnet sich durch ein neu erworbenes, abgeleitetes Merkmal (Apomorphie) aus. Die untersuchten Taxa sind immer Endglieder (Abb. 3-5). In Stammbäumen werden für eine bestimmte Verwandtschaftsgruppe fossile und, sofern vorhanden, heutige Vertreter in eine verwandtschaftliche und zeitliche Beziehung gebracht. Teilweise werden auch beide Darstellungsformen kombiniert. In der Biologie wird heute überwiegend mit der genetischen Ähnlichkeit bzw. Unähnlichkeit (Distanzmaß) gearbeitet, um den Grad der Verwandtschaft festzulegen. Über das Distanzmaß kann näherungsweise der Zeitpunkt der Auseinanderentwicklung von Organismen oder Organismengruppen bestimmt werden. Die Paläontologie stützt sich auf morphologische Merkmale. Sie hat damit die Möglichkeit, Aussagen der Molekulargenetik zu überprüfen und zu korrigieren. Zusätzlich kann sie die heute nicht mehr existierenden Organismen oder Organismengruppen mit einbeziehen, was der Molekulargenetik nicht möglich ist. In vielen Fällen werden inzwischen molekulargenetische und morphologische Methoden kombiniert.

3.4 Gesetzmäßigkeiten der Evolution

Die Evolution ist wie die Mutation ungerichtet. Scheinbar gerichtet ist die phylogenetische Größenzunahme, die bei vielen Organismengruppen auftritt. Sie beruht aber darauf, dass Größe meistens ein Selektionsvorteil ist. Eine scheinbar gerichtete Entwicklung wird auch durch Umwelteinflüsse und Selektion erzeugt, wenn baukonstruktiv kein anderer Weg möglich ist. In der Evolution sind einmal gebildete Strukturen Vorgaben (Zwänge) für die folgenden Entwicklungen. Die Rückentwicklung fortgeschrittener Merkmale ist nicht mehr möglich (Dollo-Regel, benannt nach Louis Dollo, einem belgischen Paläontologen). So konnten zum Beispiel Paar- und Unpaarhufer, die ihre Zehenzahl reduziert haben, keine Arten mehr ausbilden, die eine vermehrte Zehenzahl aufweisen. Ebenso bildeten sekundär an das Wasserleben angepasste Reptilien und Säugetiere keine Kiemen mehr aus, obwohl sie in ihrer Embryonalphase welche haben. Ein sehr gutes Beispiel sind auch die Extremitäten der tetrapoden Wirbeltiere: Sie sind häufig so spezialisiert, dass eine Rückentwicklung undenkbar ist (Abb. 3-9, siehe auch Kap. 6).

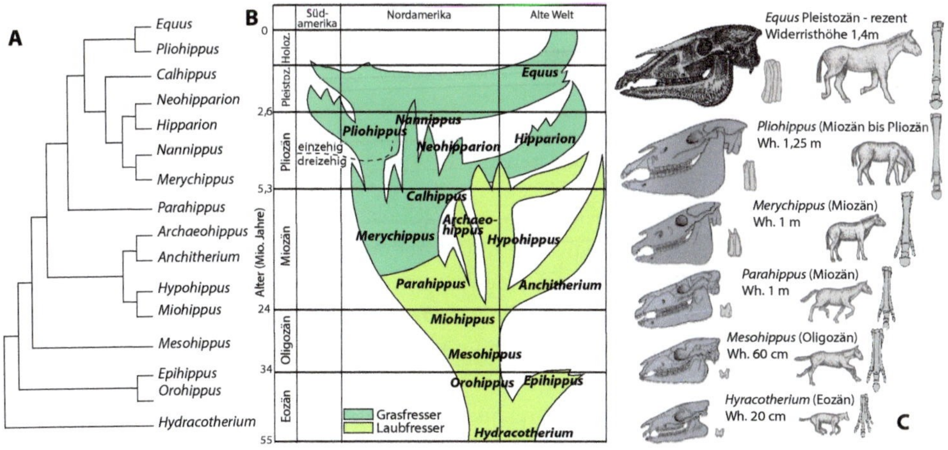

Abb. 3-8: A: Vereinfachtes Kladogramm der Pferdeentwicklung. B: Vereinfachter Stammbaum der Pferdeentwicklung. C: Morphologische Entwicklungsreihe der Pferdevorläufer, welche direkte Vorfahren der heutigen Pferde sind. Veränderungen bei der phylogenetischen Entwicklung der Pferde betreffen die Zunahme der Körpergröße, die Reduktion der Zehenzahl und die Entwicklung eines hochkronigen Gebisses bei der Umstellung von Laub- auf Grasnahrung.

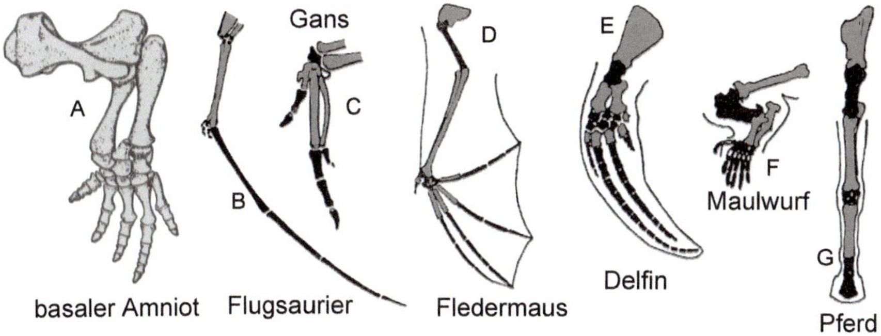

Abb. 3-9: A: Die ursprüngliche Tetrapodenextremität (Armskelett) eines basalen Amnioten. B–G: Die Spezialisierung des Armskeletts ist bei vielen Reptilien, Vögeln und Säugetieren so weit fortgeschritten, dass eine Rückentwicklung ausgeschlossen ist.

Organismen verändern durch ihre Lebensaktivitäten (z. B. Atmung, Stoffwechsel) die Umwelt, in der sie leben, und damit ihre eigenen Grundlagen. Für die veränderten Umweltbedingungen sind neue evolutive Anpassungen erforderlich. Das bedeutet, dass Organismen sich ständig verändern und neu anpassen müssen, um erfolgreich zu sein. Die Evolution ist folglich selbstinduktiv. Diese Überlegung hat zur Red-Queen-Hypothese von **Leigh Van Valen** geführt, in der er ausführt, dass Arten sich ständig weiterentwickeln müssen, wenn sie im Wettbewerb mit anderen Arten nicht zurückbleiben wollen. Die Metapher entlehnte

Van Valen aus dem Kinderbuch «*Alice im Spiegelland*» von Lewis Carroll. Darin erklärt die Rote Königin Alice, dass sie so schnell laufen muss wie sie kann, um an der gleichen Stelle zu bleiben.

3.5 Erdgeschichtliche Entwicklungen

Langsame, graduelle Entwicklungen, z. B. Klimaänderungen und paläogeographische Umgestaltungen durch Plattenwanderungen und Meeresspiegelschwankungen, führen zu langsamen, graduellen evolutiven Innovationen. Abrupte Veränderungen (terrestrische und extraterrestrische Katastrophen, z. B. extreme Vulkanausbrüche oder Impaktereignisse) führen zum Aussterben von Arten und Taxa höherer Ordnung. Damit werden viele vorher besetzte Ökonischen frei. Die Folge davon sind Radiationsschübe. Diese Muster sind bei den Veränderungen der Organismendiversität durch das Phanerozoikum deutlich erkennbar (Abb. 3-10 und 3-11). Beispiele für Radiationsschübe in der Erdgeschichte sind die Eroberung des vorher weitgehend unbewohnten Festlandes durch Landpflanzen im Silur (siehe Kap. 12) und durch die Amniota im Karbon und Perm (siehe Kap. 31). In ähnlicher Weise breiteten sich die Archosauria in der Trias aus, nachdem die meisten Synapsida an der Perm/Trias-Grenze ausgestorben waren. Nach dem Trias/Jura-Massenaussterben lösten die Dinosauria die Archosauria ab und ebenso die Säugetiere die Dinosauria nach dem Kreide/Paläogen-Massenaussterben.

Die Evolution der marinen Organismen im Phanerozoikum lässt sich in drei Abschnitte gliedern. Die kambrische Fauna aus einfachen Formen (Trilobita und inartikulate Brachiopoda) verliert bereits im Paläozoikum an Bedeutung. Nur wenige Formen sind auch noch rezent vorhanden. Die paläozoische Fauna (z. B. Graptolithina, Crinoidea, artikulate Brachiopoda und Cephalopoda) hat im Zeitraum Ordovizium bis Perm ihr Maximum, existiert aber noch heute. Die moderne Fauna hat ihre Hauptverbreitung in postpaläozoischer Zeit. Die fünf großen Massenaussterben führten immer wieder zu einem großen Diversitätsverlust (Abb. 3-10), der aber durch nachfolgende Radiationsschübe kompensiert wurde. Die Entwicklung der Landorganismen wird ebenfalls durch die großen Massenaussterbeereignisse geprägt (siehe auch Kap. 7 Stratigraphie).

3.6 Ontogenie und Evolution

Bereits 1828 fiel dem Zoologen Karl Ernst von Baer die große Ähnlichkeit früher Embryonalstadien von Wirbeltieren auf (Abb. 3-12). Auf Basis dieser Beobachtung formulierte Ernst Haeckel (1866) die **biogenetische Grundregel** (oder Rekapitulationstheorie), die die Ontogenie als eine verkürzte Rekapitulation der Phylogenie beschreibt. Die Allgemeingültigkeit dieser Regel wird inzwischen bezweifelt, weil z. B. viele Larvalentwicklungen nicht in das vorgegebene Schema passen. Bei Wirbeltieren besteht aber tatsächlich eine große Ähnlichkeit der frühen Embryonalstadien. Möglicherweise beeinflussen bestimmte Hox-

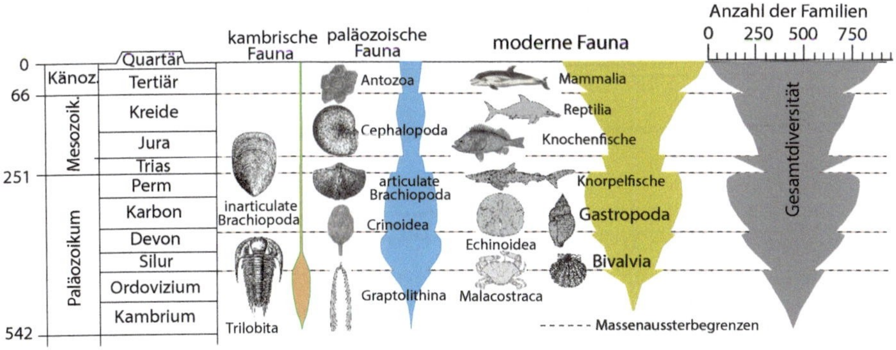

Abb. 3-10: Die Evolution der marinen Organismen im Phanerozoikum (modifiziert nach Sepkoski 1981). Die Diversitätsentwicklung wird deutlich von den großen Massenaussterbeereignissen geprägt.

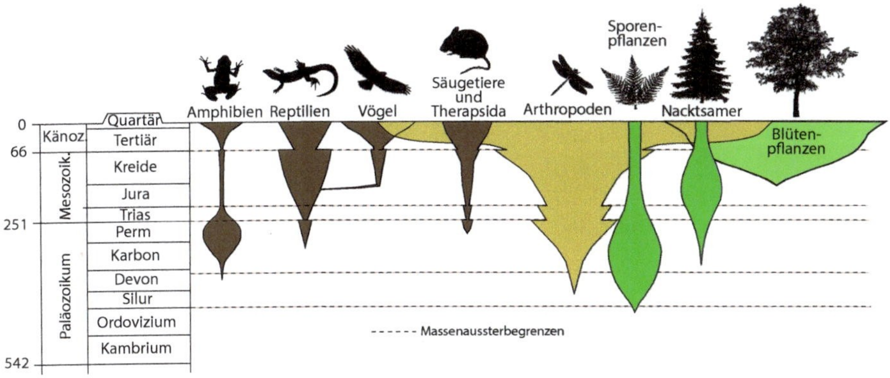

Abb. 3-11: Die wichtigsten terrestrischen Organismengruppen. Die Besiedlung der Festländer beginnt bei den Pflanzen im Ordovizium. Arthropoda gibt es seit dem Silur und Landwirbeltiere seit dem Devon. Auch hier zeigen sich die Auswirkungen der fünf großen Massenaussterbeereignisse sehr deutlich (modifiziert nach Benton & Harper 2009).

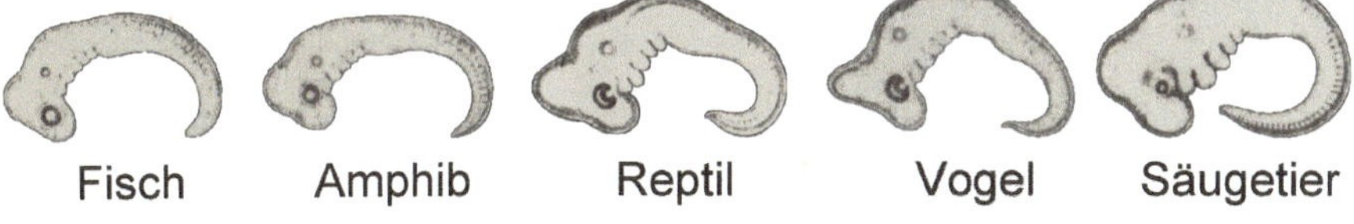

Abb. 3-12: Die große Ähnlichkeit der frühen Embryonalstadien veranlasste Ernst Haeckel, die biogenetische Grundregel aufzustellen, die die Ontogenie als eine verkürzte Rekapitulation der Phylogenie beschreibt (modifiziert nach Haeckel 1866).

Gene, die bereits früh in der Stammesgeschichte gebildet wurden, die Morphogenese und prägen so die verblüffende Ähnlichkeit.

3.7 Wege der Artbildung

Durch Mutationen können neue Arten entstehen. Wenn im gleichen Areal durch Hybridisierung (Mischung der Chromosomen verwandter Arten) neue Arten entstehen, spricht man von **sympatrischer Artentstehung,** die z. B. bei Bakterien, Schwämmen und Korallen oder durch Allopolyploidie (Vermischung und Verdopplung der Chromosomen verschiedener Arten), z. B. bei Pflanzen, auftritt. Bei höheren Metazoa ist die sympatrische Artentstehung sehr selten. Die **allopatrische Artentstehung** ist an die geographische Isolation geknüpft. Die Entstehung von Barrieren (Gebirge oder Ozeane) verursacht die Trennung vorher einheitlicher Areale. Die vorher einheitliche Population wird dadurch in zwei oder mehrere Populationen geteilt, die sich nach der Teilung unabhängig weiterentwickeln und schließlich getrennte neue Arten bilden. Die Begriffe «sympatrische» und «allopatrische Artentstehung» gehen auf den Evolutionsbiologen Ernst Mayr (1904–2005) zurück.

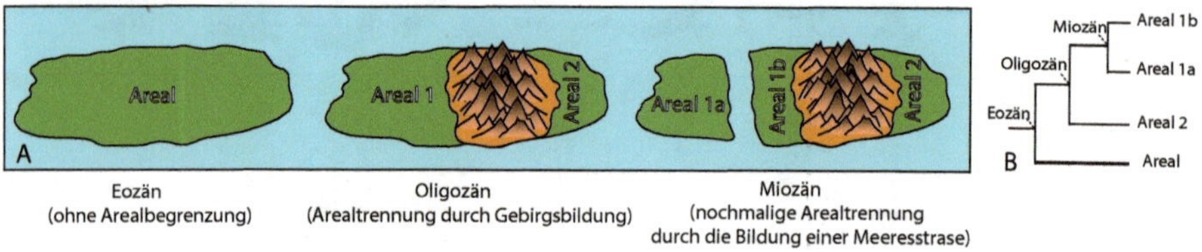

Abb. 3-13: A: Die allopatrische Artentstehung erfolgt durch die Trennung von Populationen durch Barrierebildung. Ein einheitliches Areal wird durch die Entstehung von Gebirgen und Meeresstraßen in drei Areale geteilt, in denen sich jeweils neue Arten entwickelten. B: Die Trennungsschritte sind mit einem Kladogramm rekonstruierbar (modifiziert nach Brenchley & Harper 1998).

Weiterführende Literatur

Benton, M. J. & Harper, D. A. T. (1997): Basic Palaeontology.- 342 pp., Longman.
Benton, M. J. & Harper, D. A. T. (2009): Introduction to Palaeobiology and the fossil record.- 592 pp., Wiley-Blackwell.
Benton, M. J. (1998): The quality of the fossil record of vertebrates. In: Donovan, S. K. & Paul, C. R. C. (eds): The adequacy of the fossil record. 269–303; Wiley.
Brenchley, P. J. & Harper, D. A. T. (1998): Palaeoecology: ecosystems, environments and evolution. 402 pp.; Chapman & Hall.
Briggs, D.E.G. & Crowther, P.R. (2001): Paleobiology II.- 583 pp, Blackwell.
Carroll, R. L. (1987): Vertebrate paleontology and evolution.- 711 pp., Freeman.
Carroll, R. L. (1997): Patterns and processes of vertebrate evolution.- 448 pp., Cambridge University Press.
Stanley, S. M. (1973): Effects of Competition on Rates of Evolution, with Special Reference to Bivalve Mollusks and Mammals.- Systematic Zoology 22(4): 486–506.
Ziegler, B. (1992): Allgemeine Paläontologie.- 248 S.; Schweizerbart.

Zitierte Literatur

Benton, M. J. & Harper, D. A. T. (2009): Introduction to Palaeobiology and the fossil record.- 592 pp., Wiley-Blackwell.
Brenchley, P. J. & Harper, D. A. T. (1998): Palaeoecology: ecosystems, environments and evolution. 402 pp.; Chapman & Hall.
Eldredge, N., Gould, S. J. (1972): *Punctuated equilibria: an alternative to phyletic gradualism.* In: Schopf, T. (ed.): Models in Paleobiology, 82–115, Freeman, Cooper and Co., San Francisco.
Haeckel, E. (1866): Generelle Morphologie. I: Allgemeine Anatomie der Organismen. II: Allgemeine Entwickelungsgeschichte der Organismen.- Reimer, Berlin.
Johnson, A. L., A. (1993): Evolution of European Lower Jurassic Gryphaea (Gryphaea) and contemporaneous bivalves.- Historical Biology, vol. 7, no. 2, pp. 167–186.
Sepkoski, J. John Jr. (1981): A factor analytic description of the Phanerozoic marine fossil record.- Paleobiology 7: 36–53.
Smith, A. B. (1984): Echinoid Paleobiology.- Special Topics in Palaeontology 190 p., Allen & Unwin.
Van Valen, L. (1973): A new evolutionary law.- In. Evolutionary Theory 1, 1–30.
Ziegler, B. (1992): Allgemeine Paläontologie.- 248 S.; Schweizerbart.

4 Ökologie und Paläoökologie

Die Ökologie und die Paläoökologie behandeln die Beziehung zwischen verschiedenen Organismen und zwischen Organismen und ihrer Umwelt. Der Begriff «Ökologie» wurde von Ernst Haeckel 1866 definiert. Er beinhaltet sowohl die abiotische Umwelt, die durch physiko-chemische Faktoren bestimmt ist, als auch die Interaktion mit anderen Lebewesen der gleichen Art oder anderer Arten.

Organismen sind an ihren Lebensraum gebunden, der durch die Gegebenheiten auf der Erde definiert wird. Die Flächenanteile der Lebensräume werden in der hypsographischen Kurve dargestellt. Großflächige Lebensräume sind z. B. terrestrische Flachländer und die Tiefseeböden. Vergleichsweise enge Lebensräume sind die Küstenbereiche, die Schelfe, Hochgebirge und Tiefseegräben. Durch Meeresspiegelschwankungen in der Erdgeschichte verschieben sich die prozentualen Anteile der verschiedenen Lebensräume zueinander. In der Oberkreide, als der Meeresspiegel sehr hoch war (bis 250 m über dem heutigen Stand), war die Festlandsfläche erheblich kleiner. Während der pleistozänen Eiszeiten lag der Meeresspiegel hingegen 100–140 m unter dem heutigen Niveau. Entsprechend war die Festlandsfläche deutlich größer (Abb. 4-1). Die Flachlandgebiete und die Ozeane sind die wichtigsten Lebensräume für die Biologie und Paläontologie. Sie sind heute am dichtesten von Organismen besiedelt und waren es auch in der Erdgeschichte. Im flachmarinen Bereich ist die Fossilüberlieferung am wahrscheinlichsten. Dort werden Schalen und Skelettreste von Sediment überdeckt und können erhalten werden. Überlieferung am Festland erfolgt überwiegend nach Transport in Seen oder Karstspalten. Tiefseesedimente werden im plattentektonischen Zyklus subduziert und sind deshalb max. 160 Mio. Jahre alt. Ältere Daten über Organismen aus Tiefseesedimenten sind nicht vorhanden.

4.1 Marine (aquatische) Lebensräume und Organismen

Das **Plankton** umfasst alle Organismen, die im Wasser schweben und mit der Strömung verdriften. Es sind überwiegend sehr kleine Formen. Das **Bakterienplankton** stellt die kleinsten Planktonvertreter mit ~ 0,1–2 µm Größe. Dazu gehören z. B. die Cyanobakterien als aerobe und die Clorobiaceen als anaerobe Primärproduzenten sowie eine Vielzahl von aeroben und anaeroben, heterotrophen Bakterien. Sie sind fossil schlecht erhaltungsfähig und werde überwiegend durch Biomarker nachgewiesen (siehe Kap. 1 und Kap. 10). Zum **Phytoplankton** (~ 2–30 µm Größe) gehören die von Licht abhängigen eukaryotischen Primärproduzenten. Viele Vertreter des Phytoplanktons haben mineralisierte oder organische Hartteile, die fossil überlieferungsfähig sind. Coccolithophoriden gehören zum kalkigen, Diatomeen (Bacillariophyta) zum kieseligen Phytoplankton. Dinoflagellaten, Acritarchen und Grünalgen (Prasinophytae) besitzen resistente organische Zellwände (siehe Kap. 10).

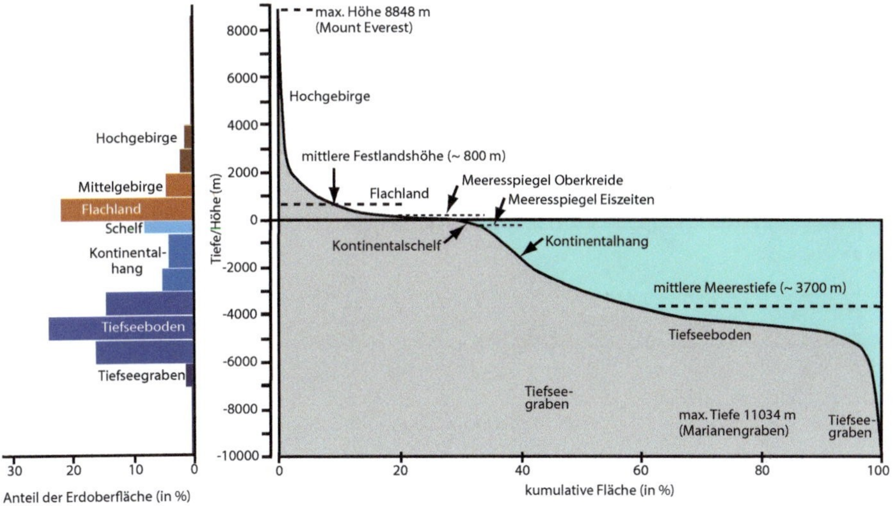

Abb. 4-1: Die Flächenanteile der Lebensräume am Festland und im Ozean werden in der hypsographischen Kurve dargestellt. Durch Meeresspiegelschwankungen verschieben sich die prozentualen Anteile der Lebensräume.

Das **Zooplankton** lebt heterotroph und wird zu den Primärkonsumenten (auch «Konsumenten erster Ordnung» genannt) gezählt. Als Nahrung dient das Phytoplankton. Die wichtigsten Vertreter sind die kalkschaligen Foraminiferen und die kieseligen Radiolarien (siehe Kap. 10). Ferner gehören dazu auch kleine Krebse (z. B. Copepoda) und Metazoenlarven (z. B. Veligerlarven der Mollusca, Echinopluteus der Seeigel und Naupiluslarven der Krebstiere, Abb. 4-2). Die Größe des Zooplanktons reicht normalerweise von 0,1–2 mm, kann aber bis mehrere cm betragen.

Als **Pleuston** werden an der Wasseroberfläche treibende Organismen bezeichnet. Manche Quallen und die Floßschnecke *(Janthina)* zählen zu dieser Gruppe.

Alle aktiven Schwimmer in aquatischen Ökosystemen werden zum **Nekton** gerechnet. Dazu gehören Tintenfische, Schwimmkrebse, Fische, marine Reptilien und Säuger. Unter «**Nektoplankton**» versteht man Organismen, die zwar aktiv schwimmen können, im Wesentlichen aber über Strömungen verdriften, z. B. Quallen (Medusen).

Das Leben am Meeresboden wird als **Benthos** bezeichnet. Dazu gehören z. B. Muscheln, Krebse, Schwämme, Korallen, Echinodermen und «Würmer». Einzeller sind ebenfalls ein wichtiger Bestandteil des Benthos. Epibenthos (oder Epifauna) lebt auf dem Meeresboden, entweder frei (mobiles Benthos, z. B. Gastropoden, Seesterne oder Crustaceen) oder fest (sessiles Benthos, z. B. Korallen, Schwämme, viele Muscheln). Semi-Endobenthos und Endobenthos (oder Semi-Infauna und Infauna) lebt teilweise oder ganz im Sediment, ebenfalls entweder mobil oder weitgehend ortsfest.

Bei allen marinen Organismen, mit Ausnahme der aquatischen Reptilien, Vögel und Säugetiere, erfolgt der Gasaustausch mit dem Umgebungswasser über die Zellmembran, Haut oder Kiemen.

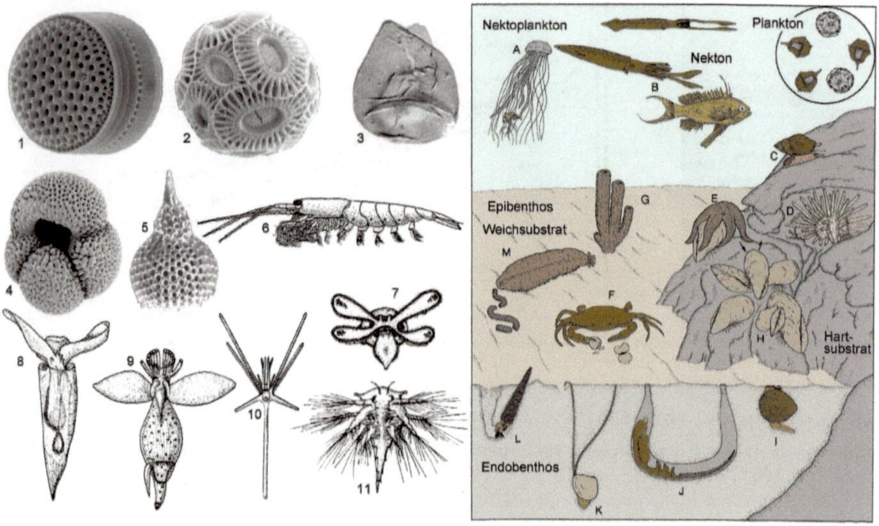

Abb. 4-2: Häufige Organismen des marinen Lebensraums. Links: Plankton: 1: Diatomeen; 2: Coccolithophorida; 3: Dinoflagellata; 4: Foraminifera; 5: Radiolaria; 6: Krill (Crustacea); 7: Gastropoden-Veliger (Schneckenlarve); 8, 9: Pteropoda (Flügelschnecken, planktonische Schnecken); 10: Echinopluteus (Seeigellarve); 11: Cirripedier-Nauplius (Seepockenlarve). Rechts: Nektoplankton: A: Meduse; Nekton: B: Calmare und Fische; Benthos: Mollusca; C: Wellhorn *(Buccinum)*; H: *Mytilus;* I: Herzmuschel *(Cardium)*; K: Tellmuschel *(Macoma)*; F: Krabbe (Crustacea); G: Schwamm (Porifera); Polychaeta; J: *Arenicola;* L: Trompetenwurm; Echinodermata; D: Seeigel; E: Seestern; M: Seegurke (kompiliert nach Ott 1988 und Raup & Stanley 1978).

Der marine Lebensraum wird in das Litoral (Küstenregion), in den neritischen Bereich (Flachwasserzonen bis 200 m) und in den pelagischen Bereich (küstenferne Hochsee) gegliedert. Die neritische Zone entspricht in etwa dem Schelfbereich. Die pelagische Zone wird nach der Wassertiefe in epipelagisch, bathypelagisch, abyssopelagisch und hadal gegliedert (Abb. 4-3). Die photische Zone ist der vom Licht durchdrungene Bereich der Wassersäule. Sie reicht abhängig von der Wassertrübe und vom Lichteinfallswinkel bis etwa 200 m Wassertiefe (Abb. 4-4).

4.2 Terrestrische Lebensräume

Am Festland fehlt die Auftriebswirkung des Wassers, deshalb benötigen die meisten Organismen organische oder mineralische **Stützstrukturen,** wie z. B. Holz oder Knochen (siehe Kap. 1). Im Gegensatz zu den meisten marinen Primärproduzenten sind Pflanzen orts-

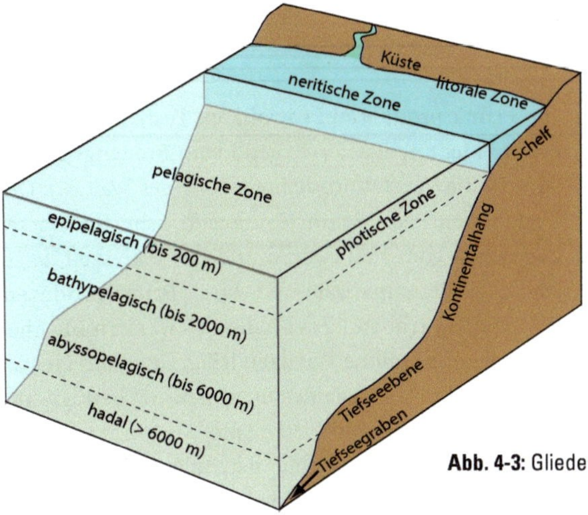

Abb. 4-3: Gliederung des marinen Lebensraums.

fest und mit ihren Wurzeln fest im Boden verankert. Das aus dem Boden bezogene Wasser wird über die Leitbündel bis in die Kronen der Bäume transportiert. Alle Landorganismen benötigen einen **Verdunstungsschutz,** um den Wasserverlust gering zu halten. Landpflanzen regulieren ihren Gasaustausch über ihre Spaltöffnungen. Dabei kommt es zum Wasserverlust (Transpiration). Hautatmende Tiere müssen ihre Schleimhaut ausreichend mit Feuchtigkeit versorgen (z. B. lungenlose Salamander), da sie sonst ersticken. Auch die Tracheen- und Lungenatmung sind mit Wasserverlust verbunden, der ausgeglichen werden muss. Zur Vermeidung von Wasserverlust dienen auch leistungsfähige Malpighische Gefäße bei Landartropoda und Nieren bei Wirbeltieren.

Den marinen Tiefenstufen entsprechen an Land die Höhenzonen vom Flachland über Hügelland zu Mittel- und Hochgebirge. Fast alle Pflanzen und die meisten Tiere leben auf der Landoberfläche. Daneben dienen auch Höhlen und Bäume als Habitat. Viele Insekten, Flugsaurier, Vögel und manche Säugetiere sind bzw. waren zum Fliegen befähigt.

4.3 Ökologische Faktoren

Jeder Lebensraum wird durch ökologische Faktoren oder Umweltfaktoren geprägt und limitiert. Dabei werden abiotische und biotische Faktoren oder Rahmenbedingungen unterschieden. Die Art und Wirksamkeit der Faktoren hängt vom Lebensraum ab; jene des Festlands unterscheiden sich von jenen des marinen Lebensraums. Im Folgenden wird der Schwerpunkt auf die Ökofaktoren im marinen Lebensraum gelegt. Die **abiotischen Faktoren** legen die physikochemischen Rahmenbedingungen in einem Lebensraum fest. Durch sie werden das Auftreten und die Häufigkeit der dort lebenden Organismen bestimmt.

4.3.1 Abiotische Ökofaktoren

Licht

Licht ist von großer Bedeutung für die Primärproduktion, sowohl am Festland wie auch im Wasser. Am Land hängt die verfügbare Lichtmenge vorwiegend vom Breitengrad und der Jahreszeit ab. Ein zusätzlicher Faktor ist die Vegetationsdichte (z. B. eines Waldes). Die Lichtmenge im Unterholz und am Waldboden kann deutlich reduziert sein. Im Wasser wird die Eindringtiefe des Lichtes, abgesehen vom Breitengrad und der Jahreszeit, auch noch von der Wassertrübung durch feine Sedimentpartikel und durch Primärproduzenten festgelegt. Sie kann von wenigen Metern in trüben küstennahen Gewässern bis über 200 m in küstenfernen Ozeanbecken betragen. Koralline Rotalgen leben in klaren Gewässern noch in 270 m Wassertiefe phototroph (Abb. 4-4). Die Restlichtintensität beträgt dort weniger als 0,001 % des Oberflächenwertes. Nur der grün-blaue Anteil des Sonnenlichtes kann bis in diese Tiefe vordringen. Die Eindringtiefe des Lichtes betrifft auch tierische Organismen. Lebewesen mit Augen leben bevorzugt in flachen Gewässern, Lebewesen ohne Augen entweder in großer Tiefe oder grabend im Sediment. «Dämmeraugen» sind eine Spezialanpassung mit sehr großen leistungsfähigen Augen, die auch geringe Restlichtmengen bis in über 600 m Tiefe noch ausnutzen können. Augen bei noch tiefer lebenden Organismen sind an Leuchtorgane gekoppelt. In der Evolution wurden Augen vielfach unabhängig entwickelt. Das Facettenauge der Arthropoda, vor allem bei den Trilobiten, ist der älteste Augentyp und bereits für das Kambrium (um 520 Millionen Jahre) nachgewiesen.

Temperatur

Durch die unterschiedliche Wärmeeinstrahlung in Abhängigkeit von der geographischen Breite stellen sich am Land wie im Ozean unterschiedliche Temperaturen ein. Sie werden durch die Höhe in Gebirgen oder Tiefe in den Ozeanbecken noch weiter modifiziert. Die Zirkulationen in Ozean und Atmosphäre führen zu einem gewissen Ausgleich, der Temperaturkontrast zwischen Äquator und Pol wäre sonst noch größer. Im offenen Ozean variieren die Temperaturen zwischen −1,92 °C am Pol (das entspricht dem Gefrierpunkt von Meerwasser) und 29 °C am Äquator. In der Tiefsee betragen die Temperaturen etwa 0 bis +4 °C. Der Temperaturkontrast an Land ist noch deutlicher zwischen −93 °C auf der Antarktis und +57 °C im Death Valley (USA). Die Verteilung vieler Tier- und Pflanzenarten lassen deutliche Temperaturpräferenzen erkennen, z. B. benötigen Riffkorallen und tropische Regenwälder ganzjährig Temperaturen, die höher als 20 °C sind. Die Temperatur hat auch Einfluss auf die Diversität: Bei niedrigen Temperaturen ist die Diversität generell niedriger als bei hohen.

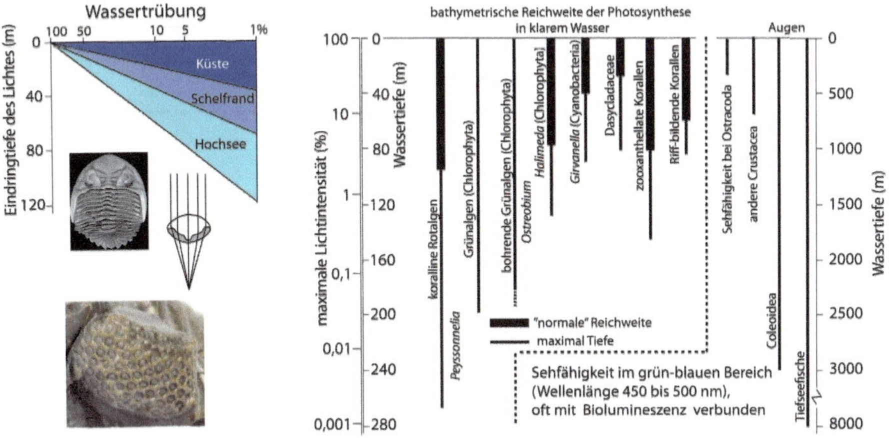

Abb. 4-4: A: Die Eindringtiefe des Lichts in Abhängigkeit zur Wassertrübe; B: Trilobiten haben als erste Tiere Facettenaugen mit Linsen entwickelt (z. B. *Hollardrops* aus dem Unterdevon). Bei dem schizochroalen Augentyp (siehe Kap. 22) können noch die optischen Eigenschaften der Kalzitlinse rekonstruiert werden; C: Rezente Tiefenreichweite der Photosynthese und das Vorkommen von Tieren mit Augen.

In der Erdgeschichte war der Äquator-Pol-Temperaturgradient im Ozean und am Festland oft wesentlich geringer in Zeiten, bei denen die Polregionen eisfrei waren. Auch der Gradient Oberflächenwasser-zu-Tiefenwasser in den Ozeanen war bei dieser Konstellation wesentlich schwächer (Abb. 4-5 und 4-6). Rezente Analogsituationen dafür sind weitgehend abgeschnürte Meeresbecken wie das Mittelmeer und das Rote Meer mit 14° C bzw. 20° C für die Bodenwassertemperatur.

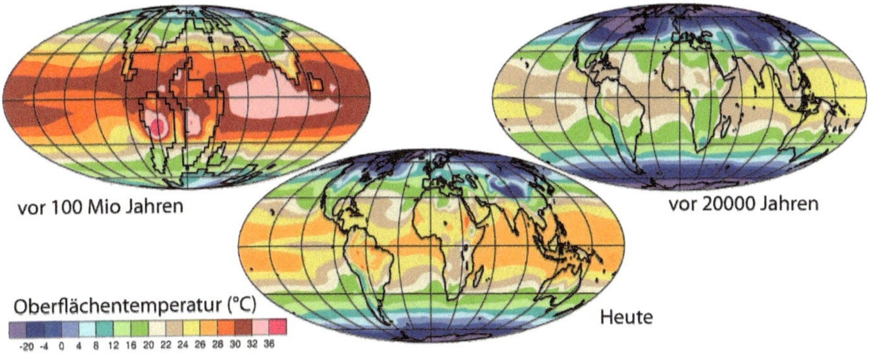

Abb. 4-5: Die Temperatur an der Erdoberfläche während der Kreide vor 100 Mio. Jahren, im Pleistozän vor 20000 Jahren und heute (kompiliert nach Wikipedia).

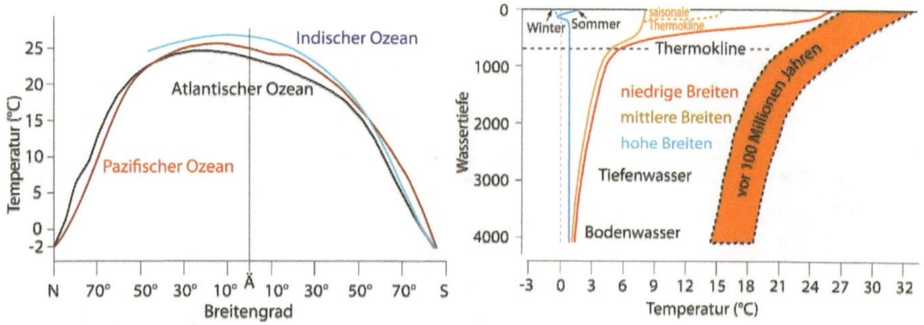

Abb. 4-6: Links: Variation der heutigen ozeanischen Oberflächenwassertemperatur für die drei großen Ozeane. Rechts: Temperaturänderung im Ozean mit der Wassertiefe in Abhängigkeit zur Breitenlage heute und in der Kreide vor 100 Mio. Jahren.

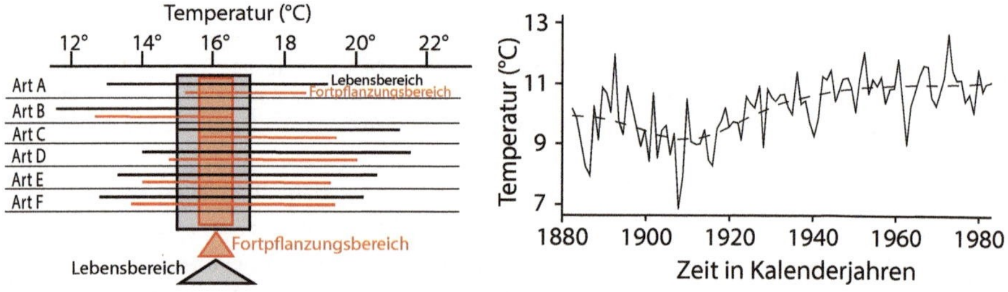

Abb. 4-7: Links: Der «Coexistence Approach» untersucht die Lebens- und Fortpflanzungsansprüche nahe verwandter, rezenter Arten. Rechts: Temperaturrekonstruktion für die Nordsee im Zeitraum 1880 bis 1980 anhand der $\delta^{18}O$-Werte der Muschel *Arctica* (modifiziert nach Mosbrugger & Utescher 1997 und Schöne et al. 2004).

Es gibt verschiedene Methoden, die Temperatur in der Vergangenheit approximiert zu ermitteln. Bei Landpflanzen im Tertiär wird gerne der «Coexistence Approach» oder das «nearest living relatives concept» angewendet. Dabei werden nahe rezente Verwandte der fossilen Arten auf ihre Temperaturansprüche zum Überleben und zur Fortpflanzung untersucht (Abb. 4-7). Aus der Schnittmenge werden die Ansprüche der fossilen Arten abgeleitet. Diese Methode ist geeignet für Blütenpflanzen im Känozoikum. Die Temperatur für marine Fossilien mit Kalk- oder Phosphatschalen wird seit etwa 60 Jahren mittels der Sauerstoffisotopenanalyse ($\delta^{18}O$) ermittelt. Das Verhältnis der Sauerstoffisotope ^{16}O und ^{18}O wird als Proxy (Stellvertreter, indirekter Anzeiger) für die Temperatur genutzt, und erfolgreich bis in die frühe Erdgeschichte eingesetzt. Eine Erweiterung dazu ist die «clumped-isotope-Methode», bei der CO_2 der Masse 47 ($^{13}C^{18}O^{16}O$) gemessen wird. Diese Methode ist auch am Festland, z. B. zur Messung der Körpertemperatur an Knochen oder Zähnen von Landwirbeltieren geeignet. TEX-86 ist ein weiterer Proxy zur Temperaturbestimmung im Ozean, bei dem Membranlipide von Archaeen verwendet werden. Er wird von Jura bis in das Känozoikum verwendet.

Sauerstoff

Die Erde ist der einzige Planet im Sonnensystem, der über ausreichend Sauerstoff in Atmosphäre und Ozean verfügt. Sauerstoff ist essenziell für alle Eucariota und Metazoen, lediglich bestimmte Bakterien haben anaerobe autotrophe und heterotrophe Stoffwechselabläufe. Seit dem Great Oxidation Event vor 2,4–2,3 Milliarden Jahren gibt es freien Sauerstoff in der Atmosphäre und im Oberflächenwasser der Ozeane. Im Proterozoikum stieg der Sauerstoffgehalt langsam an, belüftete auch den tiefen Ozean und erreichte allmählich in etwa die heutigen Werte. Mit 10–30 % Anteil O_2 in der Atmosphäre während des Phanerozoikums war (und ist) für Landleben stets ausreichend Sauerstoff vorhanden. In den Ozean gelangt Sauerstoff durch das Phytoplankton und durch den Austausch mit der Atmosphäre. Der Sauerstoffgehalt tieferer Wasserschichten hängt vom Sauerstoffverbrauch und der Nachlieferung durch die Zirkulation ab. Durch träge Ozeanzirkulation oder in weitgehend abgetrennten Meeresbecken (z. B. Ostsee oder Schwarzes Meer) kann sich eine Dichtegrenzschicht im Wasserkörper ausbilden, die den Sauerstoffaustausch mit dem Tiefenwasser verhindert. Oberhalb der Dichtegrenzschicht ist ausreichend Sauerstoff verfügbar, während sich unterhalb anoxische Bedingungen einstellen. Die Dichtegrenzschicht wird damit zur Redoxgrenze (Abb. 4-8). Als einzige Lebensformen existieren dort anaerobe Bakterien. In der Realität können alle Übergänge von einem oxischen zu einem anoxischen Milieu (Abb. 4-8) auftreten. Zusätzlich kann die Lage der Redoxgrenze jahreszeitlich stark schwanken. Es gibt eine Reihe von Kriterien, anhand derer Sauerstoffmangel oder Anoxia in der Erdgeschichte erkannt werden können: Anoxische Sedimente sind kaum bioturbiert oder sogar fein laminiert. Organische Substanzen, Pyrit und Biomarker sind dort angereichert, während die Diversität der darin vorkommenden Organismen stark reduziert ist. Tiefgrabende Formen fehlen, zusätzlich ist Zwergwuchs häufig. Juvenile Formen und Larvalschalen belegen vergebliche Besiedlungsversuche am Meeresboden (Abb. 4-9).

Fossile Sauerstoffmangelsysteme sind meist Erdöl- und Erdgasmuttergesteine und haben daher eine große kommerzielle Bedeutung. Außerdem sind sie häufig Fossillagerstätten, in denen Fossilien selten, aber oft in exzellenter Erhaltung vorkommen (z. B. Weichteilerhaltung, siehe Kap. 1).

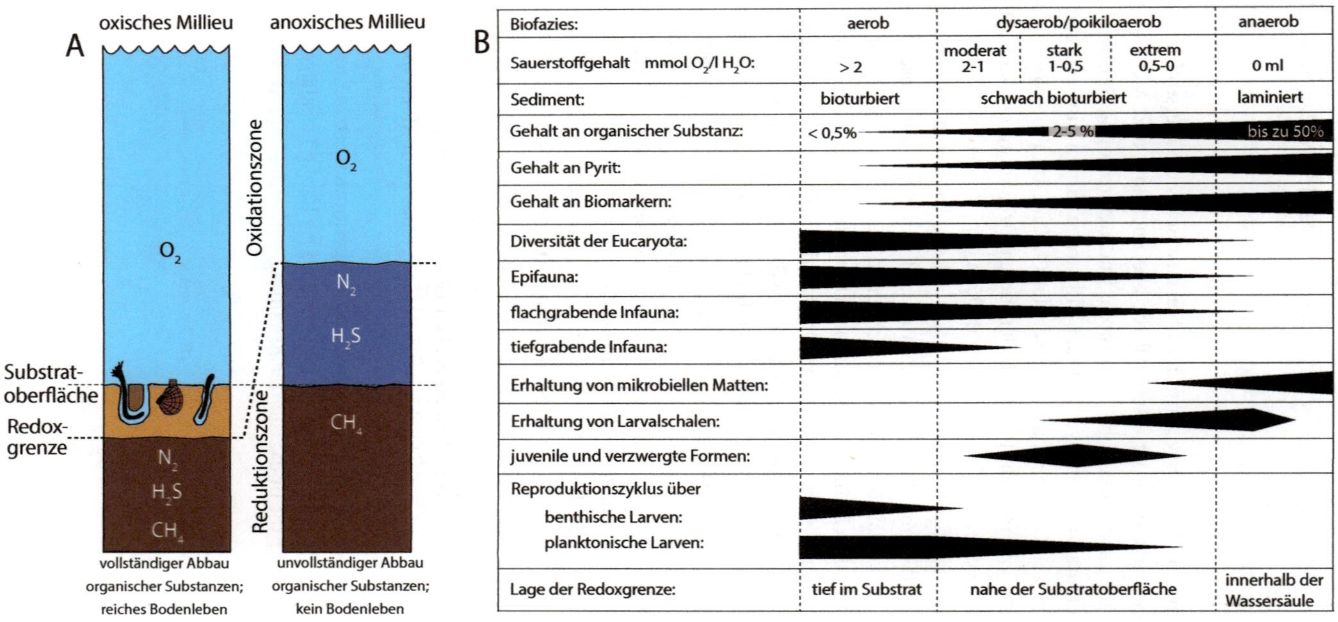

Abb. 4-8: A: Schematische Darstellung eines oxischen und eines anoxischen Milieus; B: Gliederung von Sauerstoffmangelmilieus und charakteristische Faktoren zur Unterscheidung von Sauerstoff-limitierten Lebensräumen (modifiziert nach Oschmann 2010).

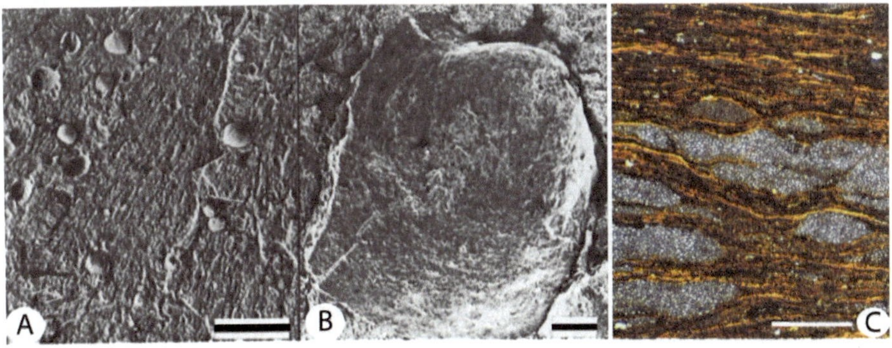

Abb. 4-9: A, B: Larvalschalen auf einer Schichtfläche zeigen Besiedlungsversuche von Muschellarven, die wegen Sauerstoffmangel gescheitert sind (B: vergrößerter Ausschnitt; Maßstab A: 2 mm, B: 0,1 mm); C: Mikrobenmatten mit 42 % Anteil organischer Substanzen; die grauen, hell-punktierten Bereiche sind Kotpillen von Nektonorganismen (Maßstab 0,5 mm); A, B, C: Kimmeridge Clay, Oberjura, Südengland (nach Oschmann 1990 und 1994).

Salinität

Unter Salinität wird die Menge gelöster Salze als Ionen im Meerwasser verstanden. Der durchschnittliche Gehalt ist 35 PSU (practical salinity units); das entspricht etwa 35 ‰, also 35 g Salz pro Liter Meerwasser. Die häufigsten Ionen sind die Kationen Na^+, Mg^{2+}, Ca^{2+}und K^+ und die Anionen Cl^-, SO_4^{2-} und HCO_3^- (Abb. 4-10). Die Salinität ist entscheidend für die Osmoregulation. Die Zellflüssigkeiten vieler mariner Organismen sind isoton zum Meerwasser, was die Osmoregulation einfach macht. Bei höherer Salinität versucht die Zelle Wasser an die Umgebung abzugeben und vertrocknet. Bei niedrigerer Salinität versucht sie hingegen Wasser aufzunehmen und platzt. Beides kann nur durch leistungsfähige Osmoregulatoren verhindert werden. Bei vollmarinen Bedingungen ist die Diversität der Arten am höchsten. In Richtung brackig und hypersalin nimmt sie deutlich ab. Bei etwa 5 PSU wird ein Minimum erreicht. Im Süßwasser steigt die Diversität wieder an. Die Salinitätsansprüche vieler rezenter Taxa sind bekannt (Abb. 4-11) und waren vermutlich bei ausgestorbenen Taxa im Verlaufe der Erdgeschichte ähnlich.

Stenohaline Organismen benötigen einen stabilen Salzgehalt und sind nicht schwankungstolerant (z. B. Korallen, Echinodermen, Cephalopoda und Brachiopoda). **Euryhaline** Organismen vertragen Salinitätsschwankungen in beide Extreme (z. B. viele Bivalven und Gastropoden, Ostracoden, Diatomeen und Cyanobakterien). Salinitätstolerante Organismen sind Opportunisten und können sich rasch vermehren. Stark schwankende oder extreme Salinitätswerte in fossilen Ökosystemen können an der niedrigen Diversität (oft monotypische Faunen) und am Zwergwuchs erkannt werden.

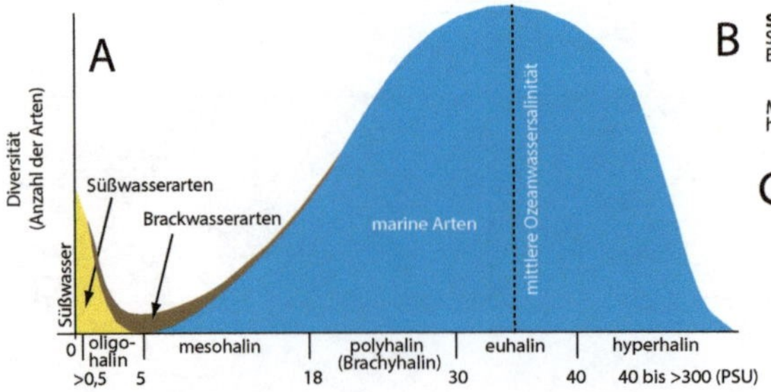

B

Salinitätsstufen		Salzgehalt (PSU)
Süßwasser		>0,5
Brackwasser	oligohalin	0,5 bis 5
	mesohalin	5 bis 18
	polyhaline	18 bis 30
Meerwasser	euhalin	30 bis 40
hyperhalin (hypersalin)		40 bis 300

C

Anionen:		
Chlorid Cl^-	**19,4 g**	**55,0 %**
Sulfat $SO4^{2-}$	**2,7 g**	**7,7 %**
Hydrogecarbonat $HCO3^-$	**0,14 g**	**0,4 %**
Kationen:		
Natrium Na^+	**10,8 g**	**30,6 %**
Magnesium Mg^{2+}	**1,3 g**	**3,7 %**
Calcium Ca^{2+}	**0,4 g**	**1,2 %**
Kalium K^+	**0,4 g**	**1,1 %**
	35,14 g	**99,7 %**

Abb. 4-10: A: Diversität der Organismen in Abhängigkeit zur Salinität (Remane-Kurve); B: Salinitätsstufen zur Unterteilung von Gewässern nach ihrem Salzgehalt; C: Die häufigsten Anionen und Kationen im Meerwasser.

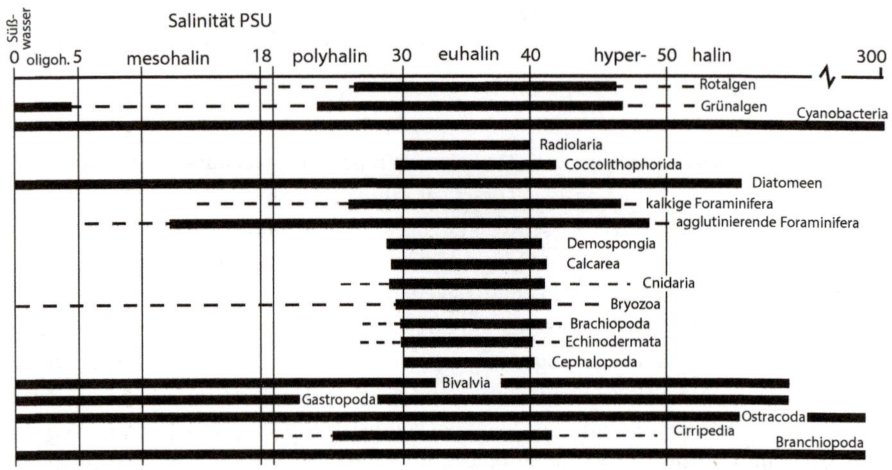

Abb. 4-11: Salinitätstoleranz der wichtigsten Organismengruppen (modifiziert nach Heckel 1972).

Nahrung, Ernährungsstrategien und Nahrungsketten

Die **Autotrophie** (Primärproduktion) steht am Beginn der biologischen Produktion. Die Nahrung wird aus anorganischen Grundstoffen produziert, z. B. über die **Photosynthese.** Die oxische Photosynthese $H_2O + CO_2 + \text{Licht} \rightarrow CH_2O + O_2$ ist heute der Normalfall. Cyanobakterien, Phytoplankton und Landpflanzen folgen dieser Strategie. Die anoxische Photosynthese $CO_2 + 2H_2S + \text{Licht} \rightarrow CH_2O + H_2O + 2S$ wird heute von anaeroben phototrophen Bakterien (z. B. Clorobiaceen) in Extremmilieus betrieben. Auch durch die **Chemosynthese** (Chemolithotrophie) wird Nahrung aus anorganischen Grundstoffen produziert. Hier gibt es wiederum eine anoxische und eine oxische Variante. Die Schwefelreduktion $S + H_2 \rightarrow H_2S$ und die Methanogenese $CO_2 + 4H_2 \rightarrow CH_4 + 2H_2O$ sind Beispiele der anoxischen Varianten. Die Oxidation von Methan $CH_4 + 2O_2 \rightarrow 2H_2O + CO_2 + E$ oder

Sulfid $2H_2S + O_2 \rightarrow 2H_2O + S_2 + E$ sind Beispiele für die oxische Variante. Zur Chemosynthese sind ausschließlich Archaeen und Eubakterien befähigt. Viele dieser Formen leben in anoxischen Milieus oder an der Redoxgrenze, aber auch als Symbionten in den Bewohnern der Tiefseeökosysteme bei hydrothermalen Quellen (hydrothermal vents). Weiterhin treten sie auch als Magen- oder Darmbakterien bei Wiederkäuern und anderen Pflanzenfressern auf.

Alle weiteren Ernährungsstrategien nutzen bereits gebildete organische Substanzen. Viele Bakterien leben anoxisch oder oxisch heterotroph (siehe Kap. 1). Unter **Osmophagie** versteht man die Diffusion von Nährstoffen in die Zelle. Die Ernährung von Kleinstlebewesen und organischen Partikeln meist ohne Mundwerkzeuge wird **Mikrophagie** genannt. Dazu zählen die Suspensionsfresser (z. B. einzellige Eucaryota, Muscheln und Schwämme), die Schwebteilchen aus dem Meerwasser filtrieren. Detritus- und Substratfresser (= Saprophagie) fressen selektiv oder unselektiert das Sediment bzw. den Boden und verwerten die darin enthaltenen organischen Bestandteile (z. B. Muscheln, Seegurken, Regenwürmer und Pilze).

Als **Herbivorie** wird die Ernährung auf der Basis von Pflanzen bezeichnet. Herbivor ernähren sich viele Schnecken, Insekten und Landwirbeltiere. Mundwerkzeuge sind in Form einer Radula oder von Kieferelementen entwickelt. **Carnivora** (Fleischfresser) und **Nekrophagen** (Aasfresser) ernähren sich von erjagter Beute oder von Tierkadavern (viele Schnecken, Fische, Arthropoda und Wirbeltiere). Auch hier sind Mundwerkzeuge entwickelt. **Omnivoria** (Allesfresser) ernähren sich von Pflanzen und Tieren (z. B. Bären, Schweine, Ratten und Menschen). **Parasitismus** beschreibt eine schmarotzende Ernährung, die andere Organismen als Wirte benutzt (z. B. blutsaugende Insekten oder viele Plattwürmer).

In terrestrischen wie in marinen Ökosystemen gibt es komplexe Nahrungsketten. Am Anfang der **Nahrungskette** stehen die phototrophen Primärproduzenten (Cyanobakterien, Phytoplankton und Landpflanzen). Sie benötigen anorganische Grundstoffe, vor allem CO_2, NO_3^- und PO_4^{3-} für ihren Stoffwechsel. Die Primärkonsumenten (Zooplankton und Pflanzenfresser) ernähren sich von den Primärproduzenten. Die Konsumenten zweiter Ordnung ernähren sich von den Pflanzenfressern. Darüber können bis zu den Topcarnivora (Nahrungskettenendgliedern) noch mehrere Konsumentenstufen existieren. Neben Primärproduzenten und Konsumenten sind in marinen und terrestrischen Lebensräumen noch die Destruenten von essenzieller Bedeutung. Sie sind verantwortlich für den Abbau und die Remineralisierung von abgestorbenem, organischem Material (siehe Abb. 1-1). Innerhalb der Nahrungskette nimmt die Biomasse im Durchschnitt von den Primärproduzenten zu jeder Stufe der Konsumenten um etwa 90 % ab. Die Biomasse der Konsumenten zweiter Ordnung entspricht demnach nur noch etwa 1 % der Ausgangsbiomasse.

Substrat

Mit «Substrat» meint man den Untergrund, auf oder in dem Organismen leben. Auf dem Festland sind Böden, Felslandschaften oder Bäume als lebendes Substrat am wichtigsten.

Im marinen Bereich werden verschiedene Substrattypen unterschieden (Abb. 4-12 und 4-13). Der jeweilige Substrattyp wird weitgehend von der **Wasserenergie** festgelegt.

Auf **Hartsubstrat** (Fels) leben überwiegend mobile (z. B. Seeigel, Seesterne) und festgewachsene Organismen (Austern, Seepocken, Korallen). Bei kalkigen Felsen gibt es auch bohrende Organismen (z. B. Algen, Polychaeten, Bohrmuscheln). Als **sekundäre Hartsubstrate** werden große Organismenhartteile bezeichnet, z. B. Ammonitengehäuse, die besiedelt werden (Abb. 4-12). Ein **Festsubstrat** bezeichnet einen tragfähigen Untergrund, z. B. einen tragfähigen Sand, der von Epi- und Infauna besiedelt werden kann. **Weichböden** sind nicht tragfähige Substrate feiner Korngröße. Hier dominieren grabende Organismen. Als **mobiles Substrat** werden z. B. wandernde Sandrippel bezeichnet. Hier dominieren mobile Organismen (z. B. Krebse) oder rasch grabende Formen (Muscheln, Krebse).

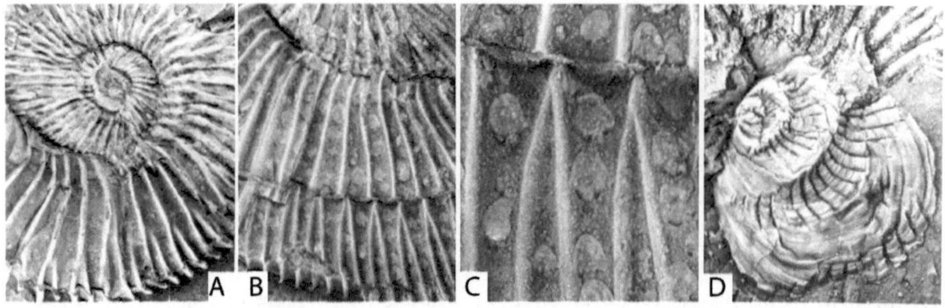

Abb. 4-12: Sekundäre Hartsubstrate sind z. B. am Meeresboden liegende Ammonitengehäuse. Sie dienen oft als Besiedlungsuntergrund, wie hier für Austernlarven (A, B, C: Größe der Larvalschalen etwa 1 mm); D: Eine auf einem Ammoniten aufgewachsene Auster aus Kalzit zeigt noch die Berippung der während der Diagenese gelösten aragonitischen Ammonitenschale (aus Oschmann 1994).

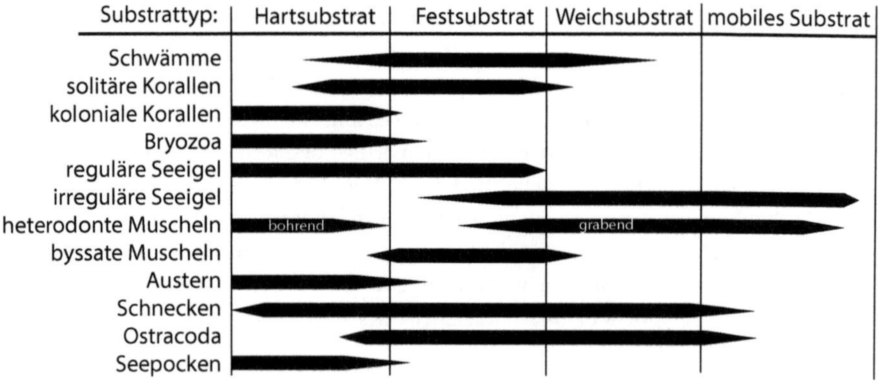

Abb. 4-13: Substratpräferenz charakteristischer Organismengruppen (modifiziert nach Heckel 1972).

Wasserbewegung und Wasserenergie

Die Wasserenergie bedingt die Korngröße des Substrats und ist daher eng mit dem Ökofaktor Substrat und den Ernährungstypen gekoppelt. Generell gilt, dass niedrige Wasserenergie ein feinkörniges Substrat zur Folge hat, in dem viel organischer Detritus vorliegt. Dort leben bevorzugt grabende Substrat- und Detritusfresser. Ein grobkörniges bis mobiles Sediment setzt entsprechend eine hohe Wasserenergie voraus, in dem wenig Detritus enthalten ist.

Wassertiefe und Festlandshöhe

Der Ökofaktor «Wassertiefe» bzw. «Festlandshöhe» korreliert mit vielen anderen Ökofaktoren. Mit der Tiefe nimmt im Normalfall die Wasserenergie ab. Eine Ausnahme davon sind Trübeströme (Turbidite), die, meist ausgelöst durch Erdbeben, mit hoher Geschwindigkeit am Kontinentalhang abgleiten. Weiterhin wird die Lichtmenge, die Temperatur, die Verfügbarkeit von Nahrung und der Sauerstoffgehalt mit der Tiefe geringer (siehe dort). Dafür steigt der Druck mit 1000 hPA (~ 1 Bar) pro 10 m Wassertiefe an. Generell verschlechtern sich die Lebensbedingungen mit der Tiefe. In der Tiefsee sind die Diversität und die Individuendichte sowie die Biomasse erheblich geringer als in Schelfökosystemen. Davon ausgenommen sind die cold seeps (kalte Sickerzonen) und hydrothermal vents (hydrothermale Quellen), an denen Methan und Schwefelwasserstoff als Energielieferanten austreten, auf denen sehr diverse Ökosysteme basieren.

In der Sedimentologie und Taphonomie sind die Wellenbasis (Eindringtiefe der Schönwetterwellen in die Wassersäule) und die Sturmwellenbasis (Eindringtiefe der Sturmwellen in die Wassersäule) relative Tiefenindikatoren (siehe Abb. 1-12). Wellen wirken nur etwa ihre halbe Wellenlänge in die Tiefe. Die Schönwetterwellenbasis reicht deshalb bis etwa 10 m Wassertiefe, während die Sturmwellenbasis abhängig von der Schwere des Sturms in über 200 m Tiefe liegen kann.

Auch mit der Höhe am Festland verschlechtern sich die Lebensbedingungen durch den Rückgang der Temperatur und des Nahrungsangebots. In 5000 m Höhe herrschen in äquatorialen Gebirgen ähnlich unwirtliche Bedingungen, wie an den Polen auf der Höhe des Meeresspiegels.

Kombination der abiotischen Ökofaktoren

In manchen Fällen gibt es einen dominanten Ökofaktor, der alle anderen an Wirkung übertrifft. Normalerweise wirken aber mehrere abiotische Faktoren gleichzeitig. Tropische Riffkorallen benötigen Licht für ihre Symbionten, ihr Vorkommen ist deshalb beschränkt auf die Zone zwischen 0 und 70 m unter dem Wasserspiegel. Der Optimumsbereich liegt aber wesentlich flacher, nämlich zwischen 0 und 15 m. Korallen tolerieren Temperaturen zwischen 19 und 35 °C, bevorzugen aber als Optimum von 25–29 °C. Ebenso können Korallen Salinitätsschwankungen von 30–40 PSU vertragen, bevorzugen aber einen Bereich von 34–36,5 PSU. Daraus ergibt sich ein sehr eng definierter Bereich der Optimumsbedingungen.

4.3.2 Biotische Ökofaktoren

Biologische Ökofaktoren bestimmen die Wechselwirkungen zwischen Organismen, die im gleichen Ökosystem zusammenleben. Es gibt im Wesentlichen zwei grundsätzlich verschiedene Möglichkeiten der Wechselwirkung. Die **Antibiose** zeigt für mindestens einen Partner negative Folgen, während die **Probiose** für mindestens einen Partner positiv und für den anderen Partner ohne Schaden ist. Im Folgenden sollen für die Paläontologie wichtige biologische Ökofaktoren beschrieben werden.

Antibiose

Zur Antibiose zählen **Räuber-Beute-Beziehungen**, **Tier-Pflanzen-Interaktionen**, **Parasitismus** und **Konkurrenz**. Räuber-Beute-Beziehungen sind fossil schwer belegbar, da von der Beute meist nichts übrig bleibt. Nachgewiesen sind Bissspuren an Knochen und gelegentlich Mageninhalte. Räuberische Gastropoden bohren Muscheln an, injizieren Gift und fressen den Weichkörper. In diesem Fall bleiben die angebohrten Schalen erhalten (Abb. 4-14). Bei ausreichend großer Probenmenge kann sogar ein Zahlenverhältnis zwischen Räuber und Beute ermittelt werden. Von Fressfeinden zerbrochene Molluskenschalen sind ebenfalls häufig überliefert (siehe Abb. 1-13). Auch Pflanzenfresser hinterlassen normalerweise kaum Reste ihrer Nahrung. Mögliche Überreste sind Koprolithen, Blätter mit Fraßspuren oder Gallenbefall von Arthropoden (Abb. 4-15).

Konkurrenz ist vermutlich die häufigste Interaktion zwischen Organismen. Dabei wird unterschieden zwischen innerartlicher (intraspezifischer) und zwischenartlicher (interspezifischer) Konkurrenz. Die intraspezifische Konkurrenz wirkt zwischen Artgenossen. Sie bezieht sich auf Konkurrenz um Nahrungsressourcen, Wohnraum und Fortpflanzung. Die interspezifische Konkurrenz wirkt zwischen verschiedenen Arten und bezieht sich auch auf den Wettbewerb um Nahrung und Standort. Konkurrenz als Ökofaktor ist in der Paläontologie kaum direkt nachweisbar. Am ehesten ist sie in Sukzessionsfolgen erkennbar. Auf der Basis quantitativer Daten werden ehemalige Lebensgemeinschaften ermittelt und ihrer Veränderung in Raum und Zeit erfasst. Diese Untersuchungen sind aufwendig und zeitraubend. Neben der Konkurrenz wirken bei der Sukzession auch Änderungen der abiotischen Ökofaktoren (Abb. 4-16).

Probiose

Die Probiose nutzt mindestens einem Partner und schließt **Epökie (Symphorismus)** und **Kommensalismus** ein, die für andere Partner ohne Auswirkung sind. Unter «Epökie» versteht man die Besiedlung eines Organismus auf einem lebenden anderen Organismus. Seepocken (Balaniden) benötigen ein Hartsubstrat. Wenn dieses nicht verfügbar ist, siedeln sie auch auf Muscheln oder Seeigeln (Abb. 4-17). Im Fossilbefund ist die Unterscheidung von Epökie und postmortalem Bewuchs (Inkrustierung) (siehe Abb. 1-14) oft schwierig.

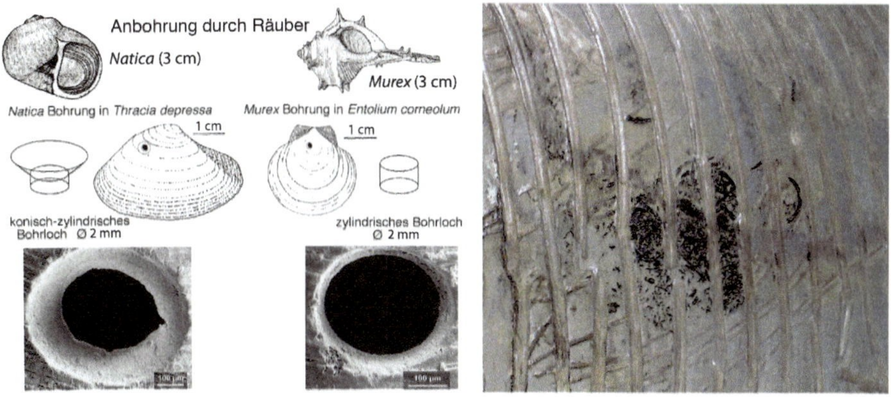

Abb. 4-14: Links: Räuberische Gastropoden (Naticiden und Muriciden) bohren Muscheln an und injizieren Gift. Die Schalen der Beute bleiben oft erhalten. Rechts: Der Mageninhalt eines Ichthyosauriers besteht aus den chitinigen Fanghäkchen von gefressenen Belemniten.

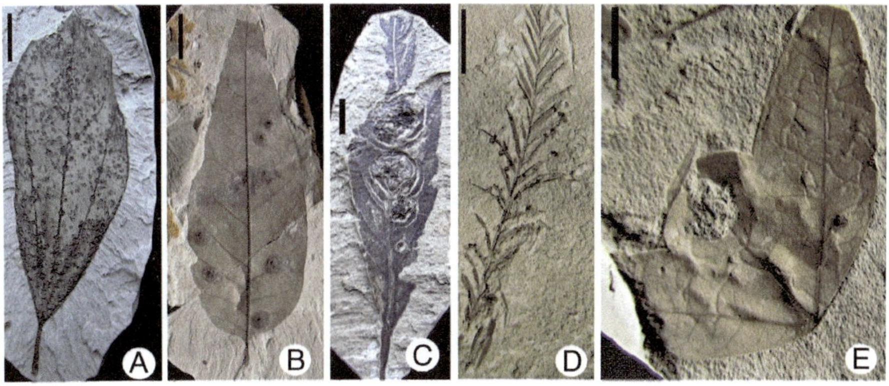

Abb. 4-15 Arthropodenschädlinge an Pflanzen aus dem Miozän. A: Milbengallen (Eriophyidae) auf *Daphnogene* (Lorbeergewächse); B: Eschenblatt *(Fraxinus)* mit Gallen von *Dasineura* (Kohlschotenmücken); C: Eichenblatt *(Quercus)* mit großen Gallen von Gallwespen (Cynipidae); D: Zweig einer Sumpfzypresse *(Taxodium)* mit Gallen von Gallmücken (Cecidomiidae); E: Blatt von *Podocarpium* (Fabaceae, Schmetterlingsblütler) mit Gallen von Gallmücken; (kompiliert aus Knor et al. 2013).

Bei der **Symbiose** ist das Zusammenleben zum Vorteil aller Beteiligten. Mutualismus beschreibt ein fakultatives Zusammenleben (z. B. Ameise und Blattlaus). Die **Eusymbiose** ist für die beteiligten Partner obligatorisch, alleine sind sie nicht lebensfähig. Eusymbiotische Beziehungen sind z. B. Termiten oder Wiederkäuer und ihre Darmbakterien. Im marinen Bereich gibt es die **Photosymbiose** zwischen Riffkorallen (Abb. 4-13) und einzelligen «Algen» (Zooxanthellen), die auch bei der heutigen Riesenmuschel *Tridacna* (siehe Abb. 4-18) und bei den riffbildenden Rudisten (ausgestorbene Muscheln aus der Kreide, siehe

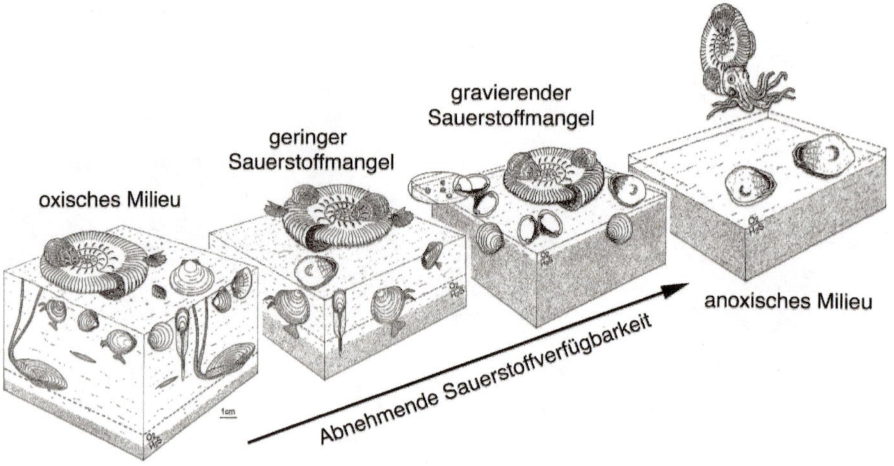

Abb. 4-16: Sukzessionsfolge von Fossilgemeinschaften in einem marinen Weichbodenmilieu aus dem Kimmeridge Clay (Oberjura) von Südengland (verändert nach Oschmann 1994). Neben der Konkurrenz wirkt auch die zunehmend flachere Redoxgrenze auf die Diversität und Zusammensetzung der Faunen.

Abb. 4-17: Beispiele für Epökie. Seepocken wachsen häufig auf anderen Organismen, z. B. auf byssaten oder flach grabenden Muscheln (links, nach Schäfer 1972). Rechts: Der flachgrabende irreguläre Seeigel *Mellita* wird am Hinterende ebenfalls häufig von Balaniden bewachsen. Häufig ist nur noch die Basalplatte oder die Anwachsstelle der Seepocke erhalten.

Abb. 19-13) bekannt ist. Viele Organismen leben in Symbiose mit Bakterien, die Methan und/oder Schwefelwasserstoff oxidieren (z. B. die Muschel *Solemya*, siehe Abb. 4-18). Sie kommen von Wattökosystemen bis in die Tiefsee vor. Dort sind sie an cold seeps (kalte Sickerzonen) und hydrothermal vents (hydrothermale Quellen) gebunden. Diese **Chemosymbiose** ist bis in das frühe Paläozoikum nachgewiesen.

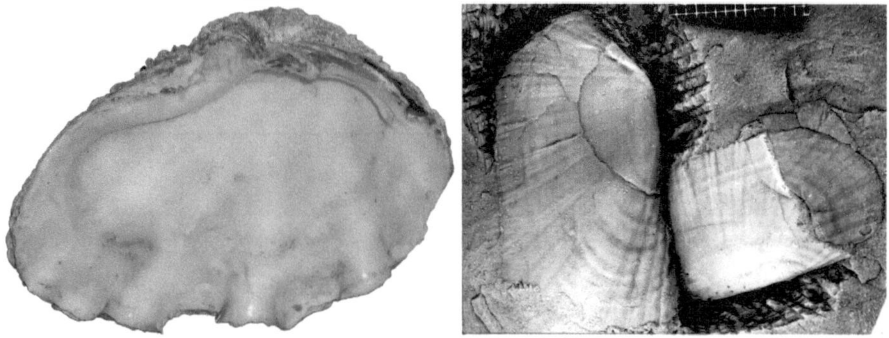

Abb. 4-18: Links: Die großwüchsige und dickschalige Muschel *Tridacna* besitzt Photosymbionten wie die Riffkorallen (Schalenlänge bis 1 m). Rechts: Die Muschel *Solemya* kommt vom Watt bis in die Tiefsee vor. Sie lebt in Symbiose mit Sulfid-oxidierenden Bakterien. Das Beispiel stammt aus dem Kimmeridge Clay (Oberjura, Südengland, Oschmann 1994).

Weiterführende Literatur

Benton, M. J. & Harper, D. A. T. (1997): Basic Palaeontology.- 342 pp., Longman.

Benton, M. J. & Harper, D. A. T. (2009): Introduction to Palaeobiology and the fossil record.- 592 pp., Wiley-Blackwell.

Boucot, A. J. & Poinar, G. O. Jr. (2010): Fossil behavoir compendium.- 396 pp., Taylor & Francis.

Brenchley & Harper (1998): Palaeoecology: ecosystems, environments and evolution. 402 pp.; Chapman & Hall.

Ziegler, B. (1972): Allgemeine Paläontologie.- 248 S.; Stuttgart (Schweizerbart).

Zitierte Literatur

Heckel, P. H. (1972): Recognition of ancient shallow marine environments.- SEPM spec. publ. 16: 226–286, Tulsa, Oklahoma.

Knor, S., Skuhravá, M., Wappler, T. & Prokop, J. (2013): Galls and gall makers on plant leaves from the lower Miocene (Burdigalian) of the Czech Republic: Systematic and palaeoecological implications.- Review of Palaeobotany and Palynology 188: 38–51.

Mosbrugger V., Utescher T., Dilcher D. (2005): Cenozoic continental climatic evolution of Central Europe. PNAS 102: 14964–14969.

Oschmann, W. (2010): Black Shales.- In Reitner, J. & Thiel, V. (eds.): Encyclopedia of Biogeology, 201–206, Springer.

Oschmann, W. (1990): Environmental cycles in the late Jurassic northwestern European epeiric basin: interaction with atmospheric and hydrospheric circulations.- In: Aigner, T. & Dott, R. H. (eds.): Sedimentary Geology, 69: 313–332, Amsterdam.

Oschmann, W. (1994): Der Kimmeridge Clay von Yorkshire als Beispiel eines fossilen Sauerstoff-kontrollierten Milieus.- Beringeria, 9: 3–153, 72 Abb., 16 Taf.; Würzburg.

Ott, J. (1988): Meereskunde. 386 S., Ulmer, UTB.

Raup, D. M. & Stanley, S. M. (1978): Principles of paleontology.- 481 S.; San Francisco (Freeman).

Schöne, B. R., Freyre Castro, A. D., Fiebig, J., Houk, S. D., Oschmann, W. & Kröncke, I. (2004): Sea surface water temperatures over the period 1884–1983 reconstructed from oxygen isotope ratios of a bivalve mollusk shell (Arctica islandica, southern North Sea). Paleogeography, Paleoclimatology, Paleoecology, 212, 215–232.

5 Ichnologie

Lebensspuren (Spurenfossilien) liefern wichtige Informationen über die Lebensweise fossiler Organismen und ihrer Umwelt. Spuren sind keine «echten» Fossilien, also keine Reste ehemaliger Lebewesen, sondern fossile Lebensäußerungen. Lebensspuren sind auch eine wichtige Informationsquelle für Organismen ohne Hartteile, die normalerweise nicht überliefert sind. Spuren sind überwiegend von aquatischen, meist marinen Sedimenten bekannt, weil da ihre Überlieferungswahrscheinlichkeit am höchsten ist. Grabspuren in terrestrischen Lebensräumen (z. B. von Wühlmaus, Maulwurf oder Kaninchen) sind selten und nur in der jüngsten Erdgeschichte nachgewiesen. Auch Fraßspuren von Insekten an Holz sind relativ selten. Marine Spurenfossilien sind im Gegensatz zu echten Fossilien praktisch immer autochthon. Der Begriff «Bioturbation» beschreibt von Organismen durchwühlte Sedimente. Konkrete Spuren sind dabei oft nicht mehr erkennbar.

5.1 Einteilung von Spuren

Spuren werden nach der Art der Erhaltung eingeteilt. Sie können an der Schichtober- oder -unterseite konkav, konvex oder als Vollrelief erhalten sein. Die Sedimentfüllung kann aus dem gleichen oder einem anderen Sediment bestehen (Abb. 5-1).

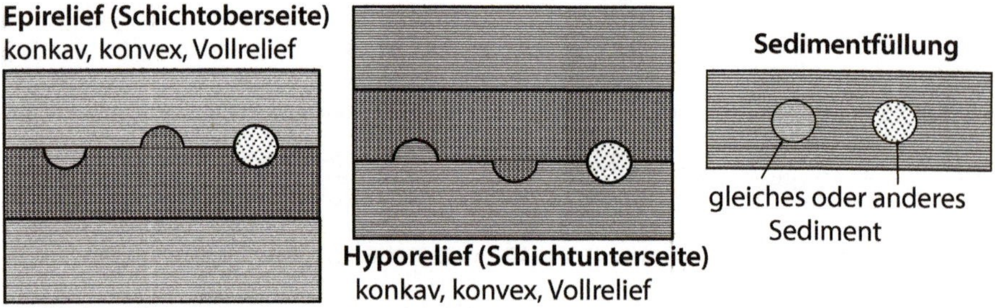

Abb. 5-1: Einteilung der Spuren gemäß ihrer Erhaltung (modifiziert nach Seilacher 1953).

Allerdings hängt die Ausbildung und Überlieferungsfähigkeit von Spuren stark vom Substrat ab. In verschiedenen Substrattypen sehen die Spuren des gleichen Erzeugers oft sehr verschieden aus (Abb. 5-2).

Eine andere Einteilung von Spuren ist jene nach den Verhaltensmustern der Lebensspuren (ethologische Klassifizierung). Sie geht im Wesentlichen auf Seilacher 1953 zurück und wurde von anderen Autoren erweitert. Hierbei werden verschiedene Grundtypen unterschieden (Abb. 5-3). **Cubichnia** (Ruhespuren) sind Körperabdrücke von ruhenden Organismen, z. B. von einem Seestern oder einem ruhenden Trilobiten. **Repichnia**

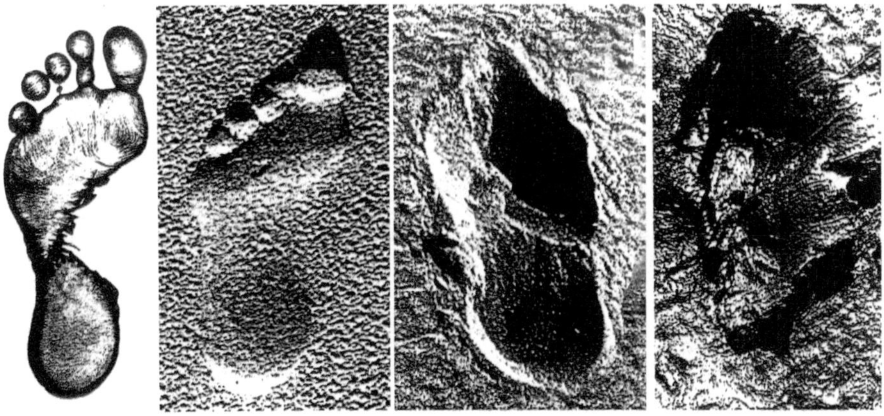

Abb. 5-2: Vier Fußspuren auf unterschiedlichen Substraten (von links nach rechts): Photopapier, nasser Sand, trockener Sand und Schlamm. Die erzeugte Spur wird zunehmend unkenntlicher (modifiziert nach Bromley 1999).

(Kriechspuren) werden von Landwirbeltieren oder von kriechenden Arthropoden erzeugt. Weit verbreitet sind die zum Nahrungserwerb angelegten **Fressspuren.** Zu ihnen gehören die **Pascichnia** (Weidespuren) auf der Sedimentoberfläche, die **Fodinichnia** von Sedimentfressern und die **Agrichnia** (Kultivierungsspuren). In letzteren wurden entweder Kleinstlebewesen gefangen oder Mikroben kultiviert. Die **Chemichnia** sind eine Spezialform der Agrichnia. Ihre Erzeuger besaßen vermutlich H_2S-oxidierende Bakterien als Symbionten (siehe auch Kap. 4. Probiose). Die Erzeuger von Fodinichnia, Agrichnia und Chemichnia lebten in ihren Spuren im Sediment. Die Spuren zeigen meist komplexe Muster. Eine weitere Spezialform der Fressspuren sind die **Praedichnia** (Räuberspuren oder Schadspuren an Pflanzen; siehe auch Kap. 4). **Domichnia** (Wohnspuren) bestehen entweder aus Grabbauten in Weichsubstrat oder aus Bohrgängen in Hartsubstrat, z. B. Muschelbohrlöcher oder U-Röhren von Würmern und kleinen Krebsen. Die Bauten sind einfach bis komplex aufgebaut und waren zu Lebzeiten des Erzeugers offen. **Equilibrichnia** (Spreitenstrukturen) sind modifizierte Wohnspuren und entstehen bei der Vergrößerung der Spur aufgrund von Wachstum oder bei Verlagerung der Bauten als Reaktion auf Erosion und Sedimentation. Die Erzeuger ernährten sich häufig filtrierend. **Fugichnia** sind Fluchtspuren, meist als Reaktion auf Verschüttung durch sehr starke Sedimentanlieferung.

Ein Erzeuger kann je nach Verhalten mehrere Spuren erzeugen (Abb. 5-4), ebenso können verschiedene Erzeuger bei gleichem Verhalten sehr ähnliche Spuren erzeugen. Arthropoda mit vielen Extremitäten (z. B. Trilobiten, Eurypteriden, Xiphosuren, Myriapoda und Krebse) können sehr ähnliche Spurenmuster hinterlassen.

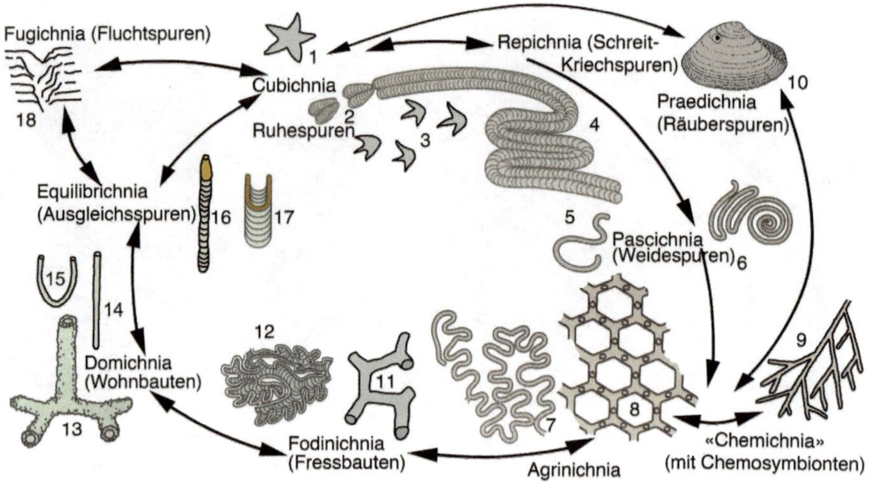

Abb. 5-3: Ethologische Klassifizierung der Spurenfossilien. 1: *Asteracites* (Ruhespur eines Seesterns), 2: *Rusophycus* (Ruhespur eines Arthropoden), 3: Schreitfährte eines Landwirbeltiers, 4: *Cruziana* (Kriechspur eines Arthropoden), 5: *Planolites* (Weidespur), 6: *Helminthoida* (Weidespur), 7: *Cosmorhaphe* (Weidespur), 8: *Paleodyction* (Kultivierungsspur), 9: *Chondrites* (Chemosymbiontenträger), 10 Gastropoden-Raubspur; 11: *Thalassinoides* (Fressbau), 12: *Phycosiphon* (Fressbau), 13: *Ophiomorpha* (Wohnbau), 14: *Skolithos* (Wohnbau), 15: *Arenicolites* (Wohnbau), 16: Ausgleichsspur einer Muschel, 17: *Diplocraterion* (Ausgleichspur), 18: Fluchtspur (modifiziert nach Bromley 1999).

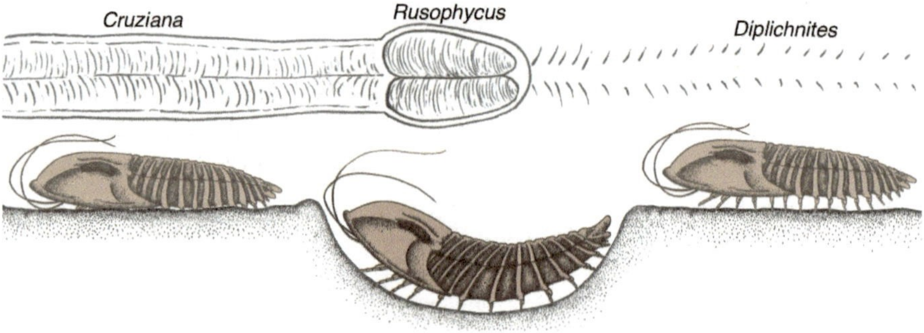

Abb. 5-4: Je nach Verhalten und Sedimentbeschaffenheit kann ein Organismus mehrere Spuren hinterlassen. Ein auf festem Sediment laufender Trilobit hinterlässt eine *Diplichnites*-Spur, ein ruhender Trilobit eine *Rusophycus*-Spur und ein in Lockersediment laufender Trilobit erzeugt eine *Cruziana*-Spur (modifiziert nach http://www.sjvgeology.org).

Viele Spuren werden nicht nur von einem Organismus bewohnt, sondern von mehreren, die gleichzeitig oder nacheinander ein Gangsystem nutzen. Dabei modifiziert jeder Nutzer das vorhandene Gangsystem nach seinen Bedürfnissen (Abb. 5-5).

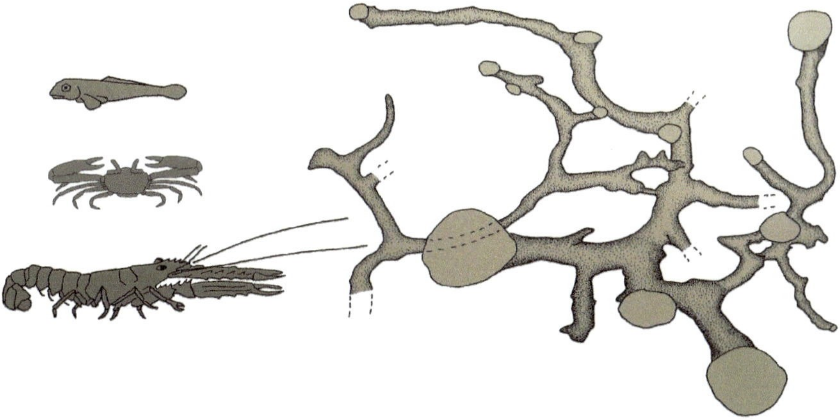

Abb. 5-5: Häufig werden Gänge von verschiedenen Organismen gleichzeitig oder nacheinander genutzt, die oft Umgestaltungen vornehmen (z. B. Fisch, Krabbe und Krebs, modifiziert nach Bromley 1999).

5.2 Stockwerkbau (Tiering)

Sedimente sind generell ein attraktiver Lebensraum, da sie viel organische Substanz als Nahrungsgrundlage enthalten. Allerdings ändern sich die Lebensbedingungen mit der Tiefe deutlich. Durch die Kompaktion werden Sedimente mit der Tiefe fester, und der Sauerstoffgehalt und der pH-Wert nehmen ab. Viele Organismen bevorzugen eine für ihre Art spezifische Grabtiefe, die von unmittelbar an der Sedimentoberfläche bis über einen Meter Tiefe reichen kann. Der Oberflächenbereich wird am intensivsten durchwühlt; die Intensität der Durchwühlung nimmt mit der Tiefe ab. Bei fortschreitender Sedimentation sind tiefgrabende Formen im gleichen Niveau aktiv, in dem zuvor flachgrabende Formen gegraben haben. Dabei werden die älteren Spuren teilweise zerstört. Anhand der Durchdringung und Zerstörung früher angelegter Gänge kann die Grabtiefe und der zeitliche Ablauf der Grabtätigkeiten rekonstruiert werden (Abb. 5-6).

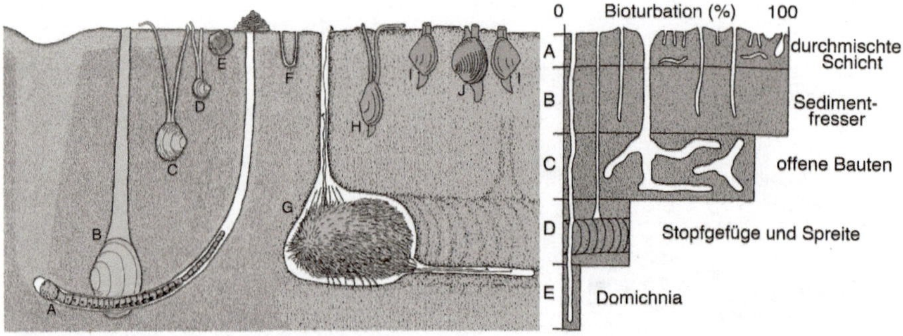

Abb. 5-6: Links: Der Stockwerksbau eines rezenten Sediments. Von links nach rechts: A: *Arenicola* (Wattwurm), B: *Mya* (Sandklaffmuschel), C: *Scrobicularia* (Große Pfeffermuschel), D: *Macoma* (Baltische Tellmuschel), E: *Cerastoderma* (Herzmuschel), F: *Corophium* (Schlickkrebs), G: *Echinocardium* (Herzseeigel), H: *Tellina* (Plattmuschel), I: *Spisula* (Trogmuschel) und J: *Venus* (Venusmuschel). Rechts: Generalisiertes Schema des Stockwerksbaus. Die obersten Abschnitte des Sediments werden am intensivsten durchwühlt. Die Intensität der Bioturbation nimmt mit der Tiefe deutlich ab (modifiziert nach Bromley 1999).

5.3 Ichnofazies und Ichnofazieszonierung

Ähnlich wie Fossilien treten auch Spuren in Vergesellschaftungen auf, die für bestimmte Lebens- und Faziesräume charakteristisch sind (Abb. 5-7). Sie zeigen eine deutliche bathymetrische Abstufung. Die Häufigkeit von Spuren ist auf dem Schelf unterhalb der Wellenbasis bis in den oberen Kontinentalabhang am größten. Die **Scoyenia-Fazies** kommt in Fluss- und Seeablagerungsräumen vor, die auch gelegentlich trocken fallen können. Typische Vertreter sind *Scoyenia, Spongeliomorpha* und *Rhizocorallium jenense.* **Trittsiegel** von terrestrischen Wirbeltieren sind aus dem randmarinen Gezeitenbereich und aus Fluss- und Seeablagerungen bekannt. Bei Hart- und Festsubstrat im Küstenbereich bis in den offenen Schelf dominiert die **Glossifungites-Fazies.** Die typischen Vertreter sind hier vorwiegend Domichnia (z. B. *Glossifungites, Thalassinoides, Ophiomorpha* und *Rhizocorallium jenense*). Die **Skolithos-Fazies** kommt im hochenergetischen Küsten- bis flachen Schelfbereich vor. Hier dominieren ebenfalls Domichnia (z. B. *Skolithos, Ophiomorpha, Diplocraterion* und *Arenicolites*). Im Schelfbereich unterhalb der Wellenbasis folgt die **Cruziana-Fazies.** Sie besteht vorwiegend aus Cubichnia und Repichnia (wie z. B. *Cruziana, Asteracites* und *Rhusophycus*), daneben auch aus *Skolithos* und *Rhizocorallium irregulare.* Die **Zoophycos-Fazies** dominiert im tiefen Schelf- und Kontinentalabhangbereich. Hier überwiegen Pascichnia und Agrichnia wie z. B. *Zoophycos, Chondrites, Phycosiphon* und *Thalassinoides.* Die **Nereites-Fazies** ist typisch für Kontinentalhang- und Tiefseeablagerungsräume. Auch hier dominieren die Pascichnia und Agrichnia mit *Helminthoida, Cosmorhaphe* und *Paleodyction.*

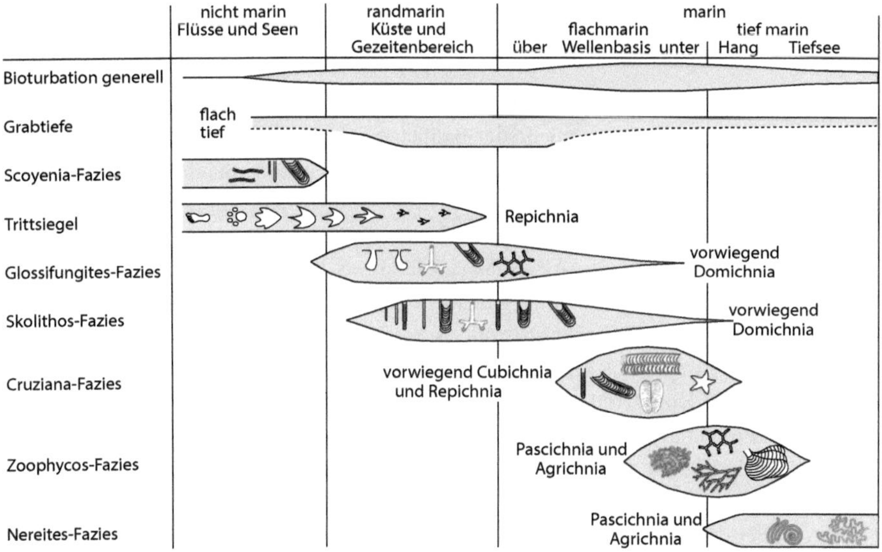

Abb. 5-7: Ichnofazieszonierung und typische Ichnotaxa entlang eines bathymetrischen Gradienten (modifiziert nach Heckel 1972).

Zitierte und weiterführende Literatur

Briggs, D. E. G. & Crowther, P. R. (2001): Palaeobiology II – 583 S.; Oxford (Blackwell).

Bromley, R. G. (1999): Spurenfossilien – Biologie, Taphonomie und Anwendungen. 347 S., Springer.

Heckel, P. H. (1972): Recognition of ancient shallow marine environments.- SEPM spec. publ. 16: 226–286, Tulsa, Oklahoma.

Seilacher, A. (1953a): Studien zur Palichnologie I. Über die Methoden der Palichnologie.- N. Jahrb. Geol. Paläont. Abh. 96: 421–452.

Seilacher, A. (1953b): Studien zur Palichnologie II. Die fossilen Ruhespuren (Cubichnia).- N. Jahrb. Geol. Paläont. Abh. 98: 87–124.

6 Form und Funktion

Gemeinsamkeiten und Unterschiede der Baupläne verschiedener Organismen werden in der **vergleichenden Morphologie** bereits seit dem ausgehenden 18. Jahrhundert detailliert untersucht (z. B. durch Georges Cuvier, 1769–1832). Die Untersuchungen waren zunächst überwiegend deskriptiv. Aus der Frage nach der Funktion bestimmter morphologischer Ausprägungen in der Umwelt entwickelte sich langsam die **Funktionsmorphologie.** Viele Baupläne zeigen klare Funktionen, es gibt aber auch «neutrale» Konstruktionen, bei denen konkrete Funktionen nicht erkennbar oder schwer beweisbar sind. Als Erweiterung zum Begriff «Funktionsmorphologie» prägte der deutsche Zoologe **Hermann Weber** (1899–1956) den Begriff **Konstruktionsmorphologie**, der zusätzlich die (Paläo-)Biologie bautechnischer Probleme von Organen und Organismen mit einschließt, insbesondere die Frage, wie sich Strukturen, Formen und Funktionsweisen herausgebildet haben. In der Konstruktionsmorphologie wird also mehr nach dem Bau- bzw. Konstruktionsprinzip gefragt, wobei der gesamte Organismus, aber auch bestimmte Organe oder Hartteilkonstruktionen besonders berücksichtigt werden. Wenn möglich, soll daraus das Potenzial der evolutiven Veränderungsmöglichkeiten abgeleitet werden. Vergleichende Morphologie, Funktions- und Konstruktionsmorphologie haben folglich viele thematische Querverbindungen zur Ökologie und zur Evolution. Eine Anwendung der Konstruktionsmorphologie ist die Bionik, bei der bestimmte in der Natur auftretende Formen oder Struktureigenschaften in der Technik nachgebildet werden.

Wegweisende Ansätze zur Konstruktionsmorphologie aus biologischer Sicht bietet die Hydrauliktheorie von **Wolfgang Gutmann** (1935–1997), gemäß der die Organismen als hydraulische Systeme verstanden werden. So können Organismen auf verschiedenen Entwicklungsstufen und in Wechselwirkung mit ihrer Umwelt erklärt werden. Nach Gutmann müssen Organismen als energiewandelnde, funktionale Gesamtheiten gesehen werden, deren anatomische Strukturen ein schlüssiges Funktionsgefüge zeigen und ebenso die Formerzeugung und Bewegungsdynamik erklären.

Gemäß dem Paläontologen **Adolf Seilacher** (1925–2014) wird die Form eines (fossilen) Lebewesens einschließlich der von ihm produzierten Hartteile wesentlich von drei Faktoren geprägt: einem evolutiven, einem ökologischen und einem bautechnischen Aspekt. **Der evolutive Aspekt** berücksichtigt, dass die Morphologie eines Organismus und die damit verbundene Funktion das Ergebnis von Adaption und Selektion ist, die auf eine lange Evolutionsgeschichte zurückgeht. Einmal festgelegte Konstruktionsprinzipien können daher nicht mehr rückgängig gemacht, sondern nur noch modifiziert werden (siehe auch Kap. 3). Bei der Modifizierung muss bei jedem Zwischenschritt «Funktionalität» gegeben sein. **Der ökologische Aspekt** besagt, dass eine Konstruktion so ausgebildet wird, dass ihr in der Umwelt eine Funktion zuzuordnen ist, welche sie möglichst optimal erfüllt.

Schalen und Skelette beispielsweise bieten Schutz und erfüllen eine Stützfunktion gegen die Schwerkraft oder Wellenbewegungen. Vielteilige, mit Gelenken versehene Skelette erlauben komplexe Bewegungen, die dem Nahrungserwerb oder auch der Flucht vor Fressfeinden dienen. **Der bautechnische Aspekt** bezieht sich auf Vorgaben, die aus den zum Aufbau verwendeten Materialien und dem Weg der Herstellung resultieren. Bei Hartteilen betrifft das besonders die Feinbaustrukturen von Schalen und Knochen, aber auch die Art der Hartteilbildung. So können z. B. Muscheln und Brachiopoden immer nur am Schalenrand wachsen, wodurch zwangsläufig ein Anwachsstreifenmuster erzeugt wird.

Zusätzlich zu diesen drei Aspekten wirken Variationen der Umwelteinflüsse und schließlich auch der Faktor Zufall. Nach Seilacher ergibt sich daraus, dass Organismen keine ideal optimierten Konstruktionen sein können, sondern immer Limitierungen unterworfen sind.

6.1 Beispiele für Konstruktionsprinzipien

Man schätzt, dass es über 10 Mio. rezente Tierarten gibt. Trotz dieser beeindruckenden Zahl sind beim Erwerb bestimmter Fähigkeiten immer wieder ähnliche Konstruktionsprinzipien anzutreffen. Dazu drei Beispiele:

1. Das **Konstruktionsprinzip «Bein» (Extremität)** dient der Funktion Fortbewegung. Beine sind tragfähige Stangen mit Gelenken und Ansatzstellen für die Muskulatur zur Stütze und Beweglichkeit. Dieses Prinzip ist bei allen gehenden und laufenden Organismen ausgebildet. Innerhalb der Reptilien, Vögel und Säugetiere hat sich ein erstaunlich konstanter Bauplan ausgebildet (Abb. 6-1). Die tragfähigen Strukturen bei den Wirbeltieren sind die Knochen aus Ca-Phosphat, also einem Innenskelett. Bei Arthropoden sind die Details des Bauplans völlig anders. Sie haben ein Außenskelett aus Chitin, Arthropodin und teilweise Ca-Karbonat verwirklicht. Dennoch ist das Konstruktionsprinzip sehr ähnlich (Abb. 6-2).

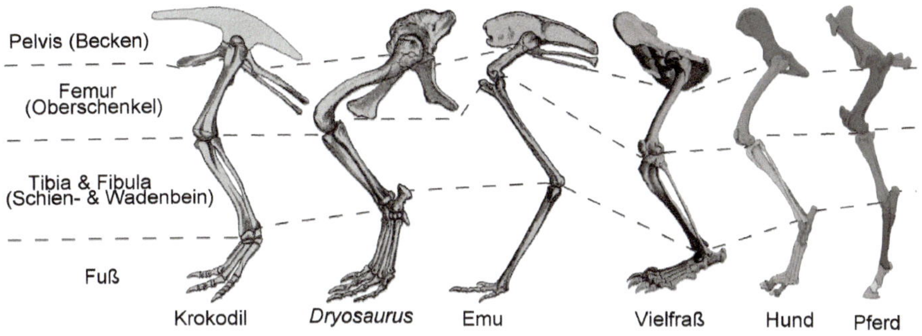

Abb. 6-1: Konstruktionsprinzip «Bein» bei der Hinterextremität von Reptilien, Vögeln und Säugetieren.

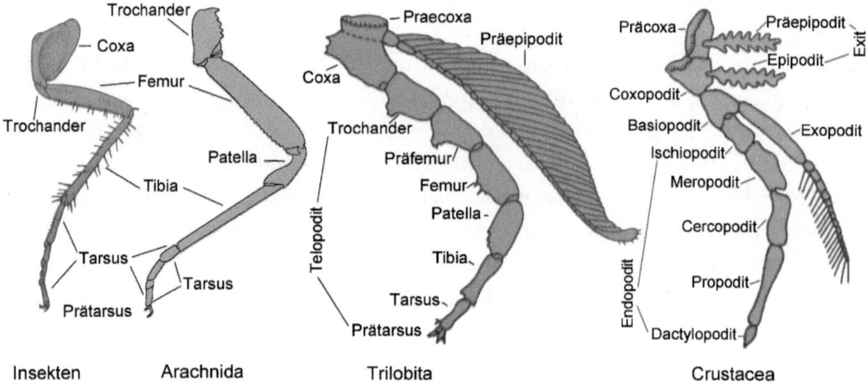

Abb. 6-2: Konstruktionsprinzip «Bein» bei der Arthropodenextremität.

2. Die Fähigkeit zum aktiven Fliegen wurde in der Natur mehrfach unabhängig entwickelt. Flugfähigkeit wurde zuerst bei den Insekten (vor ~330 Mio. Jahren), dann bei den Flugsauriern (vor ~230 Mio. Jahren), dann bei den Vögeln (vor ~155 Mio. Jahren) und schließlich bei den zu den Säugetieren gehörenden Fledertieren (vor ~50 Mio. Jahren) erworben. Daneben gibt es noch zahlreiche Gleitflieger. Zentral für das **Konstruktionsprinzip «Flügel»** ist die leichte aber stabile Tragfläche, zum Teil mit Auftriebswirkung. Ob ein Auftriebsprofil an den Flügeln entwickelt wurde, ist abhängig von der Größe des fliegenden Organismus. Für kleine Organismen (z. B. Insekten) wirkt Luft «zäh». Ihr Flug ähnelt daher eher einem schnellen Rudern im Wasser. Sie brauchen deshalb kein Auftriebsprofil. Flugsaurier, Vögel und Fledertiere besitzen hingegen Flügel mit Auftriebsprofil (Abb. 6-3). Der Weg für die Luftströmung ist oberhalb des Flügels länger als unterhalb. Dadurch entsteht ein Sog nach oben. Trotz all dieser Unterschiede ist auch hier das Grundprinzip gleich. Über eine Tragfläche wird mithilfe des Ruderflugs und z. T. des Auftriebs Flugfähigkeit erreicht.
3. Bei schnellen Schwimmern gibt es die **Stromlinienform** als morphologische Gemeinsamkeit, weil bei einem Durchmesser-zu-Längen-Verhältnis von 0,2 bis 0,25 des Rumpfkörpers der Strömungswiderstand am geringsten ist. Zusätzlich haben viele schnelle Schwimmer seitliche Flossen ausgebildet, die ähnlich gebaut sind wie ein Flügel und somit ebenfalls für Auftrieb sorgen. Man spricht hier auch vom «Unterwasserflug».

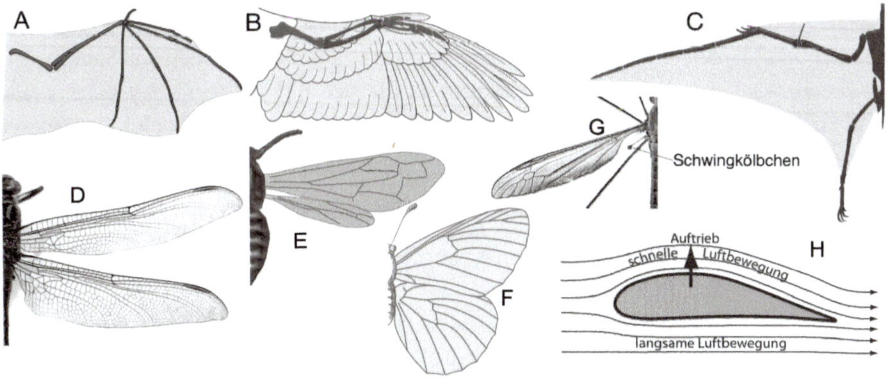

Abb. 6-3: Morphologie von Wirbeltier- und Insektenflügeln; A: Fledermaus, B: Vogel, C: Flugsaurier, D: Libelle, E: Wespe, F: Schmetterling, G: Mücke mit Schwingkölbchen als Relikt des hinteren Flügels, H: Querschnitt durch einen Wirbeltierflügel mit Auftriebsprinzip. Eine ähnliche Auftriebswirkung wird auch bei schnellen Schwimmern durch den Querschnitt der Flossen erreicht.

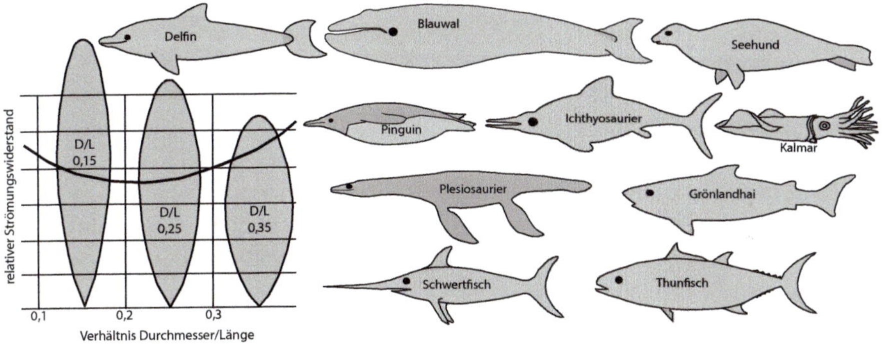

Abb. 6-4: Schnelle Schwimmer bei den marinen Wirbeltieren und Cephalopoden zeigen alle eine ausgeprägte Stromlinienform mit ähnlichen Durchmesser-zu-Längen-Verhältnissen des Rumpfkörpers. Der geringste Strömungswiderstand liegt zwischen 0,2 und 0,25 (modifiziert nach Reif 1981).

6.2 Analogie und Homologie

Als «Analogie» oder «Konvergenz» werden ähnliche Merkmale bei nicht verwandten Formen bezeichnet. Der ähnliche Bauplan beruht in diesem Falle nicht auf einer gemeinsamen Abstammungslinie, sondern deutet auf ähnliche Lebensweisen und Verhaltensmuster hin, die zur Ausbildung ähnlicher Merkmale geführt haben. Ein bekanntes Beispiel sind die Ähnlichkeit von Maulwurf, Beutelmaulwurf und Maulwurfsgrille. Darüber hinaus gibt es zahlreiche weitere Konvergenzen zwischen Plazentatieren (Eutheria) und Beuteltieren

(Metatheria), die bei ähnlichem Aussehen eine ähnliche Lebensweise zeigen (Beutelgleithörnchen und Gleithörnchen, Beutelmaus und Maus, Wombat und Murmeltier, Beutelmarder und Marder, Beutelwolf und Wolf usw.). Auch zwischen Reptilien und Säugern gibt es erstaunliche morphologische Konvergenzen, die sich mit der ähnlichen Lebensweise und Stellung in der Nahrungskette erklären, z. B. zwischen Pterosaurier und Fledertieren, zwischen Triceratops und Nashorn und zwischen Ichthyosaurier und Delfin (Abb. 6-5).

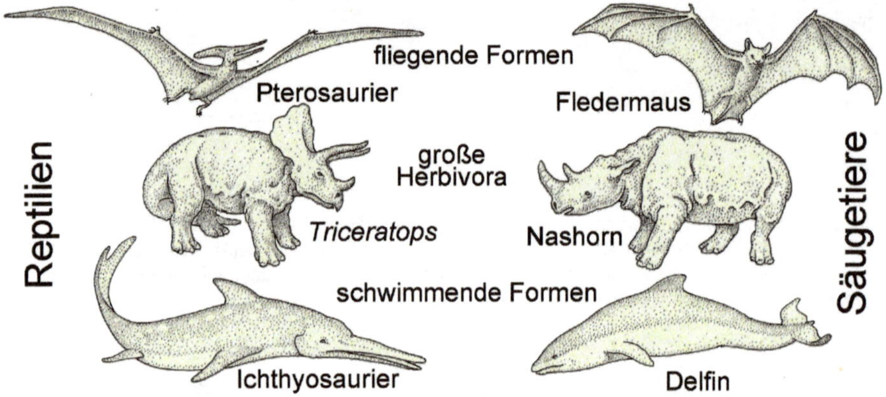

Abb. 6-5: Auch zwischen Reptilien und Säugern gibt es Konvergenzen bei der Anpassung an bestimmte Lebensweisen (modifiziert nach Wilson et al. 1975).

Weitere klassische Beispiele für Konvergenz sind die **Säbelzähne**, die bei Katzenartigen und bei Beuteltieren mehrfach unabhängig voneinander entstanden sind (Abb. 6-6), sowie das bei Cephalopoden und Wirbeltieren mit verblüffender Ähnlichkeit entwickelte **Linsenauge.** Trotz der Ähnlichkeit sind die Augen unabhängig und auf völlig unterschiedliche Weise entstanden. Das Cephalopodenauge hat sich als Einstülpung der Haut entwickelt, das Wirbeltierauge hingegen als Ausstülpung des Gehirns. Deshalb unterscheiden sie sich in der Anordnung der Nervenbahnen. Die Nervenbahnen im Wirbeltierauge liegen vor der Netzhaut (Retina) und blockieren auf diese Weise einen Teil des Lichts. Wenn die Nervenbahnen gebündelt als Sehnerv Richtung Gehirn geführt werden, entsteht zusätzlich der «Blinde Fleck». Beim Cephalopodenauge münden die Nervenbahnen hinter der Retina, weshalb es bei ihnen keinen Blinden Fleck gibt. Beim Cephalopodenauge fehlt zusätzlich die für die Lichtbrechung verantwortliche Hornhaut, dafür ist ihre Linse eher kugelförmig ausgebildet.

Bei manchen Taxa können konvergente Entwicklungen zum Problem für die Taxonomie werden, z. B. bei den Gastropoda: Viele nur entfernt verwandte Schnecken entwickelten sehr ähnliche, kaum unterscheidbare Gehäuse. Die Verwandtschaftsverhältnisse können daher kaum oder nicht mehr durch morphologische Merkmale der Hartteile geklärt werden. Hier müssen, sofern es sich um lebende Formen handelt, Weichteilmerkmale und/oder molekulargenetische Untersuchungen herangezogen werden.

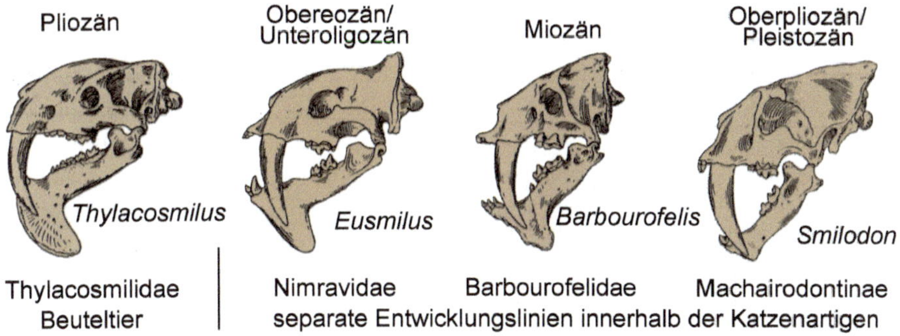

Abb. 6-6: Säbelzähne entstanden mehrfach unabhängig zu unterschiedlichen Zeiten bei Beuteltieren und Katzenartigen.

Im Unterschied zur Analogie werden als **Homologie** oder **Divergenz** die morphologischen Veränderungen bei «relativ» nahen Verwandten bezeichnet. Homologe Merkmale gehen auf gemeinsame Vorfahren zurück und sind essenziell für die Rekonstruktion von evolutiven Entwicklungslinien. Ein wesentlicher Schritt bei der Entwicklung der Wirbeltiere war die Entstehung des Kiefers, der aus den ersten drei Kiemenbögen abgeleitet wird. Sie bildeten Ober- und Unterkiefer. Die Zähne sind wahrscheinlich aus Schuppen entstanden (Abb. 6-7).

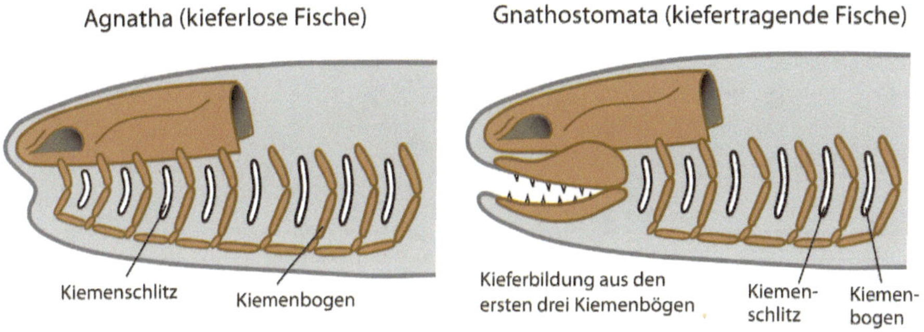

Abb. 6-7: Schematische Darstellung der Kieferentstehung. Sie wird aus den verknorpelten, mit Gelenken ausgestatteten Kiemenbögen abgeleitet. Aus den ersten drei Kiemenbögen wurden Ober- und Unterkiefer gebildet.

Bei der Entwicklung von den Therapsida zu den modernen Säugetieren wurde die Kiefer- und die Ohrregion umgestaltet. Bei den Amphibien, ursprünglichen Therapsiden, Reptilien und Vögeln besteht das Kiefergelenk (primäres Kiefergelenk) aus der Verbindung der Knochen Articulare (Gelenkbein) und Quadratum (Quadratbein). Im Mittelohr existiert nur der Steigbügel (Stapes) als knöcherne Verbindung zwischen Trommelfell und Innenohr. Bei den Säugetieren besteht der Unterkiefer nur noch aus einem Knochen, dem Dentale, das mit dem Squamosum (Schuppenbein) das sekundäre Kiefergelenk bildet. Die Knochen des primären Kiefergelenks (Articulare und Quadratum) wurden verkleinert und als Incus (Amboss) und Maleus (Hammer) in das Mittelohr verlagert (Abb. 6-8 und 6-9).

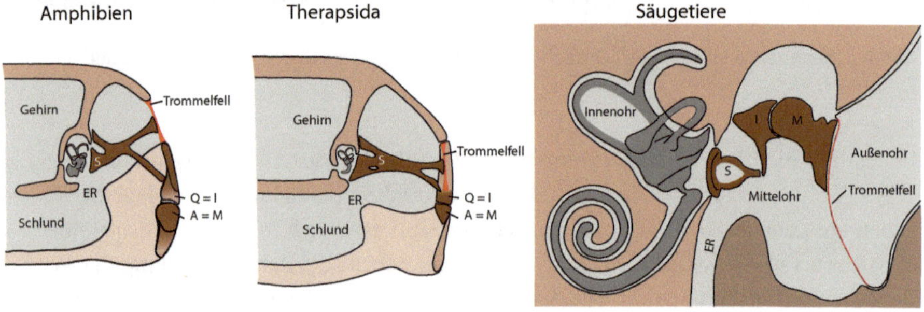

Abb. 6-8: Die Ohrregion eines Amphibs, eines frühen Therapsiden und eines Säugetiers. (Q = I: Quadratum (Quadratbein) = Incus (Amboss); A = M: Articulare (Gelenkbein) = Maleus (Hammer); S = Stapes (Steigbügel); ER: Eustachi'sche Röhre).

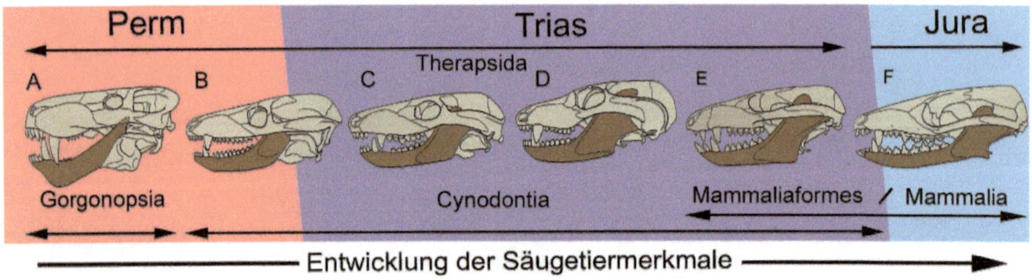

Abb. 6-9: Entwicklung des Schädels von den Therapsida zu den Säugern. Im Laufe der Entwicklung wird das Dentale (braun) zum einzigen Knochen im Unterkiefer. Das primäre Kiefergelenk zwischen Articulare und Quadratum wird zu Hammer (Maleus) und Amboss (Incus) im Mittelohr. Das sekundäre Kiefergelenk bildet sich zwischen Dentale und Squamosum. A: *Leontocephalus* (Gorgonopsia, Oberperm); B: *Procynosuchus* (Cynodontia, Oberperm); C: *Thrinaxodon* (Cynodontia, Untertrias); D: *Probainognathus* (Cynodontia, Obertrias); E: *Pachygenelus* (Cynodontia, Trias–Jura); F: *Morganucodon* (basale Mammalia, Obertrias); (modifiziert nach Hopson 2001).

6.3 Tetrapodenextremität

Die Tetrapodenextremität ist wegen ihrer konservativen Entwicklung einerseits und der enormen Vielgestaltigkeit andererseits ein sehr gutes Beispiel für die morphologischen Veränderungen bei Anpassungen an verschiedene Lebensräume. Tetrapoden sind Wirbeltiere mit vier Extremitäten, also Amphibien, Reptilien, Säuger und Vögel. Den Extremitäten der Tetrapoden entsprechen bei Knochenfischen (Osteichthyes) und Knorpelfischen (Chondrichthyes) die paarigen Brust- und Bauchflossen. Die Tetrapodenextremität ist im Flossenbau der Fleischflosser (Sarcopterygii) bereits angelegt (siehe auch Kap. 30.4.2). Oberarm- und Oberschenkelknochen (Humerus bzw. Femur) sowie die beiden Unterarm- und Unterschenkelknochen (Radius und Ulna bzw. Tibia und Fibula) sind bereits ausdifferenziert. Im Übergang zu den Amphibien bilden sich auch Handwurzel-, Mittelhand- und Fingerknochen aus (Carpalia, Metacarpalia und Phalangen), die im Fußskelett ihre Entsprechung haben (Abb. 6-10). Bei den ursprünglichen Amphibien ist die Anzahl der Phalangen (Finger und Zehen) mit bis zu acht noch variabel. Bald wird aber der Grundtyp der Tetrapodenextremität mit fünf Phalangen festgelegt. Dieser Grundbauplan des Hand- bzw. Fußskeletts blieb von den Amphibien bis zum Mensch in einem Zeitraum von etwa 350 Millionen Jahren nahezu konstant (Abb. 6-11).

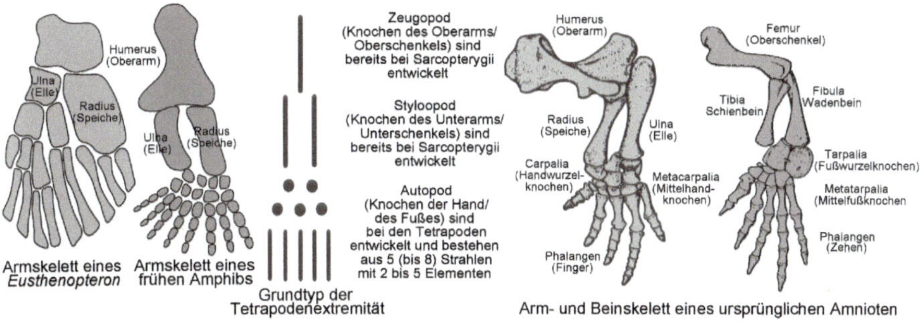

Abb. 6-10: Entwicklung der Extremitäten der Wirbeltiere von den Fleischflosser-Fischen (Sarcopterygii) über frühe Amphibien bis zu den frühen Amniota. Der Grundtyp der Tetrapodenextremität bildete sich bereits bei den Amphibien aus und wurde bei vielen Amphibien und Amniota (Reptilien und Säugetiere) beibehalten (kompiliert aus verschiedenen Quellen).

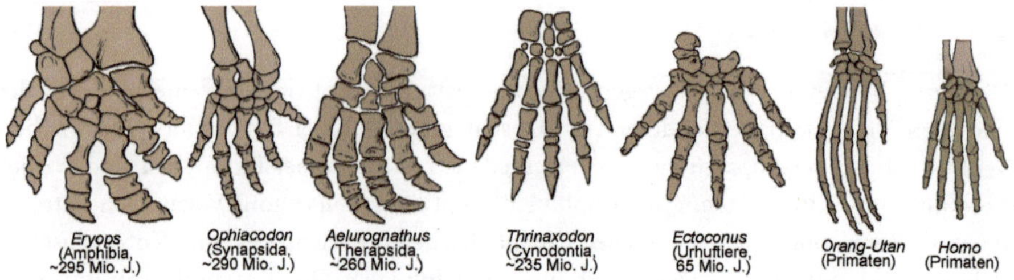

Abb. 6-11: Beispiele für den sehr konstanten Bauplan des Handskeletts von den Amphibien bis zu den Primaten (modifiziert nach Gregory 1951).

6.4 Spezialanpassungen: Schnelles Laufen, Schwimmen und Fliegen

Bei der Anpassung an spezielle Lebensweisen (fliegen, schwimmen, graben und laufen) kam es bei Reptilien, Vögeln und Säugern zu einer sehr raschen morphologischen Spezialisierung. Voraussetzung für die Anpassung an **schnelles Laufen** ist die Verlagerung der Beine möglichst senkrecht unter den Körper (Abb. 6-12). Oft werden die Knochenelemente verlängert, einhergehend mit einer Reduktion der Strahlenzahl. Die Verlängerung vollzieht sich überwiegend im Mittelhand-/Mittelfußbereich sowie in den Fingern/Zehen. Die Entwicklung des Pferdefußes ist ein besonders gutes Beispiel für die Anpassung an schnelles Laufen. Die Zehenzahl wird auf die mittlere reduziert und der Mittelhand/Fußknochen stark gestreckt (siehe auch Abb. 3-8).

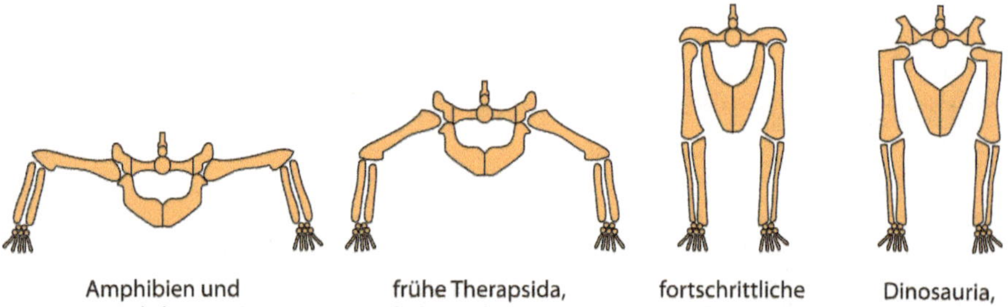

Abb. 6-12: Schematische Darstellung der Entwicklung der Beinstellung und des Beckens bei Amphibien und ursprünglichen Amniota, frühen Therapsida und frühen Archosauria, fortschrittlichen Archosauria und Dinosauria sowie Säugetieren. Die Verlagerung der Beine senkrecht unter den Körper ist sowohl für die Tragfähigkeit als auch für hohe Laufgeschwindigkeiten am besten geeignet (modifiziert nach Wikipedia).

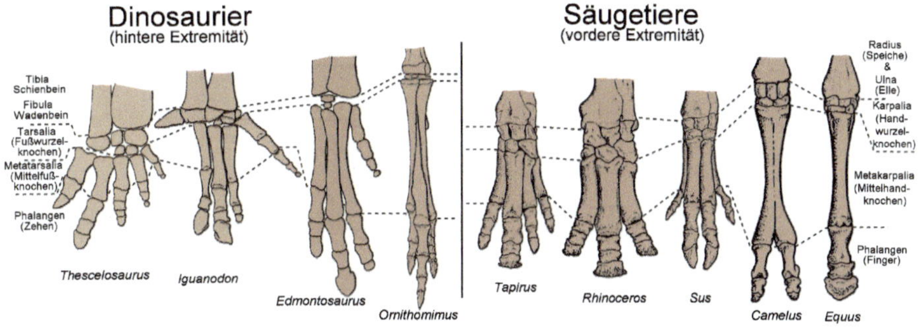

Abb. 6-13: Beispiele für die zunehmende Anpassung an schnelles Laufen. Die morphologischen Veränderungen gehen sowohl bei den Dinosauriern als auch bei den Säugetieren mit der Verlängerung der Extremitäten einher, vor allem im Bereich Mittelhand und Mittelfuß sowie der Finger- und Zehenknochen (kompiliert aus verschiedenen Quellen).

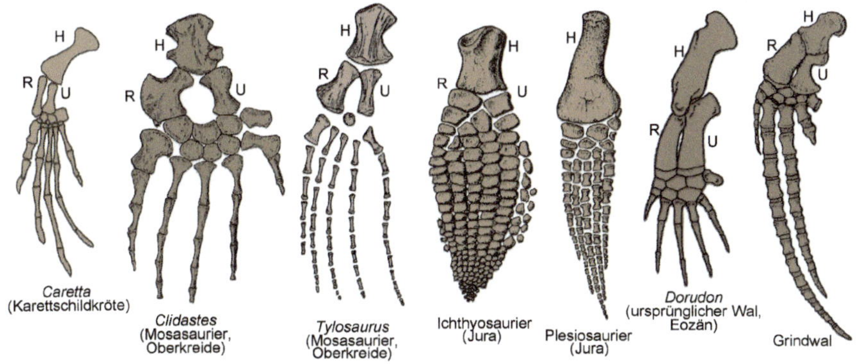

Abb. 6-14: Parallelentwicklung im Flossenaufbau bei Karettschildkröte, Mosasaurier, Ichtyosaurier, Plesiosaurier und Wal (H: Humerus, R: Radius, U: Ulna). Die Armknochen werden stark verkürzt. Die Phalangenglieder werden gestreckt oder ihre Zahl nimmt stark zu (kompiliert aus verschiedenen Quellen).

Beim Übergang vom Land zur **schwimmenden Lebensweise** muss das Laufbein zum «Paddel» werden. Die Arm-/Beinknochen werden stark verkürzt und die Phalangenglieder vermehrt, zusätzlich verlieren sie ihre Differenzierung. Die Hand- und Fußwurzelknochen und Phalangenglieder gleichen sich morphologisch an.

Bei der Umgestaltung vom Arm zum **Flügel** werden die Knochenelemente des Armskeletts, besonders ein oder mehrere Finger, verlängert und durch «Leichtbauweise» (Röhrenknochen) eine Gewichtsreduktion erzielt. Die Arm- und Handknochen fungieren als Träger für Flughaut oder Federn. Bei den Pterosauria (Flugsaurier) wird der vierte Finger stark verlängert. Arm und Bein spannen die Flughaut auf (Abb. 6-3). Die ersten drei Finger sind noch frei und tragen Krallen. Das Prinzip bei der Fledermaus ist ähnlich, allerdings sind hier der zweite bis fünfte Finger und das Bein beim Aufspannen der Flughaut beteiligt. Entsprechend gibt es nur einen freien Finger mit Kralle. Aber auch der zweite Finger ragt leicht über die Flughaut hinaus und besitzt eine Kralle. Bei den Vögeln sind der vierte und fünfte Finger und die zugehörigen Knochen der Handwurzel und Mittelhand reduziert. Es gibt einen stark zurückgebildeten Daumen, einen großen zweiten und einen kleinen dritten Finger. Statt einer Flughaut wurde ein Federflügel entwickelt.

Der Übergang zu einer **grabenden Lebensweise** bedingt in der Regel eine relativ geringe Körpergröße, eine gedrungene Körperform und kurze Beine mit Extremitäten, die zum Graben befähigen und z. T. als Grabschaufeln ausgebildet sind. Beispiele dafür sind Maulwurf und Beutelmaulwurf, ferner gehören auch Wühlmaus, Hamster, Nacktmull, Meerschweinchen und Dachs in diese Kategorie.

Zitierte und weiterführende Literatur

Benton, M. J. & Harper, D. A. T. (1997): Basic Palaeontology.- 342 pp., Longman.

Benton, M. J. & Harper, D. A. T. (2009): Introduction to Palaeobiology and the fossil record.- 592 pp., Wiley-Blackwell.

Benton, M. J. (2007): Paläontologie der Wirbeltiere. 472 pp, Verlag Pfeil, München.

Brenchley, P. J. & Harper, D. A. T. (1998): Palaeoecology: ecosystems, environments and evolution. 402 pp.; Chapman & Hall.

Briggs, D. E. G. & Crowther, P. R. (2001): Palaeobiology II.- 583 S.; Oxford (Blackwell).

Carroll, R. L. (1987): Vertebrate paleontology and evolution.- 711 pp., Freeman.

Carroll, R. L. (1997): Patterns and processes of vertebrate evolution.- 448 pp., Cambridge University Press.

Fastovsky, D. E. & Weishampel, B. D. (2005): The Evolution and Extinction of Dinosaurs. Cambridge University Press.

Gregory, W. K. (1951): Evolution emerging.- Vol. 1, 736 p.; Vol. 2. 1013 p.; Macmillan Co., New York,

Starck, D. (1978): Vergleichende Anatomie der Wirbeltiere. Springer-Bilder

7 Stratigraphie (Biostratigraphie)

Der Begriff «Stratigraphie» leitet sich aus dem Lateinischen stratum (Schicht) und dem Griechischen γραφειν/graphein (schreiben) ab. Die wörtliche, im Deutschen durchaus gebräuchliche Übersetzung ist «Schichtbeschreibung». Ziel der Stratigraphie ist es, geologische Gesteinsabfolgen in ihrer zeitlichen Reihenfolge zu ordnen und mit anderen Abfolgen an anderen Orten zu vergleichen.

7.1 Historische Entwicklung

Das stratigraphische Grundprinzip wurde von Nicolaus Steno (1638–1686), einem dänischen Arzt und Naturforscher aufgestellt. Es besagt, dass die unten liegenden Schichten in einem Gesteinsverband älter und die darüberliegenden jünger sind. Tektonische Vorgänge (z. B. Überschiebungen) können das Prinzip durchbrechen, es behält aber dennoch seine prinzipielle Gültigkeit. Anhand der Gesteinsmerkmale (lithostratigraphische Merkmale) wurden die Lagerungsverhältnisse von Gesteinseinheiten erkannt, was dazu führte, dass bereits im 18. Jahrhundert die ersten Darstellungen von geologischen Profilen und Karten im lokalen Maßstab, z. B. von Giovanni Arduino (1714–1795), von Johann Gottlob Lehmann (1719–1767) und von Georg Christian Füchsel (1722–1773) angefertigt wurden. Auf Arduino geht auch die erste Gliederung der Erdzeitalter zurück. Er unterschied das «Primär», heute als Paläozoikum oder Erdaltertum bezeichnet, das «Sekundär» (Mesozoikum oder Erdmittelalter) und das «Tertiär» (Känozoikum oder Erdneuzeit). Zwischen 1759 und 1835 wurden alle Systeme des Phanerozoikums definiert, die mit Ausnahme des Tertiärs noch heute gültig sind (Abb. 7-1). Die erste überregionale Karte von England, Schottland und Wales verfertigte William Smith (1769–1839, Abb. 7-2). Als Kanalbauingenieur und Landvermesser erkannte er, dass bestimmte Fossilien immer in bestimmten Schichten auftraten, auch wenn sie aus unterschiedlichen Gesteinen aufgebaut wurden. Er erkannte die Möglichkeit, weit voneinander entfernte Gesteinseinheiten mithilfe von Fossilien zu korrelieren, und gilt folglich als Begründer der Biostratigraphie.

In der Folge wurde von Leopold von Buch (1774–1853) um das Jahr 1810 das Leitfossilkonzept aufgestellt, welches besagt, dass bestimmte Fossilien für bestimmte Zeitabschnitte der Erdgeschichte charakteristisch sind. Friedrich August Quenstedt (1809–1889) und vor allem Albert Oppel (1831–1865) verfeinerten das Leitfossilkonzept für den Jura. Oppel erstellte mithilfe von Ammoniten eine Zonengliederung, die auf der stratigraphischen Reichweite von bestimmten Taxa basiert. Sie ist zum Teil bis heute gültig (Abb. 7-4). Auch für andere erdgeschichtliche Systeme wurden ähnliche Gliederungen vorgenommen. Im Laufe der Zeit wurden die Techniken und Methoden der Biostratigraphie enorm verfeinert. Das Prinzip und die Vorgehensweise sind aber bis heute gültig. Der Schwachpunkt

1760 Untergliederung der Gesteine in „Primär",„Sekundär" und „Tertiär" von Giovanni Arduino;

1829	Quartär:	Desnoyer
1759	Tertiär:	Arduino (heute Paläogen & Neogen)
1822	Kreide:	Omalius d`Halloy
1795	Jura:	Alexander v. Humboldt
1834	Trias:	von Alberti
1841	Perm:	Murchison
1822	Karbon:	Cornybeare und Phillips
1839	Devon:	Murchison und Sedgwick
1835	Silur:	Murchison
1879	Ordovizium:	Lapworth
1835	Kambrium:	Sedgwick

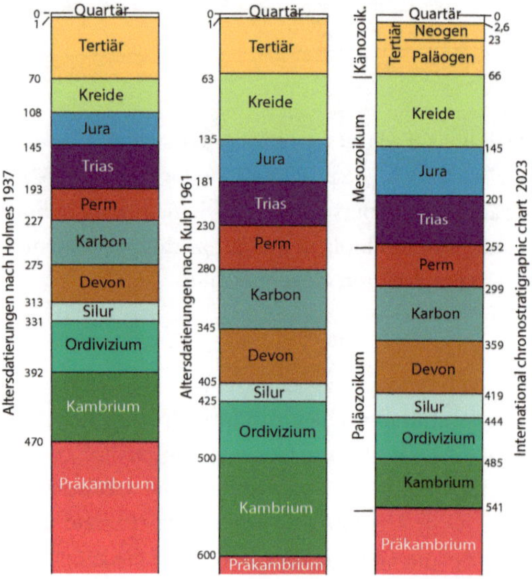

Abb. 7-1: In der zweiten Hälfte des 18. und im frühen 19. Jahrhundert wurden die Systeme des Phanerozoikums definiert. Mit Ausnahme des Tertiärs sind sie alle heute noch gültig. Absolute Altersangaben basieren auf dem Zerfall radioaktiver Substanzen. Diese Altersbestimmungen wurden erst im 20. Jahrhundert entwickelt. Sie waren zunächst noch relativ ungenau. Es dauerte etliche Jahrzehnte, bis man zu verlässlichen Messungen mit kleinen Fehlerbereichen kam.

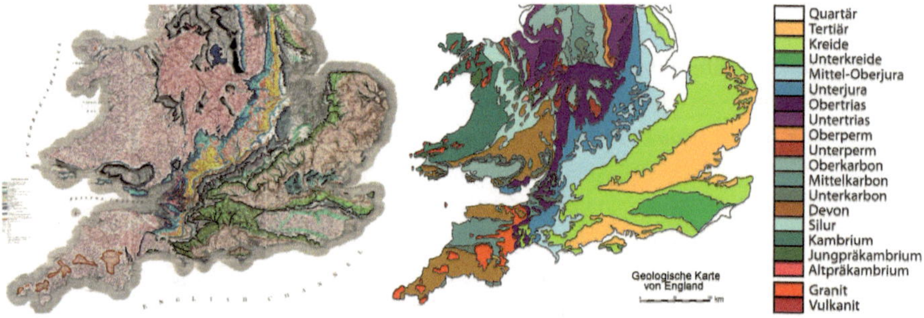

Abb. 7-2: Links: Der Ausschnitt aus der ersten großräumigen geologischen Karte von William Smith aus dem Jahr 1815 zeigt England und Wales. Wie der Vergleich mit einer heutigen Karte (rechts) zeigt, war sie bereits erstaunlich genau (kompiliert und modifiziert nach Wikipedia).

der Biostratigraphie ist, dass mit ihr keine Aussage über die absoluten Alter der Gesteine bzw. der Fossilien möglich ist.

Bereits im 19. und frühen 20. Jahrhundert waren viele Geologen und Paläontologen überzeugt, dass die Erde viele 10er- bis möglicherweise 100er-Millionen Jahre alt ist. Charles Lyell (1797–1875), ein aus Schottland stammender britischer Geologe und Begründer des Aktualismus, postulierte sogar schon ein Alter von Milliarden Jahren. Lyells Abschätzung wurde von Lord Kelvin (1824–1907), einem britischer Physiker widersprochen. Er berechnete die Abkühlungsdauer einer glutflüssigen Erde thermodynamisch und kam auf ein Erdalter von etwa 20 bis 40 Millionen Jahren. Das Problem war, dass es keine verlässliche Methode gab, die widersprüchlichen Angaben zu prüfen. Auch andere Berechnungsversuche anhand von Abschätzungen zur Evolutionsgeschwindigkeit oder von Erosions- und Sedimentationsraten brachten keine eindeutigen Ergebnisse. Erst mit der Entdeckung der Radioaktivität 1896 durch den französischen Physiker Antoine Henri Becquerel stand eine Methode zur absoluten Zeitbestimmung zur Verfügung. 1913 führte der englische Geologe Arthur Holmes die erste Radioisotopenmessung der Uran-Blei-Zerfallsreihe durch, und datierte den Beginn des Kambrium auf etwa 600 Millionen Jahre, was recht nahe am heutigen Wert von 542 Millionen Jahren liegt. Der Fehlerbereich war allerdings noch hoch, und so dauerte es noch etliche Jahrzehnte, bis reproduzierbare Werte mit kleinen Fehlerbereichen möglich wurden (Abb. 7-1). Seit über 30 Jahren sind die Messungen nun reproduzierbar und relativ genau, und erlauben eine detaillierte Unterteilung der Erdgeschichte mit absoluten Altersangaben.

Neben der Biostratigraphie und den radiogenen Isotopenmessungen zur Altersbestimmung (Geochronologie), die nicht an allen Gesteinen durchführbar sind, werden heute eine Reihe weiterer Methoden zur Altersbestimmung verwendet. In der jüngeren Erdgeschichte werden die Paläomagnetik, Event-, Sequenz-, Chemo- und Zyklostratigraphie genutzt. Jede Methode hat ihren Anwendungsbereich und sollte nach Möglichkeit mit den anderen Methoden kombiniert und abgeglichen werden. Ziel der Stratigraphie ist es, ein verbindliches, zeitliches Bezugssystem zu erstellen (vgl. Innenseite des Umschlags hinten).

7.2 Methoden der Altersbestimmung

Gebräuchliche stratigraphische Methoden und ihre Anwendungsbereiche sind die **Lithostratigraphie**, die nur nach Gesteinsmerkmalen gliedert. Diese Methode ist faziesabhängig und hat ihre wesentliche Bedeutung in der Darstellung von Gesteinseinheiten in geologischen Karten. Zur zeitlichen Gliederung findet sie vor allem Verwendung in fossilarmen bis fossilfreien Sedimenten eines regionalen Ablagerungsbereiches.

Die **Biostratigraphie** gliedert nach dem Fossilinhalt (Abb. 7-3) mithilfe von **Leitfossilien.** Dazu sind nicht alle Fossilien gleichermaßen geeignet. In den verschiedenen Abschnitten der Erdgeschichte werden verschiedene Leitfossilien verwendet. Die Biostratigraphie ist im Wesentlichen auf das Phanerozoikum, also den Zeitraum vom Kambrium bis zur

Gegenwart, beschränkt. Leitfossilien sind im Idealfall faziesunabhängig und überregional bis global verbreitet. Die damit ermittelten Altersbeziehungen sind z. T. sehr genau, geben aber nur das Relativalter an. Kriterien für gute Leitfossilien sind eine **weite Verbreitung**, die eine möglichst weite Korrelation erlaubt (z. B. Plankton im Meer, Pollen an Land), eine **große Häufigkeit**, die den Nachweis der Fossilien möglichst einfach macht (z. B. Plankton), eine **große Merkmalsvielfalt**, die eine gute Unterscheidbarkeit erlaubt (z. B. Ammoniten, vgl. Abb. 7-4) sowie eine rasche **evolutive Merkmalsänderung**, wodurch eine gute zeitliche Auflösung möglich ist (Abb. 7-5). In der Praxis sind selten alle Kriterien optimal erfüllt. Wird die Biostratigraphie anhand von verbindlich festgelegten Leitfossilien durchgeführt, spricht man von **Orthostratigraphie**. Werden auch andere Fossilien verwendet, z. B. weil die festgelegten Leitfossilien fehlen, spricht man von **Parastratigraphie**. Die Biostratigraphie ist die bis heute am weitesten verbreitete stratigraphische Methode in Sedimentgesteinen. Sie erlaubt eine sehr hohe zeitliche Auflösung. Im Jura werden heute mehr als 60 Zonen und etwa 100 Subzonen unterschieden. Es gibt verschiedene Möglichkeiten, Zonen- und Subzonen über die Reichweite von Fossilien zu definieren (Abb. 7-4 und 7-5).

Die **Magnetostratigraphie** benutzt die Umpolungen des irdischen Magnetfelds zur Altersbestimmung. Die Ursachen der Umpolung liegen wahrscheinlich an Änderungen der Konvektionsströmungen im Inneren der Erde. Sie wurde erstmalig von Bernhard Brunhes, einem französischen Geophysiker, 1905 nachgewiesen. Seit den 1960er-Jahren wurden die Umpolungen in den Basalten der mittelozeanischen Rücken detailliert untersucht. Für das Känozoikum sind 34 Umpolungen bekannt, für das Mesozoikum 41. Die älteste stammt aus

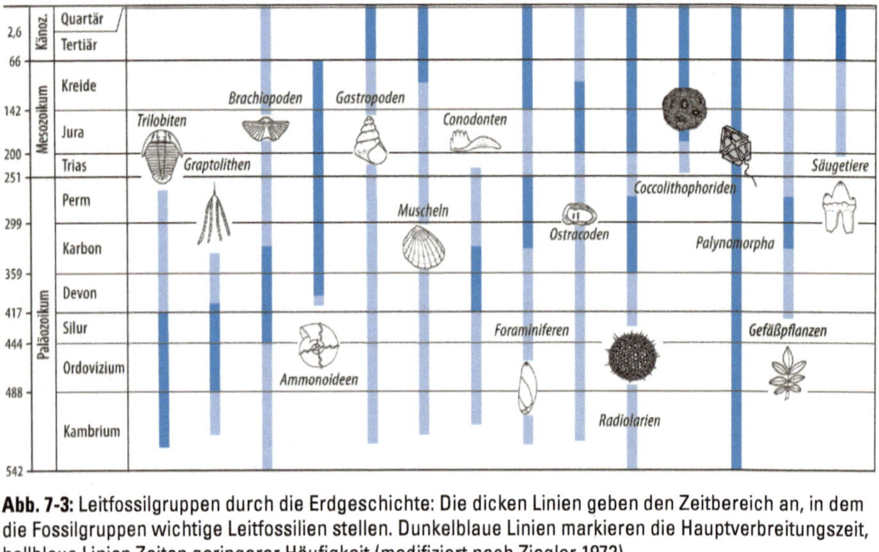

Abb. 7-3: Leitfossilgruppen durch die Erdgeschichte: Die dicken Linien geben den Zeitbereich an, in dem die Fossilgruppen wichtige Leitfossilien stellen. Dunkelblaue Linien markieren die Hauptverbreitungszeit, hellblaue Linien Zeiten geringerer Häufigkeit (modifiziert nach Ziegler 1972).

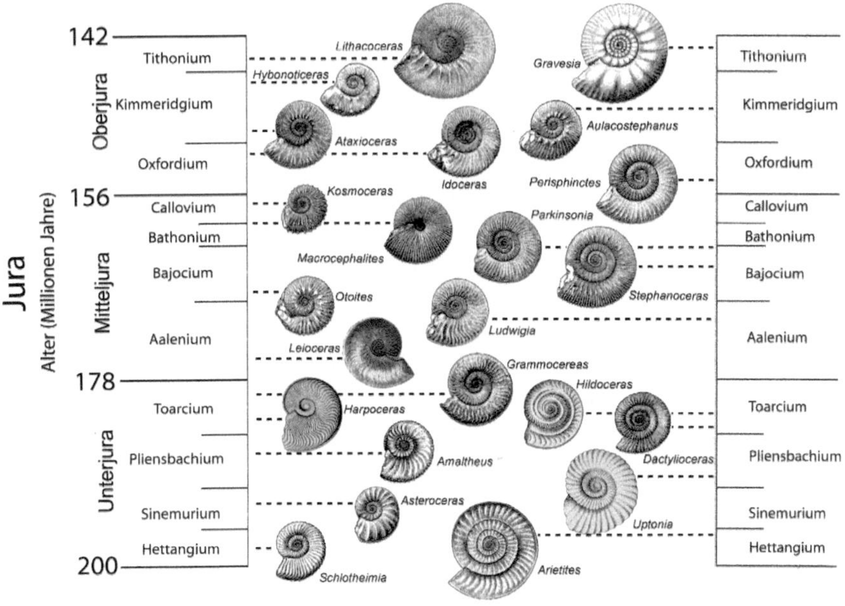

Abb. 7-4: Stratigraphische Abfolge wichtiger Ammonitengattungen im Jura. Heute werden im Jura in Europa mehr als 60 auf Arten basierte Zonen und rund 100 Subzonen unterschieden (modifiziert nach Geyer & Gwinner 1986).

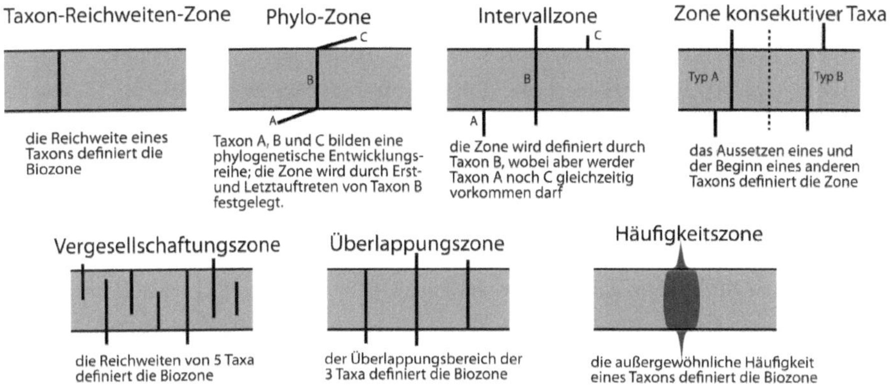

Abb. 7-5: Verschiedene Möglichkeiten, Zonen- und Subzonen über die Reichweite von Fossilien zu definieren (modifiziert nach Boardman 1989 und Benton & Harper 1997).

dem mittleren Jura. Ältere Ozeanböden gibt es auf der Erde nicht, da alte Ozeanplatten kalt und schwer werden und durch Subduktion in den Erdmantel zurücksinken. Derzeit wird daran gearbeitet, die Magnetostratigraphie auf andere Gesteine in älteren Zeitaltern zu erweitern.

Auf dem Zerfall radioaktiver Elemente beruht die Datierung der **Geochronologie**. Sie ist eine absolute Datierungsmethode auf der Basis des Zerfalls eines radioaktiven in ein stabiles Element, z. B. von ^{14}Kohlenstoff in ^{14}Stickstoff, oder auf der Basis von Zerfallsreihen, bei denen ein radioaktives Element wieder in ein radioaktives Tochterelement zerfällt und so möglicherweise viele Zwischenschritte durchläuft, bevor am Ende der Zerfallskette ein stabiles Element entsteht. Ein Beispiel hierfür ist die ^{238}Uran-^{206}Blei-Zerfallsreihe. Bei den vielen Zwischenschritten kommen sowohl α–Zerfälle, also die Abgabe eines Heliumkerns, als auch β^-–Zerfälle vor, bei denen ein Neutron in ein Proton und ein Elektron zerfällt. Grundlage der Datierung ist die Dauer des Zerfalls einer bestimmten Ausgangsmasse eines radioaktiven Elements. Sie wird definiert durch die Halbwertszeit, also der Zeit, nach der die Hälfte einer Ausgangsmasse zerfallen ist. Bei bekannten Zerfallsreihen mit bekannten Halbwertszeiten kann aus dem Verhältnis von Ausgangselement zu Tochterelement das Alter bestimmt werden (Abb. 7-6). Die damit erzielten Alter sind sogenannte Absolutalter und, abhängig von der Methode, z. T. sehr genau. Zur Datierung eignen sich aber nur Gesteine, in denen die radiogenen Isotope ausreichend vorhanden sind (z. B. Vulkanaschenlagen für Uran und Thorium oder Kalk bzw. organische Substanz für ^{14}C).

Die **Eventstratigraphie** gliedert mithilfe besonderer Ereignisse (Englisch: «event»), die im Gesteinsverband ablesbar sind. In der Regel handelt es sich um Katastrophen, (z. B. Tempestite, Tsunamite, Vulkanausbrüche, Impaktereignisse und eventuell dadurch ausgelöste Massenaussterben). Bei Vulkanausbrüchen und Impaktereignissen können geochronologisch auch Absolutalter bestimmt werden.

In der **Sequenzstratigraphie** werden aus dem Gesteinsverband charakteristische Abschnitte (Sequenzen) identifiziert, die durch bestimmte Meeresspiegelstände (Regressionen oder Transgressionen) erzeugt wurden. Die Gliederung erfolgt dabei meist mithilfe von seismischen Profilen, auf denen progradierende und retrogradierende Sedimentationseinheiten erkennbar sind.

Schwankungen der Erdbahnparameter werden in der **Zyklostratigraphie** genutzt. Die nach dem serbischen Mathematiker Milutin Milanković (1879–1958) benannten **Milanković-Zyklen** verursachen Schwankungen in der Strahlungsintensität der Sonne. Durch sich überlagernde Zyklen der Präzession (einer Kreiselbewegung der Erde mit 21 000 Jahren Dauer), der Obliquität (der Variation in der Schrägstellung der Erdachse, die im 41 000-Jahre-Zyklus zwischen 22,1° und 24,5° schwankt) und der Exzentrizität (bei der in einem 100 000-Jahre-Zyklus die Erdbahn zwischen geringer und stärker elliptisch variiert) können sich die Primärproduktion, der Eintrag klastischer Sedimente und andere Sedimentcharakteristika verändern. Neben den drei Hauptparametern gibt es noch eine Reihe überlagerter Zyklen, wie z. B. den 400 000 Jahre dauernden Exzentrizitätszyklus. Die Zyklostratigraphie zeigt methodisch einen fließenden Übergang zur Chemostratigraphie.

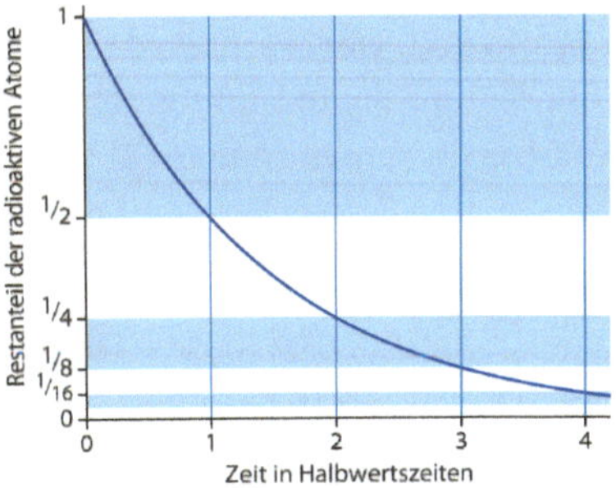

Radioaktives Isotop	Halbwertszeit (Jahre)	Zerfallsprodukt
87 Rubidium	48,6 Milliarden	87 Strontium
232 Thorium	13,9 Milliarden	208 Blei
238 Uran	4,5 Milliarden	206 Blei
40 Kalium	1,3 Milliarden	40 Argon
235 Uran	700 Millionen	207 Blei
234 Uran	250 000	230 Thorium
14 Kohlenstoff	5 720	14 Stickstoff

Abb. 7-6: Die Menge einer radioaktiven Substanz nimmt mit der Zeit exponentiell ab. Wenn die Hälfte der Ausgangsmasse zerfallen ist, spricht man von der Halbwertszeit (modifiziert nach Stanley 2001). Links: Nach zwei- oder dreimaligem Durchlauf der Halbwertszeit reduziert sich die Ausgangsmasse auf ein Viertel bzw. ein Achtel der Ausgangsmasse. Rechts: Die Halbwertszeiten einiger radioaktiver Elemente, die zur Datierung verwendet werden.

Bei der **Chemostratigraphie** wird die Gliederung bestimmter Gesteine anhand chemischer Signale vorgenommen. Die chemischen Signale können Spurenelementanteile, charakteristische Verhältnisse stabiler Isotope (z. B. $\delta^{18}O$, $\delta^{13}C$, $\delta^{34}S$) oder der Gehalt an organischem Kohlenstoff sein.

Das **stratigraphische System** gliedert Gesteinsabfolgen bzw. zeitliche Abschnitte hierarchisch.

Geochronologie	Chronostratigraphie	Lithostratigraphie	Beispiel
Äon	Äonothem		Phanerozoikum
Ära	Ärathem		Paläozoikum
Periode	System	Abteilung	Devon
Epoche	Serie	Gruppe	Oberdevon
Alter	Stufe	Formation	Frasnium
Chron	Zone	Glied (member)	gigas-Zone
		Schicht (Horizont)	Unterer Kellwasserkalk

Die zeitliche Reichweite chronostratigraphischer Einheiten beträgt dabei etwa:					
Äonothem (100er-Mio. Jahre)	Ärathem (10er-100erMio. Jahre	System (10er Mio. Jahre	Serie (Millionen Jahre)	Stufe (Millionen Jahre)	Zone (> 500 000 Jahre)

Abb. 7-7: Das stratigraphische System gliedert hierarchisch entweder nach abstrakten zeitlichen Abschnitten (Geochronologie) oder nach Gesteinsabfolgen (Lithostratigraphie), wenn nur die Gesteinsmerkmale Verwendung finden. Die Chronostratigraphie kombiniert alle stratigraphischen Informationen. Je nach Gliederungsmethode werden dabei verschiedene Begriffe verwendet, die sich aber entsprechen.

Eine weitere stratigraphische Methode ist die **Ökostratigraphie.** Anders als die Biostratigraphie beruht sie nicht auf der evolutiven Entwicklung von bestimmten Taxa, sondern auf dem Wechsel von Faunen- und Florengemeinschaften aufgrund von raschen ökologischen oder klimatischen Veränderungen. Die Anwendung der Ökostratigraphie ist auf lokale bis regionale Gebiete und überwiegend auf das Quartär beschränkt. Der Wechsel von Warm- und Kaltzeiten im Quartär bewirkte vor allem in Mitteleuropa signifikante Vegetationsänderungen, die z. B. mithilfe von Pollenanalysen rekonstruiert werden können (Abb. 7-8).

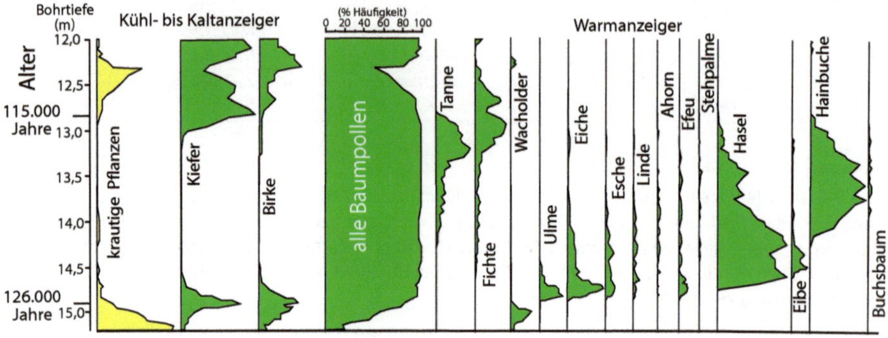

Abb. 7-8: Ein Pollendiagramm aus dem nördlichen Alpenvorland zeigt die Florenentwicklung am Ende der Riss-Eiszeit, in der Eem-Warmzeit und am Beginn der Würm-Eiszeit. In der Eem-Warmzeit von 126 000–115 000 Jahren vor heute dominieren Baumpollen. Tanne, Fichte, Wacholder, Ulme, Eiche, Esche, Linde, Ahorn, Efeu, Hasel, Eibe, Hainbuche und Buchsbaum sind Warmanzeiger. Bei der Abkühlung steigt der Anteil an Kiefer, Birke und krautigen Pflanzen (verändert nach Müller et al. 2005).

7.3 Massenaussterbeereignisse

In verschiedenen Abschnitten der Erdgeschichte kam es zu plötzlichen Änderungen in der Zusammensetzung und Diversität von Fauna und Flora. Diese abrupten Wechsel sind schon lange bekannt und wurden bereits durch **Georges Cuvier** (1769–1832, dem Begründer der modernen vergleichenden Anatomie) als Katastrophen (Kataklysmen) gedeutet. Diese heute als Massenaussterben bezeichneten Ereignisse sind wegen des damit verbundenen Verlusts an Organismen und der Neuentstehung von Taxa in der Folgezeit sehr scharfe biostratigraphische Grenzen. Sie können zusätzlich noch mit vielen anderen stratigraphischen Methoden (Event-, Sequenz-, Chemo-, Zyklostratigraphie und Geochronologie) erfasst werden. Nachdem nahezu alle heutigen Tierstämme während der kambrischen Explosion entstanden sind, folgt im Ordovizium ein weiterer enormer Radiationsschub der marinen Fauna, der als GOBE (Great Ordivician Biodiversity Event) bezeichnet wird. Mit dem höheren Ordovizium beginnt das terrestrische Leben. An der Ordovizium/Silur-Grenze, im Oberdevon, an der Perm/Trias-Grenze, an der Trias/Jura-Grenze und an der Kreide/Paläogen-Grenze ereigneten sich große Massenaussterben, die jeweils mit einem deutlichen Diversitätsrückgang verbunden waren. Zusätzlich gab es zahlreiche kleinere Massenaussterben (Abb. 7-9). Trotz dieser Rückschläge nahm die Diversität in der Erdgeschichte deutlich zu (siehe auch Kap. 3, Abb. 3-10 und 3-11).

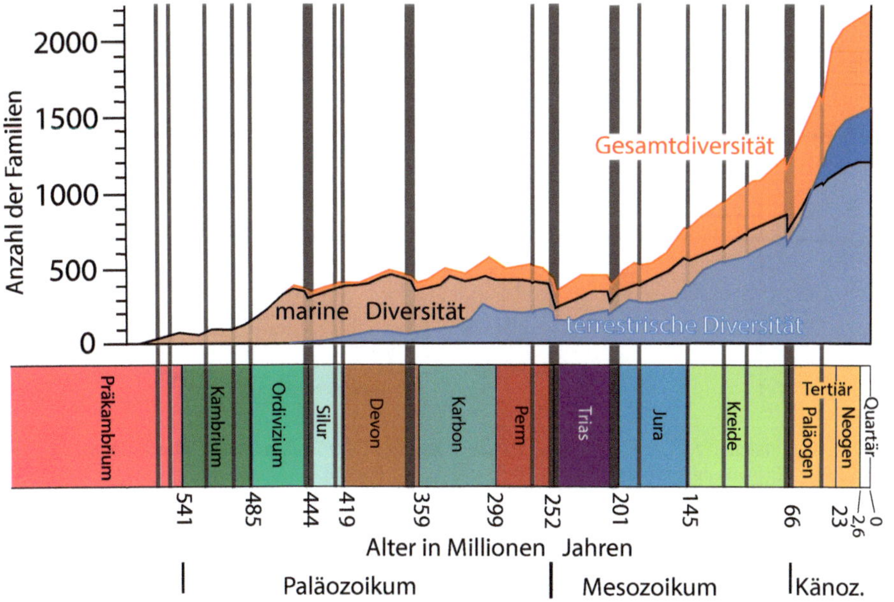

Abb. 7-9: Diversitätsentwicklung im Phanerozoikum und die fünf großen (dicke vertikale Balken) und zahlreichen kleinen Massenaussterben (dünne vertikale Balken).

Das erste große Massenaussterben ereignete sich an der **Ordovizium/Silur-Grenze,** und war sehr wahrscheinlich durch eine relativ kurze, intensive Eiszeit verursacht (Abb. 7-10). Für die Dauer der Eiszeit gibt es stark abweichende Annahmen. Betroffen waren bei den Benthosorganismen vor allem die Brachiopoda, Trilobita, Bryozoa und Korallen, bei Nekton und Plankton die Acritarchen, Conodonten und Graptolithen.

Im **Oberdevon** ereignete sich das zweite große Massenaussterben, welches in mehrere Phasen unterteilt werden kann. Beim Plankton und Nekton starben viele Acritarchen aus und die Ammoniten wurden stark dezimiert. Die typische silurisch-devonische Riffvergesellschaftung aus Stromatopora, Tabulata und Rugosa verschwand. Die Brachiopoden waren stark betroffen, die Ordnung Pentamerida starb aus. Die Trilobita erfuhren einen dramatischen Niedergang, fünf von sechs Ordnungen starben aus (siehe Abb. 22-13). Bei den Wirbeltieren verschwanden viele Conodonta, alle Ostracodermi (paläozoische kieferlose Fische) und die Placodermi (Panzerfische; Abb. 7-11). Als Ursachen des Massenaussterbens werden eine globale Abkühlung und ozeanische Sauerstoffmangelereignisse diskutiert, die mit der beginnenden Vereisung in Gondwana zusammenhingen. Impaktereignisse sind ebenfalls in Diskussion: Es gibt mehrere mögliche Einschlagskrater, die zeitlich in das Oberdevon fallen (Alamo-Krater, Arizona; Woodleigh-Krater, Westaustralien; Siljan-Krater, Schweden). Trotz der vielen Erklärungsansätze gibt es bis heute keine konsistente Theorie, die alle Facetten der Ereignisse im Oberdevon erklärt.

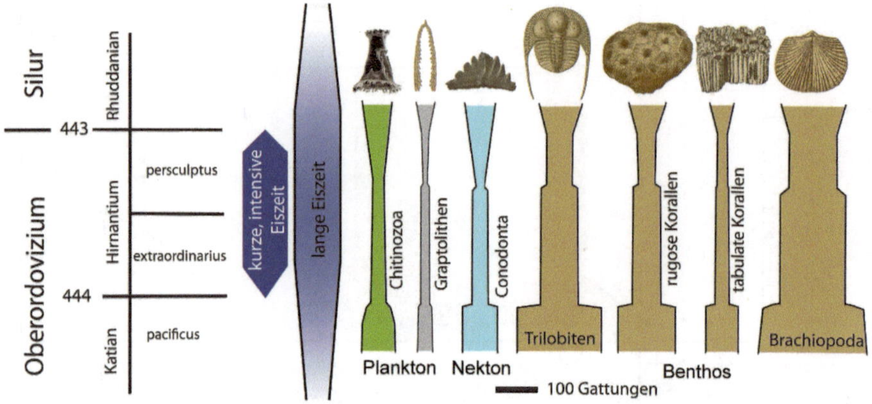

Abb. 7-10: Annahmen zur Dauer der Eiszeit an der Ordovizium/Silur-Grenze und das Aussterbemuster der betroffenen Organismengruppen.

Das gravierendste Massenaussterben ereignete sich an der **Perm/Trias-Grenze.** Im marinen Bereich sind die benthischen Großforaminiferen (Fusulinen), paläozoischen Korallen (Rugosa und Tabulata), Trilobiten, Eurypteriden und Blastoideen vollständig ausgestorben. Beim Plankton haben die Acritarchen und Radiolarien, beim Benthos die Bryozoa, Brachiopoda und Crinoidea sehr starke Verluste erlitten. Auch die meisten Ammoniten überlebten nicht. Die Verluste am Festland waren ebenfalls enorm: Bei den Insekten starben etliche Ordnungen aus; bei den Amphibien und Therapsida («säugerähnliche Reptilien») überlebten nur wenige Gruppen, während die Eureptilia und auch die Pflanzen weniger stark betroffen waren. Insgesamt sind etwa 85–95 % der marinen Arten und etwa 70–80 % der terrestrischen Arten ausgestorben (Abb. 7-12). Als Ursache wurde ein großes Impakt-Ereignis vorgeschlagen (Wilkes-Land-Impakt in der Antarktis), für das aber die Beweislage dürftig ist. Nachgewiesen sind große Flutbasaltaustritte in Sibirien und in Südchina, die z. T. auch Kohleablagerungen durchsetzten. Durch Verschwelung der Kohle wurde CO_2, Methan, H_2S und SO_2 freigesetzt. CO_2 und Methan bewirkten als Treibhausgase eine drastische Temperaturzunahme. SO_2 und H_2S verursachten Vergiftungen. Das enorme Ausmaß dieses Massenaussterbens zeigt sich auch in der langen Regenerationsphase von 4 bis 5 Millionen Jahren.

Bereits 50 Millionen Jahre später, an der **Trias/Jura-Grenze,** fand das nächste Massenaussterben statt. Im marinen Bereich sind die Conodonten und viele Sauropterygia (Placodontia, Pachypleurosauria und Nothosauria) ausgestorben. Stark reduziert wurde das Plankton (Dinoflagellaten, Coccolithophorida und Radiolarien). Bei den Benthosorganismen sind die Korallen und die Bivalvia dezimiert worden. Auch die Ammoniten erlebten eine weitere schwere Krise, nur wenige Formen erreichen den Jura. Die Verluste am Festland waren ebenfalls enorm: Viele Amphibien, vor allem die Großformen, starben aus.

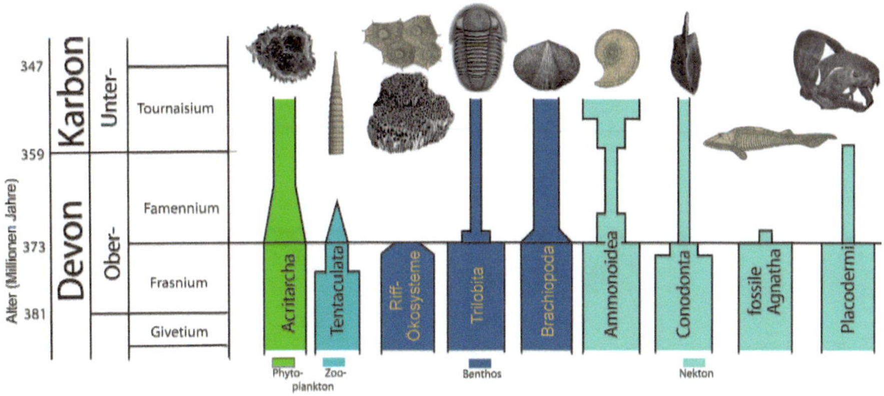

Abb. 7-11: Auswirkungen des Massenaussterbens im Oberdevon. Vom Massenaussterben betroffen waren überwiegend aquatische, vor allem marine Ökosysteme.

Bei den Therapsida wurden die Dicynodontia und Cynodontia sehr stark dezimiert. Auch viele Archosauria starben aus (Abb. 7-13). Lediglich die Krokodilverwandten, Pterosauria und Dinosauria überlebten die Trias/Jura-Grenze. Als Ursache des Massenaussterbens werden eine Reihe von Meteoriteneinschlägen diskutiert (Saint-Martin-Krater, Kanada; Obolon-Krater, Ukraine; Manicouagan-Krater, Kanada; Rochechouart-Krater, Frankreich; Red-Wing-Krater, USA), deren Altersbestimmungen z. T. aber unsicher sind. Derzeit favorisiert als Ursache werden die Flutbasalte im Zentralatlantischen Riftsystem (CAMP: Central Atlantic Magmatic Provice). Die Fläche der Flutbasalte erstreckt sich über 11 Millionen km^2. Die Magmenaustritte erfolgten über einen längeren Zeitraum in der Obertrias und dem Unterjura mit der Hauptaktivität an der Trias/Jura-Grenze. Die vulkanischen Gänge durchsetzten auch hier Kohleablagerungen, wodurch CO_2, CH_4, H_2S und SO_2 freigesetzt wurden.

Das fünfte große Massenaussterben ereignete sich an der **Kreide/Paläogen-Grenze**. Im marinen Bereich starben Ammoniten, Belemniten, Inoceramen, Rudisten, Plesiosaurier und Mosasaurier aus. Stark dezimiert wurden Coccolithen, planktonische Foraminiferen, benthische Foraminiferen, Radiolarien, Bryozoen, viele Muscheln und Schnecken. Am Festland starben die Dinosaurier und Flugsaurier aus. Andere Reptiliengruppen waren weniger stark betroffen. Innerhalb der Säugetiere verschwanden mehrere ursprüngliche Gruppen. Metatheria und Eutheria überlebten, wobei die Metatheria stärker betroffen waren als die Eutheria. Bei den Vögeln starben alle Formen bis auf die Neornithes aus. Die Pflanzen zeigten kein ausgeprägtes Aussterbemuster (Abb. 7-14). Als Ursachen kommen sowohl extremer Vulkanismus (Flutbasalte) als auch der Einschlag eines Meteoriten infrage. An der Kreide/Paläogen-Grenze vor ziemlich genau 66 Millionen Jahren sind große Mengen an Flutbasalten (über 500 000 km^3) in Indien ausgetreten. Zusätzlich wurde ein

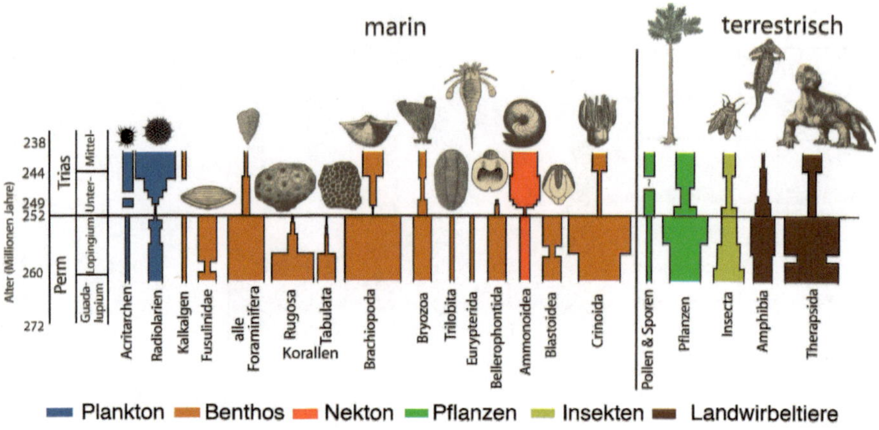

Abb. 7-12: Auswirkungen des Massenaussterbens an der Perm/Trias-Grenze. Etwa 85–95 % der marinen Arten und etwa 70–80 % der terrestrischen Arten sterben an dieser Grenze aus.

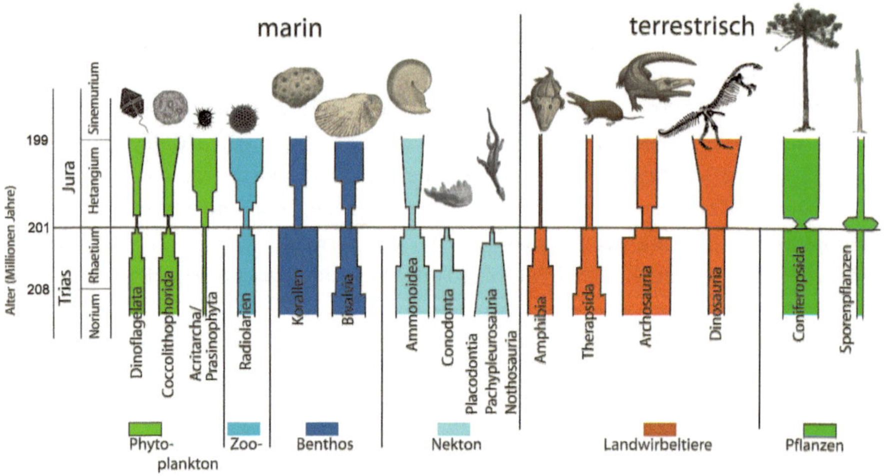

Abb. 7-13: Auswirkungen des Massenaussterbens an der Trias/Jura-Grenze.

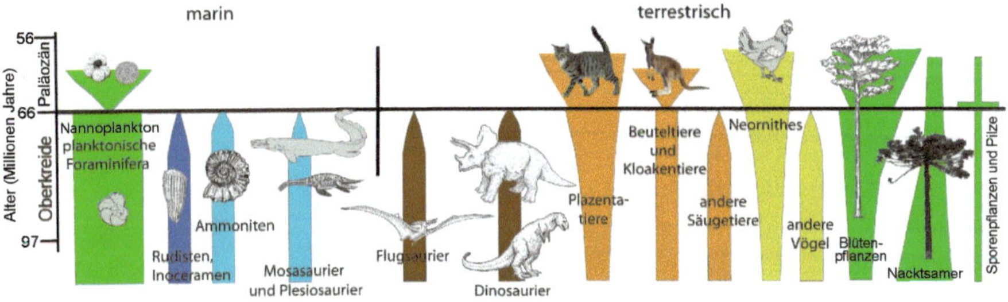

Abb. 7-14: Auswirkungen des Massenaussterbens an der Kreide/Paläogen-Grenze betrafen nahezu alle marinen und terrestrischen Ökosysteme.

fast 200 km großer Einschlagskrater in Chicxulub (Yucatán, Südmexiko) entdeckt; der ihn verursachende Impaktkörper wird als die Hauptursache des Massenaussterbens angesehen.

Ein **sechstes großes Massenaussterben** findet gerade statt und geht auf uns Menschen zurück. Es begann vermutlich bereits im Spätpleistozän, als viele Großsäugetiere durch die Konkurrenz mit den Menschen oder durch Überjagung durch die Menschen ausgestorben sind. Der Verlust natürlicher Lebensräume vor allem durch menschliche Landnutzung ist inzwischen soweit fortgeschritten, dass viele Arten und ganze Ökosysteme vom Aussterben bedroht beziehungsweise z. T. bereits ausgestorben sind.

Zitierte und weiterführende Literatur

Benton, M. J. & Harper, D. A. T. (1997): Basic Palaeontology.- 342 pp., Longman.
Benton, M. J. & Harper, D. A. T. (2009): Introduction to Palaeobiology and the fossil record.- 592 pp., Wiley-Blackwell.
Boardman, R. S. (1989 ed.): Fossil invertebrates.-713 pp., Blackwell.
Deutsche Stratigraphische Kommission (2012): Stratigraphische Tabelle von Deutschland.
Geyer, O. F. & Gwinner, M. P. (1986): Geologie von Baden-Württemberg.- 472 S.; Nägele & Obermiller.
Gradstein, F. M., Ogg, J. G. & Hilgen, F. J. (2012): On the geological time scale.- Newsletters on Stratigraphy 45: 171–188.
Gradstein, F. M., Ogg, J. G., Schmitz, M. & Ogg, G. (2012): The Geologic Time Scale.- Vol. 1 & 2, Elsevier 1176 pp.
Miall, A. D. (1997): The geology of Stratigraphic sequences.- 433pp; Springer.
Müller, U. C., Klotz, S., Geyh, M. A., Pross, J. & Bond, G. C. (2005): Cyclic Climate Changes during the Eemian Interglacial in Central Europe. Geology, 33: 449–452.
Oschmann, W. (2025): Evolution der Erde, 4. Auflage.- 384 S., UTB/Haupt Verlag.
Posamentier, H. W., Summerhayes, C. P., Haq, B. U., George P. Allen, G. P. (1993, eds.): Sequence Stratigraphy and Facies Associations.- Special Publication 18: International Association Of Sedimentologists. Blackwell 644 pp.
Stanley, S. M. (1999): Earth System History.- 615 pp.; Freeman.
Ziegler, B. (1972): Allgemeine Paläontologie.- 248 S. Schweizerbart.

8 Paläobiogeographie

Die Verbreitung der Organismen in Abhängigkeit von der Geographie beschreibt die Biogeographie. **Alfred Russel Wallace**, der zeitgleich mit Charles Darwin die Grundprinzipien der Evolution erkannte, ist der Begründer der Biogeographie. Auf seiner Reise von 1854 bis 1862 durch den Malaiischen Archipel ist ihm die Trennlinie der asiatischen und der australischen Fauna zwischen den nur durch eine 20 km breite Meeresstraße getrennten Inseln Bali und Lombok aufgefallen. Diese biogeographische Grenze wird ihm zu Ehren Wallace-Linie genannt.

Das Verbreitungsgebiet einer Art wird durch die ökologischen Ansprüche, z. B. Nahrung, Temperatur und durch die Konkurrenz mit anderen Arten bestimmt. Zusätzlich gibt es Hindernisse (Barrieren), über die hinweg eine Ausbreitung nicht möglich ist. Das Verbreitungsgebiet einer Art wird **Areal** genannt. **Barrieren** bestimmen die Arealgrenzen. Es gibt verschiedene Typen von Barrieren. Geographische Barrieren sind Gebirge, große Flüsse sowie Festländer für marine Organismen und Ozeane für terrestrische und randmarine Organismen (siehe auch Abb. 3-13). Ökologische Barrieren werden unterteilt in abiotische (Licht, Temperatur, Salinität, Sauerstoffverfügbarkeit, Nahrungsangebot u. a.) und in biotische Barrieren. Letztere bestehen im Wesentlichen in der Konkurrenz zwischen verschiedenen Arten um Lebensraum und Nährstoffe. Dieser Wettbewerb führt zur Verdrängung der nicht konkurrenzfähigen Arten.

Die Wirkung geographischer und ökologischer Barrieren führt zur Ausbildung von **Faunen- und Florenprovinzen**, in denen bestimmte Arten gut an die gegebenen Bedingungen angepasst sind. Abb. 8-1 zeigt die rezenten terrestrischen Faunenprovinzen. Die Florenprovinzen zeigen eine ähnliche Verbreitung wie die Faunenprovinzen. In Südafrika wird zusätzlich noch die Kapflora ausgeschieden. Auch die Verteilung der marinen, benthischen Mollusken zeigt ein prinzipiell ähnliches Muster (Abb. 8-2). Allerdings differieren hier zusätzlich die West- und Ostränder der Ozeane, die jeweils eigene Provinzen bilden.

Die **Paläobiogeographie** behandelt die Verteilung der Organismen in Abhängigkeit zur Paläogeographie in der Erdgeschichte. Aspekte der Paläobiogeographie sind die Änderung der Arealgröße durch Faunenwanderung oder Konkurrenzdruck und die Änderung von Barrieren (z. B. aufsteigende Gebirge, sich öffnende Ozeane, Bildung von Landbrücken etc.). Dies führt zur Isolation oder zu Öffnung neuer Ausbreitungswege. Die heutigen zoogeographischen und phytogeographischen Provinzen sind im Wesentlichen das Ergebnis von Klima und Plattentektonik. Der Einfluss des Klimas wird idealerweise von den Polen zum Äquator ein zonales Muster verursachen. Große Klimagradienten vom Pol zum Äquator, wie sie etwa während des Pleistozäns und etwas abgeschwächt auch heute zu beobachten sind, führen zu einem stark zonal geprägten Provinzialismus, was auch bei der heutigen Verteilung noch erkennbar ist (Abb. 8-1 und 8-2). Langfristig werden durch die

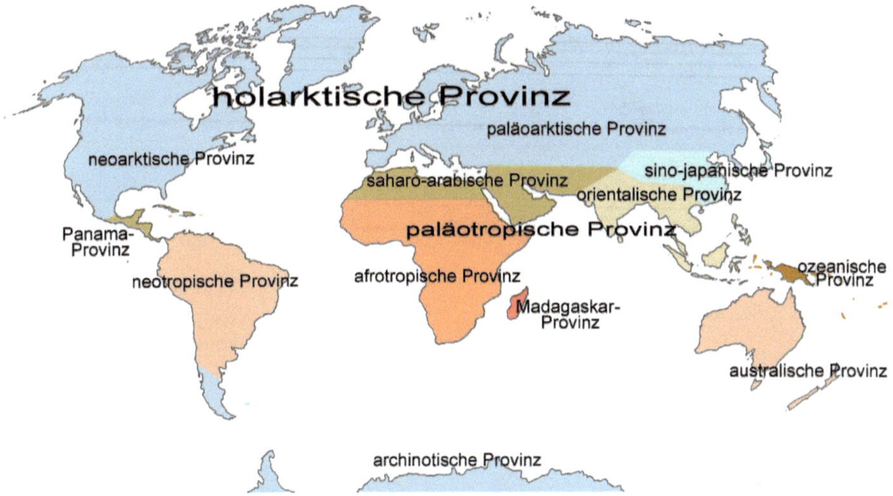

Abb 8-1: Verteilung der rezenten biogeographischen Provinzen terrestrischer Faunen.

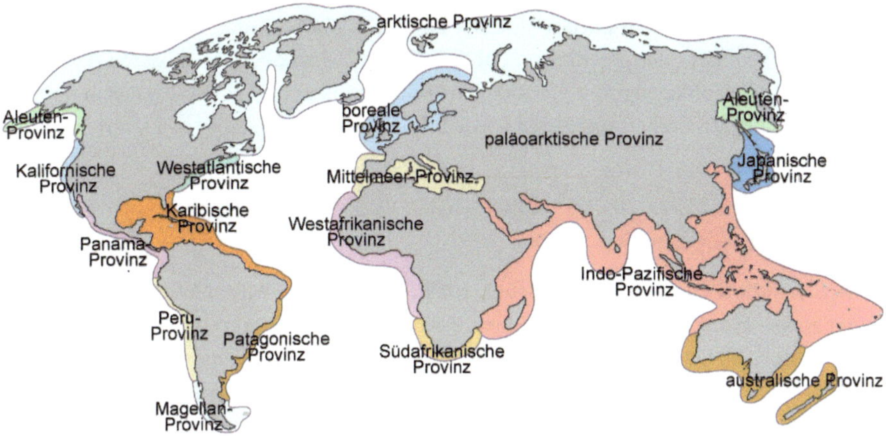

Abb. 8-2: Provinzen der rezenten, marinen, benthischen Mollusken.

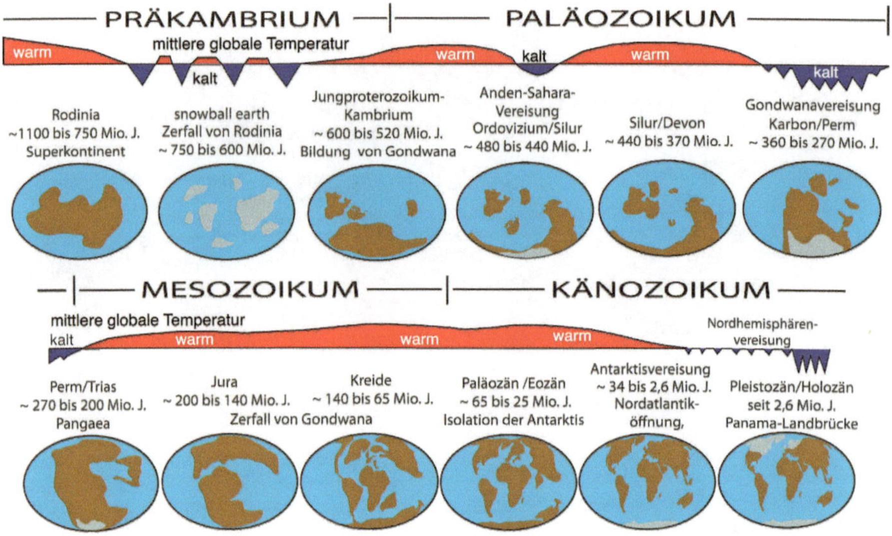

Abb. 8-3: Synoptische Darstellung der Variation von Klima und Plattentektonik durch das Jungproterozoikum und Phanerozoikum. In dieser Zeit gab es zwei Superkontinentphasen und vier Eiszeitperioden, die sich auf die Ausbreitung und Verteilung von Organismen auswirkten.

Wanderung und Neukonfigurierung der Kontinente marine oder terrestrische Ausbreitungswege geöffnet oder geschlossen (Abb. 8-3) und stören oder modifizieren das zonale Muster. Die Paläobiogeographie ermöglicht Rückschlüsse auf Faunenwanderungen, Verdrängung und Aussterben von Arten sowie Bildung und Ausbreitung neuer Arten.

8.1 Beispiele für paläobiogeographische Provinzen und Ausbreitungswege

Rekonstruktion von Gondwana: Schon 1915 rekonstruierte Alfred Wegener Gondwana unter anderem anhand der Verteilung von Faunen und Floren während des Perms und der Trias (Abb. 8-4). Das säugerähnliche Reptil *Cynognathus* (Therapsida) und das in Süßwasserseen lebende Reptil *Mesosaurus* kommen in Südamerika und Afrika vor. Der ebenfalls zu den Therapsida gehörende *Lystrosaurus* aus der Untertrias ist aus Afrika, Indien und der Antarktis nachgewiesen. Der permische Samenfarn *Glossopteris* ist im gesamten südlichen Gondwana zu finden. Südamerika, Afrika, Indien, Australien und Antarktis sind heute durch große Ozeane getrennte (Sub-)Kontinente. Die Faunen- und Florenverbreitung belegt, dass diese Kontinente aber einmal zusammenhängend waren. Auch die Verbreitung der rezenten Lungenfische als Süßwasserbewohner, die auf drei heute weit auseinander liegenden Kontinenten vorkommen (Südamerika, Afrika und Australien) sind ein weiterer Beleg für die Existenz von Gondwana.

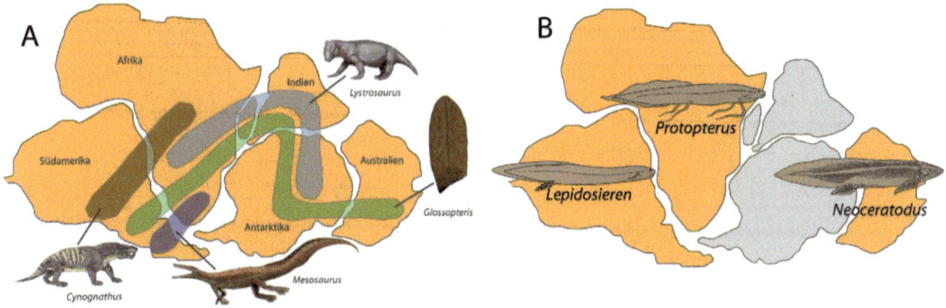

Abb. 8-4: Die Verbreitung permischer und triassischer Faunen- und Floren wurde schon von Alfred Wegener als Argument für die Plattentektonik und die Existenz von Gondwana angeführt. B: Auch die Verbreitung der Lungenfische in den heute isolierten Kontinenten Südamerika, Afrika und Australien ist ein Beleg für die Plattentektonik.

Ammonitenprovinzen der Oberkreide: Während der Oberkreide herrschte bis in die Polregionen ein relativ mildes Klima. Zu dieser Zeit war der Klimagradient zwischen Pol und Äquator nur schwach ausgeprägt. Stattdessen kam es durch das Zerbrechen von Pangaea und den hohen Meeresspiegelstand zur Zerstückelung der Kontinentareale. Neben den neuen Ozeanen bildeten sich zahlreiche kleinräumige marine Bereiche, die durch Barrieren voneinander getrennt waren. Die Faunen der verschiedenen Regionen konnten sich nicht mehr mischen, was zur Ausbildung vieler weitgehend separater Faunenprovinzen im marinen wie im terrestrischen Bereich führte. Abb. 8-5 zeigt die Faunenprovinzen für Ammoniten aus der Oberkreide.
Der Wanderweg der Beuteltiere: Der älteste Nachweis der Beuteltiere (Metatheria) stammt aus der Unterkreide von China. Von dort wanderten sie entweder über Sibirien und Alaska oder über Europa nach Nordamerika. In Nordamerika waren sie während der Oberkreide sehr erfolgreich. Von dort aus breiteten sie sich in der späten Oberkreide und im Paläogen über Südamerika und die Antarktis bis nach Australien aus (Abb. 8-6). Südamerika, Antarktis und Australien trennten sich ungefähr an der Grenze Eozän/Oligozän und waren dann isolierte Kontinente. Etwa zur gleichen Zeit begann die Vereisung der Antarktis. Aus Afrika und Indien gibt es keine Nachweise von Beuteltieren; offensichtlich wurden diese Kontinente von Beuteltieren nicht erreicht. In Nordamerika und Eurasien starben die Beuteltiere im Verlauf von Paläogen und Neogen aufgrund des Konkurrenzdrucks durch die Eutheria aus. Südamerika und Australien blieben somit Refugien für die Beuteltiere, da keine Verbindungen zu anderen Kontinenten bestanden. Australien hat bis heute die größte Beuteltierdiversität. In Südamerika wurden große Teile der Beuteltierfauna nach Ausbildung der Panamalandbrücke von den Eutheria verdrängt (siehe unten).

Auch bei den Eutheria lässt sich bis heute ein ausgeprägter Provinzialismus erkennen (siehe Kap. 33 känozoische Säugetiere, S. 380 ff).

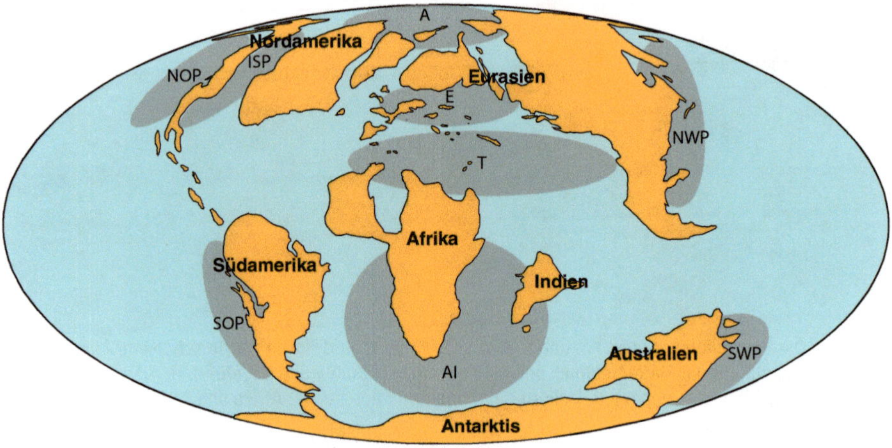

Abb. 8-5: Ammonitenprovinzen in der Oberkreide (kompiliert nach vielen Autoren). NOP: Nordostpazifische Provinz; SOP: Südostpazifische Provinz; ISP: Interior-Seaway-Provinz; A: Arktische Provinz; E: Europäische Provinz; T: Tethysche Provinz; AI: Afrikanisch-Indische-Provinz; NWP: Nordwestpazifische Provinz; SWP: Südwestpazifische Provinz.

Ausbreitung der Vögel: Die modernen Vögel (Neornithes, siehe Kap. 32) entstanden wahrscheinlich in Südamerika während der Oberkreide. Von dort breiteten sie sich einerseits Richtung Nordamerika und andererseits Richtung Antarktis und Australien aus. Von Nordamerika aus erreichten sie im Paläogen Eurasien und Afrika. Ebenfalls ab dem Paläogen driftete Australien nach Norden. Im Neogen und Quartär bildete sich über Indonesien eine Inselkette aus. Über diesen Weg eroberten die Vögel auch Eurasien und Afrika. Dabei kam es zur Faunenmischung.

Entwicklung und Ausbreitung der Pferde: Das Beispiel der Pferdeevolution (siehe Abb. 3-8) zeigt, dass die Pferde sich im Känozoikum in Nordamerika entwickelten und von dort mehrfach nach Eurasien eingewandert sind. Die eingewanderten Linien konnten sich aber nicht dauerhaft behaupten und starben immer wieder aus. Lediglich die letzte Einwanderung im Pleistozän führte zu den eurasischen Wildpferden, von denen sich die rezenten Pferde ableiten. Die nordamerikanische Pferdelinie ist im frühen Holozän ausgestorben, vermutlich durch Überjagung durch den Menschen. Die als «Mustang» bezeichneten Pferde in Nordamerika sind ausgewilderte Pferde der ersten spanischen Siedler.

Der Große Amerikanische Faunenaustausch: Südamerika war von der Oberkreide bis in das Neogen lange ein geographisch isolierter Kontinent. Festlandsverbindungen bestanden lediglich zur Antarktis und nach Australien. Vor etwa 30 Millionen Jahren wurde auch die Verbindung zur Antarktis und nach Australien unterbrochen. Durch die Isolation entwickelte sich in Südamerika eine eigenständige Säugerfauna, zu der neben den Beuteltieren auch die Nebengelenktiere (Gürteltiere, Riesenfaultiere und Ameisenbären), die

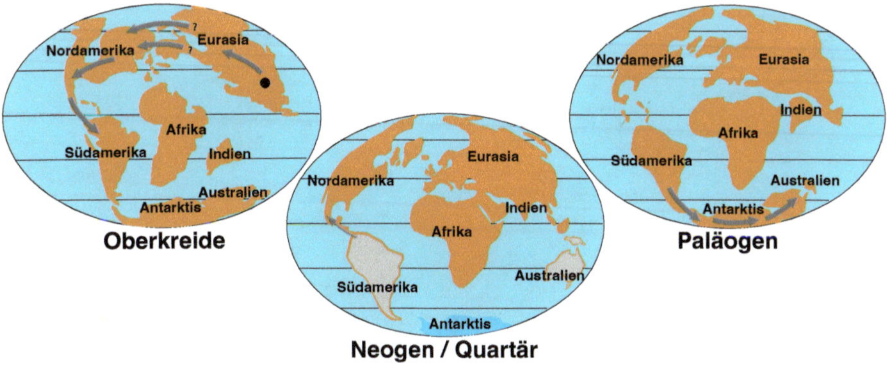

Abb. 8-6: Ausbreitung der Beuteltiere während der Kreide und des Känozoikums. Mit Ausnahme des Opossums kommen Beuteltiere heute nur noch als Reliktfauna in Südamerika und Australien vor.

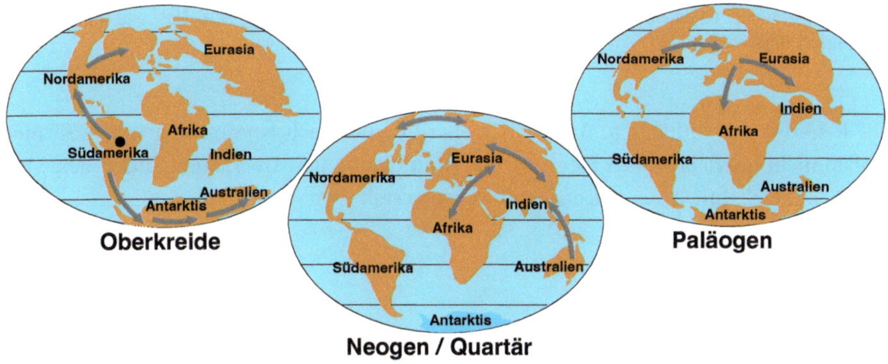

Abb. 8-7: Ausbreitungswege der modernen Vögel (Neoaves) in der Oberkreide und im Neogen (stark modifiziert nach Claramunt & Cracraft 2015)

südamerikanischen Huftiere und andere mehr gehörten. Die flugunfähigen «Terrorvögel» entstanden ebenfalls dort. Auch hier war es Alfred Russel Wallace, dem bei seiner Reise in das Amazonasgebiet (1848–1852) diese faunistische Besonderheit Südamerikas zuerst aufgefallen ist. Vor etwa 3 bis 2,5 Millionen Jahren bildete sich die Panama-Landbrücke. In der Folge setzte ein reger Faunenaustausch zwischen Nord- und Südamerika ein **(Great American Interchange)**. Abb. 8-8 zeigt, welche Arten von Norden nach Süden eingewandert resp. von Süden nach Norden ausgewandert sind. Insgesamt war die Einwanderbewegung nach Süden viel umfangreicher als die Auswanderbewegung nach Norden. Viele südamerikanische Formen wurden dabei verdrängt und sind ausgestorben oder nur noch

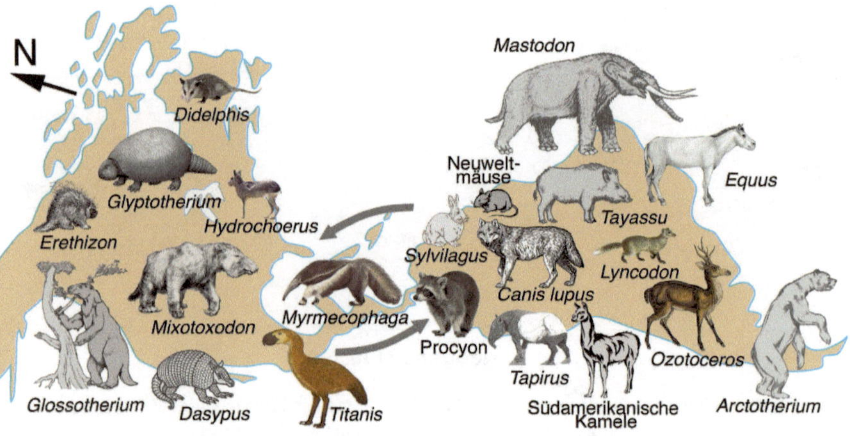

Abb. 8-8: Der große amerikanische Faunenaustausch wurde möglich, nachdem sich vor etwa 2.5 Millionen Jahren die Landbrücke von Panama ausgebildet hat. In Nordamerika/Mittelamerika und Südamerika sind jeweils die neuen Einwanderer eingezeichnet (modifiziert nach Marshall et al. 1982 und Marshall & de Miuzon 1988).

als Reliktfaunen vorhanden. Auch ein großer Teil der nach Norden migrierten Formen haben nicht überlebt, wobei hier aber die Verdrängung und Überjagung durch den Menschen wahrscheinlich ausschlaggebend war (Overkill-Hypothese).

Literatur

Benton, M. (2015): Vertebrate Palaeontology.- 468 S., Wiley.

Briggs, D. E. G. & Crowther, P. R. (2001): Paleobiology II.- 583 pp, Blackwell.

Cox, C. B. & Moore, P. D. (2010): Biogeography. An ecological and evolutionary approach. 520 pp., Wiley.

Claramunt, S. & Cracraft, J. (2015): A new time tree reveals Earth history's imprint on the evolution of modern birds.- Sci Adv 2015, 1:. doi: 10.1126/sciadv.1501005

Marshall, L. G. & de Miuzon, C. (1988): The dawn of the age of mammals in South America.- Nat. Geog. Res. 4: 23–55.

Marshall, L. G., Webb, S. D., Sepkoski, J. J. & Raup, D. M. (1982): Mammalian evolution and the Great American Interchange.- Science 215: 1351–1357.

Teil II

Spezielle Paläontologie

Ein von kleinen Austern (Liostrea) zu Lebzeiten bewachsener Ammonit (Phylloceras) aus dem Unterjura.

Die Spezielle Paläontologie beschäftigt sich mit der Fülle der Lebewesen, die auf der Erde leben oder gelebt haben. Lebewesen oder Organismen sind mehr oder weniger komplexe, organisierte Einheiten aus Zellen, die zu Stoffwechsel, Wachstum, Fortpflanzung und Evolution befähigt sind. Zusätzlich reagieren sie auf Reize aus ihrer Umwelt. In diesem Sinn zählen Viren nicht zu den Lebewesen, da sie keinen eigenen Stoffwechsel haben und sich nicht selbstständig fortpflanzen können.

Der Schwerpunkt der Speziellen Paläontologie in diesem Buch soll in einer komprimierten Darstellung zu den Bauplänen, mit besonderem Fokus auf den Hartteilen, zur Systematik und zur Lebensweise der fossilen und rezenten Organismen liegen. Es gibt allerdings rezent viele Organismen, die keine oder leicht vergängliche Hartteile besitzen. Deren fossile Vorläufer sind erdgeschichtlich nur wenig bekannt und als Fossilien unterrepräsentiert (z. B. Annelida, Ringelwürmer). Organismen mit Hartteilen sind stattdessen in der fossilen Überlieferung deutlich überrepräsentiert (siehe auch Abb. 1-5). Zusätzlich sind viele Organismengruppen ausschließlich fossil bekannt (z. B. Trilobiten, Ammonoidea oder Dinosauria). Daraus ergibt sich für dieses Buch eine unterschiedliche Gewichtung der zu behandelnden Taxa im Vergleich zur Biologie.

Die Arbeitsgebiete der Speziellen Paläontologie werden teilweise nach den Großgruppen der Organismen unterteilt. Die Paläobotanik beschäftigt sich mit der Pflanzenwelt zum Teil einschließlich der Algen und Pilze. Bei den Tieren werden meistens die Wirbeltiere (Vertebratenpaläontologie) und die Nichtwirbeltiere (Invertebratenpaläontologie) getrennt betrachtet. Die Mikropaläontologie wird zusätzlich nach praktisch-methodischen Kriterien von den genannten Arbeitsfeldern abgetrennt, obwohl viele Tiere oder Pflanzen (und Pflanzenteile, z. B. Pollen und Sporen) zu den Mikroorganismen gezählt werden. Die geringe Größe der Objekte im µm- bis mm-Bereich macht den Einsatz von Licht- und Rasterelektronenmikroskopen erforderlich und eine Abgrenzung sinnvoll.

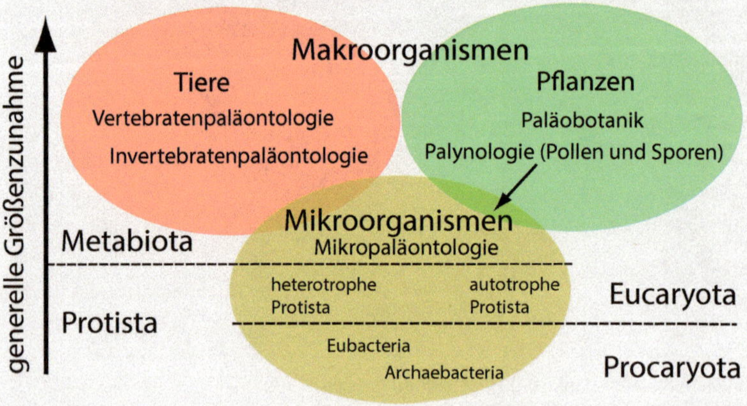

Abb. 9-1: Übersicht zur Unterteilung der Arbeitsgebiete anhand der Forschungsobjekte in der Speziellen Paläontologie

9 Die Einteilung der Organismen

Nach der molekulargenetischen Systematik wird heute die Lebewelt der Organismen in **drei Domänen** unterteilt: Eubacteria, Archaebacteria und Eucaryota (Abb. 2-1 und 9-3). Eubacteria und Archaebacteria bilden sehr kleine, einfach gebaute Organismen, die nur sehr schwer direkt überlieferbar sind (Kap. 10). Die Eucaryota sind Lebewesen mit echtem Zellkern und Organellen, dazu gehören ein- und vielzellige Organismen, wie z. B. «Algen» (Kap. 10 und 11), Pflanzen (Kap. 12), Pilze (Kap. 13) und Tiere (Kap. 14 bis 33).

Wegen der enormen Vielfalt der Domäne Eucaryota ist es hilfreich, auch die Unterteilung in die **fünf Reiche** Procryota (Archaea und Eubacteria), Protista (Einzeller mit echtem Zellkern), Metabiota (Pflanzen, Pilze und Tiere) beizubehalten (Abb. 9-4), wie sie von **Robert H. Whittaker** und modifiziert von **Lynn Margulis** (zwei amerikanischen Biologen) vorgeschlagen wurde. Hierbei wird allerdings nicht berücksichtigt, dass der Übergang von den einzelligen Eucaryota zu den Vielzellern mehrfach unabhängig erreicht wurde und in unterschiedlichen Entwicklungslinien zu den mehrzelligen «Algen», Pflanzen, Pilzen und Tieren führte (Abb. 9-2). Margulis ersetzte deshalb den Begriff «Protista» durch «Protoctista», der die niedrig entwickelten Vielzeller, die nicht zu den Pflanzen, Pilzen oder Tieren gehören, mit einschließt. Als systematische Einheiten sind weder Protista noch Protoctista heute gültig. Sie werden aber als deskriptive Begriffe weiterhin verwendet.

Nicht nur bezüglich der drei Domänen bzw. fünf Reiche der Organismen gibt es verschiedene Auffassungen zur Systematik der Organismen. Auch die Einteilung von niedrigeren systematischen Kategorien (Stämmen, Klassen, Ordnungen usw.) wird von verschiedenen Bearbeitern unterschiedlich vorgenommen. Bei den meisten Organismengruppen gibt es verschiedene systematische Gliederungsansätze, die sich z. T. deutlich widersprechen. Durch die Verwendung molekulargenetischer Methoden sind viele moderne biologische Systematiken in der Paläontologie nur noch teilweise verwendbar. Bei ausgestorbenen Organismen kann nur auf morphologische Merkmale zurückgegriffen werden. Molekulargenetische und morphologische Systematiken widersprechen sich demnach häufig. Es gibt folglich kein allgemein gültiges taxonomisches System, sondern verschiedene, teilweise konkurrierende Systeme nebeneinander, die gleichzeitig Verwendung finden (siehe auch Kap. 2). Im Folgenden wird versucht, klassische, paläontologisch verifizierbare, systematische Einteilungen soweit möglich mit neuen biologischen Einteilungen zu verbinden. Dabei steht die Praktikabilität und Anwendbarkeit in der Paläontologie im Vordergrund. Keine Systematik kann Anspruch auf «Richtigkeit» erheben. Sie sollte aber wenn möglich in sich konsistent sein. Aber auch das ist leider oft nicht gegeben.

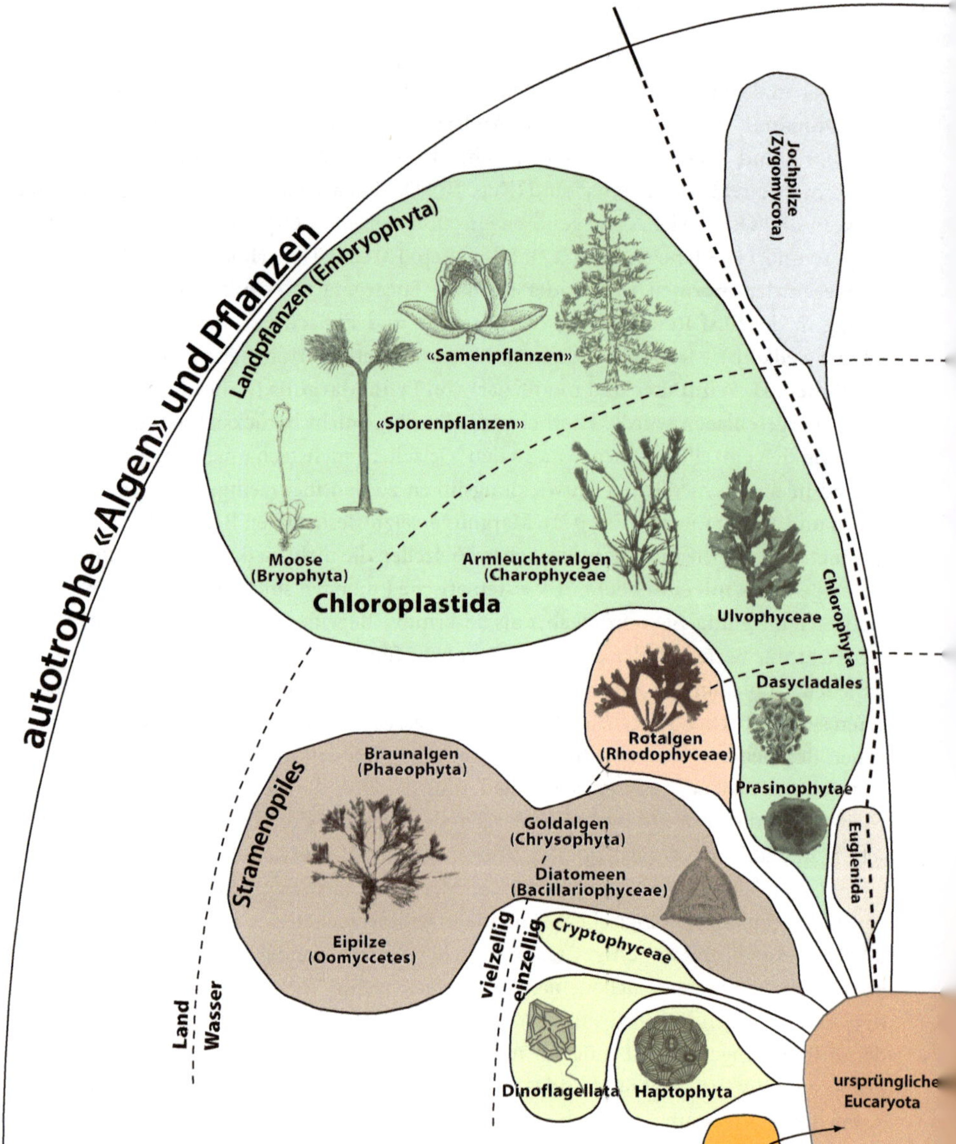

Abb. 9-2: Vereinfachter phylogenetischer Stammbaum der Organismen (stark modifiziert nach van den Hoek et al. 1993).

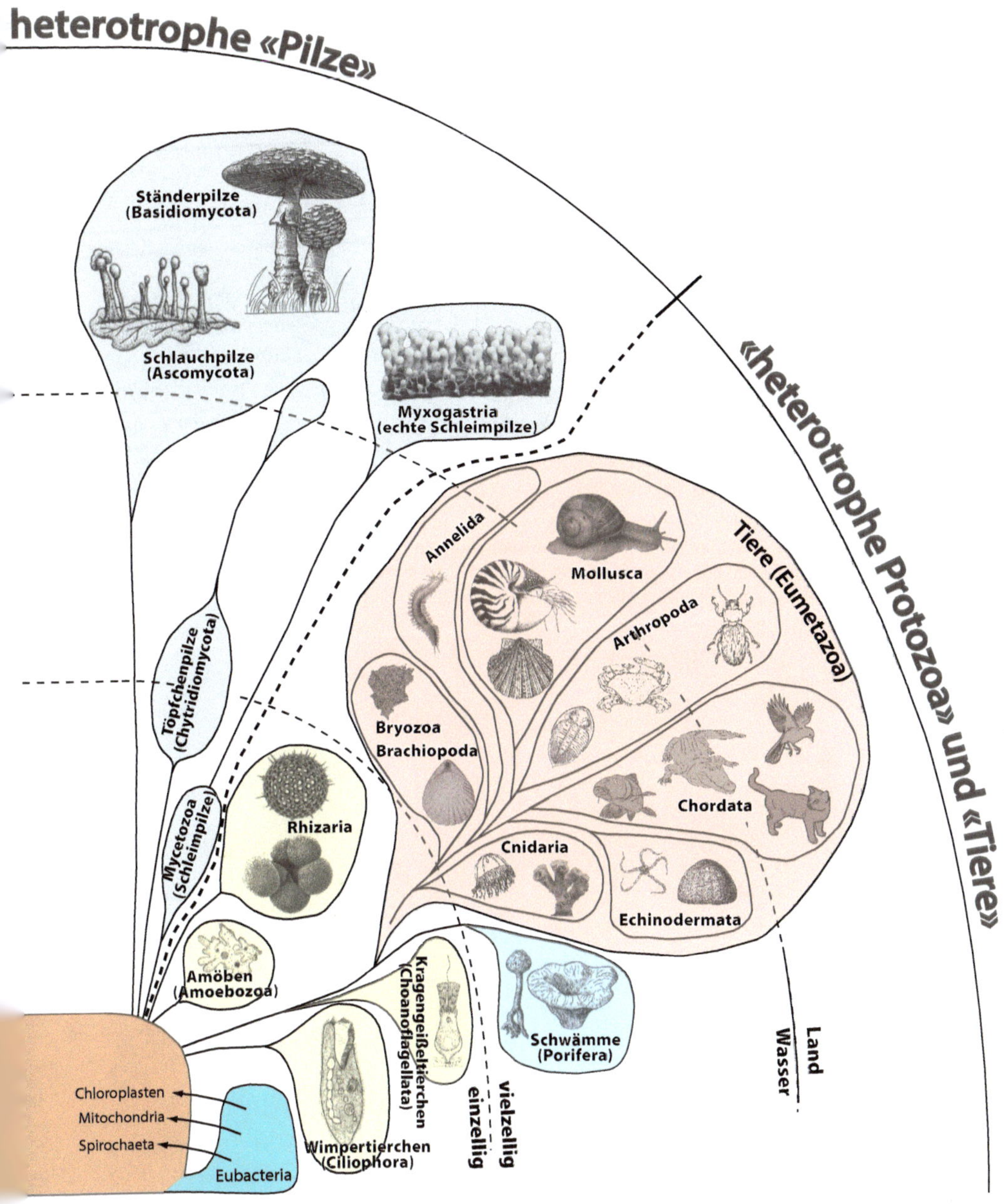
heterotrophe «Pilze»
Ständerpilze (Basidiomycota)
Schlauchpilze (Ascomycota)
Myxogastria (echte Schleimpilze)
«heterotrophe Protozoa» und «Tiere»
Tiere (Eumetazoa)
Annelida
Mollusca
Arthropoda
Bryozoa
Brachiopoda
Chordata
Cnidaria
Echinodermata
Töpfchenpilze (Chytridiomycota)
Mycetozoa (Schleimpilze)
Rhizaria
Amöben (Amoebozoa)
Kragengeißeltierchen (Choanoflagellata)
Schwämme (Porifera)
Wimpertierchen (Ciliophora)
Chloroplasten
Mitochondria
Spirochaeta
Eubacteria
vielzellig
einzellig
Land
Wasser

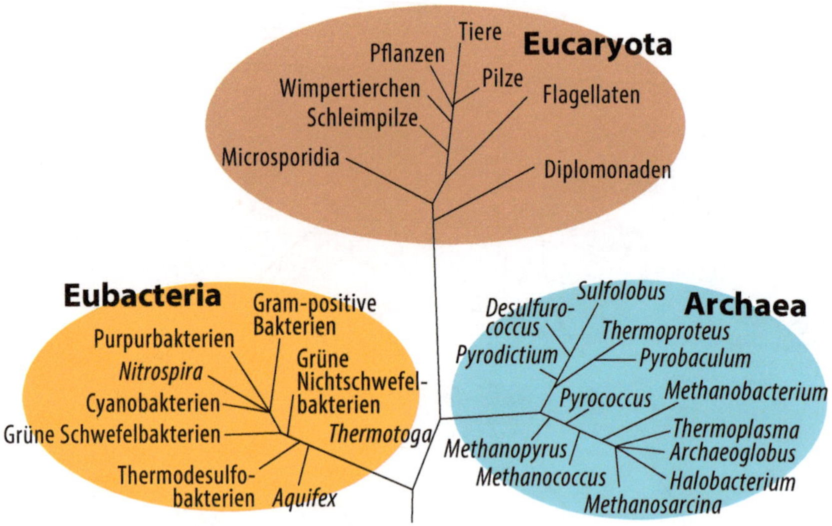

Abb. 9-3: Der genetische Stammbaum der Organismen zeigt nur noch drei Domänen: Archaea (Archaebakteria), Eubacteria und Eucaryota. Die Eucaryota beinhalten einzellige und vielzellige Organismen mit echtem Zellkern, die auch Pflanzen, Pilze und Tiere einschließen.

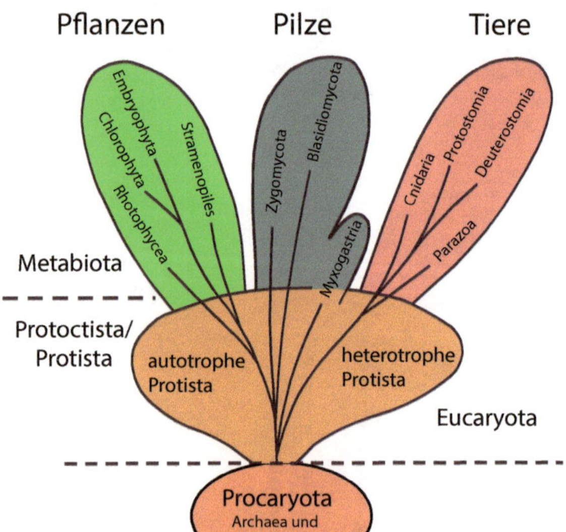

Abb. 9-4: Wegen ihrer großen Vielfalt wird aus praktischen Erwägungen häufig noch die Unterteilung in fünf Reiche beibehalten. Dabei werden Eubacteria und Archaea zu den Procaryota zusammengefasst und die Eucaryota in Protista/Protoctista, Pflanzen, Pilze und Tiere aufgeteilt.

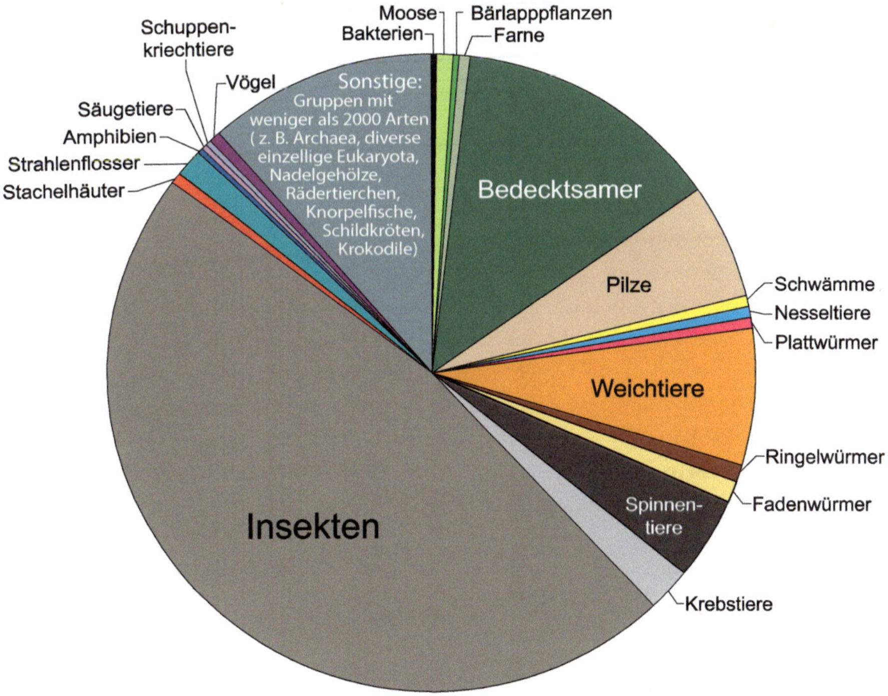

Abb. 9-5: Häufigkeitsverteilung der Artenvielfalt bei rezenten Organismen. Die mit Abstand diverseste Gruppe sind die Insekten mit über einer Million Arten. Die Blütenpflanzen folgen auf Platz zwei mit etwa 300000 Arten. Die Häufigkeitsverteilung in der Erdgeschichte unterscheidet sich davon erheblich und ist Abhängigkeit von der Zeit (vergleiche Abb. 3-10 und 3-11).

Zitierte und weiterführende Literatur

Lecointre, G. & Le Guyader, H. (2001): Biosystematik.- 696 S., Springer.

Margulis, L. & Schwartz, K. V. (1989): Die fünf Reiche der Organismen.-330 S., Spektrum.

Margulis, L. (1998). Symbiotic planet: a new look at evolution.- 176 pp. New York: Basic Books.

van den Hoek, C., Jahns, H. M. & Mann, D. G. (1993): Algen.- 411 S., Thieme.

Whittaker, R. H. (1959): On the Broad Classification of organisms.- Quarterly Review of Biology 34: 210–226.

10 Procaryota und Protista

10.1 Procaryota

Im Vergleich zur Eucaryotenzelle ist die Procaryotenzelle (Abb. 10-1) klein und wenig differenziert. Sie besitzt keinen Zellkern, die DNA befindet sich frei im Cytoplasma. Es gibt Ribosomen (Träger der Ribonukleinsäure (RNA), die aber kleiner sind als jene der Eucaryoten sowie eine einfach gebaute Geißel. Umgeben ist die Zelle von einer Membran und einer außerhalb davon liegenden mehr oder weniger stabilen Zellwand. Die systematische Einteilung der Procaryota ist sehr komplex und wird nach dem genetischen Stammbaum vorgenommen (Abb. 9-3), teilweise wird auch nach der Zellmembran und der Zellhülle differenziert. Procaryota haben vielfältigste Stoffwechselwege entwickelt, leben aerob oder anaerob, heterotroph und autotroph oder als Fermentierer (siehe Kap. 1 und 4).

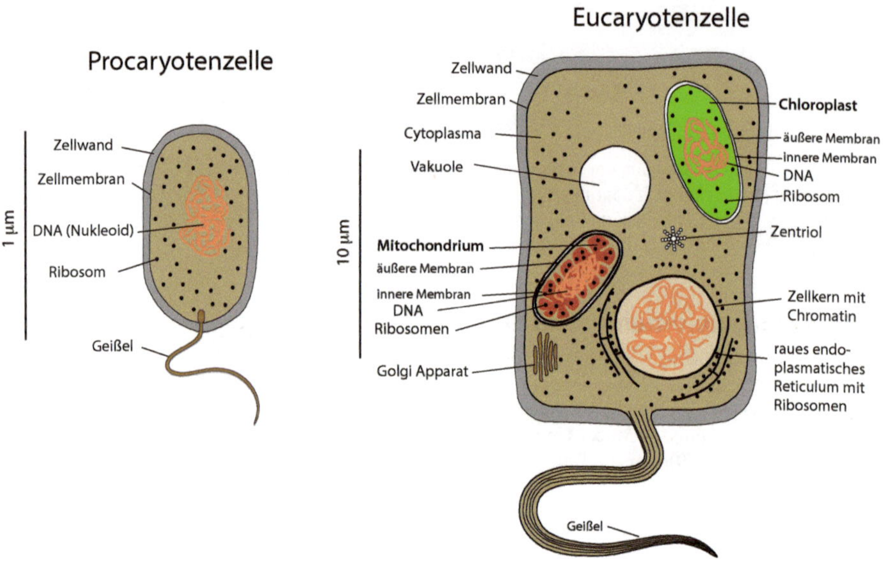

Abb. 10-1: Vergleich einer Procaryoten- und einer Eucaryptenzelle.

Procaryota sind als körperliche Fossilien selten und werden in der Paläontologie überwiegend als **Biomarker** (chemische Fossilien) oder als Stoffwechselprodukte, z. B. Pyrit, nachgewiesen (siehe Kap. 1). Die bekanntesten fossil überlieferten Procaryota sind die zu den Eubacteria gehörenden Cyanobakterien. Sie bauen lagige oder domartige Mikrobenmatten auf, die als **Stromatolithe** oder **Mikrobialithe** bezeichnet werden. Sie sind bereits vor 3,5 Mia. Jahren nachgewiesen. Cyanobakterien betreiben Photosynthese und waren maßgeblich am Aufbau einer Atmosphäre mit Sauerstoff beteiligt. Ihre Blütezeit hatten sie im Präkambrium, aber sie existieren auch heute noch, bevorzugen allerdings «Extremmilieus» wie hypersaline Bereiche, Sodaseen (Na_2CO_3) oder Kalziumkarbonat-reiche Seen ($CaCO_3$); so z. B. die Lagune von Bacalar in Südmexiko (Abb. 10-2 und 10-3). Procaryota sind auch in anoxischen Seen oder Meeresbecken häufig und bilden dort Mikrobenmatten, die in den Sedimenten (Schwarzschiefern) dieser Ablagerungsräume überliefert werden können. Hier sind es überwiegend Reste von anaeroben phototrophen oder von sulfatreduzierenden, heterotrophen Bakterien, wie z. B. im Kimmeridge Clay (Oberjura England, Abb. 10-3). Der Gehalt der Schwarzschiefer an organischem Material kann über 40 % betragen. Sie sind als Erdölmuttergesteine von großer ökonomischer Bedeutung.

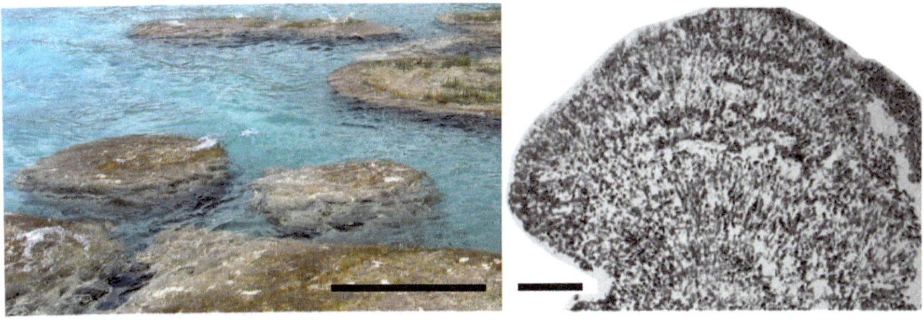

Abb. 10-2: A: Rezente Stromatolithe aus Bacalar (Südmexiko) werden von Cyanobakterien gebildet. Maßstab: 1 m. B: eine fossile Cyanobakterien-Kolonie, Maßstab 2 mm; (Gischler et al. 2008).

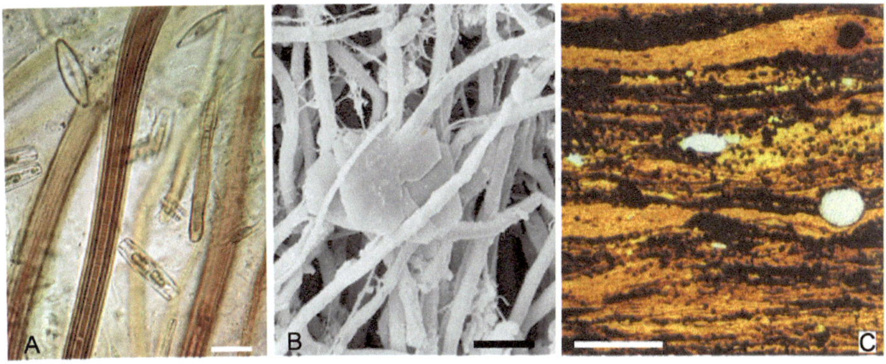

Abb. 10-3: A: Cyanobakterienfilamente mit einigen Diatomeen; B: verkalkte Filamente von Cyanobakterien (A, B: Bacalar, Südmexiko); C: Mikrobielle Lagen aus dem Kimmeridge Clay, Südengland. Die orange gefärbten Bereiche sind Mikrobenmatten, die gepunkteten schwarzen Bereiche bestehen aus Pyrit. Maßstab A: 0,02 mm, B: 0,01 mm, C: 0,01 mm (Gischler et al. 2011 und Oschmann 2000).

10.2 Protista (ein- bis wenigzellige Eucaryota)

Die Eucaryotenzelle der Protista (und Metabiota) besitzt einen durch eine Membran eingeschlossenen Zellkern und viele Organellen, wie die Chloroplasten und Mitochondrien, die von einer Doppelmembran umgeben sind. Weiterhin haben sie einen Golgi-Apparat, Zentriolen, Vakuolen und das endoplasmatische Reticulum, welches vielfältige Funktionen übernimmt. Zusätzlich existiert eine Geißel, die wesentlich komplexer gebaut ist als bei den Procaryota. Auch hier wird die Zelle von einer Membran und einer Zellwand umschlossen (Abb. 10-1). Die Zellwand wird durch organische Gerüstmoleküle (Cellulose oder Chitin) und durch Mineraleinlagerungen von Kalk (Aragonit, Hoch-Mg-Kalzit und Kalzit) und amorphem Skelettopal verstärkt.

Die Entstehung der Eucaryota wird mit der **Endosymbiontentheorie** (Abb. 10-4) erklärt. Seit Langem ist bekannt, dass bestimmte Organellen der Eucaryotenzelle von einer eigenen, bakterienähnlichen Zellmembran umgeben sind. Vor etwa 30 Jahren gelang der molekulargenetische Nachweis, dass Mitochondrien und Chloroplasten der Eucaryota ein eigenes bakterielles Genom haben. Daraus wurde die Theorie entwickelt, dass Archaea in mehreren Schritten über einen langen erdgeschichtlichen Zeitraum Eubacteria umschlossen haben. Unter Beibehaltung ihrer Funktion entwickelten sich daraus Organellen. Als möglicher erster Schritt wurden Spirochäten als Geißeln in die Zelle eingebaut, als Nächstes die Mitochondrien, die sich von schwefelfreien Purpurbakterien ableiten. Als Letztes folgte die Aufnahme von Cyanobakterien, die zu Chloroplasten wurden. Heute ist bekannt, dass noch weitere Stadien von Endosymbiosen bei «Algen», Pflanzen und Tieren im Verlauf der Erdgeschichte aufgetreten sind.

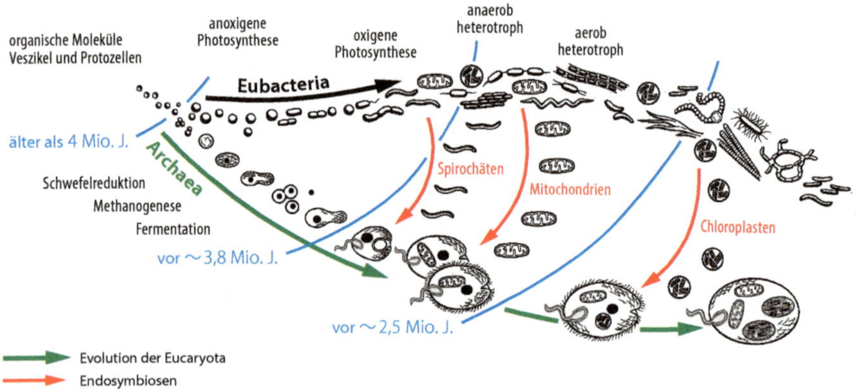

Abb. 10-4: In der Endosymbiontentheorie wird die Evolution der Eucaryota über verschiedene Zwischenschritte aus Archaea und Eubacteria erklärt (Oschmann 2016).

Protista schließen alle autotrophen und heterotrophen Einzeller mit Zellkern ein. Sie sind z. T. ziemlich komplex gebaut und zeigen bei verschiedenen Gruppen Übergänge zu Vielzellern (z. B. bei Grünalgen, Rotalgen, Braunalgen und Pilzen, siehe Kap. 11 und 13). Im Folgenden werden einige ausgewählte Beispiele der Protista vorgestellt, die in der Paläontologie oft als Nanno- und Mikrofossilien bezeichnet werden.

10.2.1 Autotrophe Protista

Autotrophe Protista («einzellige Algen») sind mikroskopisch kleine Phytoplanktonorganismen, die nur mit einem leistungsstarken Lichtmikroskop oder mit dem Rasterelektronenmikroskop untersucht werden können und deshalb häufig als Nannofossilien bezeichnet werden. Ihre Größe ist meist kleiner 30 µm. Zu den typischen Nannofossilien zählen die kalzitischen Sphären der Haptophyta (Coccolithophorida) sowie die ein- bis mehrzelligen kieseligen Heterokontophyta (Diatomeen und Silicoflagellaten) sowie die Zysten der Acritarchen und Dinoflagellaten, die aus Cellulose und Sporopollenin bestehen. Zu den einzelligen autotrophen Protista sind auch einige Vertreter der Chlorophyta (Grünalgen) zu rechnen (siehe auch Kap. 11-3).

Haptophyta sind begeißelte, photoautotrophe Protista, die mit etwa 1000 Arten und sehr großen Individuenzahlen im Oberflächenwasser der Ozeane leben. Die paläontologisch bekannteste Gruppe der Haptophyta sind die **Coccolithophorida**. Sie bevorzugen wärmere Gewässer und sind weitgehend an vollmarine Salinitätsbereiche angepasst. Rezente Haptophyta sind wichtige Lieferanten des Dimethylsulfids, das als Verursacher von Kondensationskeimen für die Wolkenbildung von großer Bedeutung ist. Die Fortpflanzung der Haptophyta erfolgt meistens über eine mitotische Zellteilung; z. T. ist aber auch ein Generationswechsel mit einer haploiden und einer diploiden Phase entwickelt. Die Formen der jeweiligen Phase können sehr unterschiedlich aussehen, was zu Problemen bei der taxonomischen Zuordnung führen kann. Die Zellwand der Haptophyta besteht aus Cellulose. Viele Formen bilden zusätzlich Kalzit-Plättchen (Coccolithen), die häufig als Sphären (Coccosphäre) mit etwa 5–20 mm Durchmesser ausgebildet sind und die Zelle einhüllen. Fossil überliefert sind die Sphären und Einzelplättchen, die seit der Obertrias bekannt sind. Sie stellen gute Leitfossilien vom Jura bis heute (Abb. 10-5), sind extrem häufig und teilweise gesteinsbildend (z. B. in den Schreibkreidesedimenten der Oberkreide, die zu über 90 % aus Coccolithenresten bestehen).

Bacillariophyceae (Diatomeen) und **Dictyochophyceae** (Silicoflagellaten) gehören beide zu den Stramenopile, einer ein- bis mehrzelligen photoautotrophen Gruppe, zu der auch die Braunalgen zählen. Die Silicoflagellaten sind vermutlich zu den Goldalgen zu rechnen und treten als einzige Vertreter dieser Gruppe ausschließlich als marines Phytoplankton auf. Sie bevorzugen eher kühlere und kalte Meeresbereiche und pflanzen sich überwiegend durch Mitose fort. Diatomeen tolerieren sehr variable Bedingungen und kommen von Süßwasserökosystemen bis in hypersaline Bereiche als Benthos und Plankton vor. Die meisten Formen gehören aber zum marinen Plankton und bevorzugen eben-

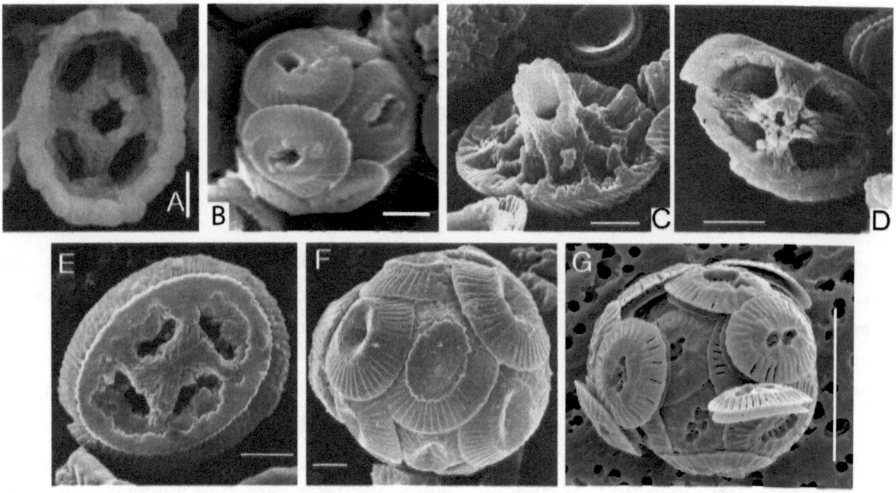

Abb. 10-5: Haptophyta aus dem Meso- und Känozoikum. A: *Crucirhabdus*, Obertrias; B: *Watznaueria*, Oberjura; C: *Parhabdolithus*; D: *Eiffellithus*, beide Oberkreide; E: *Chiasmolithus*, Paläogen; F: *Coccolithus*, Miozän bis rezent; G: *Emiliana huxleyi*, Quartär; Maßstab: A, E: 1 µm; B: 5 µm; C, D, F: 2 µm; (kompiliert nach Bralower et al. 1991, Oschmann 2000, Perch-Nielsen 1972; Young & Westbroek 1991).

falls niedrige Wassertemperaturen in hohen Breiten oder in Aufstromgebieten (Upwelling-Gebieten). Dort sind sie auch wichtige Sedimentlieferanten. Bekannt ist vor allem der Opal-Gürtel (opal belt) rund um die Antarktis, der überwiegend aus Diatomeenskeletten besteht. Diatomeen sind sehr artenreich und erreichen möglicherweise 100 000 Arten. Die Fortpflanzung der Diatomeen erfolgt ebenfalls überwiegend mitotisch. Diatomeen und Silicoflagellaten sind Einzeller, allerdings können sich Diatomeen zu band-, stern- und fächerförmigen Kolonien zusammenschließen. Die Mehrzahl der Diatomeen und Silicoflagellaten bilden ein Gehäuse aus Sklelettopal (amorphe Kieselsäure). Die Skelettelemente der Silicoflagellaten sind unregelmäßig nadelförmig bis kompakt kugelig und sternförmig (Abb. 10-6). Die Gehäuse der Diatomeen werden «Frustel» genannt und sind meist schiffchenförmige oder dreieckige bis kreisförmige Zylinder, die von vielen Poren durchsetzt sind. Sie bestehen in der Regel aus zwei Hälften, die wie Schachteln aufeinander gesetzt sind. Diatomeen werden nach der Gehäuseform in zwei große Gruppen geteilt: Die dreieckigen und rund-zylindrischen Formen werden «Centrales» genannt (Abb. 10-6 D und F), die schiffchenförmigen Zylinder heißen «Pennales» (Abb. 10-6 E). Silicoflagellaten sind seit der Kreide und Diatomeen seit dem Jura nachgewiesen. Die Diatomeen sind seit der Kreide sehr häufig und stellen gute Leitfossilien.

Dinoflagellata gehören ebenfalls zum Phytoplankton und kommen weltweit in Salz- und Süßwasserökosystemen mit wahrscheinlich über 2000 Arten vor. Sie dominieren aber im marinen Bereich in nährstoffreichen küstennahen Gewässern. Manche Arten leben als

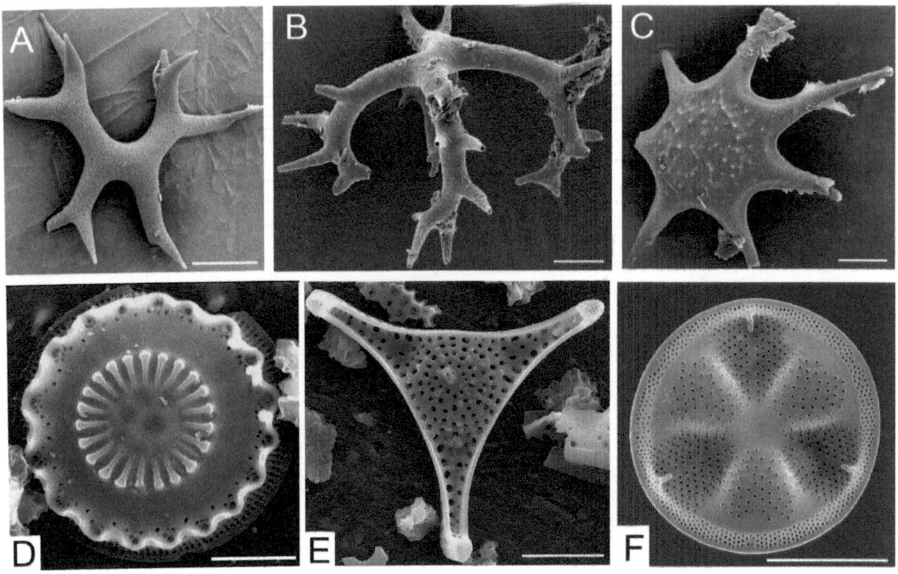

Abb. 10-6: Silicoflagellata und Diatomeen aus der Kreide. A, B, C: Silicoflagellata (Dictyochales), A: *Variramus*, B: *Umpiocha*; C. *Vallacerta* 10 µm; D, E, F: Diatomeen (Kieselalgen): D: *Paralia*; E: *Sheshukovia*; F: *Actinoptychus* D: 5 µm; E: 20 µm, F: 10 µm; (kompiliert nach McCartney et al. 2010, Oreshkina et al. 2013).

Symbionten, z. B. in Steinkorallen (Scleractinia, siehe Kap. 15), und werden als «Zooxanthellen» bezeichnet. Als Endosymbionten liefern sie der Koralle Nahrung und unterstützen sie bei der Skelettbildung. Die Koralle stellt ihrerseits Nitrat und Phosphat für die Symbionten zur Verfügung. Ähnliche Symbiosen sind auch mit manchen Muscheln (z. B. *Tridacna*) und Foraminiferen bekannt. Andere Arten leben parasitisch und z. T. heterotroph. Letztere ernähren sich von Plankton und organischem Detritus. Die Vermehrung der Dinoflagellata erfolgt überwiegend mitotisch, z. T. auch über Gametenbildung.

Die Form der Dinoflagellaten ist sehr variabel und reicht von sphärisch über unregelmäßig sackförmig, glockenförmig bis langgestreckt. Die meisten Dinoflagellaten besitzen kein mineralisiertes Skelett sondern eine sehr widerstandsfähige organische Zellwand aus Cellulose. Im Lebenszyklus der Dinoflagellaten gibt es ein mobiles «Normalstadium» und ein Zystenstadium. Im Normalstadium bilden sie Theken, die aus Platten aufgebaut sind (Abb. 10-7 A). Das Zystenstadium wird bei manchen Dinoflagellaten ausgebildet, wenn ungünstige Lebensbedingungen herrschen. Die Zysten bilden sich innerhalb der Theken und haben stachel- bis tentakelförmige Fortsätze entwickelt. Sie bestehen aus sehr widerstandsfähigem Sporopollenin und werden als Hystrichosphaeren bezeichnet. Durch den Zerfall der Theka wird die Zyste freigesetzt. Nach dem Abklingen der ungünstigen Lebensbedingungen platzt die Zyste. Aus ihr schlüpft wieder eine Zelle des mobilen Normalstadiums (Abb. 10-7 B–D). Die Bildung einer Zyste kann auch im Zusammenhang mit der

Reproduktion stattfinden. Eine modifizierte Form von Zysten aus Kalzit kommt bei den kalkigen Dinoflagellaten vor (Abb. 10-8 G).

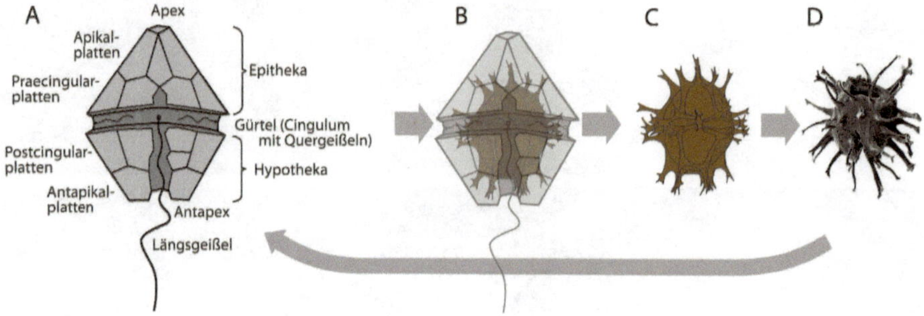

Abb. 10-7: A: Grundbauplan und Lebenszyklus eines Dinoflagellaten (B–D).

Dinoflagellaten, einschließlich der kalkigen Dinoflagellaten, sind seit der Trias gesichert nachgewiesen, möglicherweise gibt es paläozoische Vorläuferformen. Zu den mutmaßlichen Vorläufern der Dinoflagellaten zählen die **Acritarchen**. Die Morphologie der Acritarchen erinnert an die Hystrichosphaeren, worauf auch die mögliche Verwandtschaft begründet ist. Sie sind seit dem Präkambrium bekannt und im Alt- und Mittelpaläozoikum sehr häufig. Nach dem Massenaussterben im Oberdevon sind sie nur noch von geringer Bedeutung. Dinoflagellaten und Acritarchen stellen sehr wichtige Leitfossilien (Abb. 10-8).

10.2.2 Heterotrophe Protista

Heterotrophe Protista sind kleine Organismen des Plankton und Benthos, die nur mit einem Binokular oder Lichtmikroskop untersucht werden können. Sie werden deshalb häufig als Mikrofossilien bezeichnet. Die bekanntesten Vertreter sind die Foraminifera, die überwiegend ein kalzitisches Kalkgehäuse ausbilden, sowie die Radiolaria mit einem Gehäuse aus Skelettopal. Beide werden den Rhizaria zugeordnet, deren kennzeichnendes Merkmal die Pseudopodien (Scheinfüßchen) sind. Sie werden aus wurzelartigen Plasmafortsätzen gebildet, die zur Nahrungsaufnahme und Fortbewegung dienen. Weiterhin gehören zu den heterotrophen Protista mit paläontologischer Relevanz die Calpionellida als mesozoische Vertreter der Ciliophora (Wimpertierchen).

Foraminifera (Kammerlinge) sind Rhizaria mit einem gekammerten inneren Gehäuse, das meistens aus Kalzit, z. T. auch aus einer hornigen Substanz oder aus agglutinierten (verklebten) Sedimentpartikeln besteht. Die Kalzitgehäuse sind entweder porzellanartig (Porcelania) oder glasig durchscheinend (Hyalina) und meistens von zahlreichen feinen Poren durchsetzt. Foraminifera sind seit dem Kambrium bekannt. Ihre Größe variiert sehr stark. Die kleinsten Formen erreichen nur etwa 50 μm, während die größten über 10 cm groß werden. Der einfachste Typ der Foraminifera besteht nur aus einer Kammer. Meis-

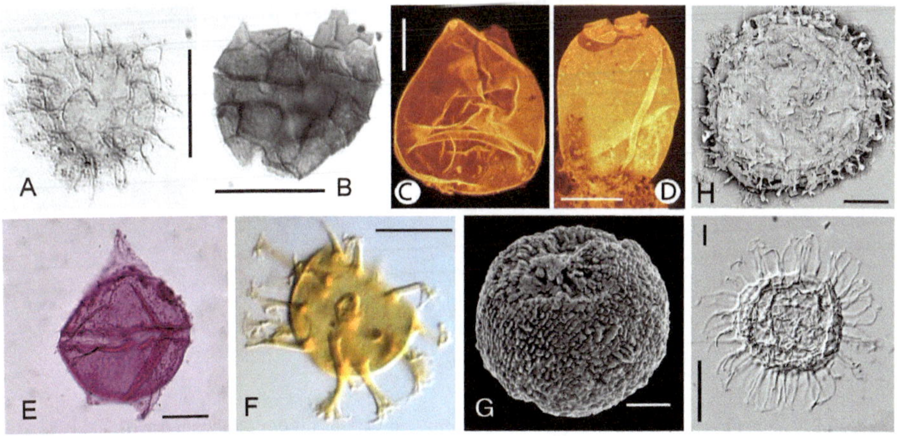

Abb. 10-8: Proterozoische und kambrische Acritarchen sowie Dinoflagellaten und kalkige Dinoflagellaten im Meso- und Känozoikum. A–G Dinoflagellaten, A, B: Trias, A: *Beaumontella*, B: *Dapcodinium*; C, D: Jura, C: *Reutlingia*, D: *Comparodinium* (Abb. von Frau Dr. S. Feist-Burkhardt); E: Kreide, E: *Palaeohystrichophora;* F: Tertär, *Cordosphaeridium*; G: kalkige Dinoflagellaten, *Pithonella* (Unterkreide); H und I: Proterozoische und kambrische Acritarchen, H: Proterozoikum: *Shuiyousphaeridium*, I: Kambrium: *Skiagia*, Maßstab A, B, D, E, F, I: 20 µm; C, G: 10 µm; H: 50 µm; (kompiliert aus Payne & van de Schootbrugge 2007, Finkel et al. 2007, Peyrot et al. 2012, Knoll et al. 2006; Moczydlowsksa 2010, Weinkauf et al. 2013).

tens sind mehrere Kammern entwickelt, die untereinander verbunden sind. Der deutsche Name «Kammerlinge» leitet sich von diesem Umstand ab. Die letzte Kammer ist durch eine Öffnung (Apertur) mit der Umgebung verbunden. Durch die Apertur und durch zahlreiche feine Poren in der Schale tritt das Cytoplasma aus und bildet ein fädiges Gespinst, die Pseudopodien, die zum Fangen von Kleinstlebewesen und Nahrungspartikeln verwendet werden (Abb. 10-9 A). Weiterhin dienen die Pseudopodien auch der Fortbewegung. Bei der Fortpflanzung der Foraminifera wechseln sich eine haploide und eine diploide Generation ab, die deutlich unterschiedlich aussehen können (siehe Abb. 2-5). Es sind etwa 10 000 rezente und ungefähr 40 000 fossile Arten der Foraminifera bekannt.

Ökologisch werden die Foraminifera in zwei große Gruppen getrennt. Die **benthischen Foraminifera** gibt es seit dem Kambrium. Ihre Gestalt ist sehr variabel (kugelig, spindel-, zopf- oder scheibenförmig, Abb. 10-9B, 10-10). Die meisten von ihnen leben bzw. lebten im marinen Bereich vom Flachwasser bis in die Tiefsee. Sie existieren auf Hart- und Weichböden sowohl auf wie auch im Sediment. Aus Brack- und Süßwasserökosystemen sind nur wenige Arten bekannt. Die Größe beträgt normalerweise wenige Millimeter. Allerdings erreichen einige benthische Foraminifera erstaunliche Größen von mehreren Zentimetern (max. 15 cm) und werden entsprechend als «Großforaminifera» bezeichnet. Sie sind Flachwasserbewohner und besitzen Grünalgen, Goldalgen, Diatomeen und Dinoflagellaten als Endosymbionten. In zwei Zeiten in der Erdgeschichte dominieren Großforaminifera: Im Karbon und Perm (Fusulinina) sowie in der Oberkreide und im Alttertiär.

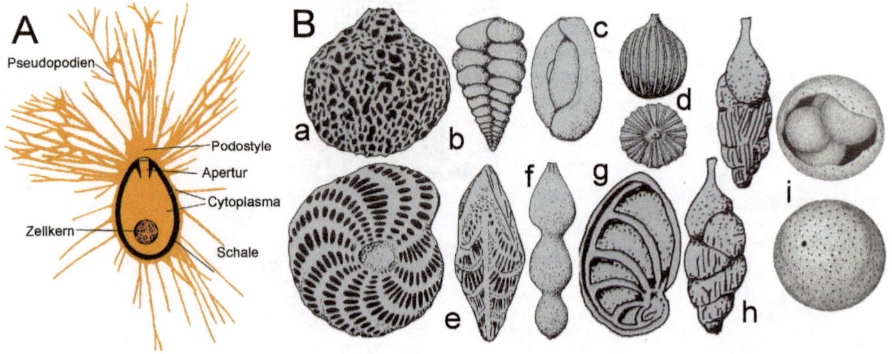

Abb. 10-9 Grundbauplan (A) am Beispiel von *Allogromia* und Variabilität der Gehäuseform (B) bei Foraminiferen; a: *Saccammina* (Ø 1 mm), b: *Textularia* (Länge 2 mm), c: *Quinqueloculina* (Länge 1,5 mm), d: *Lagena* (Ø 0,5 mm), e: *Elphidium* (Ø 0,8 mm), f: *Nodosaria* (Länge 0,8 mm), g: *Lenticulina* (Länge 0,8 mm), h: *Uvigerina* (Länge 0,5 mm); i: *Orbulina* (Ø 0,8 mm); (kompiliert und modifiziert nach Ziegler 1983 und Lehmann & Hillmer 1997).

Von großer Bedeutung sind auch die **planktischen Foraminifera** (Abb. 10-11), obwohl ihre Artenzahl wesentlich geringer ist. Sie bevölkern als Zooplankton die Oberflächenbereiche der Ozeane und sind wegen ihrer immens großen Individuenzahlen wichtige Kalkproduzenten. Große Teile der rezenten Ozeanbodensedimente und viele Tiefseegesteine der mesozoisch-känozoischen Erdgeschichte werden durch planktonische Foraminiferen gebildet. Auch bei ihnen gibt es Formen mit Endosymbionten. Die planktonische Lebensweise der Foraminifera entwickelte sich vermutlich mehrfach unabhängig, sie sind folglich polyphyletisch. Die ältesten Vertreter gehen auf den Mittleren Jura zurück.

Benthische und planktische Foraminifera sind wichtige Leit- und Ökofossilien. Zusätzlich haben sie eine große Bedeutung für die Rekonstruktion von Paläoklima und Paläoozeanographie. Isotopen- und Spurenelementuntersuchungen an ihren Schalen liefern Proxy-Daten über viele Paläoumweltparameter. Die Bestimmung von Oberflächen- und Bodenwassertemperaturen der Ozeane sind bis zurück in die Kreidezeit möglich (Abb. 10-12). Dabei zeigt sich, dass vor allem das Bodenwasser der Ozeane seit 100 Mio. Jahren deutlich kälter geworden ist.

Die Systematik der Foraminifera ist derzeit in der Schwebe. Basierend auf morphologischen Merkmalen wurden noch vor 20 Jahren nur fünf Unterordnungen unterschieden, heute sind es etwa 20 Ordnungen, die aber nur bedingt mit molekulargenetischen Untersuchungen übereinstimmen. Die klassische Systematik (Abb. 10-13) unterscheidet **Allogromiida**, die dem Grundbauplan in Abb. 10-9 entsprechen, **Textulariida** mit agglutinierten mehrkammerigen Gehäusen, **Fusulinida,** einer ausgestorbenen Gruppe von permokarbonischen Großforaminiferen mit spindelförmigen Gehäusen, **Miliolida** mit porzellanartiger Schale und **Rotaliida** mit glasig durchscheinender Schale (Hyalina). Die

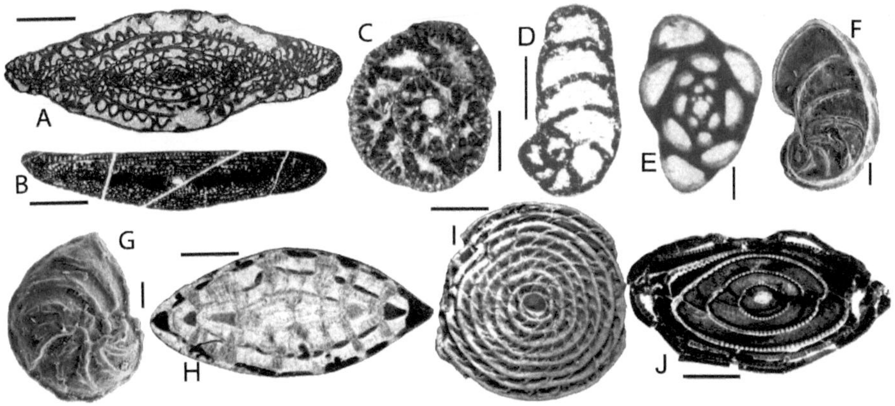

Abb. 10-10: Beispiele für Benthosforaminifera: A, B: Fusulinida: A: *Darvasoschwagerina* (Oberkarbon); B: *Eopolydiexodina* (Perm); C; D: Textulariida (Agglutinierer), C: *Pseudocyclammina* (Oberjura); D: *Lituola* (Oberkreide); E: Miliolida, *Septloculina* (Oberkreide); F–H: Rotaliida, F: *Planularia*; G: *Lenticulina* (beide Oberjura); H: *Nummulites* (Axialschnitt, Eozän); I: *Nummulites* (Medianschnitt, Eozän); J: *Alveolina* (Eozän); Maßstab: A, B, H: 2 mm, C: 0,5 mm, D, E: 0,2 mm, F, G: 0,1 mm, I, J: 1 mm; (kompiliert aus Ueno 2003, Davydov 2011, Schlagintweit 1992, Cotton & Pearson 2012, Less & Özcan 2012).

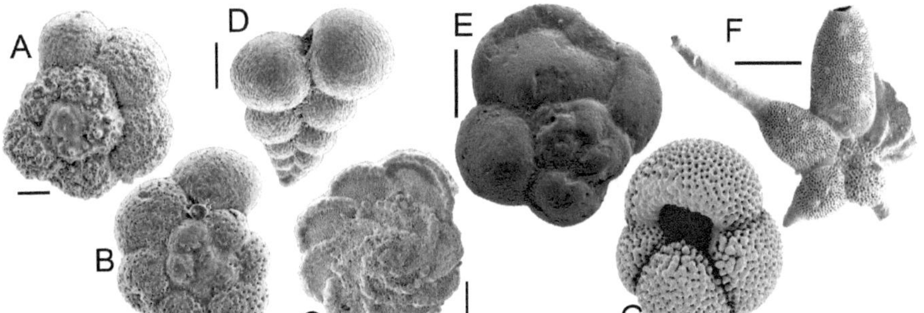

Abb. 10-11: Beispiele für Planktonforaminifera: A: *Hedbergella* (Oberaptium); B: *Microhedbergella* (Unteralbium); C: *Heterohelix* (Campan-Maastricht); D: *Globotruncana* (Campan-Maastricht) Tertär: E: *Globorotalia* (Paläogen); F: *Hantkenina,* (Eozän); G: *Globigerina* (Quartär); Maßstab: A, G: 50 µm, B: 20 µm, C, D, E: 100 µm; F: 200 µm; (kompiliert aus Huber & Leckie 2011, Campbell et al. 2004, Rögl & Egger 2012, Pearson & Coxall 2014, Grobe et al. 2009).

Rotaliida sind die größte und formenreichste Gruppe. Zu ihr gehören sehr viele benthische Foraminifera (Abb. 10-10). Wahrscheinlich entwickelten sich aus dieser Gruppe auch die planktischen Foraminifera (Abb. 10-11). Vermutlich sind die verschiedenen Planktongruppen mehrfach unabhängig entstanden.

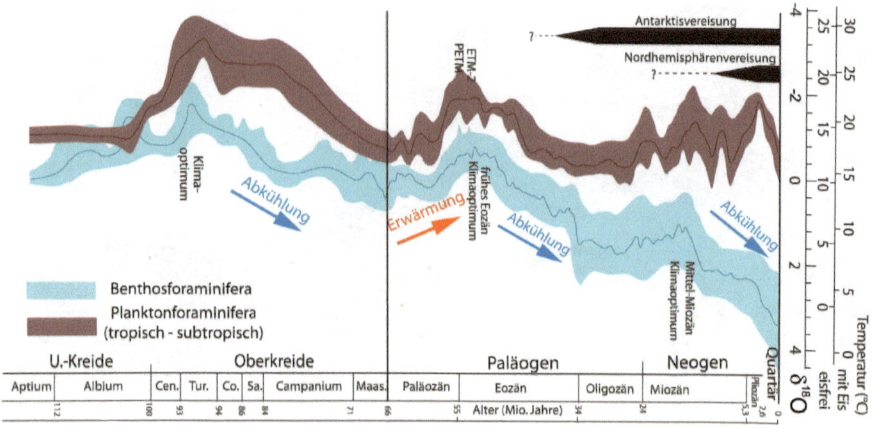

Abb. 10-12: Rekonstruktion der Oberflächen- und Bodenwassertemperatur mithilfe der Sauerstoffisotope, gemessen an benthischen und planktischen Foraminifera (kompiliert und modifiziert nach Zachos 2001, Grossman 2012 und Friedrich et al. 2012).

Radiolarien (Strahlentiere) gehören ebenfalls zum Zooplankton und sind seit dem Kambrium bekannt. Sie bilden kugelige oder mützenförmige innere Skelette aus Skelettopal oder Strontiumsulfat ($SrSO_4$, Coelestin), die von vielen Poren durchbrochen sind und zahlreiche stachelartige Fortsätze ausgebildet haben. Die Größe der Gehäuse beträgt ca. 0,05–1 mm. Die Fortsätze sind mit Cytoplasma überzogen und werden wie bei den Foraminifera als Pseudopodien bezeichnet; sie dienen ebenfalls dem Fangen von Kleinstlebewesen und Nahrungspartikeln. Viele Radiolarien tragen auch Endosymbionten (Zooxanthellen oder Zoochlorellen). Der Lebensraum der Radiolarien sind die Ozeane vom Oberflächenwasser bis in mittlere Tiefen von 300–400 m. Radiolarien reichern sich ähnlich wie die Diatomeen als Radiolarienschlamm am Meeresboden der tiefen Ozeane an, vor allem unterhalb der Kalzit-Kompensationstiefe (CCD). In verschiedenen Zeiten der Erdgeschichte treten sie gesteinsbildend auf, als Lydite, Kieselschiefer und Radiolarite.

Ähnlich wie bei den Foraminifera, ist auch die Systematik der Radiolaria derzeit im Umbruch. Molekulargenetische Untersuchungen zeigen, dass manche Gruppen polyphyletisch sind. So wurden z. B. neuerdings die morphologisch den Radiolarien sehr ähnliche Gruppen der Phaeodarea und Teile der Heliozoa abgetrennt und separat innerhalb der Rhizaria eingeordnet. Radiolarien sind seit dem Kambrium bekannt und werden systematisch nach der Skelettmineralogie und der Wuchsform in mehrere Gruppen getrennt, deren Unterscheidung wegen z. T. sehr ähnlicher Gehäuse problematisch sein kann.

Acantinaria bauen ihr Skelett aus Strontiumsulfat ($SrSO_4$), das nach dem Absterben sehr leicht gelöst wird. Fossil sind Acantinaria deshalb praktisch unbekannt. Die wichtigsten fossilen Gruppen sind die Albaillellaria, Entactinaria, Spumellaria und Nasselaria,

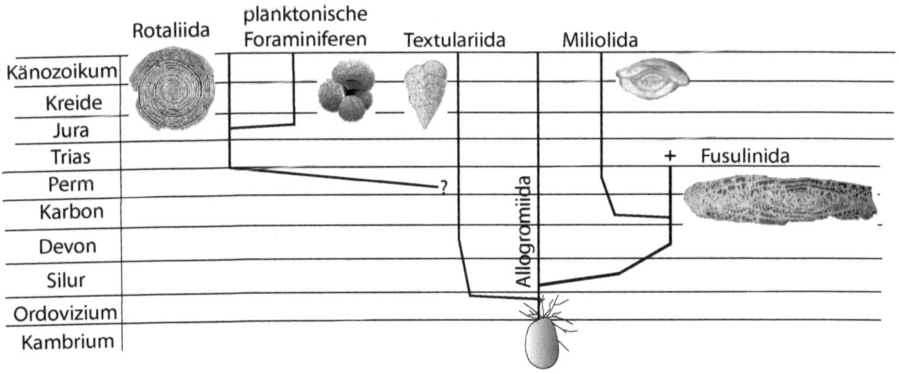

Abb. 10-13: Vereinfachter Stammbaum der Foraminifera.

wovon die beiden letztgenannten auch rezent bekannt sind. Die Nasselaria sind sehr vielgestaltig, meistens besitzen sie mützenförmige Skelette; sie hatten ihre Blütezeit im Mesozoikum. Spumellaria bilden kugelige Formen, die seit dem Kambrium existieren, aber im Känozoikum besonders häufig vorkommen. Teilweise existieren mehrere Kugeln ineinander geschachtelt. Entactinaria dominieren im Paläozoikum und haben ähnliche kugelförmige Skelette wie die Spumellaria, ihre stachelartigen Fortsätze sind aber spikulär gebaut.

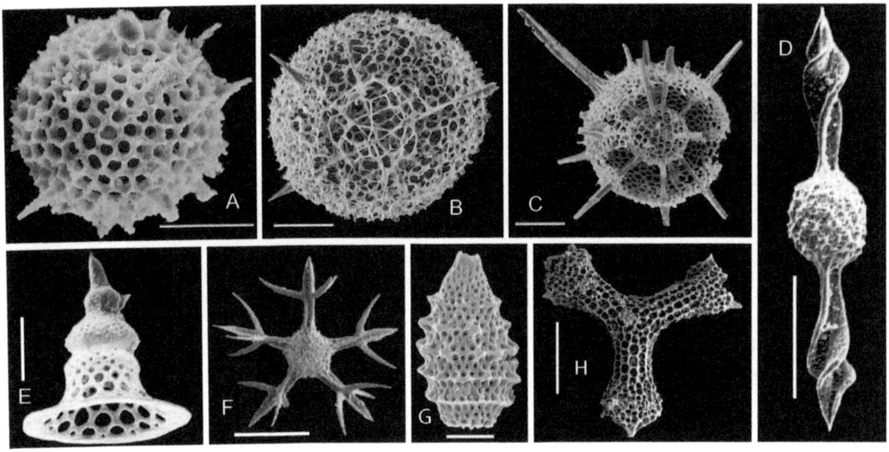

Abb. 10-14: Beispiele verschiedener Radiolarien aus der Erdgeschichte. A, B, C Devon, A *Astroentactinia,* B: *Retisphaera*; C: *Helenifore*; D, E, F Trias, D: *Pseudostylosphaera,* E: *Goestlingella,* F: *Pentaspongodiscu-lus*; Jura; G: *Eoxitus,* H: *Paronaella*; (Maßstab A, B, C: 50 µm; D: 130 µm, E: 65 µm, F, G, H: 100 µm (kompiliert aus Afanasieva & Amon 2011, Tekin & Mostler 2005, Dumitrica et al. 2013, Chiari et al. 2013, Haig & Bandini 2013).

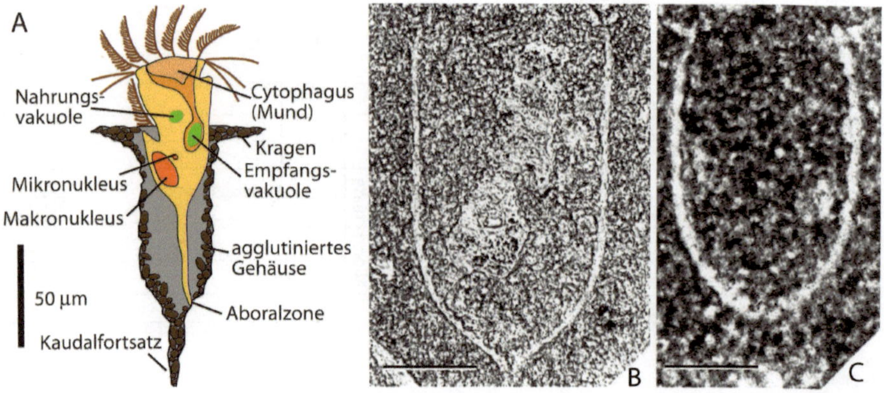

Abb. 10-15: Bauplan eines rezenten Tintinniden (A) und fossile Calpionellen (B, C) im Dünnschliff. B: *Praecalpionellites*, C: *Remaniella* (beide Berriasium, Unterkreide, Maßstab 50 µm); (kompiliert und modifiziert nach Fauré-Fremiet 1924 und Grün & Blau 1997).

Albaillellaria sind ebenfalls im Paläozoikum weit verbreitet und zeigen wie die Nasselaria häufig eine bilaterale Symmetrie. Ihr Gehäuse ist ebenfalls spikulär gebaut.

Calpionellida sind eine ausgestorbene Gruppe, deren systematische Zuordnung fraglich ist. Meistens werden sie in die Verwandtschaft den Ciliophora (Ciliaten, Wimpertierchen) gezählt. Die Oberfläche von Ciliaten ist von Cilien (Wimpern) überzogen, die zur Fortbewegung und zur Nahrungsaufnahme dienen. Die meisten Ciliaten haben keine Hartteile, nur eine rezente Gruppe, die **Tintinniden** (Abb. 10-15 A) bildet becherförmige agglutinierte Gehäuse, die bezüglich Aussehen und Größe den fossilen Calpionellen ähneln. Der Fossilbericht der Tintinniden ist sehr spärlich, aber sie scheinen bis in das Proterozoikum zurückzureichen. Calpionellen lebten sehr wahrscheinlich planktonisch und bildeten Gehäuse aus Kalzit. Sie sind in pelagischen Kalksedimenten des Oberjuras und der Unterkreide häufig, und stellen für diesen Zeitabschnitt wichtige Leitfossilien (Abb. 10-15 B, C).

Weiterführende Literatur

Baumgartner, P. O., Atchison, J. C., Wever, P. & Jackett, S.-J. (2006): Radiolaria – Siliceous Plankton through Time. 518 pp., Birkhäuser Verlag.

Boudagher-Fadel, M. K. (2013): Biostratigraphic and Geological significance of Planktonic Foraminifera.- University Colledge London, Office of the Vice-Provost Research, Professional Papers Series, No.1. 286 pp.

De Wever, P., Dumitrica, P., Caulet, j. P., Nigrini, C. & Caridroit, M. (2001): Radiolarians in the sedimentary record. 533 p., Gordon & Breach Science Publisher.

Loeblich, A. R. & Tappan, H. (1988): Foraminiferal Genera and their Classification.- 2 vol. 2247 pp., Van Nostrand Reinhold.

Sen Gupta, B. K. (2002, ed.): Modern Foraminifera.- 370 pp., Kluwer Academic Press.

Zitierte Literatur

Afanasieva, M. S. & E. O. Amon, E: O. (2011): Devonian Radiolarians of Russia.- Paleontological Journal 45: 1313–1532.

Bralower T. J., Bown P. R., Siesser W. G. (1991): Significance of Upper Triassic Nannofossils from the Southern-Hemisphere (ODP Leg 122, Wombat Plateau, NW Australia). Marine Micropaleontology 17: 119–154.

Campbell, R. J., Howe, R. W. & Rexilius, J. P. (2004): Middle Campanian–lowermost Maastrichtian nannofossil and foraminiferal biostratigraphy of the northwestern Australian margin.- Cretaceous Research 25: 827–864.

Chiari, M., Baumgartner, P. O., Bernoulli, D., Bortolotti, V., Marcucci, M., Photiades, A. & Principi, G. (2013): Late Triassic, Early and Middle Jurassic Radiolaria from ferromanganese-chert «nodules» (Angelokastron, Argolis, Greece): evidence for prolonged radiolarite sedimentation in the Maliac-Vardar Ocean.- Facies 59: 391–424.

Cotton, L. J. & Pearson, P. N. (2012): Larger benthic foraminifera from the Middle Eocene to Oligocene of Tanzania.- Austrian Journal of Earth Sciences 105: 189–199.

Davydov, V. I. (2011): Taxonomy, nomenclature, and evolution of the early schubertellid fusulinids. Acta Palaeontologica Polonica 56: 181–194.

Dumitrica, P., Tekin, U. K. & Bedi, Y. (2013): Taxonomic study of the tetrahedral, pentagonal and hexagonal spongy spumellarian Radiolaria from the middle Carnian (Late Triassic) of the Köseyahya nappe (Elbistan, SE Turkey) and other Triassic localities.- Paläontol. Z. 87: 311–343.

Fauré-Fremiet, E. (1924): Contribution a la connaissance des infusoires planktoniques. Bulletin biologique de France et de Belgique, Suppl. 6: 1–171.

Finkel, Z. V., Sebbo, J., Feist-Burkhardt, S., Irwin, A. J., Katz, M. E., O. M. E. Schofield, O. M. E., Young, J. R. & Falkowski, P. G. (2007): A universal driver of macroevolutionary change in the size of marine phytoplankton over the Cenozoic.- PNAS 104: 20416–20420.

Friedrich, O. R., Norris, D. & Erbacher, J. (2012a): Evolution of mid- to Late Cretaceous oceans.- A 55 million year record of Earth's temperature and carbon cycle.- Geology 40: 107–110.

Gischler, E. Gibsen, M. A. & Oschmann, W. (2008): Giant Holocene freshwater microbialites, Laguna Bacalar, Quintana Roo, Mexico.- Sedimentology, 55: 1293–1309.

Gischler, E., Golubic, S., Gibson, M., A., Oschmann, W. & Hudson, J. H. (2011): Microbial mats and microbialites in the freshwater Laguna Bacalar, Yucatan Peninsula, Mexico. In: Reitner, J., Queric, N.V. & Arp, G. (Hrsg.): Advances in Stromatolite Geobiology.- Lecture Notes in Earth Science, 131: 187–205.

Grobe, H. et al. (2009): The memory of the Polar Oceans. In: Hempel, G. (Ed.): Biology of Polar Oceans, 37–45.

Grossman, E. L. (2012): Chapter 10: Oxygen isotope stratigraphy.- In: Gradstein, F. M., Ogg, J. G., Schmitz, M. & Ogg, G. (eds.): The Geologic Time Scale.- Vol. 2, Elsevier 181–206.

Grün, B. & Blau, J. (1997): Phylogenie, Systematik und Biostratigraphie der Calpionellidae Bonet, 1956: Neue Daten aus dem Rosso Ammonitico Superiore und dem Biancone (Oberjura/Unterkreide: Tithon-Valangin) von Ra Stua (Prov. Belluno, Italien).- Revue Paleobiol.: 15: 571–597.

Haig, D. W., Bandini, A. N. (2013): Middle Jurassic Radiolaria from a siliceous argillite block in a structural melange zone near Viqueque, Timor Leste: Paleogeographic implication.- Journal of Asian Earth Sciences 75: 71–81.

Huber, B. T. & Leckie, R. M. (2011): Planktonic foraminiferial species turnover across deep-sea Aptian/Albian boundary sections.- Journal of Foraminiferal Research 41: 53–95.

Knoll, A. H., Javaux, E. J., Hewitt, D., & Cohen, P. (2006): Eukaryotic organisms in Proterozoic oceans. Philosophical Transactions – Royal Society of London. Biological Sciences 361: 1023–1038.

Lehmann, U. & Hilmer, G. (1997): Wirbellose der Vorzeit.- 304 S.; Enke.

Less, G. & Özcan, E. (2012): Bartonian-Priabonian larger benthic foraminiferal events in the Western Tethys.- Austrian Journal of Earth Sciences 105: 129–140.

McCartney, K., Witkowski, J. & Harwood, D. M. (2010): Early evolution of the silicoflagellates during the Cretaceous.- Marine Micropaleontology 77: 83–100.

Medlin, L. K. & Kaczmarska, I. (2004): Evolution of the diatoms: V. Morphological and cytological support for the major clades and a taxonomic revision.- Phycologia: May 2004, Vol. 43, No. 3, pp., 245–270.

Moczydlowsksa, M. (2010): Life cycle of early cambrian microalgae from the *Skigaia*-plexus acritarchs.- J. Paleont., 84: 216–230.

Oreshkina, T. V., Lygina, E. A., Vozhzhova, O. A. & Ivanov, A. V. (2013): Diatoms and Silicoflagellates of the Upper Cretaceous from Saratov Region: Biostratigraphy and Sedimentation Settings.- Stratigraphy and Geological Correlation 21: 222–236.

Oschmann, W. (2000): Microbes and black shales.- In: Riding, R. & Awramik, S. (eds.): Microbial sediments.- 137–148, Springer.

Oschmann, W. (2016): Evolution der Erde. Geschichte der Erde und des Lebens. 383 S., UTB/Haupt Verlag.

Payne, J. L. & van de Schootbrugge B. (2007): Life in Triassic Oceans: Links between planktonic and benthic recovery and radiation. In: Falkowski, P. & Knoll, A. H. (eds): Evolution of Primary Producers in the Sea, 165–189, Academic Press, Amsterdam.

Pearson, P. N. & Coxall, H. K. (2014): Origin of the Eocene planctic foraminifer *Handkinina* by gradual evolution.- Palaeontology 57: 243–267.

Perch-Nielsen, K. (1972): Remarks on the Late Cretaceous to Pleistocene Coccoliths from the North Atlantic.- DSDP Initial Reports 12: 1003–1069.

Peyrot, D., Barroso-Barcenilla, F. & Feist-Burkhardt, S. (2012): Palaeoenvironmental controls on late Cenomanian – early Turonian dinoflagellate cyst assemblages from Condemios (Central Spain).- Review of Palaeobotany and Palynology 180: 25–40.

Rögl, F. & Egger, H. (2012): A revision of lower Paleogene planktonic foraminifera described by K.H.A. Gohrbandt from the Northwestern Tethyan realm (Helvetic nappe system, Salzburg, Austria).- Austrian Journal of Earth Sciences 105: 39–49.

Schlagintweit, F: (1992): Benthonische Foraminiferen aus Flachwasserkarbonaten der Oberkreide der Nördlichen Kalkalpen (Gosauschichtgruppe, Österreich).- Mitt, österr. geol. Ges. 84: 327–353.

Tekin, U. K. & Mostler, H. (2005): Longobardian (Middle Triassic) entactinarian and nassellarian radiolaria from the Dinarides of Bosnia and Herzegovina.- J. Paleont., 79: 1–20.

Ueno, K. (2003): The Permian fusulinoidean faunas of the Sibumasu and Baoshan blocks: their implications for the paleogeographic and paleoclimatologic reconstruction of the Cimmerian Continent.- Palaeogeography, Palaeoclimatology, Palaeoecology 193: 1–24.

van den Hoek, C., Jahns, H. M. & David G. Mann, D. G. (1993): Algen.- 411 S., Thieme.

Weinkauf, M. F. G., Keupp, H. Mutterlose, J. (2013): Calcareous dinoflagellates from the Late Hauterivian (Early Cretaceous) of Frielingen, Germany.- Documenta naturae 192: 241–271.

Young, J. R. & Westbroek, P., (1991): Genotypic variation in the coccolithophorid species Emiliania huxleyi. Marine Micropaleontology, 18: 5–23.

Zachos J. C., Pagani M., Sloan L., et al. (2001): Trends, rhythms, and aberrations in global climate 65 Ma to present.- Science 292: 686–693.

Ziegler, B. (1983): Spezielle Paläontologie I.- 408 S. Schweizerbart.

11 «Makroalgen»

Die «Makroalgen» bilden keine systematische Einheit. Der Begriff bezieht sich auf die Größe der Organismen und schließt große einzellige und vielzellige Organismen ein, wobei besonders bei den Grünalgen auch mikroskopisch kleine Formen dazugehören. Ihnen gemeinsam ist aber die Befähigung zur Photosynthese. «Makroalgen» bestehen im wesentlichen aus zwei Großgruppen, den Stramenopilen und den Archaeoplastida. Zu den Stramenopilen (oder Heterokonta) zählen die bereits behandelten Protisten Chrysophyta (Goldalgen) und Bacillariophyceae (Diatomeen) sowie die vielzelligen Phaeophyta (Braunalgen) und die paläontologisch unwichtigen Oomycetes (Eipilze). Die Eigenständigkeit der Stramenopilen beruht auf ihren Chloroplasten, die sich nicht von den Cyanobakterien ableiten. Sie sind in einem späteren Endosymbioseschritt entstanden, bei dem vermutlich Rotalgenzellen aufgenommen wurden. Die Archaeoplastida sind ein übergeordnetes Taxon, zu dem die Rhodophyta (Rotalgen) und die Chloroplastida zählen, die wiederum die Chlorophyta (Grünalgen) und alle Landpflanzen einschließlich der Moose umfassen (siehe Abb. 9-2). Die Landpflanzen werden aber später separat behandelt (siehe Kap. 12).

11.1 Phaeophyta (Braunalgen)

Braunalgen sind bräunlich gefärbte, überwiegend marine Algen. Die braune Farbe wird durch das Carotinoid Fucoxanthin als akzessorisches Photosynthesepigment verursacht, welches die grüne Farbe des Chlorophylls überdeckt. Die meisten Braunalgen leben benthisch und sind im Flachwasser an felsigem Untergrund festgewachsen. Teilweise bilden sie Tangwälder. Riesentange können viele Zehnermeter Länge erreichen. Manche Braunalgen kommen driftend im Ozean vor und bilden z. T. großflächige Algenteppiche (z. B. *Sargassum*). Die Fortpflanzung der Braunalgen erfolgt über Sporen in einem Generationswechsel mit haploider und diploider Phase. Es gibt mehr als 1500 rezente Arten. Braunalgen haben Zellwände aus Cellulose, aber nur wenige Arten lagern Kalk (Aragonit) ein (z. B. *Padina*). Sie sind deshalb paläontologisch von geringer Bedeutung. Die ältesten Funde gehen auf das Neoproterozoikum zurück.

11.2 Rhodophyta (Rotalgen)

Rotalgen sind durch das bei der Photosynthese zusätzlich zum Chlorophyll verwendete Pigment Phycoerythrin rot gefärbte Algen. Phycoerythrin weist ein Absorptionsmaximum bei kurzwelligem Licht auf. Da kurzwelliges Licht deutlich tiefer in das Wasser eindringt als langwelliges, kommen manche Rotalgen bei klarem Wasser noch in 270 m Wassertiefe vor, bei einer Restlichtmenge von etwa 0,001 % des Oberflächenwertes (siehe Abb. 4-4). Alternativ leben sie in halbdunklen Habitaten, an submarinen Höhleneingängen oder unter Überhängen. Von wenigen Protista abgesehen, sind die meisten Rotalgen Vielzeller. Ihre Fortpflanzung schließt einen dreiphasigen Generationswechsel ein. Sie sind überwiegend Bewohner des Küstenbereichs. Es sind nur wenige Süßwasserformen bekannt. Der fossile Nachweis reicht bis in das mittlere Proterozoikum zurück.

Viele Rotalgen sind stark verkalkt, vor allem die Corallinales (koralline Algen), die krustenartige oder verzweigte Thalli ausbilden, deren Zellwände mit Kalzitkristallen imprägniert sind (z. B. *Lithothamnion* und *Lithophyllium*). Sie kommen seit dem Silur vor und leben bevorzugt in tropischen Bereichen. Sie sind wichtige Zementierer in Korallenriffen. Daneben gibt es auch isolierte, ungefähr kugelförmige, nicht festgewachsene Formen (Rhodolithe), die durch Wellen bewegt werden und dabei wachsen. Zu den verkalkten Rotalgen werden auch die nur fossil bekannten Gymnocodiaceae (Perm bis Kreide) und möglicherweise auch die Solenoporaceae (Ordovizium bis Kreide) gezählt.

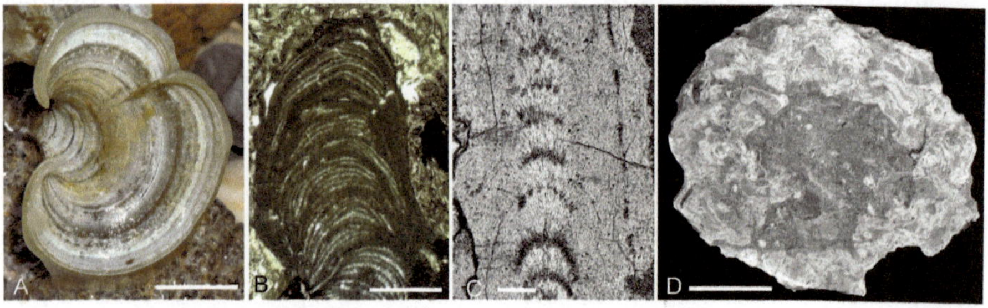

Abb. 11-1: Braunalgen und Rotalgen. A: Die schwach verkalkte rezente Braunalge *Padina*; B, C, D: Corallinales, B: *Lithothamnion* (Miozän, Dünnschliff), C: *Archamphiroa* (Jura, Dünnschliff); D: Rhodolith (Oligozän, Anschliff). Maßstab A: 4 cm, B: 0,5 mm, C: 1 mm, D: 2 cm; (nach Krisp Wikipedia, Martinus et al. 2013, Bucur et al. 2009, Bassi et al. 2009).

11.3 Chlorophyta

Die Grünalgen sind nach ihrer meist grünlichen Färbung benannt, die von Chlorophyll a und b hervorgerufen wird. Sie schließen Einzeller, in der Mehrheit aber Vielzeller ein. Grünalgen kommen seit dem Kambrium vor, stellen rezent mindestens 7000 Arten und werden als die Ausgangsgruppe der Landpflanzen angesehen. Die Fortpflanzung erfolgt über einen Generationswechsel. Grünalgen sind weltweit in allen Flachwasserbereichen (marin, brackig und Süßwasser) verbreitet. **Prasinophyceae** und **Chlorococcales** bilden häufig Einzeller oder auch Zellaggregate mit Zellwänden aus Cellulose ohne Hartteile. Sie verursachen im Meer und im Süßwasser häufig Algenblüten und kommen deshalb fossil in großer Zahl in organisch reichen Gesteinen vor (z. B. Schwarzschiefern, Abb. 11-2).

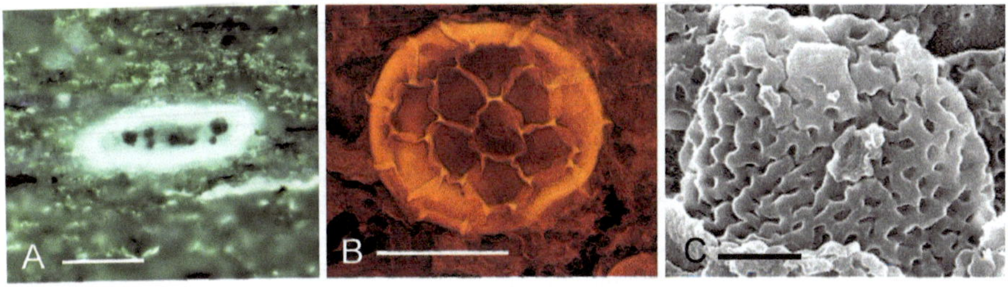

Abb. 11-2: Prasinophycea (A, B) und Chlorococcales (C) sind vorwiegend einzellige Grünalgen. A: eine Tasmanites-Alge in amorpher organischer Substanz, Fluoreszenzbild in UV-Licht; B: *Cymatiosphaera*; konfokale Laser-Scanning-Mikroskopie; C: *Tetraedron*; Maßstab A: 50 µm, B: 20 µm C: 1 µm; (A, B: Frau Dr. Feist-Burkhardt; C: Lenz et al. 2015).

Unter den Chlorophyta gibt es viele Vertreter, die Kalk in ihr Gewebe einlagern und dadurch fossil überlieferbar sind. Sie dominieren in den Tropen und tragen dort erheblich zur Karbonatsedimentbildung bei.

Dasycladales (Wirtelalgen) sind eine Gruppe der Ulvophyceae. Dabei handelt es sich um einzellige Grünalgen, die bis mehrere Zentimeter groß werden und seit dem Kambrium bekannt sind. Dasycladaceen zeigen einen radialsymmetrischen Aufbau mit einer zentralen Achse und vielen seitlichen Verzweigungen, die durch ein zylinderförmiges Skelett aus Aragonit umkleidet sind. In marinen Flachwasserarealen, vor allem auf den verschiedenen Karbonatplattformen der Erdgeschichte, sind Dasycladales sehr häufig, z. T. sogar gesteinsbildend.

Bryopsidophyceae sind Grünalgen, die aus einer sehr großen Zelle mit vielen Zellkernen bestehen. Viele Bryopsidophyceae (z. B. *Halimeda*, *Penicillus* oder *Caulerpa*) sind wichtige Kalkproduzenten. Sie lagern Aragonitnadeln in ihr Gewebe ein. Die Skelette zerfallen nach dem Absterben rasch, sind aber ein wichtiger Lieferant karbonatischer Sedimente. Bryopsidophyceae kommen seit der Trias vor und sind seit dem Teritär sehr häufig.

Charophyceae (Armleuchteralgen) sind weitgehend auf Süßwasserökosysteme beschränkt. Von ihnen sind fossil Sprossachsen und vor allen die von einer Kalzithülle umgebenen Oogonien (Eizellen) überliefert. Charophyceen sind die nächsten Verwandten der Landpflanzen.

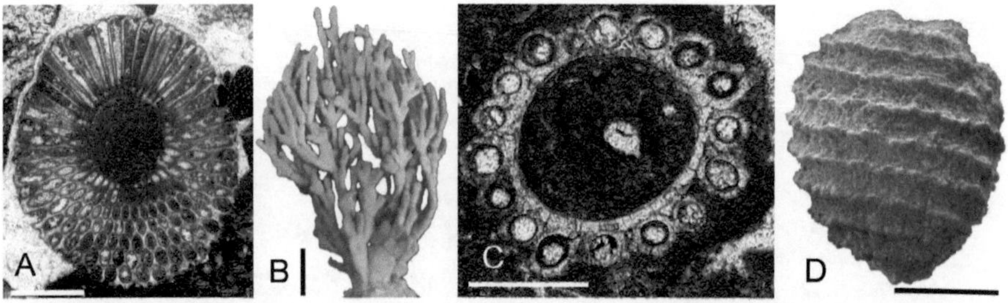

Abb. 11-3: Verkalkte Grünalgen; A: Dasycladales, *Triploporella*, (Unterkreide); B: Bryopsidophyceae, *Halimeda*, rezent; C: Schnitt durch eine Charophyten-Sprossachse 0,2 mm; D: *Microchara*, ein Charophyten Oogonium (beide Oberkreide); Maßstab A, C, D: 0,2 mm, B: 1 cm, C: 0,5 mm; (modifiziert nach Bucur et al. 2013, Villalba-Breva & Martın-Closas 2013).

Weiterführende Literatur

Lecointre, G. & Le Guyader, H. (2001): Biosystematik.- 696 S., Springer.

Taylor, T. N., Taylor, E. L. & Krings, M. (2009): Paleobotany: The Biology and Evolution of Fossil Plants.-1230 pp., Academic Press.

Zitierte Literatur

Bassi, D., Nebelsick, J. H., Checconi, A., Hohenegger, J. & Iryu, Y. (2009): Present-day and fossil rhodolith pavements compared: Their potential for analysing shallow-water carbonate deposits.- Sedimentary Geology 214: 74–84.

Bucur, I. I., Kiessling, W. & Scasso, R. A. (2009): Re-Description and Neotypification of *Archamphiroa jurassica* Steinmann 1930, a Calcareous Red Alga from the Jurassic of Argentina.- J. Paleont., 83: 962–968.

Bucur, I. I. , Bruchental, C., Cociuba, I., Granier, B., Hebristean, A. M., Lazar, D.-F., Marian, A. V. & Sasaran, E. (2013): Representatives of the genus *Triploporella* (Dasycladales, calcareous algae) in the Lower Cretaceous limestones of Romania.- Facies 59: 193–206.

Lenz, O. K., Wilde, V., Mertz, D. F. & Riegel, W. (2015): New palynology-based astronomical and revised 40Ar/39Ar ages for the Eocene maar lake of Messel (Germany).- Int J Earth Sci 104: 873–889.

Martinus, M., Fio, K., Pikelj, K. & Simun Ascic, S. (2013): Middle Miocene warm-temperate carbonates of Central Paratethys (Mt. Zrinska Gora, Croatia): paleoenvironmental reconstruction based on bryozoans, coralline red algae, foraminifera, and calcareous nannoplankton.- Facies 59: 481–504.

Villalba-Breva, S. & Martın-Closas, C. (2013): Upper Cretaceous paleogeography of the Central Southern Pyrenean Basins (Catalonia, Spain) from microfacies analysis and charophyte biostratigraphy.- Facies 59: 319–345.

12 Embryophyta (Landpflanzen)

Landpflanzen sind die bei Weitem bedeutendste Gruppe photoautotropher Organismen. Von Spezialanpassungen abgesehen (z. B. Seegras, Mangroven) kommen sie nur an Land mit über 300 000 Arten vor. Die nächsten Verwandten der Landpflanzen sind die **Charophyceae** (Armleuchteralgen), eine Gruppe der Grünalgen (siehe Kap. 11), mit denen sie zu den Streptophyta zusammengefasst werden.

Pflanzen bestehen je nach Organisationshöhe aus vielen verschiedenen Teilen. Im Wesentlichen sind das Wurzeln, eine Sprossachse (Stängel oder Stamm), Seitensprossen (Äste und Zweige), Blätter, weibliche (Archegonien) sowie männliche (Antheridien) Fortpflanzungsorgane und Ausbreitungskörper (Sporen, Samen und Früchte). Selten sind alle Teile einer Pflanze gemeinsam überliefert, weshalb die Zuordnung bestimmter Teile zu einer bestimmten Pflanze oft problematisch ist. Zudem wurden und werden verschiedene Funde von Pflanzenteilen oft mit verschiedenen taxonomischen Namen belegt, was zu verwirrenden Mehrfachbenennungen führen kann.

Die **Fortpflanzung** der Landpflanzen erfolgt über einen Generationswechsel aus einer haploiden (d. h. sexuellen) und einer diploiden (d. h. vegetativen) Generation. Bei den meisten Pflanzen sind Sporophyten (diploide Generation) und Gametophyten (haploide Generation) deutlich unterscheidbar (heteromorpher Generationswechsel). Bei den Moosen dominiert der haploide Gametophyt als sichtbare Pflanze, während bei den Gefäßpflanzen der diploide Sporophyt dominiert. Er ist sehr viel größer und komplexer gebaut und tritt als krautige Pflanze, Strauch oder Baum in Erscheinung. Der Gametophyt ist dagegen sehr klein und unscheinbar. Bei Sporenpflanzen wird aus der Spore ein kurzlebiges Prothallium mit männlichen und weiblichen Keimzellen ausgebildet, aus denen nach der Verschmelzung wieder ein Sporophyt gebildet wird. Die Verschmelzung kann allerdings nur im Wasser stattfinden. Bei den Samenpflanzen bilden sich männliche Pollenkörner und weibliche Samenanlagen aus. Die Befruchtung erfolgt unabhängig vom Wasser. Nach der Befruchtung bildet sich der Samen, der den Keimling mit schützendem Gewebe umgibt und leicht verbreitet werden kann. Daraus wächst wieder ein Sporophyt.

In der Systematik der Pflanzen entspricht die Rangstufe «Abteilung» dem «Stamm» im Tierreich.

12.1 Besiedlung der Festländer

Für den Übergang vom Leben im Wasser zum Leben am Festland gab es für Pflanzen verschiedene Anpassungsnotwendigkeiten. Wurzeln ermöglichen die Verankerung im Untergrund und die Aufnahme von Wasser und Nährstoffen. Der Spross dient als Stütze und erlaubt eine aufrechte Stellung. Durch Leitbündel (Tracheiden) im Stängel werden bei den Gefäßpflanzen (auch «Tracheophyta» oder «vaskuläre Pflanzen» genannt) Wasser und Nährstoffe von der Wurzel bis in die Spitze der Pflanze transportiert. Zusätzlich benötigen Pflanzen einen Schutz gegen Verdunstung und eine Möglichkeit zum Gasaustausch mit der Umgebung. Beides wird über die Spaltöffnungen (Stomata) in der Cuticula der Blätter oder des Sprosses ermöglicht. Da beim Gasaustausch mit der Umgebung auch Wasser verloren geht, sind verschließbare Stomata essenziell.

Zum Zeitpunkt der Besiedlung der Festländer durch die Pflanzen waren dort möglicherweise bereits Bakterien, Pilze und Flechten vorhanden. Deren Aktivitäten könnten bereits zu einer beginnenden Bodenbildung geführt haben, was die Besiedlung für Pflanzen vermutlich erleichterte. Bereits im Devon ist die als **«Mykorrhiza»** bezeichnete Symbiose von Pflanzen und Pilzen entwickelt. Pilze als Destruenten mobilisieren Wasser und Nährstoffe (vor allem Nitrat und Phosphat) im Boden und liefern diese Stoffe direkt an die Pflanzen. Diese «natürliche Düngung» stimuliert das Wachstum der Pflanzen erheblich.

Erste isolierte Cuticulafragmente, Sporen und röhrenartige Gebilde sind seit dem Mittelordovizium nachgewiesen. Cryptosporen, die vermutlich auf Moose zurückgehen, gibt es ebenfalls seit dem frühen Mittelordovizium. Trilete Sporen sind seit dem oberen Oberordovizium bekannt. Sie gehen vermutlich auf die frühen Tracheophyta (Gefäßpflanzen) zurück (Abb. 12-1).

Abb. 12-1: Cryptosporen und trilete Sporen aus dem Oberordovizium gelten als ein früher Nachweis von Moosen und Gefäßpflanzen. A–C: Cryptosporen, A: Tetrahedraletes; B: Cheilotetras; C: Velatitetras; D und E: trilete Sporen; Maßstab: 10 µm; A, B, C: Rasterelektronenmikroskop, D, E: Lichtmikroskop; (aus Vecoli et al. 2011, Steemans et al. 2009).

Als **Nematophyta** werden verschiedene pflanzenähnliche Organismen aus dem Silur und Devon zusammengefasst, über deren Systematik und Ökologie sehr wenig bekannt ist. Sie wurden als Braunalgen, Lebermoose, Ständerpilze oder auch als Flechten klassifiziert. Der bekannteste Vertreter *Prototaxites* (Abb. 12-2) erreichte mehrere Meter Wuchshöhe und bis zu einem Meter Durchmesser. Sein Gewebe besteht aus schlauchartigen Rohren und einer zellartigen Cuticula. Ähnliche Gewebestrukturen lässt auch *Nematothallus* erkennen und wird deshalb teilweise als Blatt-artige Strukturen von *Prototaxites* interpretiert. Ebenfalls mutmaßlich zu Prototaxites gehörig ist *Pachytheca* als möglicher Ausbreitungskörper (Cystokarp). Auch die **Spongiophytaceae** sind Organismen mit Gefäßpflanzen-ähnlichen Merkmalen aus dem Devon. Überliefert sind im Wesentlichen Sprossachsen von einigen cm Länge, die verzweigt sein können. Die Sprossachsen sind mit Poren (eventuell Spaltöffnungen) durchsetzt. Auch hier variiert die Interpretation von Braunalgen, über Moose und Flechten zu Gefäßpflanzen.

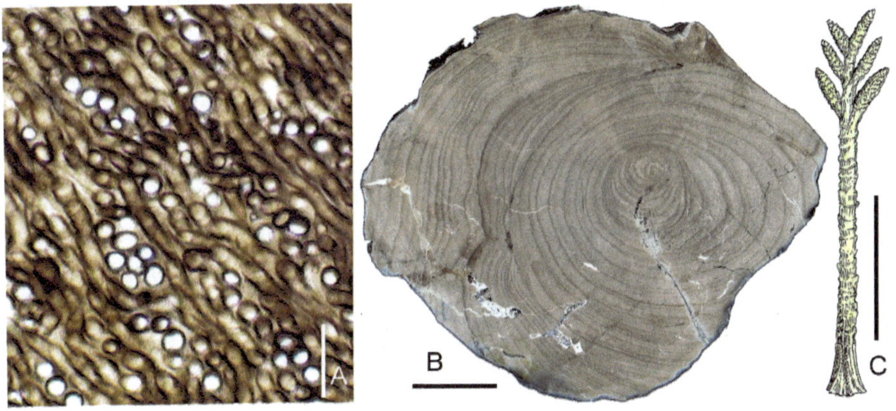

Abb. 12-2: *Prototaxites* – ein rätselhaftes Fossil aus dem höheren Silur und Devon. A: Gewebestrukturen, B: Schnitt durch einen Spross, C: Rekonstruktionszeichnung; Maßstab A: 0,05 mm, B: 3 cm; C: 1 m (kompiliert aus Wikipedia, Taylor et al. 2010 und Retallack & Landing (2014).

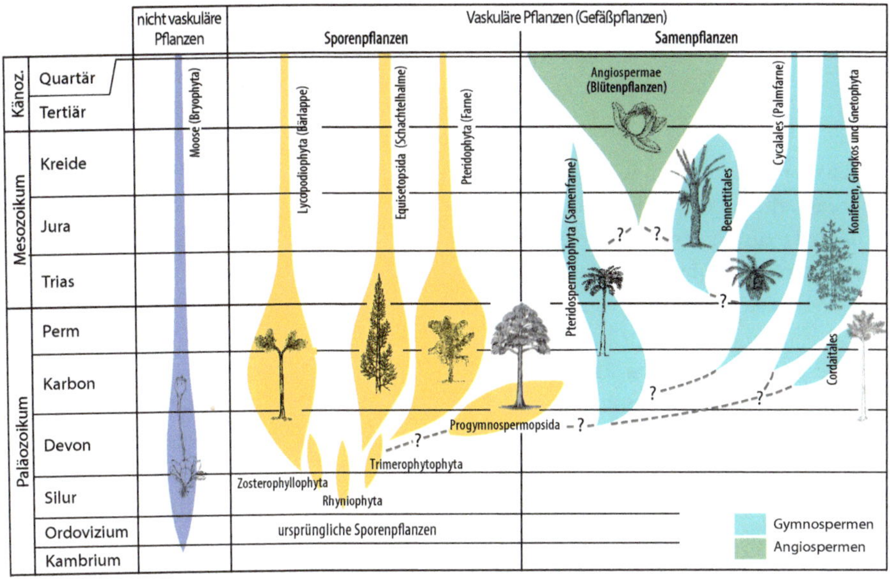

Abb. 12-3: Vereinfachte Darstellung der Entwicklung der Landpflanzen im Phanerozoikum.

12.2 Nicht-vaskuläre Pflanzen

Moose sind kleine, unauffällige Pflanzen ohne Tracheiden (Leitbündel). Sie zählen folglich nicht zu den Gefäßpflanzen. Sie wachsen sehr langsam und sind deshalb heute auf Standorte angewiesen, die andere Pflanzen nicht besiedeln können (z. B. Felsen, Baumrinden und Waldböden als lichtarme Standorte). Moose sind die ursprünglichste und somit sicherlich auch am weitesten zurückgehende Linie der Landpflanzen. Die ältesten gesicherten Moosreste gehen auf das Mittel- bis Oberdevon zurück. Auf Basis von molekulargenetischen Untersuchungen und von Sporenfunden (Abb. 12-1) ist jedoch anzunehmen, dass Moose seit dem Ordovizium, möglicherweise sogar seit dem Kambrium, vorkommen. Moose werden in Lebermoose (Marchantiophyta), Laubmoose (Bryophyta) und Hornmoose (Anthocerotophyta) unterteilt, die wahrscheinlich nicht monophyletisch sind. Die Lebermoose sind die ursprünglichste Gruppe, die Hornmoose sind die Schwestergruppe der heutigen Gefäßpflanzen. Mit Ausnahme der Sporen sind Moosfossilien generell selten, vor allem im frühen und mittleren Paläozoikum. Die meisten Moosfossilien stammen aus meso- und känozoischem Bernstein.

Horneophyton aus dem Unterdevon ist eine niedrigwüchsige Pflanze. Die Sprossachsen verzweigen dichotom und sie hat endständige Sporangien (Sporenbehälter). Ihre Wuchsform ähnelt den Rhyniophyta (siehe unten). Da aber echte Leitbündel fehlen, ist ihre systematische Stellung unsicher. Möglicherweise ist *Horneophyton* als Übergangsform zwischen Hornmoosen und Rhyniophyta anzusehen.

12.3 Gefäßsporenpflanzen

Gefäßsporenpflanzen sind Landpflanzen mit Gefäßsystemen (Leitbündel), die sich über Sporen vermehren und ausbreiten. Die ursprünglichen Gefäßpflanzen wurden früher als Psilophyta zusammengefasst. Heute werden sie meist in drei Gruppen, die Rhyniophyta, die Zosterophyllophyta und die Trimerophytophyta getrennt.

12.3.1 Frühe Gefäßsporenpflanzen

Die Vertreter der Gruppe **Rhyniophyta** (mittleres Silur bis Oberdevon) sind wie *Horneophyton* niedrigwüchsige Pflanzen mit dichotom verzweigten Sprossachsen ohne Blätter und mit endständigen Sporangien. Als Leitgewebe ist eine zentral gelegene, zylindrische Protostele entwickelt. Als älteste Gefäßpflanze wird allgemein *Cooksonia* (mittleres Silur bis Unterdevon) angesehen. Ihre Wuchshöhe erreichte nur wenige Zentimeter. Neuerdings wird *Cooksonia* auch als artifizielle Gruppierung früher Gefäßpflanzen interpretiert. Am besten bekannt unter den Rhyniophyta sind die verkieselten Überlieferungen von *Agalophyton* und *Rhynia* aus dem Rhynie Chert in Schottland. Durch vulkanische Quellen wurde das Pflanzenmaterial mit Kieselsäure imprägniert und ermöglichte so die fantastische Erhaltung von Zellstrukturen. Die Hauptachse der Pflanzen verlief als Rhizom (wurzelartige Sprossachse) horizontal im Boden. Die Tracheiden (Wasserleitungssystem) sind bei *Agalophyton* schwächer ausgeprägt. Der oberirdische, senkrechte Teil der Sprosse war dichotom verzweigt mit endständigen Sporangien. Die Sprosshöhe kann bis 50 cm betragen. Neben den Sporophyten sind auch die sehr kleinen Gametophyten bekannt.

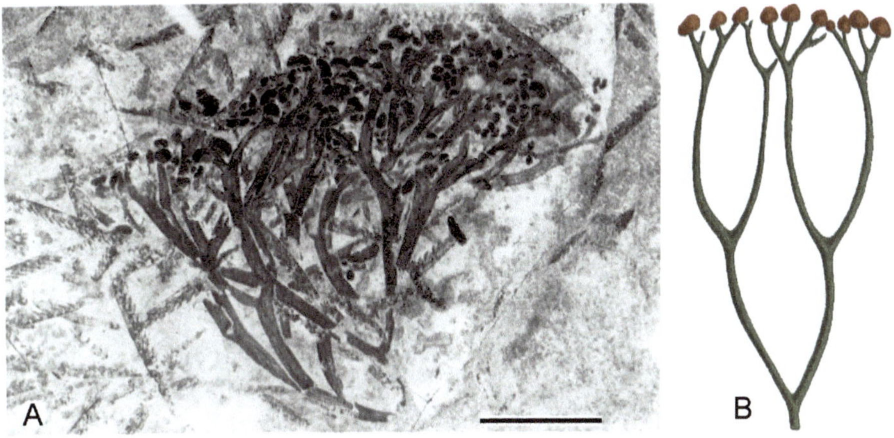

Abb. 12-4: *Cooksonia* mit Sporangien (A) und Rekonstruktion (B) aus dem oberen Silur; Maßstab A: 1 cm, B: Wuchshöhe 5–10 cm (kompiliert nach Edwards et al. 2004 und Wikipedia).

Abb. 12-5: Sprossachsenquerschnitte und Rekonstruktionen von *Agalophyton* und *Rhynia* aus dem schottischen Rhynie Chert. A, C: *Agalophyton*; B, D: *Rhynia*; Maßstab A, B: 1 mm, C: Wuchshöhe etwa 10 cm, D: Wuchshöhe bis 50 cm; (kompiliert aus Kerp & Hass 2009, Kidston & Lang 1920, Kenrick & Crane 1997).

Abb. 12-6: Rekonstruktion des Lebensraums der devonischen «Rhynie-Sümpfe» mit *Rhynia* und *Asteroxylon* (modifiziert nach McKerrow 1978).

Die Gruppe **Zosterophyllophyta** tritt vom oberen Silur bis ins Unterkarbon auf und steht zwischen den Rhyniophyta und den Lycopodiophyta. Ihr Leitgewebe ist als zentral gelegene, häufig elliptische Protostele entwickelt. Die Sprossachse ist dichotom verzweigt, mit Sporangien, die seitlich entlang der Sprossachse stehen oder durch einen kurzen Ast seitlich an der Sprossachse befestigt sind. Die Form der Sporangien ist kugelig bis nierenförmig. An der Sprossachse können kleine dornenartige Fortsätze und Stomata entwickelt sein. Das Wachstum erfolgte durch Entrollung an den Spitzen der Sprossachsen. Die Wuchshöhe konnte bis etwa 50 cm betragen (Abb. 12-7).

Die Gruppe **Trimerophytophyta** sind ausgestorbene Gefäßpflanzen aus dem obersten Silur und Devon, die zwischen den Rhyniophyta und den heutigen Farnen und Samenpflanzen stehen. Trimerophytophyta sind komplexer organisiert als die vorherigen Gruppen. Ihre glatten oder stacheligen Sprossachsen sind stabiler als bei den Rhyniophyta und verzweigen monopodial. Das heißt, es gibt einen Hauptspross, von dem Seitensprosse abgehen, die sich wieder verzweigen können. Am Ende von Spross und Seitensprossen stehen die Sporangien oft als Cluster und variieren deutlich in der Größe bei den verschiedenen Taxa. Als Wuchshöhe wurden bis zu 60 cm erreicht. Die Tracheiden sind weiterentwickelt als Leitertracheiden oder als Durchbrüche in der Zellwand (Hoftüpfel), durch die das Wasser geleitet wird.

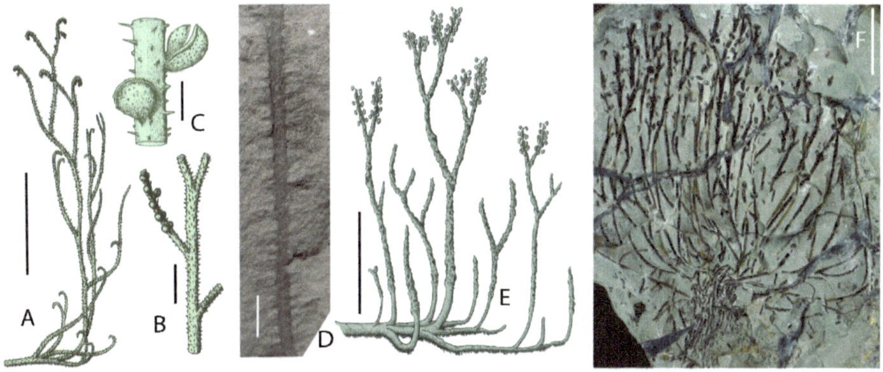

Abb. 12-7: *Sawdonia, Nothia* und *Zosterophyllum* als Beispiele der Zosterophyllophyta. A–D: *Sawdonia*, A: Rekonstruktion, B und D: Detail der Sprossachse und C: Detail der Sporangien; E: *Nothia*, Rekonstruktion; F: *Zosterophyllum*, mit zahlreichen Sprossachsen und Sporangien sowie Rhizome an der Basis; Maßstab A, E: 5 cm, B, D: 2 cm, C, F: 20 cm; (modifiziert und kompiliert nach Ananiev & Stepanov 1968, Gensel et al. 1975 und Hao et al. 2010)

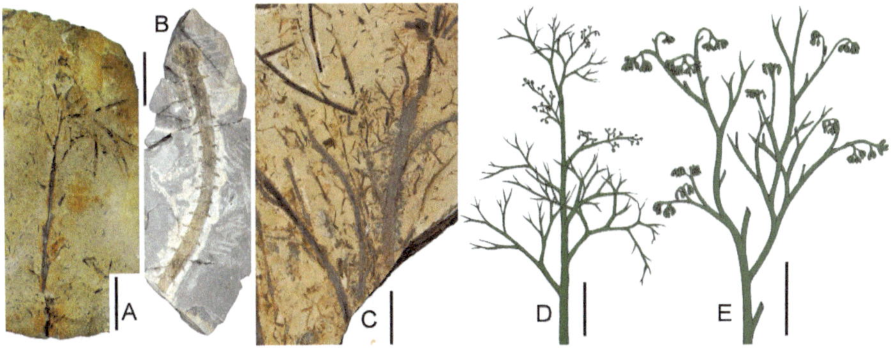

Abb. 12-8: Trimerophytophyta aus dem Devon. A: Ein Seitenspross von *Trimerophyton*; B: Ein *Psilophyton*-Spross mit kleinen Stacheln; C: *Psilophyton*-Spross mit Seitensprossen; D: Rekonstruktion von *Psilophyton forbesii*; E: Rekonstruktion von *Psilophyton dapsile*; Maßstab: A, B: 1 cm, C: 2 cm, D, E: 5 cm; (modifiziert und kompiliert nach Taylor et al. 2009 und Wikipedia).

12.3.2 Lycopodiophyta (Bärlapppflanzen)

Lycopodiophyta sind die älteste, heute noch existierende Gefäßpflanzengruppe. Allerdings kommen sie heute nur noch als relativ unscheinbare kleine, krautige Pflanzen vor. Vom Oberdevon bis in die Trias gab es aber viele Baumformen, die vor allem im Karbon ausgedehnte Wälder bildeten. Die Bärlapppflanzen entwickelten sich sehr wahrscheinlich aus den Zosterophyllophyta. Sie haben viele gemeinsame Merkmale, so etwa die Form der Protostele und die Anordnung der Sporangien. Während die Zosterophyllophyta nur dor-

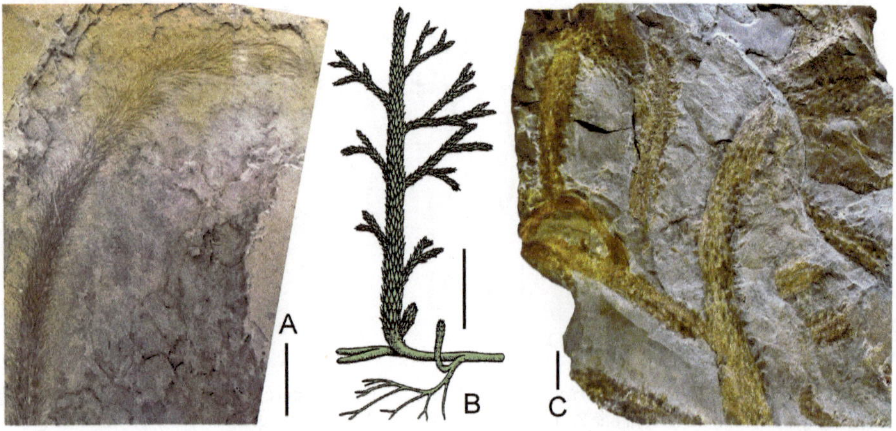

Abb. 12-9: Ursprüngliche Lycopodiophyta; A: *Baragwanthia*; B: Rekonstuktion von *Asteroxylon*; C: *Drepanophycus*; Maßstab A: 2 cm, B: 5 cm, C: 1 cm (modifiziert und kompiliert nach Taylor et al. 2009 und Wikipedia).

nenartige Fortsätze am Spross erkennen lassen, besitzen die basalen Lycopodiophyta kleine Blätter (Mikrophylle), z. T. bereits mit einfachen Leitgefäßen. Spross und Blätter tragen Stomata und belegen, dass diese Gewebe zur Photosynthese befähigt waren. Lycopodiophyta sind ab dem oberen Silur bis heute bekannt. Das Maximum ihrer Verbreitung lag im höheren Devon und Karbon.

Die Ordnung **Drepanophycales** sind die ursprünglichste Gruppe der Lycopodiophyta. *Baragwanthia* ist der früheste Vertreter der Lycopodiophyta, und tritt bereits im höheren Silur auf. Im Unterschied zu *Asteroxylon* aus dem Unter- und Mitteldevon sind bereits Leitgefäße in den Blättern entwickelt. *Drepanophycus* aus dem Devon erreichte Wuchshöhen bis zu einem Meter. Die Blätter wurden einige Millimeter lang und waren auf der Oberseite von Sporangien besetzt.

Die Ordnung **Protolepidodendrales** waren krautige bis leicht verholzte Pflanzen, deren Sprossachsen bis mehrere Zentimeter dick werden konnten. Die frühen Formen waren kleinwüchsig, bildeten z. T. aber auch niederwüchsige Büsche, z. B. *Leclercqia* (Mitteldevon) und *Clwydia* (Devon und Karbon). *Protolepidodendropsis* aus dem frühen Oberdevon bildete vermutlich 2–4 m hohe Bäume.

Zu der Ordnung **Lepidodendrales** gehören die Baumformen, die vom Devon bis zum Perm vorkamen und in den karbonischen Steinkohlesümpfen dominierten. Sie bildeten dicke und hochgewachsene Bäume (bis 2 m Durchmesser und 40 m Höhe), die erst in der Krone verzweigten. Ihr Verholzungsgrad ist relativ gering. Die Blätter sind meist klein (mikrophyll) und langgestreckt, gelegentlich aber auch bis 1 m lang. Sie werden nur von einem Leitbündel durchzogen. Die Blattnarben am Stamm sind meist oval bis rautenförmig aus-

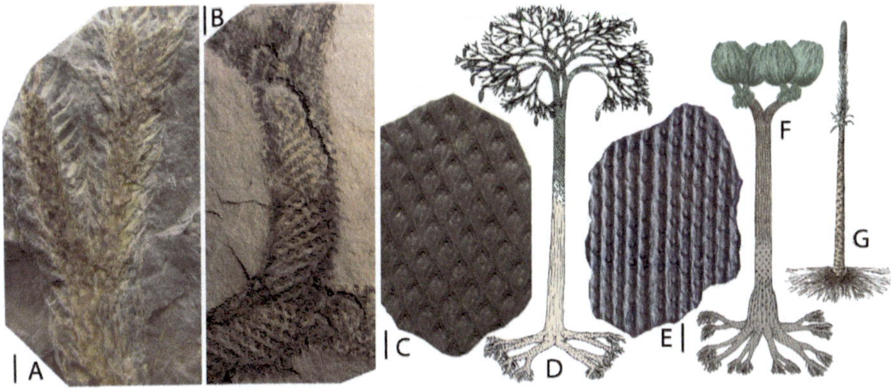

Abb. 12-10: Baumförmige Bärlappgewächse der Ordnung Lepidodendrales und Pleuromeiales. A: *Lepidodendron*, verzweigter Seitenspross mit Mikrophyllen; B: Spross von *Lepidophloios* mit Blattnarben; C: Blattnarben von *Lepidodendron*; D: Rekonstruktion von *Lepidodendron*; E: Blattnarben von *Sigillaria*, F: Rekonstruktion von *Sigillaria*, G: Rekonstruktion von *Pleuromeia*; Maßstab: A, B: 1 cm, C, E: 2 cm; (kompiliert und modifiziert nach Taylor et al. 2009 und Wikipedia).

gebildet und sehr häufig als Abdrücke überliefert. Als ***Stigmaria*** werden die Wurzeln der Lepidodendrales bezeichnet. Sie verzweigten dichotom und bildeten ein ausgedehntes Wurzelwerk. Die bekanntesten Formen sind *Lepidodendron*, *Lepidophloios* und *Sigillaria* (Abb. 12-10).

Die Ordnung **Pleuromeiales** kam von der Trias bis in die Kreide vor. Ihre Vertreter waren wesentlich kleiner als die Lepidodendrales und erreichten maximal 2 m Wuchshöhe. Ihre Sprossachse ist unverzweigt; sie trägt an der Spitze einen Sporophyll. *Pleuromeia* war das dominante Florenelement in der Untertrias nach dem Perm/Trias-Massenaussterben.

Die übrigen drei Ordnungen der Bärlapppflanzen, **Lycopodiales** (Bärlappartige), **Selaginellales** (Moosfarnartige) und **Isoetales** (Brachsenkrautartige), existieren noch rezent als kleine krautige Gewächse. Die Lycopodiales sind mit der Gattung *Lycopodites* seit dem Oberdevon bekannt und morphologisch den rezenten Vertretern bereits sehr ähnlich. Selaginellales zeigen z. T. ein Moos-artiges Erscheinungsbild mit liegenden oder niedrig stehenden Sprossen, die dichotom verzweigen. Sie bilden oft Bodendecker. Auch die Isoetales sind seit dem Devon bekannt. Seit der Trias sind ähnliche Formen wie die rezenten Brachsenkräuter belegbar.

12.3.3 Equisetopsida (Schachtelhalmartige)

Die Equisetopsida (oder *Sphenopsida*) sind eine seit dem Devon bekannte Gruppe der Gefäßsporenpflanzen. Sie hatten ihre größte Verbreitung in den karbonischen Steinkohlewäldern. Rezent kommen nur noch die Schachtelhalme vor. Die Sprossachsen der Equisetopsida sind segmentiert und in Nodien (Knoten) und Internodien gegliedert, wodurch ein

Bambus-ähnliches Erscheinungsbild entsteht. An den Nodien setzen wirtelig angeordnete Seitensprosse oder Blätter an. Die Blätter sind meist klein und langgestreckt (mikrophyll), können aber auch relativ groß sein. Die Sprosse sind meist hohl und waren bei vielen fossilen Formen verholzt. Die Leitgefäße sind als Eustelen entwickelt und teilen sich an den Nodien, wobei ein Gefäß in ein Blatt weitergeführt wird. Die anderen werden mit Nachbargefäßen zusammengeführt und verlaufen weiter im Spross. Die Sporen werden in Sporangien gebildet, die als zapfenartige Strobuli meist endständig an Haupt- und Seitensprossen stehen. Equisetopsida bilden unterirdische Rizome aus, von denen die oberirdischen Sprossachsen und die Wurzeln abzweigen. Die Equisetopsida des Karbons waren Bäume mittlerer Größe (bis etwa 10 m Höhe). Es sind aber auch Durchmesser bis 1 m und Wuchshöhen bis zu 30 m bekannt. Viele Formen waren auch Teil des Unterholzes. Die heutigen Schachtelhalme sind unverholzt und erreichen maximal 2 m Wuchshöhe.

Die Ordnung **Pseudoborneales** kommt nur im Devon mit der einzigen Gattung *Pseudobornina* vor. Sie bildet Baumformen bis etwa 15 m Höhe und bis zu 60 cm Durchmesser (Abb. 12-11).

Die Ordnung **Sphenophyllales** (Keilblattgewächse) tritt erstmals im Oberdevon auf und ist bis zur Trias bekannt. Ihr Verbreitungsmaximum liegt im Karbon. Es handelt sich um relativ kleine Pflanzen mit bis zu 1 m Sprosshöhe. Sie bildeten das Unterholz der Steinkohlewälder.

Die Ordnung **Equisetales** kommt vom Devon bis heute vor, mit einer Hauptverbreitungszeit im Jungpaläozoikum. Die Calamitacea (Kalamiten) bildeten baumförmige Vertreter in Karbon und Perm mit Wuchshöhen um 10 m, selten bis 30 m. Bei ihnen sind Strobulus-artige Sporophylle mit Sporen und unterirdische Rhizome überliefert. Die Blätter von *Calamites* werden als «*Annularia*» bezeichnet. Die Equisetaceae treten seit dem Devon auf, haben aber ihre Hauptverbreitung in postpaläozoischer Zeit. Mit der Gattung *Equisetum* kommen sie bis heute vor. Zwei Gruppen unsicherer taxonomischer Zuordnung, die Tchernoviacea und die Gondwanastachyacea lebten im Jungpaläozoikum auf den Kontinenten Sibiria (Tchernoviacea) und Gondwana (Gondwanastachyacea). Von dort verbreiteten sie sich im Mesozoikum auf andere Kontinente und kommen bis zur Kreide vor (z. B. *Schizoneura* Abb. 12-11)

12.3.4 Farnartige

Der Begriff «Farnartige» wird mehrdeutig verwendet. Früher wurden damit alle Gefäßsporenpflanzen bezeichnet. Jüngere Definitionen schließen teilweise die Equisetopsida mit ein, die oben behandelt wurden. Farne (Farnartige im engeren Sinn) sind mehrjährige krautige Pflanzen und Bäume mit großen Blättern (Megaphylle). Die Blätter werden von vielen Gefäßen durchzogen und sind als Wedel entwickelt. Junge Blätter zeigen eine spiralige Knospenlage, d. h., sie sind Geigenschnecken-artig aufgerollt und entrollen sich während des Wachstums. Die Sporangien befinden sich meist in Clustern (Sori) angeordnet auf der Blattunterseite oder seitlich zum Blatt stehend. Es gibt zwei Sporentypen. Der

Abb: 12-11: Equisetopsida aus Devon, Karbon und Trias. A: *Pseudobornina* Rekonstruktion (Oberdevon); B: Stamm von *Calamites* (Karbon); C: *Annularia*, Blätter von *Calamites*; D: *Schizoneura*, Achse mit Blättern (Obertrias); E: *Echinostachys*, Sporophyll (Sporenbehälter von *Schizoneura*) H: *Calamospora*, eine Spore von *Schizoneura*; Maßstab B: 2 cm, C, D, E: 1 cm, F: 0,03 mm (kompiliert und modifiziert nach Schweizer 1967, Kelber 1990, Diez et al. 2010 und Wikipedia).

eusporangiate Typ bildet relativ große Sporangien mit zahlreichen Sporen, der **leptosporangiate Typ** bildet kleine gestielte Sporangien mit wenigen Sporen. Der Sporentyp ist ein wichtiges Kriterium für die biologische Systematik. Die Verwendbarkeit für fossile Farne wird aber in Frage gestellt. Bei vielen Farnen können alle Blattwedel Sporangien bilden, bei anderen (z. B. Königsfarnen) bilden nur bestimmte Abschnitte der Wedel Sporangien, oder es werden spezielle, nur Sporangien-bildende (fertile) Wedel, neben den vegetativen, zur Photosynthese befähigten Wedel ausgebildet (z. B. *Wattieza*, Abb. 12-12). Farnartige gibt es seit dem Devon. Sie sind mit etwa 12 000 Arten die zweithäufigste rezente Pflanzengruppe. Rezente Farne kommen von kühl gemäßigten bis tropischen und von trockenen bis feuchten Standorten vor. Generell bevorzugen sie feuchte und schattige Biotope.

Im Devon und Unterkarbon gibt es einige basale Gruppen, die den Farnartigen nahestehen oder ihnen zugeordnet werden. Innerhalb dieser Gruppen variiert die Ausbildung der Gefäßsysteme deutlich, generell nimmt die Komplexität aber zu. Die phylogenetischen Positionen dieser Gruppen innerhalb der Gefäßpflanzen sind wegen zahlreicher Konvergenzen mit anderen Formen unsicher. Die bekanntesten und vermutlich ursprünglichsten Vertreter werden zur Unterklasse **Cladoxylopsida** zusammengefasst. Sie kommen im Zeitraum Mitteldevon bis Unterkarbon vor und leiten sich vermutlich von den Trimerophytophyta ab. Zu ihnen gehören die Pseudosporochnales, die viele Baumformen mit Blättern und terminalen, oft paarigen Sporangien hervorbrachten. *Eospermatopteris* aus dem Mitteldevon gilt derzeit als die älteste Baumform mit blattähnlichen fertilen und vegetativen Wedeln, die als *Wattieza* bezeichnet werden (Abb. 12-12). Neben den Baumformen bilden viele Gruppen auch krautige bis buschartige Formen aus, von denen Blattwedel, z. B. von *Alloiopteris*, überliefert sind.

Aus der Unterklasse **Marattiopsida** sind fossil überwiegend baumförmige Farne mit Wuchshöhen bis zu 10 m bekannt. Sie kommen seit dem Karbon vor; ihre Blütezeit reichte bis in die Trias. Während Jura und Kreide ging ihre Diversität langsam, im Känozoikum rasch zurück. Rezente Vertreter kommen noch mit etwa 150 Arten in tropisch-subtropischer Umgebung vor. Sie haben meist einen kurzen bauchigen Stamm und häufig sehr große Blattwedel. Zu den bekannten fossilen Vertretern gehört *Psaronius*, eine Baumform aus Karbon und Perm mit gefiederten Blattwedeln, die als *Pecopteris* bezeichnet werden, die aber sehr ähnlich auch bei anderen Farnen und Samenfarnen vorkommen (Abb. 12-12).

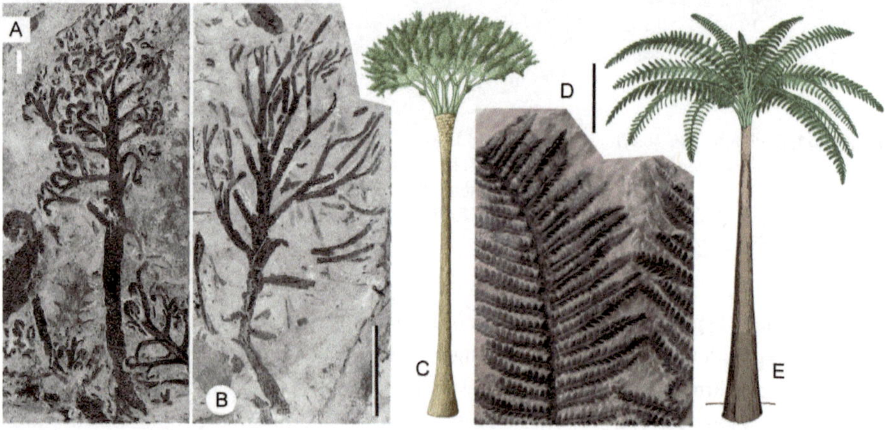

Abb. 12-12: Ursprüngliche farnähnliche Pflanzen und Marattiopsida. A–C: Ursprüngliche farnähnliche Pflanzen, A, B: *Wattieza*, blattähnliche Wedel von *Eospermatopteris* aus dem Mitteldevon, A: ein fertiler Zweig, B: ein vegetativer Zweig; C: *Eospermatopteris* Rekonstruktion; D, E: Marattiopsida, D: *Pecopteris*, Blattwedel von *Psaronius*, E: *Psaronius* Rekonstruktion; Maßstab A: 5 mm, B: 1 cm, D: 2 cm, C, E: bis 10 m Wuchshöhe; (kompiliert und modifiziert nach Berry 2000, Taylor et al. 2009 und Wikipedia).

Die Unterklasse **Polypodiopsida** (echte Farne oder leptosporangiate Farne) umfasst mit über 11 000 Arten die bei Weitem größte Gruppe der Farnartigen. Die meisten Polypodiopsida sind krautige Pflanzen mit großen Blattwedeln und unterirdischen Rhizomen, die beachtliche Längen erreichen können. Einige Formen sind baumbildend, ihre Leitgefäße werden während des Wachstums zunehmend komplexer. Es gibt einige ausschließlich fossile Gruppen aus dem Paläozoikum und Mesozoikum, die eindeutige Merkmale der echten Farne tragen, untereinander aber in unklarem Verwandtschaftsverhältnis stehen, z. B. *Botryopteris* aus dem Karbon und *Tempskya* (Abb. 12-13) aus der Kreide.

Die Ordnung Osmundales (Königsfarngewächse) kommt rezent mit etwa 20 Arten vor. Fossile Königsfarngewächse bildeten einen kurzen Stamm aus, der bei den rezenten Formen aber meistens im Boden steckt. Die Sporangien befinden sich nicht an der Blattunterseite, sondern an der Spitze der Wedel, oder als fertile Abschnitte zwischen vegetativen Abschnitten in einem Wedel (Abb. 12-13). Sie sind seit dem Perm bekannt und hatten ihre

Blütezeit im Mesozoikum (z. B. *Todites* und *Aurealcaulis* Abb. 12-13). Die rezente Form *Osmunda claytoniana* gilt wegen ihrer Ähnlichkeit zur *Osmunda claytoniites* aus der Obertrias in der Antarktis als lebendes Fossil. Wie bei vielen Osmundales sind auch bei Osmunda fertile, sporentragende und normale, zur Photosynthese befähigte Abschnitte in einem Wedel vorhanden. Dieses Merkmal findet sich auch bei *Osmunda claytoniites*. Entwicklungsgeschichtlich stehen die Königsfarne zwischen den Marattiopsida und den übrigen Polypodiopsida. Bei der Ordnung Cyatheales (Baumfarne) bilden viele Formen Stämme aus. Sie ist seit dem Jura bekannt, und heute auf die Tropen und Subtropen der Südhemisphäre beschränkt. *Cyathocaulis* aus der Kreide ähnelt sehr der rezenten Gattung *Cyathea* (Abb. 12-13). Sie kann bis 20 m Höhe erreichen. Auch bei den Polypodiales (Tüpfelfarnartigen) gibt es einige Baumformen. Die übrigen rezenten Ordnungen der Farne sind fossil mehr oder weniger gut belegt, z. T. aber schwer unterscheidbar. Bei ihnen überwiegen die krautigen Pflanzen.

Abb. 12-13: Polypodiopsida (echte Farne). A–C: Osmundales, A: *Todites* (Jura), B: *Osmunda claytoniana* – ein rezenter Blattwedel mit fertilen (braun) und vegetativen Abschnitten (grün); C: *Aurealcaulis* (Paläozän); D: *Tempskya* (Kreide); E: *Cyathea* (rezent); Maßstab A: 1 m, B: 10 cm, C, D: 50 cm, E: Wuchshöhe bis 20 m; (kompiliert und modifiziert nach Fukarek et al. 1992, Clute 1901, Tidwell et al. 1987, Taylor et al. 2009 und Wikipedia).

12.3.5 Progymnospermopsida

Die Progymnospermen sind eine ausgestorbene Gruppe von Gefäßpflanzen, die vom Mitteldevon bis zum Unterkarbon vorkamen. Sie vermitteln in ihren Merkmalen zwischen den Farnen und den Gymnospermen (Nacktsamern). Ihre Gefäßsysteme entwickeln sich von einer Protostele zu einer Eustele. Sie sind zur Bildung von sekundärem Xylem befähigt; d. h., ihre Wachstumszone (Kambium) bildet neue Zellen zwischen Splintholz und Borke in beide Richtungen und ermöglicht so die Sekundärholzbildung und sekundäres Dickenwachstum. Die Progymnospermen werden deshalb mit den Samenpflanzen auch als Lignophyta zusammengefasst. Anatomisch sind sie somit den Gymnospermen, vor allem den Koniferen, ähnlich. Ihre Vermehrung erfolgt über Sporen, die in Sporangien gebildet wurden, ähnlich wie bei den Farnpflanzen. Die Progymnospermen bildeten Sträucher und Bäume. Ihre Vorläufer waren wahrscheinlich die Trimerophytophyta.

Die Ordnung **Aneurophytales** gilt als die ursprünglichste Gruppe der Progymnospermen, die bereits Sekundärholz bildete. Aneurophytales hatten keine Blätter, sondern kleine Sprossen, die zur Photosynthese befähigt waren. *Aneurophyton* (Abb. 12-14) war möglicherweise eine Kletterpflanze. *Tetraxylopteris* bildete buschartige Gewächse, die zwischen Bäumen von *Eospermatopteris* (siehe Abb. 12-12) das Unterholz bildeten.

Die bekannteste Ordnung sind die **Archaeopteridales** mit der Gattung *Archaeopteris* (griechisch: alter Farn, Abb. 12-14). *Archaeopteris* bildete Bäume mit einer beeindruckenden Wuchshöhe von bis 30 m und einem Stammdurchmesser bis 1,5 m. Sein Erscheinungsbild erinnert an heutige Koniferen. *Archaeopteris* hatte wie viele Farne vegetative und fertile Wedel, z. T. auch beides gemeinsam innerhalb eines Wedels. Bereits im Oberdevon war *Archaeopteris* waldbildend und dominierte viele Flachlandareale auf allen Kontinenten. Holzreste von *Archaeopteris* sind als *Callixylon* beschrieben. Es sind weitere Vertreter der Archaeopteridales bekannt, diese sind aber nicht annähernd so gut überliefert wie *Archaeopteris.*

Der Ursprung der Samenpflanzen liegt sehr wahrscheinlich bei den Progymnospermen. Ob allerdings die Aneurophytales oder die Archaopteridales als Ausgangsgruppe gesehen werden können, wird kontrovers diskutiert.

12.4 Spermatophytina (Samenpflanzen)

Die Ausbildung von Samen bringt große Vorteile gegenüber der Vermehrung via Sporen mit sich. Es bilden sich am Sporophyt männliche Pollenkörner und weibliche Samenanlagen aus. Die Befruchtung erfolgt unabhängig vom Wasser z. B. durch Wind oder Insekten. Nach der Befruchtung bildet sich ein vielzelliger Gametophyt als Keimling (oder Embryo), der von Nährgewebe und einer Hülle umgeben ist, aber nicht weiter wächst. Zusammen bilden sie den Samen. Der durch schützendes Gewebe umgebene Keimling kann leicht verbreitet werden. Zudem ist er vor Austrocknung geschützt und oft langlebig. Ungünstige Bedingungen können so durch Verzögerung des Auskeimens überdauert werden. Die

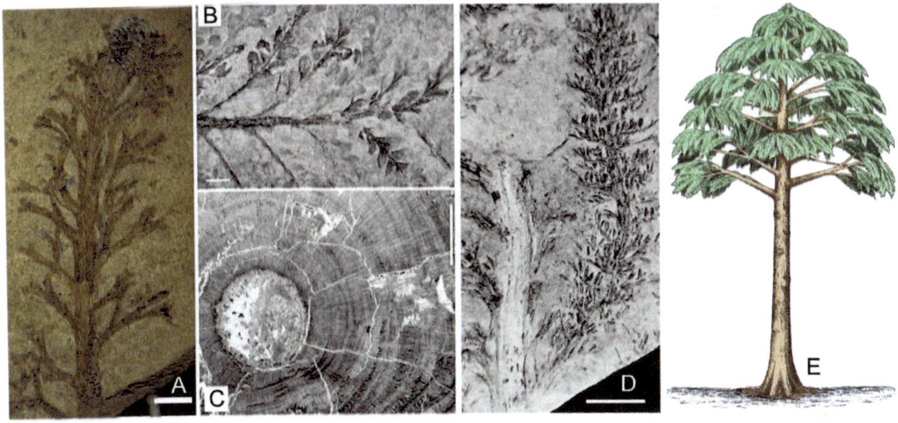

Abb. 12-14: Progymnospermen am Beispiel von *Aneurophyton* und *Archaeopteris*. A: Wedel von *Aneurophyton*; B–E: *Archaeopteris*, B: vegetativer Blattwedel, C: Schnitt durch den Stamm mit Sekundärverholzung um den zentralen Gefäßteil, D: fertiler Blattwedel mit Sporangien, E: Rekonstruktion; Maßstab: A, B: 2 cm; C, D: 5 mm; (kompiliert und modifiziert nach Prestianni et al. 2012, Meyer-Berthaud & Decombeix 2009, Taylor et al. 2009, Fukarek et al. 1992).

Fähigkeit, Samen zu bilden, ist seit dem Mitteldevon nachgewiesen. Die Ausbildung von Samenanlagen und Pollensäcken war ein langwieriger Prozess, der bis in das Karbon dauerte und nur ungenügend dokumentiert ist. Als älteste Samenpflanze wird *Runcaria* angesehen. Ihre Samenanlagen (Ovula) waren noch ohne Samenhülle und wurden vermutlich durch Wind bestäubt. Der Samenfarn *Elkinsia* aus dem Oberdevon wird als erste, echte Samenpflanze angesehen. Die Samenpflanzen werden in zwei große Gruppen unterteilt, die Gymnospermen (Nacktsamer) und die Angiospermen (Bedecktsamer).

12.4.1 Gymnospermae (Nacktsamer)

Gymnospermen sind möglicherweise polyphyletisch, zu ihnen werden die ausgestorbenen Samenfarne und Cordaitales, die Palmfarne, die Ginkgophyta und die Coniferopsida. Teilweise werden die Gnetophyta auch zu den Coniferopsida gerechnet (Abb. 12-3). Gemeinsames Merkmal der Gymnospermen sind die frei («nackt») auf den Samenblättern liegenden Samenanlagen. Rezente Gymnospermen bilden ausschließlich verholzte Pflanzen. Ihre Bestäubung erfolgt überwiegend durch den Wind.

Pteridospermatophyta (Samenfarne)

Als «Samenfarne» werden Pflanzen zusammengefasst, die eine Entwicklungsstufe zwischen den Farnen und den Samenpflanzen einnehmen. Sie sind wahrscheinlich polyphyletisch. Sie hatten ihre Blütezeit vom Oberdevon bis ins Perm. Im Mesozoikum ging ihre Diversität deutlich zurück; am Ende der Kreide starben sie schließlich aus. Die Samenfarne waren verholzt und bildeten lianenartige Schlingpflanzen und kleine Bäume mit großen

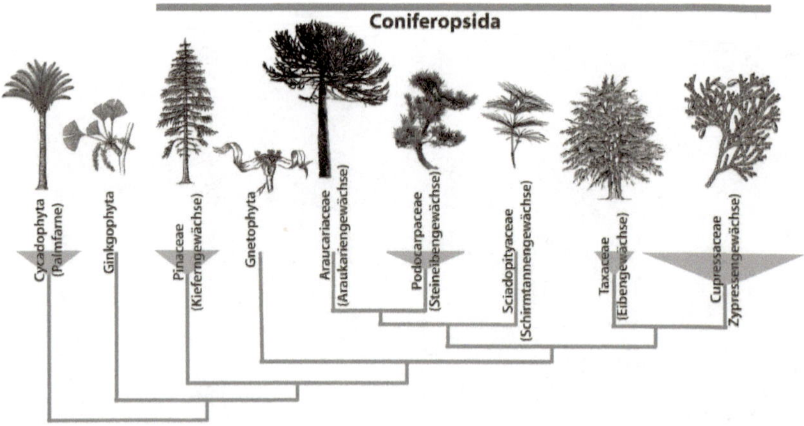

Abb. 12-15: Vereinfachter Stammbaum der rezenten Gymnospermen (kompiliert und modifiziert nach Lu et al. 2014).

farnartigen Wedeln. Viele Taxa sind nur über die Blattwedel belegt. Samenanlagen und Pollensäcke wurden an den Wedeln gebildet. Zu den Pteridospermatophyta werden etliche Ordnungen gezählt, von denen im Paläozoikum vor allem die Lyginopteridales, die Medullosales und die Glossopteridales bedeutend sind.

Die Ordnung Lyginopteridales stellt vermutlich die ursprünglichsten Samenfarne dar. Sie waren vom Oberdevon bis in das unterste Perm verbreitet, mit einem Maximum im Unterkarbon. Vermutlich entwickelten sie sich aus den Aneurophytales. Sie bildeten verholzte Kletterpflanzen und kleinere Bäume. Von ihnen sind verholzte Sprosse (z. B. *Lyginopteris*), Wedel (z. B. *Diplopteridium*), Pollenorgane (z. B. *Crossotheca*) und Samen (*Tyliosperma*) bekannt (Abb. 12-16).

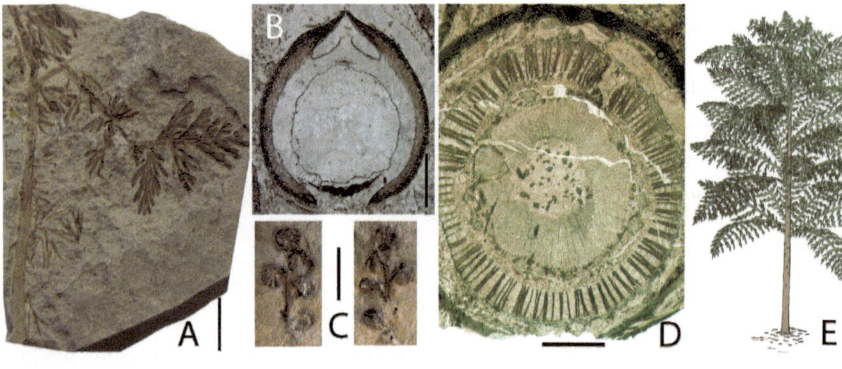

Abb. 12-16: Lyginopteridales als ursprünglichste Gruppe der Samenfarne; A: *Diplopteridium*, ein Seitenspross mit Wedel; B: *Tyliosperma*, ein Samen; C: *Crossotheca*, Pollenorgane; D: *Lyginopteris*, ein Sprossquerschnitt; E: *Eremopteris*, Rekonstruktion; Maßstab A, C, D: 2 cm, B: 1 mm; (modifiziert und kompiliert nach Wikipedia, Taylor et al 2009, Retallack in Wikipedia).

Die Ordnung Medullosales kommt vom Unterkarbon bis Ende des Perms vor. Sie bildete wie die Lyginopteridales verholzte Kletterpflanzen und kleinere Bäume, mit z. T. sehr großen Blattwedeln (z. B. *Neuropteris*), großen Samen (z. B. *Trigonocarpus*-Samen, Abb. 12-17) und großen Pollenorganen. Die Sprosse sind meist dünn, können aber bis 50 cm Stammdurchmesser erreichen. Bei den Blattwedeln stellt *Neuropteris* den häufigsten Typ. Als Lebensraum bevorzugten die Medullosales wahrscheinlich feuchte Standorte im Flachland.

Die Ordnung Glossopteridales war vom Perm bis in die Trias auf der Südhemisphäre weit verbreitet und stellte dort die charakteristische Flora (Glossopteris-Flora) mit der typischen Gattung *Glossopteris* (Zungenfarn, Abb. 12-17). Ihr besonderes Merkmal sind die namengebenden, großen zungenförmigen Blätter. Die Glossopteridales bildeten Bäume und waren wahrscheinlich laubwerfend. Holzreste zeigen deutliche Wachstumsringe. Sie lebten vermutlich in Klimazonen mit ausgeprägter Saisonalität. Verwandtschaftliche Beziehungen zu den Gnetales oder den Angiospermen werden vermutet, sind aber weitgehend unklar.

Abb. 12-17: Die Samenfarnordnungen Medullosales (A–C) und Glossopteridales (D). A: *Neuropteris* Wedel, Oberkarbon); B: *Medullosa*, Rekonstruktion; C: *Trigonocarpus*-Samen; D: *Glossopteris* Blatt (Perm); Maßstab A, D: 1 cm, C: 5 mm; (kompiliert und modifiziert nach James St. John, Wikipedia und Taylor et al. 2009).

Die mesozoischen Ordnungen der Pteridospermatophyta sind sehr variabel. Ihre Systematik ist unklar; vermutlich sind sie nicht näher untereinander verwandt. Zwei von vier Ordnungen, die Caytoniales und die Corystospermales, sollen hier besprochen werden.

Die Ordnung Caytoniales (Abb. 12-18) tritt von der Trias bis an das Ende der Kreide auf. Die Typusgattung *Caytonia* war ein kleiner Baum. Charakteristisch sind die «handförmigen» Blätter *(Sagenopteris)*, die sich aus 3–6 Blättchen zusammensetzen, sowie die Samen, die in ein Fruchtblatt (Capula) mit einer fruchtartigen äußeren Hülle eingeschlossen sind (wie bei den Angiospermen). Deshalb werden die Caytoniales von einigen Autoren als potenzielle Vorläufer der Angiospermen angesehen. Möglicherweise dienten die Früchte zur Verbreitung durch Fruchtfresser. Die Pollenorgane heißen *Caytonanthus*. Ihre bisaccaten Pollen wurden vermutlich durch den Wind transportiert. Die Caytoniales bildeten Büsche und Bäume und waren vermutlich laubwerfend. Sie bevorzugten wahrscheinlich feuchte Standorte. Wegen der möglichen Verwandtschaft zu den Angiospermen ist diese Ordnung aus phylogenetischer Sicht sehr wichtig, aber leider durch Fossilfunde nur unzureichend belegt.

Die Ordnung Corystospermales existierte ebenfalls von der Trias bis an das Ende der Kreide. Die Blatt-Gattung *Dicroidium* besitzt sich verzweigende Wedel. Außerdem sind auch Samen *(Umkomasia)* und Pollenorgane *(Pteruchus)* bekannt, die vermutlich zur selben Pflanze gehörten. *Dicroidium* lebte bevorzugt in Gondwana und bildete 20–30 m hohe Bäume in Südpolnähe und war wahrscheinlich laubwerfend. Die Corystospermales sind die am besten dokumentierte mesozoische Ordnung.

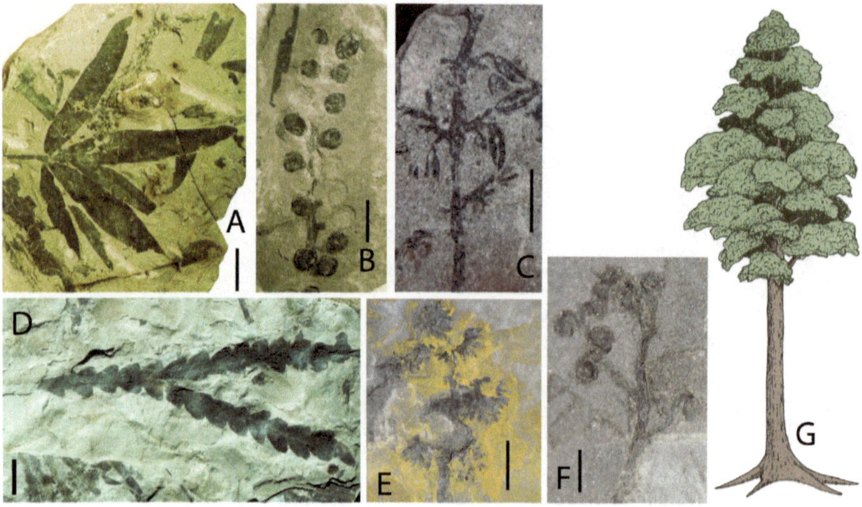

Abb. 12-18: Die Samenfarnordnungen Caytoniales und Corystospermales; A–C: Caytoniales, A: *Sagenopteris*, vermutlich Blätter von *Caytonia*; B: fruchtartige Samen von *Caytonia*; C: *Caytonanthus*, Pollenorgane von *Caytonia*; D–G: Corystospermales D: *Dicroidium* Blatt; E: *Pteruchus*, Pollenorgane; F: *Umkomasia*, Samen; G: *Dicroidium*-Pflanze als Rekonstruktion; Maßstab: A: 2 cm, B, C, E, F: 5 mm, D: 1 cm; (kompiliert und modifiziert nach Wikipedia, Taylor et al. 2009, Retallack Wikipedia).

Cycadophyta (Palmfarne)

Palmfarne sind Samenpflanzen, die weder mit den Farnen noch mit den Palmen näher verwandt sind. Ihr deutscher Name bezieht sich auf den Palmen-ähnlichen Stamm und die Farn-ähnlichen, großen Blattwedel. Alte Blattwedel werden abgeworfen und hinterlassen an der Borke typische Blattbasenmuster. Die Stämme enthalten auffällige Markstrahlen.

Cycadophyta kommen seit dem Oberkarbon vor und sind heute nur noch mit etwa 300 Arten vertreten. Die rezenten Formen sind auf den tropisch-subtropischen Bereich beschränkt. Ihre Blütezeit war das Mesozoikum, insbesondere Jura und Kreide, wo sie als Büsche und Bäume sehr weit verbreitet waren. Paläozoische Funde sind relativ selten. Vermutlich entwickelten sie sich aus der Ordnung Medullosales der Samenfarne. Unter dem Namen «Cycadophyta» werden die Cycalales und die Bennettitales zusammengefasst. Ihr Verwandtschaftsgrad ist jedoch unklar. Möglicherweise sind sie polyphyletisch.

Die Ordnung Cycalales umfasst alle noch heute lebenden Formen. Einige Familien lassen sich bis in das frühe Mesozoikum nachweisen. Sie zeigen nur geringe evolutive Änderungen. Rezente Cycalales sind getrennt geschlechtlich (zweihäusig). Samenanlagen und Pollenorgane kommen nur an verschiedenen Individuen vor und bilden jeweils typische Organe aus (Abb. 12-19). Vermutlich waren auch die fossilen Taxa zweihäusig.

Abb. 12-19: Rezente Cycadales; A: *Cycas*-Pflanze; B: weibliche, fertile Blätter mit Samen, C: männliches Pollenorgan; D: Stamm mit typischem Blattbasenmuster; (kompiliert und modifiziert nach Wikipedia).

Die Ordnung Bennettitales tritt im Mesozoikum global auf. Ihre Blattwedel sind gefiedert und sehr ähnlich denen der Cycadales (Abb. 12-20 A, B). Die Stämme sind z. T. sehr kurz und knollig (z. B. *Cycadeoidea*) oder gedrungen säulenförmig mit etwa 2 m Höhe (z. B. *Williamsonia*). Sie lassen ebenfalls typische Blattbasenmuster erkennen. Bennettitales waren möglicherweise einhäusig, mit Samenanlagen und Pollenorganen am selben Individuum. Ihre Blüten zeigen große Ähnlichkeiten zu denen der Blütenpflanzen (Abb. 12-20 C). Sie bildeten Deckblätter aus, weshalb von einigen Autoren die Bennettitales mit den Angiospermen als Anthophyta zusammengefasst werden. Eine alternative Erklärung interpretiert die Ähnlichkeit als konvergente Entwicklung. Als nächste Verwandte der Bennettitales werden dann die Cycadales und die Ginkgos gesehen. Als Bestäuber der Blüten werden Käfer vermutet.

Abb. 12-20: Bennettitales: A: *Pterophyllum* Blattwedel (Kreide), B: *Anomozamites* Blattwedel (Jura); C: blütenartige Struktur eines weiblichen fertilen Blatts; D: *Cycadeoidea* Stamm (Kreide); E: *Bennetticarpus*, ein Samen; F: Rekonstruktion von *Cycadeoidea*; G: Rekonstruktion von *Williamsonia* (beide Jura); Maßstab A: 4 cm, B: 1 cm, D: 2 cm, C: 10 cm, E: 0,5 mm; (kompiliert und modifiziert nach Wikipedia, Kelber 2003, Taylor et al. 2009, Fukarek et al. 1992, Pott et al. 2010).

Ginkgophyta

Die Ginkgophyta sind heute nur noch durch die Art *Ginkgo biloba* vertreten. Der rezente Ginkgo ist zweihäusig, bildet stattliche Bäume von bis zu 30 m Höhe und hat wegen seines langsamen Wachstums ein sehr dichtes Holz. Charakteristisch sind die fächerförmigen Blätter mit dichotomer Verzweigung der Leitgefäße. *Ginkgo biloba* ist laubwerfend und bevorzugt temperierte bis warme Klimabedingungen. Die Ginkgophyta gibt es seit dem Jungpaläozoikum. Unsichere Blattfunde sind seit dem Karbon bekannt. Fossile Holzreste von Ginkgo sind denen der Koniferen sehr ähnlich und schwer unterscheidbar. Die phylogenetische Verwandtschaft ist unklar, fossile Belege aus dem Jungpaläozoikum sind selten. Ginkgophyta werden in die Nähe der Koniferen und Cordaiten gestellt. In der Trias radiierten sie und hatten im Zeitraum Obertrias bis Unterkreide ihr Verbreitungsmaximum. Während der höheren Kreide folgte ein langsamer Rückgang. Im Känozoikum sind sie bis auf eine Art ausgestorben.

Von besonderem Interesse ist die Familie Schmeissneriaceae mit der Gattung *Schmeissneria* aus dem Unterjura. Funde aus Süddeutschland belegen Samenanlagen, Pollenorgane *(Stachyopitys)* und Pollenkörner, die typisch für Ginkgophyta sind. Funde aus China geben Hinweise auf bedeckte Samenanlagen und Fruchtstände mit Samen. Diese Merkmale gelten als charakteristisch für Angiospermen. Deshalb wird für *Schmeissneria* eine mögliche Verwandtschaft oder sogar eine direkte Vorläuferschaft mit den Angiospermen diskutiert. In diesem Fall muss dann aber die Eingruppierung von *Schmeissneria* in die Ginkgophyta in Frage gestellt werden.

Abb. 12-21: Mesozoische Ginkgophyta. A–C: *Schmeissneria* (Jura), A: Spross mit Samenanlagen, B: *Stachyopitys, ein* Pollengefäß, C: Pollenkörner von *Stachyopitys;* D: *Ginkgo pluripartita*, Blatt (Kreide); E: *Ginkgo biloba*, (Eozän); Maßstab A, B, D, E: 1 cm, C: 0,05 mm; (kompiliert und modifiziert nach Wikipedia, Taylor et al. 2009, Konijnenburg-van Cittert 2010).

Gymnospermen unklarer Zuordnung

Im ausgehenden Paläozoikum und im Mesozoikum gab es mehrere rätselhafte Pflanzengruppen, die den Gymnospermen zugerechnet werden, deren genauere Zuordnung aber umstritten ist. Der Fossilbefund dieser Gruppen ist oft dürftig. Sie werden teilweise als Taxa «incertae sedis» (unsicherer Zuordnung) geführt, teilweise werden sie zu den Samenfarnen, Ginkgophyta, Cordaiten, Gnethophyta, Bennettitales oder Coniferen gestellt. Für zwei dieser rätselhaften Gruppen, die Gigantopterales und die Pentoxylales, wird eine mögliche Verwandtschaft zu den Angiospermen vermutet.

Gnetophyta

Die Gnetophyta treten rezent mit drei Ordnungen auf, die sehr spezialisiert sind, und auf den ersten Blick wenig Gemeinsamkeiten erkennen lassen. Ihre systematische Stellung ist umstritten. Nach molekulargenetischen Untersuchungen werden sie neuerdings zur Klasse Coniferopsida gestellt (Abb. 12-15). Die Ordnung **Gnetales** bildet verholzte Büsche und Kletterpflanzen mit Laubblättern wie bei den Angiospermen. Bei der Ordnung **Welwitschiales** gibt es rezent nur noch die Gattung *Welwitschia*. Sie ist an arides Klima angepasst und bildet einen verholzten, unterirdischen Stamm mit Gefäßen im Sekundärholz wie bei den Angiospermen. Die Ordnung **Ephedrales** bildet überwiegend verholzte Büsche. Die Blätter sind weitgehend zurückgebildet, die Photosynthese findet in den Zweigen statt. Rezente Gnetophyta sind zweihäusig, vermutlich gilt das auch für die fossilen Vertreter. Die ersten Gnetophyta sind aus dem Perm bekannt. Fossilien aus dem Paläozoikum und frühem Mesozoikum sind aber selten und ihre Zuordnung ist unsicher. Mit Beginn der Kreide werden Fossilien häufiger. Hölzer sind selten, es sind vorwiegend Sprosse mit weiblichen Blüten und Pollen zu finden, die mit frühen Angiospermen vergesellschaftet sind. Wegen

Abb. 12-22: Kretazische Gnetophyta. A: Weibliche Blüte von *Siphonospermum* aus der Verwandtschaft von *Gnetum* und *Welwitschia* (Unterkreide); B: Weibliche Blüten von *Itajuba* (Unterkreide); C: *Bicatia* ein *Welwitschia*-ähnlicher Samen mit Pollenkörnern (D) aus der Unterkreide; Maßstab: A: 1 cm, B: 5 mm, C: 0,5 mm, D: 0,05 mm; (kompiliert und modifiziert nach Rydin & Friis 2010, Friis et al. 2014 und Ricardi-Branco et al. 2013).

ihrer Blüten-ähnlichen Fortpflanzungsorgane und der Samen werden auch die Gnetophyta in eine mögliche Verwandtschaft zu den Angiospermen gestellt.

Coniferopsida (Nadelhölzer)

Koniferen sind nahezu ausschließlich verholzte Pflanzen, z. T. Büsche, überwiegend aber Bäume, die ausgedehnte Wälder bilden. Ihre Hauptverbreitungsgebiete sind die temperierten und borealen Regionen der Nordhemisphäre. Auf der Südhemisphäre dominieren die Araukariengewächse. Manche Koniferen erreichen gewaltige Ausmaße. Der Küstenmammutbaum und der Riesenmammutbaum gehören mit 100 m Höhe und über 10 m Stammdurchmessern zu den größten Pflanzen. Mit Individualaltern bis zu 5000 Jahren gehören sie auch zu den ältesten lebenden Pflanzen (z. B. die Langlebige Kiefer, *Pinus longaeva*). Das Holz der Koniferen hat nur schmale Markstrahlen und Tracheiden, aber keine Tracheen. Jahresringe sind meist deutlich entwickelt. Die Blätter sind überwiegend klein, oft nadelförmig und spitz. Die meisten Formen sind immergrün, manche auch laubwerfend. Alle Koniferen sind Windbestäuber. Es gibt einhäusige und zweihäusige Formen.

Koniferen kommen ab dem Karbon bis heute vor. Ihr Verbreitungsmaximum war im Perm und besonders im Mesozoikum. Sie zählen zu den Gewinnern des Perm/Trias-Massenaussterbens. Im Känozoikum werden sie, vor allem in den tropischen Bereichen, von den Angiospermen zurückgedrängt. Der Ursprung der Koniferen wird entweder in den Progymnospermen oder in den karbonischen Samenfarnen vermutet. Zu den bekanntesten fossilen Koniferen gehören die Cordaiten und die Volziales.

Die rezenten Koniferen bestehen nur aus der **Ordnung Pinales**, mit etlichen Familien (Abb. 12-15) und über 600 Arten. Eine detaillierte Besprechung der rezenten Formen würde den Rahmen dieses Buches sprengen, weshalb auf die einschlägige botanische Literatur verwiesen wird (z. B. Fukarek et al. 1992, Bresinsky et al. 2008, Taylor et al. 2009). Der Schwerpunkt hier liegt auf den fossilen Formen. Viele rezente Taxa lassen sich bis in die Trias zurück belegen, z. B. die Araukariengewächse (Abb. 12-24) und die Zypressengewächse.

Die Ordnung **Cordaitales** gilt als die älteste Koniferen-ähnliche Pflanzengruppe. Sie bildeten im Karbon und Perm ausgedehnte Wälder mit Sträuchern und Baumformen von bis zu 45 m Höhe (Abb. 12-23). Von marschlandartigen Küstenregionen über feuchte Sumpfgebiete bis zu trockenen Hochländern besiedeln sie verschiedene Lebensräume. Stamm und Holz sind bereits Koniferen-ähnlich, haben aber ein ausgeprägtes Mark. Auch die Reproduktionsorgane ähneln den Koniferen. Allerdings sind weibliche und männliche Reproduktionsorgane nur isoliert überliefert. Daher ist unklar, ob sie ein- oder zweihäusig waren. Die Cordaiten werden überwiegend als basale Gruppe zu den Koniferen gestellt. Teilweise wird aber auch eine verwandtschaftliche Nähe zu den Ginkgophyta vermutet.

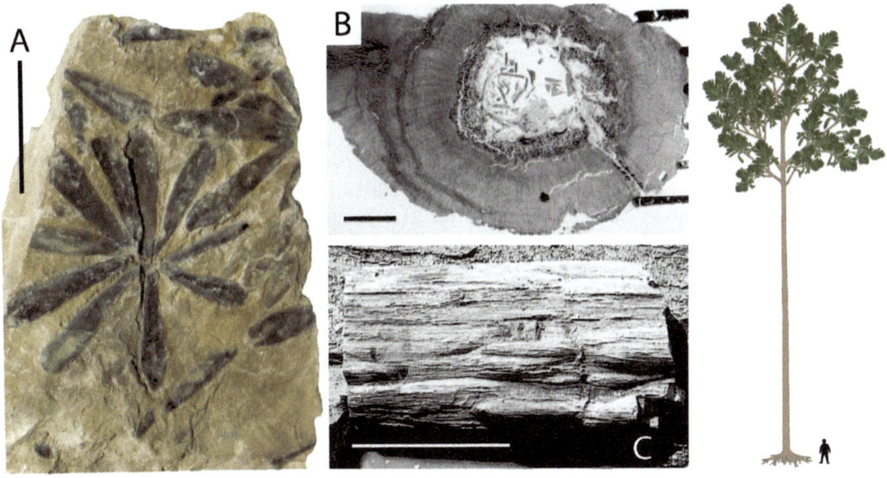

Abb. 12-23: Cordaiten; A: Blätter von *Cordaites* (Oberkarbon); B: Schnitt durch einen Stamm von *Mesoxylon*; C: Stammfragment eines Cordaiten (Oberkarbon); Rekonstruktion von *Cordaitales* (Blätter vergrößert); Maßstab A: 10 cm, B: 2,5 cm, C: 40 cm; (kompiliert und modifiziert nach Falkon-Lang et al. 2000, 2005, 2011).

Die Ordnung **Voltziales** (Abb. 12-24) ist eine formenreiche Gruppe, die vom Oberkarbon bis in die Trias vorkommt. Sie wurde früher nach den häufigen Formgattungen *Voltzia* und *Walchia* in «Voltziale» und «Walchiale» Formen unterschieden, die aber nicht klar getrennt werden können. Generell sind «Walchiale» Formen eher durch monosaccate Pollen und breite Blätter charakterisiert, während «Voltziale» Formen vorwiegend bisaccate Pollen und kleine nadelförmige Blätter aufweisen. Die Voltziales werden häufig als Übergangsformen zwischen den Cordaiten und den modernen Koniferen gesehen.

Zu den Voltziales wird auch *Aethophyllum* aus der Untertrias gerechnet. Alle bekannten Coniferopsida mit Ausnahme von *Aethophyllum* sind verholzte Pflanzen. *Aethophyllum* ist der einzige krautige Vertreter mit dünnen Sprossachsen (max. 2 cm) und geringer

Abb. 12-24: Fossile Voltziales und Araucariaceae. A–F: Voltziales, A: Blattwedel von *Walchia*, Perm; B–E: *Voltzia*, Trias; B: Spross mit Blättern, C: weiblicher Zapfen, D: *Willsiostrobus*, ein männlicher Zapfen (Pollenträger); E: *Voltziaceaesporites*, ein bisaccater Pollen (mit Luftsäcken); F: Blattwedel von *Ortiseia*; G: *Aethophyllum*, Rekonstruktionszeichnung; H und I: Araucariaceae, G: *Araucaria*, weiblicher Zapfen, Ansicht von außen und Schnitt; I: *Araucarioxylon*, verkieseltes Holz (Petrified Forest, Arizona, USA, Stammdurchmesser 80 cm); Maßstab A, E, H: 2 cm, B: 5 cm, C, F: 1 cm, D: 0,5 cm, E: 0,05 mm; (kompiliert und modifiziert nach Wikipedia, Gall & Grauvogel-Stamm 2000, Diez et al. 2010).

Wuchshöhe. Auch daraus wird z. T. eine verwandtschaftliche Beziehung zu den Angiospermen vermutet.

12.4.2 Angiospermae (Bedecktsamer)

Angiospermae werden meist im Rang einer Klasse geführt. Ihr wichtigstes und namensgebendes Merkmal sind in Fruchtblätter eingeschlossene («bedeckte») Samenanlagen. Die Bestäubung wird überwiegend durch Fremdbestäuber (z. B. Insekten) ausgeführt. Aus dem Fruchtblatt und der befruchteten Samenanlage bilden sich Früchte, die den Samen einschließen. Angiospermen bilden krautige und verholzte Gewächse. Sie sind wahrscheinlich paraphyletisch (Abb. 12-29).

Mit knapp 300 000 Arten sind die Angiospermen die bei Weitem häufigste Pflanzengruppe. Ihre wichtigsten, kennzeichnenden Merkmale sind:

- zwittrige Blüten mit Pollengefäßen und Fruchtblatt, zumindest bei den ursprünglichen Angiospermen;
- Samenanlagen, die in ein Fruchtblatt eingeschlossen, also «bedeckt» sind;
- echte Tracheen, mit einem deutlich größeren Porendurchmesser als die Tracheiden bei den Gymnospermen;
- Blätter mit stark verzweigten oder vernetzten (reticulaten) Blattadern (Abb. 12-25);

- eine doppelte Befruchtung zur Bildung des Keimlings und des Nährgewebes;
- Pollen mit Pollenschlauch zum Transport des männlichen Gametophyten zur Samenanlage;
- Haft- bzw. Klebefähigkeit von Pollen zur effektiveren Bestäubung (z. B. durch Insekten).

Keines der Merkmale alleine charakterisiert die Angiospermen, und einzelne oder mehrere dieser Merkmale kommen auch bei verschiedenen Gymnospermen vor. Offensichtlich wurden diese Merkmale mehrfach bei unterschiedlichen Gymnospermentaxa im Verlauf der Trias und des Juras entwickelt. Deshalb ist die Frage nach der Vorläuferschaft der Angiospermen so schwer zu klären. Es werden etliche potenzielle Ausgangsgruppen diskutiert. Dazu gehören neben den Gigantopterales, den Pentoxylales, den Caytoniales (Samenfarne), den Bennettitales und den Gnetales auch *Schmeissneria* (siehe oben).

Verschiedene fossile Pflanzenfunde, die zu den frühen Angiospermen gezählt werden, sind inzwischen aus dem Jura und der Unterkreide bekannt geworden. Einige davon sind sehr gut erhalten. *Juraherba* ist eine sehr kleine, krautige Pflanze aus dem Mitteljura mit Wurzeln, Spross, Blättern und Samenanlagen in Fruchtblättern. Sie wird derzeit als ältester Vertreter der Angiospermen angesehen. Auch *Archefructus* war eine krautige, vermutlich mehrjährige Pflanze aus der Unterkreide von China. Sie ist komplett erhalten mit Wurzeln, Spross und zwittrigen Blüten (Abb. 12-25). Auf einen Standort nahe am oder im Wasser wird aus der Art der Einbettung gemeinsam mit einem kleinen Süßwasserfisch *(Lycoptera)* geschlossen. Ein weiterer Vertreter, *Montsechia* (Abb. 12-28) aus der Unterkreide von Spanien, lebte ebenfalls im Wasser. Möglicherweise kommt aquatischen Standorten in der frühen Evolution der Blütenpflanzen eine besondere Bedeutung zu. Auffällig ist ferner, dass diese frühen Angiospermen krautige Pflanzen sind, die potenziellen Gymnospermenvorläufer aber verholzt waren.

Im Zeitraum Unterkreide bis Oberkreide entwickelten sich zunehmend komplexere Blattformen. Auch bei den Pollenkörnern nimmt die Komplexität zu. Einfach gefurchte (monosulkate) Pollen (Abb. 12-25) treten seit der Trias auf und kommen heute noch bei vielen Monokotyledonen (Einkeimblättrige) und Magnolienartigen vor. In der mittleren und oberen Kreide treten zunehmend fortschrittliche, dreifach gefurchte (tricolporate) und dreiporige (triporate) Pollen auf, die bei den Eudikotyledonen (Dreifurchenpollen-Zweikeimblättrige) dominieren.

Bereits im Verlauf der Unterkreide begannen die Angiospermen sich rasch und erfolgreich auszubreiten, alle Großgruppen (siehe unten) sind bereits entwickelt. Ab der Oberkreide werden sie sehr häufig. Viele rezente Vertreter lassen sich bis in die höhere Oberkreide zurückverfolgen. Das Kreide/Paläogen-Massenaussterben beeinträchtigt die Blütenpflanzen relativ wenig. Ab dem Beginn des Känozoikums dominieren Blütenpflanzen alle terrestrischen Ökosysteme und bilden viele coevolutive Beziehungen zu Bestäubern und zu Fruchtfressern als Samenverbreitern aus. Blattfloren aus dem Tertiär weisen durchweg Fraßspuren oder Gallen von Arthropodenschädlingen auf (Abb. 4-15).

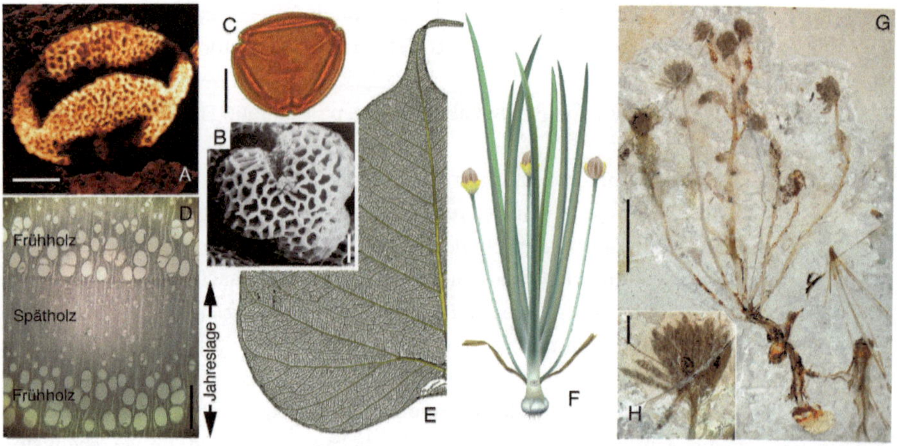

Abb. 12-25: Angiospermenmerkmale und frühe Angiospermen. A: Angiospermen-ähnlicher monosulkater Pollen aus der Mitteltrias; B: Tricolporater Pollen (Kreide); C: Triporater Pollen einer rezenten Buche; D: Holz einer rezenten Esche mit großen Tracheen im Frühholz; E: Angiospermenblatt mit reticulaten Blattadern; F: *Juraherba*, aus dem Mitteljura von China, Rekonstruktionszeichnung; G: *Archaefructus* aus der Unterkreide von China mit einem Süßwasserfisch (*Lycoptera*, rechts unten), H: Vergrößerung einer zwittrigen Blüte; Maßstab A: 5 µm, B: 2 µm, C: 20 µm, D: 1 mm, G: 5 cm, H: 5 mm; (kompiliert und modifiziert nach Hochuli & Feist-Burkhardt 2013, Wikipedia, Han et al. 2016, Ji et al. 2004 und Friis et al. 1988).

Sie belegen, dass mit dem Aufblühen der Angiospermen auch die Insektenvielfalt stark zunahm (siehe auch Kap. 26). Auch **Gräser** gab es bereits in der Oberkreide, landschaftsprägend wurden sie aber erst im Känozoikum. Innerhalb des Tertiärs treten in zwei Phasen Gras-dominierte Landschaften in den Vordergrund, die mit Abkühlung und zunehmender Trockenheit einhergehen. Im Oligozän bilden sich Savannen als Graslandschaft mit offenem Baumbestand aus. Ab dem Miozän entwickelten sich baumlose Grassteppen im Inneren der großen Kontinente. Kontinuierlicher Wuchs, Wurzelsprossung und geringer Wasserbedarf der Gräser begünstigten die Ausbreitung von Steppenlandschaften. Viele Gräser entwickelten einen speziellen Stoffwechsel (C4-Pflanzen), der geringere CO_2-Konzentrationen und weniger Wasser benötigt als andere Pflanzen. Grasländer nehmen heute mehr als 20 % der Landfläche ein. In diesen Ökosystemen entwickelten sich die herdenbildenden Paar- und Unpaarhufer. Gräser lagern Silikatminerale (Phytolithen) ein, dadurch wird die Evolution der Zahnentwicklung bei Gras-fressenden Säugern stimuliert (siehe Abb. 3-8).

Großgliederung der Angiospermen

Eine detaillierte Darstellung der Fülle der Blütenpflanzen würde den Rahmen dieses Buches bei Weitem sprengen, deshalb sei auch hier auf die weiterführende Literatur verwiesen (z. B. Fukarek et al. 1992, Bresinsky et al. 2008, Taylor et al. 2008). Im Folgenden soll nur ein Überblick zu den großen Entwicklungslinien gegeben werden (Abb. 12-29).

Monokotyledonen (auch: Einkeimblättrige Pflanzen) bilden eine monophyletische Gruppe innerhalb der Blütenpflanzen. Sie umfassen etwa 60 000 Arten und sind überwiegend krautige und zum Teil auch verholzte Pflanzen (Palmen). Sie bilden nur ein Keimblatt im Embryonalstadium. Sie zeigen kein sekundäres Dickenwachstum. Die frühesten Formen gehen auf die Unterkreide zurück. Als Beispiele für unterkretazische Monokotyledonen sind *Cratosmilax* (Smilacaceae, Stechwindengewächse) aus der Ordnung Liliales (Lilienartige), mit einer terrestrischen Lebensweise, und *Spixiarum* (Araceae, Aronstabgewächse), Ordnung Alismatales (Froschlöffelartige), zu nennen. Ein Beispiel aus der Oberkreide ist *Cobbania* (ebenfalls Araceae). *Spixiarum* und *Cobbania* sind krautige, aquatische (helophytische) Pflanzen, die in Sümpfen oder Seen lebten. Ein weiterer Vertreter der Monokotyledonen aus der Oberkreide ist *Mabelia* (Triuridaceae) aus der Ordnung Pandanales (Schraubenbaumartige). *Mabelia* hatte vermutlich kein Chlorophyll und lebte wahrscheinlich in Symbiose mit Pilzen (mycoheterotroph), wie die rezenten Triuridaceae, die in lichtarmen tropischen Wäldern vorkommen. Seit der Kreide sind weiterhin die Ordnungen Arecaceae (Palmengewächse) und Potamogetonaceae (Laichkrautgewächse) nachgewiesen.

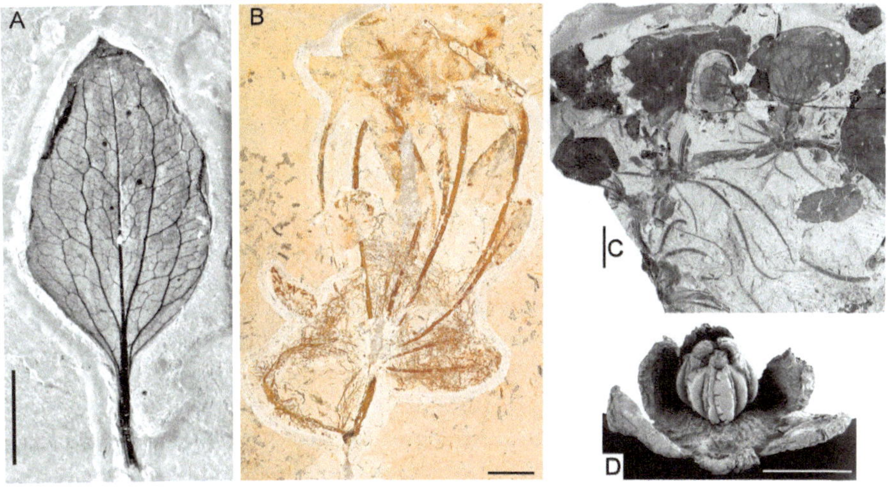

Abb. 12-26: Beispiele kretazischer Monokotyledonen. A: ein Blatt von *Cratosmilax*, Smilacaceae, (Stechwindengewächse, Obere Unterkreide, Brasilien); B: *Spixiarum*, Araceae (Aronstabgewächse, Obere Unterkreide, Brasilien), eine aquatische Pflanze mit Wurzeln, Spross und Blättern; C: *Cobbania*, Araceae, (Aronstabgewächse, Oberkreide, USA), eine aquatische Pflanze mit Stolon (vegetativer Seitenspross) und Jungpflanzen inklusive Wurzeln und Blättern; D: eine Blüte von *Mabelia*, Triuridaceae (Oberkreide, USA); Maßstab A: 1,5 cm, B: 3 cm, C: 2 cm, D: 1 cm; (kompiliert und modifiziert nach De-Lima et al. 2014, Coiffard et al. 2013; Stockey et al. 2007, Crepet et al. 2004).

Bei den **Dikotyledonen** (Zweikeimblättrige) besitzt der Embryo zwei Keimblätter. Sie sind aber keine natürliche Verwandtschaftsgruppe. Sie werden nach dem bestäubenden Pollentyp in die Einfurchenpollen-Zweikeimblättrigen und Dreifurchenpollen-Zweikeimblättrigen (Eudikotyledonen) gegliedert.

Die **Einfurchenpollen-Zweikeimblättrigen** (Magnoliopsida) sind eine heterogene Gruppe krautiger und verholzter Pflanzen, die auch als «basale Ordnungen» zusammengefasst werden. Sie sind vermutlich die ursprünglichsten Blütenpflanzen. Viele Formen treten bereits in der Unterkreide auf. Dazu gehören unter anderem die Seerosenartigen (Nymphaeales) und die Magnolienähnlichen (Magnoliidae, z. B. *Archaeanthus, Endressinia* und *Schenkeriphyllum* Abb. 12-27). Aus der Kreide sind außerdem die Ordnungen Lorbeerartige (Laurales), Canellales (z. B. Winterrinde) und Piperales (Pfefferartige) bekannt.

Abb. 12-27: Basale Angiospermen der Einfurchenpollen-Zweikeimblättrigen (Magnoliopsida). A: Seerosenartige (Nymphaeales, Kreide) mit Wurzelsystem Blättern; B: *Archaeanthus* (Magnoliidae), ein Fruchtstand aus der mittleren Kreide C: *Endressinia*, (Magnoliidae, Unterkreide). Maßstab A: 2 cm, B: 3 cm, C: 1 cm; (kompiliert und modifiziert nach Romanov & Dilcher 2013, Mohr et al. 2013, Taylor et al. 2009).

Die **Eudikotyledonen** sind paraphyletisch und mit etwa 250 000 Arten die größte Gruppe der Angiospermen. Sie treten ebenfalls seit der Unterkreide auf und bilden krautige und verholzte Pflanzen. Es häufen sich die Hinweise, dass die frühen Eudikotyledonen krautig waren. Beispiele sind hier *Leefructus* (Hahnenfußartige) aus China und *Fairlingtonia* aus den USA, beide aus der Unterkreide. *Fairlingtonia* ist möglicherweise auch mit den Hahnenfußgewächsen oder mit den Silberbaumartigen (Proteales) verwandt. Zu den Proteales zählen ebenfalls die Platanaceae (Platanengewächse, z. B. *Credneria*), die auch seit der Unterkreide bekannt sind. *Credneria* gilt als eine der ersten Baumformen. Viele Blattfunde sind eingerollt (Abb. 12-28 D1), was möglicherweise mit dem Austrocknen der Blätter vor der Einbettung in das Sediment zusammenhängt. *Montsechia* (aus der Unterkreide von Spanien) wird als ein früher Vertreter der Ceratophyllales (Hornblattgewächse) angesehen und lebte vermutlich vollständig aquatisch, wie die heutigen Hornblattgewächse. Aus der Kreide ist auch bereits die Ordnung Buxales (Buchsbaumartige) bekannt. Die beiden größten Gruppen der Eudikotyledonen, die Rosidae und Asteridae, die mit einigen kleineren

Gruppen auch als Kerneudikotyledonen zusammengefasst werden, haben ihre Ursprünge ebenfalls in der Kreide. Die Ausbildung der enormen Formenfülle erfolgte aber erst im Verlauf des Känozoikums.

Abb. 12-28: Beispiele kretazischer Eudikotyledonen; A, B: *Leefructus* (Hahnenfußartige; Unterkreide), A: Spross mit Blättern; B: Frucht von Leefructus, Vergrößerung aus A; C: *Fairlingtonia* (Unterkreide, USA) ist möglicherweise mit den Hahnenfußgewächsen oder mit den Silberbaumartigen verwandt; D, D1: Blattreste von *Credneria* (Oberkreide, Santon) eine Platanenverwandte; E: *Montsechia* (Unterkreide, Barremian), möglicherweise ein früher Vertreter der Ceratophyllales (Hornblattgewächse); Maßstab: A: 1,5 cm, B: 1 mm, C, D, D1, E: 1 cm; (kompiliert und modifiziert nach Sun et al. 2011, Jud 2015, Kelber 2003 und Gomes et al. 2015).

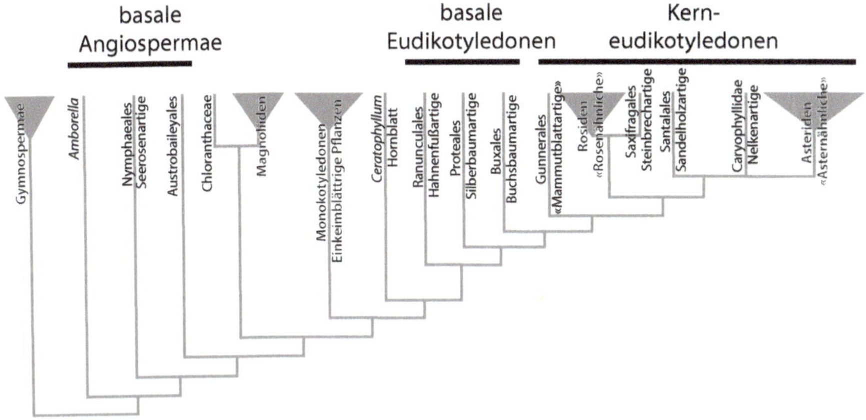

Abb. 12-29: Vereinfachter Stammbaum der Blütenpflanzen (kompiliert und modifiziert nach Soltis et. al. 2008 und Specht & Bartlett 2009).

Weiterführende Literatur

Bresinsky, A., Körner, Ch., Kadereit, J. W., Neuhaus, G. & Sonnewald, U. (2008): Strasburger – Lehrbuch der Botanik. 836 S., Spektrum.

Fukarek, F., et al. (1992–1995): Urania Pflanzenreich – 4 Bände, Urania.

Kenrick, P. & Crane, P. R. (1997): The Origin and Early Diversification of Land Plants. A Cladistic Study. 101 pp., Smithsonian Institution Press.

Kenrick, P., Wellman, Ch. H., Schneider, H. & Edgecombe, G. D. (2012): A timeline for terrestrialization: consequences for the carbon cycle in the Palaeozoic.- Phil. Trans. R. Soc. B 367: 519–536.

Steemans, P., Hérissé, L., Melvin, J., Miller, A., Paris, F., Verniers, J. & Wellman, H. (2009): Origin and Radiation of the Earliest Vascular Land Plants. Science 324: 353–353.

Taylor, T. N., Taylor, E. L. & Krings, M. (2009): Paleobotany – the Biology and Evolution of fossil Plants.- 1230 pp., Academic Press.

Wang, X. & Wang, S. (2010): Xingxueanthus: an enigmatic Jurassic seed plant and its implications for the origine of Angiospermy.- Acta Geologica Sinica 84: 47–55.

Wang, X. (2010): Schmeissneria: An angiosperm from the Early Jurassic.- Journal of Systematics and Evolution 48 (5): 326–335.

Zitierte Literatur

Ananiev, A. R. & Stepanov, S. A. (1968): Finds of sporogenous organs of Psilophyton princeps Dawson emend. Halle in the Lower Devonian of the South-Minusinsk hollow. Treatises Tomsk Order Red Banner of Labor State University. Geological Series 202: 30–46.

Clute, W. N. (1901): Our Ferns in Their Haunts; A Guide to All the Native Species.- 332 pp, Stokes Company, New York.

Berry, C. M. (2000): A reconsideration of Wattieza Stockmans (here attributed to Cladoxylopsida) based on a new species from the Devonian of Venezuela.- Review of Palaeobotany and Palynology 112: 125–146

Coiffard, C., Mohr, B. A. R. & Bernardes-de-Oliveira, M. E. C. (2013): The Early Cretaceous Aroid, *Spixiarum kipea* gen. et sp. nov., and implications on early dispersal and ecology of basal monocots.- Taxon 62: 997–1008.

Crepet, W. L., Nixon, K. C., Gandolfo, M. A. (2004): Fossil evidence and phylogeny: the age of major angiosperm clades based on mesofossil and macrofossil evidence from Cretaceous deposits. American Journal of Botany 91: 1666–1682.

De Lima, F. J., Saraiva. A. A, F., Da Silva, M. A. P. Bantim, R. A. M. & Sayao, J. M. (2014): A new angiosperm from the Crato Formation (Araripe Basin, Brazil) and comments on the Early Cretaceous Monocotyledons.- Anais da Academia Brasileira de Ciências 86: 1657–1672.

Diez, J. B., Broutin, J., Grauvogel-Stamm, L., Bourquin, S., Bercovici, A. & Ferrer, J. (2010): Anisian floras from the NE Iberian Peninsula and Balearic Islands: A synthesis.- Review of Palaeobotany and Palynology 162: 522–542.

Edwards, D., Banks, H. P., Ciurca J. R. S. J. & Laub, R. S. (2004): New Silurian cooksonias from dolostones of north-easternNorth America.- Botanical Journal of the Linnean Society 146: 399–413.

Falcon-Lang, H. J. & Scott, A. C. (2000): Upland ecology of some Late Carboniferous cordaitalean trees from Nova Scotia and England.- Palaeogeography, Palaeoclimatology, Palaeoecology 156: 225–242.

Falcon-Lang, H. J., Bashforth, A. R., (2005): Morphology, anatomy, and upland ecology of large cordaitalean trees from the Middle Pennsylvanian of Newfoundland. Review of Palaeobotany and Palynology 135: 223–243.

Falcon-Lang, H. J., Pendleton, J., Wellman, C. H., (2011a): Dryland plant communities in the Pennsylvanian (mid- to late Bolsovian) Winterbourne Formation of Bristol, southern Britain: further evidence for taphonomic megabias. Review of Palaeobotany and Palynology 166: 268–285.

Friis, E. M., Crane, P. R. & Pedersen, K. R. (1988): Reproductive structures of Cretaceous Platanaceae.- K. Danske Vidensk. Selsk. Biol. Skr. 31: 1–55.

Friis, E. M., Pedersen, K. R. & Crane, P. R. (2014): Welwitschioid diversity in the Early Cretaceous: evidence from fossil seeds with pollen from Portugal and eastern North Amerika.- Grana, 2014 http.//dx.doi.org/10.1080/00173134.2014.915980

Fukarek, F., Schultze-Motel. J. & Siegel, M. (1992): Urania Pflanzenreich – Moose, Farne, Nacktsamer.- 390 S., Urania.

Gall, J.-C. & Grauvogel-Stamm, L. (2000): Der Voltziensandstein.- In: Meischner, D. (ed.): Europäische Fossillagerstätten, 71-77; Springer.

Gensel, P. G., Andrews, H. N., Forbes, W. H., (1975): A new species of Sawdonia with notes on the origin of microphylls and lateral sporangia. Botanical Gazette 136: 50–62.

Gomez, B:, Daviero-Gomez, V., Coiffard, C., Martín-Closas, C. & Dilcher, D. L. (2015): Montsechia, an ancient aquatic angiosperm.- PNAS 112: 10985–10988.

Han, G., Liu, Z., LIU, X., Mao, L., Frédéric M. B. Jacques, M. B. & Wanh, X. (2016): A whole plant Herbaceous Angiosperm from the Middle Jurassic of China.- Acta Geologica Sinica 90: 19–29.

Hao, S., Xue, J. B., Guo, D. & Wang, D. (2010): Earliest rooting system and root:shoot ratio from a new Zosterophyllophyte. New Phytol. 185:217–225.

Hochuli, P. A. & Feist-Burkhardt, S. (2013): Angiosperm-like pollen and *Afropollis* from the Middle Triassic (Anisian) of the Germanic Basin (Northern Switzerland). Frontiers in Plant Science 4: 1–14.

Ji, Q., Li, H., Bowe, L. M., Liu, Y. & Taylor, D. W. (2004): Early Cretaceous *Archaefructus eoflora* sp. nov. with bisexual flowers from Beipiao, Western Liaoning, China.- Acta Geol Sin 78: 883–896.

Jud, N. A. (2015): Fossil evidence for a herbaceous diversification of early eudicot angiosperms during the Early Cretaceous.- Proc. R. Soc. B 282: 20151045.

Kelber, K.-P.: (1990): Die versunkene Pflanzenwelt aus den Deltasümpfen Mainfrankens.- Beringeria Sonderheft 1: 67 S.; Würzburg.

Kelber, K. P. (2003): Sterben und Neubeginn im Spiegel der Paläofloren. In: W. Hansch, W. (Hrsg.): Katastrophen in der Erdgeschichte – Wendezeiten des Lebens.- museo 19: 212-215.

Kenrick, P. & Crane, P. R. (1997): The Origin and Early Diversification of Land Plants. A Cladistic Study. 101 pp., Smithsonian Institution Press.

Kerb, H. & Hass, H. (2009): Ökologie und Reproduktion der frühen Landpflanzen.- Ber. d. Reinh.-Tüxen-Ges. 21: 111–127.

Kidston, R., & Lang, W. H. (1920): On old red sandstone plants showing structure, from the Rhynie Chert bed, Aberdeenshire: Part III. Asteroxylon mackiei. Royal Society of Edinburgh Transactions 52: 643–680.

Konijnenburg-van Cittert, J. H. A. van (2010): The Early Jurassic male ginkgoalean inflorescence *Stachyopitys preslii* Schenk and its in situ pollen. Scripta Geologica Special Issue, 7: 141–149.

Lu, Y., Ran. J.-H., Guo, D.-M., Yang, Z.-Y., Wang, X.-Q. (2014): Phylogeny and Divergence Times of Gymnosperms Inferred from Single-Copy Nuclear Genes. PLoS ONE 9(9): e107679. doi:10.1371/journal.pone.0107679

McKerrow, W.S. (1981): Palökologie.- 248 S.; Stuttgart (Franck Kosmos).

Meyer-Berthaud, B. & Decombeix, A.-L. (2009): L'évolution des premiers arbres : les stratégies dévoniennes.- C. R. Palevol 8: 155–165.

Mohr, B. A. R. & Bernardes de Oliveira, M. E. C. (2004): *Endressinia brasiliana*, a Magnolialean Angiosperm from the Lower Cretaceous Crato Formation (Brazil). International Journal of Plant Sciences 165: 1121–1133.

Pott, C., Krings, M., Kerp, H. & Friis, E. M. (2010): Reconstruction of a bennettitalean flower from the Carnian (Upper Triassic) of Lunz, Lower Austria.- Review of Palaeobotany and Palynology 159: 94–111.

Prestianni, C., Meyer-Berthaud, B., Blanchard, R., Rücklin, R., Clement, G. & Gerrienna, P. (2012): The Middle Devonian plant assemblage from Dechra Aït Abdallah (Central Morocco) revisited Review of Palaeobotany and Palynology 179: 44–55.

Retallack, G., J. & Landing, E. (2014): Affinities and architecture of Devonian trunks of Prototaxites loganii.- Mycologia 106: 1143–1156.

Ricardi-Branco, F., Torres, M., Tavares, S. S., de Souza Carvalho, I., Tavares, P. G. E. & Antonio C. Arruda Campos, A. C. (2013): *Itajuba yansanae* Gen and SP NOV of Gnetales, Araripe Basin (Albian-Aptian) in Northeast Brazil.- http://dx.doi.org/10.5772/55704

Romanov, M. S. & Dilcher, D. L. (2013): Fruit structure in Magnoliacean s. l. and Archaeanthus and their relationships.- American Journal of Botany 100: 1494–1508.

Rydin, C. & Friis, E. M. (2010): A new Early Cretaceous relative of Gnetales: *Siphonospermum simplex*- gen. et sp. nov. from the Yixian Formation of Northeast China.- BMC Evolutionary Biology 183: 1–6.

Schweizer, H.-J. (1966): Die Mitteldevon-Flora von Lindlar (Rheinland), 1. Pseudobornina ursina Nathordt.- Paläontographica 120B: 116–137.

Schweizer, H.-J. (1967): Die Oberdevon-Flora der Bäreninsel, 1. Lycopodiidae. Paläontographica 118B: 93–112.

Soltis, D. E., Bell, C. D. , Sangtae Kim, S. & Soltis, P. S. (2008): Origin and Early Evolution of Angiosperms.- Ann. N.Y. Acad. Sci. 1133: 3–25.

Specht, C. D. & Bartlett, M. E. (2009): Flower Evolution: The Origin and Subsequent Diversification of the Angiosperm Flower.- Annu. Rev. Ecol. Evol. Syst. 40: 217–4.

Steemans, P., Hérissé, L., Melvin, J., Miller, A., Paris, F., Verniers, J. & Wellman, H. (2009): Origin and Radiation of the Earliest Vascular Land Plants. Science 324: 353–353.

Stockey, R. A., Rothwell, G. W. & Johnson, K. R. (2007): Cobbania Corrugata gen. et comb. nov. (Araceae): A floating aquatic monocot from the Upper Cretaceous of Western North America.- American Journal of Botany 94: 609–624.

Sun, G., Dichler, D. L., Wang, H. & Chen, Z. (2011): A eudicot from the Early Cretaceous of China.- Nature 471: 625–628.

Taylor, T. N., Taylor, E. L. & Krings, M. (2009): Paleobotany – the Biology and Evolution of fossil Plants.- 1230 pp., Academic Press.

Tidwell, W. D. & Parker, L. R. (1987): *Aurealcaulis crossii* gen. et sp. nov., an arborescent, osmundaceous trunk from the Fort Union Formation (Paleocene), Wyoming.- American Journal of Botany 74: 83–812.

Taylor, T. N., Taylor, E. L., Decombeix, A. -L., Schwendemann, A., Serbet, R., Escapa, I. & Krings, M. (2010): The enigmatic Devonian fossil Prototaxites is not a rolled-up liverwort mat: Comment on the paper by Graham et al. (AJB 97: 268–275). American Journal of Botany 97: 1074–1078.

Tschan, G., Denk, T., von Balthazar, M. (2008): *Credneria* and *Platanus* (Platanaceae) from the Late Cretaceous (Santonian) of Quedlinburg, Germany.- Review of Palaeobotany and Palynology 152: 211–236.

Vecoli, M., Delabroye, A., Spina, A. & Hints, O. (2011): Cryptospore assemblages from Upper Ordovician (Katian–Hirnantian) strata of Anticosti Island, Québec, Canada, and Estonia: Palaeophytogeographic and palaeoclimatic implications.- Review of Palaeobotany and Palynology 166: 76–93.

13 Fungi (Pilze)

Nach der Klassifikation von Whittaker und Margulis werden Pilze als ein eigenständiges Reich innerhalb der Organismen angesehen (Abb. 9-4). Sie sind Eucaryota, die sowohl einzellige wie vielzellige Organismen bilden als auch aquatisch wie festländisch vorkommen. Früher wurden die Pilze den Pflanzen zugeordnet, sie haben aber keine Chloroplasten und ernähren sich heterotroph. Sowohl von den Pflanzen als auch von der Tierwelt unterscheiden sie sich durch ihre Zellwände, die aus Chitin gebildet werden. Einzellige Pilze sind z. B. die zu den Schlauchpilzen zählenden Hefen. Vielzeller treten auch innerhalb der Schlauchpilze, innerhalb der Myxogastria (echte Schleimpilze) und der Basidiomycota (Ständerpilze) auf. Vielzellige Pilze bilden Hyphen (fadenförmige Zellen), die zu einem Geflecht (Myzel) verwachsen sind. Zur Fortpflanzung werden oft Fruchtkörper gebildet, in denen die Sporen heranwachsen. Die Zahl der rezenten Pilzarten wird auf etwa 120 000 geschätzt. In der neueren biologischen Systematik werden Pilze und die Metazoa als «Opisthokonta» zusammengefasst.

Pilze haben eine große Bedeutung als Destruenten beim Abbau von organischem Material. Sie sind auch essenziell bei der **«Mykorrhiza»** genannten Symbiose von Pflanzen und Pilzen, die von etwa 90 % der lebenden Pflanzen eingegangen wird. Dabei helfen die Pilze den Pflanzen anorganische Nährstoffe aufzuschließen und erhalten ihrerseits Kohlehydrate von der Pflanze. Diese Symbiose existiert mindestens seit dem Unterdevon. Flechten sind eine weitere symbiotische Lebensgemeinschaft, die aus Pilzen und Cyanobakterien oder Grünalgen besteht. Sie sind ebenfalls seit dem Unterdevon bekannt, möglicherweise aber sogar schon im Jungproterozoikum vorhanden.

Generell ist der fossile Nachweis der Pilze schwierig, da sie keine mineralischen Hartteile bilden und die organischen Reste meist klein und unspezifisch sind. Die mutmaßlich ältesten Formen wurden aus dem Proterozoikum beschrieben, sichere Nachweise gibt es aus dem Altpaläozoikum. Vermutlich besiedelten Pilze ab dem Kambrium das Festland. Als sicherer Nachweis gelten Pilzfunde in Bernstein. Neuerdings gilt Perylen, ein polyzyklischer aromatischer Kohlenwasserstoff, als möglicher Biomarker für Pilze, der beim Abbau von Holz entsteht. Weiterhin gibt es Hinweise, dass während und nach Massenaussterben Pilze gehäuft auftreten. Manche Pilze bohren auch in Kalkgesteinen und Kalkschalen von Organismen und können so überliefert werden (Abb. 13-1).

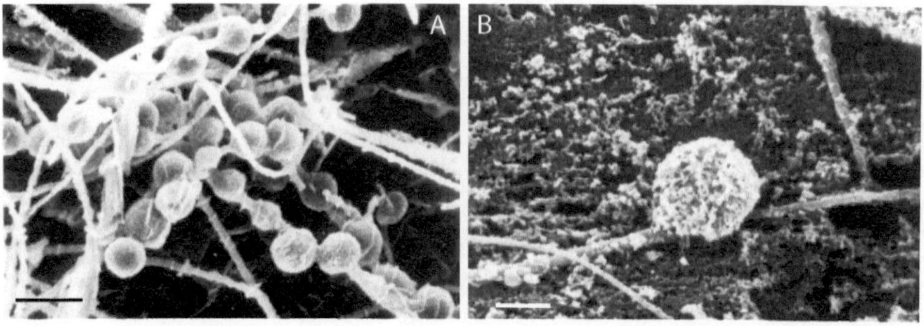

Abb. 13-1 Harzausgüsse von Pilzbohrspuren aus jurassischen Brachiopoden, Maßstab A: 20 µm, B: 10 µm; (modifiziert aus Glaub 1988).

Zitierte und weiterführende Literatur

Eshet Y., Rampino M. R. & Visscher H. (1995): Fungal event and palynological record of ecological crisis and recovery across the Permian-Triassic boundary. Geology 23: 967–970.

Glaub, I. (1988): Mikrobohrspuren in verschiedenen Faziesbereichen des Oberjuras Westeuropas.- N. Jb. Geol. Paläontol. Abh. 177: 135–164.

Lecointre, G. & Le Guyader, H. (2001): Biosystematik.- 696 S., Springer.

Margulis, L. & Schwartz, K. V. (1989): Die fünf Reiche der Organismen.- 330 S., Spektrum.

Marynowski, L., Smolarek, J., Bechtel, A., Philippe, M. Kurkiewicz, S. & Simoneit, B. R. T. (2013): Perylene as an indicator of conifer fossil wood degradation by wood-degrading fungi.- Organic Geochemistry 59: 143–151.

Reich Animalia (Tiere, Metazoa)

Metazoa sind Organismen, die aus unterschiedlichen differenzierten Zelltypen aufgebaut sind, welche verschiedene Funktionen übernehmen. Meistens sind spezielle Gewebe entwickelt, die Organe mit spezifischen Funktionseinheiten bilden. Bis heute sind etwa 1,4 Mio. Tierarten beschrieben. Ihre tatsächliche Anzahl dürfte weit höher liegen, es gibt Schätzungen, die von über 10 Mio. Arten ausgehen. Die Organisationshöhe der Tiere ist sehr unterschiedlich und reicht von wenigen ausdifferenzierten Zelltypen (Schwämme) bis zu sehr komplexen Formen (z. B. Mollusken, Arthropoden und Wirbeltieren). Die einfach gebauten Schwämme werden als **Parazoa** (Gewebelose oder Nebentiere) den **Eumetazoa** (Gewebetiere) gegenübergestellt, die alle übrigen Tiere umfassen. Die **Cnidaria (Nesseltiere)** besitzen bereits echtes Gewebe und Organe und sind radiärsymmetrisch gebaut. Sie werden deshalb als **Radiata** von den übrigen Bilateria abgegrenzt, die spiegelsymmetrisch sind. Die **Bilateria** («Zweiseitentiere») werden nach der frühen Embryonalentwicklung in zwei Großgruppen getrennt, die **Protostomia** (Urmünder) und die **Deuterostomia** (Sekundärmünder). Bei den Protostomiern wird der Urmund als erste Einstülpung zum Mund und der After anschließend sekundär gebildet. Bei den Deuterostomiern wird der Urmund zum After und der Mund als zweites gebildet (Abb. 14-0). Die äußere Gewebeschicht bildet das Ektoderm, die innere das Endoderm. Die dritte Gewebeschicht, das Mesoderm, wird von beiden umschlossen.

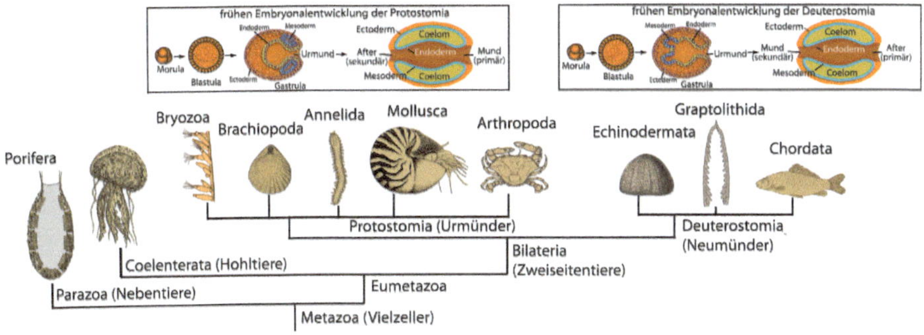

Abb. 14-0 Vereinfachter Stammbaum der Animalia mit den für die Paläontologie wichtigsten Stämmen und der Embryonalentwicklung der Protostomier und Deuterostomier.

Die Protostomia (Urmünder) umfassen die meisten Tiere und werden heute nach der Molekulargenetik in die Lophotrochozoa und die Ecdysozoa (Häutungstiere) unterteilt. Die Lophotrochozoen umfassen die Trochozoa und die Lophophorata. Neben einigen «wurmförmigen» Tiergruppen ohne Hartteile beinhalten die Trochozoa die paläontologisch wichtigen Stämme Annelida (Ringelwürmer, siehe Kap. 18) und Mollusca (Weichtiere, siehe Kap. 19-21). Bei Lophophorata sind die Stämme Brachiopoda (Armfüßer, siehe Kap. 17) und die Bryozoa (Moostierchen, siehe Kap. 16) zu nennen. Auch bei den Ecdysozoa (Häutungstiere) gibt es viele «wurmförmige» Gruppen ohne Hartteile und geringer paläontologischer Bedeutung. Zu den Ecdysozoa gehört aber auch der große Stamm der Arthropoda (Gliederfüßer) mit den Trilobiten (siehe Kap. 22), Crustacea (Krebstiere, siehe Kap. 25), Chelicerata (Kieferklauenträger, siehe Kap. 23), Myriapoda (Tausendfüßer, siehe Kap. 24) und Hexapoda (siehe Kap. 26). Die Deuterostomia sind zahlenmäßig wesentlich kleiner und beinhalten die paläontologisch wichtigen Echinodermata (Stachelhäuter, siehe Kap. 27), die Hemichordata (Kiemenlochtiere, siehe Kap. 28) und die Chordata (Rückensaitentiere inkl. Wirbeltiere, siehe Kap. 29-33). Es gibt noch zahlreiche andere Tierstämme, die aber in der Regel keine Hartteile bilden und daher im Rahmen dieses Buches vernachlässigt werden können.

14 Stamm Porifera (Schwämme)

Porifera sind sehr einfach gebaute Vielzeller mit etwa 15 000 rezenten und vielen fossilen Arten. Schwämme sind sessile Organismen, die am Meeresboden festwachsen und vom Flachwasser bis in die Tiefsee vorkommen. Wenige Formen leben auch im Brack- und Süßwasser. Ihr Körper ist ungefähr radialsymmetrisch aufgebaut mit einem blind endenden zentralen Hohlraum (Paragaster oder Spongocoel), in dem aber keine Verdauung stattfindet. Die Außenwand wird von vielen Poren durchzogen. Die Wuchsform der Schwämme ist meist schalen- bis becherförmig. Neuerdings wird vermutet, dass Schwämme paraphyletisch sind und somit mehrere unabhängige Entwicklungslinien bilden.

14.1 Merkmale

Schwämme haben kein echtes Gewebe und nur wenige verschiedene Zelltypen. Die **Pinacozyten** bilden eine Oberflächendeckschicht (Pinacoderm), die von zahlreichen Poren durchbrochen ist und die in den zentralen Hohlraum führen. Der Paragaster ist mit einer Lage aus **Choanozyten** (Kragengeißelzellen) ausgekleidet, die als «Choanoderm» bezeichnet wird. Die Choanozyten erzeugen mit ihren Geißeln eine Wasserströmung, die den Körper der Schwämme durchzieht und Nahrungspartikel heranbringt. Schwämme sind folglich Filtrierer. Zwischen Pinacoderm und Choanoderm liegt das Mesohyl mit frei beweglichen **Amöboidzellen**. Sie können verschiedene Funktionen übernehmen, z. B. als kontraktile Faserzellen, als skelettbildende Scleroplasten, als Fresszellen und als Geschlechtszellen. Als Fresszellen sitzen die Amöboidzellen benachbart zu den Choanozyten und nehmen die Nahrungspartikel über Mikrophagie auf. In den Scleroplasten werden die Skelettelemente gebildet. Der Grundbauplan der Schwämme (Abb. 14-1 A) kommt in drei Modifizierungen vor, dem Sycon-, dem Ascon- und dem Leucon-Typ (Abb. 14-1 B, C1, C2, D). Dabei kommt es durch Verfaltung des Paragasters zu einer zunehmenden Verkomplizierung, die eine Vergrößerung der Choanodermfläche und der Anzahl an Kragengeißelzellen bewirkt. Auf diese Weise wird die Filtrierleistung der Schwämme erhöht.

Rezente Schwämme vermehren sich entweder asexuell durch Knospung oder sexuell durch Gametenbildung. Spermien werden in das Wasser abgegeben und von anderen Schwämmen der gleichen Art aufgenommen, wobei sie dort anschließend mit den Eizellen verschmelzen. Daraus entwickeln sich freischwimmende Larven, die sich nach einer gewissen Zeit wieder am Meeresboden festsetzen. Die Lebenserwartung der Schwämme ist z. T. sehr hoch. Das Alter von Schwämmen aus dem kalten Südpolarmeer wird auf bis zu 10 000 Jahre geschätzt.

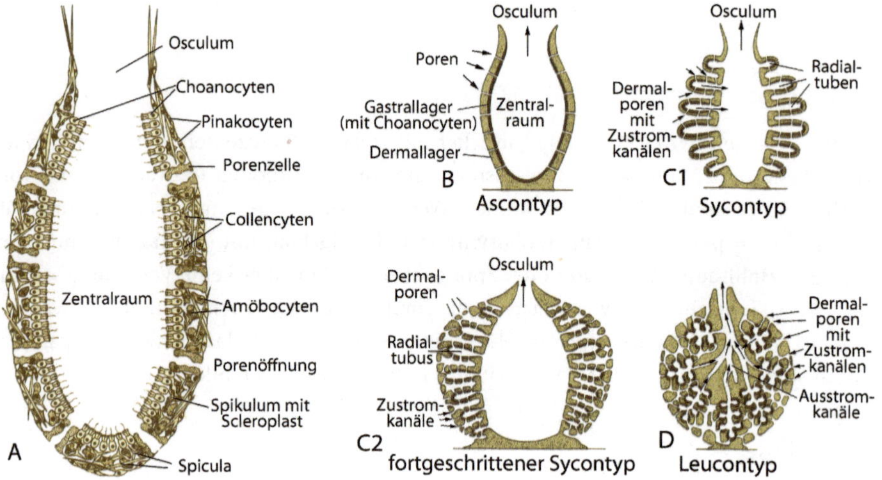

Abb. 14-1 Der Grundbauplan (A) der Schwämme und seine Modifikationen (verändert nach Hyman 1940–1967).

Schwämme besitzen Hartteile. Ihr Weichkörper wird von Collagen, organischen Fasern und Nadeln (Scleren oder Spiculae) durchzogen, die den Zusammenhalt des Weichkörpers gewährleisten. Das Material der Scleren kann sehr unterschiedlich sein und ist ein wichtiges Unterscheidungsmerkmal für die Systematik. Spongin ist ein flexibles Skelettprotein, das z. B. beim Badeschwamm vorkommt. Weiterhin kommen Scleren aus Skelettopal und aus Kalk als Aragonit oder Mg-Kalzit vor. Es gibt verschiedene Sclerentypen. Als **Megascleren** werden relativ große Nadeln bezeichnet, die bis einige Millimeter, im Extremfall bis viele Dezimeter Größe erreichen. Sie sind oft zu netzwerkartigen Gerüsten verschmolzen und wichtig für die paläontologische Systematik. **Mikroscleren** sind sehr kleine (0,01–0,1 mm) Nadeln, die meist lose im Weichkörper angeordnet sind. Sie sind fossil selten überliefert und werden oft für die biologische Systematik verwendet.

Die Megascleren werden nach der Form in verschiedene Typen unterteilt (Abb. 14-2). **Monaxone** sind einachsige Formen, z. B. Oxea, Styl, Tylot und Tylostyl. **Triaxone** haben drei Achsen, so z. B. Triactin. Bei den Scleren Hexactin, Penetactin und Stauract bilden die Achsen rechte Winkel. **Tetraxone**, z. B. Calthrop, sind vierachsige, von Tetraederachsen abgeleitete Formen mit Winkeln zwischen den Achsen von 109°. Weiterhin gibt es noch **Desmone** als unregelmäßig geformte Scleren, z. B. Rhizoclon oder Dicranoclon. Hexactine mit drei senkrecht stehenden Achsen bilden spezielle Gitter **(hexactinellide Gitter)**, die verwachsen sind und in drei Typen vorkommen. Bei dem Lyssakiden-Typ sind die Scleren durch organische Substanz verbunden. Der Dictyiden-Typ zeigt verwachsene Hexactine, die von Skelettopal überzogen sind. Beim Lychniskiden-Typ sind in den Achsenkreuzen zusätzlich Querverbindungen entwickelt (Abb. 14-2).

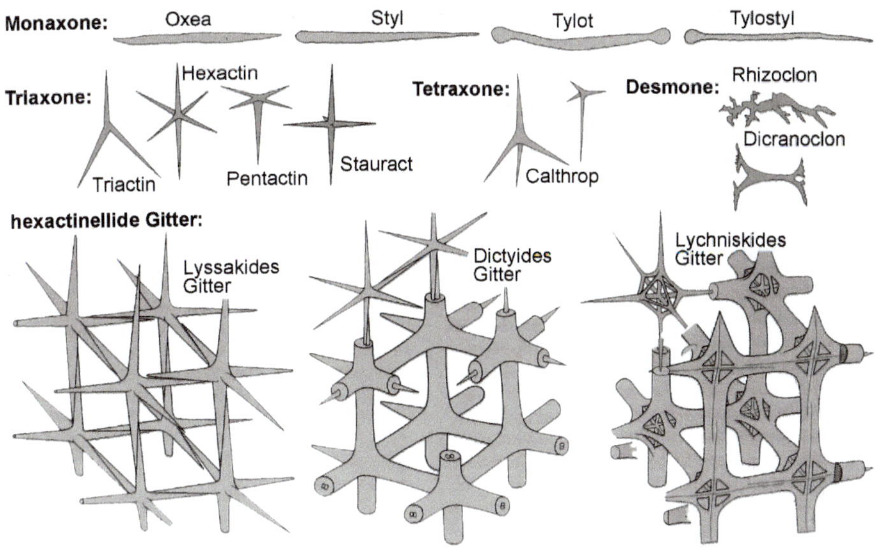

Abb. 14-2 Beispiele für mineralische Skelettelemente von Schwämmen (siehe Text, modifiziert nach Rigby 1987).

14.2 Wichtige Gruppen der Porifera

Die Systematik der Schwämme differiert deutlich zwischen der Biologie und der Paläontologie. Es gibt derzeit kein einheitliches, allgemein akzeptiertes System. Die hier verwendete Gliederung hat daher nur vorläufigen Charakter.

Klasse Demospongea

Die Demospongea (Hornkieselschwämme) kommen vom Kambrium bis heute vor und beinhalten die meisten rezenten Schwämme. Ihre Wuchsform entspricht ausschließlich dem Leucontyp. Als Skelettmaterial verwenden sie Spongin und Skelettopal. Die Scleren sind sehr variabel ausgeprägt, mit Winkeln zwischen den Strahlenachsen ungleich 90°. Viele Demospongea nutzen nur Sponginfasern *(Euspongia)* und z. T. Einlagerungen von Fremdmaterial (z. B. Quarzkörner, *Hippospongia*) für ihr Skelett. Zu der Ordnung Hadromerida gehören die Clionidae (Bohrschwämme) mit der Gattung *Cliona* (Abb. 1-14 A, B). Sie bohren in Karbonatsubstraten (z. B. Molluskenschalen oder Korallen) und sind sehr wichtige Riffdestruenten («Riffzerstörer»). Die Ordnung Lithistida (Steinschwämme) bilden ein starres Skelett aus Desmonen mit schüssel- bis becherförmigem Wuchs (z. B. *Cnemediastrum*, Jura und *Verruculina*, Kreide).

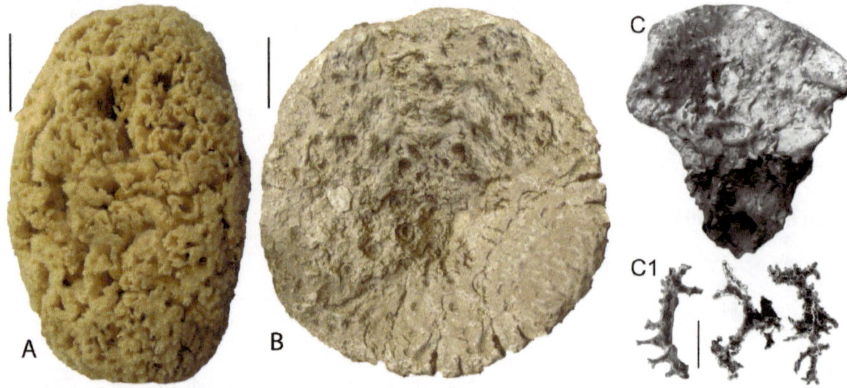

Abb. 14-3 Demospongia (Hornkieselschwämme) A: Keradosida (Hornschwämme), *Euspongia* (rezent), B, C: Lithistida (Steinschwämme), B: *Cnemediastrum* (Jura), C: *Verruculina* (Kreide) mit typischen Desmonen; Maßstab: A: 3 cm, B, C: 2 cm, C1: 0,1 mm.

Klasse Hexactinellida

Die Hexactinellida (Glasschwämme) gibt es mindestens seit dem Kambrium. Ihr Verbreitungsmaximum hatten sie im Jura und in der Kreide. Sie kommen als Sycon-, Ascon- und Leucontyp vor. Ihre Scleren sind meist dreiachsig mit senkrecht aufeinander stehenden Achsen (Hexactine) aus Skelettopal, die als Lyssakides-, Dictyides- und Lychniskidesgitter verwachsen sein können (Abb. 14-2). In der klassischen Systematik werden die Ordnungen Lyssakinosa, Dictyida und Lychniskosa getrennt und sind durch die gleich bezeichneten Verwachsungstypen der Scleren gekennzeichnet. Typische Vertreter sind *Hydnoceras* (Lyssacinosida), *Tremadictyon* und *Craticularia* (Dictyida) und *Coeloptychium* (Lychniskosa, Abb. 14-4).

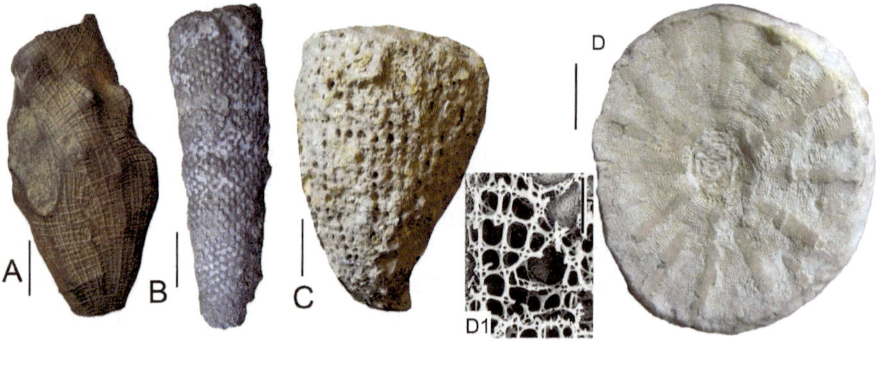

Abb. 14-4 Hexactinellida (Glasschwämme); A: *Hydnoceras* (Oberdevon); B: *Tremadictyon* (Jura); C: *Craticularia* (Jura); D: *Coeloptychium* (Kreide) mit typischem lychniskiden Gitter; Maßstab A bis D: 2 cm, D1: 0,5 mm.

Klasse Calcarea (Calcispongea)

Die Calcarea (Kalkschwämme) sind seit dem Kambrium bekannt. Ihre maximale Verbreitung erreichten sie im Mesozoikum. Sie kommen als Ascon-, Sycon- und Leucontyp vor und verwenden nur Kalk (Kalzit) als Skelettmaterial. Calcarea bilden meist kein zusammenhängendes Skelett und zerfallen oft nach dem Absterben. Sie sind daher fossil eher selten. Als Spiculae treten vorwiegend Einzelformen wie Monaxone und Triactine auf. Zu den Calcarea werden die Pharetronida und teilweise die «Korallinen Schwämme» gezählt.

Pharetronida

Die Pharetronida werden entweder als eigene Klasse angeführt, zu den Calcarea gestellt oder als Untergruppe der Demospongea angesehen. Sie bilden dicke Außenwände aus netzartig verzweigten Kalkfasern mit darin eingebetteten Triactinen als Scleren. Sie werden auch als «hypercalcified sponges» bezeichnet; eine Symbiose mit Cyanobakterien wird vermutet. Die **Inozoa** kommen vom Perm bis heute vor. Sie bilden zylindrische, verzweigte Röhren, die von Poren durchsetzt sind. **Sphinctozoa** bestehen aus kugeligen Kammern, die in Reihen angeordnet sind und große Poren haben. Sie treten vom Karbon bis in die Kreide auf (Abb. 14-5).

Als **«Koralline Schwämme»** werden Schwämme oder schwammähnliche Organismen mit massivem Basisskelett bezeichnet. Sie bilden keine taxonomische Einheit. Sie werden teilweise zu den Demospongea oder Calcarea gerechnet. Bei manchen Autoren werden auch die Stromatoporoidea und die Sclerospongiae als «Koralline Schwämme» bezeichnet.

Klasse Stromatoporoidea

Stromatoporoidea (Ordovizium bis Kreide) sind eine ausgestorbene Schwammgruppe, die am Aufbau der silurischen und devonischen Riffe maßgeblich als Gerüstbildner beteiligt waren. Ihre systematische Zuordnung ist unsicher. Sie werden entweder als eigenständige Klasse innerhalb der Schwämme geführt, teilweise aber auch zu den Demospongea gezählt. Die Stromatoporen bilden ein Kalkskelett mit etwa horizontalen Wachstumsphasen, die als Laminae (Lagen) bezeichnet werden und senkrecht dazu stehenden Pilae (Pfeilerchen). Die Oberfläche ist mit kleinen Erhebungen (Mamelonen) versehen, die von sternförmigen Kanalsystemen (Astrorhizen) durchzogen sind. Die Größe der Stromatoporen ist variabel vom Zentimeter- bis zum Meterbereich. Sie lebten in bewegten Flachwasserzonen, z. T. im wellenbrechenden Bereich der paläozoischen Riffe. Sie sind den rezenten Sclerospongiae ähnlich (Abb. 14-5) und möglicherweise verwandt oder konvergente Gruppen.

Klasse Sclerospongiae

Sclerospongiae sind Schwämme mit einem massiven Skelett aus Kalk (Kalzit oder Aragonit) sowie Spongin und Scleren aus Skelettopal. Ihre systematische Stellung ist unklar. Möglicherweise treten sie innerhalb verschiedener Schwammgruppen als konvergente Entwicklungen auf. Ihr Skelett zeigt feine Anwachsbänder, ähnlich denen von Korallen. Sie

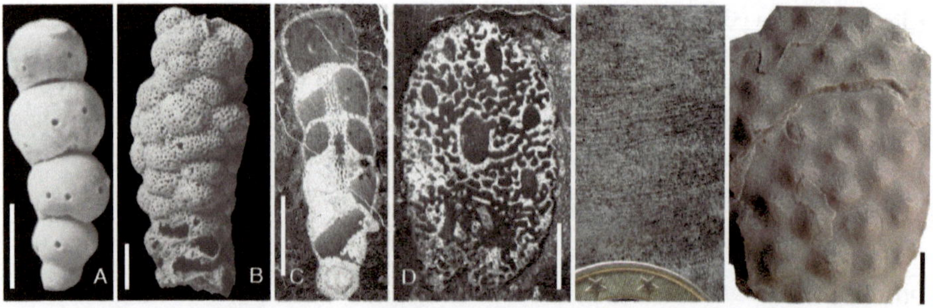

Abb. 14-5 Pharetronida und Stromatoporoidea; A–C: Sphinctozoa, A: *Sollasia*; B: *Cystauletes*; C: *Amblysiphonella*; D: Inozoa: *Heptatubispongia*, (C, D: Dünnschliff); E, F: Stromatoporoidea, E: seitlicher Anschliff mit Laminae und Pilae, F: Oberfläche mit Mamelonen und Astrorhizen; Maßstab 1 cm; (kompiliert aus Rigby & Bell 2006, Senowbari-Daryan et al. 2007).

sehen näherungsweise den fossilen Stromatoporoidea ähnlich, lassen aber keine Laminae und Pilae erkennen. Rezente Sclerospongiae werden bis über 1000 Jahre alt und werden zur Rekonstruktion von Ozeantemperaturschwankungen herangezogen.

Klasse Archaeocyatha

Die Archaeocyatha sind eine ausgestorbene Organismengruppe, die im Kambrium kleine Riffe in Flachwasserbereichen unterhalb der Wellenbasis gebildet haben. Ihre systematische Zuordnung ist unsicher, sie werden meistens in die Verwandtschaft der Schwämme gestellt. Archaeocyathiden sind kelchförmige Organismen, mit einer von Poren durchsetzten doppelten Gehäusewand. Der Raum zwischen den beiden Wänden ist durch Septen verbunden, die ebenfalls von Poren durchbrochen sind. Die nur wenige Zentimeter großen Organismen verwachsen mit wurzelförmigen Verankerungen am Untergrund. Es sind solitäre und koloniale Formen bekannt.

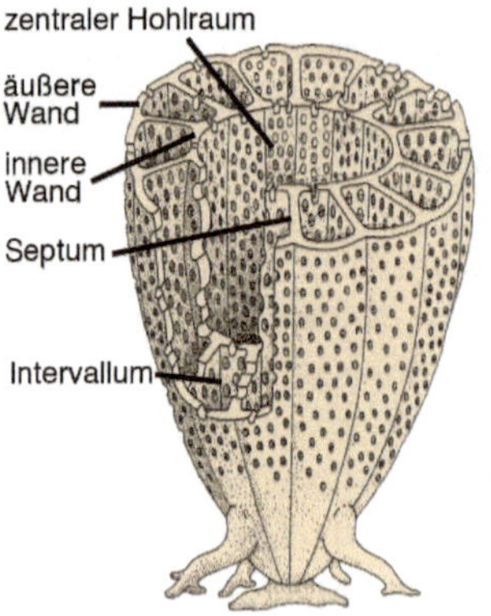

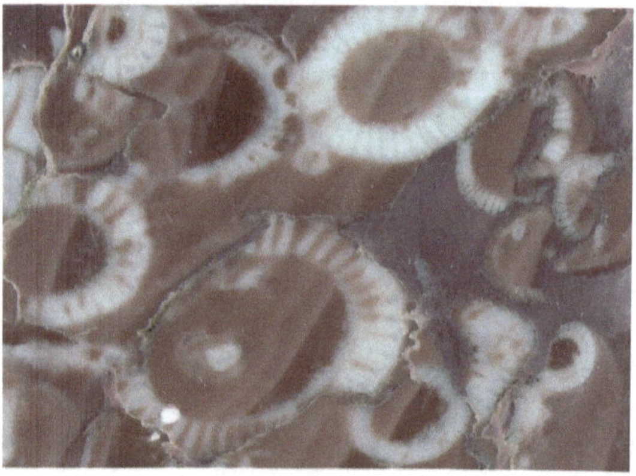

Abb. 14-6 Bauplan eines Archaeocyathiden (nach Boardman 1987) und eine polierte Platte mit Archaeocyathiden-Querschnitten (Kambrium, Sardinien).

Weiterführende Literatur

Boardman, R. S. (1987 ed.): Fossil invertebrates.- 713 pp., Blackwell.
Clarkson, E. N. K. (1998): Invertebrate Palaeontology and Evolution.- 452, pp., Blackwell.
Hooper, J. & van Soest, R. (2002, Eds.): SYSTEMA PORIFERA: A Guide to the Classification of Sponges.- 2 Volumes 1708 pp., Springer.
Lecointre, G. & Le Guyader, H. (2001): Biosystematik.- 696 S., Springer.
Lehmann, U. & Hilmer, G. (1997): Wirbellose der Vorzeit.- 304 S.; Enke.
Ziegler, B. (1983): Spezielle Paläontologie I.- 408 S. Schweizerbart; Stuttgart.

Zitierte Literatur

Hyman, L. H. (1940-67): The Invertebrates.- McGraw Hill, New York.
Rigby, J. K. & Bell, G. L. Jr. (2006): Sponges from the Reef Trail Member of the Upper Guadalupian (Permian) Bell Canyon Formation, Guadalupe Mountains National Park, Texas.- Journal of Paleontology, 80: 1–42.
Rigby, J. K. (1987): Phyllum Porifera.- In: Boardman, R. S. (ed.): Fossil invertebrates.- 116–139, Blackwell.
Senowbari-Daryan, B., Hamedani, A. & Rashidi, K. (2007): Sponges from the Permian of Hambast Mountains, south of Abadeh, central Iran.- Facies: 53: 575–614.

15 Cnidaria

Zu den Cnidaria (Nesseltiere) gehören die einfachsten Eumetazoa mit echtem Gewebe. Ihr Bauplan ist radiärsymmetrisch becherförmig und entspricht dem Gastrula-Bauplan mit zwei Gewebeschichten, dem Ectoderm als äußerer Zellschicht und dem eingestülpten Endoderm (oder Gastrodermis) als innerem Hohlraum (Gastralraum), der der Verdauung dient (Abb. 14-0). Zwischen Ecto- und Endoderm liegt eine unstrukturierte, weitgehend zellfreie Schicht, die Mesogloea. Die Öffnung des Gastralraumes dient als Mund und After. Cnidaria besitzen Nesselkapseln, die der Verteidigung und der Nahrungsbeschaffung dienen. Quer- und Längsmuskeln sind ausgebildet, Nervenzellen sind vorhanden. Die Vermehrung erfolgt ungeschlechtlich oder geschlechtlich, die ungeschlechtliche Vermehrung führt zur Bildung von Kolonien. Es sind etwa 10 000 rezente Arten bekannt. Cnidaria bestehen aus den paläontologisch wichtigen Klassen Hydrozoa und Anthozoa. Die Klassen Scyphozoa (Schirmquallen) und Cubozoa (Würfelquallen) bilden meist nur ein Medusenstadium (Abb. 15-1 B), das Polypenstadium ist normalerweise nicht entwickelt. Sie sind fossil selten. Lediglich die Conulata, als festsitzende Scyphozoen mit einer chitinig-phosphatischen Schale, sind vom Kambrium bis in die Trias überliefert. Scyphozoa besitzen vier Mesenterien als Trennwände des Gastralraumes.

Die Klasse **Hydrozoa** kennzeichnet ein Generationswechsel zwischen einem festsitzenden Polypenstadium und einem freibeweglichen Medusenstadium (Abb. 15-1 A, B). Paläontologisch relevant sind die Milleporiden (Feuerkorallen). Sie bauen ein Skelett aus Aragonit und sind seit dem Paläozän bekannt. Vorläuferformen gibt es seit dem Oberen Perm.

Die bei Weitem wichtigste Klasse sind die **Anthozoa** (Blumentiere), mit etwa 7 500 rezenten Arten. Bei ihnen gibt es kein Medusenstadium (Abb. 15-1 C). Sie bilden ausschließlich festsitzende Tiere mit einem Skelett aus Horn oder Kalk. Als Verfaltungen des Gastralraumes sind Mesenterien ausgebildet, die mit kontraktilen Muskeln versehen sind und den Polyp nach innen ziehen können. Das Ectoderm stülpt sich in den Gastralraum und bildet ein Schlundrohr (Pharynx). Bei den Anthozoa werden die Unterklassen Hexacorallia (oder Zoantharia) und Octocorallia unterschieden. Bei den überwiegend kolonialen Octocoralla ist die Zahl der Mesenterien und Septen acht. Sie bilden überwiegend hornige, nur selten verkalkte Skelette und sind fossil selten. Die Hexacorallia besitzen sechs (oder Vielfache von sechs) paarig entwickelte Mesenterien.

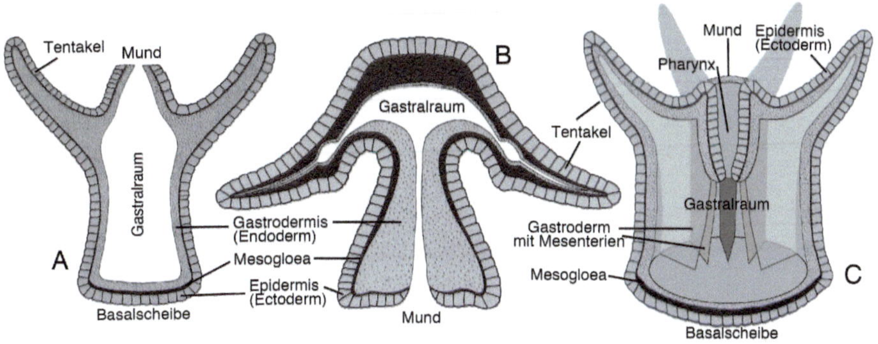

Abb. 15-1: Schematische Baupläne eines Polypen, einer Meduse und eines Anthozoenpolyp mit Mesenterien (modifiziert nach Oliver & Coates 1987).

15.1 Unterklasse Hexacorallia (Tabulata, Rugosa, Scleractinia)

Die Hexacorallia können sowohl solitär als auch kolonial vorkommen. Zu ihnen gehören die paläontologisch und rezent wichtigen Steinkorallen **(Scleractinia)**. Auch die nur fossil vorkommenden **Tabulata** und **Rugosa** werden meistens zu den Hexacorallia gestellt, auch wenn ihre genaue Zuordnung unklar ist. Hexacorallia bilden ein kalkiges Außenskelett **(Corallium)**; es wird vom Ectoderm gebildet und besteht bei den Scleractinia aus Aragonit. Bei den ausgestorbenen Rugosa und Tabulata wird Mg-Kalzit oder Kalzit als Skelettmaterial angenommen. Das Skelett des einzelnen Individuums ist der **Corallit,** in dem zu Lebzeiten ein Polyp sitzt. Koloniale Formen bilden zusätzlich das **Coenosteum** aus, den Bereich zwischen den Coralliten. Der Corallit besteht aus einer häufig am Untergrund festgewachsenen **Basalscheibe**, einer **Theka** (Außenwand) und den radial angeordneten **Septen** (Querwände). Die Septen werden jeweils zwischen einem Mesenterienpaar auch von der Basalscheibe ausgeschieden. Die Theka kann auf verschiedene Weise gebildet werden (Abb. 15-2). Die Euthek kommt vor allem bei den Scleractinia vor und wird ringförmig von der Basalscheibe gebildet. Als «Epithek» wird eine Röhre mit Anwachsstreifung bezeichnet, die von der Rumpfepidermis gebildet wurde und bei den Rugosa vorkommt. Mit «Pseudothek» bezeichnet man eine aus anderen Skelettelementen verwachsene Theka, die aus den Septen (Septothek), Synaptikeln (Synaptikulothek) oder Dissepimenten (Parathek) gebildet wurde. Unter dem Begriff **«Synaptikel»** werden waagerechte stabförmige Querverbindungen zwischen den Septen verstanden. Sie kommen nur bei Scleractiniern vor. **Dissepimente** sind durch gebogene Skelettelemente abgetrennte bläschenförmige Hohlräume im Randbereich der Corallite. Sie treten vorwiegend bei den Rugosa auf. Horizontale Querböden im Corallit werden **«Tabulae»** genannt. Sie sind vor allem für die Tabulata typisch. Dissepimente und Tabulae können gemeinsam vorkommen. Vertikale Skelettelemente innerhalb der Corallite sind die zentral angeordnete **Columella** oder, beim

Verwachsen der Septen, eine zentrale Röhre (Aulos). Als «Pali» werden kleine senkrechte Kalkpfeiler zwischen den Septen bezeichnet.

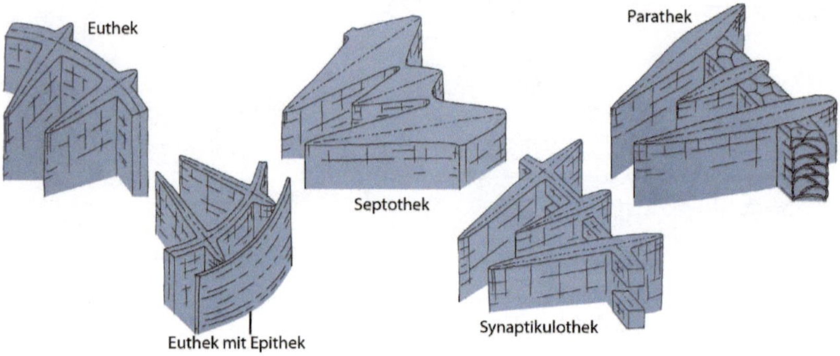

Abb. 15-2: Die Wand der Corallite kann auf verschiedene Weise gebildet werden (siehe Text, modifiziert nach Ziegler 1983).

Die **Wuchsformen** der Hexacorallia sind sehr variabel (Abb. 15-3). Solitäre Formen können hornförmig, zylindrisch, scheibenförmig (discoid) oder schuhförmig sein. Kolonien wachsen teilweise massig, entweder ceroid mit einer Epithek, oder plocoid mit Septen, die ineinander fließen, oder mit mäanderförmigen Coralliten (meandroid). Daneben gibt es ästige Formen (dendroid oder ramos), blattförmige Formen (foliat), verzweigte Formen (phaceloid) und kriechend (reptoid).

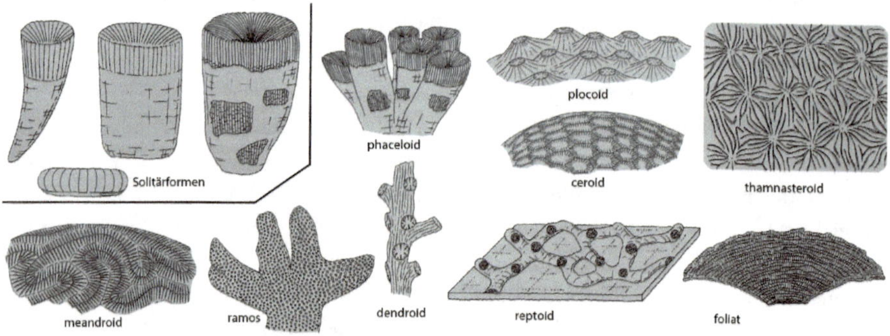

Abb. 15-3: Wuchsformen solitärer und kolonialer Hexacorallia (modifiziert nach Ziegler 1983).

Tabulata (Ordovizium bis Perm)

Die tabulaten Korallen bilden ausschließlich koloniale Formen und sind durch zahlreiche Tabulae (Querböden) sowie durch das weitgehende Fehlen von Septen gekennzeichnet (Abb. 15-4 C, Abb. 15-5). Die Corallite sind klein und röhrenförmig.

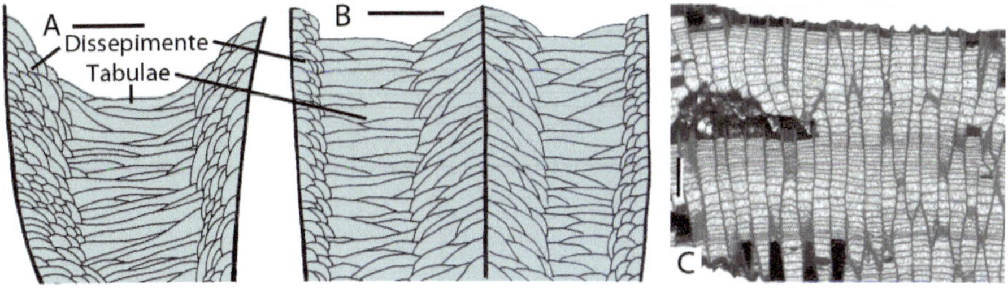

Abb. 15-4: Dissepimente und Tabulae bei Rugosa und Tabulata. A, B: Rugosa, A: eine Solitärform; B: eine koloniale Form; C: Tabulata, *Paleofavosites* (Ordovizium), deutlich erkennbar sind die Querböden (Tabulae) in den Koralliten; Maßstab: A, B: 1 cm, C: 5 mm; (modifiziert nach Ziegler 1983 und Young & Kershaw 2005).

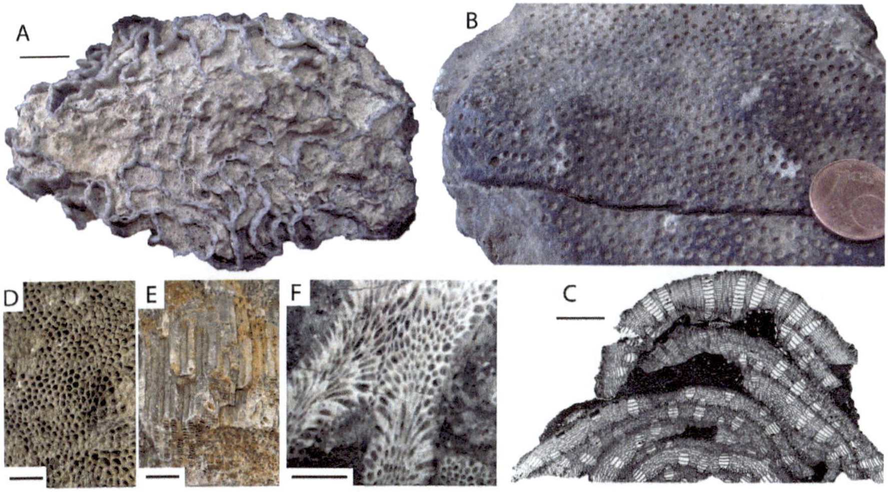

Abb. 15-5: Tabulate Korallen: A: *Halysites* (Silur); B, C: *Heliolithes* (Silur), B: Aufsicht, C: Schnitt mit deutlich sichtbaren Tabulae; D, E: *Favosites* (Devon), D: Oberfläche mit wabenförmigen Coralliten; E: Bruchfläche mit schmalen, langgestreckten Coralliten und Tabulae; F: *Thamnopora*, eine ästige tabulate Koralle aus dem Devon; Maßstab A, F: 1 cm, C–E: 5 mm; (C: nach Young & Kershaw 2005).

Rugosa (Ordovizium bis Perm)

Die rugosen Korallen sind meist solitär und hornförmig, kommen aber auch koloniebildend vor. Namensgebend sind die horizontalen Runzeln (Rugae) an der Thekaaußenseite (Abb. 15-7 C). Die Septen werden in vier Quadranten gebildet, obwohl sechs Protosepten vorhanden sind (Abb. 15-6 rechts). Folglich sind die Rugosa bilateral symmetrisch und werden auch «Tetracorallia» genannt. Im Corallit der Rugosa gibt es zentral Tabulae und an der Thekawand Dissepimente (Abb. 15-4 und 15-6).

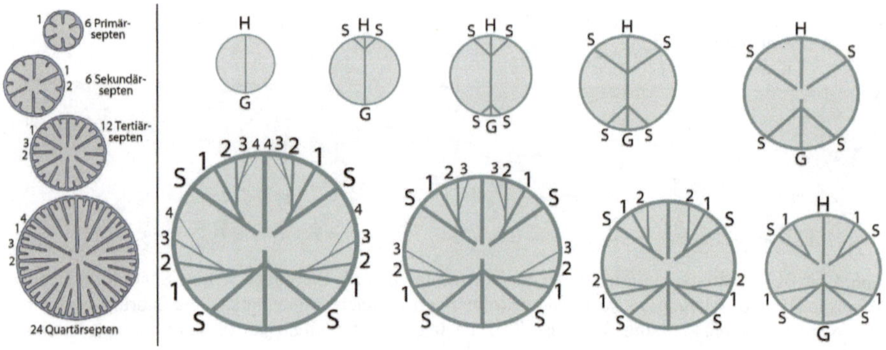

Abb. 15-6: Septenbildung bei Scleractinia (links) und Rugosa (rechts). Bei den Scleractinia erfolgt die Septeneinschaltung zyklisch, bei den Rugosa in vier Quadranten; H: Hauptseptum, G: Gegenseptum, S: Seitensepten, 1, 2, 3 und 4: Metasepten in der Bildungsreihenfolge (modifiziert nach Ziegler 1983 und Oliver & Coates 1987).

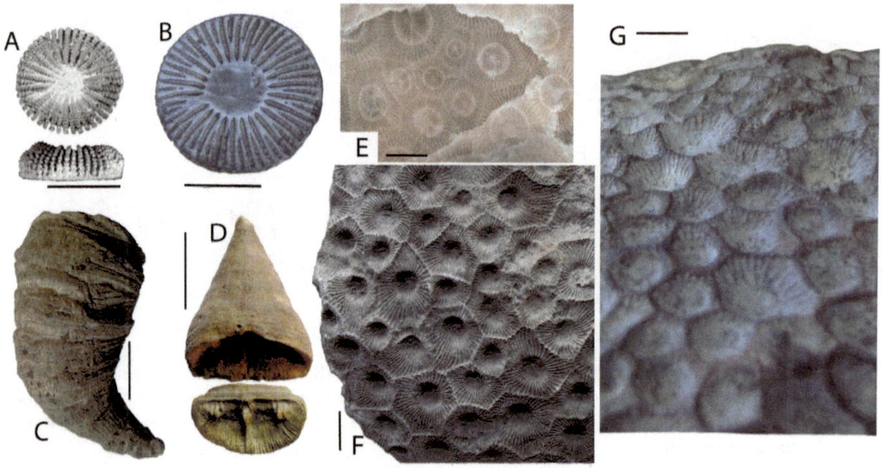

Abb. 15-7: Rugose Korallen: A bis D: Solitäre Formen, A: *Palaeocyclus* (Silur); B: *Porpites* (Silur); C: *Heliophyllum*, ein Vertreter der Hörnchenkorallen (Devon); D: *Calceola* ist eine dreieckig abgeflachte Liegeform mit halbkreisförmigem Deckel (Devon); E, F, G: koloniale Formen, E: *Acervularia* (polierter Anschliff, Silur); F: *Cyatophyllum* (Devon); G: *Hexagonaria* (Devon); Maßstab 1 cm; (A: nach Munnecke et al. 2003).

Scleractinia (Mitteltrias bis rezent)

Die Scleractinia (Steinkorallen) besitzen sechs Protosepten, zwischen die sich im Laufe der Entwicklung sechs Septen 2. Ordnung, zwölf Septen 3. Ordnung, 24 Septen 4. Ordnung usw. eingeschaltet haben. Diese zyklische Septenbildung drückt sich in den unterschiedlichen Längen der Septen aus (Abb. 15-6 links und Abb. 15-8 A).

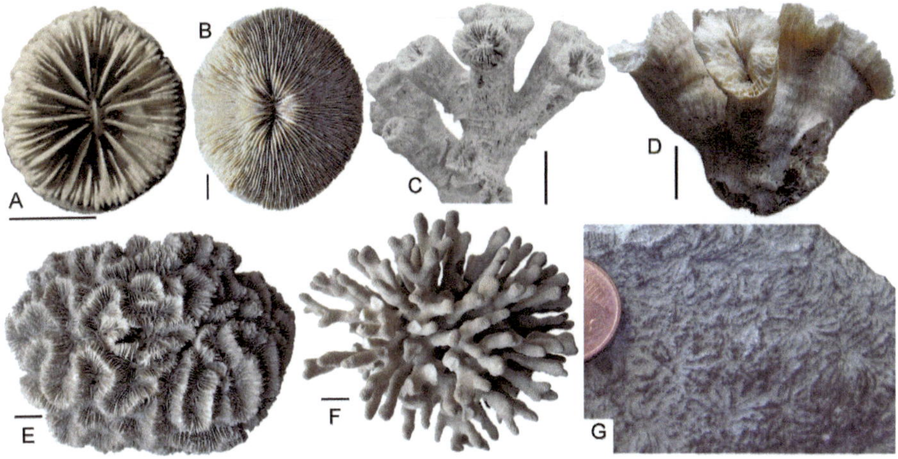

Abb. 15-8: Fossile und rezente Scleractinia, A, B: solitäre Formen: A: *Plesiosmilia* (Jura); B: *Fungia* (rezent); C bis G: koloniale Formen, C: *Thecosmilia* (Jura); D: *Euphyllia* (rezent); E: *Platygonia* (rezent); F: *Pocillopora* (rezent); G: *Thamnasteria* (Oligozän); Maßstab: A bis F 1 cm.

15.2 Phylogenie, Stratigraphie und Ökologie

Phylogenie

Die Stammesgeschichte der Hexacorallia ist nur ansatzweise verstanden. Es gibt zwei rezente Ordnungen innerhalb der Hexacorallia, die Zoanthinaria (Krustenanemonen) und die Corallimorpharia (Scheibenanemonen), die vermutlich bereits seit dem Jungproterozoikum existieren. Sie besitzen keine Hartteile (Corallimorpharia) bzw. bauen Fremdkörper (z. B. Sandkörner) in ihr Gewebe ein (Zoanthinaria). Die Corallimorpharia sind nahe verwandt mit den Scleractinia und zeigen ebenfalls eine sechsstrahlige Symmetrie. Von manchen Autoren werden sie als Teil der Scleractinia angesehen, die ihre Hartteilbildung aufgegeben haben. Überwiegend jedoch werden die Corallimorpharia als Stammgruppe der Scleractinia sowie der kurzlebigen ordovizischen Ordnung Kilbuchophyllida angesehen, die auch eine sechsstrahlige Septenbildung aufweisen (Abb. 15-9).

Die paläozoischen Tabulata und Rugosa werden von den Zoanthinaria abgeleitet. Vermutlich entstanden die Tabulata am Ende des Kambriums und die Rugosa im Ordovizium aus Krustenanemonenvorläufern.

Stratigraphie

Die Bedeutung der Korallen als Leitfossilien ist von seltenen Ausnahmen abgesehen gering (z. B. *Calceola*, Mitteldevon, Abb. 15-7). Viele Korallenkolonien erreichen aber hohe Alter und bilden deutliche Jahreslagen. Sie können daher für die hochauflösende Stratigraphie und für die Temperaturrekonstruktion im Holozän und Pleistozän mittels Sauerstoffisoto-

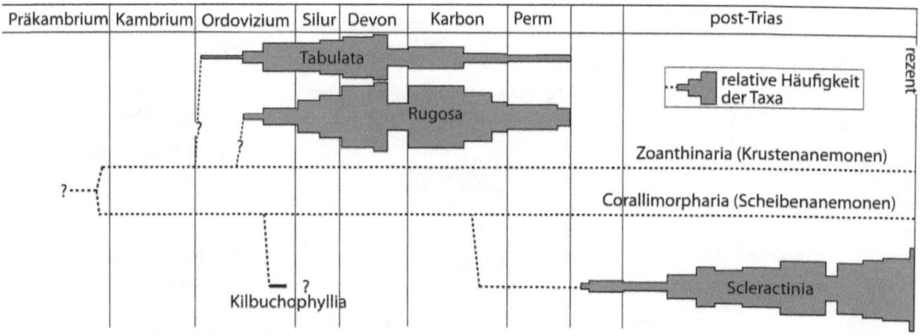

Abb. 15-9 Vereinfachte Phylogenie der Hexacorallia (modifiziert nach Clarkson 1998).

pie verwendet werden. Bei einigen Rugosa (z. B. *Heliophyllum*, Abb. 15-7 C) wurde durch das Abzählen der horizontalen Runzeln an der Theka ein Wachstumsmuster aus täglichen, monatlichen und jährlichen Anwachszonen ermittelt. Daraus ergab sich, dass das Jahr im Devon noch etwa 400 Tage mit Tageslängen von etwa 22 Stunden hatte.

Ökologie

Scleractinia vermehren sich ungeschlechtlich durch Knospung oder geschlechtlich durch Gametenbildung. Die Gameten werden synchron zur Befruchtung ins Wasser abgegeben. Die freilebende Larve kann einige Wochen bis Monate umherdriften, bis sie sich wieder an geeigneter Stelle festsetzt. Die meisten Scleractinier bevorzugen Hartsubstrat als Untergrund, was eine wichtige Voraussetzung zur Riffbildung ist.

Viele Scleractinier sind **zooxanthellat** und **hermatypisch** (riffbildend). Zooxanthellate Formen leben in Symbiose mit photoautotrophen Einzellern, den Zooxanthellen. Sie leiten sich von den Dinoflagellaten ab (siehe Kap. 10-1) und leben in großer Zahl im Gewebe der Koralle. Zooxanthellate Korallen sind daher auf flaches Wasser mit ausreichendem Licht angewiesen (siehe Kap. 4). Die Zooxanthellen liefern der Koralle Zucker und Stärke als Nahrung und helfen durch die Aufnahme von CO_2 bei der Skelettbildung und beim Aufbau von Riffstrukturen. Die Koralle ihrerseits bietet Schutz und liefert anorganische Grundstoffe (NO_3^- und PO_4^{3-}) an die Zooxanthellen. Die Verbreitung der tropischen Riffkorallen ist etwa durch die 20° C-Isotherme beschränkt. Kältere Temperaturen, aber auch längerfristige Temperaturen, die über 29° C liegen, tolerieren die Korallen nicht. Bei Temperaturen über 30° C stoßen sie ihre Symbionten ab und sterben (Korallenbleiche).

Ahermatypische oder **azooxanthellate** Korallen leben überwiegend in größerer Wassertiefe (meist einige Hundertmeter) in Bereichen ohne Licht und bei niedrigen Temperaturen. Einige Formen, wie z. B. *Lophelia*, können im Bereich des Kontinentalhangs Tiefwasserriffe bilden.

Rugosa und Tabulata lebten nicht am Untergrund festgewachsen, sondern auf Weichsubstrat. Besonders die Rugosa bildeten Liegeformen aus, wie z. B. die Hörnchenkorallen oder *Calceola* (Abb. 15-7). Sie sind entsprechend im Silur und Devon nicht die Hauptgerüstbildner in den Riffen. Diese Aufgabe fiel den zu den Schwämmen zählenden Stromatoporen (siehe Kap. 14) zu.

Die ersten Korallenriffe gab es im Ordovizium. Sie waren aber lateral wie im Höhenwuchs noch sehr klein. Erst mit dem Aufkommen der Scleractinia in der Trias bildeten sich mächtige Korallenriffe mit hoher Organismendiversität. Heute werden im Wesentlichen drei Rifftypen unterschieden: das küstennahe gelegene, meist kleinere Saumriff, das langgestreckte, meist hochgewachsene Barriereriff und das ringförmige Atoll um eine Vulkaninsel. Die Verteilung der Wuchsformen der am Riff beteiligten Korallen wird dabei von Umweltfaktoren wie Sedimentationsrate, Wasserenergie, Lichtmenge und Dauer der subaerischen Exposition (Zeit, in der bei Niedrigwasser keine Wasserbedeckung herrscht) festgelegt.

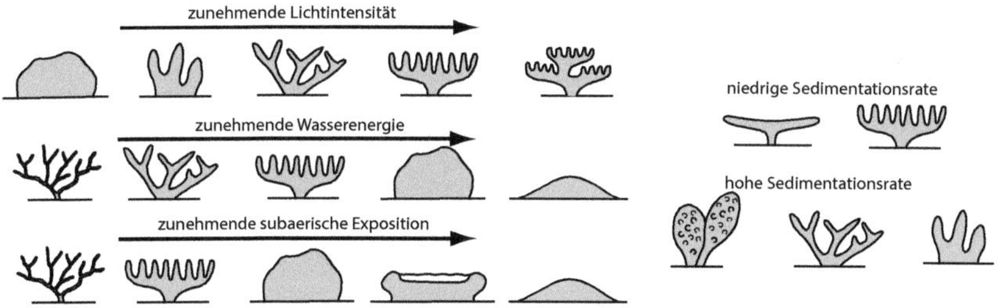

Abb. 15-10: Einfluss von Lichtmenge, Sedimentationsrate, Wasserenergie und Dauer der Auftauchphase auf die Wuchsformen der Scleractinia (modifiziert nach Chappell 1980).

Weiterführende Literatur

Boardman, R. S. (1987 ed.): Fossil invertebrates.- 713 pp., Blackwell.
Clarkson, E. N. K. (1998): Invertebrate Palaeontology and Evolution.- 452, pp., Blackwell.
Lehmann, U. & Hilmer, G. (1997): Wirbellose der Vorzeit.- 304 S., Enke.
Veron, J. E. N. (1995): Corals in space and time – the Biogeography and Evolution of the Scleractinia.- 321 pp., Cornell University Press.
Ziegler, B. (1983): Spezielle Paläontologie I.- 408 S., Schweizerbart; Stuttgart.

Zitierte Literatur

Chappell, J. (1980): Coral morphology, diversity and reef growth.- Nature 286: 249–252.
Munnecke, A., Samtleben, C. & Bickert, T. (2003): The Ireviken Event in the lower Silurian of Gotland, Sweden – relation to similar Palaeozoic and Proterozoic events.- Palaeogeography, Palaeoclimatology, Palaeoecology 195: 99–124.
Young, G. A. & Kershaw, S. (2005): Classification and controls of internal banding in palaeozoic stromatoporoids and colonial corals.- Palaeontology, 48: 623–651.

Protostomia (Urmünder)

Protostomia sind bilateralsymmetrische Tiere (Bilateria, «Zweiseitentiere»), bei denen sich der Urmund als erste Einstülpung des Endoderms zum Mund entwickelt. Der After wird sekundär gebildet (siehe Abb. 14-0). Zu den Protostomia gehören die im Folgenden behandelten Stämme Bryozoa (Moostierchen, siehe Kap. 16), Brachiopoda (Armfüßer, siehe Kap. 17), Annelida (Ringelwürmer, siehe Kap. 18), Mollusca (Weichtiere, siehe Kap. 19-21) und Arthropoda (Kap. 22-26). Es gibt bei der Protostomia noch zahlreiche weitere Stämme, die aber in der Regel ohne Hartteile und damit für den Rahmen dieses Buches vernachlässigbar sind.

16 Bryozoa (Ectoprocta, Moostierchen)

16.1 Merkmale und Wuchsformen

Bryozoa sind ähnlich wie Korallen koloniale Organismen. Sie sind seit dem Ordovizium bekannt. Ihre nächsten Verwandten sind die Brachiopoda, mit denen sie den Tentakelkranz (Lophophor) gemeinsam haben. Die Kolonien sind meist klein (max. wenige Zentimeter) und normalerweise auf hartem Substrat festgewachsen. Es gibt über 5000 rezente und etwa 15 000 fossile Arten. Sie bestehen aus vielen Individuen mit einem gemeinsamen Exoskelett, das aus organischen Substanzen (Chitin und Gerüsteiweiße) oder aus Kalk (Kalzit oder Aragonit) bestehen kann. Der Einzelorganismus wird als **Zooid** bezeichnet, das Einzelgehäuse ist das **Zooecium.** Die gesamte Kolonie heißt **Zoarium.** Die Zooide sind miteinander verbunden und können Nährstoffe austauschen. Jedes Zooecium hat eine Öffnung **(Apertur)**, durch die der Polypid ausgestülpt werden kann (Abb. 16-1 und 16-2). Verkalkte Zooide bilden je nach Organisationshöhe eine basale, eine vertikale und frontale (obere) Gehäusewand, wobei letztere häufig fehlt. Gelegentlich treten auch extrazooidale Skelettbildungen auf.

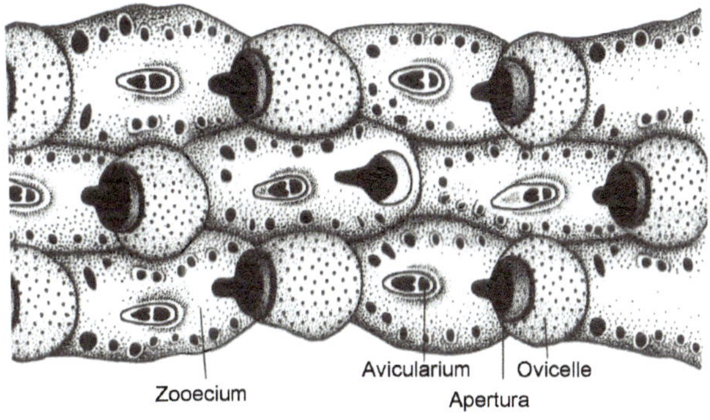

Abb. 16-1: Ausschnitt eines Bryozoen-Zoariums der Gattung *Smittoidea* mit vielen Zooecien. Blick auf die frontale Gehäusewand (modifiziert nach Clarkson 1998).

Die Zooide sind überwiegend als **Fresszooide** (oder Autozooide) ausgebildet. Sie bestehen aus dem Cystid (dem hinteren Körperteil) und dem ausstülpbaren und rückziehbaren **Polypid.** Am Vorderende des Polypids ist ein Tentakelkranz mit Cilien **(Lophophor)** entwickelt. Das Ausstülpen erfolgt hydraulisch durch Erhöhung des Innendrucks im Cystid und z. T. muskulär. Häufig ist ein Deckel (Operculum) entwickelt, der die Apertur verschließt und beim Ausstülpen geöffnet wird. Der Rückzug wird durch den Retraktormuskel bewerkstelligt. Bei vielen Formen ist ein **Ascus** (oder **Kompensatrix**) als Volumenausgleich entwickelt (Abb. 16-2). Im Zentrum des Tentakelkranzes liegt der Mund, an den sich der Verdauungskanal mit After anschließt. Weiterhin sind Muskeln, Nervensystem und Verbindungssysteme zwischen den Zooiden entwickelt. Neben den reinen Fresszooiden kommen weitere Zooide **(polymorphe Zooide)** mit speziellen Funktionen vor, die sie zusätzlich oder statt der Ernährungsfunktion ausführen, z. B. Gymnozooide für die Reproduktion, kleine Nanozooide für die Reinigung, peitschen- und zangenförmige Avicularien und Vibracularien zur Verteidigung und Parasitenabwehr.

Die meisten Bryozoa sind zwittrig. Sie können sich sexuell und asexuell vermehren. Innerhalb einer Kolonie vermehren sie sich asexuell durch Knospung. Alle Individuen einer Kolonie sind somit genetisch identische Klone. Bei der sexuellen Vermehrung findet die Befruchtung meist im Coelomraum des Muttertieres statt. Bei einigen Bryozoa bilden sich aus den befruchteten Eiern freischwimmende Larven, die sich von Plankton ernähren. Bei vielen Formen entwickelt sich die Larve in einer Bruttasche (Ovicelle). Sie verlässt diese kurz vor der Metamorphose (Umwandlung von der Larve zum Adulttier) oder in direkter Entwicklung als Jungtier, das sich am Substrat festsetzt.

Die **Ancestrula** bildet das erste Zooid, aus dem eine neue Kolonie entsteht. Durch Knospung bilden sich weitere Zooide, die in einer oder mehreren Richtungen an die Ancestrula angebaut werden. Die Lebensdauer einer Kolonie kann etliche Jahre betragen. Ihr Lebensraum ist überwiegend auf den marinen Bereich beschränkt. Es sind nur wenige Süßwasserformen bekannt.

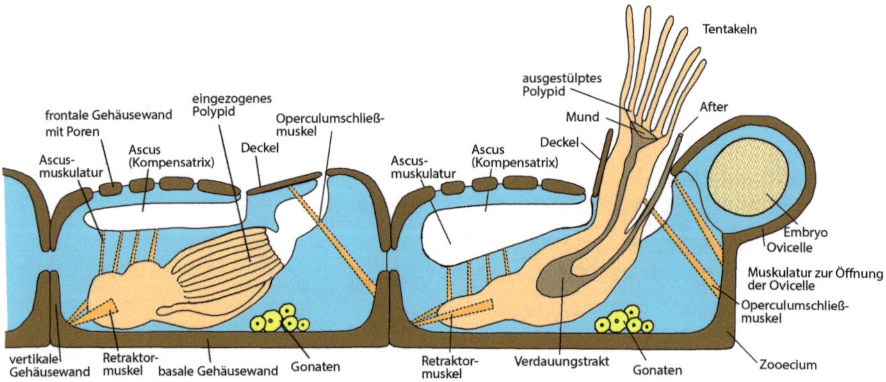

Abb. 16-2: Bauplan der Bryozoa; links mit eingezogenem Polypid, rechts mit ausgestülptem Polypid.

Die **Wuchsformen** der Bryozoa sind sehr variabel (Abb. 16-3). Sie sind deshalb wichtige Faziesfossilien. Bryozoa bevorzugen harten Untergrund (z. B. Fels, Geröll oder Schalen), manche wachsen auch auf Tangen. Die meisten Formen inkrustieren ästig oder flächig. Viele Formen bilden aufrecht stehende Zooarien, die ästig, blatt- oder buschförmig, als netzartige Fächer oder Trichter und massiv knollig ausgebildet sein können. Wie bei den

Korallen ist die Wuchsform abhängig von der Wasserenergie. Hohe Wasserenergie begünstigt Inkrustierer, die meisten aufrecht wachsenden Taxa bevorzugen ruhige Bedingungen. Bryozoa kommen häufig in fossilen Riffen vor und sind teilweise auch am Aufbau des Riffgerüstes beteiligt.

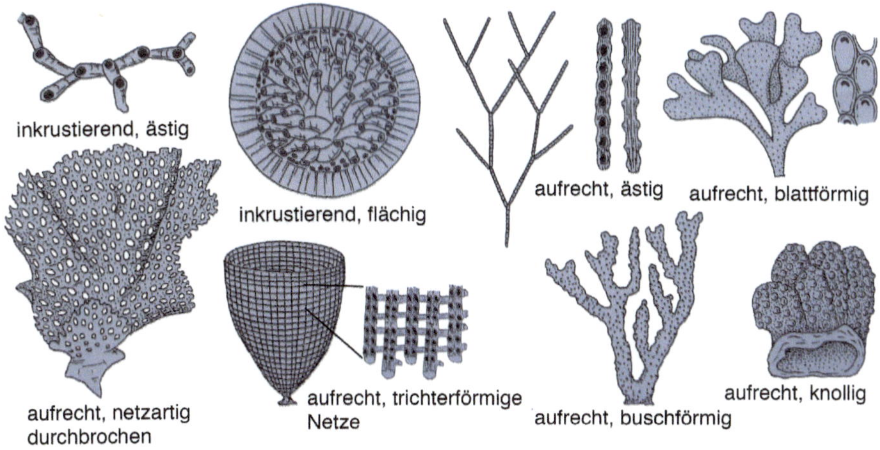

Abb. 16-3: Typische Wuchsformen der Bryozoen-Zooarien (modifiziert nach Lehmann & Hillmer 1997 und Ziegler 1998).

16.2 Stratigraphie und Phylogenie

Als wichtige Faziesfossilien sind Bryozoa generell schlechte Leitfossilien. Nur wenige Formen können zur Stratigraphie verwendet werden. Bereits kurz nach ihrem Erstauftreten im Unterordovizium haben die Bryozoa eine erste Blütezeit. Während des endordovizischen Massenaussterbens wurden sie deutlich reduziert, erholten sich aber im Verlauf des Silurs, Devons und Karbons wieder. Im Zusammenhang mit dem Perm/Trias- und dem Trias/Jura-Massenaussterben sterben die im Paläozoikum dominierenden Ordnungen der Klasse Stenolaemata aus. Lediglich die Ordnung Cyclostomata überdauert und blüht in der Kreide auf. Sie ist auch heute noch wichtig. Die Klasse Gymnolaemata ist mit skelettlosen, bohrenden Formen seit dem Ordivizium in geringer Zahl überliefert. Ihre Blütezeit beginnt mit der Ordnung Cheilostomata in der Kreide und dauert bis heute an. Sie stellt die meisten rezenten Bryozoa.

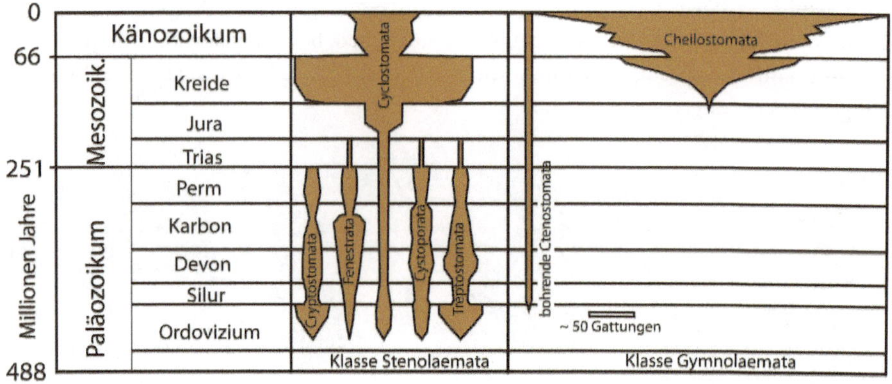

Abb. 16-4: Zeitliche Verbreitung und Häufigkeit der wichtigsten Bryozoenordnungen (modifiziert nach Clarkson 1998 und Ziegler 1998).

16.3 Wichtige Gruppen der Bryozoa

Die Systematik der Bryozoa ist komplex. Neben der Wuchsform der Kolonie gehen auch die Morphologie des Zooeciums und das Ausmaß der extrazooidalen Skelettbildung in die Systematik ein. Der Verkalkungsgrad der Zooecien kann sehr stark variieren. Neben einigen unverkalkten Gruppen haben die meisten Formen zumindest teilweise verkalkte Zooecien. Die basale und vertikale Gehäusewand sind in der Regel stark verkalkt, die frontale Gehäusewand kann unverkalkt oder auch stark verkalkt vorliegen.

Klasse Stenolaemata

Die Stenolaemata gibt es seit dem Ordovizium. Sie besteht aus fünf Ordnungen, von denen vier ihre Hauptverbreitung im Paläozoikum haben. Ihre Zooecien sind röhrenförmig und besitzen eine basale, vertikale und z. T. auch eine frontale verkalkte Gehäusewand. Die Apertur ist rund, oval oder polygonal, z. T. kommen verkalkte Opercula vor. Ihre Wuchsformen sind vielfältig und reichen von inkrustierenden über aufrecht stehende ästige, buschförmige, knollige und netzartige Formen.

Die Ordnung **Trepostomata** (Abb. 16-5) tritt vom Ordovizium bis in die Trias auf. Sie bilden stark verkalkte Kolonien mit langen, gebogenen, aufrecht stehenden und verwachsenen Zooecien. Die Apertur ist polygonal. Häufig sind Diaphragmen (Querböden) ausgebildet, wodurch ein Aussehen ähnlich wie bei tabulaten Korallen erzeugt wird (siehe Kap. 15).

Ebenfalls vom Ordovizium bis in die Trias kommt die Ordnung **Cystoporata** (Abb. 16-5) vor. Sie bilden inkrustierende bis massive Kolonien. Die Wände der Zooecien zeigen mikrostrukturelle Hohlräume (Lunarien), die meist durch extrazooidale Skelettbildungen getrennt sind.

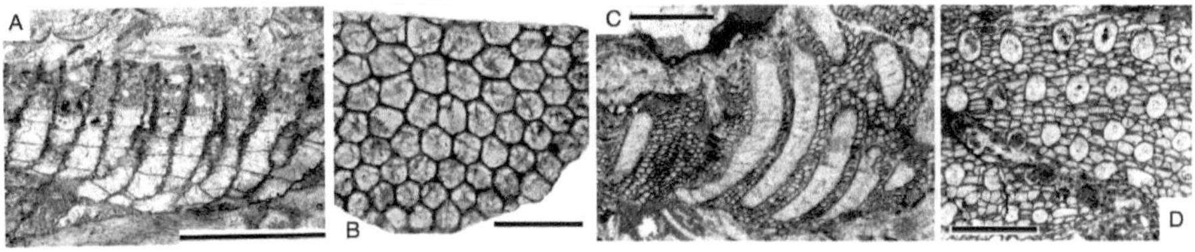

Abb. 16-5: Bryozoa der Ordnungen Trepostomata und Cystoporata aus dem Ordovizium. A, B: Trepostomata: A: *Schulgina* mit Diaphragmen, Längsschnitt; B: *Esthoniopora*, Tangentialschnitt mit engstehenden Zooetien mit rundlicher bis polygonaler Apertur; C, D: Cystoporata: C: *Eridopora*, Längsschnitt mit Autozooiden und Lunarien; D: *Fistulipora*, Tangentialschnitt mit Aperturen der Autozooide; Maßstab 1 mm; (modifiziert und kompiliert nach Ernst & Mohammadi 2009, Ernst et al. 2009 und Koromyslova 2011).

Die Ordnung **Cryptostomata** (Abb. 16-6) tritt vom Ordovizium bis zum Ende des Perms auf. Ihre gebogenen, aufrecht stehenden und verwachsen Zooecien ähneln denen der Ordnung Treptostomata, zeigen aber keine Diaphragmen. Die Wuchsformen der Zoarien sind meist ästig oder blattförmig.

Die zeitliche Verbreitung der Ordnung **Fenestrata** reicht vom Ordovizium bis zum Ende der Trias. Ihre Zoarien sind in charakteristischer Sieb-, Netz- oder Spiralform ausgebildet und können relativ groß werden. Sie zeigen z. T. eine ausgeprägte extrazooidale Skelettbildung (z. B. *Archimedes* Abb. 16-6).

Die Ordnung **Cyclostomata** (Abb. 16-7) reicht als einzige Ordnung der Stenolemata bis in die Gegenwart. Sie erlebte in der Kreide und – weniger ausgeprägt – im Känozoikum eine große Blüte. Ihre Zooecien sind als einfache Röhren mit runder Apertur ausgebildet. Cyclostomata leben überwiegend als Inkrustierer, bilden aber auch aufrechte ästige und buschartige Wuchsformen.

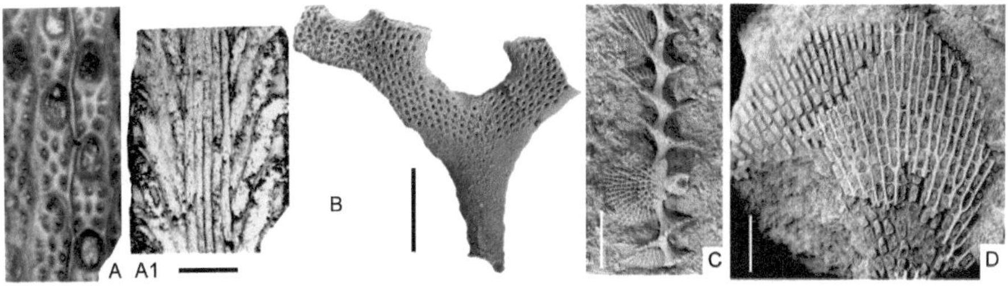

Abb. 16-6: Bryozoa der Ordnungen Cryptostomata und Fenestrata. A, B: Cryptostomata; A, A1: *Streblascopora* (Karbon), A: Tangentialschnitt mit Zooecien; A1: Querschnitt; B: ästige Kolonie von *Prophyllodictya* (Ordovizium); C, D: Fenestrata; C: *Archimedes*, (Karbon); D: *Parafenestella*, (Karbon); Maßstab A: 0,5 mm, B: 5 mm, C, D: 1 cm; (modifiziert und kompiliert nach Koromyslova 2011, Gorjunova 2011, McKinney & Burdick 2001, Jackson et al. 2006).

Klasse Gymnolaemata

Zur Klasse Gymnolaemata gehören die meisten heutigen Bryozoen (Abb. 16-4). Sie leben überwiegend marin, es gibt aber auch Brackwasser- und Süßwasserformen. Ihre Zooecien sind meist kalkig ausgebildet. Sie kommen seit dem Ordovizium vor, werden aber als Fossilien erst ab der Kreide häufig.

Die Ordnung **Ctenostomata** kommt seit dem Ordovizium vor. Sie bilden unverkalkte Zooecien mit inkrustierenden bis aufrechten Wuchsformen der Zooarien. Einige Ctenostomata bohren in Kalksubstraten.

Ab der Kreide tritt die Ordnung **Cheilostomata** (Abb. 16-7) auf. Sie stellt heute mit Abstand die meisten Bryozoenarten. Die Cheilostomata leben ausschließlich marin. Ihre Zooecien sind krug- bis kastenförmig mit verkalkter basaler und vertikaler Wand. Oft ist auch die frontale Wand kalkig ausgebildet und mit Poren versehen (z. B. *Smittoidea*, Abb. 16-1). Die Wuchsformen der Zooarien sind inkrustierend bis aufrecht. Viele Cheilostomata bilden einen Ascus zum Volumenausgleich beim Aus- und Einstülpen des Polypids (Abb. 16-2).

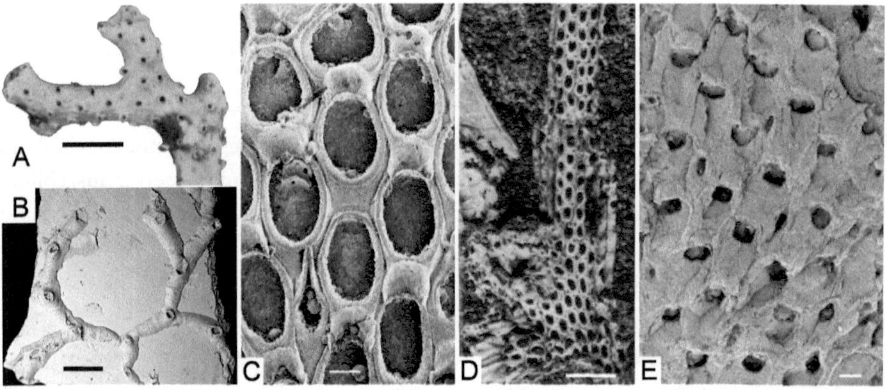

Abb. 16-7: Bryozoa der Ordnungen Cyclostomata und Cheilostomata. A, B: Cyclostomata, A: *Hornera* (Holozän); B: *Stomatopora* (Jura); C–E: Cheilostomata, C: *Wilbertopora;* D: *Conopeum*; E: *Onychocella* (alle Kreide); Maßstab: A: 5 mm, B, D: 1 mm, C, E: 0,1 mm; (modifiziert und kompiliert aus Cheetham et al. 2006, Toots & Cutler 1962, Zagorsek & Kroh 2003, Taylor & Ernst 2008).

Weiterführende Literatur

Boardman, R. S. & Cheetham, A. H. (1987): Phyllum Bryozoa.- In: Boardman, R. S. (ed.): Fossil invertebrates, 497–549; Blackwell.

Clarkson, E. N. K. (1998): Invertebrate Palaeontology and Evolution.- 452 pp.; Blackwell.

Lehmann, U. & Hilmer, G. (1997): Wirbellose der Vorzeit.- 304 S.; Enke.

Ziegler, B. (1998): Spezielle Paläontologie II.- 666 S. Schweizerbart; Stuttgart.

Zitierte Literatur

Cheetham, A. H., Sannder, J., Taylor, P. D. & Ostrovsky, A. N. (2006): Morphological differentiation of avicularia and the proliferation od species in Mid-Cretacaous *Wilbertopora* Cheetham, 1954 (Bryozoa: Cheilostomata).- J. Paleont. 80: 49–71.

Ernst, A. & Mohammadi, M. (2009): Stenolaemate bryozoans from the Geirud Formation (Upper Devonian/Lower Carboniferous) of Central Alborz (Iran).- Paläontol. Z. 83: 439–447.

Ernst, A., Senowbari-Daryan, B. & Rashidi, K. (2009): Bryozoa from the Surmaq Formation (Permian) of the Hambast Mountains, south of Abadeh, central Iran.- Facies (2009) 55: 595–608.

Gorjunova, R. V. (2011): Carboniferous Bryozoans of the Order Rhabdomesida of the East European Platform.- Paleontological Journal 45: 779–886.

Jackson, P. N. W., McKinney, F. K. & Bancroft, A. J. (2006): Fenestrate bryozoan genera based on species from Ireland originally described by Frederick M'Coy in 1844.- Palaeontology 49: 741–767.

Koromyslova, A. V. (2011): Bryozoans of the Latorp and Volkhov Horizons (Lower–Middle Ordovician) of the Leningrad Region.- Paleontological Journal 45: 887–980.

McKinney, F. K. & Burdick, D. W. (2001): A rare, larval-founded colony of the bryozoan *Archimedes* from the Carboniferous of Alabama.- Palaeontology 44: 855–859.

Taylor, P. D. & Ernst, A. (2008): Bryozoans in transition: The depauperate and patchy Jurassic biota.- Palaeogeography, Palaeoclimatology, Palaeoecology 263: 9–23.

Toots, H. & Cutler, J. F. (1962): Bryozoa from the «Mesaverde» Formation (Upper Cretaceous) of Southeastern Wyoming.- J. Paleont. 36: 81–86.

Zagorsek, K. & Kroh, A. (2003): Cretaceous Bryozoa from Scharrergraben (Santon, Gosau Group, Eastern Alps).- Geologica Carpathica 54: 395–407.

17 Stamm Brachiopoda

Brachiopoden (Armfüßler) sind ein äußerlich den Muscheln ähnlicher Tierstamm. Wie diese sind sie an ein Leben am Meeresboden angepasst. Sie sind seit dem Kambrium bekannt, haben ihre maximale Verbreitung im Paläozoikum und sind rezent eher selten. Etwa 300 lebenden Gattungen stehen über 3000 fossile gegenüber, was die Bedeutung der Brachiopoda in der Paläontologie unterstreicht. Der Bauplan der Brachiopoda ist einfach: Zwei Schalenhälften (Klappen) umgeben den Weichkörper als Exoskelett. Aus der unteren, meist etwas größeren Klappe ragt ein fleischiger Stiel, mit dem sich die Brachiopoda am Substrat festheften. Die meisten Brachiopoda leben epifaunal, manche auch im Sediment. Einige Formen zementieren auf hartem Untergrund.

17.1 Merkmale

Der **Weichkörper** (Abb. 17-1) besteht aus Muskulatur, mit der die Klappen geöffnet (Adductor) und geschlossen werden (Diductor). Zusätzlich können Brachiopoden über den Stielmuskel (Adjustor) ihre Lage verändern. Zum Weichkörper gehört außerdem ein Mund sowie Magen-Darm-Trakt, Nephridien für die Osmoregulation, Gonaden und ein einfaches Nerven- und Blutkreislaufsystem. Die Klappen sind von innen mit dem muskulösen Mantel ausgekleidet. Das auffälligste Organ ist der **Lophophor** (Tentakelkranz), aus dem sich die Verwandtschaft zu den Bryozoa ableitet. Der Lophophor ist Teil der Armklappe und durchzieht schleifenförmig die Mantelhöhle. Er dient der Atmung und der Ernährung. Der Lophophor ist als hohles Filament ausgebildet, das mit Cirren bestückt ist. Damit wird die Nahrung durch Strudeln (Filtrieren) über eine Rinne zum Mund geführt. Als Aufhängung für den Lophophor dienen kalkige Stützstrukturen, die als Armgerüst bezeichnet werden.

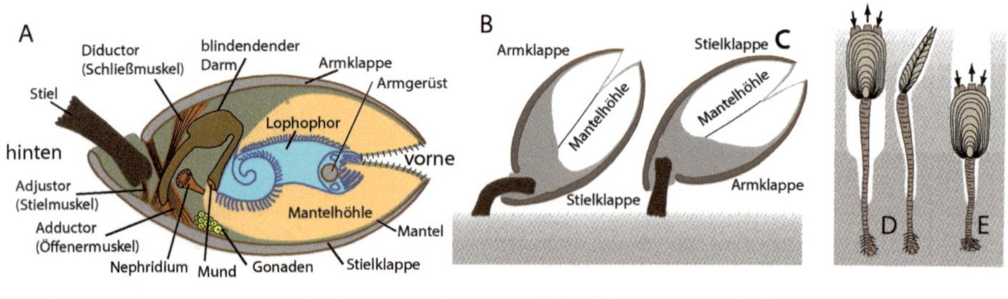

Abb. 17-1: A: Weichkörperbauplan eines Brachiopoden; B, C: Möglichkeiten der Orientierung in Lebendstellung bei articulaten Brachiopoden; D: grabende Lebensweise bei *Lingula* (Inarticulata), E: *Lingula* in ihren Grabgang zurückgezogen.

Schalenmerkmale

Bei der zweiklappigen, bilateralsymmetrischen Schale der Brachiopoda wird eine Stielklappe (auch untere oder ventrale Klappe genannt), oft mit Stielloch und eine Armklappe (auch obere oder dorsale Klappe genannt) unterschieden, wobei die Orientierung zu Lebzeiten auch umgekehrt sein kann (Abb. 17-1, B und C). Die **Symmetrieebene** verläuft durch die Klappen (Abb. 17-3) und nicht zwischen den Klappen in der Kommissurebene, wie dies bei den Bivalven der Fall ist. Bei den Articulata tritt der Stiel durch eine Öffnung (Delthyrium) aus, das bei vielen Formen aber teilweise wieder verschlossen wird, sodass nur ein rundes Stielloch bleibt. Die Schalenwölbung (Abb. 17-2) ist meist bikonvex, kann aber auch konvex-konkav oder resupinat ausgebildet sein. Viele Brachiopoda haben glatte Schalen, die nur Anwachsstreifen zeigen, oft ist auch eine deutliche radiale Berippung entwickelt. Die Kommissur zwischen den Klappen ist vielgestaltig und oft ein gattungstypisches Merkmal (Abb. 17-2).

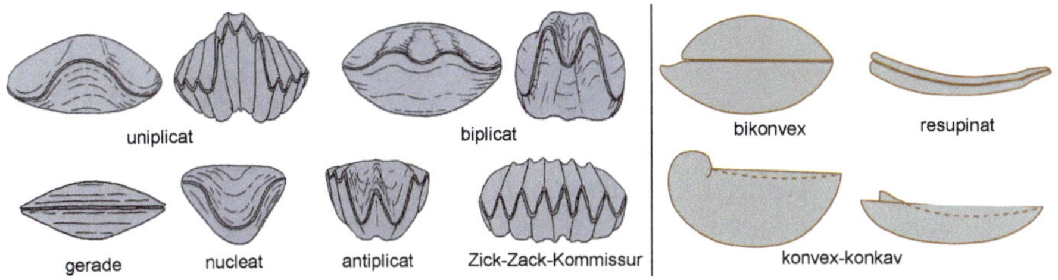

Abb. 17-2: Kommissurtypen und Schalenwölbung bei Brachiopoda (kompiliert und modifiziert nach Clarkson 1998 und Ziegler 1998).

Auf der Innenseite der Klappen ist bei den Articulata das **Schloss** zu sehen (Abb. 17-3). Der Schlossrand ist entweder gerade gestreckt **(strophisch)** oder gerundet **(nicht strophisch)**. Nicht strophische Schalen haben ein Schloss mit zwei **Zähnen** in der Stielklappe, die in einfache Gruben der Armklappe passen (Abb. 17-3). Bei strophischen Schalen ist eine langgestreckte Zahnleiste vorhanden. Weiterhin sind bei den Articulata wie bei den Inarticulata die Muskelansatzstellen sichtbar. An der Innenseite der Schale sind gelegentlich auch die Abdrücke der Pallialgefäße (Mantelgefäße) sichtbar (Abb. 17-3). Brachiopoden sind fossil meist zweiklappig erhalten. Die Merkmale der Schaleninnenseite sind deshalb häufig schwer zugänglich.

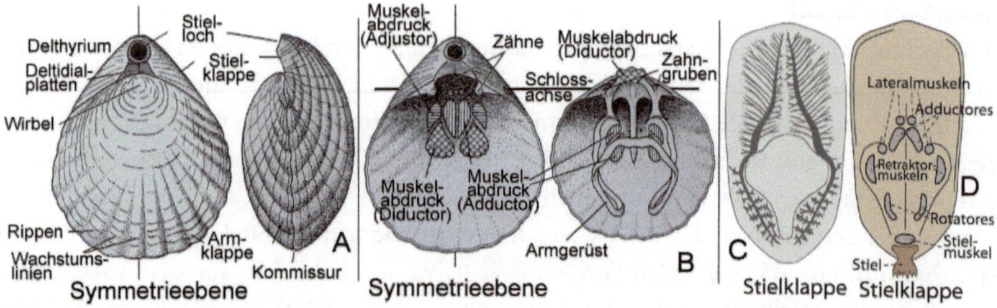

Abb. 17-3: Merkmale der Brachiopodenschale von außen und innen. A und B: Beispiel für einen articulaten Brachiopoden; A: äußere Schalenmerkmale, B innere Schalenmerkmale; C: Pallialgefäße in einer *Lingula*-Klappe; D: Muskelansatzstellen bei Inarticulaten am Beispiel von *Lingula* (kompiliert und modifiziert nach Clarkson 1998 und Ziegler 1998).

Armgerüst

In der Armklappe der Articulata ist ein **Brachidium** oder Armgerüst als Stütze des fleischigen **Lophophors** entwickelt. Dieses Armgerüst kann einfach bis sehr komplex gestaltet sein. Es sind vier Grundtypen bekannt: **Brachiophoren**, **Cruren**, **helicopegmater Typ** (Spiralen) und **ancylopegmater Typ** (Schleifen) (Abb. 17-4). Die Ausbildung des Armgerüsts ist ein wichtiger taxonomischer Indikator, aber leider bei zweiklappiger Erhaltung, wie sie der Normalfall für Brachiopoda ist, nicht sichtbar. Die Form des Brachidiums wird dann durch serielle Schnitte in geringem Abstand durch einen Brachiopoden ermittelt. Brachiophoren treten bei den Ordnungen Orthida und Strophomenida auf, Cruren bei Pentamerida und Rhynchonellida. Die komplexeren Schleifen sind für die Terebratula und die Spiralen für die Spiriferida charakteristisch.

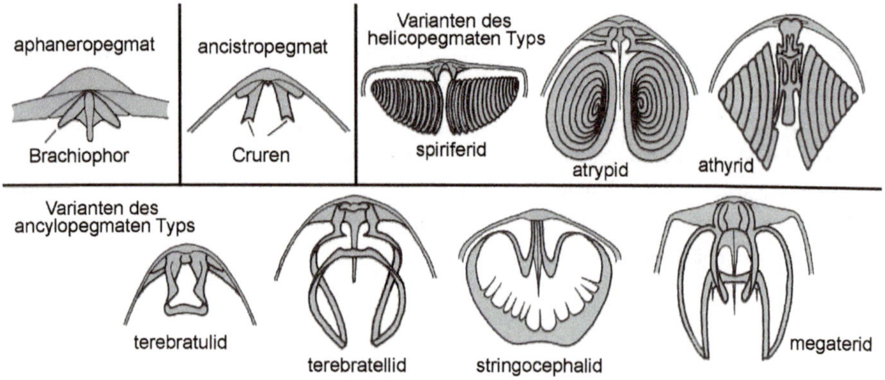

Abb. 17-4: Armgerüsttypen bei articulaten Brachiopoden (modifiziert nach Lehmann & Hilmer 1997).

Aufbau der Schale

Die äußere Schalenschicht der Brachiopoda ist immer organisch und wird als Periostracum bezeichnet. Fossil ist sie nur sehr selten erhalten. Darunter bilden inarticulate Brachiopoda eine chitino-phosphatische oder kalzitische Schale, die Articulata immer eine kalzitische Schale, die vom Mantelgewebe gebildet wird. Die kalzitische Schale der Articulata ist zweigeteilt in eine äußere **primäre Lage,** mit Kristallachsen senkrecht zur Schalenoberfläche, und einer **sekundären Lage,** mit Kristallachsen schräg zur Schalenoberfläche. Die Schalen können entweder **impunctat** (ohne Poren), **punctat** oder **pseudopunctat** sein (Abb. 17-5). Punctate Schalen weisen regelmäßige kleine **Punctae** (Poren) auf, die Auswüchse des Mantels (Caeca) beherbergen. Sie dienen der Atmung und Parasitenabwehr. Pseudopunctate Schalen besitzen grobkristalline Verdickungen (Taleola) innerhalb der Schale. Bei ihnen fehlt die primäre Lage.

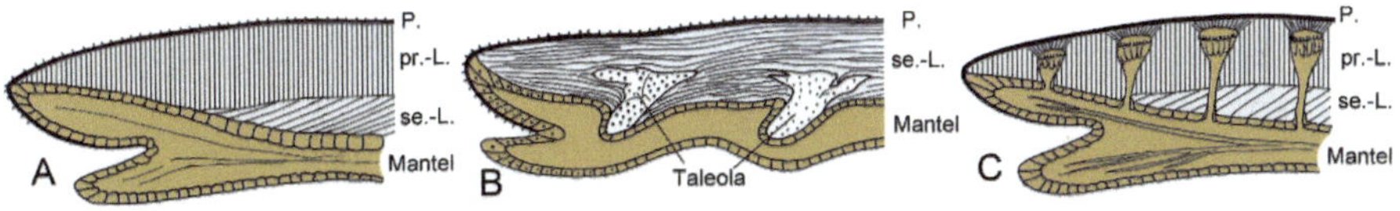

Abb. 17-5: Aufbau der Schale bei articulaten Brachiopoda. A: impunctate Schale (z. B. Rhynochonellidae), B: pseudopunctate Schale (z. B. Strophomenidae), C: punctate Schale (z. B. Terebratulidae) (modifiziert nach Clarkson 1998, P: Periostracum, pr.-L.: primäre Lage, se.-L. sekundäre Lage).

17.2 Wichtige Gruppen der Brachiopoda

Auch für die Brachiopoda gibt es verschiedene Klassifizierungsansätze. Nach der klassischen paläontologischen Systematik werden zwei Unterstämme getrennt, die sich deutlich voneinander unterscheiden. Der Unterstamm **Inarticulata** hat kein Schloss, dafür aber einen komplexeren Muskelapparat, um den Zusammenhalt der Klappen zu verstärken und ein Verschieben der Klappen gegeneinander zu verhindern (Abb. 17-3D). Ihr Darm endet in einem After. Die Schale wird aus Chitinophosphat oder seltener aus Kalzit gebildet. Ein Armgerüst fehlt generell.

Am bekanntesten ist die Ordnung **Lingulida** (Abb. 17-6) die bereits seit dem Kambrium existiert. Der Stiel tritt zwischen den Klappen aus (kann auch sekundär fehlen). Die Schale ist überwiegend chitinophosphatisch. Die Gehäuse sind zungenförmig bikonvex. Der Wirbel liegt randlich. Die Gattung *Lingula* gibt es seit dem Ordovizium. Sie ist damit eine der ältesten heute noch lebenden Gattungen und gilt als Paradebeispiel eines lebenden Fossils.

Auch die Ordnung **Acrotretida** ist bereits seit dem Kambrium bekannt. Ihre Gehäuse sind meist rundlich mit einer flachen Stielklappe, z. T. mit Stielloch und einer mützenförmigen Armklappe. Die Schale ist ebenfalls überwiegend chitinophosphatisch und nur selten kalzitisch (z. B. *Discina,* Abb. 17-6).

Der Unterstamm **Articulata** (oder Rhynchonelliformea) ist wesentlich diverser und stellt die meisten Formen im Fossilbericht. Die Articulata haben ein Schloss aus Zähnen und Zahngruben, die als Scharnier die beiden Klappen am Hinterende fixiert. Die Stielklappe ist in der Regel größer und zeigt immer ein Stielloch. Der Darm der Articulata endet blind ohne After. Die Schale besteht aus Kalzit. Die Aufhängung der Lophophoren wird durch ein Armgerüst unterstützt, das einfach bis sehr komplex gebaut sein kann (Abb. 17-4). Es werden je nach systematischem Ansatz zwischen 6 und 19 Ordnungen getrennt. Hier wird die klassische Systematik mit 6 Ordnungen verwendet.

Die Ordnung **Orthida** (Abb. 17-6) kommt vom Kambrium bis zum Ende des Perms vor. Orthida haben eine bikonvexe Schale mit strophischem Schlossrand. Das Delthyrium ist nicht verschlossen. Die Schale ist meist impunctat. Als Armgerüst ist ein Brachiophor ausgebildet (z. B. *Paralenorthis* und *Talentella*).

Abb. 17-6: A, B: Inarticulata; A: *Lingula*; B: *Discina* (beide Jura); C, D: Orthida; C: *Paralenorthis* (Silur); D: *Talentella* (Devon); Maßstab A: 1 mm, B, D: 2 mm, C: 5 mm, (kompiliert aus Gutiérrez–Marco & Villas 2007; Baliński 2012).

Die Ordnung **Strophomenida** (Abb. 17-7) kommt vom Ordovizium bis zum Ende des Perms vor. Sie brachte sehr vielgestaltige Formen hervor. Charakteristisch sind ein strophischer Schlossrand und eine pseudopunctate Schale, die konkav-konvex bis plankonvex oder selten bikonvex ausgebildet ist. Ein Brachiophor bildet das Armgerüst. Die Adultformen haben meist keinen Stiel mehr. Die Stielöffnung ist in der Regel völlig verschlossen. Ihre Lebensweise ist überwiegend freiliegend auf der Stielklappe (*Leptaena* und *Katastrophomena*). Manche Formen leben teilweise eingegraben (z. B. *Productus*). Die korallimorphen Brachiopoden *Richthofenia* und *Hercosestria* zementieren und bilden kleine Riffe. Als Verankerung im Substrat sind Stacheln auf der Außenseite ausgebildet. Bei *Oldhamina* ist die Armklappe blattförmig zerschlitzt.

Die Ordnung **Pentamerida** tritt vom Kambrium bis in das Devon auf. Bei den Pentamerida ist die Stielklappe meist deutlich größer als die Armklappe und steht oft schnabelförmig vor. Ihre Schalen sind stark gewölbt, bikonvex, impunctat und häufig stark berippt

Abb. 17-7: Strophomenide Brachiopoda. A: *Leptaena* (Devon), B, B1: *Katastrophomena* (Silur), B: Stielklappe von außen, B1: Armklappe von innen; C, C1: *Productus* (Karbon); C1: Rekonstruktionszeichnung; D: *Oldhamina* (Perm); E: *Hercosestria* (Perm); Maßstab A, B, D: 1 cm, E: 5 mm; (kompiliert und modifiziert aus Hoel 2011, Brusca & Brusca 1990 und Wikipedia).

Abb. 17-8: Pentameride Brachiopoda aus dem Silur. A: *Kirkidium*, 1 cm, B, B1: *Anastrophia*, B: Seitenansicht, B1: Blick auf die Kommissur; C, C1: *Conchidium*, C: Armklappe, C1: Stielklappe; D: *Pentamerus*, Stielklappe; Maßstab 1 cm; (modifiziert nach James St. John, Wikipedia).

(Abb. 17-8). Der Schlossrand ist gerundet (nicht-strophisch). In der Armklappe bilden Cruren das Armgerüst.

Die Ordnung **Rhynchonellida** (Abb. 17-9) gibt es seit dem Ordovizium. Sie hat zwei Verbreitungsmaxima, einmal vom Silur und bis zum Karbon und einmal im Jura und in der Unterkreide. Die Schale der Rhynchonellida ist bikonvex, impunctat und zeigt häufig eine starke Berippung. Die Kommissur ist meist verfaltet und überwiegend als Zickzack-Kommissur entwickelt. Das Stielloch ist teilweise durch Deltidialplatten verschlossen. Der Schlossrand ist nicht-strophisch. Als Armgerüst sind Cruren entwickelt.

Abb. 17-9: Mesozoische Rhynchonellida, A–C: Jura, D: Kreide. A, A1: *Lacunosella*, A: Armklappe, A1: Blick auf die Kommissur; B, B1: *Acanthothiris*, B: Armklappe, B1: Seitenansicht; C, C1: *Sharpirhynchia*, C: Seitenansicht, C1: Blick auf die Kommissur; D, D1: *Orbirhynchia*, D: Armklappe, D1: Seitenansicht; Maßstab A, B, C: 1 cm, D: 3 mm; (kompiliert und modifiziert aus Wikipedia).

Die Ordnung **Spiriferida** kommt vom Ordovizium bis in den Unterjura vor und fasst eine große Gruppe von Brachiopoden mit helicopegmatem Armgerüst zusammen. Schalen der Spiriferida sind bikonvex, impunctat, selten auch punctat, strophisch oder nicht-strophisch und meist berippt. Sie zeigen zum Teil ein offenes Delthyrium (Stielöffnung) oder, bei rückgebildetem Stiel, ein durch Deltidialplatten geschlossenes Delthyrium.

Abb. 17-10: Spiriferide Brachiopoda; A: atrypides Armgerüst, A, A1: *Atrypa* (Devon), A: Armklappe, A1: Blick auf die Kommissur (Devon); B; B1: athyrides Armgerüst, B, B1: *Uncites* (Devon), B: Armklappe; B1: Blick schräg seitlich; C, D: spiriferides Armgerüst, C, C1: *Mucrospirifer* (Devon), C: Stielklappe, C1: Steinkern; D, D1: *Liospiriferina* (Unterjura), D: Armklappe, D1: mit Armgerüst; Maßstab A, B, C: 1 cm, D 0,5 cm; (kompiliert und modifiziert nach Wikipedia).

Die Ordnung **Terebratulida** tritt seit dem Devon auf. Die Gehäuse sind bikonvex und punctat und haben einen kurzen, nicht-strophischen Schlossrand. Bis auf ein relativ großes Loch, durch das der Stiel austritt, ist das Delthyrium durch Deltidialplatten verschlossen. Viele Formen sind glatt und zeigen Anwachsstreifung, einige sind berippt. Das Armgerüst ist schleifenförmig ausgebildet.

Abb. 17-11: Terebratulida A, A1: *Stringocephalus* (Mitteldevon); A: Seitenansicht, A1: Armklappe; B, B1: *Kingena* (Kreide), B: Armklappe, B1: Seitenansicht; C: *Terebratula* (Trias) Armklappe; D: *Magasella* (Tertiär), Armklappe; E: *Terebratulina* (Kreide), E: Blick auf die Kommissur, E1: Armklappe; F, F1: *Lobothyris* (Jura), F: Armklappe, F1: Seitenansicht; Maßstab 1 cm; (modifiziert nach Wikipedia).

17.3 Ökologie, Ontogenie, Stratigraphie und Phylogenie

Ökologie: Brachiopoda leben und lebten benthisch als Filtrierer von organischen Partikeln und Kleinstlebewesen. Sie bevorzugten vollmarine Lebensräume und ein hartes oder tragfähiges Substrat, auf dem sie sich mit dem Stiel anheften können. Manche Formen leben eingegraben in Weichsubstrat (z. B. *Lingula* oder *Productus*) oder auch zementiert. *Richthofenia* und *Hercosestria* bilden kleine Riffe. Besonders im Paläozoikum waren Brachiopoda weit verbreitet und besetzten in etwa die gleichen Ökonischen wie heute die Bivalven. In postpaläozoischer Zeit wurden sie von den erfolgreicheren Muscheln stark zurückgedrängt. Brachiopoda haben zahlreiche Fressfeinde, zu denen z. B. Wirbeltiere mit Pflasterzahngebiss (Abb. 1-13 A, B), Crustacea, Ammoniten, Seesterne und bohrende Gastropoda (Abb. 4-14) gehören.

Ontogenie: Brachiopoda sind getrenntgeschlechtlich; zur Befruchtung werden die Gameten synchron in das Wasser abgegeben. Manche Formen haben Bruttaschen entwickelt. Die Larvalphase kann wenige Stunden bis einige Wochen betragen. Ihre Lebenserwartung beträgt mehrere Jahre.

Stratigraphie: Brachiopoda sind als faziesabhängige Benthosorganismen keine idealen Leitfossilien. Dennoch sind viele Brachiopoda aus paläozoischen Schelfablagerungsbereichen gut für stratigraphische Zwecke geeignet (z. B. Lingulida im Kambrium, Orthida im Ordovizium, Strophomenida im Silur und Devon und Spiriferida im Devon und Karbon).

Phylogenie: Brachiopoda sind seit dem Unterkambrium bekannt und vermutlich monophyletisch. Im Kambrium dominierten die Inarticulata, ab dem Ordovizium die Articulata. Das Verbreitungsmaximum der Brachiopoda lag im Paläozoikum. Im Devon sind alle sechs Ordnungen der Articulata vertreten. Das Perm/Trias-Massenaussterben dezimiert die Brachiopoda, zusätzlich wirkt in Meso- und Känozoikum der Konkurrenzdruck der Bivalvia negativ auf ihre Verbreitung.

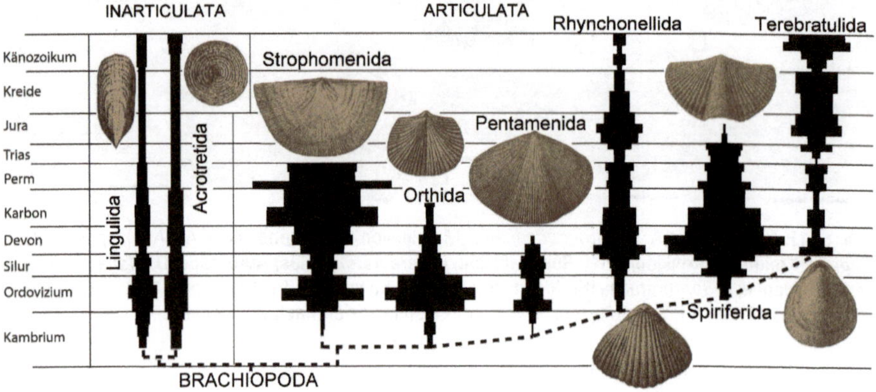

Abb. 17-12: Phylogenie, Verbreitung und relative Häufigkeit der Brachiopoda durch das Phanerozoikum. Ihre Blütezeit lag im Paläozoikum (modifiziert nach Clarkson 1998).

Weiterführende Literatur

Boardman, R. S. (1987 ed.): Fossil invertebrates.- 713 pp., Blackwell.
Clarkson, E. N. K. (1998): Invertebrate Palaeontology and Evolution.- 452, pp., Blackwell.
Lecointre, G. & Le Guyader, H. (2001): Biosystematik.- 696 S., Springer.
Lehmann, U. & Hilmer, G. (1997): Wirbellose der Vorzeit.- 304 S.; Enke.
Ziegler, B. (1998): Einführung in die Paläontologie, Teil 3, Spezielle Paläontologie II.- 666 S., Schweizerbart.

Zitierte Literatur

Baliński, A. (2012): The brachiopod succession through the Silurian–Devonian boundary beds at Dnistrove, Podolia, Ukraine.- Acta Palaeontologica Polonica 57: 897–924.
Brusca, R. C. & Brusca, G. J. (1990): Invertebrates.- 922 pp., Sunderland.
Gutiérrez–Marco, J. C. & Villas, E. (2007): Brachiopods from the uppermost Lower Ordovician of Peru and their palaeogeographical significance.- Acta Palaeontologica Polonica 52: 547–562.
Hoel, O. A. (2011): Strophomenidae, Leptostrophiidae, Strophodontidae and Shaleriidae (Brachiopoda, Strophomenida) from the Silurian of Gotland, Sweden.- Paläntol Z 85: 201–229.

18 «Würmer»

Als «Würmer» werden bilaterale, wirbellose Tiere mit gestrecktem, rundlichen oder abgeflachtem Körperbau bezeichnet. Sie haben keine echten Extremitäten und bewegen sich kriechend oder schlängelnd fort. «Würmer» sind sehr heterogene Organismen, die in keinem näheren Verwandtschaftsverhältnis zueinander stehen. Wurmartige Organismen gibt es sowohl bei den Protostomia als auch bei den Deuterostomia. Viele «Würmer» leben als Endo- oder Exoparasiten. Die meisten nicht parasitischen Formen sind Benthosbewohner und leben auf oder im Sediment. Es gibt aber auch pelagisch lebende Formen. Da der überwiegende Teil der «Würmer» keine oder kaum Hartteile bildet, sind sie fossil sehr selten und in der Regel nur als Spuren überliefert. Die Spuren sind meist nicht taxontypisch, sondern werden nach der ethologischen Klassifizierung entsprechend den Verhaltensmustern eingeteilt (siehe Abb. 5-3).

Nur wenige «Würmer» sind als Körperfossilien paläontologisch bedeutend (Abb. 18-1). Im Kambrium und Ordovizium sind Vertreter des Stammes **Priapulida** (Priapswürmer) sehr häufig. Ihre Körperform ist zylindrisch, ihre Größe variiert von 1–30 cm. Obwohl sie keine Skelettelemente besitzen, sind sie besonders in den kambrischen Fossillagerstätten (Burgess-Shale, Kanada und Chengjiang-Fauna, China) gut dokumentiert. Ab dem Silur werden sie selten; heute sind nur noch wenige Arten bekannt.

Ebenfalls bereits aus den kambrischen Fossillagerstätten ist der artenarme Stamm **Chaetognatha** (Pfeilwürmer) bekannt. Chaetognatha sind nur max. 10 cm lang, leben überwiegend pelagisch als Lauerräuber und sind mit chitinösen Greifhaken in der Kopfregion ausgestattet, die fossil überliefert sind. Sie gehören somit zu den frühesten räuberischen Formen. Die Greifhaken zeigen eine gewisse Ähnlichkeit mit den Conodonten (siehe Kap. 29), in deren Nähe sie früher auch irrtümlicherweise gestellt wurden.

Skelettbildende Würmer sind nur bei dem Stamm **Annelida** innerhalb der Klasse **Polychaeta** häufig. Ihr langgestreckter, wurmförmiger Körper wird aus zahlreichen Segmenten aufgebaut, die mit einer Ring- und Längsmuskulatur, einem Strickleiter-Nervensystem und paarigen Nephridien ausgestattet sind. Polychaeta aus der Unterordnung Sabellida bilden Röhren. Sie bestehen bei der Gattung *Sabellaria* aus Proteinen und Polysacchariden, die mit Fremdpartikeln (z. B. Sandkörnern) agglutiniert (verklebt) werden. Bei der Familie **Serpulidae (Kalkröhrenwürmer)** bestehen die Röhren aus Kalk (Kalzit oder Aragonit). Die verkalkten Röhren sind fest mit dem Untergrund verwachsen und treten oft in großer Zahl auf. Die seit dem Perm bekannten Serpulidae bilden ein Operculum (Deckel) aus, mit dem sie ihre Röhren verschließen, wenn sie sich darin zurückziehen. Sowohl die Agglutinierer als auch die Serpulidae können kleine Riffstrukturen bilden.

In der Kopfregion einiger freilebender, nicht röhrenbildender Polychaeta ist ein komplexer Kieferapparat ausgebildet. Die chitinösen, teilweise auch verkalkten Kieferelemente werden als **Scolecodonten** bezeichnet. Sie sind seit dem Kambrium bekannt und vor allem im Paläozoikum fossil häufig überliefert.

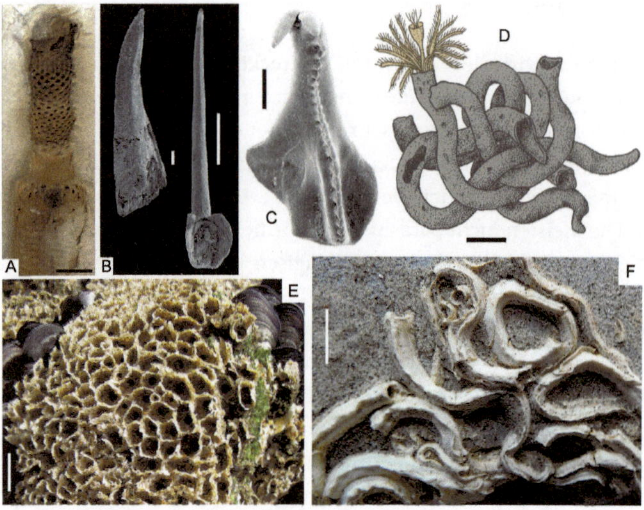

Abb. 18-1: Fossile Reste wurmförmiger Organismen. A: *Cricoscomia,* ein infaunaler priapulider Wurm aus dem Kambrium (China); B: *Protohertzina*, Greifhaken aus der Kopfregion eines Pfeilwurms (Chaetognatha, Unterkambrium); C–F: Polychaeta, C: *Ramphoprion* (Scolecodonta, Unterordovizium); D: *Hydroides* (Serpulidae, Lebendzeichnung); E: kleines Riff aus *Sabellaria*; F: *Pomatoceros* (Dreikantwurm, Serpulidae); Maßstab A, E, F: 1 cm, B: 0,1 cm, C: 0,2 mm, D: 0,5 mm; (kompiliert und modifiziert aus Vannier 2009, Steiner et al. 2007, Hints & Reis Wikipedia, Meglitsch & Schram 1991).

Weiterführende Literatur

Barnes, R. D. (1987): Invertebrate Zoology.- 893 pp., Saunders.
Boardman, R. S. (1987 ed.): Fossil invertebrates.- 713 pp., Blackwell.
Brusca, R. C. & Brusca, G. J. (1990): Invertebrates.- 922 pp., Sunderland.
Fox, R., Barnes, R. D. & Ruppert, E. E. (2003): Invertebrate Zoology: a functional evolutionary approach.- 1008 pp., Brooks & Cole.
Ziegler, B. (1998): Einführung in die Paläontologie, Teil 3, Spezielle Paläontologie II.- 666 S. Schweizerbart.

Zitierte Literatur

Hints, O. & Eriksson, M. (2007): Diversification and biogeography of scolecodont-bearing polychaetes in the Ordovician.- Palaeogeography, Palaeoclimatology, Palaeoecology 245: 95.
Meglitsch, P. A. & Schram, F. R. (1991): Invertebrate Zoology.- 623 pp., Oxford University Press.
Steiner, M., Li, G., Qian, Y., Zhu, M. & Erdmann B. D. (2007): Neoproterozoic to Early Cambrian small shelly fossil assemblages and a revised biostratigraphic correlation of the Yangtze Platform (China).- Palaeogeography Palaeoclimatology Palaeoecology 254: 67–99.
Vannier, J. (2009): L'Explosion cambrienne ou l'émergence des écosystèmes modernes.- C. R. Palevol 8: 133–154.

Stamm Mollusca

Die Mollusken (Weichtiere) sind nach den Arthropoden der erfolgreichste Stamm des Tierreichs (siehe Abb. 9-5). Die Angaben über die rezenten Artenzahlen variieren sehr stark von mindestens 80 000 bis etwa 150 000. Dazu kommen noch geschätzt etwa 80 000 fossile Arten. Mollusken sind Bilateria mit einem vierteiligen Körper, der aus **Kopf** (kann fehlen), **Fuß**, **Mantel** und **Eingeweidesack** besteht. Ein typisches Merkmal ist die **Radula** (Raspelzunge), die durch Mineraleinlagerungen verstärkt ist. Sie kann sekundär auch fehlen. Die meisten Mollusca bilden eine kalkige (aragonitische und/oder kalzitische) Schale, die vom Mantel gebildet wird. Die Mehrheit der Mollusken ist auf den marinen Lebensraum beschränkt, allerdings leben zahlreiche Muscheln und Schnecken auch im Süßwasser. Lungenschnecken sind auch an Land verbreitet. Mollusca und Annelida haben die Trochophoralarve gemeinsam. Sie werden deshalb als Trochozoa zusammengefasst.

Die ersten gesicherten Mollusken sind bereits im unteren Kambrium belegt; fragliche Vertreter gehen wahrscheinlich bis in das Jungproterozoikum zurück. Die heute existierenden Klassen sind aber erst im späten Kambrium und frühen Ordovizium klar ausdifferenziert. Bei den Mollusca werden acht rezente und vier fossile Klassen unterschieden, die im Folgenden kurz vorgestellt werden.

Die Klasse **Solenogastres** (Furchenfüßer) kennzeichnet eine wurmartige Körperform. Sie werden nur wenige Millimeter bis Zentimeter groß und leben als benthische Räuber, die sich von Cnidariern und Bryozoen ernähren. Furchenfüßer sind artenarm und bilden außer der Radula keine Hartteile.

Klasse **Caudofoveata** (Schildfüßer): Schildfüßer bestehen aus kleinwüchsigen, grabenden Weichbodenbewohnern. Sie stecken kopfüber im Substrat und ernähren sich von Kleinstlebewesen und organischem Detritus. Auch sie sind artenarm und bilden außer der Radula keine Hartteile. Solenogastres und Caudofoveata sind nur rezent bekannt und werden auch als Wurmmollusken oder **Aplacophora** (Schalenlose) zusammengefasst.

Klasse **Polyplacophora** (Käferschnecken): Käferschnecken besitzen eine aus acht verbundenen Platten bestehende Schale auf der Dorsalseite. Bei fossilen Vertretern können es auch deutlich mehr Platten sein. Ihr Weichkörper ist schneckenähnlich mit einer längsovalen Körperform und einem Kriechfuß, mit dem sie sich am Untergrund festsaugen. Es gibt etwa 1000 Arten, die bevorzugt im Gezeitenbereich leben.

Die **Monoplacophora** (Einschaler) sind eine artenarme Molluskenklasse. Rezente Vertreter wurden erst 1953 entdeckt, fossile Formen sind seit dem Kambrium bekannt. Monoplacophora zeigen eine Segmentierung im Bereich der Kiemen, Muskel und Exkretionsorgane.

Die Klasse **Bivalvia** (Muscheln) beinhalten etwa 20 000 fossile und etwa 20 000 rezente Arten. Sie bilden eine Schale aus zwei Klappen. Ihr Weichkörper besteht aus **Fuß, Mantel** und **Eingeweidesack,** Kopf und Radula fehlen. Muscheln sind überwiegend Filtrierer und besiedeln marine Milieus vom Flachwasser bis in die Tiefsee sowie Brack- und Süßwasserbereiche.

Auch die Klasse **Scaphopoda** (Grabfüßler) besitzen keinen Kopf, jedoch einen Mund mit Radula. Sie bilden eine konische, leicht gebogene röhrenförmige Schale, die an beiden Enden offen ist. Sie leben im Substrat, wobei der Mund mit dem größeren Röhrendurchmesser im Sediment steckt und das Hinterende etwas aus dem Meeresboden herausragt. Sie ernähren sich von Kleinstlebewesen der Sandlückenfauna. Scaphopoda sind seit dem Devon bekannt.

Klasse **Gastropoda** (Schnecken): Schnecken sind die artenreichste Klasse der Mollusken mit geschätzten 60 000 bis 130 000 rezenten und etwa 40 000 fossilen Arten. Sehr viele Schnecken haben eine trochospiral aufgerollte Schale aus Aragonit. Ihr Weichkörper besteht aus Kopf (z. T. mit Augen), Mantel, Eingeweidesack und einem Kriechfuß. Schnecken kommen marin, in Brack- und Süßwasser und am Festland vor. Sie leben überwiegend mobil auf dem Substrat (Meeresboden, Land oder Pflanzen), ernähren sich herbivor und teilweise auch räuberisch. Manche Formen graben sich ein oder sind zum Schwimmen befähigt.

Die Klasse **Cephalopoda** (Kopffüßer) ist heute noch mit etwa 750 Arten vertreten. Die fossilen Arten werden auf etwa 20 000 geschätzt. Die Cephalopoda sind die am höchsten entwickelte Molluskengruppe. Ihr Weichkörper ist dem der Schnecken ähnlich und besteht aus einem Kopf mit Augen, Mantel, Eingeweidesack und Tentakeln am Kopf. Teile des Mantels bilden den Trichter, mit dem Wasser ausgestoßen wird. Dadurch wird nach dem Rückstoßprinzip das Schwimmen ermöglicht. Cephalopoda leben räuberisch, entweder als pelagische Dauerschwimmer oder aber bodenbezogen.

Die verwandtschaftlichen Beziehungen der Molluskenklassen sind teilweise unklar. Meist werden Monoplacophora, Bivalven, Scaphopoden, Gastropoden und Cephalopoden zum Unterstamm **Conchifera** (Schalenweichtiere) zusammengefasst. Innerhalb der Conchifera werden die **Cyrtosoma** (mit einheitlichem Mantel, Cephalopoda und Gastropoda) und die **Diasoma** (mit zweilappigem Mantel, Bivalvia und Scaphopoda) unterschieden. Den Conchifera wird der Unterstamm **Aculifera** (Stachelweichtiere) gegenübergestellt, zu denen die wurmförmigen Solenogastres und Caudofoveata zählen. Es ist unklar, ob die Conchifera oder die Aculifera die ursprünglichere Gruppe darstellen. Sicher sind aber die Monoplacophoren die ursprünglichsten Vertreter der Conchifera, die zu den höher entwickelten Gruppen überleiten (Abb. 19-1). Die Polyplacophora werden hier zu den Aculifera gerechnet. Andere Autoren zählen sie teilweise auch zu den Conchifera.

Zu den **fossilen Molluskenklassen** gehören die **Heliconellida,** die zu den Conchifera gezählt werden. Manche Autoren stellen sie auch an den Beginn der Gastropodenentwicklung. Es handelt sich dabei um napfförmige bis planspiral eingerollte Gehäuse. Sie kommen weltweit im Unteren und Mittleren Kambrium vor. Der Weichkörper der Heliconellida war vermutlich schneckenähnlich organisiert. Sie lebten benthisch und bewegten sich mithilfe eines Kriechfußes. Beispiele aus dem unteren Kambrium sind *Pelagiella* und *Aldanella* (Abb. 19-2).

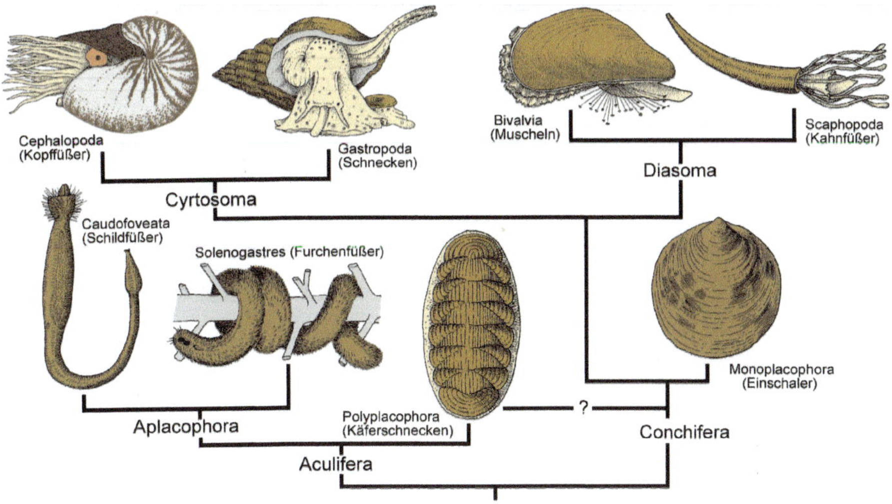

Abb. 19-1: Die rezenten Klassen der Mollusca und ihre phylogenetischen Beziehungen (modifiziert nach Lecointre & Le Guyader 2001).

Die Klasse **Hyolitha** (Hyolithen) existierte vom Unteren Kambrium bis ins Perm. Ihr Häufigkeitsmaximum liegt aber im Altpaläozoikum. Hyolitha besitzen konische Gehäuse mit dreieckigem oder rundem Querschnitt, die mit Deckel versehen sind. Ihre Lebensweise war möglicherweise benthisch. Ihre verwandtschaftliche Beziehung zu den anderen Molluskenklassen ist unklar. Neuerdings wird auch eine Verwandtschaft zu den Brachiopoda vermutet. *Paragloborilus* ist ein Beispiel aus dem Unteren Kambrium.

Tentaculitoidea (oder Cricoconarida): Die Tentakuliten existierten seit dem Kambrium und starben am Ende des Devons aus. Dabei handelt es sich um millimetergroße, spitzkonische Gehäuse, die häufig eine ausgeprägte Skulptur zeigen. Sie sind besonders in Tiefwasserablagerungen häufig und in Schwarzschiefern oft die einzigen Fossilien. Ihre Lebensweise war wahrscheinlich pelagisch als Plankton. Sie werden oft mit den Pteropoda (Flügelschnecken) verglichen (vgl. Kap. 20), neuerdings aber auch in die Nähe der Brachiopoda gestellt.

Die Klasse **Rostroconchia** (Schnabelschaler) existierte vom Unteren Kambrium bis zum Ende des Perms. Sie werden zu den Conchifera gerechnet. Ihre Form erinnert an Muscheln, denen sie ursprünglich auch zugeordnet wurden. Wie Muscheln besaßen sie zwei Klappen, die aber verwachsen waren und nicht separat bewegt werden konnten. Die Schale klaffte; vermutlich konnte der Fuß durch die Öffnung gestreckt werden. Ihre Lebensweise war vermutlich infaunal, wobei das Hinterende etwas aus dem Meeresboden herausragte. Die Rostroconchia werden teilweise als Vorläufergruppe der Scaphopoda interpretiert. *Conocardium* ist ein Beispiel aus dem Devon.

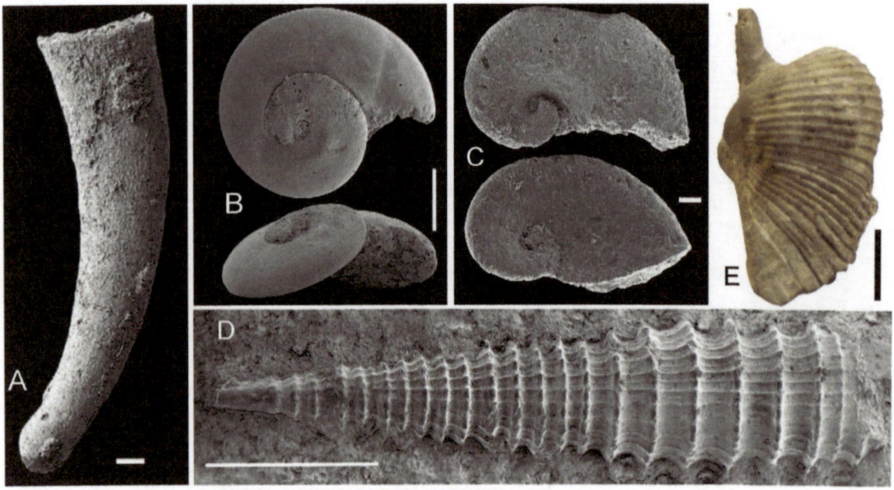

Abb. 19-2: Beispiele ausgestorbener Mollusken der Klassen Heliconellida, Hyolitha, Tentaculitoidea und Rostroconchia. A: *Paragloborilus* (Hyolitha, Kambrium); B, C: Heliconellida, B: *Pelagiella*, C: *Aldanella* (beide Kambrium); D: *Nowakia* (Tentaculitoidea, Devon); E: *Conocardium* (Rostroconchia, Devon); Maßstab A, B, C: 0,1 mm, D: 0,5 mm, E: 5 mm; (kompiliert und modifiziert nach Ferrova et al. 2012 und Steiner et al. 2007).

Zitierte und weiterführende Literatur

Barnes, R. D. (1987): Invertebrate Zoology.- 893 pp., Saunders.

Boardman, R. S. (1987 ed.): Fossil invertebrates.- 713 pp., Blackwell.

Brusca, R. C. & Brusca, G. J. (1990): Invertebrates.- 922 pp., Sunderland.

Ferrová, L., Fryda, J., & Lukes, P. (2012): High-resolution tentaculite biostratigraphy and facies development across the Early Devonian Daleje Event in the Barrandian (Bohemia): implications for global Emsian stratigraphy. Bulletin of Geosciences 87: 587–624.

Lecointre, G. & Le Guyader, H. (2001): Biosystematik.- 696 S., Springer.

Steiner, M., Li, G., Qian, Y., Zhu, M. & Erdmann B. D. (2007): Neoproterozoic to Early Cambrian small shelly fossil assemblages and a revised biostratigraphic correlation of the Yangtze Platform (China).- Palaeogeography Palaeoclimatology Palaeoecology 254: 67–99.

Ziegler, B. (1983): Spezielle Paläontologie I.- 408 S. Schweizerbart.

19 Klasse Bivalvia (Lamellibranchiata, Pelecypoda, Muscheln)

Muscheln sind bilateralsymmetrisch und bestehen aus einem **Eingeweidesack** mit Herz, Gonaden und Nephridien sowie **Fuß** und **Mantel** (Pallium). Der Fuß dient zum Kriechen oder Graben. Manche Formen besitzen an der Fußwurzel eine **Byssusdrüse**. Sie sondert die Byssusfäden ab, mit denen sich die Muschel am Substrat festheften kann. Der Kopf ist auf Mund- und Mundlappen reduziert, Kiefer und Radula fehlen (Abb. 19-3A). Muscheln besitzen große Kiemen, die neben der Versorgung mit Sauerstoff bei den meisten Formen auch der Ernährung durch Filtrieren von organischen Schwebpartikeln dienen. Man unterscheidet vier **Kiementypen**: protobranch, filibranch, eulamellibranch und septibranch. Die Schale ist auf der Innenseite vom zweilappigen Mantel ausgekleidet. Die Mantellappen können verwachsen sein und am Hinterende Siphonen bilden, mit einer Einstrom- und einer Ausströmöffnung, die bei infaunaler Lebensweise zum Filtrieren dienen. Das Nervensystem der Muscheln ist einfach. Tastrezeptoren und bei einige Formen Augen (z. B. *Pecten* und *Lima*) sitzen am Mantelrand an den Mantellappen (Abb. 19-16). Der Weichkörper der Muscheln ist in eine kalkige Schale eingebettet, die aus zwei Klappen besteht. Der Zusammenhalt der Klappen wird durch ein dorsales, elastisches Ligament, durch die Schließmuskeln und durch ein Schloss aus Zähnen und Zahngruben als Scharnier gewährleistet. Die Klappen werden durch die Schließmuskeln geschlossen. Das elastische Ligament steht in geschlossenem Zustand unter Spannung. Bei nachlassender Muskelkontraktion öffnet die Schale automatisch.

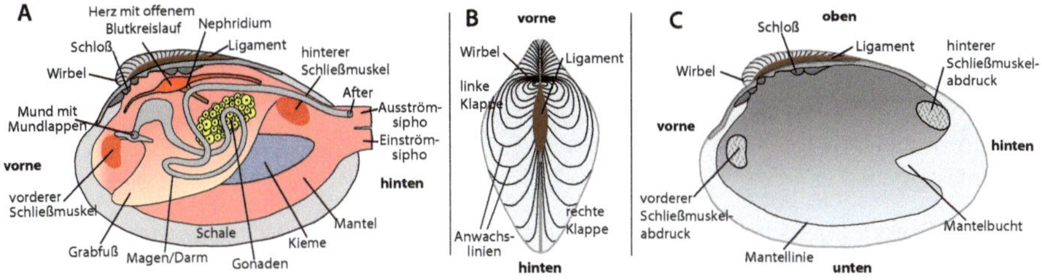

Abb. 19-3: A: Schematischer Bauplan einer Muschel; B: Blick auf eine geschlossene Muschel von oben; C: Schalenmerkmale von innen.

Die **Schale** der Muscheln dient dem Schutz des Weichkörpers und wird vom Mantel ausgeschieden. Die Schalenform ist sehr variabel. Sie besteht in der Regel aus zwei Klappen, einer rechten und einer linken, die bei den meisten Formen gleichklappig sind, also symmetrisch entlang der Kommissur (Berührungslinie der Klappen). Bei ungleichklappigen

Schalen geht die Symmetrie zwischen den Klappen verloren (z. B. bei den Rudisten oder den Austern, Abb. 19-8 und 19-13). Das Wachstum der Schalen beginnt am **Wirbel.** Er ist das Zentrum der Anwachslinien (oder Wachstumslinien), die man auf der Außenseite der Schale erkennen kann (Abb. 19-3 B). Der Wirbel ist meist nach vorne geneigt (prosogyr), seltener nach hinten (opisthogyr). Auf der Schalenaußenseite können Rippen (konzentrisch und radial), Knoten, Knotenreihen, Stacheln und Falten als Skulpturelemente ausgebildet sein. Auf der Innenseite der Schale sind Abdrücke der Schließmuskeln und der Verlauf der Mantellinie sichtbar (Abb. 19-4). Man unterscheidet zwischen **homomyaren** (oder isomyaren, d. h. gleich großen), **heteromyaren** (oder anisomyaren, d. h. ungleich großen) und einzelnen **(monomyaren)** Muskelabdrücken. Beim Verlauf der Mantellinie unterscheidet man zwischen **integripalliat** (ganzrandig) und **sinupalliat** (mit Sinus = Einbuchtung). Die Schale (Abb. 19-16) besteht aus einer dünnen, äußeren organischen Lage (Periostrakum) und einer darunterliegenden zweilagigen Schicht aus Kalk (Kalzit, Aragonit oder beiden Mineralen). Die äußere Lage besteht aus feinen Kalkprismen, die innere überwiegend aus Kreuzlamellen oder Perlmutt.

Für die Beschreibung der Muschelmerkmale ist es wichtig, rechte und linke Klappe bzw. vorne und hinten unterscheiden zu können. Die Art der Muskeleindrücke und der Verlauf der Mantellinie helfen bei der Schalenorientierung. Wirbel, Schloss und Ligament zeigen per Definition nach oben; entsprechend liegen der größere Muskelabdruck und der Sinus hinten. Gibt es nur einen Muskelabdruck, liegt dieser ebenfalls hinten. Diese der Merkmalsbeschreibung dienende Orientierung ist nicht gleichbedeutend mit der realen Lebendstellung.

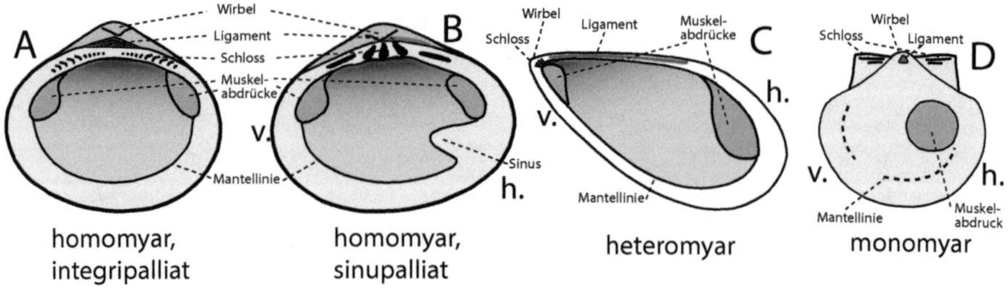

Abb. 19-4: Schloss, Ligament, Muskelabdrücke, Mantellinie und Mantelbucht (Sinus) sind wichtige innere Merkmale der Schale und können zur Orientierung herangezogen werden (siehe Text; v. = vorne, h. = hinten).

Das **Schloss** der Muscheln verhindert, dass die beiden Klappen seitlich verschoben werden und ist sehr wichtig für die Taxonomie (Abb. 19-4 und 19-5). Folgende **Schlosstypen** werden unterschieden:

- **taxodontes Schloss:** zahlreiche parallele Kerbzähne, meist senkrecht zum Schlossrand (Abb. 19-4 A und C, 19-5 A-C)

- **dysodontes Schloss:** ohne Zähne, mit feiner Riefung des Randes, großes Ligament (Abb. 19-5, D)
- **heterodontes Schloss:** geringe Anzahl unterschiedlich geformter Zähne und Gruben, Kardinalzähne unter dem Wirbel, Lateralzähne seitlich, parallel zum Schlossrand (Abb. 19-4 B, 19-5 H)
- **isodontes Schloss:** je zwei symmetrische Zähne und Gruben zu beiden Seiten des Ligaments (Abb. 19-5, E)
- **schizodontes Schloss:** dreieckiger, gespaltener Zahn der linken Klappe greift zwischen zwei geriefte Zähne der rechten Klappe (Abb. 19-5, F)
- **desmodontes Schloss:** ohne Schlosszähne, dafür ein Ligament mit Chondrophor (Ligamentlöffel Abb. 19-5, i)
- **pachydontes Schloss:** ein bis drei dicke, zapfenförmige Zähne fügen sich in entsprechende Gruben der Gegenklappe (Abb. 19-5, G).

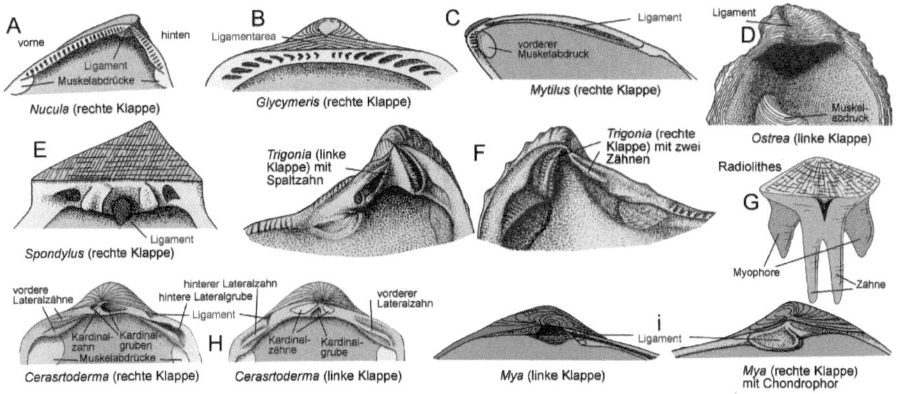

Abb. 19-5: Die Wirbelregion verschiedener Muscheln, mit Schloss und Ligament. A: taxodontes Schloss, inneres Ligament; B: taxodontes Schloss, äußere Ligamentarea; C: Reste eines taxodonten Schlosses, opisthodetes (hinten liegendes) Ligament; D: ohne Schloss, dreigeteiltes Ligamentfeld (Resilifer); E: isodontes Schloss, inneres Ligament; F: schizodontes Schloss, G: pachydontes Schloss; H: heterodontes Schloss mit opisthodetem Ligament; I: ohne Schloss, Ligament mit Ligamentlöffel (Chondrophor); (kompiliert und modifiziert nach Clarkson 1998, Ziegler 1983).

Im Bereich des Schlosses liegt das elastische, vom Mantel produzierte **Ligament** aus Scleroprotein, welches die Schalen verbindet. Das Ligament kann außerhalb oder innerhalb der Schlossleiste liegen. Das innere Ligament heißt **Resilium.** Ein äußeres Ligament, das beiderseits des Wirbels liegt, nennt man **amphidet**; liegt es hinter dem Wirbel, bezeichnet man es als **opisthodet.** Die **Lunula**, ein langovaler, anders als die Schale skuptierter Bereich, liegt vor dem Wirbel. Bei taxodonten Muscheln kann zwischen den Wirbeln eine **Ligamentarea** ausgebildet sein. Bei *Mya* ist ein Ligamentlöffel **(Chondrophor)** entwickelt (Abb. 19-5).

19.1 Systematik

Die klassische Systematik der Muscheln basiert überwiegend auf morphologischen Merkmalen wie Schalenstruktur, Schalenform, Schlosstyp, Muskeleindrücken und Mantelbucht. Durch neue molekulargenetische Untersuchungen ist die Systematik derzeit im Umbruch.

Unterklasse Protobranchia: Protobranchia sind überwiegend kleinwüchsig und leben infaunal als Substratfresser und haben Labialpalpen (Mundtaster, Abb. 19-3). Sie besitzen ein taxodontes Schloss, sind meist isomyar und integripalliat oder schwach sinupalliat. Das Ligament ist amphidet. Sie kommen seit dem Kambrium vor. Dazu gehören die **Ordnungen Nuculida, Cryptodonta und Nuculanida** (Abb. 19-6).

Abb. 19-6: Beispiele taxodonter Muscheln aus den Ordnungen Nuculida, Cryptodonta und Nuculanida. A: Nuculida, *Nucula*, linke Klappe außen und innen; B: Cryptodonta, B: *Solemya*, linke Klappe außen; (Oberjura); C, D: Nuculanida, C: *Portlandia*, rechte Klappe innen und außen; D: *Yoldiella*, linke Klappe innen und außen; Maßstab 1 cm.

Unterklasse Pteriomorpha: Die Pteriomorpha sind eine große Muschelgruppe mit heterogenen Merkmalen, die seit dem Kambrium bekannt ist. Sie besteht aus sechs Ordnungen, die praktisch alle marin vorkommen. Formen der **Ordnung Arcoida** sind taxodont, isomyar und haben ein großes amphidetisches Ligament (z. B. *Arca* und *Glycymeris*, Abb. 19-7). Vertreter aus der **Ordnung Mytiloida** sind heteromyar mit opisthodetem Ligament und meist zahnlos. Teilweise ist ein reliktisches taxodontes Schloss vorhanden. Der Wirbel ist weit nach vorne verschoben (z. B. *Mytilus*, *Modiolus*, *Lithophaga* und *Pinna*, Abb. 19-7).

Die **Ordnung Pterioida** (z.T. auch Pteriida) ist durch meist zahnlose und monomyare Formen charakterisiert. Ihr Ligament ist opisthodet oder amphidet. Typische Formen sind *Isognomon*, *Pteria* und *Inoceramus* (Abb. 19-8). **Ordnung Ostreida:** Ostreida haben kein Schloss, dafür ein kräftiges dreigeteiltes Ligamentfeld (Recilifer). Sie sind deutlich ungleichklappig und monomyar. Teilweise ist der Wirbel stark eingedreht entweder in der Kommissurebene (z. B. *Exogyra*) oder senkrecht dazu (z. B. *Gryphaea*). Die Schale ist meist dick und lamellenförmig, z. T. mit Zickzack-Kommissur wie bei *Lopha*.

Abb. 19-7: Beispiele pteriomorpher Bivalven der Ordnungen Arcoida und Mytiloida. A, B: Arcoida, A: *Arca*, linke Klappe von innen und außen; B: *Glycymeris*, linke Klappe von innen und außen; C–F: Mytiloida, C: *Mytilus*, linke Klappe von außen und rechte Klappe von innen; D: *Modiolus*, linke Klappe, E: *Lithophaga* Bohrmuscheln in einem Kalkgeröll; F: *Pinna*, rechte Klappe; Maßstab A, B, C, D, E: 1 cm, F: 5 cm.

Abb. 19-8: Beispiele pteriomorpher Bivalven der Ordnungen Pterioida und Ostreida. A–C: Pterioida, A: *Isognomon*, rechte Klappe von innen, linke Klappe von außen; B: *Pteria*, linke Klappe von außen; C: *Inoceramus*, rechte Klappe von außen; D–G: Ostreida, D: *Ostrea*, linke Klappe von innen; E: *Gryphaea*, zweiklappig; F: *Exogyra*, linke Klappe innen und außen; G: *Lopha*, rechte Klappe von außen; Maßstab A–G: 1 cm.

Ordnung Limoida (z.T. auch Limida): Gattungen der Limoida haben querovale Klappen sind monomyar und besitzen kein Schloss. Das Ligament liegt in einer dreieckigen Grube unter dem Wirbel. Auf beiden Seiten des Wirbels ist je ein kleines Ohr entwickelt. Die Formen der **Ordnung Pectinoida** sind monomyar mit einem Ligament in einer dreieckigen Grube unter dem Wirbel. Die Klappen sind rund, radial wie konzentrisch berippt und z. T. mit Stacheln versehen. Häufig sind zu beiden Seiten des Wirbels auffällige Ohren entwickelt. Typische Beispiele sind *Spondylus*, *Clamys* und *Pecten* (Abb. 19-9).

Abb. 19-9: Beispiele pteriomorpher Bivalven der Ordnungen Limoida (A) und Pectinoida (B–D). A: *Lima*, linke Klappe innen und außen; B: *Spondylus*, linke und rechte Klappe; C: *Clamys*, rechte Klappe innen und außen; D: *Pecten*, rechte Klappe innen und außen. Maßstab A–D: 1 cm.

Unterklasse Palaeoheterodonta: Die Palaeoheterodonta sind eine kleine, seit dem Silur bekannte Muschelgruppe, zu der im Wesentlichen die Süßwassermuscheln (Unionoida) und die Trigonioida gerechnet werden (Abb. 19-10). Die **Ordnung Unionoida** beinhaltet isomyare, integripaliate, zahnlose oder heterodonte Muscheln. Ihr Periostrakum ist meist kräftig ausgebildet. Vertreter der **Ordnung Trigonioida** treten überwiegend fossil auf. Charakteristisch ist ihre etwa dreieckige Schale mit kräftigen Rippen oder Knoten auf der Außenseite und einem schizodonten Schloss und isomyaren Muskelabdrücken auf der Innenseite.

Unterklasse Heterodonta: Die Heterodonta sind die größte Muschelgruppe und seit dem Kambrium bekannt. Sie leben überwiegend marin, einige Formen kommen auch im Süßwasser vor. Heterodonta sind meist an eine infaunale Lebensweise angepasst und haben Siphone. Sie sind heterodont und isomyar. Muscheln der **Ordnung Veneroida:** Veneroida sind heterodont, isomyar und integripalliat oder sinupalliat. Bekannte Beispiele sind *Venus*, *Mactra*, *Arctica* und *Petricola*. Die Formen der **Ordnung Cardiida** sind ebenfalls isomyar, integripalliat oder sinupalliat und heterodont, wobei die Lateralzähne reduziert

Abb. 19-10: Beispiele palaeoheterodonter Bivalvia der Ordnung Trigonioida (A) und Unionoida (B, C). A: *Myophorella*, linke Klappe außen und innen mit Spaltzahn; B und C: Süßwassermuscheln, B: *Anodonta*, linke Klappe innen und außen; C: *Unio*, linke Klappe innen und außen; Maßstab A–C: 1 cm.

Abb. 19-11: Beispiele heterodonter Muscheln aus der Ordnung Veneroida (A-C und F) und Cardiida (D, E und G). A: *Venus*, linke Klappe, innen und außen; B: *Mactra*, linke Klappe, innen und außen; C: *Arctica*; linke Klappe innen und außen; D: *Cerastoderma*, linke Klappe, innen und außen; E: *Crassatella*, linke Klappe innen und außen; F: *Petricola*, rechte Klappe, innen und außen; G: *Ensis*, rechte Klappe außen, linke Klappe innen; Maßstab A–F: 1 cm, G: 2 cm.

sein können. Ihre Form variiert von rundlich bis langgezogen. Typische Beispiele sind *Cerastoderma*, *Crassatella*, *Ensis* und *Tridacna* (Abb. 4-18).

Vertreter der **Ordnung Myoida** sind meist zahnlos, isomyar und sinupalliat (Abb. 19-12). Häufig haben sie einen Chondrophor. Die **Ordnung Anomalodesmata** wird durch grabende oder bohrende Formen repräsentiert. Sie sind isomyar, sinupalliat und haben kein Schloss.

Abb. 19-12: Beispiele heterodonter Muscheln aus den Ordnungen Myoida (A, B) und Anomalodesmata (C, D). A: *Mya*, linke Klappe innen und außen; B: *Pholas*, rechte Klappe innen und außen; C: *Pleuromya*, linke Klappe; D: *Pholadomya*, linke Klappe; Maßstab: A, B: 2 cm, C, D: 1 cm.

Die **Ordnung Hippuritoida** (oft auch als Rudisten bezeichnet) ist nur fossil bekannt; vorwiegend aus der Kreide. Die meisten Formen zeigen eine deutliche Ungleichklappigkeit. Sie sind pachydont, isomyar und integripalliat. Viele Vertreter sind riffbildend (Abb. 19-13).

Abb. 19-13 Beispiele heterodonter Muscheln aus der Ordnung Hippuritoida. A: *Diceras*, doppelklappig; B: *Hippurites*, Seitenansicht und C: Querschnitte verwachsener Formen; D: *Radiolithes*. Maßstab A–D: 2 cm.

19.2 Taphonomie, Stratigraphie und Phylogenie

Taphonomie: Muscheln sind die häufigsten Fossilien im Meso- und Känozoikum. Nach dem Tod zerfallen Muscheln normalerweise in isolierte Klappen. In vielen Fällen sind sie zu Schillansammlungen konzentriert. Die Pteriomorpha bilden überwiegend Kalzitschalen und werden bevorzugt in Schalenerhaltung überliefert. Protobranchia und Heterodonta sind bevorzugt Aragonitschaler. Neben der Schalenerhaltung kommt bei ihnen häufig auch Steinkernerhaltung vor.

Stratigraphie: Bivalven sind als Benthosorganismen faziesabhängig und somit keine guten Leitfossilien. Nur wenige Gruppen (z. B. die Inoceramen und Rudisten der Oberkreide) werden erfolgreich für die Stratigraphie genutzt.

Phylogenie: Muscheln sind seit dem Kambrium nachgewiesen (Abb. 19-14). Als älteste Vertreter gelten die Gattungen *Pojetaia* und *Fordilla*, deren systematische Zuordnung unklar ist. Die Unterklassen Protobranchia, Pteriomorpha und Heterodonta reichen ebenfalls bis in das Kambrium zurück. Von den heute noch existierenden Muscheln sind die Protobranchia die ursprünglichsten Formen und möglicherweise die Stammgruppe aller anderen Muscheln. Nach molekulargenetischen Untersuchungen sind auch die Palaeoheterodonta sehr ursprünglich, im Fossilbericht treten sie aber erst ab dem Silur auf. Die erdgeschichtlich dominanten Gruppen sind die Pteriomorpha und die Heterodonta, wobei vor allem letztere seit dem Mesozoikum dominieren.

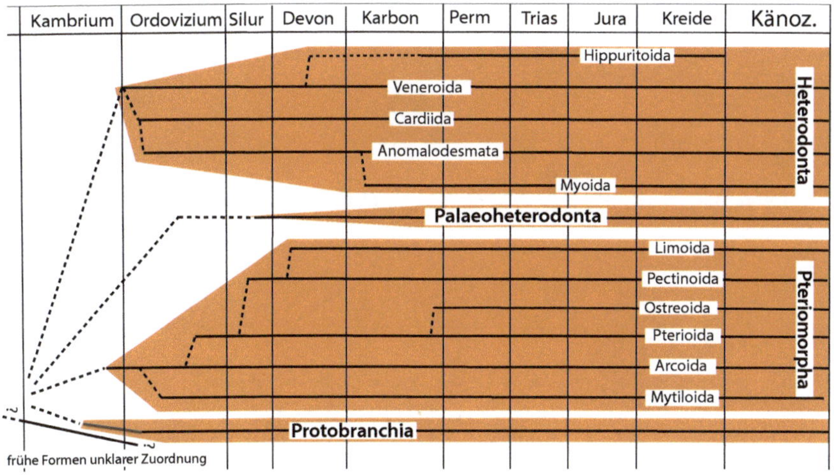

Abb. 19-14 Vereinfachte Darstellung der Phylogenie der Muscheln.

19.3 Ökologie

Muscheln sind sehr gute Fazies- oder Ökofossilien, da sie viele verschiedene Lebens- und Ernährungsweisen entwickelt haben, die aus den Schalenmerkmalen abgeleitet werden können (Abb. 19-15). Muscheln besiedeln Hart- und Lockersubstrate und leben epibenthisch und endobenthisch. Viele Austern und *Spondylus* zementieren auf felsigem Untergrund, auch Schalen (z. B. Ammonitengehäuse) können als sekundäres Hartsubstrat dienen. *Mytilus, Arca, Pteria, Isognomon* und *Clamys* heftet sich als Epifauna mit einem Byssusfaden an Hart- und Lockersediment. Manche Muscheln können kurzfristig schwimmen (z. B. *Lima* und *Pecten*). Einige byssate Formen stecken halb im Sediment (so z. B. *Pinna* und *Modiolus*). Die meisten Muscheln leben infaunal. Sie graben sich mithilfe ihres Fußes ein. Flachgrabende Formen *(Cerastoderma, Venus, Arctica* und *Crassatella)* haben keinen oder nur einen schwachen Sinus in der Mantellinie. Bei tiefgrabenden Formen *(Scrobicularia, Pleuromya, Pholadomya, Mya, Ensis)* ist die Schale häufig langgestreckt und am Hinterende klaffend, wegen des Austritts der langen Siphone. Diese Formen haben einen tiefen Sinus. Manche Muscheln bohren in Hartsubstrat. *Petricola und Pholas* bevorzugen verfestigten Ton und Torf. *Teredo* (Schiffsbohrwurm) bohrt in Holz, während *Lithophaga* und *Gastrochaena* mit Säure in kalkigem Hartsubstrat (Fels und lebende Korallen) bohren. Pseudoplanktonische Formen, wie z. B. manche Inoceramen und Austern, heften sich an driftende oder schwimmende Objekte (Baumstämme oder Ammoniten). Verschiedene Muscheln bilden kleinere Riffe (z. B. Austern). Rudisten waren die wichtigsten Riffbildner der Oberkreide. Die Mehrzahl der Muscheln leben marin, es gibt aber auch zahlreiche Brack- und Süßwasserformen (z. B. *Unio* und *Anodonta*).

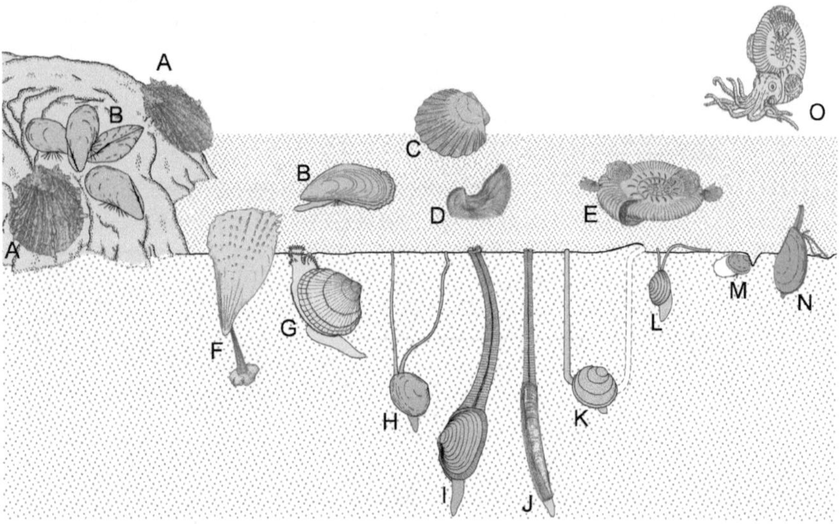

Abb. 19-15: Wichtige Ökotypen der Muscheln. A, B: Hartsubstratbewohner, A: *Spondylus*, B: *Mytilus*; B–D: Epibenthos auf Weichsubstrat, B: *Mytilus*, byssat, C, D: Liegeformen, C: *Pecten*, kurzfristig freischwimmend, D: *Gryphaea*; E: sekundäre Hartgrundbewohner, *Liostrea* und *Clamys*; F–K: semiinfaunale und infaunale Weichbodenbewohner, F: Semiinfauna, *Pinna*; G: flachgrabende Formen, *Cerastoderma*; H–K: tiefgrabende Formen, H: *Scrobicularia*, I: *Mya*; J: *Ensis*; K: *Lucina* mit Pseudosipho; L, M, N: Sedimentfresser, L: *Tellina*; M: *Nucula*, N: *Yoldia*; O: Pseudoplankton, *Liostrea* an Ammonit.

Auch bei der Ernährungsweise sind Muscheln sehr variabel. Die Protobranchia und manche Heterodonta ernähren sich als grabende Sedimentfresser (z. B. *Nucula*, *Portlandia*, *Yoldiella* und *Tellina*). Die meisten Muscheln ernähren sich filtrierend. Durch ihre mit Wimpern besetzten Kiemen erzeugen sie einen Wasserstrom, aus dem sie Nahrungspartikel und Kleinlebewesen filtrieren. Muscheln sind als Filtrierer deutlich leistungsfähiger als Brachiopoda (siehe Kap. 17). Vermutlich wurden deshalb die Brachiopoden im Meso-

und Känozoikum von den Muscheln weitgehend verdrängt. Einige Muscheln entwickelten Symbiosen mit Bakterien (Chemosymbiose) und Phytoplankton (Photosymbiose). *Tridacna* (siehe Abb. 4-18) lebt ähnlich wie Riffkorallen (siehe Kap. 15) in Symbiose mit Zooxanthellen. Auch für die Rudisten wird diese Symbiose vermutet. Manche Arten (z. B. *Solemya*, *Bathymodiolus* und viele Luciniden) leben mit chemotrophen Bakterien zusammen. Diese Bakterien gewinnen Energie durch die Oxidation von Methan (CH_4) oder Schwefelwasserstoff (H_2S), und liefern wie bei der Photosymbiose Nährstoffe an den Wirt.

19.4 Fortpflanzung und Ontogenie

Muscheln sind meist getrennt geschlechtlich. Manche Taxa wechseln das Geschlecht während der Adultphase. Zur Fortpflanzung werden die Gameten gleichzeitig ins Wasser abgegeben und bilden nach der Verschmelzung Larven. Die Larven sind entweder lecitotroph (mit Dottervorrat) und entwickeln sich am Meeresboden, oder sie leben als planktotrophe Veligerlarve im Oberflächenwasser (Abb. 19-16 A–C). Bei Süßwassermuscheln ist das Larvenstadium häufig unterdrückt; in diesem Falle wachsen die Eier in der Mantelhöhle zu Jungtieren heran, oder sie bilden spezielle Larven (Glochidien), die sich mit einem Klebefaden und Häkchen an Fische anheften und sich parasitisch ernähren. Muscheln bilden bereits während der einige Tage bis viele Wochen dauernden Larvalphase kleine Schalen (Prodissoconche). Nach der Larvalphase siedeln die Juvenilformen am Meeresboden. Das Größenwachstum der Muschel erfolgt am Schalenrand (Abb. 19-16 D). Die Lebensdauer von Muscheln reicht von weniger als einem Jahr bis zu mehreren hundert Jahren (*Tridacna*, *Arctica* und manche Süßwassermuscheln). Die meisten marinen Muscheln werden mehrere Jahre alt (im Schnitt 5–20 Jahre). Von *Arctica* sind Exemplare bekannt, die 500 Jahre alt geworden sind. Diese Muscheln sind sehr gut für die Temperaturrekonstruktionen der letzten Jahrhunderte geeignet (siehe Abb. 4-7).

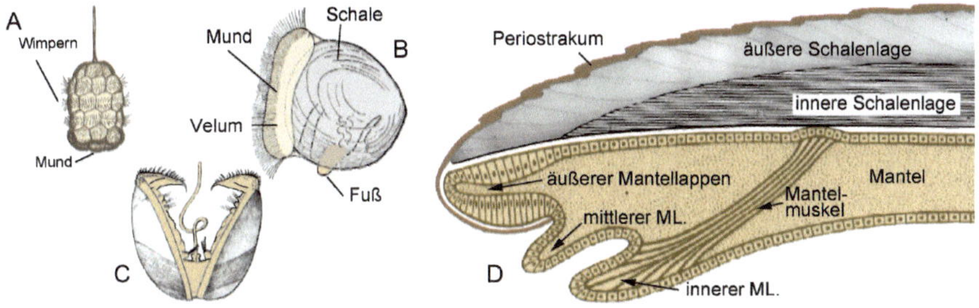

Abb. 19-16: Larvalentwicklung und Wachstum von Muscheln. A–C Larventypen von Muscheln. A lecitotrophe (mit Dottervorrat) und B planktotrophe Veligerlarve. C: Glochidium, eine Larve von Süßwassermuscheln. D: Schnitt durch den Schalenrand und Mantel einer Muschel. Das Periostrakum wird in der Falte zwischen äußerem und mittlerem Mantellappen gebildet. Der äußere Mantellappen bildet die äußere Schalenlage. Die innere Schalenlage wird vom Mantelepithel ausgeschieden (kompiliert und modifiziert nach Barnes 1987). An den Mantellappen können auch Sinneszellen (Augen oder Tastsinn) vorhanden sein.

Weiterführende Literatur

Barnes, R. D. (1987): Invertebrate Zoology.- 893 pp., Saunders.

Boardman, R. S. (1987 ed.): Fossil invertebrates.- 713 pp., Blackwell.

Brusca, R. C. & Brusca, G. J. (1990): Invertebrates.- 922 pp., Sunderland.

Carter, G. J. et al. (2011): A Synoptical Classification of the Bivalvia (Mollusca).- Paleontological Contributions 4: 47 pp. University of Kansas.

Clarkson, E. N. K. (1998): Invertebrate Palaeontology and Evolution.- 452, pp., Blackwell.

Fox, R., Barnes, R. D. & Ruppert, E. E. (2003): Invertebrate Zoology: a functional evolutionary approach.- 1008 pp., Brooks & Cole.

Lecointre, G. & Le Guyader, H. (2001): Biosystematik.- 696 S., Springer.

Lehmann, U. & Hilmer, G. (1997): Wirbellose der Vorzeit.- 304 S.; Enke.

Plazzi, F. & Passamonti, M. (2010): Towards a molecular phylogeny of Mollusks: Bivalves' early evolution as revealed by mitochondrial genes.- Molecular Phylogenetics and Evolution 57: 641–657

Ponder, W. F. & Lindberg, D. R. (2008, eds.): Phylogeny and evolution of the Mollusca.- 479 pp., University of California Press.

Wilbur, K. M. & Yonge, C. M. (1983, eds.): The Mollusca Vol. 1 -11, Academic Press, New York.

Ziegler, B. (1983): Spezielle Paläontologie I.- 408 S. Schweizerbart.

20 Klasse Gastropoda (Schnecken, Bauchfüßer)

Gastropoden sind komplex gebaute Mollusca mit Kopf, Fuß, Mantel und Eingeweidesack. Sie leben marin, brackisch, im Süßwasser und am Festland, und sind damit die bei Weitem erfolgreichste Klasse der Mollusken. Die meisten Gastropoda haben eine spiralige Schale aus Aragonit, bei zahlreichen Formen wurde die Schale auch zurückgebildet. Ihr Größenspektrum reicht von 1 mm bis 70 cm.

20.1 Merkmale

Am **Kopf** sind häufig Fühler und z. T. auch Augen entwickelt. Im Mund gibt es meist einen großen Oberkieferzahn und die Radula. Die **Radula** besteht aus vielen kleinen hakenförmigen Zähnchen, mit denen die Nahrung zerkleinert wird. Die Zähnchen bestehen aus Chitin und Conchiolin (Gerüsteiweiß), die durch Mineraleinlagerungen (Opal oder Goethit (FeO(OH)) gehärtet sind. Rezente Gastropoda lassen zahlreiche Radulatypen erkennen. Die Anordnung und Zahl der Radulazähne wird teilweise für die Taxonomie verwendet, allerdings ist die Radula fossil selten zu finden. Es gibt drei Zahntypen, den Mittelzahn (Rhachiszahn) und zu beiden Seiten zunächst die Admedianzähne und randlich die Marginalzähne (Abb. 20-1). Pflanzenfresser haben sehr viele Radulazähne, räuberische Formen vergleichsweise wenige (siehe auch Ökologie).

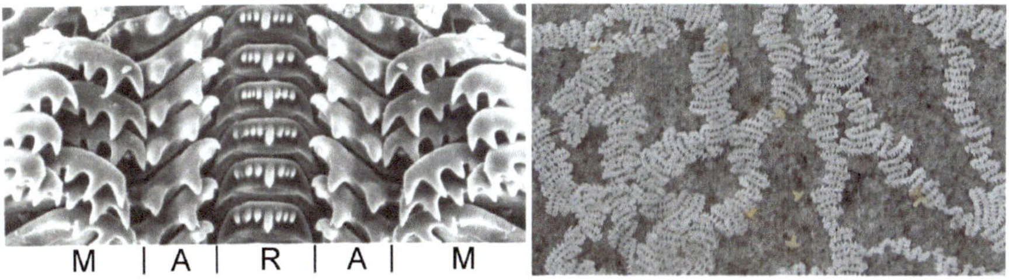

Abb. 20-1: Links: Radula eines Caenogastropoden (R: Rhachiszahn, A: Admedianzähne und M: Marginalzähne) und (rechts) Weidespuren einer Landschnecke mit Radulamuster (modifiziert nach Houbrick 1979 und Wikipedia).

Der Fuß ist meist als **Kriechfuß** entwickelt und dient der Fortbewegung durch wellenartige Kontraktionen von Quer- und Längsmuskeln. Zum besseren Gleiten wird aus einer Drüse am Fuß Schleim abgesondert. Der Fuß dient auch zum Wühlen im Sediment oder umgewandelt zu Flossen bzw. Flügeln (Flügelschnecken) zum Schwimmen. Kopf und Fuß können aus der Schale vorgestreckt und wieder zurückgezogen werden. Viele Schnecken besitzen einen am Fuß festgewachsenen Deckel, mit dem die Mündung verschlossen werden kann. In der Mantelhöhle liegen die einfiedrigen oder zweifiedrigen **Kiemen**. Bei den **Lungenschnecken** (Pulmonaten) wird das Epithel der Mantelhöhle von einem Blutgefäßsystem zum Gasaustausch durchzogen.

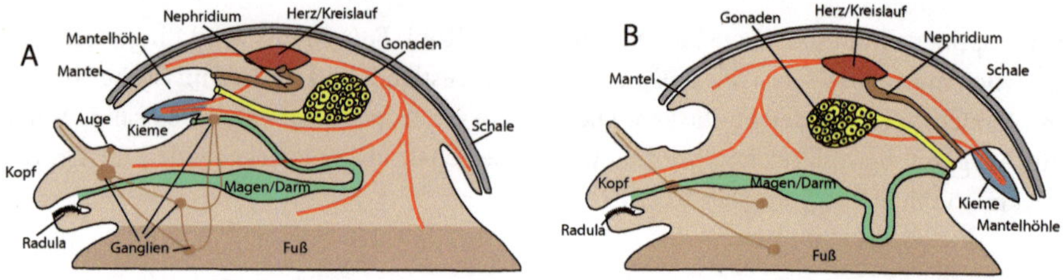

Abb. 20-2: A: Vereinfachter Bauplan eines «prosobranchen» Gastropoden. Die Mantelhöhle mit Kiemen, Nephridien-, Gonaden- und Darmausgang liegt vorne. B: Hypothetischer Bauplan eines «Urgastropoden» vor der Torsion. Die Mantelhöhle liegt hinten.

Torsion und Spiralisierung

Typisch für die Schnecken sind die Torsion des Weichkörpers und die Spiralisierung. Unter der Torsion wird die Drehung des Eingeweidesacks (mit Mantel, Kiemen, Herz und Nephridien) gegenüber Kopf und Fuß um 180° verstanden (Abb. 20-2 und 20-3). Sie ergibt sich aus der Streptoneurie (überkreuz verlaufende Nervenbahnen) und vollzieht sich bereits während der Larvalphase. Im Verlauf der weiteren phylogenetischen Entwicklung werden eine Kieme und ein Herzvorhof reduziert (Abb. 20-3 D). Bei den Opisthobranchia und den Pulmonatea wird die Torsion sekundär teilweise rückgängig gemacht. Die Mantelhöhle öffnet sich nun nach der Seite (Abb. 20-3 E und F). Unter «Spiralisierung» wird die sich nach oben verengende, spiralige Aufrollung des Gehäuses und des oberen Teils des Eingeweidesacks verstanden (trochospirale Aufrollung).

Schale

Die Schale der Gastropoden ist in der Regel spiralig gewunden (Abb. 20-4). Die meisten Schneckenarten haben Gehäuse, die bei Blickrichtung auf den Apex rechts- oder in Uhrzeigerrichtung gewunden sind. Bei diesen Arten treten, allerdings sehr selten, auch linksgewundene Gehäuse auf. Für manche Arten sind linksgewundene Gehäuse aber auch der Normalfall. Die Schale besteht wie bei den Muscheln aus einer äußeren organischen Schicht (Periostrakum) und einer inneren zweilagigen Schicht (Ostrakum) aus Aragonit oder selten aus Kalzit. Bei vielen Schnecken findet sich innen eine Perlmuttschicht. Die Schalenbildung erfolgt am Mantelrand, analog der Schalenbildung bei Bivalven (siehe Abb. 19-16 D).

Die Spitze der Schale wird **Apex** genannt. Die Stelle, an der die Umgänge verwachsen, heißt **Naht**. Zentral liegt die Spindel **(Columella)**, die in der Mitte häufig hohl ist. Sie ist

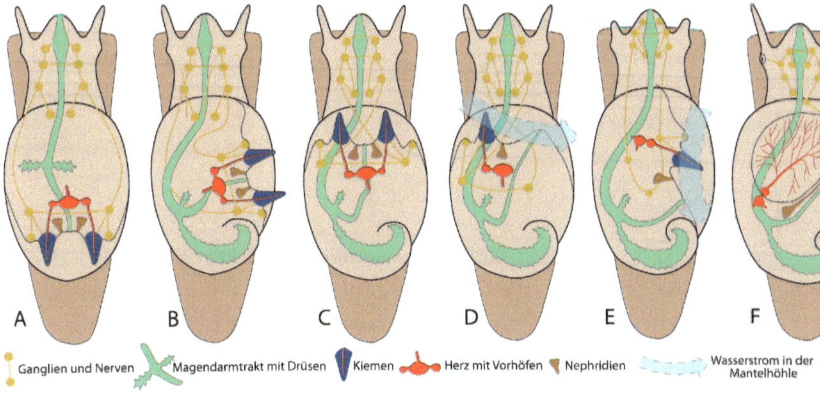

Abb. 20-3: Durch die Torsion des Eingeweidesacks kommt die ursprünglich hinten gelegene Mantelhöhle nach vorne (siehe auch Systematik). A und B: hypothetische Ausgangsformen («Urgastropoden»), die heute nicht mehr vorkommen (siehe auch Abb. 20-2). C und D: Durch die Torsion zeigt der Eingeweidesack nach vorne («Prosobranchia», Vorderkiemerschnecken). C: Entwicklungsstadium der Eogastropoda und Vetigastropoda mit paarigen Kiemen, Nephridien und Herzvorhöfen. D: Entwicklungsstadium der Caenogastropoda. Kieme, Nephridium und Herzvorhof sind nur einfach vorhanden. Der Wasserstrom in der Mantelhöhle wird jetzt so geführt, dass er zuerst frisches Wasser an der Kieme vorbei führt und dann die Exkremente wegspült. E und F: Entwicklungsstadium der Heterobranchia, bei denen der Eingeweidesack teilweise wieder zurückgedreht wurde. E: Opistobranchia (Hinterkiemenschnecken); F: Pulmonata (Lungenschnecken).

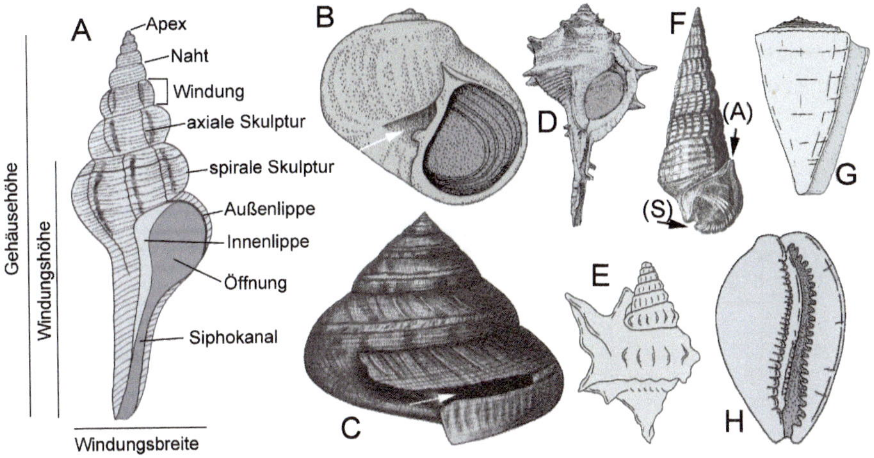

Abb. 20-4: A: Terminologie der Gehäusemerkmale einer Schneckenschale; B–H: weitere Gehäusemerkmale; B: *Natica* mit Umbilicus und Nabelschwiele; C: *Pleurotomaria* mit Schlitzband, das bei älteren Windungen verschlossen ist; D: *Murex* mit Stacheln; E: *Aporrhais* mit Flügel; F: *Cerithium* mit Siphokanal (S) und Analrinne (A); das Gehäuse zeigt zahlreiche Windungen mit hoher Steigung; G: *Conus* hat zahlreiche Windungen mit sehr geringer Steigung; H: *Cypraea* mit Mündungszähnen und umgreifender letzter Windung, die alle vorherigen verdeckt.

nur sichtbar, wenn das Gehäuse aufgebrochen wird. Die ventrale Öffnung der Columella heißt Nabel (**Umbilicus**). Die Mündung kann ganzrandig (**holostom**) oder geschlitzt, mit Ausguss (**siphonostom**) sein. Viele ursprüngliche Gastropoden besitzen ein **Schlitz**- oder **Lochband** auf der Außenseite des Gehäuses (Abb. 20-4).

20.2 Systematik

Für die Systematik der Gastropoden sind die Torsion, die Weichkörperanatomie, der Bau der Radula, die frühe ontogenetische Gehäuseform (Larvalschale) und die Schalenmorphologie von Bedeutung. Weil bei fossilen Gastropoda Radula und Larvalschalen nur sehr selten überliefert sind, kann im Wesentlichen nur auf die Schalenmorphologie Bezug genommen werden. Die systematische Zuordnung fossiler Gastropoda ist deshalb oft schwierig. Die biologische Systematik der Gastropoda wurde in den letzten Jahrzehnten mehrfach grundlegend revidiert, teilweise auf der Basis molekulargenetischer Daten. Sie ist derzeit immer noch im Fluss. Für viele Taxa ist noch keine Rangordnung festgelegt.

Klasse Gastropoda: An der Basis stehen die **Bellerophontida,** die vom Kambrium bis in die Untertrias vorkommen. Sie sind planspiral aufgerollt und werden teilweise als eigene Klasse angesehen. Manche Autoren vermuten, dass bei ihnen noch keine Torsion stattgefunden hat. Sie würden dann dem Typ A in Abb. 20-3 entsprechen. Eine weitere ursprüngliche Gruppe wird als «**Eogastropoda**» zusammengefasst. Sie beinhaltet z. B. die nur fossil (Silur bis Trias) vorkommenden **Euomphalina** und die **Patellogastropoda** (Abb. 20-5). Die rezenten Patellogastropoda besitzen zwei Herzvorhöfe und zwei Kiemenpaare; sie entsprechen dem Typ C in Abb. 20-3.

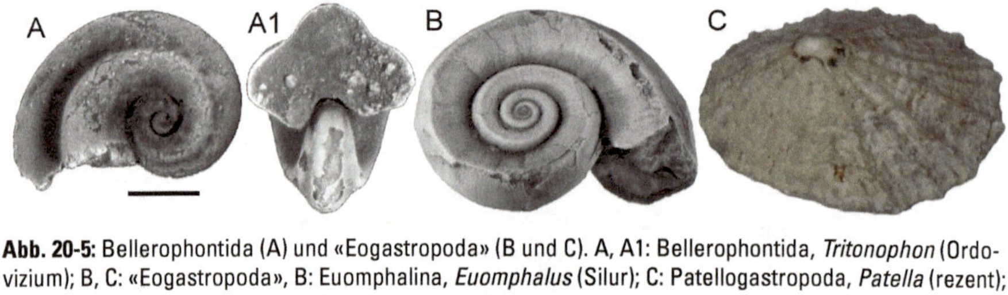

Abb. 20-5: Bellerophontida (A) und «Eogastropoda» (B und C). A, A1: Bellerophontida, *Tritonophon* (Ordovizium); B, C: «Eogastropoda», B: Euomphalina, *Euomphalus* (Silur); C: Patellogastropoda, *Patella* (rezent); Maßstab A, A1: 2 mm, B, C: 1 cm, (kompiliert nach Ebbestad et al. 2008 und Frýda et al. 2008).

Als Unterklasse «**Orthogastropoda**» werden die meisten übrigen Gastropoda zusammengefasst. Das Taxon ist aber nicht allgemein akzeptiert. Zu den Orthogastropoda gehören die Überordnungen Neritimorpha, Vetigastropoda, Caenogastropoda und Heterobranchia. Die **Neritimorpha** und **Vetigastropoda** (Abb. 20-6) besitzen (genauso wie die «Eogastropoda») zwei Herzvorhöfe und zwei Kiemenpaare, und entsprechen ebenfalls dem Typ C in Abb. 20-3. Die Neritimorpha bilden neben marinen Vertretern viele Süßwas-

Abb. 20-6: Beispiele der Vetigastropoda (A–F) und der Neritimorpha (G, H). A: *Lophospira* mit Schlitzband (Ordovizium); B: *Haliotis* mit Lochband; C: *Pleurotomaria* mit Schlitzband; D: *Turbo*; E: *Trochus*; F: *Fissurella*; G: *Theodoxus*, eine rezente Süßwasserschnecke; H: *Paffrathopsis*, eine Süßwasserschnecke (Devon); Maßstab A–F: 1 cm; G, H: 5 mm; (kompiliert und modifiziert nach Rohr et al. 2015; Zell, Wikipedia; Somma, Wikipedia; Frýda 2004).

serformen mit innerer Befruchtung als Fortpflanzungsweg, während die Vetigastropoda ausschließlich marin leben und extern befruchten. Inwieweit das auch für fossile Taxa gilt, ist unklar. Im Unterschied zu anderen Gastropoden mit spiralisiertem Gehäuse haben die meisten Vertreter der Neritimorpha ihre Spindel im Inneren der Schale resorbiert.

Die größte Gruppe der Gastropoda sind die **Caenogastropoda** (Abb. 20-7) mit etwa 75 000 Arten. Bei ihnen wurden ein Herzvorhof und ein Kiemenpaar reduziert. Sie entsprechen folglich Typ D in Abb. 20-3. Die Caenogastropoda werden in zahlreiche Untergruppen mit noch unklarer Rangordnung gegliedert. Sie können nur anhand ausgewählter Beispiele behandelt werden.

Zur Überordnung **Heterobranchia** (Abb. 20-8) gehören etliche ausgestorbene Formen (wie z. B. Nerinea) und die noch heute vorkommenden Ordnungen Opisthobranchia und Pulmonata. Bei den **Opisthobranchia** (Hinterkiemer) wurde der Eingeweidesack teilweise wieder zurückgedreht, wodurch die Mantelhöhle seitlich zu liegen kam (Abb. 20-3 E). Die etwa 6000 Arten der Opisthobranchia leben überwiegend marin, zu ihnen gehören viele Nacktschnecken und die planktonischen Tecosomata (auch Pteropoda oder Flügelschnecken). **Pulmonata** (Lungenschnecken Abb. 20-3 F) beinhalten überwiegend Süßwasser- und Landschnecken. Ihre Artenzahl wird auf etwa 20 000 bis 30 000 geschätzt. Auch bei ihnen gibt es viele Nacktschnecken, die ihr Gehäuse zurückgebildet haben.

Abb. 20-7: Beispiele der Caenogastropoda. A: *Aporrhais*; B: *Strombus* mit Operkulum; C: *Lambis*; D: *Vermetus*; E: *Littorina*; F: *Natica*; F: Blick auf den Apex, F1: Blick auf den Nabel mit Nabelschwiele; G: *Turritella*; H: *Cypraea*; I: *Charonia*; J: *Fusus*, K: *Murex*; L: *Buccinum*; M: *Conus*; Maßstab A, E und F: 1 cm, C, D und H: 1,5 cm; G, J, K, L und M: 2 cm; B: 5 cm; I: 8 cm.

Abb. 20-8 Beispiele heterobrancher Gastropoda; Opisthobranchia (A–E); A: *Nerinea* (Oberjura); B–E: Tecosomata, B: *Cavolinia*; C: *Clio*; D: *Diacria*; E: *Creseis*; Pulmonata (F und G), F: *Cepaea*; G: *Helix*; Maßstab: A: 2 cm, B–E: 5 mm, F und G: 1,5 cm; (modifiziert und kompiliert nach Gasca & Janssen 2014 und Zell und Descouens Wikipedia).

20.3 Taphonomie und Stratigraphie

Taphonomie: Marine schalentragende Gastropoda werden häufig zu Schalenansammlungen konzentriert. Langgestreckte Gehäuse sind dabei oft in Strömungsrichtung eingeregelt (siehe Abb. 1-11 A). Wegen der relativ leichten Löslichkeit der Aragonitschale sind Gastropoda oft nur als merkmalsarme Steinkerne erhalten.

Stratigraphie: Gastropoda sind überwiegend Benthosbewohner und deshalb ähnlich wie die Muscheln schlechte Leitfossilien. Hinzu kommt die häufige Erhaltung als merkmalsarme Steinkerne, die schwer bestimmbar sind (siehe Abb. 1-16). Lediglich die seit der Kreide vorkommenden planktonischen Tecosomata und einige jungkänozoische Taxa werden stratigraphisch genutzt.

20.4 Ökologie

Gastropoda sind gute Fazies- oder Ökofossilien, da sie viele verschiedene Lebens- und Ernährungsweisen entwickelt haben. Allerdings ist ihre Bedeutung für die Paläontologie geringer als die der Bivalvia, trotz der weitaus größeren Artenzahl. Gastropoda zeigen sehr viele Konvergenzen, weshalb aus ihren Hartteilen nur eingeschränkt auf ihre Lebensweise geschlossen werden kann. Die häufige Steinkernerhaltung erschwert zusätzlich die Bestimmung und die ökologische Interpretation. Die meisten Gastropoden leben marin und sind Flachwasserbewohner. Ihre Lebensweise ist überwiegend vagil benthonisch. Sie bewegen sich mit ihrem Kriechfuß und sind großteils Weidegänger, die sich von Algen, Wasserpflanzen und organischem Detritus ernähren. Viele Formen (z. B. *Patella* und *Haliotis*) weiden nachts mit ihrer Radula Hartgründe ab, um Algenfilme, Pilze und Bryozoen zu fressen. Tagsüber kehren sie immer wieder an die gleiche Stelle zurück und saugen sich fest. Manche Formen graben im Sediment und filtrieren (z. B. *Aporrhais*). Andere (z. B. *Vermetus*) leben fixosessil zementierend auf Hartsubstrat und fangen ihre Beute mit Schleimfäden. Einige Caenogastropoda leben räuberisch. *Murex* und *Natica* bohren Muscheln und andere Schnecken an und injizieren Gift (siehe Abb. 4-14). Zum Bohren benutzten sie eine Säure absondernde Drüse an ihrem Fühler. *Buccinum* knackt die Gehäuse von dünnschaligen Muscheln. *Conus* injiziert mit einem harpunenartig umgewandelten Radulazahn Gift in Polychaeten, Fische oder andere Mollusken. Viele Opisthobranchier haben ihre Schale zurückgebildet und sind in der Lage aktiv zu schwimmen. Bei den Pteropoden (Flügelschnecken) wurde der Fuß zu zwei muskulösen Lappen (Flügeln) umgeformt, die es ihnen ermöglichen, im Oberflächenwasser der Ozeane zu treiben oder zu schwimmen (siehe Abb. 4-2). Seit dem Karbon sind auch limnische und terrestrische Formen der Pulmonata bekannt. Sie sind überwiegend Pflanzenfresser.

20.5 Ontogenie und Phylogenie

Ontogenie: Die Fortpflanzung der Schnecken ist vielfältig. Marine Gastropoda sind überwiegend getrennt geschlechtlich. Patellogastropoda und Vetigastropoda geben ihre Gameten ins Wasser ab, die dort verschmelzen und lecithotrophe (dotterreiche) Larven bilden. Bereits während der Larvalphase wird der Protoconch I (Larvalschale, Abb. 20-9) gebildet. Nach der Metamorphose wächst die Adultschale (Teleoconch). Caenogastropoda, Neritimorpha und Heterobranchia vermehren sich kopulatorisch und tauschen Spermatophore (Samenpakete) aus. Bei ihnen ist meistens ein planktotrophes Larvalstadium als Veliger mit dem Protoconch II entwickelt. Larvalschalen der Neritimorpha und Caenogastropoda haben den gleichen Windungssinn (homeostrophe Larvalschalen) wie die Adultschale. Die Larvalschalen der Heterobranchia zeigen einen anderen Windungssinn (heterostrophe Larvalschalen, Abb. 20-9). Die Opisthobranchier und die meisten Süßwasser- und Landschnecken sind Zwitter; es kommt aber nicht zur Selbstbefruchtung. Bei ihnen erfolgt die Embryonalentwicklung entweder im Ei oder im Mutterleib.

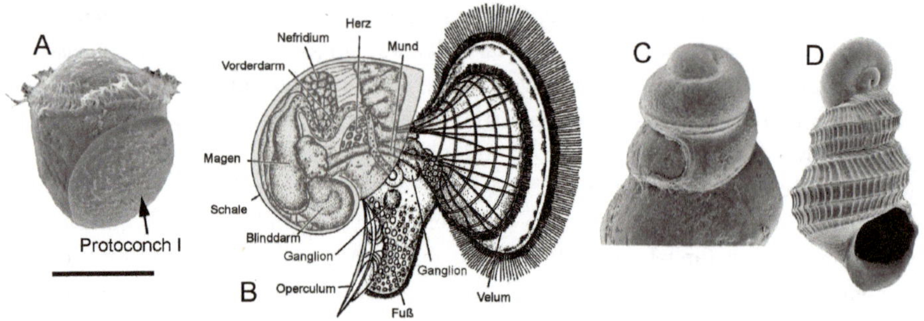

Abb. 20-9: Larvalentwicklung und Larvalschalen; A: Trochophoralarve einer Vetigastropoda mit Protoconch I; B: Veligerlarve (Protoconch II); C: homeostropher Protoconch II eines fossilen Caenogastropoden; D: heterostropher Protoconch II eines fossilen heterobranchen Gastropoden; Maßstab A: 0,15 mm, B, C: 0,2 mm, D: 0,5 mm; (kompiliert und modifiziert aus Jackson et al. 2007, Barnes 1987, Frýda 2004, Frýda et al. 2008).

Phylogenie: Die ältesten Gastropoda sind aus dem Kambrium bekannt. Die ursprünglichsten Formen werden durch die Bellerophontida repräsentiert, die möglicherweise noch keine Torsion vollzogen haben. Auch die Euomphalomorpha, Patellogastropoda und Vetigastropoda sind ursprüngliche Formengruppen, die vermutlich bereits im Kambrium entstanden sind. Bei ihnen liegt die Mantelhöhle mit zwei Kiemen und einem Herz mit zwei Vorhöfen vorne. Ihnen gemeinsam ist auch eine nonkopulatorische Befruchtung mit einer lecithotrophen Larvalentwicklung. Caenogastropoda, Neritimorpha und Heterobranchia sind die modernen Formengruppen. Sie sind zwar bereits im Paläozoikum entstanden, ihre Blütezeit folgte aber erst im Meso- und vor allem im Känozoikum. Bei ihnen wurden eine Kieme und ein Herzvorhof reduziert (Caenogastropoda) bzw. der Eingeweidesack wieder zurückgedreht. Neritimorpha und Caenogastropoda sind vermutlich im Ordivizium entstanden und haben homeostrophe planktotrophe Larvalschalen entwickelt, während die Heterobranchia seit dem Devon entweder heterostrophe planktotrophe Larvalschalen entwickelten (Opisthobranchia) oder als Pulmonata die Embryonalentwicklung in das Ei oder in den Mutterleib verlegten.

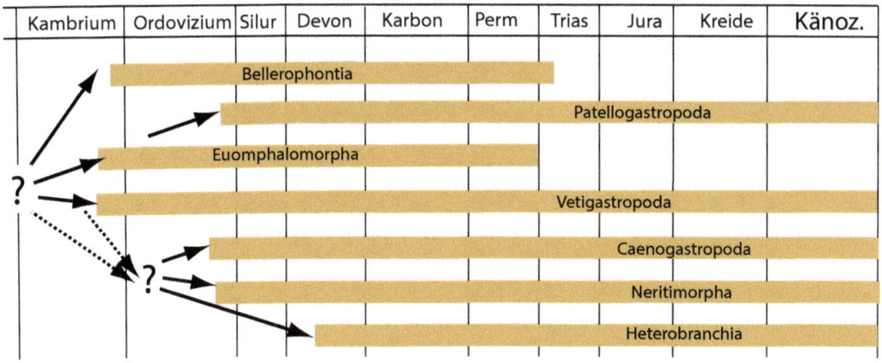

Abb. 20-10: Vereinfachte phylogenetische Entwicklung der Gastropoda (modifiziert nach Frýda et al. 2008).

Weiterführende Literatur

Barnes, R. D. (1987): Invertebrate Zoology.- 893 pp., Saunders.
Boardman, R. S. (1987 ed.): Fossil invertebrates.- 713 pp., Blackwell.
Clarkson, E. N. K. (1998): Invertebrate Palaeontology and Evolution.- 452, pp., Blackwell.
Fox, R., Barnes, R. D. & Ruppert, E. E. (2003): Invertebrate Zoology: a functional evolutionary approach.- 1008 pp., Brooks & Cole.
Heller, J. (2015): Sea Snales, a natural history.- Springer 353 pp.
Lecointre, G. & Le Guyader, H. (2001): Biosystematik.- 696 S., Springer.
Lehmann, U. & Hilmer, G. (1997): Wirbellose der Vorzeit.- 304 S.; Enke.
Ponder, W. F. & Lindberg, D. R. (2008, eds.): Phylogeny and evolution of the Mollusca.- 479 pp., University of California Press.
Wilbur, K. M. & Yonge, C. M. (1983, eds.): The Mollusca Vol. 1 -11, Academic Press, New York.
Ziegler, B. (1983): Spezielle Paläontologie I.- 408 S. Schweizerbart.

Zitierte Literatur

Ebbestad, J. O. R., Bassett, M. G., Dastanpour, M. & Popov, L. E. (2008): Ordovician (Caradoc) Gastropoda of the Katkoyeh Formation, Kerman Province, Iran.- Geobios 41: 605–624.
Frýda, J. (2004): Gastropods. In: Encyclopedia of Geology, Vol. 2: 378–388, Elsevier.
Frýda, J., Nützel, A. & Wagner, P. (2008): Paleozoic Gastropoda. In: Ponder, W. & Lindberg, D. L. (eds.): Phylogeny and evolution of the Mollusca. University of California Press (Berkeley, Los Angeles, London): 239–270.

Gasca, R. & Janssen, A. W. (2014): Taxonomic review, molecular data and the key to the species of Creseidae from the Atlantic Ocean.- Journal of Molluscan Studies 80: 35–42.

Houbrick R. S. (1979): Classification and Systematic Relationships of the Abyssochrysidae, a Relict Family of Bathyal Snails (Prosobranchia: Gastropoda). Smithsonian Contributions to Zoology 290: 1–21.

Jackson, D. J., Wörheide, G. & Degnan, B. M. (2007): BMC Evolutionary Biology 20077:160 DOI: 10.1186/1471-2148-7-160.

Rohr, D. M., Harper, D. A. T., Stouge, S. & Christiansen, J. L. (2015): Ordovician Gastropoda from Northeast Greenland. Bulletin of Geosciences 90: 795–805.

21 Klasse Cephalopoda (Kopffüßer)

Die Cephalopoden sind die am höchsten entwickelten Mollusken. Sie sind aktive Schwimmer, kommen ausschließlich marin vor und leben carnivor. Der Weichkörper der Cephalopoda besteht aus einem Kopf mit Augen und Tentakeln, die sich aus dem vorderen Teil des Fußes gebildet haben. Im Mund sind schnabelartige Kiefer und eine Radula entwickelt. Hinter dem Kopf schließt sich der Eingeweidesack an mit dem Verdauungstrakt, dem Herz, den Gonaden und Nephridien. Ventral (bauchseitig) des Kopfs und des Eingeweidesacks liegt der Trichter, ein Ringmuskel, der sich aus dem hinteren Teil des Fußes und Teilen des Mantels gebildet hat. Der Trichter umschließt die Mantelhöhle mit den Kiemen, in die After, Gonaden und Nephridien münden. Durch rasche Kontraktionen des Trichters wird das Wasser aus der Mantelhöhle herausgepresst, wodurch sich der Organismus nach dem Rückstoßprinzip horizontal fortbewegt. Rezente Cephalopoden stellen mit über 10 m Körperlänge *(Architeuthis)* die größten Invertebraten. Auch fossile Vertreter konnten Gehäuselängen von bis zu 9 m erreichen. Rezent sind etwa 750 Arten bekannt, ihnen stehen geschätzt etwa 25 000 bis 30 000 fossile Arten gegenüber.

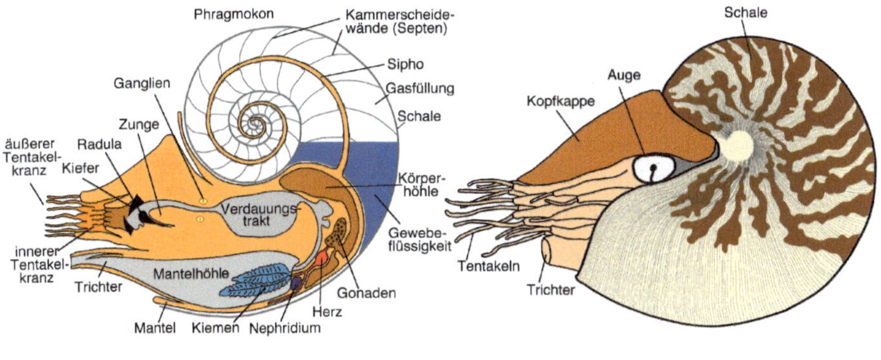

Abb. 21-1: Schematischer Bauplan der Cephalopoda am Beispiel des *Nautilus*; links: Schnitt durch Schale und Weichkörper, rechts: Seitenansicht das Tieres.

Die Cephalopoda werden in drei große Unterklassen gegliedert: die Nautiloidea, die Ammonoidea und die Coleoidea (oder Dibranchiata). Die **Nautiloidea** sind die ursprünglichste Gruppe. Sie haben ein gekammertes Außenskelett entwickelt und kommen seit dem Kambrium vor. Beim rezenten Nautilus sind 70–90 Tentakeln entwickelt. Auch die **Ammonoidea** besitzen ein Außenskelett, das wie bei den Nautiloidea aus Aragonit besteht. Die Anzahl ihrer Arme ist unbekannt; meist werden acht oder zehn vermutet. Sie treten vom Devon bis an das Ende der Kreide auf und sind aus paläontologischer Sicht vor allem wegen ihrer stratigraphischen Bedeutung die wichtigste Gruppe der Cephalopoda. Die **Coleoidea** besitzen teilweise ein gekammertes Innenskelett aus Aragonit oder Kalzit. Viele Taxa haben aber ihr Skelett bis auf Reliktstrukturen reduziert. Die Zahl der Arme (Tentakeln) beträgt bei ihnen acht oder zehn.

Der gekammerte Teil des Skeletts wird als **Phragmokon** bezeichnet und ist entscheidend für den Auftrieb der Cephalopoda. Er wird durch viele Septen unterteilt, die durchbrochen sind. Durch diese Durchbrüche zieht sich vom Hinterende des Eingeweidesacks ein Gewebeschlauch (Sipho) bis in die ältesten Kammern des Phragmokons. Durch den Sipho werden Atemverbrauchsgase und Gewebsflüssigkeit in den Phragmokon gepumpt, sodass das Tier die gleiche Dichte wie die Umgebung annimmt und in der Wassersäule schwebt. Zum Auf- bzw. Absteigen in höhere bzw. tiefere Bereiche wird über den Sipho der Anteil an Gewebsflüssigkeit erniedrigt oder erhöht. Die skelettlosen Coleoidea haben zum Teil Auftriebssysteme aus sulfat- oder ammoniumhaltigen Flüssigkeiten niedriger Dichte entwickelt.

21.1 Merkmale der Nautiloidea und Ammonoidea

Nautiloidea haben sehr variable Größen von wenigen Zentimetern bis 9 Metern Länge. Auch die Gehäuseformen variieren von gerade gestreckt (orthokon) über gekrümmt (cyrtokon) und verkürzt (brevikon) bis zu offenen Spiralen (gyrokon) und planspiraler Aufrollung (Abb. 21-2). Die Ammonoidea zeigen ebenfalls ein beachtliches Größenspektrum von wenigen Zentimetern bis 2,5 Metern Durchmesser (z. B. *Parapuzosia seppenradensis*). Sie haben überwiegend planspirale Gehäuse. Als «evolut» werden Gehäuse bezeichnet, die viele Windungen erkennen lassen. Bei involuten Formen umgreift die äußerste Windung teilweise oder ganz die inneren Windungen. Abweichungen von diesem Bauplan werden bei den Ammonoideen als heteromorph bezeichnet (Abb. 21-4).

Die Schale bei Nautiloidea und Ammonoidea besteht aus dem äußeren, organischen Periostrakum und einer zweiteiligen Lage aus Aragonit (äußeres und inneres Ostrakum). Sie wird, ähnlich wie bei Bivalven und Gastropoden, vom Mantel gebildet (siehe Abb. 19-16). Da die Schale aus Aragonit besteht, ist sie in vielen Fällen postmortal weggelöst. Dadurch werden die ursprünglichen Verwachsungsstellen der Septen des Phragmokons mit der (nicht mehr vorhandenen) Schale sichtbar. Diese linienförmigen Verwachsungsstellen werden als Suturlinie (bei den Nautiloidea) bzw. als Lobenlinie (bei den Ammonoidea) bezeichnet. Ihr Verlauf kann einfach bis sehr komplex sein, und ist ein wichtiges systematisches Merkmal. Nautiloidea haben einfache, uhrglasförmige Septen und sehr einfache Suturlinien (Abb. 21-3). Die Septen der Ammonoidea sind einfach bis komplex verfaltet. Formen aus dem Devon, wie z. B. die Agoniatitida und die Goniatitida, haben relativ einfache Lobenlinien. Bei den jungpaläozoischen Ammonoideen nimmt die Komplexität der Lobenlinie zu (goniatitische bis ammonitische Lobenlinie). Die triassischen Ceratitida zeigen bereits ziemlich komplexe Lobenlinienmuster (ceratitische bis ammonitische Lo-

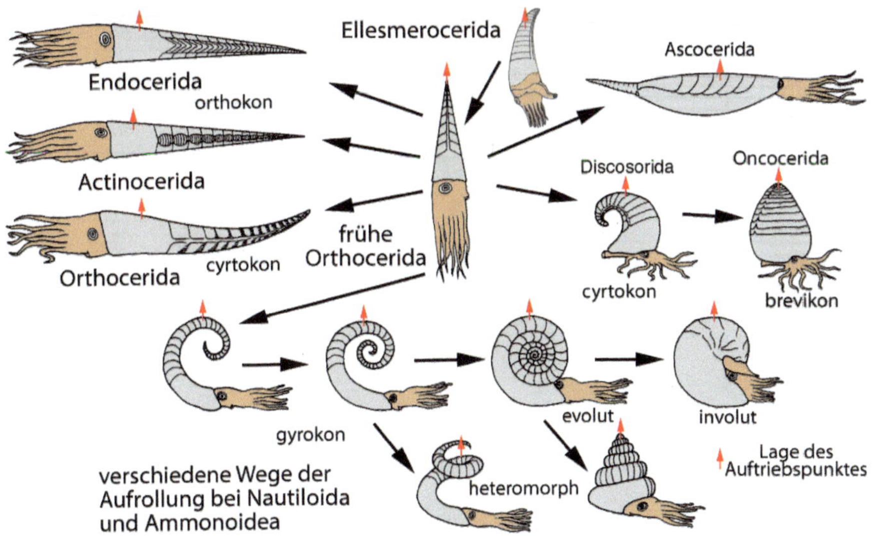

Abb. 21-2: Gehäuseformen und Schwimmverhalten der Cephalopoda. Die frühen Nautiloidea hatten gestreckte Gehäuse. Wegen der Auftriebswirkung des Phragmokons schwebten sie senkrecht mit dem Kopf nach unten in der Wassersäule. Um das Rückstoßprinzip mithilfe des Trichters effizient nutzen zu können, mussten die Gehäuse entweder waagrecht orientiert, verkürzt oder aufgerollt werden. Um die Gehäuse waagrecht zu orientieren, wurde im hinteren Teil des Phragmokons Kalk eingelagert um den Auftriebspunkt nach vorne zu verschieben (Endocerida, Actinocerida und Orthocerida). Durch Verkürzung bzw. Aufrollen der Gehäuse wird ein ähnlicher Effekt erzielt (modifiziert nach Boardman 1989).

benlinie). Bei den jurassischen und kretazischen Ammonoideen sind die Lobenlinien sehr stark zerschlitzt (ammonitische Lobenlinie). Die extreme Zerschlitzung nimmt allerdings zur Mitte der Kammerscheidewand ab (Abb. 21-3 F). Besonders bei den Ammonoidea ist die Ausprägung der Lobenlinie ein wichtiges Merkmal für die Klassifikation.

Die Gehäuseform der Ammonoidea variiert von nahezu kugelförmig, über Formen mit gerundeter Externseite, zu seitlich abgeflachten Formen, die einen oder mehrere Kiele haben können (Abb. 21-5). Auch ihre Mündungen können verschieden gestaltet sein. Ausgeprägte Mündungsformen wie in Abb. 21-5 sind ein Indiz für Adultstadien. Viele Ammonoidea haben eine ausgeprägte, meist gattungsspezifische Skulptur. Paläozoische Formen sind eher schwach skulptiert, mesozoische Formen zeigen verschiedene Berippungstypen (Einfachrippen, Sichelrippen, Spaltrippen, Rippen mit mehrfach Aufspaltung und zum Teil auch Knoten und Dornen; Abb. 21-4 bis 21-6).

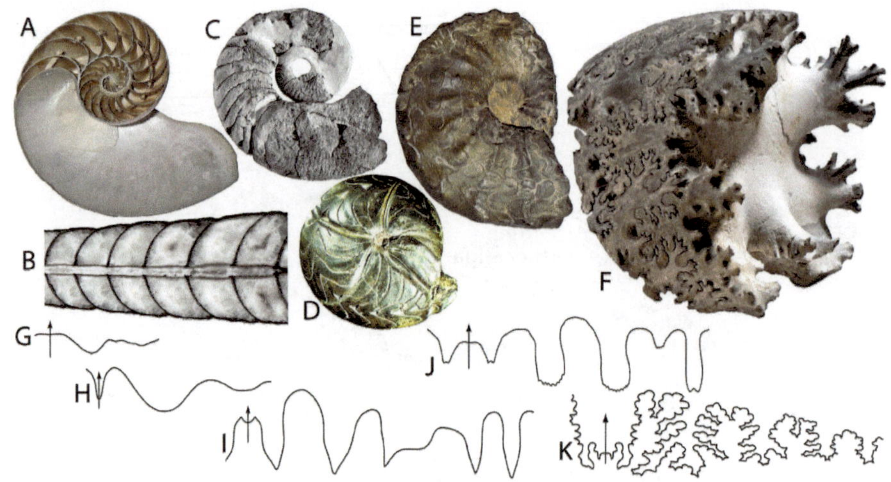

Abb. 21-3 Sutur- und Lobenlinien bei Nautiloideen und Ammonoideen. A, B: Nautiloidea, A: *Nautilus*, B: *Orthoceras*; C–F: Ammonoidea, C: Agoniatitida, *Teicherticeras*; D: Goniatitida, *Cheiloceras*; E: Ceratitina, *Ceratites*; F: Lytoceratina, *Lytoceras*; G–K: Sutur- und Lobenlinientypen; G: orthoceratitische Lobenlinie; H: agoniatitische Lobenlinie; I: goniatitische Lobenlinie; J: ceratitische Lobenlinie; K: ammonitische Lobenlinie. Die Pfeile zeigen Richtung Mündung. Ausbuchtungen Richtung Mündung werden als Sattel, Ausbuchtungen in die Gegenrichtung werden als Loben bezeichnet; (F: nach De Baets et al. 2016).

Abb. 21-4 Gehäuseform und Gehäuseparameter der Ammonoidea; A: Querschnitt; B: Seitenansicht, nur wenn die Schale weggelöst wurde, ist am Steinkern die Lobenlinie sichtbar; C–G: heteromorphe Gehäuse können als offene Spiralen (C), hakenförmig (D, E, G), trochospiral (wie Gastropoda (F)) oder völlig ungeregelt auftreten.

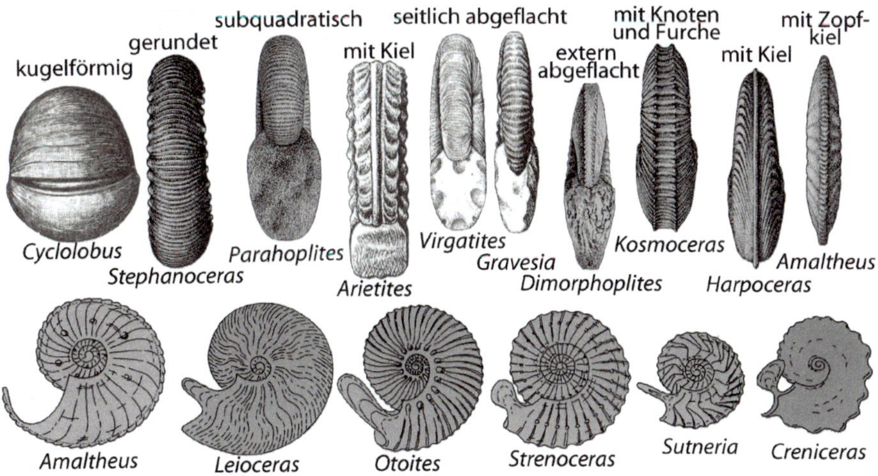

Abb. 21-5: Gehäusequerschnitte und Mündungsformen von Ammonoideen.

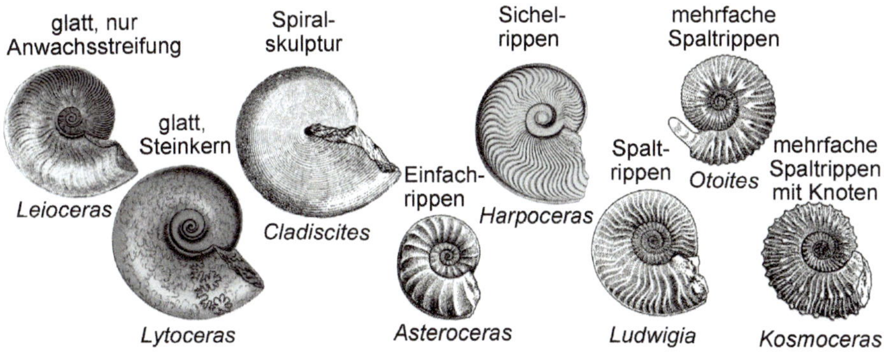

Abb. 21-6: Verschiedene Skulptur- und Berippungstypen der Ammonoidea.

21.2 Systematik der Nautiloidea

Die älteste und ursprünglichste Gruppe der Unterklasse Nautiloidea ist die Ordnung **Ellesmerocerida** (oberes Kambrium bis Oberordovizium), z. B. mit *Plectronoceras*. Die Formen sind generell klein, haben engstehende Septen und einen randlich liegenden Sipho. Sie gelten als die Ausgangsgruppe der restlichen Nautiloidea. Bereits im Unteren Ordovizium treten erste aufgerollte Formen der Ordnung **Tarphycerida** auf (Ordovizium bis Devon). Ihre Windungen berühren sich aber nur wenig. Typische Beispiele sind *Discoceras* und *Peismoceras*. Ebenfalls bereits im Unteren Ordovizium bis ans Ende der Trias tritt die

Ordnung **Orthoceratida** mit *Kopaninoceras* als typischem Vertreter auf. Orthocerida sind überwiegend gerade gestreckt (orthokon) und haben einen zentral gelegenen Sipho. Durch Kalkeinlagerungen in den hinteren Kammern des Phragmokons wird der Auftriebspunkt zur Ausbalancierung einer horizontalen Schwimmposition nach vorne verlagert (Abb. 21-2). Auch die Ordnung **Endocerida** tritt bereits im Unteren Ordovizium auf und reicht bis in das Mittlere Silur. Endocerida sind z. T. sehr große Nautiloidea (bis 9 m), mit orthokonen bis cyrtokonen Gehäusen. Sie besitzen randlich gelegene, sehr große Siphone, z. T. mit endokonen Kalkeinlagerungen, die ebenfalls zur Ausbalancierung der horizontalen Schwimmposition dienen. Typische Vertreter sind *Anthoceras* und *Endoceras*. Bei der Ordnung **Actinocerida** (Ordovizium bis Devon) wird zur Verlagerung des Auftriebspunktes nach vorne Kalk im Sipho eingelagert. Dadurch entsteht der typische Perlschnursipho, z. B. bei *Armenoceras*. Actinocerida sind mittelgroße bis große gerade gestreckte Nautiloidea.

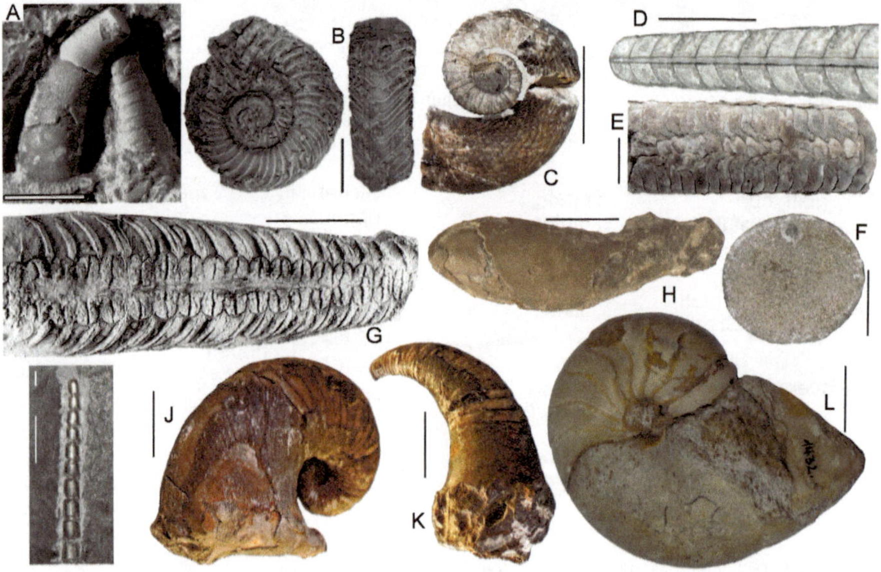

Abb. 21-7: Ausgewählte Vertreter der Nautiloidea. A: Ellesmerocerida, *Plectronoceras* (Oberes Kambrium); B, C: Taphycerida, B: *Discoceras* (Unter- bis Mittelordovizium), C: *Peismoceras* (Oberes Silur); D: Orthoceratida, *Kopaninoceras* (oberes Silur); E, F: Endocerida, E: *Anthoceras* (Mittelordovizium), F: *Endoceras* (Oberes Silur); G: Actinocerida, *Armenoceras* (Ordovozium); H: Ascocerida, *Ascoceras* (Silur); I: Bactritoidea, *Bactrites* (Devon); J: Discosorida, *Phragmoceras* (Oberes Silur); K: Oncocerida, *Oocerina* (Silur); L: Nautilida, *Aturia* (Tertiär); Maßstab A: 0,3 mm, B, I: 1 cm, C, D: 5 cm, E, H, K, L: 2 cm, F: 8 cm, G: 5 mm; J: 3 cm; (modifiziert und kompiliert nach Kröger et al. 2011a, b, Turek 2008, Manda & Frýda 2010, Niko & Sone 2014, Holland 1999 und Wikipedia).

Die Ordnung **Ascocerida** (Ordovizium bis Silur) besitzt im Juvenilstadium einen langgestreckten Phragmokon. Im Adultstadium verlagert sich dieser auf die Dorsalseite. Sie werden meist nur einige Zentimeter groß. Auch die Ordnung **Oncocerida** besteht nur aus kleinen Formen (z. B. *Oocerina*), die vom Mittelordovizium bis in das Unterkarbon vorkommen. Die Gehäuseform der Oncocerida ist stark verkürzt (brevikon) und z. T. cyrtokon eingedreht. Bei der Ordnung **Discosorida** (Mittelordovizium bis Devon) sind die Gehäuse ebenfalls stark verkürzt und cyrtokon eingedreht. Im Unterschied zu anderen cyrtokonen Gruppen erfolgt hier die Eindrehung endogastrisch, also zur Ventralseite hin (Abb. 21-2). Bei allen anderen Gruppen erfolgt die Eindrehung, wenn vorhanden, zur Dorsalseite. Ein typischer Vertreter ist *Phragmoceras*. Die Ordnung **Bactritida** besteht aus kleinen, gerade gestreckten Nautiloideen, die vom Unterdevon bis in die Untertrias vorkommen. Sie sind einfach gebaut und haben eine relativ große, rundliche Anfangskammer (nicht sichtbar in Abb. 21-7). Von ihnen leiten sich sowohl die Ammonoidea als auch die Coloeoidea ab. *Bactrites* aus dem Devon ist ein typischer Vertreter. Im Unterschied zu allen anderen Ordnungen gibt es die **Nautilida** heute noch mit der Gattung *Nautilus* (Abb. 21-1 und 21-3), die als lebendes Fossil gilt. Der Ursprung der Nautilida liegt im Devon. Die frühen Vertreter zeigen zunächst cyrto- bis gyrokone Wuchsformen, bevor sich die aufgerollte, meist involute Form durchsetzt. Ein Beispiel aus dem Tertiär ist *Aturia*.

21.3 Systematik der Ammonoidea

Die Entwicklung der Ammonoidea beginnt im höheren Unterdevon. Aus den Bactritida entwickelt sich die Ordnung **Agoniatitida** (Unter- bis Mitteldevon). Frühe Vertreter zeigen noch cyrto- bis gyrokone Wuchsformen und haben auch bei vollständiger Aufrollung noch eine Nabellücke mit gut sichtbarer Anfangskammer (z. B. *Teicherticeras*, Abb. 21-8 A). Ihre Lobenlinie ist sehr einfach. Bei den **Anarcestida** (Mittel- bis Oberdevon) wird die Nabellücke geschlossen (z. B. bei *Beloceras*). Ebenfalls vom Mittel- bis Oberdevon existierte die Ordnung **Tornoceratida**. Die Gehäuse sind stark involut; die Lobenlinie wird goniatitisch (Abb. 21-8 C). Die Tornoceratida sind die Ausgangsgruppe der Cylmeniina und der Goniatitida. Die Ordnung **Cylmeniina** ist auf das Oberdevon beschränkt. Sie haben eine einfache bis goniatitische Lobenlinie und variable involute bis evolute Gehäuse, ihr Sipho liegt aber, anders als bei allen übrigen Ammonoideen, immer intern (dorsal, Abb. 21-7 D). Sie sind gute Leitfossilien im Oberdevon. Die Ordnung **Goniatitida** ist sehr divers und reicht vom Oberdevon bis zum Ende des Perms. Ihre Lobenlinien sind überwiegend goniatitisch, z. T. aber auch komplex verfaltet. Sie stellt viele Leitfossilien im Jungpaläozoikum (z. B. *Imitoceras*). Die gering-diverse Ordnung **Prolecanitina** reicht vom Unterkarbon bis in die Untertrias. Ihre Gehäuse sind evolut bis involut scheibenförmig mit einer goniatitischen Lobenlinie, die aus zahlreichen Loben und Sätteln besteht (z. B. *Medlicottia*). Sie sind die Ausgangsgruppe der mesozoischen Ammonoidea.

Abb. 21-8: Beispiele paläozoischer Ammonoidea. A: Agoniatitida, *Teicherticeras* (Unter-/Mitteldevon); B: Anarcestida, *Beloceras* (Oberdevon); C: Tornoceratida, *Sporadoceras* (Oberdevon); D: Clymeniina, *Clymenia* (Oberdevon); E: Goniatitida, *Imitoceras* (Unterkarbon); F: Prolecanitina, *Medlicottia* (Perm); Maßstab: 1 cm; (modifiziert und kompiliert nach De Baets et al. 2010 und Wikipedia).

Die Ordnung **Ceratitina** beginnt im Perm; ihre Hauptverbreitung hat sie aber in der Trias. Die Lobenlinie ist ceratitisch oder stark zerschlitzt (ammonitisch). Die ceratitische Lobenlinie ist auf Formen des Germanischen Beckens in Mitteleuropa beschränkt. Formen aus der Tethys haben überwiegend stark zerschlitzte Lobenlinien. Die Ceratitina zeigen eine großen Formenfülle und sind wichtige Leitfossilien (z. B. *Tropites*, *Trachyceras*, *Juvavites* und *Cladiscites*, Abb. 21-9). In der Obertrias tritt mit *Choristoceras* die erste heteromorphe Gattung auf. Die Ordnungen **Phylloceratida** (Trias bis Kreide) und **Lytoceratina** (Jura bis Kreide) sind relativ artenarm und wegen ihrer weiten stratigraphischen Reichweite keine guten Leitfossilien. Die Phylloceratida sind seitlich abgeflacht, involut, mit Kiel und sehr stark zerschlitzter Lobenlinie (*Phylloceras* Abb. 21-9). Eine runde Externseite und evolute Gehäuse mit ammonitischer Lobenlinie kennzeichnen die Lytoceratida.

Die Ordnung **Ammonitida** tritt in Jura und Kreide auf und ist sehr divers. Ihre Gehäusemorphologie ist sehr variabel von glatt bis stark skulptiert, von bauchig bis seitlich abgeflacht, von evolut bis involut. Sie haben immer eine stark zerschlitzte ammonitische Lobenlinie und sind sehr gute Leitfossilien (Abb. 7-4, 21-5, 21-6, 21-10 und 21-11).

Bei der Ordnung **Ancyloceratida** weicht die Gehäusemorphologie vom normalen planspiralen Bauplan ab (Heteromorphie). Die Gehäuse sind als offene Spiralen, hakenförmig, trochospiral (wie bei Gastropoden) oder völlig ungeregelt entwickelt (Abb. 21-4 und 21-11), haben aber immer eine ammonitische Lobenlinie. Die Ancyloceratida treten im Oberjura und vor allem in der Kreide auf und sind wichtige Leitfossilien.

Abb. 21-9 Cephalopoda der Ordnungen Ceratitina, Lytoceratina und Phylloceratida. A–F: Ceratitina, A: *Ceratites* (Germanisches Becken, Muschelkalk); B bis F: Ceratitina aus dem Tethysraum, B: *Tropites* (Karnium), C: *Trachyceras*; (Ladinium-Norium) D: *Juvavites* (Norium); E: *Cladiscites* (Karnium-Rhaetium), F: *Choristoceras* (Rhaetium); G: Lytoceratina, *Lytoceras* (Jura-Kreide); H: Phylloceratida, *Phylloceras* (Jura-Kreide); Maßstab 2 cm.

Abb. 21-10: Ammonitida aus dem Jura. A: *Psiloceras* (Hettangium); B: *Androgynoceras*; (Pliensbachium); C: *Amaltheus* (Pliensbachium); D: *Harpoceras*; (Toarcium); E: *Leioceras* (Aalenium); F: *Ludwigia* (Aalenium); G: *Stephanoceras* (Bajocium); H: *Kosmoceras*; (Callovium), I: *Perisphinctes*; (Oxfordium-Tithonium); J: *Virgatites*; (Kimmeridgium-Tithonium); Maßstab 2 cm.

Abb. 21-11: Ammonitida und Ancyloceratida aus der Kreide. A–F: Ammonitida, A: *Eogaudryceras* (Albium-Cenomanium); B: *Puzosia* (Barremium-Campanium); C: *Calycoceras* (Cenomanium-Turonium); D: *Pseudoschloenbachia*; (Santonium-Campanium); E: *Canadoceras* (Santonium bis Maastrichtium); F: *Pachydiscus* (Coniacium-Maastrichtium); G–I: Ancyloceratida: G: *Myloceras* (Albium); H: *Turrilites* (Oberkreide); I: *Didymoceras* (Campanium-Maastrichtium); Maßstab: A, B: 0,5 cm, D: 1 cm, E, F, H, I: 2 cm, C, G: 5 cm; (modifiziert aus Gale et al. 2005, 2011, Kennedy et al. 2007, 2008, Misaki & Maeda 2009, Cook 2012).

21.4 Coleoidea

Die Coleoidea sind als jüngste Unterklasse der Cephalopoda im Karbon aus den Bactritida entstanden. Sie bestehen aus acht Ordnungen, von denen drei nur fossil bekannt sind und häufig als **Belemnoidea** zusammengefasst werden. Innerhalb der Belemnoidea sind die **Belemnitida** (Belemniten) die wichtigste und bei Weitem häufigste Ordnung. Der Bauplan der Belemnitida war wahrscheinlich dem der rezenten Kalmare (Teuthida) sehr ähnlich, bei denen allerdings die Hartteile reduziert sind. Neben dem Weichkörper aus Kopf mit Augen und 10 Armen, einem Trichter und einem Eingeweidesack war bei den Belemniten noch ein kalzitisches Innenskelett vorhanden, das von Mantelgewebe und Haut umgeben war (Abb. 21-12). Das Skelett bestand aus einem Proostrakum, das sich als Rest der Wohnkammer in Form einer dünnen Kalkschuppe über die Dorsalseite des Weichkörpers erstreckte, dem konisch zulaufenden Phragmokon als Auftriebskörper und dem Rostrum, das diesen teilweise umschloss. Das Rostrum diente als Ausgleichsgewicht zum Weichkörper, um die horizontale Schwimmposition zu gewährleisten. In der Jura- und in der Kreidezeit gehören Belemnitenrostren zu den häufigsten Fossilen überhaupt und werden im Volksmund oft als «Donnerkeil» bezeichnet. Phragmokon und Proostrakum sind fossil wesentlich seltener zu finden. Zusätzlich sind von den Belemniten die chitinösen Fanghäkchen der Arme, Kiefer, die Radula und der Tintenbeutel überliefert (Abb. 21-13).

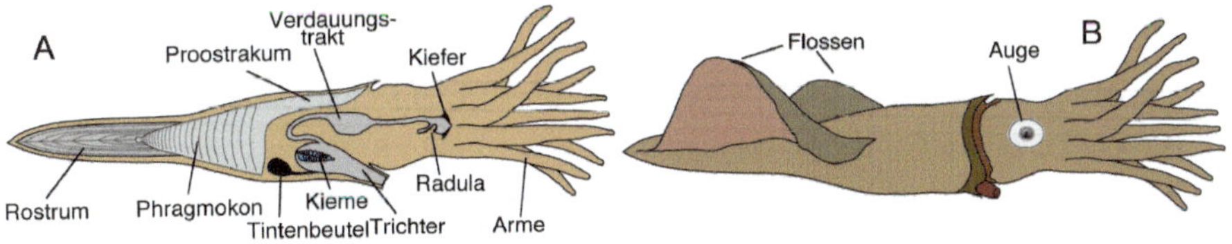

Abb. 21-12 (A): Schematischer Bauplan und (B): Rekonstruiertes Lebendbild eines Belemniten. Tintenbeutel, Radula, Kiefer und Fanghäkchen an den Armen sind fossil belegt. Bauplan und Lebensbild sind den heutigen Kalmaren ähnlich, die allerdings keine verkalkten Hartteile mehr haben.

Die beiden anderen Ordnungen der Belemnoidea sind die Aulacoceratida und die Phragmoteuthida. Die **Aulacoceratida** besitzen ebenfalls langgestreckte Skelette, die neben einem Phragmokon und einem Rostrum auch noch eine Wohnkammer aufwiesen. Aulacoceraten bestehen aus Aragonit und sind meist sehr schlecht erhalten. Sie kommen vom Karbon bis in den Unterjura vor. Das ebenfalls aragonitische Skelett der **Phragmoteuthida** besteht aus einem Proostrakum und einem Phragmokon, weshalb auch bei dieser Gruppe die Hartteile meist schlecht überliefert sind. Allerdings sind hier in seltenen Fällen Tintenbeutel, Kiemenreste, Kiefer und Fanghäkchen erhalten.

Abb. 21-13: Fossile Belemnitida, A: *Belemnites* mit Rostrum, Phragmokon und Proostrakum (Unterjura); B: Schnitt durch einen Belemniten mit Rostrum und Phragmokon (Oberjura); C: *Megatheutis*, ein sehr großer Belemnit (Mitteljura), bewachsen mit Serpuliden; D: ein Belemnit mit Resten des Weichkörpers und Fanghäkchen der Armkrone; Maßstab A, B, D: 5 cm, C: 2 cm.

Zu den heute existierenden Coleoidea gehören die achtarmigen Vampyromorpha und Octopoda, sowie die zehnarmigen Teuthida, Spirulida und Sepiida. Die fossilen Vertreter der Ordnung **Vampyromorpha** hatten einen Schulp-ähnlichen Phragmokon, der bis in die Trias zurück nachweisbar ist. Rezent kommen sie nur noch mit der Art *Vampyroteuthis* vor, die keine Hartteile mehr besitzt. Auch bei der Ordnung **Octopoda** sind die Hartteile zurückgebildet. Sie leben heute mit etwa 300 Arten vorwiegend am Meeresboden. Der pyritisch erhaltene *Proteroctopus* aus dem Mitteljura von La Voulte-sur-Rhône (Südfrankreich) gilt als ältester gesicherter Octopode. Eine unsichere Form geht bis in das Karbon zurück. Die Ordnung **Teuthida** (Kalmare) besteht aus etwa 350 rezenten Arten, die keine Hartteile haben. Fossile Teuthida sind nur durch spärliche Weichteilreste seit dem Jura überliefert. Die Ordnung **Spirulida** ist rezent nur noch mit der Art *Spirula* vertreten. Fossile Reste von Spiruliden sind ebenfalls sehr selten und gehen bis in den Jura, möglicherweise bis in das Karbon zurück. Fossil am häufigsten sind die verkalkten Schulpe der Ordnung **Sepiida**. Sie sind gesichert bis in den Oberjura nachgewiesen (Abb. 21-14).

21.5 Stratigraphie

Die Ammonoidea sind eine sehr wichtige Leitfossilgruppe für den marinen Lebensraum. Die biostratigraphische Gliederung im Zeitraum Devon bis Kreide beruht wesentlich auf dieser Gruppe. Zur zeitlichen Reichweite ausgewählter Gattungen siehe oben. Nautiloidea und Coleoidea haben im Vergleich zu den Ammonoidea eine geringere stratigraphische Bedeutung. Nautiloidea werden im Zeitraum Ordovizium bis Devon zur stratigraphischen Gliederung herangezogen. Bei den Coleoidea sind im Wesentlichen die Belemnitida in Jura und Kreide für die Stratigraphie verwertbar.

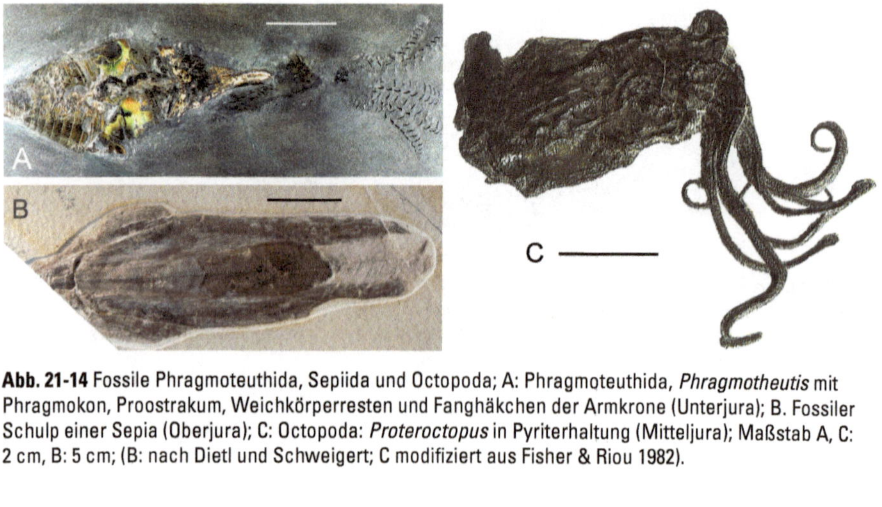

Abb. 21-14 Fossile Phragmoteuthida, Sepiida und Octopoda; A: Phragmoteuthida, *Phragmotheutis* mit Phragmokon, Proostrakum, Weichkörperresten und Fanghäkchen der Armkrone (Unterjura); B. Fossiler Schulp einer Sepia (Oberjura); C: Octopoda: *Proteroctopus* in Pyriterhaltung (Mitteljura); Maßstab A, C: 2 cm, B: 5 cm; (B: nach Dietl und Schweigert; C modifiziert aus Fisher & Riou 1982).

21.6 Phylogenie

Cephalopoda sind seit dem Oberkambrium mit dem Auftreten der ersten Nautiloidea bekannt. Im Übergang zum Ordovizium erfolgt eine enorme Radiation, bei der die meisten Ordnungen der Nautiloidea entstanden sind. Sie dominieren als Nektonorganismen die ordovizischen und silurischen Meere. Im Jungpaläozoikum geht ihre Diversität deutlich zurück. Im Devon entstanden die Bactritida, aus denen sich die Ammonoidea und die Coleoidea entwickelt haben. Seit dem Devon gibt es die Nautilida, die heute die letzten überlebenden 6 Arten der Nautiloidea bilden.

Seit dem Unterdevon gibt es mit den Agoniatitida die ersten Ammonoidea. Ähnlich wie bei den Nautiloidea, folgt auch hier nach dem Erstauftreten eine rasche Diversifizierung. Durch ein mehrphasiges Massenaussterben im Oberdevon sind aber bis auf die Goniatitida alle Ammonoidea wieder ausgestorben. Die Goniatitida erreichen im Karbon und Perm eine große Formenfülle, sterben aber in der Folge des Perm/Trias-Massenaussterbens ebenfalls aus. Eine Seitengruppe der Goniatitida, die Prolecanitida sowie die aus ihnen entstandenen Ceratitina, überleben. In der Trias erleben die Ceratitina wiederum eine enorme Radiation. Aus ihnen entwickelten sich die Phylloceratida, Lytocertina und Ammonitida. Die Ceratitina sterben aber beim Trias/Jura-Massenaussterben aus. Im Jura blühen vor allem die Ammonitida auf und erreichen das Maximum der Ammonoideendiversität. Ab dem Oberjura treten als letzte Unterordnung die Ancyloceratida auf, die wie die Ammonitida in der Kreide noch sehr häufig sind. Gegen Ende der Kreide geht die Diversität der Ammonoidea zurück, möglicherweise wegen der Konkurrenz zu den modernen Fischen. Im Rahmen des Kreide/Paläogen-Massenaussterben verschwanden die Ammonoidea endgültig. Die Entwicklungsgeschichte der Ammonoidea ist somit sehr wechselhaft verlaufen. Von drei großen Massenaussterbeereignissen, bei denen sie nahezu ausgelöscht wurden, erholten sie sich wieder und gelangten zu neuer Blüte. Das vierte große Massenaussterben überlebten sie hingegen nicht.

Außer bei den Belemnitida (Obertrias bis Ende Kreide) sind Skelettreste der Coleoidea selten, weil sie entweder nicht erhalten sind oder die Organismen keine Hartteile gebildet haben. Deshalb gibt es große Unsicherheiten bezüglich der Ursprünge der verschiedenen Ordnungen. Die Aulacoceratida gehen vermutlich auf das Karbon zurück. Möglicherweise sind auch die Vampyromorpha und Octopoda bereits im Karbon entstanden. Für die Phragmoteuthida wird auf Basis der spärlichen Funde eine Verbreitung vom Perm bis in den Jura angenommen. Auch für die Teuthida sind Fossilfunde sehr selten. Vermutlich gehen sie bis in den Jura zurück. Die Spirulida und die Sepiida sind gesichert bis in den Jura nachgewiesen. Möglicherweise reichten die Spirulida auch bis in das Karbon zurück.

Obwohl die Cephalopoda eine sehr hochentwickelte Tiergruppe mit erstaunlichen Sinnesleistungen sind (wie z. B. beim rezenten Octopus), spielen sie in den heutigen Ozeanen nur noch eine untergeordnete Rolle. Ihre Blütezeit war das Mesozoikum.

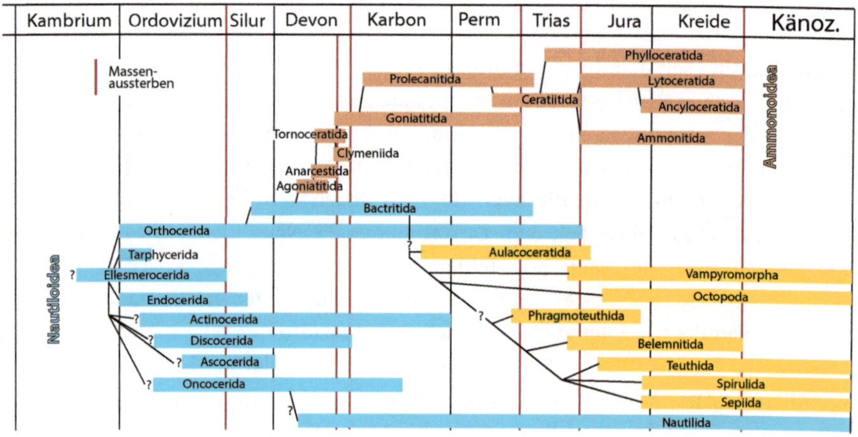

Abb. 21-15: Stammesgeschichtliche Entwicklung der Cephalopoda (kompiliert und modifiziert nach House 1988, Kröger et al. 2011, De Baets et al. 2016, Nishiguchi & Mapes 2008).

21.7 Ontogenie

Die rezenten Cephalopoden sind getrenntgeschlechtlich, was mit großer Wahrscheinlichkeit auch für die fossilen Vertreter gilt. Von manchen rezenten Octopoda (z. B. Argonauta) und einigen Ammonitida ist Sexualdimorphismus bekannt. Die morphologisch ähnlichen, aber in der Größe deutlich unterschiedlichen Geschlechter sind vor allem aus dem Jura bekannt (siehe Abb. 2-4). Die großen Formen werden als Makroconch und die kleinen als Mikroconch bezeichnet, da nicht mehr festgestellt werden kann, um welches Geschlecht es sich dabei handelt.

Bei schalenbildenden Cephalopoden wächst die Schale zeitlebens, weshalb auch die frühontogenetischen Stadien bis zur Embryonalkammer erhalten bleiben. Bei gestreckten Nautiloideen sind die Embryonalkammern häufig gelöst, während sie bei aufgerollten Nautiloideen und Ammonoideen im Inneren der Schale verborgen sind. Um sie sichtbar zu machen, müssen die Schalen aufgesägt oder aufgebrochen werden. Lediglich bei den Agoniatitida mit Nabellücke sind die Embryonalkammern gut sichtbar (Abb. 21-8 A). Fossile Nautiloidea haben relativ große Embryonalkammern (~ 6 mm), woraus abgeleitet wird, dass sie ähnlich wie der rezente *Nautilus* große Eier gebildet haben, aus denen ohne Larvalstadium direkt kleine Juvenilformen geschlüpft sind. Bei den Ammonoidea sind die Embryonalkammern nur etwa 1 mm groß, weshalb für sie eine Entwicklung über ein planktonisches Larvalstadium angenommen wird. Bei den Coleoidea ist ähnlich wie bei *Nautilus* die direkte Entwicklung der Normalfall. An der Embryonalkammer und den frühjuvenilen Kammern des Phragmokons kann die Entwicklung der Lobenlinie rekonstruiert werden, die für die Systematik wichtig ist.

21.8 Ökologie

Alle Cephalopoda leben marin als aktive Schwimmer und sind auf vollmarine Lebensräume beschränkt. Die meisten Nautiloidea und Ammonoidea waren vermutlich eher langsam schwimmend mit einer bodenorientierten Lebensweise. Auch die meisten Octopoda leben am Meeresboden. Andere Coleoidea, wie z. B. die Teuthida, sind schnelle Dauerschwimmer. Die Lebensweise der fossilen Belemniten wird unterschiedlich interpretiert: Teilweise wird angenommen, dass sie ähnlich wie die Sepia bodenbezogen lebten, alternativ wird eine aktive Lebensweise als pelagische Dauerschwimmer (wie bei den rezenten Teuthida) postuliert.

Viele Cephalopoda steuern ihre Vertikalbewegungen über den Phragmokon. Die maximale Tauchtiefe ist durch den Außendruck limitiert, bei dem der Phragmokon implodiert. Bei *Nautilus* ist dies bei 750 m Wassertiefe der Fall. Im Allgemeinen lebt *Nautilus* tagsüber in etwa 300–400 m Wassertiefe und steigt nachts auf etwa 100 m auf. Ein ähnlicher Tiefenbereich ist auch für fossile Nautiloidea und Ammonoidea plausibel. Manche skelettlose Coleoidea kommen bis in die Tiefsee vor.

Von allen Unterklassen der Cephalopoda sind Kieferelemente überliefert. Sie lassen auf eine überwiegend räuberische oder aasfressende Lebensweise schließen (Abb. 21-16). Nautiloideen und Ammonoideen bevorzugten vermutlich Benthosorganismen (z. B. Krebse), schnelle Schwimmer wie die Teutida oder die Belemnitida ernährten sich auch von Fischen. Seltene Mageninhaltfunde bei Ammoniten belegen auch Gehäusereste von Foraminiferen, Ostracoden, Muscheln, Schnecken, die Reste kleinerer Ammoniten und von Schwebcrinoiden (*Saccocoma*, siehe 27-7). Die Kiefer der Cephalopoda (Abb. 21-16) sind schnabelartig ausgebildet und bestehen aus Chitin, teilweise mit verkalkten Schneidekanten. Bei den Ammonoidea ist der Unterkiefer meist deutlich größer; er wird «**Anaptychus**» genannt. Ab dem Unterjura treten auch stark verkalkte, kalzitische Unterkiefer, die **Aptychen**, auf. Für die Anaptychen und Aptychen wird auch eine Funktion als Verschlussdeckel des Gehäuses diskutiert.

Die Cephalopoden ihrerseits waren und sind die Beute von Haien, Knochenfischen, Meeresreptilien und Meeressäugern. Tintenbeutel, aus denen vernebelnde Wolken für Angreifer erzeugt wurden, sind für die fossilen Coleoidea nachgewiesen. Ob die Ammonoidea einen Tintenbeutel hatten, ist unsicher, Nautiloidea hatten wahrscheinlich (wie der rezente *Nautilus*) keinen.

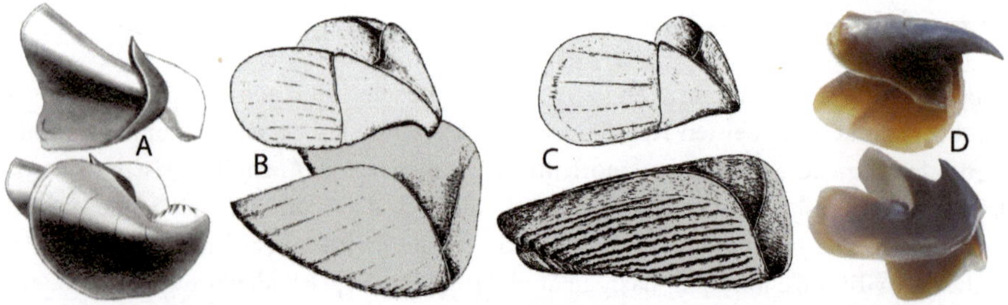

Abb. 21-16: Ober- und Unterkiefer aus Chitin sind bei Nautiloideen, Ammonoideen und Coleoideen vorhanden und lassen auf eine räuberische oder aasfressende Lebensweise schließen. A: *Germanonautlilus*; B, C: Ammoniten, B: Anaptychus (Unterkiefer) und chitiniger Oberkiefer, C: kalzitischer Aptychus (Unterkiefer) und chitiniger Oberkiefer; D: «Schnabel» eines rezenten Octopoden. Für die Anaptychen und Aptychen wird auch eine Funktion als Gehäuseverschlussdeckel diskutiert (modifiziert und kompiliert aus Klug 2001 und Lehmann & Hilmer 1997).

Weiterführende Literatur

Barnes, R. D. (1987): Invertebrate Zoology.- 893 pp., Saunders.

Boardman, R. S. (1989 ed.): Fossil invertebrates.- 713 pp., Blackwell.

Clarkson, E. N. K. (1998): Invertebrate Palaeontology and Evolution.- 451 pp., Blackwell.

House, M. R. (1988): Extinction and survival in the cephalopods.- Syst. Assoc. Spec. Vol., 34: 139–194.

Keup, H. (2000): Ammoniten – Paläobiologische Erfolgsspiralen.- 165 S.; Thorbecke.

Lehmann, U. & Hilmer, G. (1997): Wirbellose der Vorzeit.- 304 S.; Enke.

Lehmann, U. (1987): Ammoniten – Ihr Leben und ihre Umwelt. 171 S.; Enke.

Ponder, W. F. & Lindberg, D. R. (2008, eds.): Phylogeny and evolution of the Mollusca.- 479 pp.; University of California Press.

Wilbur, K. M. & Yonge, C. M. (1983, eds.): The Mollusca Vol. 1–11, Academic Press, New York.

Ziegler, B. (1983): Spezielle Paläontologie I.- 408 S.; Schweizerbart.

Zitierte Literatur

De Baets, K., Hoffmann, R., Sessa, J. A. & Klug, C. (2016): Fossil Focus: Ammonoids. Palaeontology Online, 6: 1–15.

De Baets, K., Klug, C. & Plusquellec, Y. (2010): Zlíchovian faunas with early ammonoids from Morocco and their use for the correlation of the eastern Anti-Atlas and the western Dra Valley. Bulletin of Geosciences 85: 317–352.

Holland, C. H. (1999): The nautiloid Cephalopod order Ascocerida in the British Silurian.- Palaeontology, 42: 683–689.

Kröger, B. & Landing, E. (2009):Cephalopods and paleoenvironments of the Fort Cassin Formation (upper Lower Ordovician), eastern New York and adjacent Vermont.- J. Paleont., 83: 664–693.

Kröger, B., Ebbestad, J. O. R., Högström, A. E. S. & Frisk, A. M. (2011b): Mass concentration of Hirnantian cephalopods from the Siljan District, Sweden; taxonomy, palaeoecology and palaeobiogeographic relationships.- Fossil Record 14: 35–53.

Kröger, B., Vinther, J. & Fuchs, D. (2011): Cephalopod origin and evolution: A congruent picture emerging from fossils, development and molecules.- Bioessays 33: 602–613.

Manda, Š. & Frýda, J. (2010): Silurian-Devonian boundary events and their influence on cephalopod evolution: evolutionary significance of cephalopod egg size during mass extinctions. Bulletin of Geosciences 85: 513–540.

Niko, S. & Sone M. (2014): Actinocerid cephalopods from the Ordovician of Myanmar, and their paleobiogeographic implications for northern Gondwana.- Paleontological Research, 18: 94–103.

Nishiguchi, M. K. & Mapes, R. H. (2008): Cephalopoda.- In: Ponder, W. F. & Lindberg, D. R. (eds.): Phylogeny and evolution of the Mollusca.- 163–200, University of California Press.

Turek, V. (2008): *Boionautilus* gen. nov. from the Silurian of Europe and North Africa (Nautiloidea, Tarphycerida). Bulletin of Geosciences 83: 141–152.

Stamm Arthropoda (Gliederfüßer)

Die Arthropoda sind mit etwa 1 200 000 beschriebenen und etwa 10 000 000 geschätzten Arten der bei Weitem erfolgreichste Tierstamm. Sie kommen in marinen, brackigen und terrestrischen Ökosystemen vor. Es gibt unter ihnen sehr viele flugfähige Formen. Die Entwicklungshöhe verschiedener rezenter Arthropoda ist beachtlich. Sie besitzen ein Strickleiternervensystem mit gehirnartiger Konzentration im Cephalon (Kopf). Vielfältige Sinnesorgane wie Augen, Tastsinn, Gehör, Geruchs- und Geschmackssinn sind entwickelt. Daneben gibt es Rezeptoren für CO_2, Feuchtigkeit, Temperatur und das irdische Magnetfeld. Arthropoda sind in der Regel getrenntgeschlechtlich und haben ein Exoskelett (Cuticula) aus Chitin (Gerüstkohlenhydrat) und Arthropodin (Gerüsteiweiß), das mit Kalk (Kalzit) verstärkt sein kann. Ihre ontogenetische Entwicklung schließt häufig eine Larvalphase ein und ist, wegen des starren Exoskeletts, immer mit Häutungsphasen (Ecdysis) verbunden. Am Körper gibt es viele Anhänge in Form von Antennen, Kieferelementen, Kiemen, Beinen und Flügeln. Arthropoda gibt es vermutlich seit dem Jungproterozoikum; nachgewiesen sind sie seit dem Unterkambrium. Bereits während der Kambrischen Explosion treten sie in großer Formenfülle auf. Viele der frühen Vertreter sind aber taxonomisch schwer zuzuordnen.

Die Arthropoda lassen sich in zwei große Gruppen gliedern, in die **Mandibulata** und in die **Arachnomorpha** (Abb. 22-0). Die Mandibulata bestehen aus den heute noch existierenden Unterstämmen **Myriapoda** (Tausendfüßer), **Crustacea** (Krebstiere) und **Hexapoda** (Sechsfüßer). Die Gliederung der Arachnomorpha wird z. T. kontrovers diskutiert. Meist werden die Unterstämmen **Chelicerata** (Kieferklauenträger) und **Trilobitomorpha** (Trilobitenähnliche) unterschieden. Für viele kambrische und altpaläozoische Taxa, wie z. B. für die Klassen Megacheira, Marellomorpha oder Dinocaridida, ist die Zuordnung fraglich. Die Megacheira und Marellomorpha werden meistens in die Arachnomorpha eingegliedert. Die Dinocaridida stehen vermutlich ganz an der Basis der Arthropodenentwicklung, oder sind wie die Onychophora eine Nebengruppe der Panarthropoda. Die Zugehörigkeit jungproterozoischer Formen, wie z. B. *Spriggina* zu den Arthropoda, ist sehr fraglich.

Bauplanmuster der fünf Unterstämme

Das charakteristische Merkmal aller Arthropoda ist die Segmentierung ihres Körpers, die bereits bei der Embryonalentwicklung erkennbar ist. Mit Ausnahme des vordersten Segments, das die Augen trägt und meist Acron genannt wird, weisen alle Segmente in etwa den gleichen Grundbauplan auf und sind mit zwei Anhängen ausgestattet. Im Laufe der Evolution wurde dieses Grundmuster modifiziert, indem Segmente miteinander verschmolzen sind und sich die Anhänge spezialisierten (z. B. zu Antennen, Mundwerkzeugen, Lauf- oder Schwimmbeinen und Kiemenbeinen). Durch die Verschmelzung kam es

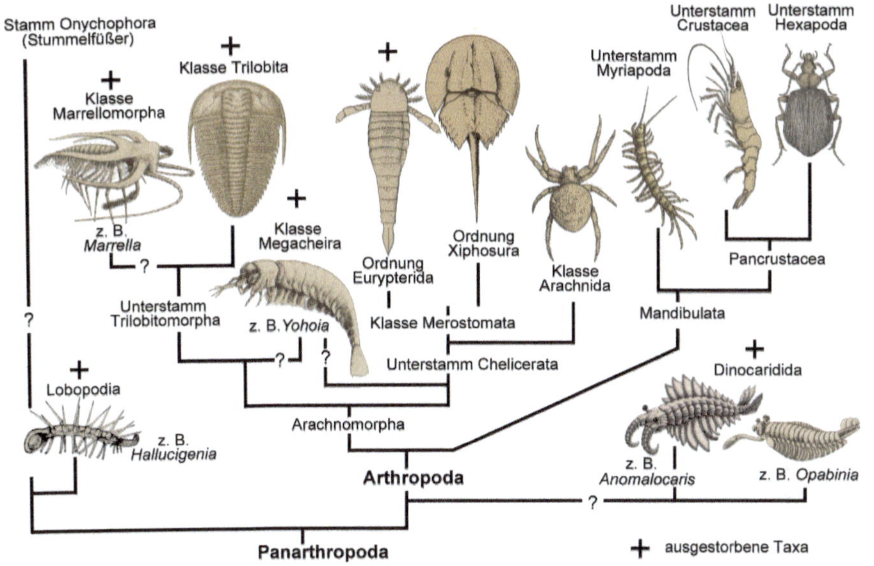

Abb. 22-0: Stark vereinfachter Stammbaum der Arthropoda (siehe Text).

bei den Unterstämmen der Arthropoden zu einer Gliederung des Körpers in zwei bzw. drei Abschnitte (Tagmata), mit relativ klar festgelegter Anzahl der Segmente. Die Art der Segmentverschmelzung und die Anzahl und Differenzierung der Anhänge bilden die Grundlage für die morphologische Klassifikation der Arthropoden (Abb. 22-1). Im Einzelnen sind allerdings auch deutliche Abweichungen dieser Grundschemata möglich.

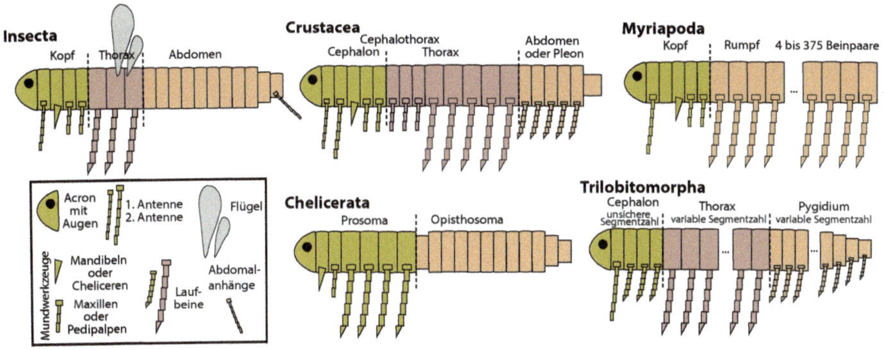

Abb. 22-1: Schematische Grundbaupläne der Unterstämme der Arthropoda (siehe Text).

Bei den heutigen **Hexapoda** (im Wesentlichen die Insekten) werden Kopf, Thorax und Abdomen als Tagmata unterschieden. Das Cephalon (Kopf) besteht aus fünf Segmenten mit einem Paar Augen und einem Paar Antennen sowie einem Paar Mandibeln und zwei Paar Maxillen als Mundwerkzeuge. Am Thorax sind drei Paar Laufbeine und optional zwei Paar Flügel vorhanden. Das Abdomen besteht aus 11 Segmenten, manchmal mit spezialisierten Anhängen am letzten Segment.

Crustacea werden aus drei Tagmata aufgebaut. Ihr Cephalon besteht aus sechs Segmenten mit einem Paar Augen, zwei Paar Antennen, einem Paar Mandibeln und zwei Paar Maxillen als Mundwerkzeuge. Von den acht Thoraxsegmenten sind die ersten drei mit Maxillipedien (Fressbeinpaaren) und die letzten fünf mit Pereiopoden (Laufbeinenpaaren) ausgestattet. Das Abdomen besteht aus sechs Segmenten mit fünf Paar Pleopoden (Schwimmbeinen). Cephalon und Thorax sind häufig zum Cephalothorax verschmolzen.

Myriapoda bestehen aus zwei Tagmata und besitzen einen Kopf aus fünf Segmenten mit einem Paar Augen, Antennen, Mandibeln und zwei Paar Maxillen als Mundwerkzeuge. Die Zahl der Rumpfsegmente variiert sehr stark und kann über 300 betragen, mit je einem Beinpaar pro Segment.

Bei den **Cheliceraten** besteht der Körper aus zwei Tagmata, nämlich einem Prosoma (Vorderkörper) mit sieben Segmenten und einem Opisthosoma (Hinterleib) aus bis zu 12 Segmenten. Am Prosoma sind Augen und ein Paar Cheliceren (Kieferklauen) als Mundwerkzeuge entwickelt. Am dritten Segment sind bei den Arachnida die Pedipalpen (Tastfühler) entwickelt. Bei den Merostomata sind die Pedipalpen als Beinpaar ausgebildet. Die restlichen Segmente sind mit vier weiteren Beinpaaren ausgestattet. 9–12 Segmente bauen das Opisthosoma auf. Bei den Arachnida sind die Anhänge zurückgebildet, bei den Merostomata sind bei den ersten sechs bis sieben Segmenten Anhänge, z. B. als Kiemen, ausgebildet.

Bei den **Trilobitomorpha** besteht der Körper aus drei Abschnitten. Das Cephalon wird vermutlich aus fünf (möglicherweise auch sieben) stark verwachsenen Segmenten gebildet, an denen ein Paar Augen und Antennen sowie drei Kieferbeinpaare entwickelt sind. Die Segmentzahl von Thorax und Pygidium variiert mit der Ontogenie und ist zudem von Art zu Art verschieden. Wahrscheinlich war aber jedes Thorax- und jedes Abdomensegment mit einem Beinpaar ausgestattet.

Bei den rezenten Arthropoda sind die Hexapoda mit ~1 000 000 Arten der mit Abstand häufigste Unterstamm, gefolgt von den Arachnida mit >100 000 und den Crustacea mit >70 000 Arten. Die Myriapoda sind mit ~12 000 Arten vergleichsweise selten. Die Häufigkeit fossiler Vertreter weicht davon z. T. deutlich ab (Abb. 22-2). Die Insekten sind noch immer die häufigste Gruppe mit etwa der Hälfte aller fossilen Gattungen, gefolgt von Crustacea und Trilobitomorpha. Cheliceraten und Myriapoda sind selten im Fossilbericht.

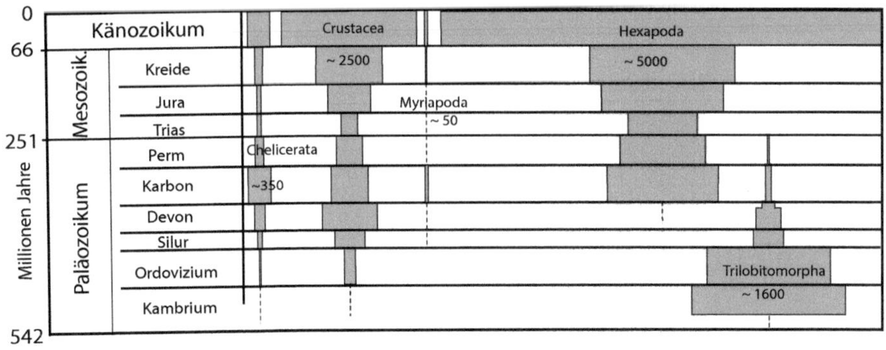

Abb. 22-2: Relative Häufigkeit (Anzahl der Gattungen) der fossilen Arthropodenunterstämme (modifiziert nach Robison & Kaesler 1987).

22 Trilobitomorpha

Die Trilobitomorpha schließen neben der Klasse Trilobita noch weitere kambrische bis devonische trilobitenähnliche Arthropoda ein, deren systematische Zuordnung aber unsicher ist. Die meisten dieser Formen stammen aus Fossillagerstätten, wie z. B. Sirius Passet (Nordgrönland), den Maotianshan Shales (Chengjiang Biota, China) – beide aus dem Unterkambrium – und dem mittelkambrischen Burgess Shale (Kanada). Die bei Weitem wichtigste und häufigste Gruppe sind aber die Trilobita mit über 20 000 beschriebenen Arten.

Die Klasse **Trilobita** kommt vom Kambrium bis zum Perm vor und ist die erste Arthropodengruppe mit Kalkeinlagerungen in der Cuticula. Diesem kalzitischen Exoskelett verdanken sie ihre gute Fossilisierbarkeit. Trilobita bedeutet «Dreilapper», was sich auf die drei Tegmata des Körpers, Cephalon (Kopf), Thorax (Rumpf) und Pygidium (Schwanz) bezieht. Ihre Größe reicht von wenigen Millimetern bis etwa 70 cm.

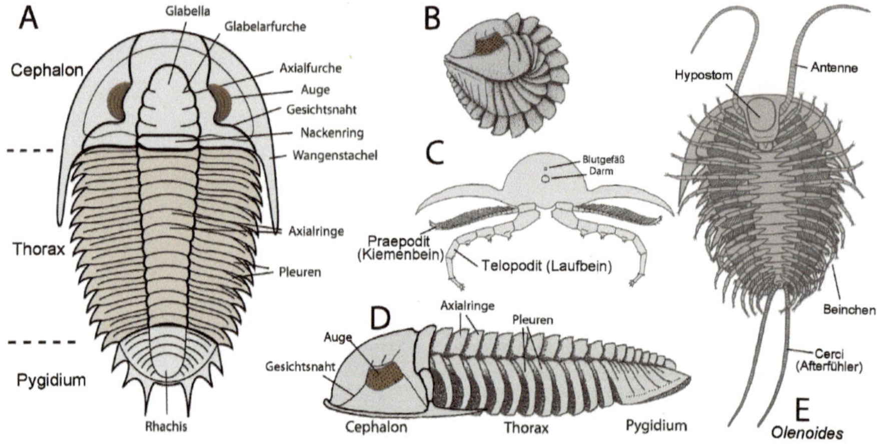

Abb. 22-3: Genereller Bauplan der Trilobita. A: Dorsalansicht eines Trilobiten mit der deutlichen Dreiteilung in Cephalon, Thorax und Pygidium; B: eingerollter Trilobit, die Biegung findet vorwiegend im Bereich der Thoraxsegmente statt; C: Querschnitt durch den Thorax mit den Spaltbeinen (Praepodit und Telopodit); D: Seitenansicht eines Trilobiten; E: Unterseite des kambrischen *Olenoides*, mit Antennen, Hypostom, Beinchen und Cerci; (modifiziert und kompiliert aus Clarkson 1998, Boardman 1989 und Wikipedia).

22.1 Merkmale

Das **Cephalon** besteht vermutlich aus fünf verschmolzenen Segmenten (Abb. 22-1). Es ist meist halbkreisförmig ausgebildet, mit einem Umschlag am Rand, der zur Unterseite überleitet. Auf der Unterseite des Cephalons liegt das **Hypostom** (Abb. 22-3 E). Es ist der einzige verkalkte Teil der Trilobitenunterseite und war wahrscheinlich Teil der Mundregion. Die Morphologie des Hypostoms ist sehr variabel und hängt vermutlich mit der Art der Ernährung zusammen. Auf der Oberseite des Cephalons liegt in der Mitte die Glabella, die noch Andeutungen einer Segmentierung erkennen lässt und häufig Tuberkeln aufweist. An ihrem Hinterrand liegt der Nackenring und zu beiden Seiten die Augen. Dabei handelt es sich um Komplexaugen, die in zwei Typen vorkommen, dem **holochroalen** Typ aus sehr vielen, engstehenden polygonalen Linsen und dem **schizochroalen** Typ mit großen runden einzeln stehenden Linsen (Abb. 22-4 G und H und Abb. 4-4). Über das Cephalon laufen die **Gesichtsnähte,** an denen das Skelett der Trilobiten während der Häutung platzt und abgestreift wird. Die Gesichtsnähte trennen die freien und festen Wangen (**Librigena** und **Fixigena**). Sie kommen in drei verschiedenen Typen vor (**propar, gonatopar** und **opisthopar,** Abb. 22-4 A–C), die für die Systematik wichtig sind. An den freien Wangen sind oft Stacheln (Wangenstacheln) entwickelt. Manche Trilobiten haben am Cephalon noch weitere hornartige Stacheln ausgebildet (z. B. *Ceratarges* Abb. 22-11). Der Rand des Cephalons kann zu einem Randsaum verbreitert sein (z. B. *Trinucleus* (Abb. 22-8) und *Harpes* (Abb. 22-12)).

Der **Thorax** besteht aus einer zentralen Rhachis (Spindel), die meist bis in das Pygidium reicht, und den Pleuren zu beiden Seiten. Die Segmentierung des Thorax ist sehr deutlich ausgeprägt. Innerhalb einer Art sind die Segmente weitgehend ähnlich ausgebildet, zwischen verschiedenen Arten kann die Morphologie der Segmente aber deutlich differieren, ebenso wie ihre Anzahl, die zwischen zwei und über 20 liegen kann. Viele Arten besitzen bestachelte Thoraxsegmente. Bei postkambrischen Trilobiten sind die Segmente so gebaut, dass sie ein Einrollen erlauben (Abb. 22-3), um sich vor Fressfeinden zu schützen.

Auch das **Pygidium** besteht aus zahlreichen Segmenten, die meist ähnlich wie die Thoraxsegmente gebaut sind. Bezüglich der Größe des Pygidiums werden drei Varianten unterschieden: Bei **mikropygen** Trilobiten ist das Cephalon größer als das Pygidium (z. B. *Paradoxides*); bei **Isopygie** sind beide gleich groß (z. B. *Agnostus*) und bei **Makropygie** ist das Cephalon kleiner als das Pygidium (z. B. *Scutellum*, Abb. 22-4 D–F). Einige Pygidien zeigen eine radialstrahlige Anordnung der Segmente, zusätzlich können Stacheln ausgebildet sein.

Die nicht verkalkte **Unterseite** der Trilobiten ist nur in seltenen Fällen erhalten (siehe Abb. 1-4 A und Abb. 22-7 B), wozu besondere Erhaltungsumstände notwendig sind (z. B. Pyritisierung siehe Kap. 1). Durch diese Funde ist bekannt, dass Trilobiten an jedem Segment Körperanhänge ausgebildet hatten. Am Kopf sind ein Paar Antennen und drei Paar Kieferbeine entwickelt. Auch jedes Thorax- und Pygidiumsegment trägt ein Beinpaar. Die Beine bestehen aus zwei Ästen (Spaltbeine, Abb. 22-3). Der untere Ast (Telopodit) ist als Laufbein entwickelt. Der obere Ast (Praepodit) hatte vermutlich mehrere Funktionen (als Kiemenbein, zum Transport von Nahrung in Richtung Mund und möglicherweise auch zum Schwimmen).

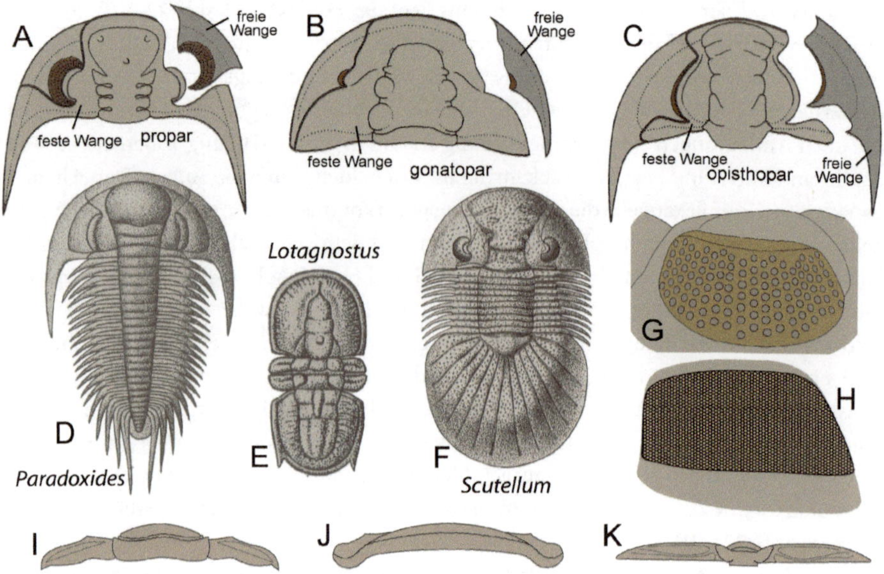

Abb. 22-4: Merkmale der Trilobita. A–C: Gesichtsnahttypen der Trilobita mit freien und festen Wangen; D–E: die Größe des Pygidiums im Vergleich zum Cephalon kann deutlich variieren zwischen mikro- (D), iso- (E) und makropyg (F); G, H: Augentypen der Trilobita, G: schizochroaler Typ, H: holochroaler Typ; I–K: Beispiele einiger Thoraxsegmente.

Die **Cuticula** der Trilobita besteht aus zwei Lagen. Die äußere sehr dünne Lage (wenige Mikrometer) ist entweder strukturlos oder besteht aus kleinen Kalzitkristallen, die senkrecht zur Oberfläche angeordnet sind. Die innere Lage ist etwa 0,5 mm dick und besteht aus horizontal in eine organische Matrix eingebettete Kalzitplättchen. Die Cuticula ist durch sehr viele Kanälchen durchbrochen, die besonders häufig an terrassenförmigen Absätzen auftreten. Sie werden als Poren für Sinneshärchen (Setae) gedeutet. Auch die verschiedenen Typen von Tuberkeln, die besonders auf der Glabella vorkommen, werden als Sinnesorgane gedeutet.

22.2 Systematik der Trilobita

Die Klasse Trilobita tritt seit dem Unterkambrium (Serie 2) mit der Ordnung **Redlichiida** auf. Sie sind durch ein großes, halbkreisförmiges Kopfschild mit Augen und mit einer segmentierten, langgezogenen Glabella sowie Wangenstacheln charakterisiert. Gesichtsnähte fehlen oder sind opisthopar. Die Thoraxsegmente sind sehr zahlreich und ebenfalls häufig bestachelt. Das Pygidium ist sehr klein (mikropyg) und kann stachelartig ausgebildet sein. Bekannte Formen sind *Eoredlichia* und *Olenellus,* beide aus dem Unterkambrium (Serie

2), und *Redlichia* und *Paradoxides* aus dem Mittelkambrium (Abb. 22-5 und Abb. 1-15). *Paradoxides* kann bis 40 cm Größe erreichen. Die Redlichiida starben bereits am Ende des Mittelkambriums (Serie 3) wieder aus.

Die Ordnung **Agnostida** erscheint ebenfalls bereits in Serie 2 des Unterkambriums und stirbt am Ende des Ordoviziums wieder aus. Es sind durchweg sehr kleine (maximal 1 cm), isopyge Formen mit 2–3 Thoraxsegmenten. Die meisten Formen sind blind. Typische Formen sind *Agnostus* (Unterkambrium-Unterordovizium), *Lejopyge* und *Glyptagnostus* (beide Oberkambrium) (Abb. 22-4 E und 22-5 D und E).

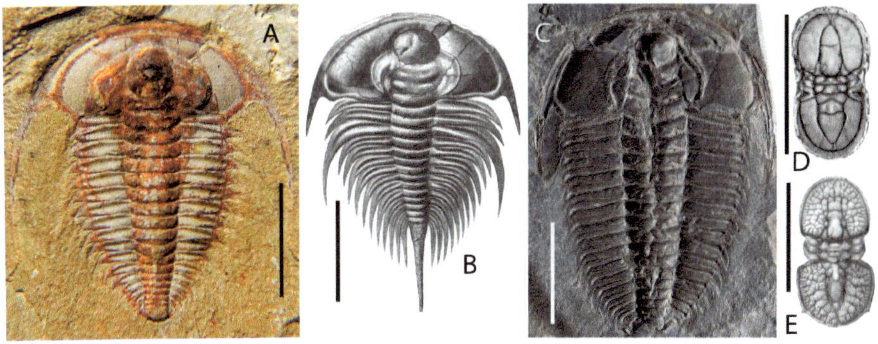

Abb. 22-5: Beispiele von Trilobiten der Ordnungen Redlichiida und Agnostida. A–C: Redlichiida, A: *Eoredlichia* (Unterkambrium); B: *Olenellus* (Unterkambrium); C: *Redlichia* (Mittelkambrium); D, E: Agnostida, D: *Lejopyge*, Oberkambrium); E: *Glyptagnostus* (Oberkambrium); Maßstab A–C: 2 cm, D, E: 1 cm; (kompiliert und modifiziert aus Walcott 1886, Peng et al. 2012 und Wikipedia).

Die Ordnung **Corynexochida** kommt vom Kambrium (Serie 2) bis in das Oberdevon vor. Kennzeichnende Merkmale sind ein Cephalon mit einer langgestreckten, oft glatten Glabella ohne Furchen. Die meisten Formen haben große Augen und Wangenstacheln, z. T. haben sie auch Kopfstacheln. Der Thorax besteht aus meist 6–10 bestachelten Segmenten. Das Pygidium ist relativ groß (iso- bis makropyg) und z. T. fächerförmig. Bekannte Formen sind *Kootenia* und *Athabaskia* aus dem Mittelkambrium und *Scutellum* und *Kolihapeltis* aus dem Unterdevon (Abb. 22-6).

Die Ordnung **Ptychopariida** ist artenreich und weist ein heterogenes Merkmalspektrum auf. Sie kommen vom Unterkambrium (Serie 2) bis an das Ende des Ordoviziums vor. Das Cephalon trägt eine einfache, sich nach vorn verjüngende Glabella, die nicht den Vorderrand erreicht. Glabelarfurchen fehlen oder sind schwach ausgeprägt. Meistens sind Augen vorhanden, es gibt aber auch blinde Formen. Die Gesichtsnaht ist opisthopar. Viele Formen haben kurze, manche auch lange Wangenstacheln. Der Thorax ist häufig groß mit mindestens 8 Segmenten, während das Pygidium überwiegend nur eine geringe Größe aufweist. Typische Formen sind *Ptychoparella, Conocoryphe, Coosella* und *Norwoodia,* alle aus dem Mittelkambrium, und *Triarthrus* aus dem Oberordivizium (Abb. 22-7).

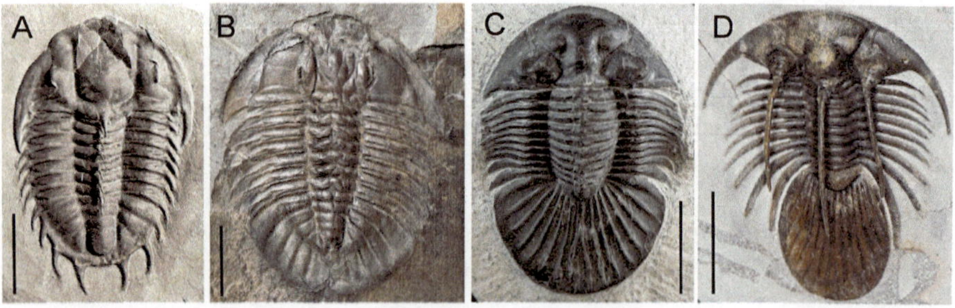

Abb. 22-6: Beispiele für Trilobita der Ordnung Corynexochida. A: *Kootenia* (Mittelkambrium); B: *Athabaskia* (Mittelkambrium); C: *Scutellum* (Unterdevon); D: *Kolihapeltis* (Unterdevon); Maßstab A: 1 cm, B–D: 2 cm; (kompiliert und modifiziert aus Robison & Babcock 2011 und Wikipedia).

Abb. 22-7: Beispiele für Trilobita der Ordnung Ptychopariida. A: *Ptychoparella* (Mittelkambrium); B: *Triarthrus* (Unterseite mit Antennen und Beinchen, Oberordovizium); C: *Conocoryphe*, D: *Coosella* und E: *Norwoodia* (Unterseite), alle aus dem Mittelkambrium; Maßstab A, B, D, E: 5 mm, C: 1 cm; (kompiliert und modifiziert aus Robison & Babcock 2011 und Wikipedia).

Die Ordnung **Asaphida** kommt vom Mittelkambrium bis in das obere Silur vor. Die Ordnung ist sehr artenreich. Ihre Vertreter besitzen ein großes Cephalon mit einer sich nach vorne verbreiternden Glabella, die sich kaum vom Cephalon abhebt. Die Gesichtsnähte sind opisthopar. Meistens sind die Augen groß, manche Formen sind blind. Wangenstacheln können entwickelt sein. Die Anzahl der Thoraxsegmente kann stark variieren. Das Pygidium ist relativ groß, oft iso- oder makropyg. Es gibt auch schwimmfähige Formen (z. B. *Cyclopyge*, Abb. 22-8 und Abb. 22-14). Manche Asaphida werden bis 70 cm groß. Die Unterordnung **Trinucleina** weicht vom «normalen» Merkmalsmuster ab. Die Formen sind blind, haben einen verbreiterten Randsaum und sehr lange Wangenstacheln, die deutlich über das Pygidium hinausgehen (z. B. *Declivolithus*). Es gibt nur wenige Thoraxsegmente und ein kleines, meist dreieckiges Pygidium (Abb. 22-8).

Abb. 22-8: Beispiele für Trilobiten der Ordnung Asaphida. A: *Asaphus*; B: *Asaphus kowalewski*; C: *Megistaspidella*, (A–C: Mittelordovizium); D: *Declivolithus* (Oberordovizium); E: *Cyclopyge* (Ordovizium); Maßstab A–D: 1 cm, E: 5 mm; (kompiliert und modifiziert nach Wikipedia).

Auch die Ordnung **Phacopida** (Unterordovizium bis Oberdevon) ist sehr artenreich und heterogen. Das Cephalon besitzt eine markante Glabella, die auffällige Furchen oder Pusteln zeigt. Augen sind nur teilweise entwickelt und entweder holochroal oder schizochroal. Die Gesichtsnaht ist propar oder gonatopar. Der Thorax besteht aus zahlreichen Segmenten, die kleine Stacheln tragen können. Bekannte Gattungen sind *Flexicalymene* (Oberordovizium), *Homalonotus* (Silur), *Dalmanitina* (Silur) und *Phacops* (Silur und Devon, Abb. 22-9).

Abb. 22-9: Beispiele für Trilobiten der Ordnung Phacopida. A: *Flexicalymene*, teilweise eingerollt (Oberordovizium); B: *Homalonotus* (Silur); C: *Dalmanitina* (Silur); D, D1: *Phacops*, D1: eingerollt, (Mitteldevon).

Die Ordnung **Lichida** kommt vom Mittelkambrium bis in das Oberdevon vor. Ihre Vertreter sind am ganzen Körper mehr oder weniger stark mit Pusteln bedeckt. Auf dem Cephalon liegt eine lange, sich nach vorne verbreiternde, große Glabella. Die Gesichtsnaht ist opisthopar. Augen sind meist vorhanden. Der Thorax besteht vorwiegend aus 8–13 Segmenten, die häufig bestachelt sind. Das Pygidium ist groß (iso- bis makropyg) und ebenfalls meist bestachelt. Innerhalb der Lichida gibt es einige sehr große Formen (> 0,5 m). Typische Vertreter sind *Lichakephalus* (Oberordovizium), *Arctinurus* (Silur), *Hoplolichoides* (Silur), *Terataspis* (Unterdevon), *Acanthopyge* (Mitteldevon, Abb. 22-10).

Abb. 22-10: Beispiele für Trilobiten der Ordnung Lichida. A: *Lichakephalus* (Oberordovizium); B: *Arctinurus* (Silur); C: *Hoplolichoides* (Silur); D: *Terataspis* (Unterdevon); E: *Acanthopyge* (Mitteldevon); Maßstab 2 cm; (kompiliert und modifiziert nach Wikipedia).

Die Ordnung **Odontopleurida** (Mittelkambrium bis Devon) ist durch sehr stark bestachelte Formen gekennzeichnet, die ähnlich wie die Lichida stark mit Pusteln bedeckt sind. Sie haben eine große Glabella, die bis an den Vorderrand des Cephalons reicht, holochroale Augen und eine opisthopare Gesichtsnaht. Der Thorax besteht aus 8–13 Segmenten. Das Pygidium trägt viele Stacheln. Typische Vertreter sind *Ceratarges* und *Radaspis* (Abb. 22-11).

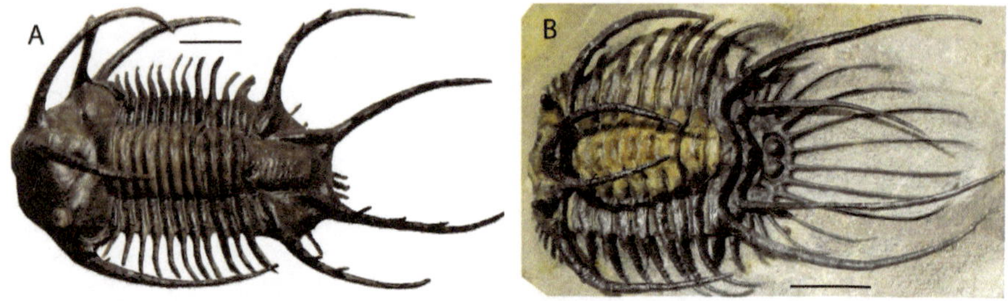

Abb. 22-11: Beispiele für Trilobiten der Ordnung Odontopleurida. A: *Ceratarges*; B: *Radaspis* (beide Mitteldevon); Maßstab 1 cm; (kompiliert und modifiziert nach Wikipedia).

Die relativ artenarme Ordnung **Harpetida** (Oberkambrium bis Oberdevon) hat ein großes Cephalon mit einem breiten, von Poren durchsetzten Rand (Siebhaube) und kleinen Augen. Die langen Wangenstacheln können bis zum Pygidium reichen. Die gefurchte Glabella wird nach vorne schmaler und reicht nicht bis zum Rand der Siebhaube. Der Thorax wird aus 12 oder mehr Segmenten gebildet und geht meist fließend in das kleine Pygidium über, welches teilweise bestachelt ist. Typische Formen sind *Harpes* oder *Scotoharpes* (Abb. 22-12).

Abb. 22-12: Beispiele für Trilobiten der Ordnungen Harpetida und Proetida. A: Harpetida, *Scotoharpes* (Ordovizium); B–D: Proetida, B: *Cummingella* (Unterkarbon); C: *Aulacopleura* (Silur); D: *Monodechenella* (Mitteldevon); Maßstab 1 cm; (kompiliert und modifiziert nach Wikipedia).

Die langlebigste Ordnung sind die **Proetida** (Oberkambrium bis Ende Perm). Dabei handelt es sich generell um kleinwüchsige Formen mit großem Cephalon, opisthoparer Gesichtsnaht und meist mit holochroalen Augen. Der Thorax besteht aus zahlreichen Segmenten, die z. T. bestachelt sind. Das Pygidium ist relativ klein (meist mikropyg). Innerhalb der Proetida gab es auch kleinwüchsige schwimmfähige (pelagische) Formen mit großen Augen (z. B. *Carolinites*, Abb. 22-14). Beispiele für diese Ordnung sind *Cummingella* (Unterkarbon), *Aulacopleura* (Silur) und *Monodechenella* (Mitteldevon, Abb. 22-12).

22.3 Ontogenie

Trilobiten vermehrten sich sehr wahrscheinlich sexuell, wie fast alle Arthropoda. Es wird spekuliert, ob sie ihre Eier frei abgelegt haben oder ob sie sie in Bruttaschen hielten, wie z. B. Pfeilschwanzkrebse. Vermutlich bildete sich bald nach dem Schlüpfen der Larven das Exoskelett. Während des Wachstums musste das starre Außenskelett mehrfach gewechselt werden. Die Häutungspanzer sind als Exuvien fossil erhaltungsfähig und erlauben die Larvalentwicklung zu rekonstruieren. Sie wird in drei Phasen unterteilt: Während der Protaspis-Phase werden der Proto-Kopfschild und das Proto-Pygidium gebildet. Möglicherweise war diese Phase planktonisch. In der Meraspis-Phase werden am Hinterrand des Kopfschildes sukzessive neue Thoraxsegmente eingefügt, ebenso vor dem Protopygidium neue Pygidiumsegmente. Mit dem Erreichen der arttypischen Anzahl an Thorax- und Pygidiumsegmenten ist die Holaspis-Phase respektive das Adultstadium erreicht (siehe Abb. 2-3).

22.4 Phylogenie

Am Anfang der Trilobitenentwicklung steht die Ordnung Redlichiida mit sehr ursprünglichen Merkmalen. Sie sind bereits zum Ende des Mittelkambriums wieder ausgestorben. Von ihnen leiten sich die Ordnungen Agnostida, Corynexochida und Ptychopariida ab, die alle noch im Unterkambrium entstanden sind. Die Ordnungen Lichida und Odontopleurida entsteht an der Basis des Mittelkambriums, vermutlich ebenfalls aus der Redlichiida oder den Corynexochida. Die Ptychopariida sind Ausgangsgruppe der Asaphida, Harpida und Proetida. Der Ursprung der Phacopida ist bislang nicht geklärt. Der Höhepunkt der Entwicklung der Trilobiten liegt im Kambrium und Ordovizium. Danach sterben sie stufenweise aus. Besonders massiv betroffen waren sie durch das oberdevonische Massenaussterben, bei dem fünf Ordnungen verschwunden sind. Lediglich die Proetida überlebten darüber hinaus noch bis zum Ende des Perms (siehe Kap. 7 und Abb. 22-13).

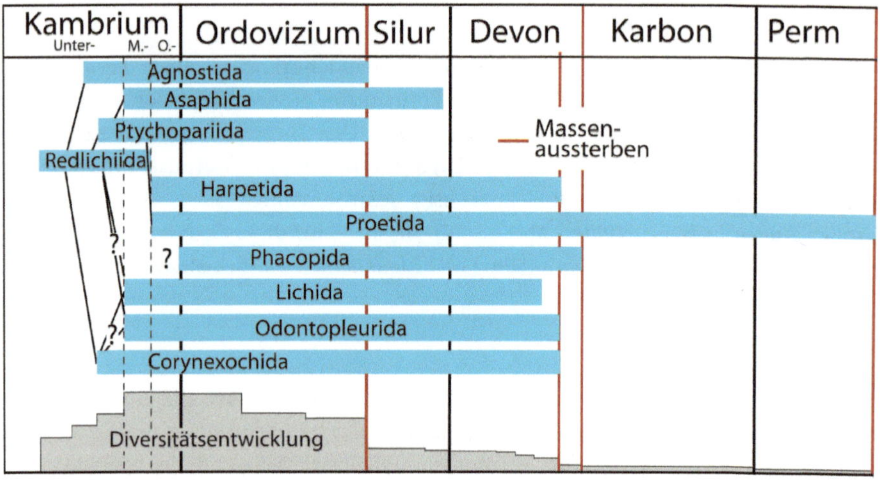

Abb. 22-13: Entwicklungsgeschichte, Reichweite der Ordnungen und der Diversitätsentwicklung der Trilobita.

22.5 Straphigraphie und Biogeographie

Stratigraphie: Trilobiten sind überwiegend benthische Organismen und somit faziesabhängig. Dennoch stellen sie vor allem im Kambrium und teilweise auch im Zeitraum Ordovizium bis Devon viele Leitfossilien. Der Grund dafür ist das Fehlen besser geeigneter faziesunabhängiger Faunen. Ab dem Ordovizium treten neue wichtige Leitfossilgruppen, wie die Graptolithen und Conodonten auf. Die Bedeutung der Trilobiten als Leitfossilien nimmt entsprechend sukzessiv ab.

Biogeographie: Trilobiten treten weltweit auf, lassen aber wegen ihrer überwiegend benthischen Lebensweise einen ausgeprägten Faunenprovinzialismus erkennen, der vermutlich durch die Ozeanwassertemperatur bedingt ist. Die Verteilung und Veränderung von Trilobitenprovinzen sind ein wichtiges Hilfsmittel für paläogeographische Rekonstruktionen.

22.6 Ökologie

Trilobiten besiedelten überwiegend den Meeresboden als Epibenthos in flacheren küstennahen Bereichen der photischen Zone, wie die meist gut entwickelten Augen belegen. Blinde Formen lebten entweder grabend oder in größerer Wassertiefe. Manche Formen waren schwimmfähig. Für manche Asaphida, z. B. *Cyclopyge,* wird eine pelagische Lebensweise in tieferem Wasser (etwa 200 m) angenommen, während *Carolinites* aus der Ordnung Proetida vermutlich nahe der Oberfläche lebte. Auch für die Agnostida wird eine mögliche pelagische Lebensweise diskutiert, weil diese Gattung im Kambrium kosmopolitisch auftritt (Abb. 22-14).

Pelagisch lebende Trilobita ernährten sich vermutlich von Phyto- und Zooplankton. Bei den benthischen Formen gibt es verschiedene Ernährungsstrategien. Große Trilobita lebten möglicherweise räuberisch und aasfressend. Andere Formen waren Substratfresser oder Filtrierer. Der Randsaum der Trinucleina deutet auf eine teilweise grabende Lebensweise hin. Der siebartig durchbrochene Randsaum könnte als Filtrierapparat gedient haben (Abb. 22-14). Von Trilobiten sind viele Spurenfossilien bekannt. Die häufigsten sind Ruhespuren (*Rusophycos*), Kriech- oder Grabspuren (*Cruziana*) und Laufspuren (z. B. *Diplichnites*) (siehe Abb. 5-4).

Die Trilobita selbst waren wiederum Beute von räuberischen Formen wie *Anomalocaris*, einem sehr ursprünglichen Vertreter der Arthropoda, von Eurypteriden, von Cephalopoden und von Fischen. Viele postkambrische Trilobita konnten sich zum Schutz einrollen. Auch die Bestachelung wird als Schutz vor Fressfeinden interpretiert.

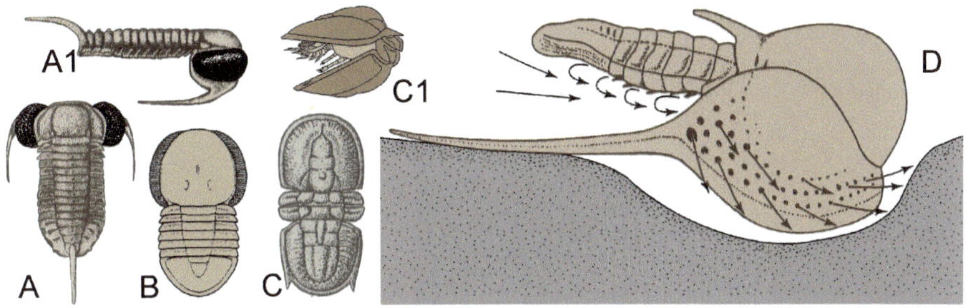

Abb. 22-14: Beispiele für Lebensweisen von Trilobiten. A–C: pelagische Lebensweise, A: *Carolinites* (Proetida), A1: Schwimmstellung; B: *Cyclopyge* (Asaphida); C: *Agnostus* (Agnostida), C1: Schwimmstellung; D: Modell der filtrierenden Lebensweise der Trinucleina; (kompiliert und modifiziert nach McCormick & Fortey 1998, Fortey & Owens 1999).

22.7 Taphonomie

Wegen der Segmentierung des Körpers zerfallen die Trilobiten nach dem Tod ähnlich wie auch viele rezente Arthropoden. Meistens kommen Kopfschild, Pygidium und Pleuren isoliert vor. Bei den Häutungsphasen (Ecdysis) während des Wachstums platzen die Gesichtsnähte, damit der Trilobit seinen alten Panzer abstreifen kann. Dabei werden auch die freien Wangen vom übrigen Kopfschild getrennt (Abb. 22-4). Von spektakulären Funden in diversen Fossillagerstätten abgesehen, werden von Trilobiten in der Regel nur Fragmente überliefert.

Weiterführende Literatur

Clarkson, E. N. K. (1998): Invertebrate Palaeontology and Evolution.- 452, pp., Blackwell.

Fortey, R: (2001): Trilobite: Eyewitness to Evolution.- 284 pp., Random House.

Hou, X. -G., Aldridge, R., Bergström, J., Siveter, D. J., Siveter, D., Xiang-Hong Feng, X-H. (2008): The Cambrian Fossils of Chengjiang, China: The Flowering of Early Animal Life.- 233 pp., Wiley.

Lawrence, P. & Stammers, S. (2014): Trilobites of the Word: An Atlas of 1000 Photographs.- 416 pp., Siri Scientific Press.

Levi-Setti, R. (2014): The Trilobite book – a visual journey.- 273 pp., University of Chicago Press.

Zitierte Literatur

Fortey, R. A. & Owens, R. M. (1999): Feeding habits in Trilobites.- Palaeontology 42: 429–465.

McCormick, T. & Fortey, R. A. (1998): Independent Testing of a Paleobiological Hypothesis: The Optical Design of Two Ordovician Pelagic Trilobites Reveals their Relative paleobathymetry.- Paleobiology, 2: 235–253.

Peng, S., Babcock, L. E. & Cooper, R. A. (2012): The Cambrian Period.- In: Gradstein, F. M., Ogg, J. G., Schmitz, M. & Ogg, G. (eds.): The Geologic Time Scale.- 437–488, Elsevier.

Robison, R. A. & Babcock, L. E. (2011): Systematics, palaeobiology, and taphonomy of dome exceptionally preserved trilobites from Cambrian Lagerstätten of Utah. Paleontological Contributions 5: 1–47.

Robison, R. A. & Kaesler, R. L. (1987): Phylum Arthropoda.- In: Boardman, R. S. (ed.): Fossil invertebrates. 205–269 pp.

Walcott, C. D. (1886): Second contribution to the studies on the Cambrian faunas of North America.- Bulletin of U.S. Geological Survey 30: 369 pp.

23 Unterstamm Chelicerata (Kieferklauenträger)

Der Unterstamm Chelicerata gehört wie die Trilobitomorpha zu den Arachnomorpha und besteht aus den Klassen Merostomata und Arachnida (Spinnentiere). Ihr gemeinsames Merkmal sind die Cheliceren (Kieferklauen) am Kopf und ihr zweigeteilter Körper aus Prosoma (Vorderkörper) und Opisthosoma (Hinterleib, siehe Abb. 22-1). Zu den Arachnida gehören die Spinnentiere, Milben und Skorpione mit über 100 000 rezenten Arten; fossil sind sie eher selten. Ihr Lebensraum ist nahezu ausschließlich terrestrisch. Die Merostomata bestehen aus zwei Ordnungen, den Xiphosura (Pfeilschwanzkrebse), die als «lebende Fossilien» noch rezent vorkommen, und den ausgestorbenen Eurypterida (Wasserskorpione, Abb. 22-0, Abb. 23-1). Auch die Merostomata sind fossil selten. Die verwandtschafliche Nähe der Xiphosura und Eurypterida wird neuerdings von einigen Autoren angezweifelt. Stattdessen werden die Eurypterida eher in die Nähe der Spinnentiere gestellt. *Sanctacaris* (Abb. 23-2) aus dem Burgess Shale in Kanada wird meist als der älteste Vertreter der Chelicerata angesehen.

23.1 Klasse Merostomata

Die Merostomata leben und lebten überwiegend marin, aber auch im Brack- und Süßwasser. Durch Spurenfossilien sind auch kurzfristige Landgänge bekannt. Die Cuticula der Merostomata ist nicht oder nur schwach verkalkt. Sie besitzen dreigliedrige Cheliceren mit Scheren und fünf Beinpaare. Das vordere Beinpaar entspricht den Pedipalpen.

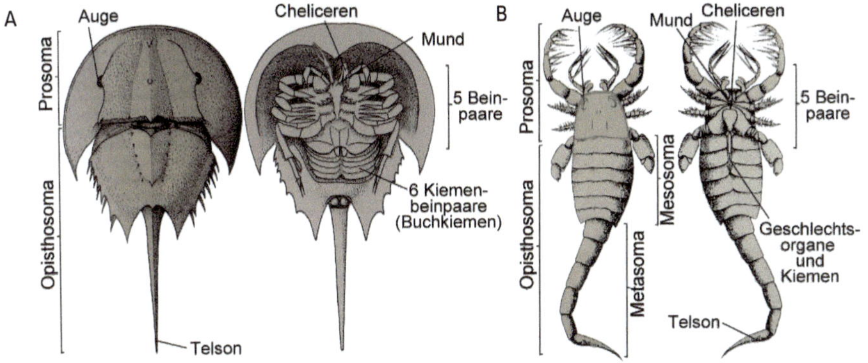

Abb. 23-1: Vereinfachter Bauplan der Klasse Merostomata; A: *Limulus* Ober- (Dorsal-) und Unterseite (Ventralseite); B: der Eurypteride *Mixopterus* (Silur), ebenfalls Dorsal- und Ventralseite; (modifiziert und kompiliert aus Ziegler 1998 und Clarkson 1998).

Ordnung Xiphosura

Xiphosura sind meist 10–50 cm groß und leben in küstennahen Flachwasserbereichen und können auch kurzzeitig an Land gehen. Sie bewegen sich kriechend oder schwimmend fort und ernähren sich räuberisch von Würmern, kleinen Mollusken und Krebstieren. Ihr Prosoma besteht auf der Dorsalseite aus schildartig verwachsenen Segmenten mit einem Paar großer Komplexaugen und einem Paar kleiner Medianaugen. Auf der Ventralseite sind die Cheliceren als Mundwerkzeuge und 5 Beinpaare vorhanden. Auch das Opisthosoma ist auf der Dorsalseite aus verwachsenen Segmenten aufgebaut. Das letzte Segment bildet das stachelartig verlängerte, bewegliche Telson. Auf der Ventralseite sind sechs plattig ausgebildete Füße mit lamellenartigen Kiemen vorhanden. Da sie aussehen wie die Seiten eines Buches, werden sie oft Buchkiemen (oder Fächerkiemen) bezeichnet. Xiphosura legen Eier, aus denen sich freischwimmende Larven entwickeln, die viele Häutungsphasen bis zum Adultstadium durchlaufen. Fossile Xiphosura sind seit dem Oberordovizium bekannt, aber generell selten.

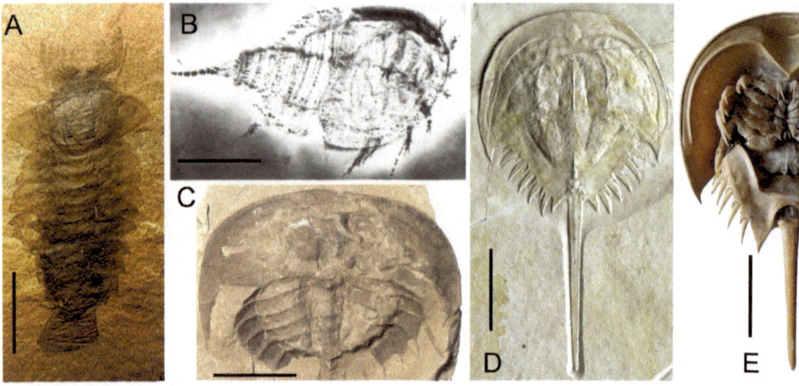

Abb. 23-2: *Sanctacaris* als mutmaßlich ältester Vertreter der Chelicerata sowie fossile und rezente Xiphosura. A: *Sanctacaris* (Mittelkambrium); B–E: Xiphosura: B: *Weinbergina* (Devon, Röntgenbild); C: *Euproops* (Karbon); D: *Mesolimulus* (Jura); E: rezenter *Limulus*; Maßstab A, C: 2 cm, B, D, E: 5 cm; (modifiziert und kompiliert aus Legg 2014, Stürmer & Bergström 1981 und Wikipedia).

Ordnung Eurypterida

Die Eurypterida kamen vom Mittelordovizium bis in das höhere Perm vor. Ihr Lebensbereich war, wie bei den Xiphosura, der küstennahe, marine Flachwasserbereich. Im Laufe ihrer Entwicklung eroberten sie auch Brack- und Süßwasserbereiche und gingen auch temporär an Land. Ihre Größe reichte von wenigen Dezimetern bis über 2 Meter. Sie gehören damit zu den größten bekannten Arthropoda. Die Eurypterida lebten sehr wahrscheinlich räuberisch und jagten vermutlich Cephalopoda, Fische und andere Arthropoda. Einige von ihnen waren die größten Räuber ihrer Zeit.

Das Prosoma der Eurypterida bestand aus verwachsenen Segmenten, an denen die Cheliceren und die fünf Beinpaare ansetzten, wobei das letzte Beinpaar häufig als verbreiterte Schwimmbeine ausgebildet war (Abb. 23-1). Das Opisthosoma wurde von 12 gegeneinander beweglichen Segmenten gebildet. Bei vielen Eurypterida ist das Opisthosoma nochmals deutlich zweigeteilt. Der vordere Teil (Mesosoma oder Präabdomen) ist mit Geschlechtsorganen und innen liegenden Kiemen ausgestattet. Am hinteren Metasoma (oder Postabdomen) fehlen Körperanhänge. Das Telson ist als Stachel oder als Schwimmpaddel entwickelt. Manche Eurypterida, z. B. die Süßwasserform *Slimonia*, hatten zusätzlich zu den Kiemen noch lamellenartige Lungen (Buch- oder Fächerlungen) zur Sauerstoffaufnahme an Land, die denen der Skorpione sehr ähnlich waren.

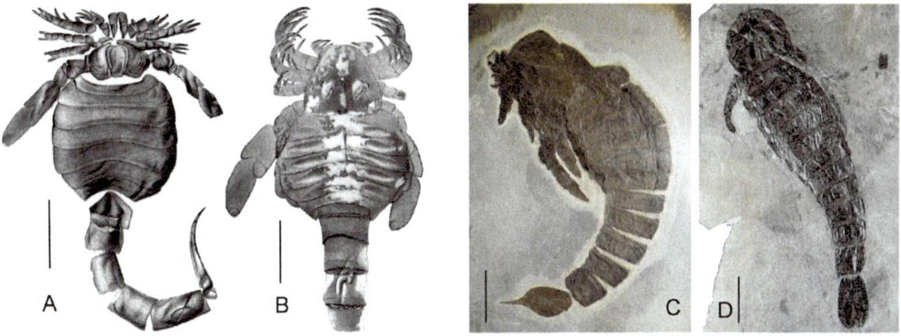

Abb. 23-3: Beispiele für Eurypterida («Seeskorpione»); A: *Eusarcus*; B: *Carcinosoma*; (beide Silur) C: *Slimonia*, (Oberes Silur bis Unterdevon); D: *Pterygotus* (Unterdevon); Maßstab A, B: 5 cm, C, D: 20 cm; (kompiliert und modifiziert aus Clarke & Ruedemann 1912 und Wikipedia).

23.2 Klasse Arachnida (Spinnentiere)

Zu den Spinnentieren gehören die bekannten Ordnungen Araneae (Webspinnen, mit etwa 50 000 rezenten Arten), Scorpiones (Skorpione, mit etwa 1200 rezenten Arten) und Acari (Milben, mit über 50 000 rezenten Arten). Darüber hinaus gibt es noch weitere Ordnungen, wie z. B. Geiselspinnen, Geiselskorpione, Weberknechte, Pseudoskorpione und Walzenspinnen, die hier nicht behandelt werden. Bei den Arachnida sind am Prosoma 5–8 Augen entwickelt. Milben sind häufig blind. Die Atmung der Arachnida erfolgt über Buch- oder Fächerlungen, die vermutlich aus den Buch- oder Fächerkiemen der Merostomata hervorgegangen sind. Teilweise wurde zusätzlich oder alternativ die Tracheenatmung, ähnlich wie bei den Insekten, entwickelt. Einige Arachnida sind lebend gebärend, z. B. die Scorpiones, andere legen Eier, aus denen weitgehend fertige kleine Jungtiere schlüpfen (Acari und Araneae). Eine Larvalphase und Metamorphose wie bei vielen anderen Arthropoda gibt es nicht.

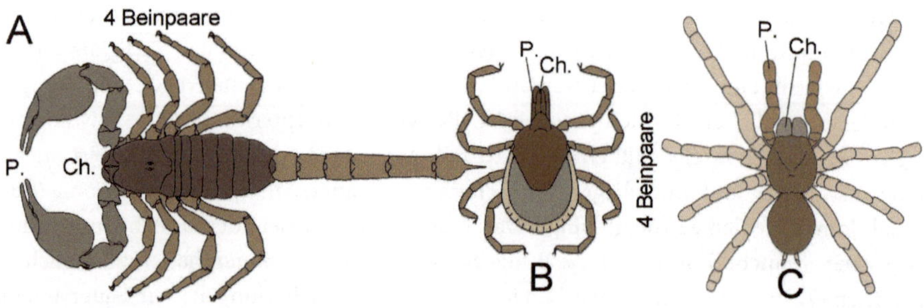

Abb. 23-4: Vereinfachte Baupläne der Arachnida. A: Scorpiones, B: Acari, C: Araneae (P. = Pedipalpen, Ch. = Cheliceren).

Die Ordnung **Scorpiones** zeigt einen deutlich zweigeteilten Körperbau mit Pro- und Opisthosoma, der an die Eurypterida erinnert. Das Prosoma trägt sechs Paar Körperanhänge, die Cheliceren, die Pedipalpen und vier Beinpaare. Die Cheliceren der Skorpione sind relativ klein, dreigliedrig und mit Scheren wie bei den Merostomata ausgestattet. Ihre Pedipalpen sind sehr groß mit kräftigen Scheren. Die Segmente des Prosomas sind weitgehend verwachsen, die des Opisthosomas deutlich erkennbar und beweglich. Das Telson ist als Giftstachel entwickelt. Skorpione leben als nachtaktive Räuber und ernähren sich überwiegend von Insekten und anderen Spinnentieren. Sie sind ihrerseits Beute von Schlangen, Vögeln und kleinen Säugetieren. Skorpione gibt es seit dem Silur. Möglicherweise haben sie gemeinsame Vorläufer mit den Eurypterida. Da Skorpione keinen Kalk in ihre Cuticula einlagern, sind sie fossil sehr selten (Abb. 23-5).

Bei den **Acari** (Milben) sind Pro- und Opisthosoma verwachsen und die Segmentierung ist nur noch schwer erkennbar. Ihre Cheliceren können sehr verschieden ausgebildet sein, zwei oder dreigliedrig, mit Scheren oder spitz zulaufend, je nach Lebensweise. Auch die Pedipalpen sind sehr variabel gestaltet. Milben sind in der Regel sehr klein, Zecken (Abb. 23-5) gehören zu den größten Vertretern. Ihre Lebensweise ist sehr verschieden. Es gibt Pflanzen- und Detritusfresser, räuberische Formen und sehr viele Exo- und Endoparasiten, die oft auch Krankheitsüberträger sind. Milben besiedelten seit dem Unterdevon terrestrische Lebensräume. Aufgrund ihrer geringen Größe und ihrer nicht mineralisierten Cuticula sind sie fossil sehr selten.

Die Ordnung **Araneae** und verwandte fossile Vertreter (z. B. *Idmonarachne*) haben ebenfalls einen in Pro- und Opisthosoma zweigeteilten Körper, lassen aber außer bei den frühen Formen (z. B. bei den Trigonotarbida) meist keine Segmentierung mehr erkennen. Die Cheliceren am Prosoma sind zweigliedrig und mit einer Klaue sowie Giftdrüsen ausgestattet (Abb. 23-6 C). Die Pedipalpen sind Tastorgane, die bei den männlichen Webspinnen zusätzlich als Begattungsorgan dienen. Weiterhin gibt es vier Laufbeinpaare. Am Hinterende des Opisthosomas sind Spinndrüsen entwickelt. Echte Webspinnen und verwandte Formen gibt es seit dem Devon. Bei den Trigonotarbida (Silur bis tieferes Perm,

z. B. *Eophrynus*, Abb. 23-6), die als Vorläufer der Araneae gelten, sind noch keine Spinndrüsen vorhanden.

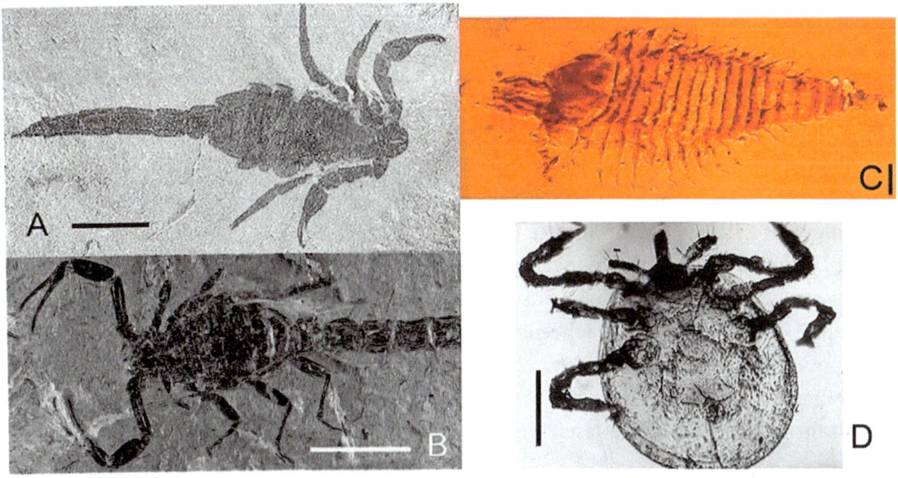

Abb. 23-5: Beispiele für Arachnida der Ordnungen Scorpiones und Acari (Milben). A, B: Scorpiones, A: *Proscorpio* (spätes Silur), B: *Protobuthus* (Untertrias); C, D: Acari, C: *Ampezzoa* (Gallmilbe, Obertrias, in Bernstein), D: *Cornupalpatum* (Schildzecke, Oberkreide, in Bernstein); Maßstab A, B: 2 cm, C: 0,01 mm, D: 1 mm; (kompiliert und modifiziert aus Dunlop 2010, Lourenço & Gall 2004, Schmidt et al. 2012).

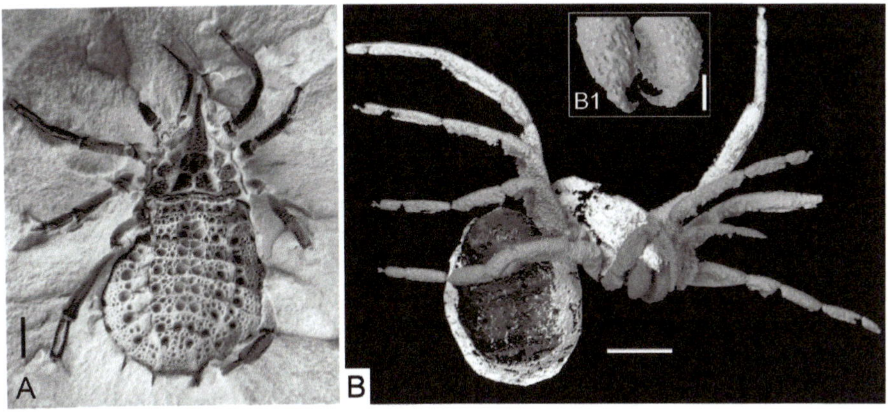

Abb. 23-6: Paläozoische Spinnenverwandte; A: Trigonotarbida, *Eophrynus* (Dorsalansicht, Oberkarbon); B: Uraraneida, *Idmonarachne*, (Oberkarbon, zusammengesetzte, computertomographische Aufnahme); B1: vergrößerte Cheliceren; Maßstab A: 5 mm, B: 2 mm, B1: 0,5 mm; (kompiliert und modifiziert aus Dunlop & Garwood 2014 und Garwood et al. 2016).

Literatur

vgl. Kap. 24

24 Myriapoda (Tausendfüßer)

Die Myriapoda sind der kleinste Unterstamm der Arthropoda, der aber immer noch über 13000 bekannte Arten umfasst. Ihr Körper ist zweigeteilt (Abb. 22-0 und 22-1). Am Kopf sind Augen, ein Paar Antennen und als Mundwerkzeuge ein Paar Mandibeln und zwei Paar Maxillen entwickelt. Der Rumpf besteht aus zahlreichen Gliedern, die jeweils mit einem, z. T. auch mit zwei Beinpaaren pro Segment ausgestattet sind. Die Zahl der Rumpfsegmente variiert sehr stark von minimal 12 bis über 150. Häufig ist das erste Rumpfbeinpaar als große Giftklaue (Maxilliped) entwickelt. Augen sind als Ocellen (Punktaugen) oder Facettenaugen vorhanden. Bei vielen Formen sind die Augen zurückgebildet. Die Atmung der Myriapoda erfolgt über ein Tracheensystem, woraus teilweise eine Verwandtschaft zu den Hexapoda abgeleitet wird. Die Cuticula ist meist dünn, aber zum Teil verkalkt. Myriapoda legen Eier, aus denen sich Larven mit reduzierter Segment- und Beinzahl entwickeln. Erst nach zahlreichen Häutungsphasen wird die endgültige Anzahl an Segmenten und Beinen erreicht.

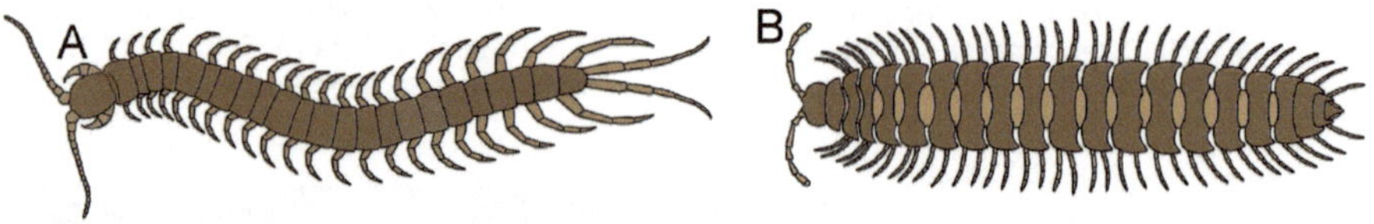

Abb. 24-1: Vereinfachte Baupläne der Myriapoda-Klassen Chilopoda (A) und Diplopoda (B).

Die rezenten Myriapoda sind weit verbreitet in allen Klimazonen und leben am und im Boden, bevorzugt in feuchten Wäldern. Sie bestehen aus vier Klassen, von denen die Chilopoda (Hundertfüßer) und die Diplopoda (Doppelfüßer) die wichtigsten sind. Myriapoda gehören zu den ältesten Landlebewesen und sind seit dem Silur nachgewiesen. Sie sind fossil aber generell selten. Dabei sind die Diplopoda wegen ihrer verkalkten Cuticula häufiger zu finden als andere Myriapoda. Die Spurenfossilien von *Diplichnites,* die auf Myriapoda hinweisen, gibt es bereits im Oberordovizium.

Die Klasse **Chilopoda** (Silur bis rezent) besteht heute aus etwa 3000 beschriebenen Arten. Rezente Chilopoda werden bis 30 cm lang. Da das erste Beinpaar des ersten Rumpfsegments als Maxilliped (Giftklaue) entwickelt ist, haben Chilopoda immer eine ungerade Anzahl von Beinpaaren. Meist sind es 15 bis 23, z. T. aber auch deutlich mehr. Ihr bevorzugter Lebensraum sind feuchte Waldböden. Sie sind aktive Jäger, die ihre Beute mit ihrer besonders groß entwickelten Giftklaue töten. Die auffällige Giftklaue ist bereits bei den frühen Formen entwickelt (z. B. *Devonobius* Abb. 24-2).

Die Klasse **Diplopoda** (Silur bis rezent) besteht heute aus etwa 12 000 beschriebenen Arten. Ihr Rumpf setzt sich aus verschmolzenen Doppelsegmenten zusammen, die jeweils zwei Beinpaare tragen (Abb. 24-1 B). Sie können bis zu 750 Beinpaare haben. 2021 wurde eine neue Art, *Eumilliped persephone,* mit 1306 Beinpaaren entdeckt. Rezente Diplopoda werden maximal 40 cm lang und ernähren sich vorwiegend von Pflanzen und von pflanzlichem Detritus. Die Arthropleurida (Silur bis Perm) sind die bekannteste fossile Ordnung. Zu ihr gehört die Gattung *Arthropleura* aus dem Oberkarbon, die als größter Landarthropode aller Zeiten gilt (mit 2,5 m Länge und 48 cm Breite). Der enorme Größenwuchs war wegen des hohen Sauerstoffpartialdrucks der karbonischen Atmosphäre möglich (etwa 30 % O_2); außerdem hatten sie keine Fressfeinde. *Arthropleura* und verwandte Formen lebten wahrscheinlich in den karbonischen Steinkohlesümpfen. Alle bisherigen Funde waren Exuvien, weshalb kein Mageninhalt bekannt ist. Es ist folglich unsicher ob sich *Arthropleura* wie rezente Diplopoden von Pflanzen und von pflanzlichem Detritus ernährten. Es wird auch über eine räuberische Lebensweise spekuliert.

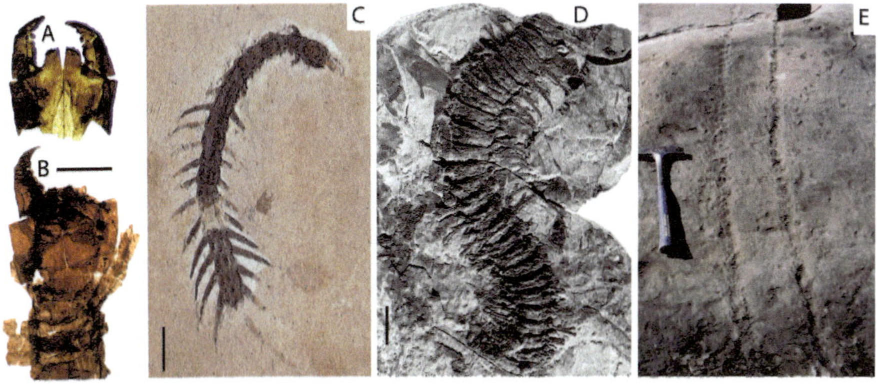

Abb. 24-2 Beispiele fossiler Myriapoda. A–C: Chilopoda, A, B: *Devonobius*, mit kräftigen kieferähnlichen Maxillipeden (Mitteldevon); C: *Cratoraricrus* (Unterkreide); D; E: Diplopoda, D: *Myriacantherpestes* (Oberkarbon), E: *Diplichnites*, eine Kriechspur von *Arthropleura* (Oberkarbon, Hammerlänge 33 cm); Maßstab A, B: 2 mm, C: 1 cm, D: 2 cm; (kompiliert und modifiziert aus Shear & Edgecombe 2010 und Rygel Wikipedia).

Literatur Chelicerata und Myriapoda

Weiterführende Literatur

Clarkson, E. N. K. (1998): Invertebrate Palaeontology and Evolution.- 452, pp., Blackwell.
Dunlop, J. A. & Penney, D. (2012): Fossil Arachnids.- 192 pp., Siri Scientific Press.
Ziegler, B. (1998): Einführung in die Paläontologie.- Spezielle Paläontologie II.- 666 S., Schweizerbart.

Zitierte Literatur

Clarke J. M. & Ruedemann, R. (1912): The Eurypterida of New York. Volume 1 & 2. New York State Museum Memoir 14: 628 pp.

Dunlop, J. A. (2010): Geological history and phylogeny of Chelicera.- Arthropod Structure and Development 39: 124–142.

Dunlop, J. A. and Garwood, R. J. (2014): Tomographic reconstruction of the exceptionally preserved trigonotarbid arachnid *Eophrynus prestvicii.* Acta Palaeontologica Polonica 59: 443–454.

Garwood, R. J., Dunlop, J. A., Selden, P. A., Spencer, A.R.T., Atwood, R.C., Vo, N.T. & Drakopoulos, M. (2016): Almost a spider: a 305-million-year-old fossil arachnid and spider origins. Proc. R. Soc. B 283: 20160125.

Legg, D. A. (2014): Sanctacaris uncata: the oldest chelicerate (Arthropoda).- Naturwissenschaften 101: 1065–1073.

Lourenço, W. R. & Gall, J.-C. (2004): Fossil scorpions from the Buntsandstein (Early Triassic) of France.- C. R. Palevol 3: 369–378.

Schmidt, A. R., Jancke, S., Lindquist, E. E., Ragazzi, E., Roghi, G., Nascimbene, P. C., Schmidt, K., Wappler, T. & Grimaldi, D. A. (2012): Arthropods in amber from the Triassic Period.- Proceedings of the National Academy of Sciences, 109: 14796.

Shear, W. A., & Edgecombe, G. D. (2010): The geological record and phylogeny of the Myriapoda.- Arthropod Structure & Development 39: 174–190.

Stürmer, W. & Bergström, J. (1981): *Weinbergina*, a xiphosuran arthropod from the Devonian Hunsrück Slate.- Paläont. Z. 55: 237–255.

25 Crustacea (Krebstiere)

25.1 Merkmale und systematischer Überblick

Die Crustacea sind ein sehr heterogener Unterstamm mit teilweise stark abgewandelten Bauplänen bei den verschiedenen Klassen. Entsprechend gibt es mehrere Ansätze zur Systematik, um die etwa 70 000 rezenten und vermutlich ähnlich vielen fossilen Arten zu kategorisieren. Meist werden acht rezente Klassen unterschieden. Die als Exoparasiten lebenden Brachiura (Fischläuse) und endoparasitischen Pentastomida (Zungenwürmer) sind paläontologisch kaum von Bedeutung. Weitere Klassen sind die Ostracoda, die Copepoda, die Malacostraca, die Thecostraca, die Branchiopoda, die Cephalocarida und die Remipedia. Aus der Molekulargenetik wird neuerdings eine enge Verwandtschaft zwischen den Cephalocarida, Remipedia und den Hexapoda abgeleitet. Da die Hexapoda mit den Insekten als eigener Unterstamm geführt werden, können sie nicht Teil des Unterstamms Crustacea sein. Hexapoda und Crustacea werden deshalb teilweise auch als neues Taxon «Pancrustacea» zusammengefasst (Abb. 25-1). Zu den Crustacea oder in ihre nähere Verwandtschaft werden noch einige nur fossil bekannte Gruppen unsicherer Zuordnung gezählt. Dazu gehören etliche ausgestorbene Taxa, wie z. B. die Euthycarcinoidea (Kambrium bis Trias) und Waptiida (Unter- bis Mittelkambrium).

Crustacea haben Anpassungen an viele verschiedene Lebensräume entwickelt. Die meisten leben marin, als Benthos, Nekton und Plankton. Manche Formen, wie z. B. die Thecostraca, sind zu einer fixosessilen Lebensweise übergegangen. Zahlreiche Crustacea haben Süßwasserlebensräume und einige auch das Festland erobert. Die meisten Crustacea sind getrenntgeschlechtlich und legen Eier, die teilweise in Brutpflege gehalten werden. Auch Landkrabben müssen zur Eiablage in das Wasser. Die weitere Entwicklung läuft über eine oder mehrere Larvalphasen, die mit Häutungsstadien verbunden sind. Bei manchen Taxa erfolgt dabei eine schrittweise Annäherung an das Aussehen als Adultform, andere durchlaufen eine Metamorphose.

Die paläontologische Bedeutung der einzelnen Crustaceen-Klassen ist sehr unterschiedlich. Die aus phylogenetischer Sicht sehr wichtigen Klassen **Cephalocarida** (Hufeisengarnelen) und **Remipedia** wurden als rezente Formen erst 1955 bzw. 1980 entdeckt. Sie sind fossil kaum dokumentiert, wobei die Zuordnung der Formen auch noch unsicher ist. Rezente Cephalocarida sind nur wenige Millimeter groß und leben im unverfestigten Schlamm am Meeresboden, während die rezenten Remipedia randmarine Karsthöhlen bewohnen. Die **Copepoda** (Ruderfußkrebse) sind in der Mehrzahl sehr klein (0,5–3 mm) und leben überwiegend als marines Zooplankton mit etwa 13 000 Arten. Sie ernähren sich herbivor, als Filtrierer, mikrocarnivor und als Parasiten. Auch die Copepoda sind fossil sehr selten und erst seit der Kreide bekannt.

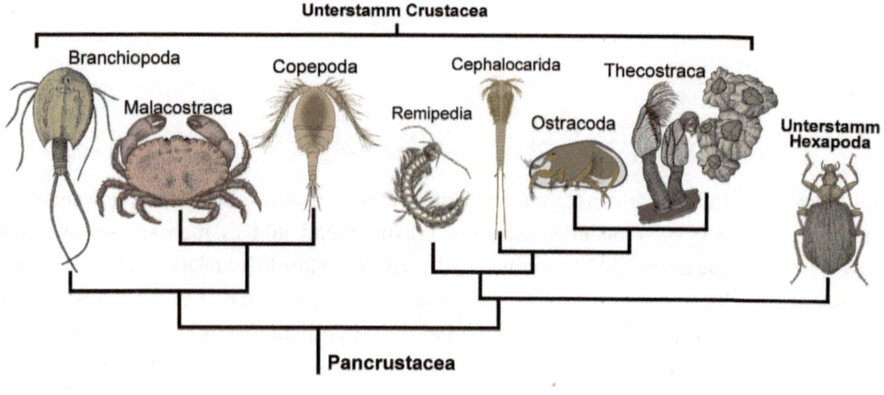

Abb. 25-1: Vereinfachter phylogenetischer Stammbaum der Pancrustacea.

Ebenfalls recht dürftig ist die Datenbasis für die ausgestorbenen Taxa, wie z. B. für die Waptiida (Kambrium) und die Euthycarcinoidea (Kambrium bis Trias). Die Vertreter der Ordnung **Waptiida** haben einen muschelschalen-ähnlichen Carapax, der Kopf und Teile des Rumpfes bedeckt, einen segmentierten Körper und einen Schwanzfächer, der ihnen vermutlich das Schwimmen ermöglichte. Die Typusgattung *Waptia* ist aus den kambrischen Fossillagerstätten bekannt (Abb. 25-3 A). Für sie wird eine verwandtschaftliche Nähe zu den Branchiopoda vermutet. Die **Euthycarcinoidea** werden teilweise als Klasse, Unterklasse oder Ordnung aufgefasst und bestehen lediglich aus 16 Arten. Sie sind aus flachmarinen Bereichen und Seen mit starken Salinitätsschwankungen beschrieben, z. B. *Euthycarcinus* aus der Untertrias (Abb. 25-3 B). Euthycarinoidea besitzen einen dreigeteilten Körperbau mit halbkreisförmigem Cephalon, segmentiertem Thorax mit Beinen und einem Abdomen ohne Beinchen. Ihre systematische Zuordnung ist unklar. Meistens werden sie zu den Crustacea gestellt, mit fraglichen verwandtschaftlichen Beziehungen zu den Hexapoda.

25.2 Branchiopoda

Die Klasse **Branchiopoda** (Kiemenfußkrebse, Abb. 25-2 A, B) ist seit dem Oberkambrium bekannt. Die ursprünglichen Branchiopoda lebten marin, haben sich aber sehr erfolgreich an ein Leben in stehenden Gewässern mit stark schwankenden Salzgehalten und an Süßwasser angepasst. Sie ernähren sich kriechend oder schwimmend von Detritus oder Plankton. Ein bekannter Vertreter aus der Ordnung **Notostraca** ist die Gattung *Triops*, die seit etwa 250 Mio. Jahren nahezu unverändert vorkommt. *Triops* besitzt auf der Dorsalseite einen großen, einteiligen Carapax, unter dem der Kopf und Teile des Rumpfes verborgen sind. Der Rumpf besteht aus zahlreichen Segmenten mit Beinchen (Abb. 25-3 C). Der

Übergang Rumpf zu Abdomen ist fließend. Im vorderen Teil des Abdomens sind Beinchen vorhanden, im hinteren Teil nicht. Das Hinterende bildet eine lange Furca (Schwanzgabel). Auch die Ordnung **Conchostraca** (Muschelschaler, Abb. 25-2B) ist aus hypersalinen Seen und Tümpeln bekannt, in Mitteleuropa vor allem aus der Trias (z. B. *Dictyonatella* und *Palaeolimnadia*, Abb. 25-3), wo sie teilweise in großer Zahl auf Schichtflächen zu finden sind. Conchostraca bestehen aus 20–30 Segmenten mit relativ gleichförmigen Beinpaaren. Das Abdomen besitzt keine Beine, aber eine Furca mit Stachel als letztes Körpersegment. Die zweite Antenne ist sehr kräftig ausgebildet und dient der Fortbewegung. Erhalten ist normalerweise der einer Muschel ähnliche, chitinige Carapax, der das ganze Tier umschließt. Er ist flexibel und mit einer biegsamen Mittellinie ausgestattet. Teilweise verkalkt der Carapax während der Frühdiagenese, was die Wahrscheinlichkeit der Überlieferung erhöht.

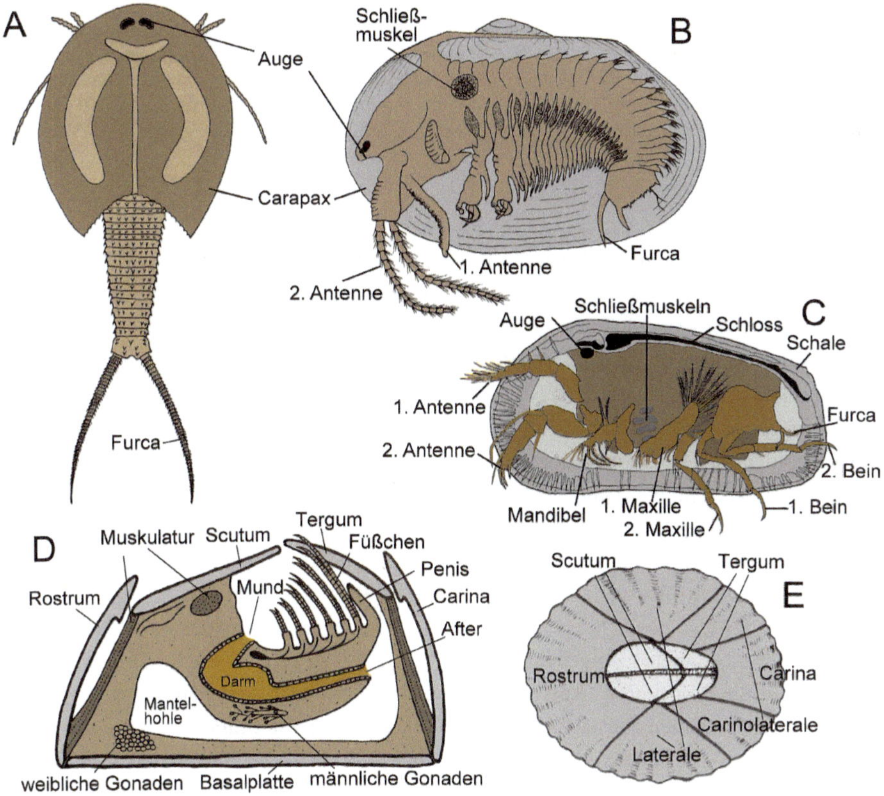

Abb. 25-2: Vereinfachte Baupläne der Branchiopoda, Cirripedia und Ostracoda. A: Branchiopoda, Notostraca, *Triops*; B: Branchiopoda, Conchostraca; C: Ostracoda; D, E: Cirripedia; D: Schnitt durch das Gehäuse und den Weichkörper, E: Anordnung der Platten des Gehäuses als Aufsicht (kompiliert und modifiziert nach Barnes 1987, Ziegler 1998, Lehmann & Hilmer 1997 und Ozawa 2013).

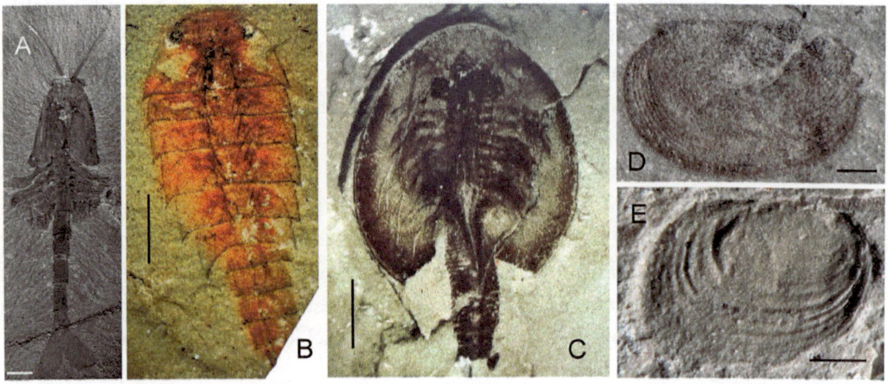

Abb. 25-3: Fossile Beispiele der Waptiida und Euthycarcinoidea sowie der Branchiopoda. A: *Waptia* (Unter- bis Mittelkambrium); B: *Euthycarcinus* (Untertrias); C–E: Branchiopoda, C: Notostraca, *Triops* (Untertrias) Ansicht von der Unterseite mit Füßchen und Abdomen; D, E: Conchostraca, D: *Dictyonatella*, E: *Palaeolimnadia* (beide Mitteltrias); Maßstab: A: 1 cm, B: 4 mm, C: 2 mm, D, E: 1 mm; (kompiliert und modifiziert nach Strausfeld 2016, Gall & Grauvogel-Stamm 2000, Neiber et al. 2011, Żyła et al. 2013).

25.3 Thecostraca

Bei der Klasse **Thecostraca** (Abb. 25-1) sind die Unterklassen **Cirripedia** (Rankenfußkrebse) und **Pedunculata** (Entenmuscheln) am bekanntesten. Beide haben eine sessile, am Substrat festgewachsene Lebensweise angenommen. Die bis mehrere Zentimeter großen Cirripedia wachsen mit der Dorsalseite auf Hartsubstrat fest. Sie bilden kegelförmige, kalzitische Gehäuse, die aus einer Basalplatte und mehreren Seitenplatten (meist 6, Abb. 25-2 D, E) aufgebaut sind. Zusätzlich bilden zwei weitere Platten (Scutum und Tergum) einen Verschlussdeckel. Die Beinchen sind zu Rankenfüßen umgebildet, mit denen Nahrung (Kleinstlebewesen und organische Partikel) herbeigestrudelt werden. Cirripedia gibt es seit dem Oberjura. Sie bewohnen weltweit vor allem die Gezeitenbereiche und besiedeln auch die Hartteile anderer Organismen (siehe Abb. 4-17). Auch die **Pedunculata** leben festgeheftet an Hartsubstraten. Sie werden ebenfalls nur einige Zentimeter groß und wachsen mit einem muskulösen Stiel am Untergrund fest. Der sich anschließende Rumpf wird von mehreren Schälchen umgeben, die den Weichkörper einschließen. Wie bei den Cirripedia sind die Beinchen zu Rankenfüßen umgebildet. Auch sie leben bevorzugt im Gezeitenbereich, kommen aber auch in größerer Wassertiefe vor. Entenmuscheln gibt es seit dem Kambrium. Da sie nach dem Tod zerfallen, kommen die Schälchen meist isoliert vor.

25.4 Ostracoda

Die Klasse **Ostracoda** (Muschelkrebse) wird von 0,5–5 mm großen Crustaceen gebildet. Sie bestehen aus einem Kopf mit zwei Paar Antennen, einem Paar Mandibeln und zwei Paar Maxillen. Die Zahl der Thoraxsegmente ist stark reduziert und es sind nur 1–3 Rumpfbeinpaare entwickelt (Abb. 25-2). Das Abdomen endet in einer teilweise bestachelten Furca. Das kennzeichnende Merkmal der Ostracoda ist ein Muschelschalen-ähnlicher Carapax, der den gesamten Körper umschließt. Ihr Bauplan ist somit dem der Cochostraca ähnlich, allerdings ist der Carapax hier meist kalzitisch ausgebildet und deshalb sehr gut fossil überlieferbar. Zusätzlich ist der Carapax bei den Ostracoda zweiteilig, wobei wie bei den Muscheln zwischen einer rechten und einer linken Klappe unterschieden wird. Die Klappen werden durch ein Ligament zusammengehalten, häufig ist ein Schloss entwickelt; und auf der Innenseite sind Eindrücke einer komplexen Muskulatur zu finden. Von außen zeigen viele Ostracodenschalen eine ausgeprägte Skulptur. Es gibt aber auch glatte Formen. Viele Ostracodenschalen zeigen einen deutlichen Geschlechtsdimorphismus (Abb. 2-4 und 25-4). Die Ostracoda umfassen etwa 13 000 rezente und etwa 55 000 fossile Arten. Sie sind die mit Abstand häufigsten Crustaceenfossilien. Ihr Lebensraum ist das Meer sowie das Brack- und Süßwasser. Manche Ostracoda tolerieren auch hypersaline Bedingungen. Sie leben benthisch, schwimmend und planktonisch als Filtrierer, Mikrocarnivora oder Detritusfresser. Ostracoda stellen viele Leitfossilien. Die frühesten Ostracoda oder mit ihnen verwandte Formen aus dem Kambrium (z. B. Phosphatocopida) sind teilweise mit Weichteilen erhalten (wie z. B. *Hesslandona*, Abb. 25-4 A), ihre Zugehörigkeit zu den Ostracoda wird kontrovers diskutiert.

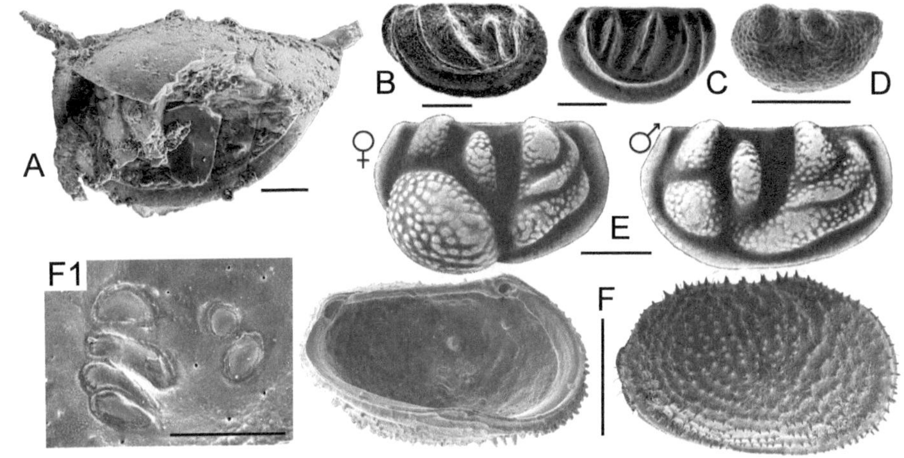

Abb. 25-4: Ostracoda und frühe Ostracodenverwandte. A: *Hesslandona* (Phosphatocopida, Oberkambrium) mit Resten der Antennen; B: *Brezelina*, C: *Rigidella*, D: *Euprimites*, (alle Ordovizium); E: *Nodibeyrichia* (Oberes Silur), mit deutlichem Geschlechtsdimorphismus; F: *Echinocythereis* (rezent) Schale von innen und außen; F1: Vergrößerung der Muskelabdrücke; Maßstab: A: 0,1 mm, B–D: 0,5 mm, E: 1 mm, F: 0,4 mm, F1: 0,1 mm (kompiliert und modifiziert nach Tinn & Meidla 2004, Schallreuter & Hinz-Schallreuther 2010, Zang et al. 2011, Ozawa 2013).

25.5 Malacostraca

Die Klasse **Malacostraca** (höhere Krebse) tritt seit dem Kambrium auf und umfasst etwa 40 000 rezente Arten. Damit ist sie die bei Weitem größte Klasse der rezenten Crustacea. Der generelle Bauplan der Malacostraca zeigt eine deutliche Segmentierung mit 6 Cephalonsegmenten und 8 Thoraxsegmenten, die häufig als Cephalothorax oder Carapax auf der Dorsalseite verwachsen sind. Weiterhin gibt es 6 Abdomensegmente und ein Telson, das oft als Schwanzfächer (Uropod) entwickelt ist. Bei den Malacostraca werden drei Unterklassen unterschieden: die Phyllocarida, die Hoplocarida und die Eumalacostraca. Das Skelett der Malacostraca ist teilweise verkalkt, vor allem an den Scheren der Laufbeine. Nach dem Absterben zerfällt das Skelett in viele Einzelteile, ganzkörperliche Erhaltung ist deshalb die Ausnahme. Auch Exuvien (Häutungspanzer) sind gelegentlich fossil überliefert. Die Malacostraca sind mobil und bewegen sich entweder laufend oder schwimmend. Die Atmung erfolgt auch bei landlebenden Formen vorwiegend über Kiemen.

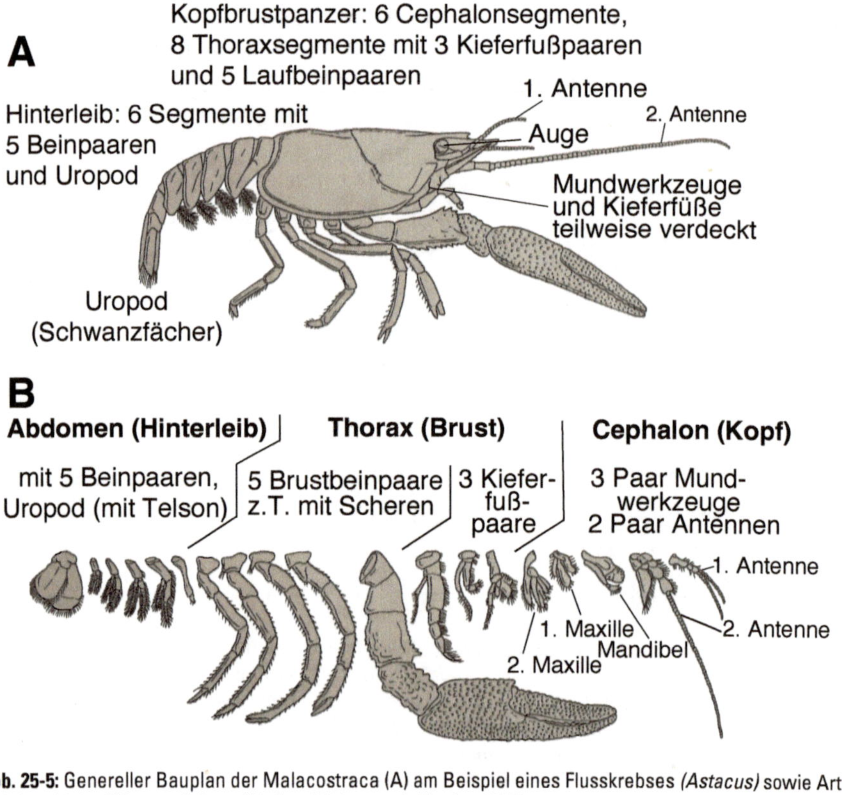

Abb. 25-5: Genereller Bauplan der Malacostraca (A) am Beispiel eines Flusskrebses *(Astacus)* sowie Art und Anzahl der Körperanhänge (B); (modifiziert nach Ziegler 1998).

Die Vertreter der Unterklasse **Phyllocarida** sind kleinwüchsig und rezent nur noch mit etwa 350 Arten vertreten. Sie stellen die ursprünglichsten Malacostraca dar. Kennzeichnend ist ein zweiteiliger Carapax, der Cephalon und Thorax umgibt. Das Abdomen besteht aus 7 Segmenten. Sie kommen seit dem Kambrium vor und haben ihre Hauptverbreitung im Paläozoikum, sind aber generell selten. Einige kambrische Arthropoda, wie z. B. *Tuzoia*, werden teilweise den phyllocariden Crustaceen zugerechnet, haben aber auch Affinitäten zu anderen Crustacea. Ihre systematische Stellung ist umstritten und wird kontrovers diskutiert. Weitere fossile Beispiele für Phyllocarida sind *Nahecaris* aus dem Unterdevon und *Dithyrocaris* aus dem Oberkarbon (Abb. 25-6).

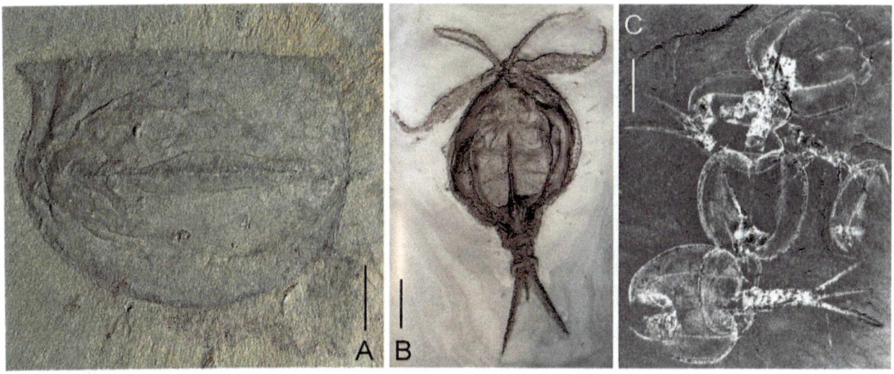

Abb. 25-6: Fossile Phyllocarida, A: *Tuzoia* (Mittelkambrium), ein fraglicher Phyllocaride; B: *Nahecaris* (Unterdevon); C: *Dithyrocaris* (Oberkarbon), Erhaltung als Exuvien, Maßstab A: 3 cm, B, C: 1 cm; (kompiliert und modifiziert nach Jahnke & Bartels 2000 und Wikipedia James St. John).

Fossilien der Unterklasse **Hoplocarida** sind ebenfalls selten: Sie treten seit dem Devon auf und sind rezent nur mit etwa 400 Arten bekannt. Hoplocarida besitzen einen abgeflachten Körper, der Carapax bedeckt nur den Kopf und drei Thoraxsegmente. Teilweise sind spezialisierte Scheren am ersten Laufbein entwickelt, wie z. B. bei den Fangschreckenkrebsen (*Squilla*, Abb. 25-7 C). Diese Formen werden etwa 5–30 cm groß und lebten vermutlich räuberisch wie ihre rezenten Verwandten. Paläozoische Vertreter lebten möglicherweise auch als Filtrierer oder Detritusfresser.

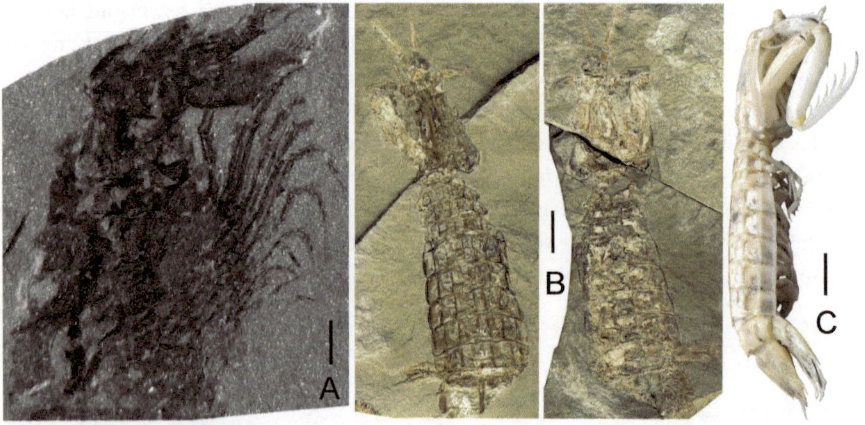

Abb. 25-7: Fossile Hoplocarida, A: *Crangopsis* (Unterkarbon), Cephalon und Thorax mit Anhängen; B: *Squilla* (Miozän), Ober- und Unterseite; C: *Squilla* (rezent), Seitenansicht; Maßstab 1 cm; (kompiliert und modifiziert nach Hyzny et al. 2014, Ahyong et al. 2013; Wikipedia, Fish and Wildlife Research Institute).

Die Unterklasse **Eumalacostraca** entspricht weitgehend dem Bauplan in Abb. 25-5. Ein Carapax ist aber nicht bei allen Formen ausgebildet. Es werden drei Überordnungen unterschieden, die Syncarida, die Peracarida und die Eucarida.

Die Überordnung **Syncarida** (Brunnenkrebse) besteht aus Formen, die im Süßwasser und im Boden leben und generell sehr kleinwüchsig (1–5 mm) sind. Auch die fossilen Vertreter werden nur wenige Zentimeter groß. Syncarida bilden keinen Carapax und sind nicht oder nur schwach verkalkt. Ein bekanntes fossiles Beispiel ist *Uronectes* aus dem Perm (Abb. 25-8 A).

Die Überordnung **Peracarida** (Ranzenkrebse) kommt marin, im Süßwasser und am Land vor. Zu ihnen gehören Amphipoda (Flohkrebse), Cumacea, Isopoda (Asseln, Abb. 25-8) und Mysida (Schwebgarnelen). Die Formen sind überwiegend kleinwüchsig, nicht oder nur schwach verkalkt; zudem bilden sie keinen Carapax. Meist ist ein Brutbeutel (Marsupium) für die Pflege des Nachwuchses vorhanden.

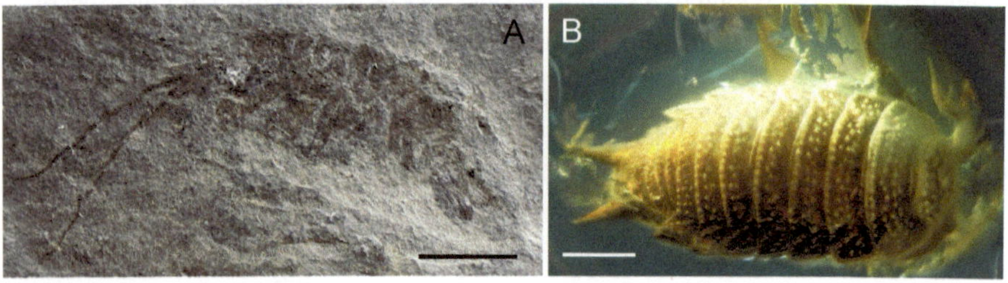

Abb. 25-8: (A): *Uronectes* (Syncarida), ein Süßwasserkrebs aus dem Perm, (B): ein Isopode der Peracarida (Eozän) in Bernstein; Maßstab A: 1 cm, B: 1 mm; (B: nach Damgaard, Wikipedia).

Die Überordnung **Eucarida** bestehen aus den fossil seltenen Euphausiacea (Leuchtgarnelen) und aus den **Decapoda**. Zu den Decapoda gehören Krebse, Einsiedlerkrebse, Krabben, Langusten und Garnelen. Sie besitzen oft ein stark verkalktes Skelett. Sie stellen die meisten Fossilien innerhalb der Malacostraca (Abb. 25-9). Die Eucarida haben sehr erfolgreich viele Lebensräume erobert. Sie leben als Bodenbewohner der Meere, oft auch grabend, viele sind aktive Schwimmer oder auch Teil des Planktons (z. B. Leuchtgarnelen, Krill). Zusätzlich wurden Süßwasserlebensräume erobert, z. B. durch Flusskrebse; einige Krabben bewohnen auch das Festland. Die Eiablage und die Larvalentwicklung sind aber nur im Wasser möglich. Die meisten Eucarida sind Räuber oder Aasfresser, planktonische Formen sind Filtrierer.

Die Decapoda stellen etwa 15 000 rezente Arten und sind auch fossil relativ häufig im Meso- und Känozoikum. Fossilreste sind allerdings meist in einzelne Skelettelemente zerfallen. Ganze Exemplare sind eher selten. Auch Exuvien kommen vor.

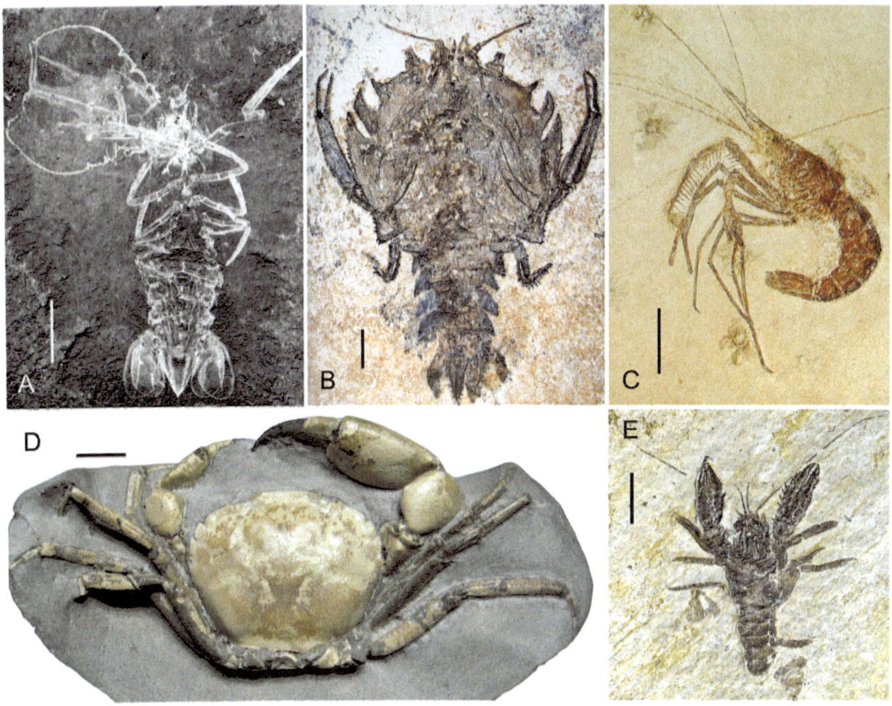

Abb. 25-9: Beispiele fossiler Decapoda; A: *Proeryon* (Posidonienschiefer), als Exuvie, B: *Eryon*, C: *Aeger* (D, E: Solnhofener Plattenkalke); D: *Branchioplax* (Eozan); E: *Eryma* (Oberjura) Maßstab: A–C: 2 cm; D, E 1 cm; (kompiliert aus Viohl 2000, Schmidt-Kaler et al. 1992 und Wikipedia).

Weiterführende Literatur

Fox, R., Barnes, R. D. & Ruppert, E. E. (2003): Invertebrate Zoology: a functional evolutionary approach.- 1008 pp., Brooks & Cole.

Barnes, R. D. (1987): Invertebrate Zoology.- 893 pp., Saunders.

Lehmann, U. & Hilmer, G. (1997): Wirbellose der Vorzeit.- 304 S.; Enke.

Ziegler, B. (1998): Einführung in die Paläontologie.- Spezielle Paläontologie II.- 666 S., Schweizerbart.

Zitierte Literatur

Ahyong, S. T., Charbonnier, S., Alessandro Garassino, A. (2013): *Squilla taulinanus*n. sp. (Crustacea, Stomatopoda, Squillidae) from the Burdigalian (Miocene) of Taulignan, south-eastern France.- Boletín de la Sociedad Geológica Mexicana 65: 213–217.

Gall, J.-C. & Grauvogel-Stamm, L. (2000): Der Voltziensandstein.- In: Meischner, D. (ed.): Europäische Fossillagerstätten, 71–77; Springer.

Hyzny, M., Hoch, I., Schram, F. R. & Rybar, S. (2014): *Crangopsis* Salter, 1863 from the Lower Carboniferous (Mississippian) of the Ostrava Formation – the first record of Aeschronectida (Malacostraca: Hoplocarida) from continental Europe. Bulletin of Geosciences 89: 707–717.

Jahnke, H. & Bartels, C. (2000): Der Hunsrückschiefer.- In: Meischner, D. (ed.): Europäische Fossillagerstätten, 36–44; Springer.

Neiber, M. T., Hartke, T. R., Stemme. T., Bergmann. A., Rust, J., Iliffe, T. M. & Koenemann, S. (2011): Global Biodiversity and Phylogenetic Evaluation of Remipedia (Crustacea). PLoS ONE 6(5): e19627.

Ozawa, H. (2013): The History of Sexual Dimorphism in Ostracoda (Arthropoda, Crustacea) Since the Palaeozoic.- © 2013 Ozawa, licensee InTech. http://dx.doi.org/10.5772/55329

Schallreuther, R. & Hinz-Schallreuther, I. (2010): Die Nodibeyrichien des Beyrichienkalkes.- Geschiebekunde aktuell 26: 119–134.

Schmidt-Kaler, H., Tischlinger, H. & Werner, W. (1992): Wanderungen in die Erdgeschichte: Sulzkirchen und Sengenthal – zwei berühmte Fossilfundstellen am Rande der Frankenalb. 112 S., Verlag Pfeil.

Strausfeld, N. J. (2016): Waptia revisited: Intimations of behaviors.- Arthropod Structure & Development 45: 173–184.

Tinn, O. Meidla, T. (2004): Phylogenetic relationship of early-middle Ordovizian Ostracods of Baltoscandia.- Palaeontology, 47: pp. 199–221.

Viohl, G. (2000): Die Solnhofener Plattenkalke.- In: Meischner, D. (ed.): Europäische Fossillagerstätten, 143–150; Springer.

Zhang, H., Dong, X.-P. & Shuhai Xiao, S. (2011): Two Species of *Hesslandona* (Phosphatocopida, Crustacea) from the Upper Cambrian of Western Hunan, South China and the Phylogeny of Phosphatocopida.- Journal of Paleontology, 85: 770–788.

Żyła, D., Wegierek, P., Owocki, K., Niedźwiedzki, G. (2013): Insects and crustaceans from the latest Early–early Middle Triassic of Poland.- Palaeogeo. Palaeoclimat. Palaeoecol. 37: 136–144.

26 Hexapoda (Sechsfüßer)

Der Bauplan der Hexapoda zeigt eine mehr oder weniger deutliche Dreiteilung in Cephalon (fünf Segmente), Thorax (drei Segmente) und Abdomen (11 Segmente). Am Cephalon sind ein Paar Facettenaugen, drei Punktaugen und ein Paar Antennen vorhanden sowie ein Paar Mandibeln und zwei Paar Maxillen als Mundwerkzeuge. Das zweite Maxillenpaar ist in der Regel verwachsen. An jedem Thoraxsegment gibt es ein Laufbeinpaar und optional zwei Paar Flügel am zweiten und dritten Segment. Das Abdomen besteht aus 11 Segmenten, manchmal mit spezialisierten Anhängen (Cerci) am letzten Segment (siehe Abb. 22-1 und Abb. 26-1). Die Atmung erfolgt über ein Tracheensystem.

Die Hexapoda sind wahrscheinlich aus den Crustacea hervorgegangen und werden gemeinsam häufig als Pancrustacea zusammengefasst (siehe Abb. 25-1). Mit etwa einer Million beschriebenen rezenten Arten sind die Hexapoda, und innerhalb der Hexapoda die Klasse Insecta, die mit Abstand häufigste Tiergruppe. Wegen ihrer Häufigkeit und ihrer ökologischen Vielfalt sind sie von immenser Wichtigkeit für die globalen Landökosysteme. Alle Hexapoda haben ein Außenskelett aus Chitin, das nach dem Tod leicht zersetzt wird, zusätzlich sind nahezu alle Taxa Landbewohner, was die postmortale Degradation noch begünstigt. Die fossile Überlieferungswahrscheinlichkeit ist folglich für Hexapoda wesentlich niedriger als für andere Organismengruppen mit mineralisierten Hartteilen. Dank ihrer großen Häufigkeit gibt es aber dennoch zahlreiche Funde, die z. T. auch in Koprolithen (fossilem Kot) gemacht wurden. Sie erlauben es, die Entwicklungsgeschichte und ökologische Bedeutung der Hexapoda in der Erdgeschichte zu rekonstruieren. Sehr wichtige Erkenntnisse liefert auch die Molekulargenetik.

26.1 Systematik der Hexapoda

Die Hexapoda und vor allem die Insekten sind so vielfältig, dass es unmöglich ist, ihre Fülle im Rahmen dieses Buches zu besprechen. Die zahlreichen Ordnungen variieren in ihrer Diversität gewaltig (von wenigen Hundert bis zu mehreren Hunderttausend Arten). Deshalb werden hier viele der kleineren, rezenten und fossilen Ordnungen nicht behandelt. Es wird lediglich ein Überblick zu den in Abb. 26-1 dargestellten Taxa gegeben.

Zum Unterstamm Hexapoda werden neben der Klasse Insecta auch die Klasse **Entognatha** (Sackkiefler) gezählt. Sie besteht aus den Ordnungen Protura (Beintastler), Collembola (Springschwänze) und Diplura (Doppelschwänze). Früheste Vertreter der Collembola sind aus dem Devon nachgewiesen. Sie sind morphologisch den rezenten Formen ähnlich, sodass ihr Ursprung noch weiter zurückliegend vermutet wird. Gut erhaltene Formen sind aus Bernsteinfunden der Kreide bekannt (z. B. *Sminthuricinus*, Abb. 26-2 A). Diplura (z. B. *Ferrojapyx*, Abb. 26-2 B) gibt es nachgewiesen seit dem Oberkarbon. Zu den ursprüng-

Abb. 26-1 Vereinfachter phylogenetischer Stammbaum der Hexapoda mit den wichtigsten Ordnungen der Insekten.

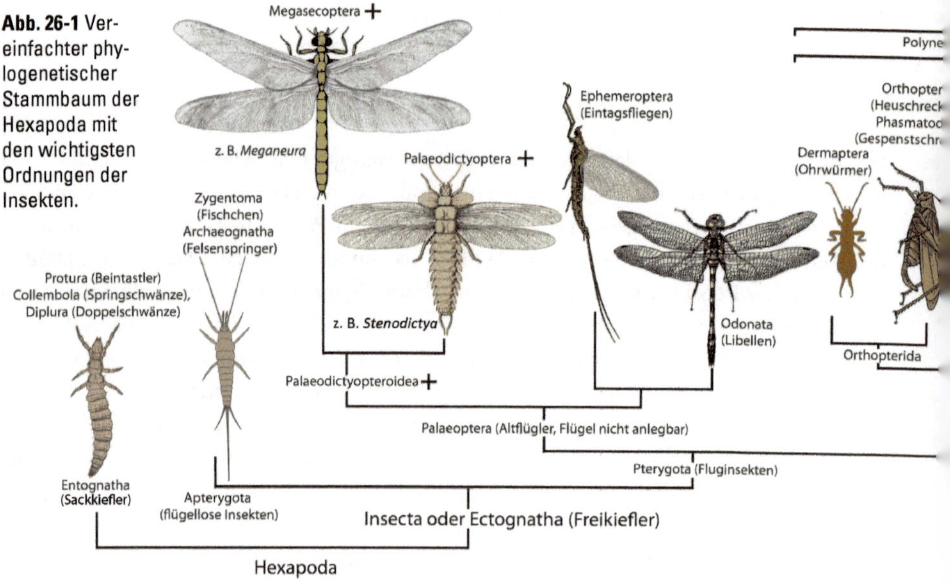

lichsten flügellosen Insekten zählen die Zygentoma (Fischchen) und Archaeognatha (Felsenspringer). Der Kiefer von *Rhyniognatha* (aus dem unterdevonischen Rhynie Chert; vgl. Abb. 26-2 D) stammt sicher von einem Insekt, möglicherweise sogar von einem Fluginsekt. Die ältesten gesicherten Belege für Fluginsekten stammen aus dem Oberkarbon.

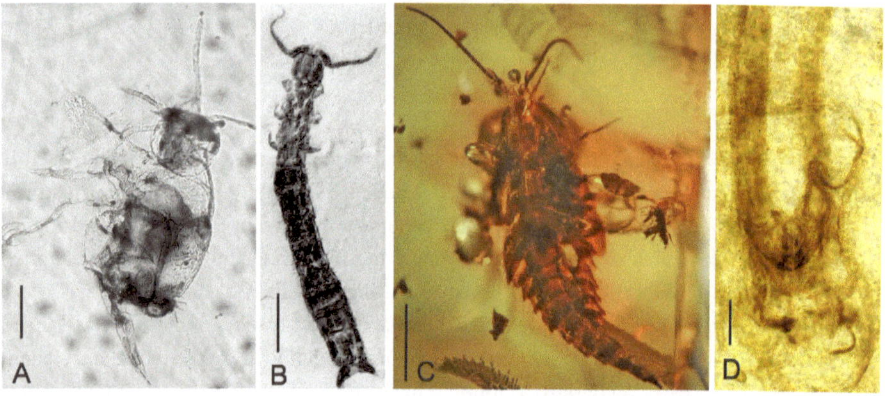

Abb. 26-2: Collembola, Diplura und Fischchen A: Collembola, *Sminthuricinus* (Oberkreide) in Bernstein; B: Diplura, *Ferrojapyx* (Unterkreide), C: Zygentoma, *Paleograssiella* (Oligozän) in Bernstein; D: Kiefer von *Rhyniognatha* (Unterdevon); Maßstab A: 0,2 mm, B, C: 2 mm, D: 0,1 mm; (modifiziert und kompiliert nach Christiansen & Nascimbene 2006, Wilson & Martill 2001, Mendes & Poinar 2013, Engel & Grimaldi 2004).

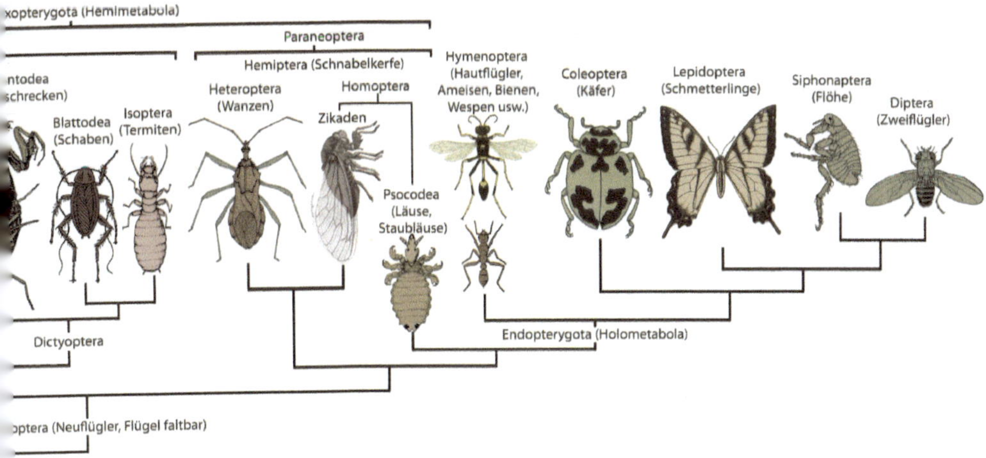

26.2 Pterygota (Fluginsekten)

Zu den Pterygota werden zahlreiche Ordnungen gezählt (je nach systematischem Ansatz zwischen 20 und 30), die alle auch fossil belegt sind. Sie schließen auch diejenigen Taxa ein, die ihre Flügel sekundär wieder rückgebildet haben (z. B. Flöhe und Läuse). Die ältesten gesicherten Pterygota sind die **Palaeoptera** (Altflügler) mit ihren nicht anlegbaren Flügeln. Dazu gehört die ausgestorbene Überordnung Palaeodictyopteroidea (Oberes Unterkarbon bis Perm), mit den Palaeodictyoptera (Eintagsfliegenvorläufer) und Megasecoptera («Urlibellen»). Sie lebten in tropischen Waldregionen des Oberkarbons und Perms. Teilweise erreichten sie beeindruckende Größen (z. B. *Meganeura* bis 70 cm Spannweite und *Homaloneura* bis 50 cm Spannweite, Abb. 26-3). Das Größenwachstum der Insekten wird durch ihr Tracheensystem limitiert. Die enorme Größe wird, neben anderen Hinweisen, als ein Beleg für einen erheblich höheren Sauerstoffgehalt (30 bis 35 %) der damaligen Atmosphäre gesehen. Die Palaeodictyoptera hatten ein rudimentäres Flügelpaar am ersten Thoraxsegment (Abb. 26-1), und einen Saugrüssel, mit dem sie sich von Pflanzensäften ernährten. Auch viele Megasecoptera ernährten sich von Pflanzen. Für *Meganeura* wird eine räuberische Lebensweise vermutet, bei der Palaeodictyoptera möglicherweise als Beute dienten.

Ebenfalls zu den Starrflüglern gehören die **Ephemeroptera** (Eintagsfliegen) und **Odonata** (Libellen). Sie sind auch seit dem Oberkarbon bekannt und ihren Vorläuferformen morphologisch recht ähnlich. Die Larven der Ephemeroptera und Odonata entwickeln sich im Wasser, durchlaufen viele Häutungsstadien und werden langsam der Imago (Adultstadium) immer ähnlicher. Die Eintagsfliegenlarven ernähren sich herbivor und z. T. räuberisch. Bei den Libellen leben Larven und Imago räuberisch.

Abb. 26-3: Ausgestorbene Starrflügler (Palaeodictyopteroidea) aus dem Oberkarbon. A: Megasecoptera, *Meganeura* und B: Palaeodictyoptera, *Homaloneura;* A: 5 cm, B: 1 cm; (kompiliert und modifiziert nach Wikipedia und Prokop et al. 2016)

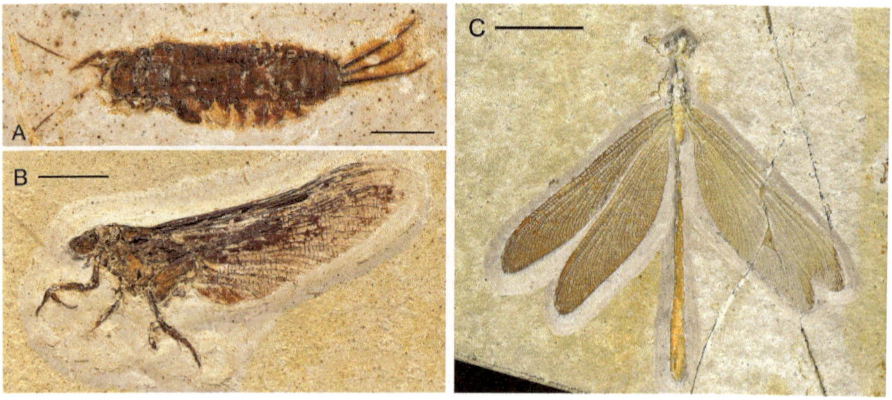

Abb. 26-4: Ephemeroptera und Odonata; A: Ephemeroptera, *Mickoleitia*, A: Larve, B: Imago (beide Unterkreide); C: *Stenophlebia* (Libelle, Oberjura); Maßstab A: 1 cm, B: 0,5 cm, C: 2 cm; (kompiliert und modifiziert aus Staniczek et al. 2011, Schmidt-Kaler et al. 1992).

26.3 Neoptera (Neuflügler)

Alle weiteren Ordnungen der Insecta werden zu den Neoptera zusammengefasst. Sie können ihre Flügel, wenn sie nicht fliegen, über den Hinterleib legen, um sie zu schützen. Nach der Art der Larvalentwicklung werden zwei große Gruppen unterschieden, die Exopterygota (oder Hemimetabola) und Endopterygota (oder Holometabola). Bei den Exopterygota ähneln, analog zu den Starrflüglern, die Larven bereits der Imago. Im Unterschied dazu sind Larve und Imago bei den Endopterygota deutlich verschieden ausgebildet. Hier durchläuft das Tier ein Puppenstadium mit Metamorphose. Die Neoptera beinhalten bei Weitem die meisten Insekten.

26.3.1 Exopterygota

Die **Exopterygota** sind nach neuen molekulargenetischen Befunden paraphylerisch und bestehen aus den Polyneoptera und den Paraneoptera. Zu den Polyneoptera zählen die Ordnungen Dermaptera und Orthoptera einerseits, und die Überordnung Dictyoptera anderseits.

Die ältesten Vertreter der Ordnung **Dermaptera** (Ohrwürmer, siehe Abb. 1-4 E, F) stammen aus dem Karbon. Rezent sind etwa 2000 Arten bekannt. Als Ernährung dienen ihnen Pflanzenreste und Kleintiere wie Blattläuse. Die Ordnung **Orthoptera** (Heuschrecken) gibt es seit dem Perm (Abb. 26-5), die Ordnung **Phasmatodea** (Gespenstschrecken) seit der Trias. Zusammen stellen sie heute etwa 30 000 Arten. Sie ernähren sich überwiegend von Pflanzen, teilweise auch von kleinen Tieren.

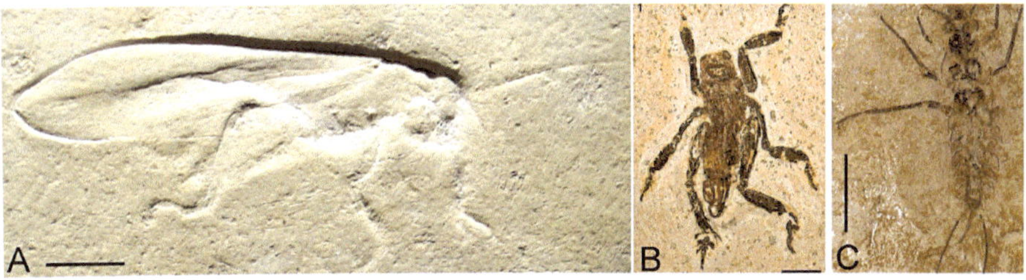

Abb. 26-5: Fossile Orthoptera und Dermaptera. A, B: Orthoptera, A: *Pycnophlebia*, eine Heuschrecke (Oberjura); B: *Schizodactylus*, eine Grille (Unterkreide); C: Dermaptera, *Carbotriplura* (Oberkarbon); Maßstab A, B: 1 cm, C: 4 cm; (kompiliert und modifiziert aus Wikipedia, Heads & Leuzinger 2011 und Staniczek 2014).

Die Überordnung **Dictyoptera** (Abb. 26-6) umfasst die Ordnungen Mantodea, Blattodea und Isoptera. **Die Mantodea** (Gottesanbeterinnen oder Fangschrecken) kommen seit der Kreide vor und bestehen rezent aus etwa 2500 Arten. Sie leben carnivor als Lauerjäger. Ähnlich den Gespenstschrecken sind sie hervorragend getarnt, leben aber ausschließlich räuberisch. Seit dem Oberkarbon sind die **Blattodea** (Schaben) bekannt. Sie ernähren sich von vielfältiger pflanzlicher und tierischer Nahrung und fressen auch Detritus. Ihr Verbreitungsmaximum lag im Karbon und Perm, heute gibt es noch etwa 4500 Arten. Die **Isoptera** (Termiten) gibt es seit der Unterkreide, heute stellen sie über 3000 Arten. Termiten sind die älteste Gruppe staatenbildender Insekten. Es gibt morphologisch spezialisierte Formen für bestimmte Aufgaben (z. B. für Nestbau, Brutpflege, Nahrungsbeschaffung, Verteidigung und Fortpflanzung). Als Nahrung dient Pflanzenmaterial, z. B. Holz, Humus und Gras.

Abb. 26-6: Beispiele von fossilen Insekten der Überordnung Dictyptera. A: Mantodea; eine Fangschrecke aus der Unterkreide; B, C: Blattodea, B: *Manipulator* (Bernstein, Oberkreide), C: Exuvie einer Küchenschabe (Bernstein, Eozän); D: Isoptera, aus miozänem Bernstein, A: 2 mm, B, C, D: 1 mm; (kompiliert und modifiziert nach Lee 2014, Vrsansky & Bechly 2015 und Damgaard Wikipedia).

Die Überordnung **Paraneoptera** wird klassischerweise zu den Exopterygota gestellt. Nach molekulargenetischen Untersuchungen ist sie aber näher mit den Endopterygota verwandt, die vermutlich aus den Paraneoptera hervorgegangen sind. Die Paraneoptera stellen die erste sehr artenreiche Gruppe (über 100 000 Arten), die aus den Ordnungen Hemiptera und Psocodea bestehen. Die **Hemiptera** (Schnabelkerfe) setzen sich aus den Heteroptera (Wanzen, Verschiedenflügler) und den Homoptera (Gleichflüglern) zusammen. Sie kommen seit dem Karbon vor. Bei den **Heteroptera** gibt etwa 45 000 rezente Arten. Sie ernähren sich als Pflanzensauger, Räuber oder sind blutsaugende Parasiten an Warmblütern. Sie leben in allen Klimazonen in trockenen und feuchten Standorten. Manche Arten sind an das Leben im Wasser angepasst. Die Flügel des zweiten Thoraxsegmentes sind teilweise sclerotisiert (verhärtet). Das dritte Thoraxsegment trägt Hautflügel, die aber auch fehlen können. Zu den **Homoptera** (Gleichflügler) zählen vor allem die Zikaden (mit etwa 45 000 Arten) und die sehr kleinwüchsigen Pflanzenläuse (mit etwa 16 000 rezenten Arten). Die vorderen Flügel der Homoptera sind nicht sclerotisiert. Sie besitzen einen Saugrüssel, mit dem sie sich von Pflanzensäften ernähren. Die Ordnung **Psocodea** umfasst Buchläuse, Staubläuse und echte Läuse mit etwa 11 000 rezenten Arten. Fossile Psocodea sind sehr selten, dies gilt besonders für die «echten Läuse» (Phthiraptera), die als blutsaugende Parasiten an Säugetieren und Vögeln leben. *Megamenopon*, eine Vogellaus (Abb. 26-7) aus dem Eozän, gilt als ihr ältester Vertreter.

Abb. 26-7 Fossile Beispiele der Paraneoptera, Ordnung Hemiptera. A–C: Heteroptera (Wanzen), A: Netzwanze, Unterseite (Unterkreide); B: *Aradus* (Rindenwanze, Eozän); C: Wasserwanze, (Oberjura); D: Psocodea (Läuse) *Megamenopon* (Eozän); E–G: Homoptera (Zikaden), E: Cycadomorpha (Unterkreide); F: *Sacvoyagea*, (Mittel- bis Obertrias); G: *Eocicada*, «Riesenzikade» (Oberjura); Maßstab A: 0,5 mm, B, C: 5 mm, D: 2 mm, E, F: 1 mm, G: 3 cm; (kompiliert und modifiziert nach Delcos et al. 2007, Wappler et al. 2004, Marchal et al. 2011, Shcherbakov 2011 und Wikipedia).

26.3.2 Endopterygota

Als «Endopterygota» (oder «Holometabola») werden alle weiteren Ordnungen der Insekten mit etwa 850 000 Arten zusammengefasst. Im Wesentlichen sind das die Hymenoptera, Coleoptera, Lepidoptera und Diptera. Ihnen gemeinsam ist eine ausgeprägte Larvalphase und eine Metamorphose mit Puppenstadium.

Mit etwa 150 000 rezenten Arten sind die **Hymenoptera** (Abb. 26-8) eine der großen Insektenordnungen. Ihre bekanntesten Vertreter sind Ameisen, Bienen und Wespen; sie leben teilweise eusozial (staatenbildend). Die Staatenbildung innerhalb der Insekten ist bei den Hymenoptera und besonders bei den Ameisen am weitesten entwickelt. Seit wann es eusoziales Zusammenleben gibt, ist unklar. Für Ameisen wird vermutet, dass es ab der mittleren Kreide besteht, bei den Bienen gilt diese Lebensweise ab dem Eozän als gesichert. Wegen ihrer Fähigkeit Staaten zu bilden, sind die Hymenoptera bezüglich Individuendichte und Biomasse die wichtigste Insektengruppe. Zudem stellen sie die Mehrzahl der Pflanzenbestäuber. Die Dreiteilung ihres Körperbaus ist auffälliger als bei den meisten anderen Insekten: Zwischen Cephalon, Thorax und Abdomen gibt es tiefe Einschnürungen. Am Kopf sind meist kräftige Mandipeln zur Feindabwehr und zur Nahrungsversorgung vorhanden, zusätzlich können Rüssel zum Saugen von Pflanzensäften ausgebildet sein. Als weitere Schutzmechanismen sind teilweise Stacheln mit Giftdrüse am Abdomen entwickelt. Die meisten Hymenoptera besitzen als Imago temporär oder zeitlebens zwei Paar Flügel, wobei die vorderen deutlich größer sind als die hinteren. Fossile Hymenoptera kommen seit der Obertrias vor. Häufig werden sie aber erst ab dem Oberjura und der Unterkreide. Ihre rasche Diversifizierung in der Folgezeit dürfte bei vielen Taxa mit der Coevolution zu den Blütenpflanzen zusammenhängen.

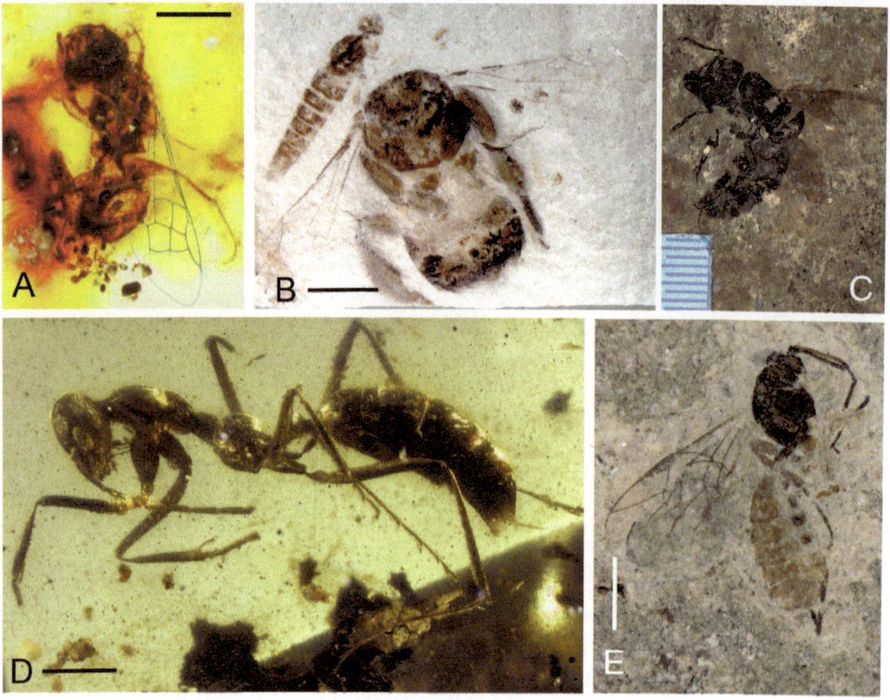

Abb. 26-8: Beispiele von fossilen Vertretern der Hymenoptera, A, B: Apoidea (Bienen), A: *Melittosphex* (Unterkreide); B: *Euglossopteryx* (Eozän); C, D: Vespoidea (Ameisen) C: *Formicium* (Eozän); D: *Gerontoformicula* (mittlere Kreide); E: eine Wespe aus dem Eozän; Maßstab A: 0,5 mm, B–D: 1 cm, E: 0,5 cm; (kompiliert und modifiziert nach Poinar & Danforth 2006, Franzen & Schaal 2000, Dehon et al. 2014, Barden & Grimaldi 2014, und Sylvestersen Wikipedia).

Die Ordnung **Coleoptera** (Käfer) ist die artenreichste Ordnung der Hexapoda. Mit etwa 380 000 rezenten Arten übertrifft sie auch jeden anderen Stamm im Tierreich. Die optische Dreiteilung des Körpers weicht von anderen Insekten ab: Die zweite Einschnürung, die normalerweise Thorax und Abdomen trennt, liegt hier bereits nach dem ersten Thoraxsegment. Das zweite und dritte Thoraxsegment und das Abdomen sind von dem stark sclerotisierten, ersten Flügelpaar (Deckflügel) bedeckt und bilden optisch eine Einheit. Die Deckflügel haben Schutzfunktion, im Ruhezustand verhüllen sie das gefaltete, zweite Flügelpaar. Generell ist die Cuticula der Coleoptera stärker sclerotisiert als bei anderen Insekten. Die Größe der Käfer variiert von unter einem Millimeter bis knapp 20 cm, ihre Körperform von langgestreckt bis rundlich. Die Mundwerkzeuge sind je nach der Ernährung spezialisiert, meist sind aber kräftige Mandibeln entwickelt. Käfer besiedeln alle terrestrischen Lebensräume, manche sind sekundär auch an das Wasserleben angepasst. Ihre Ernährung ist vielfältig, und reicht von Pflanzen-, Holz- und Pilzfressern über Koprophagen bis zu Aasfressern und Räubern. Viele Formen nutzen auch Nektar und Pollen von Blütenpflanzen und spielen somit auch als Bestäuber eine wichtige Rolle. Pflanzensäfte saugende Coleoptera bilden aus der ersten Maxille ihre Rüssel. Coleoptera sind seit dem Perm bekannt.

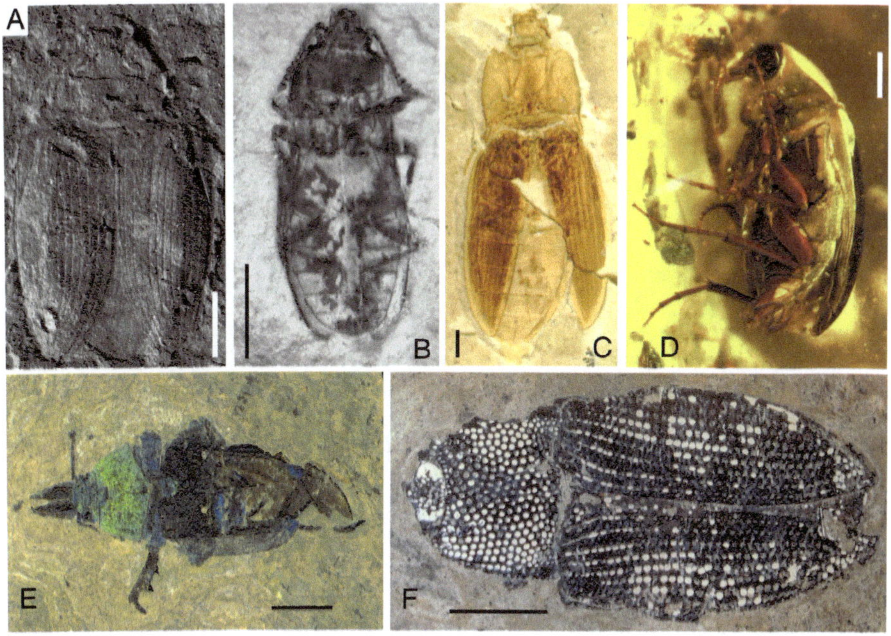

Abb. 26-9: Beispiele von fossilen Vertretern der Coleoptera, A: *Archosyne* (Perm); B: ein Bundkäferverwandter (Cleroidea, Oberjura); C: *Paralithomerus* (Unterkreide); D: *Thescelostrophus* (Oberkreide, Bernstein); E; F: zwei Käfer mit irisierenden Farben des Chitinpanzers (Eozän, Grube Messel); Maßstab A, B, C: 1 mm, D: 0,5 mm, E, F: 0,5 cm; (kompiliert und modifiziert nach Ponomarenko et al. 2014 a, b, Chang et al. 2008, Yu et al. 2016, Franzen und Schaal 2000, und Wikipedia).

Die **Lepidoptera** (Schmetterlinge) sind nach den Käfern mit 160 000 rezenten Arten die zweithäufigste Ordnung der Insekten. Schmetterlinge können Flügelspannweiten von bis zu 30 cm erreichen, sind aber meist deutlich kleiner. Ihr typisches Mundwerkzeug ist der Rollrüssel (Abb. 26-12 D). Mit diesem ernähren sie sich überwiegend von Nektar und anderen Pflanzensäften. Schmetterlinge sind daher auch wichtige Pflanzenbestäuber. Ihre Larven (Raupen) sind überwiegend Pflanzenfresser, es gibt aber auch räuberische Formen. Die Flügel der Schmetterlinge sind im Verhältnis zum Körper oft auffällig groß, mit Schuppen bedeckt und teilweise bunt gefärbt oder mit Tarnmustern versehen. Bei Tagfaltern ist das erste Beinpaar meist zurückgebildet. Schmetterlinge verfügen über einen Hörsinn. Einige Nachtfalter hören auch im Ultraschallbereich, den ihre Hauptfressfeinde, die Fledermäuse, zur Ortung benutzen. Schmetterlinge sind seit dem Unterjura bekannt. Sie sind aber wegen der leichten Zerstörbarkeit ihrer Flügel seltener als andere Insekten.

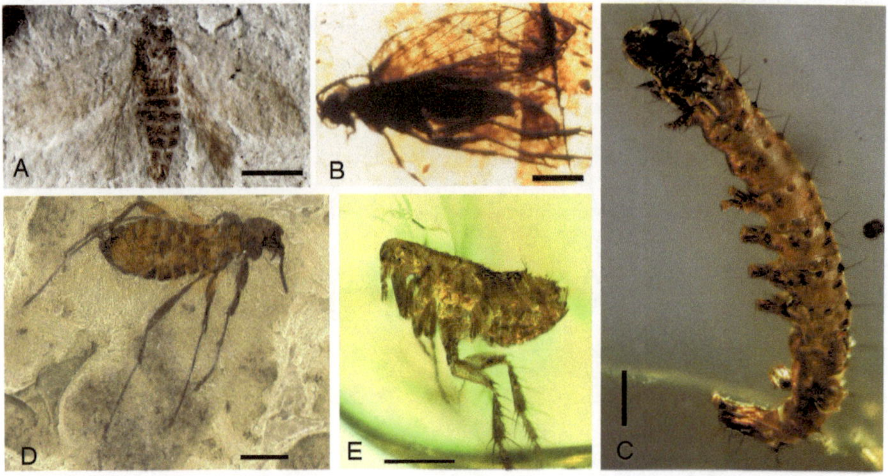

Abb 26-10: Fossile Beispiele der Lepidoptera und Siphonaptera. A–C: Lepidoptera, A: *Aclemus*, eine Motte (Mitteljura); B: Micropterygidae, (Bernstein, Unterkreide); C: eine Schmetterlingsraupe (Bernstein Eozän); D, E: Siphonaptera, D: *Trawinia* (Unterkreide); E: *Atopopsyllus* (Eozän–Miozän); Maßstab A: 2 mm, B: 0,5 mm, C, E: 0,5 mm, D: 2 mm; (kompiliert und modifiziert nach Zhang et al. 2015, Delclòs et al. 2007, Huang 2015, Poinar 2015 und Andranik Wikipedia).

Die **Siphonaptera** (Flöhe) sind mit einer Artenzahl von etwa 2500 keine besonders diverse Insektenordnung. Ihnen kommt aber eine besondere Bedeutung zu, weil sie sich als Parasiten vorwiegend an Säugetiere, einschließlich des Menschen, angepasst haben. Flöhe haben seitlich abgeflachte Körper, um sich besser im Haarkleid ihrer Wirtstiere fortbewegen zu können. Sie haben keine Flügel, dafür sind ihre Hinterbeine sehr kräftig entwickelt und erlauben sehr weite Sprünge. Ihre Mundwerkzeuge sind zu einem Stechrüssel umgewandelt. Flöhe entwickelten sich möglicherweise gemeinsam mit den Theria als Stammgruppe der Beuteltiere (Metatheria oder Marsupialia) und der höheren Säugetiere (Eutheria oder Placentalia). Die ältesten bekannten Flöhe aus dem Zeitraum Mitteljura bis in die Unterkreide sind deutlich größer und haben einen sehr kräftigen Stechrüssel. Es fehlen allerdings die typischen Sprungbeine. Es wird vermutet, dass diese Formen an andere Wirtstiere (möglicherweise Dinosaurier) angepasst waren.

Bei der Ordnung **Diptera** (Zweiflügler) gibt es im Unterschied zu allen anderen geflügelten Insekten nur ein Paar Flügel. Die hinteren Flügel sind zu Schwingkölbchen umgewandelt (siehe Abb. 6-3 G), und dienen der Stabilisierung des Fluges. Auch die Diptera sind eine sehr große Ordnung mit etwa 150 000 Arten. Sie gehen möglicherweise bis in das Perm zurück. Diptera leben räuberisch und aasfressend, als Pflanzen- und Holzfresser und als Koprophagen. Viele Diptera ernähren sich auch von Pollen und Nektar und spielen somit eine wichtige Rolle als Bestäuber sowohl bei Gymnospermen als auch bei Angiospermen. Vor allem bei den Nematocera (Mücken) haben sich viele Formen auf eine parasitische, blutsaugende Lebensweise spezialisiert. Je nach der Art ihrer Ernährung sind die Mundwerkzeuge sehr unterschiedlich gestaltet.

Abb. 26-11: Beispiele für fossile Diptera. A: Stechmücke (Eozän); B: die Larve einer Fliege; C: *Buccinatormyia*, eine Fliege (Bernstein, Unterkreide); D: *Avenaphora*, eine Langbeinfliege (Bernstein, Oberkreide); Maßstab A, B: 1 mm, C: 2 mm, D: 0,2 mm; (kompiliert und modifiziert nach Arillo et al. 2015, Nel et al. 2017 und Sylvestersen Wikipedia).

26.4 Ökologie der Hexapoda

Hexapoda haben im terrestrischen Lebensraum alle Nischen erschlossen. Sie kommen im Boden, am Boden, auf Pflanzen, bohrend in Pflanzen und als Parasiten auf Pflanzen, Tieren und Menschen vor. Manche Formen leben als Larve oder Imago auch im Wasser. Seit dem Oberkarbon gibt es fliegende Formen, damit sind sie die erste Organismengruppe, welche die Flugfähigkeit erworben hat. Hexapoda leben herbivor, omnivor und carnivor, koprophag und parasitisch, Pflanzensäfte oder Blut saugend. Diese vielfältigen Ernährungsweisen finden Ausdruck in der Vielgestaltigkeit der Mundwerkzeuge als beißende Kiefer, Stech-, Saug- oder Tupfrüssel (Abb. 26-12). Hymenoptera haben meist kräftige Mandibeln zur Feindabwehr und zur Nahrungsversorgung, zusätzlich können Rüssel zum Saugen von Pflanzensäften ausgebildet sein, die abgewandelten Maxillen entsprechen. Auch die Coleoptera besitzen meist kräftige Mandibeln zum Schneiden der Nahrung. Gelegentlich sind sie stark vergrößert und dienen überwiegend dem Imponiergehabe (z. B. beim Hirschkäfer). Pflanzensäfte saugende Käfer bilden aus den ersten Maxillen einen Rüssel. Auch die Schmetterlinge besitzen einen langen Rollrüssel, der dem verwachsenen ersten Maxillenpaar entspricht. Der Tupfrüssel der Fliegen wird aus dem zweiten Maxillenpaar gebildet. Stechmücken modifizieren Mandibeln und Maxillen zu einem Stech- und Saugrüssel. Bei den Läusen sind alle Mundwerkzeuge am Aufbau des Stechapparates beteiligt, während bei den Flöhen die Mandibeln zurückgebildet sind.

Eusoziale Insekten (Termiten, Ameisen, Bienen und Wespen) haben im Tierreich die höchste Entwicklungsstufe bezüglich Sozialverhalten und Staatenbildung erreicht. Sie schließt gemeinschaftlichen Nahrungserwerb, Brutpflege (Abb. 26-12) und Feindabwehr ein, meist mit einem ausgeprägten Kastenwesen und spezialisierten morphologischen Formen (z. B. Arbeitern, Kriegern und Königin).

Zu den Fressfeinden der Insekten zählen besonders Säugetiere und Vögel, aber auch Reptilien, Amphibien und Fische ebenso wie auch andere Arthropoda (z. B. Spinnen, Skorpione, Myriapoda und natürlich andere Insekten).

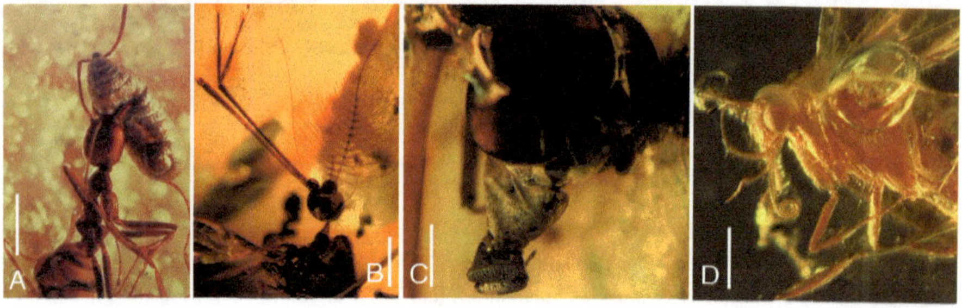

Abb. 26-12: Insekten und ihre Mundwerkzeuge in Bernsteinerhaltung. A: Ameise mit kräftigen Mandibeln, trägt eine Puppe; B: Stechrüssel einer Stechmücke (Culicidae); C: Tupferrüssel einer Fliege (Brachycera); D: Rollrüssel eines Kleinschmetterlings; Maßstab: A: 1 mm; B, C, D: 0,5 mm; (kompiliert und modifiziert aus Schlee 1980).

26.5 Ontogenie der Hexapoda

Hexapoda sind zweigeschlechtlich, die Fortpflanzung erfolgt nahezu immer kopulativ. Die befruchteten Eier werden meist an geschützten und nährstoffreichen Orten deponiert. Manchmal schlüpfen Larven noch im Mutterleib (Oviviparie). Zahlreiche Formen entwickeln sich ohne ein ausgeprägtes Larvalstadium. Die Jungtiere (Nymphen) sehen den Adultformen ähnlich, sind aber deutlich kleiner (hemimetabole Insekten oder Exopterygota). Die Entwicklung der meisten Formen schließt ein Larvalstadium ein, das oft raupen- oder madenartig aussieht. Viele Larven haben auch am Abdomen fußähnliche Anhänge, wodurch der Eindruck entsteht, dass Larven (besonders Schmetterlingsraupen) acht statt drei Beinpaare haben (Abb. 26-10). Nach einer Verpuppungsphase schlüpft das voll entwickelte Tier (Imago). Die Dauer der Larvalphase ist oft wesentlich länger als die Lebenszeit der Imago. Dieser Entwicklungszyklus findet bei den holometabolen Insekten (Endopterygota) statt. Durch den deutlichen morphologischen Unterschied zwischen Larve und Imago ist es im Fossilbefund nicht immer möglich, die Zusammengehörigkeit zu erkennen.

Weiterführende Literatur

Grimaldi, A. D. & Engel, M. S. (2005): Evolution of Insects.- 763 pp., Cambridge University Press.

Misof, B. et al. (2014): Phylogenomics resolves the timing and pattern of insect evolution.- Science 346: 763–767.

Penney, D. &. Jepson, J. E. (2014): Fossil Insects: an introduction to palaeoentomology.- 224 pp., Siri Scientific Press.

Zitierte Literatur

Arillo, A., Penalver, E., Perez-de la Fuente, R., Delclos, X., Criscione, J., Barden, P. M., Riccio, M. L., & Grimaldi, D. A. (2015): Long-proboscid brachyceran flies in Cretaceous amber (Diptera: Stratiomyomorpha: Zhangsolvidae).- Syst. Entomol. 40, 242–267.

Barden P. & Grimaldi D. A. (2014): A Diverse Ant Fauna from the Mid-Cretaceous of Myanmar (Hymenoptera: Formicidae).- PLoS ONE 9: e93627.

Chang, H., Zhang, F: & Ren, D. (2008): A new genus and two new species of fossil Elaterids from the Yixian Formation of Western Liaoning, China (Coleoptera: Elateridae).- Zootaxa 1785: 54–62.

Christiansen, K. & Nascimbene, P. (2006): Collembola (Arthropoda, Hexapoda) from the mid Cretaceous of Myanmar (Burma).- Cretaceous Research 27: 318–363.

Dehon, M., Michez, D., Nel, A., Engel, M. S. & De Meulemeester, T. (2014): Wing Shape of Four New Bee Fossils (Hymenoptera: Anthophila) Provides Insights to Bee Evolution. *PLOS One* **9** (10): 1–16.

Delclòs, X., Arillo, A., Penalver, E., Barrón, E., Soriano, C., Del Valle, R. L., Bernárdez, E., Corral, C. & Ortuno, V. M. (2007): Fossiliferous amber deposits from the Cretaceous (Albian) of Spain.- C. R. Palevol 6: 135–149.

Engel, M. S. & Grimaldi, A. D. (2004): New light shed on the oldest insect. Nature 427: 627–630.

Franzen, J. L. & Schaal, S. (2000): Der eozäne Messelsee.- In: Meischner, D. (ed.): Europäische Fossillagerstätten, 177–183; Springer.

Heads, S., W. & Leuzinger, L. (2011): On the placement of the Cretaceous orthopteran *Brauckmannia groeningae* from Brazil, with notes on the relationships of Schizodactylidae (Orthoptera, Ensifera). ZooKeys 77: 17–30.

Huang, D. (2015): *Tarwinia australis* (Siphonaptera: Tarwiniidae) from the Lower Cretaceous Koonwarra fossil bed: Morphological revision and analysis of its evolutionary relationship.- Cretaceous Research 52: 507–515.

Huang, D., Engel, M. S., Cai, C., Wu, H. & Nel, A. (2012): Diverse transitional giant fleas from the Mesozoik era of China.- Nature 483: 201–204.

Lee, S.-W. (2014): New Lower Cretaceous basal mantodean (Insecta) from the Crato Formation (NE Brazil).- Geologica Carpathica 65: 285–292.

Marchal, L., Guilbert, E., Brisac, P. & Nel, A. (2011): A new record and a new species of Aradidae fossils (Hemiptera: Heteroptera).- Zootaxa 2832: 56–62.

Mendes, L. F. & Poinar, G. (2013): Description of two new fossil Zygentoma from Mexico and the Dominican Republic.- Soil Organisms 85: 1–9.

Nel, A., Garrouste, R. & Daugeron, C. (2017): Two new long-legged flies in the Santonian amber of France (Diptera: Dolichopodidae).- Cretaceous Research 69: 1–5.

Poinar Jr., G. O. & Danforth, B. N. (2006): A Fossil Bee from Early Cretaceous Burmese Amber.- Science 314: 614.

Poinar, G. (2015): A New Genus of Fleas with Associated Microorganisms in Dominican Amber.- J. Med. Entomol. 52: 1234–1240.

Ponomarenko, A. G., Aristov, D. S., Bashkuev, A. S., Gubin, Y. M., Khramov, A. V. Lukashevich, E. D., Popov, Y. A., Pritykina, L. N., Sinitsa, S. M. Sinitshenkova, N. D., Sukatsheva, I. D., Vassilenko, D. V. & Yan, E. V. (2014): Upper Jurassic Lagerstätte Shar Teg, Southwestern Mongolia.- Paleontological Journal, 48: 1573–1682.

Ponomarenko, A. G., Yan, E. V. & Di-ying, H. (2014): New Beetles (Coleoptera) from the Terminal Middle Permian of China.- Paleontological Journal, 48: 191–200.

Prokop, J. Nel, A., Engel, M. S., Pecharova, M. & Hörnschmeyer, T. (2016): New Carboniferous fossils of Spilapteridae enlighten postembryonic wing development in Palaeodictyoptera.- Systematic Entomology, 41: 178–190.

Schlee, D. (1980): Bernstein in Natur- und Kunstgeschichte.- Bayerische Versicherungskammer, 84 S., München.

Schmidt-Kaler, H., Tischlinger, H. & Werner, W. (1992): Wanderungen in die Erdgeschichte: Sulzkirchen und Sengenthal – zwei berühmte Fossilfundstellen am Rande der Frankenalb. 112 S., Verlag Pfeil.

Shcherbakov, D. E. (2011): New and little-known families of Hemiptera Cicadomorpha from the Triassic of Central Asia – early analogs of treehoppers and planthoppers.- *Zootaxa* 2836: 1–26.

Staniczek, A. H., Bechly, G. Godunko, R. J. (2011): Coxoplectoptera, a new fossil order of Palaeoptera (Arthropoda: Insecta), with comments on the phylogeny of the stem group of mayflies (Ephemeroptera).- Insect Systematics & Evolution 42: 101–138

Staniczek, A. H., Pavelsrok, T. & Bechly, G. (2014): Neither silverfish nor fowl: the enigmatic Carboniferous *Carbotriplura kukalovae* Kluge, 1996 (Insecta: Carbotriplurida) is the putative fossil sister group of winged insects (Insecta: Pterygota).- Systematic Entomology, 39: 619–632.

Vrsansky, P. & Bechly, G. (2015): New predatory cockroaches (Insecta: Blattaria: Manipulatoridae fam.n.) from the Upper Cretaceous Myanmar amber.- Geologica Carpathica 66: 133–138.

Wappler, T., Smith, V. S. & Robert C. Dalgleish, R. C. (2004): Scratching an ancient itch: an Eocene bird louse fossil.- Proc. R. Soc. Lond. B 271: 255–258.

Wilson, H. M. & Martill, D. M. (2001): A new japygid Dipluran from the Lower Cretaceous of Brasil.- Palaeontology, 44: 1025–1031.

Yu, Y., Hsiao., Y, Slipinski, A., Jin, J., Ren, D. & Pang, H. (2016): A new Late Cretaceous genus and species of polypore fungus beetles (Coleoptera, Tetratomidae) from northern Myanmar.- Cretaceous Research 68: 34–39.

Zhang, W.-T., Shih, C.-K., Labandeira, C. C. & Ren, D. (2015): A new taxon of a primitive moth (Insecta: Lepidoptera: Eolepidopterigidae) from the latest Middle Jurassic of northeastern China.- Journal of Paleontology, 89: 617–621.

Deuterostomia (Sekundärmünder)

Alle bisher behandelten Tierstämme innerhalb der Bilateria gehören zu den Protostomia (Urmünder). Echinodermata (siehe Kap. 27), Hemichordata (siehe Kap. 28) und Chordata (siehe Kap. 29-33) sind nun Teil der Deuterostomia (Sekundärmünder). Diese Unterscheidung bezieht sich auf die frühe Embryonalentwicklung. Bei den Protostomiern wird der Urmund als erste Einstülpung des Endoderms zum Mund, bei den Deuterostomiern wird der Urmund zum After (siehe Abb. 14-0).

27 Stamm Echinodermata (Stachelhäuter)

27.1 Merkmale und systematischer Überblick

Die Echinodermata (Echinodermen) sind mit etwa 6300 rezenten und etwa 13 000 fossilen Arten ein relativ kleiner Stamm. Zu ihnen gehören drei rezente und ein ausgestorbener Unterstamm (Abb. 27-1). Der Unterstamm Echinozoa besteht aus den rezenten Klassen Echinoidea (Seeigel) und Holoturoidea (Seegurken). Im Unterstamm Asterozoa sind die Klassen Asteroidea (Seesterne) und Ophiuroidea (Schlangensterne) zusammengefasst. Echinozoa und Asterozoa bilden die Eleuterozoa, die freibeweglichen Echinodermata. Auch der Unterstamm Crinozoa kommt bis heute vor, hatte aber seine maximale Verbreitung im Paläozoikum. Der Unterstamm Blastozoa existierte im Paläozoikum und ist an der Perm/Trias-Grenze ausgestorben. Crinozoa und Blastozoa bilden zusammen mit den ursprünglichen Eocrinoidea die Pelmatozoa. Pelmatozoa sind heute keine systematische Kategorie mehr, werden aber aus praktischen Gründen dennoch weiterhin verwendet. Sie sind in der Regel sessil und mit einem Stiel am Untergrund befestigt. Daneben gibt es einige systematisch schwer zuzuordnende frühe Echinodermata (z. B. Homalozoa und Edrioasteroidea), die z. T. keine Symmetrie erkennen lassen. Alle Echinodetmata lebten und leben marin, bevorzugt im Flachwasser, aber auch bis in große Tiefen. Sie sind aber generell an vollmarine Bedingungen angepasst. Das typische Merkmal der meisten Formen ist eine fünfstrahlige Symmetrie (Pentamerie).

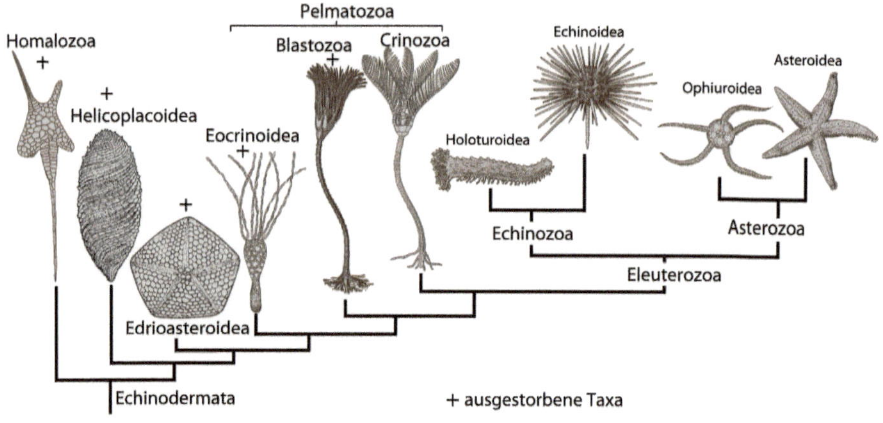

Abb. 27-1: Vereinfachter Stammbaum der Echinodermata.

Einige charakteristische Merkmale kennzeichnen die Echinodermata, die sie deutlich von anderen Tierstämmen trennen. Sie bilden ein Innenskelett, das aus einzelnen Platten aufgebaut ist. Die Platten bestehen aus porösen **Hochmagnesiumkalzit-Einkristallen,** die als «Stereom» bezeichnet werden. Im Hochmagnesiumkalzit sind etwa 10–15 % des Kalziums durch Magnesium ersetzt. Weiterhin zeigen die meisten Echinodermata eine **Pentamerie** (fünfstrahlige Symmetrie). Auch das **Ambulakralsystem** (Wassergefäßsystem) ist ein typisches Merkmal der meisten Echinodermata. Es besteht aus einem inneren, ebenfalls meist pentameren Kanalsystem, welches mit Flüssigkeit gefüllt ist und hydraulisch funktioniert. Von den inneren Kanälen zweigen Ausstülpungen (Füßchen) ab, die durch Poren in der Schale nach außen gestreckt werden können. Sie dienen der Atmung und Ernährung, bei mobilen Formen auch der Fortbewegung.

Fast alle rezenten Echinodermata setzen zur Fortpflanzung ihre Gameten ins Wasser ab. Eine innere Befruchtung, teilweise mit Brutpflege, ist sehr selten. Die Larven aller Echinodermata sind generell bilateral symmetrisch, die meisten von ihnen entwickeln sich als Plankton im Oberflächenwasser. Mit der Metamorphose und dem Übergang zur benthischen Lebensweise bildet sich die typische Pentamerie aus. Viele Echinodermen zeigen ein erstaunliches Regenerationsvermögen: Sie können Körperteile, die bei einem Räuberbefall verloren gingen, rasch wieder regenerieren.

Die Organisationshöhe der Echinodermata variiert deutlich, entsprechend sind auch die Baupläne bei den verschiedenen Taxa deutlich unterschiedlich. Fast allen gemeinsam ist aber das Ambulakralsystem. Die Pelmatozoa bilden einen Stiel mit kapselartigen Behältern (Theken), auf deren Oberseite das Ambulakralsystem liegt, welches sich teilweise bis in die Arme erstreckt. Seesterne und Schlangensterne sind deutlich fünfstrahlig. Das auf der Unterseite liegende Ambulakralsystem zieht vom Zentralbereich bis in die Arme. Seeigel und Seegurken sind halbkugelig oder walzenförmig organisiert. Die Ambulakralsysteme erstrecken sich in Richtung Längsachse (Seegurken) oder symmetrisch über die Halbkugel (Seeigel). Echinodermata sind coelomate Tiere mit Mund und After, der aber auch fehlen kann. Blutgefäße sind nur teilweise vorhanden. Das Nervensystem ist nur gering entwickelt, teilweise gibt es licht- sowie tastempfindliche Rezeptoren. Eine Cephalisation (Bildung eines Kopfes) fehlt bei allen Echinodermen.

27.2 Wichtige Gruppen der Echinodermata

Als Unterstamm **Homalozoa** werden einige, wahrscheinlich paraphyletische Taxa zusammengefasst, die weder bilateral- noch pentamersymmetrisch sind. Sie kommen vom Kambrium bis zum Devon vor und bestehen aus einer seitlich abgeflachten Kapsel (Theka) mit ein bis zwei Fortsätzen, die als «Arm» und «Stele» bezeichnet werden. Theka und Fortsätze bestehen aus den für Echinodermen typischen Platten aus Stereom-artigen Einkristallen (Abb. 27-2 A und B). Ob ein Ambulakralsystem entwickelt war, ist unklar. Es gibt eine Körperöffnung, die als After interpretiert wird. Der Mund lag möglicherweise verdeckt unter

Platten der Theka. Insgesamt ist über die Anatomie der Homalozoa sehr wenig bekannt und auch bezüglich der Lebensweise kann nur spekuliert werden. Sie waren vermutlich filtrierende Benthosbewohner ruhiger und flacher Schelfbereiche.

Die kleinwüchsigen, spindelförmigen **Helicoplacoidea** mit einer spiraligen Anordnung der Skelettplättchen sind nur aus dem Unterkambrium bekannt. Ihre Lebensweise und Ernährung sind weitgehend unklar. Auch die **Edrioasteroidea** sind sehr ursprüngliche Echinodermata. Sie werden überwiegend im Rang einer Klasse gesehen, wobei ihre genaue Zuordnung ebenfalls unklar ist. Sie kommen vom frühen Kambrium bis zum Ende des Perms vor. Edrioasteroidea bilden eine abgeflachte, rundliche bis fünfeckige Theka, die aus unregelmäßigen Platten aufgebaut ist. Es lassen sich fünf Ambulakralfelder erkennen, die näherungsweise pentamer angeordnet sind (Abb. 27-2 C und D). Die Ambulakralfüßchen befinden sich unter einer Reihe von Deckplatten, weshalb die Poren als Durchtrittstellen der Füßchen meist nicht sichtbar sind. Im Schnittpunkt der fünf Ambulakralfelder liegt der Mund, der After liegt mehr oder weniger randlich. Edrioasteroidea lebten vermutlich als Filtrierer im Flachwasser als Liegeformen auf dem Substrat oder festgeheftet an Hartgründen.

Abb. 27-2: Beispiele für Homalozoa, Helicoplacoidea und Edrioasteroidea; A: Homalozoa, A: Mitrocystites (Unterordovizium); B: Helicoplacoida, Helicoplacus (Unterkambrium); C, D: Edrioasteroidea, C: Timeischytes (Devon), inkrustierende Juvenilform; D: Carneyella (Oberordivizium), inkrustierende Form; Massstab A, B, D: 0,5 cm, C: 0,1 mm; (kompiliert und modifiziert aus Hunsrückmuseum Simmern, Kraft und Kraft 2000, Müller et al. 2013, Sumrall 2010, Zamora 2011).

27.3 Pelmatozoa

Pelmatozoa sind primär gestielte Echinodermen. Manche Formen bilden den Stiel zurück und sind freilebend. Pelmatozoa besitzen einen Stiel und eine Theka mit Anhängen, die als Brachiolen (Ärmchen) oder als Brachia (Arme) ausgebildet sind. Die Mundöffnung zeigt meist nach oben. Sie bestehen aus den Unterstämmen Blastozoa und Crinozoa.

27.3.1 Unterstamm Blastozoa

Als Blastozoa werden verschiedene, vermutlich paraphyletische Echinodermengruppen von variabler Gestalt zusammengefasst, die einen Stiel, eine Theka und eine variable Anzahl an Brachiolen aufweisen.

Die **Eocrinoidea** kommen von Kambrium bis in das Silur vor und werden, obwohl sie wahrscheinlich polyphyletisch sind, als Klasse innerhalb der Blastozoa eingeordnet. Sie bestehen aus einem Stiel (zur Verankerung am Meeresboden) und einer Theka, die aus unregelmäßig angeordneten Platten aufgebaut ist. Von ihrem Oberrand entspringen schmale Brachiolen. Sie erinnern entfernt an Crinoiden (siehe unten) und ernährten sich vermutlich als Filtrierer (Abb. 27-3).

Die Klasse **Cystoidea** (Beutelstrahler) kommt vom Ordovizium bis zum Ende des Devons vor. Sie ist wahrscheinlich ebenfalls polyphyletisch. Auch die Cystoidea besitzen einen Stiel, eine Theka und Brachiolen. Die Zahl der Brachiolen kann stark variieren. Die Theka ist ei- bis birnenförmig und besteht aus unregelmäßig angeordneten Platten. Es gibt zwei Ordnungen; die Diploporites und die Rhombifera. Für beide ist ein Porensystem typisch, das entweder als Doppelporen (Diploporites) oder als Porenrauten (Rhombifera) auftritt (Abb. 27-3). Wahrscheinlich dienten die Poren der Sauerstoffversorgung. Die Cystoidea waren vermutlich filtrierende Benthosbewohner, die mit ihrem Stiel am Meeresboden verankert waren. Möglicherweise waren sie z. T. auch freilebend oder nur temporär festgeheftet.

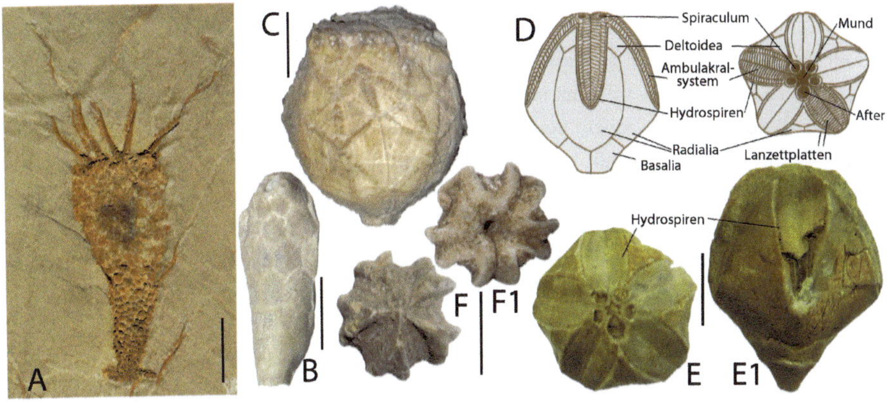

Abb. 27-3: Beispiele für die Klassen Eocrinoidea, Cystoidea und Blastoidea des Unterstammes Blastozoa. A: Eocrinoidea, *Globoeocrinus*, (Unterkambrium); B, C: Cystoidea, B: Rhombifera, *Caryocrinites* (Silur); C: Diplopora, *Holocystites* (Silur); D–F: Blastoidea, D, E: Pentramites (Karbon), D: Bauplan, E: Blick von oben, E1: Seitenansicht; F: *Timoroblastus* (Perm); F: Oberseite, F1: Unterseite; Maßstab A: 5 mm, B–F: 1 cm; (kompiliert und modifiziert nach Yang et al. 2015, James St. John, Wikipedia; Clarkson 1998).

Die Klasse **Blastoidea** (Knospenstrahler) besteht auch aus Stiel, Theka und Brachiolen. Die Brachiolen sind zahlreich, dünn und relativ kurz. Sie sind nur selten erhalten. Im Unterschied zu allen bisherigen Formen sind sie durch eine Theka mit regelmäßiger Plattenanordnung gekennzeichnet. Sie besteht aus drei Basalia, fünf Radialia und fünf Deltoidea. Die Ambulakralbereiche sind länglich oval und laufen im Scheitel der Theka zusammen. Randlich zu den Ambulakralfeldern sind die Hydrospiren angeordnet, die ein Porensystem bilden, welches vermutlich der Sauerstoffversorgung diente. Das Hydrospirensystem mündet in den 5 Spiracula, die den zentral gelegenen Mund umgeben. In einem etwas größerem Spiraculum mündet der After. Die meisten Blastoidea waren am Meeresboden festgeheftet, manche Formen hatten ihren Stiel zurückgebildet und lebten als Liegeformen (z. B. Timoroblastus, Abb. 27-3). Sie ernährten sich wahrscheinlich als Filtrierer.

27.3.2 Unterstamm Crinozoa

Crinozoa sind überwiegend festsitzende Echinodermata mit einem Stiel, einer Theka und Armen (Brachia), in die sich das Ambulakralsystem erstreckt. Die Zahl der Arme kann zwischen zwei und fünf sowie Vielfachen von fünf variieren.

Crinoidea (Seelilien)

Die Klasse Crinoidea (Seelilien) sind die mit Abstand wichtigste Gruppe der Crinozoa und die einzige rezent noch vorkommende Klasse der Pelmatozoa. Crinoiden kommen seit dem Ordovizium vor und sind heute noch mit etwa 600 Arten vertreten. Die Zahl der fossilen Arten beträgt etwa 4000, die meisten davon kommen im Paläozoikum vor. Crinoidea sind pentamere Organismen mit Stiel, Theka und Armen (Abb. 27-8). Der Stiel ist mit einer Haftscheibe an einem Hartsubstrat oder mit einer «Wurzel» im Weichsubstrat verankert und besteht aus vielen viereckigen, rundlichen oder fünfstrahligen Stielgliedern (Abb. 27-5), die über Gelenkflächen und Ligamente aus Kollagen beweglich miteinander verbunden sind. Die Stielglieder sind von einem zentralen Kanal durchbrochen, in dem die Nervenbahnen laufen. Seitlich können Cirren abzweigen. Der Stiel ist bei manchen Formen zu einem ballonförmigen Lobolithen umgebildet, der als Auftriebsorgan gedeutet wird. Teilweise ist er bis auf bewegliche Cirren an der Kelchbasis reduziert oder ganz zurückgebildet (Abb. 27-7, *Antedon* und *Saccocoma*). Die Stiellänge variiert zwischen wenigen Zentimetern und über 20 m bei *Seirocrinus*. Der Kelch und die Arme werden gemeinsam als Krone bezeichnet und zeigen die meisten Merkmale. Zwei bis drei Plattenreihen, die Infrabasalia, die Basalia und die Radialia, bauen den Kelch auf (Abb. 27-4). Kelche aus zwei Plattenreihen heißen monozyklisch, die aus drei Reihen dizyklisch. Das Plattenmuster der Kelche ist relevant für die Systematik. Teilweise werden auch die basalen Armglieder in den Kelch eingebaut. Das Plattenmuster ist dann schwer erkennbar. Auf der Kelchoberseite liegt im Zentrum der Mund, auf den das Ambulakralsystem aus den Armen zuläuft. Auch die z. T. auffällig lange Analröhre (oder Analtubus, Abb. 27-8) erhebt sich auf der Kelchoberseite. Die Arme (Brachia) sind wie Stiel und Kelch aus Platten (Brachialia) aufgebaut. Selten sind die Arme unverzweigt, meist zeigen sie ein komplexes Verzweigungsmuster (Abb. 27-5 C). Die Äste ihrerseits haben oft noch feine Abzweigungen (Pinnulae). Die Plattenanordnung der Arme kann uniseriell (einreihig) oder biseriell (zweireihig) sein, mit intermediären Übergangsformen (Abb. 27-5 B).

Vollständig erhaltene Crinoidea sind sehr selten. Normalerweise zerfallen sie nach dem Tod in sehr viele Einzelelemente (siehe Abb. 1-7 C1), die zusätzlich noch transportiert werden können. Crinoidenskelettelemente, vor allem die Stielglieder, kommen gelegentlich gesteinsbildend vor (z. B. im Hauptmuschelkalk) und werden als Trochiten bezeichnet.

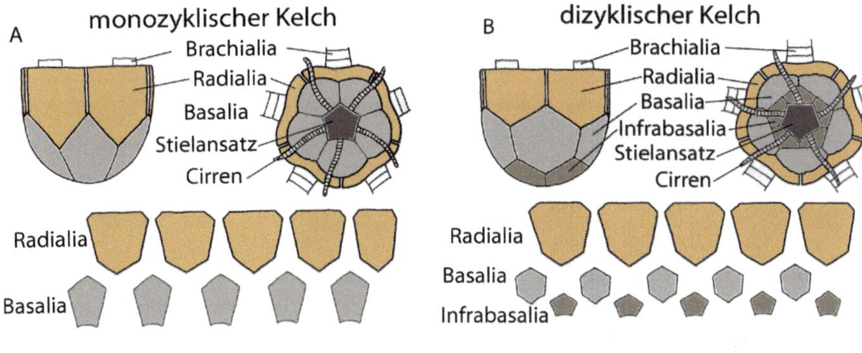

Abb. 27-4: Bauplanmerkmale des Kelchs der Crinoidea. A: Monozyklischer Kelchaufbau aus Basalia und Radialia; B: Dizyklischer Kelchaufbau aus Infrabasalia, Basalia und Radialia; (modifiziert nach Ziegler 1998).

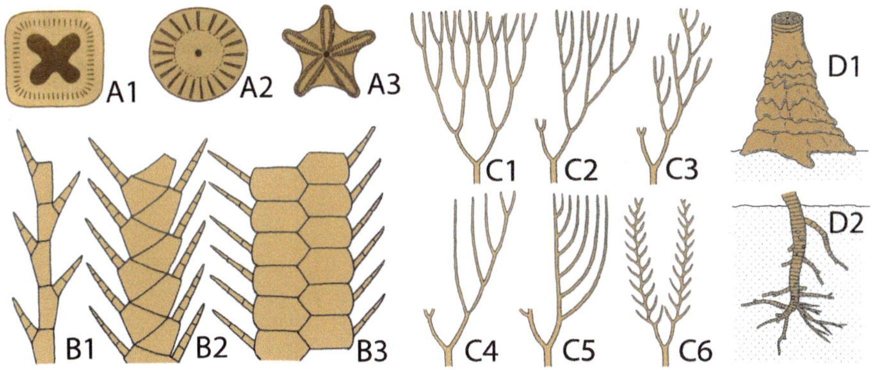

Abb. 27-5: Bauplanmerkmale der Stielglieder, Arme und Verankerungsstrukturen der Crinoidea. A: Form der Stielglieder, A1: *Cupressocrinites*, A2: *Encrinus*, A3: *Pentacrinites*; B: Plattenanordnung der Brachia, B1: uniseriell, B2: intermediär, B3: biseriell; C: Verzweigungsmuster der Crinoidenäste, C1: isotom, C2: heterotom, C3: bilateral heterotom, C4: endotom, C5: exotom, C6: holotom; D: Verankerungsstrukturen, D1: Haftscheibe auf Hartsubstrat; D2: «Wurzel» in Weichsubstrat; (kompiliert und modifiziert nach Ziegler 1998 und Clarkson 1998).

Die Crinoidea werden in sechs Unterklassen gegliedert, von denen vier hier kurz vorgestellt werden. Bei der Unterklasse **Camerata** (Ordovizium bis Perm) sind mono- oder dizyklische Kelche entwickelt, wobei die basalen Armplatten in den Kelch integriert sind. Sie haben mindestens 10 Arme mit meist biserialen Brachialia und Pinnulae. Die Stiele haben meist keine Cirren. Bekannte Beispiele sind *Actinocrinites* und *Agaricocrinus* (beide Karbon, Abb. 27-6). Die Theken der Unterklasse **Cladida** (Ordovizium bis Perm) sind meist dizyklisch entwickelt. Die basalen Armplatten sind frei und deutlich von der Theka abgegrenzt (z. B. *Cyathocrinites* (Unterkarbon) und *Cupressocrinites* (Devon), Abb. 27-6). Bei der Unterklasse **Flexibilia** sind die Kelche dizyklisch entwickelt, meist sind die basalen Armplatten in den Kelch integriert. Die Arme sind uniserial oft stark verzweigt, aber ohne Pinnulae. Der Stiel hat keine Cirren (z. B. *Onychocrinus*, Karbon, Abb. 27-6). Die Unterklasse **Articulata** (Ordovizium bis rezent) umfasst alle mesozoischen und känozoischen Crinoidea. Sie haben meist kleine, dizyklische Kelche und uniseriale, vielfach verzweigende Arme mit Pinnulae. Manche Formen haben extrem lange Stiele (z. B. *Seirocrinus*), bei anderen ist der Stiel bis auf einige Cirren reduziert oder fehlt ganz. Bekannte Gattungen sind *Encrinus* (Mitteltrias), *Seirocrinus* (Unter- bis Mitteljura), *Pentacrinites* (Jura), *Saccocoma* (Oberjura) und *Antedon* (Jura bis rezent).

Ökologie: Alle Crinoidea sind Filtrierer und ernähren sich von Schwebpartikeln und Kleinstorganismen aus dem Wasser. Die überwiegende Mehrheit von ihnen ist am Meeresboden festgewachsen. Es werden reophile Formen, die sich nach der Strömung ausrichten, und reophobe Formen, die Stillwasserbereiche bevorzugen, unterschieden. Daneben gibt es pseudoplanktonisch lebende, an driftenden Baumstämmen festgeheftete Formen wie z. B. *Seirocrinus*. Die Gattung *Saccocoma* lebte vermutlich als Nektoplankton im Oberflächenwasser. *Antedon* und andere Comatulida sind freilebend und halten sich meist am Meeresboden auf, sie können aber auch schwimmen.

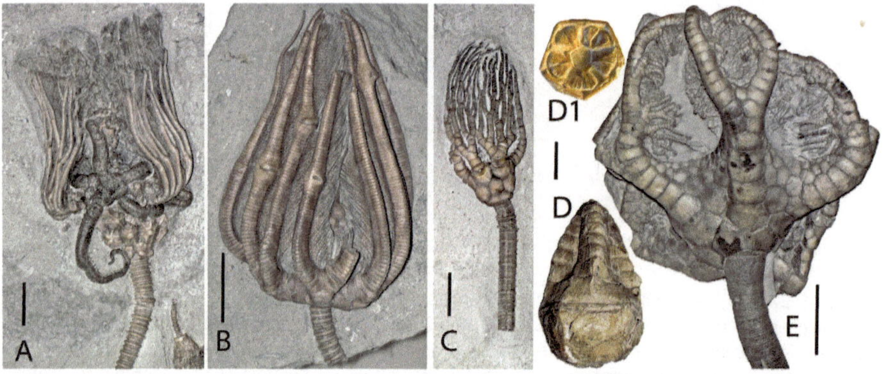

Abb. 27-6 Crinoidea der Unterklassen Camerata, Cladida und Flexibilia. A, B: Camerata, A: *Actinocrinites* mit vermutlich räuberischem Schlangenstern, (Karbon); B: *Agaricocrinus* (Karbon); C: Cladida, *Cyathocrinites* (Unterkarbon); D: *Cupressocrinites*, Krone mit geschlossenen Armen, D1: Blick in den Kelch; E: Flexibilia, *Onychocrinus* (Karbon); Maßstab 1 cm; (modifiziert und kompiliert aus James St. John Wikipedia, Oschmann 2016).

Abb. 27-7: Crinoidea der Unterklasse Articulata. A: *Encrinus* (Mitteltrias); B: *Seirocrinus* mit sehr langen Stielen (Unterjura); C: *Pentacrinites* (Unterjura); D: *Antedon* (Oberjura); E: *Saccocoma* (Oberjura); Maßstab A: 2 cm, B, C: 10 cm; D, E: 1 cm; (kompiliert und modifiziert nach Oschmann 2016 und Wikipedia).

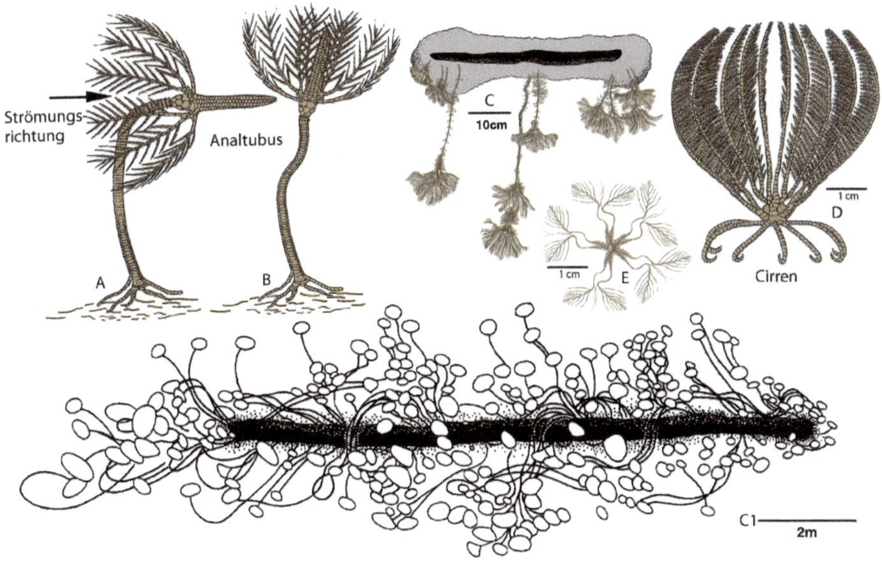

Abb. 27-8: Ökologie der Crinoidea. A: Reophile Formen richten ihre Arme gegen die Strömung aus zur Optimierung der Filtrierleistung; B: Reophobe Formen warten passiv auf herabrieselnde Nahrungspartikel; C: pseudoplanktonisch lebende, an driftenden Baumstämmen festgeheftete Formen *(Seirocrinus)*; C1: Baumstamm mit 280 Individuen von *Seirocrinus;* D: bei den Comatulida ist der Stiel bis auf einige bewegliche Cirren zurückgebildet (z. B. *Antedon*); E: nektoplanktonische Lebensweise (z. B. *Saccocoma*); (kompiliert und modifiziert nach Clarkson 1998, Ziegler 1998, Lehmann & Hilmer 1997, Hess et al. 2003).

27.4 Eleutherozoa

Eleutherozoa sind frei bewegliche Echinodermata ohne Stiel. Mund und After liegen meisten entgegengesetzt, der Mund unten und der After oben. Sie haben alle ein hoch entwickeltes Ambulakralsystem. Hierzu gehören die Echinozoa und die Asterozoa.

27.4.1 Unterstamm Echinozoa (Echinoidea und Holothuroidea)

Die Echinozoa bestehen aus den Klassen Echinoidea (Seeigel) und Holothuroidea (Seegurken). Sie haben eine halbkugelige bis walzenförmige Körperform ohne Arme oder andere Anhänge.

Echinoidea (Seeigel)

Die Klasse **Echinoidea** gibt es seit dem Ordovizium. Das Skelett eines Seeigels besteht aus einem relativ festen Gerüst von **Plattenreihen** (Abb. 27-9). Bei den Formen aus dem Paläozoikum ist das Plattenmuster noch nicht starr festgelegt. Die seltenen und geringdiversen paläozoischen Formen werden meist als Perischoechinoidea zusammengefasst. Im Meso- und Känozoikum werden die pentameren **«regulären Seeigel» (Regularia)** von den deutlich abgeleiteten, bilateralsymmetrischen **«irregulären Seeigeln» (Irregularia)** unterschieden. Regularia und Irregularia sind keine taxonomischen Einheiten. Die Begriffe eignen sich aber, um die grundsätzlichen Bauplanunterschiede zu kennzeichnen. Der **Bauplan** der regulären Seeigel soll hier am Beispiel des ursprünglichen Lanzenseeigels *(Cidaris)* vorgestellt werden.

Cidaroida sind wie alle regulären Seeigel halbkugelförmig gebaut. Ihr Mund und das Mundfeld (Peristom) liegen auf der Unterseite, After und Analfeld (Periprokt) auf der Oberseite. Dazwischen verläuft schlingenförmig der Darm. Lanzenseeigel sind in der Aufsicht kreisrund und lassen am Gehäuse eine strenge Pentamerie erkennen. Es werden fünf Ambulakralfelder und fünf Interambulakralfelder unterschieden. Jedes Feld besteht aus zwei Plattenreihen. Die Platten der Ambulakralfelder sind schmal und haben zwei Poren und sehr kleine Stachelwarzen. In den Interambulakralfeldern sind die Platten breit, mit je einer großen Stachelwarze, die von vielen kleinen Stachelwarzen umgeben wird (Abb. 27-9 B, D und E). Das Analfeld (Abb. 27-9 B) besteht aus zehn Platten, fünf Genitalplatten mit Genitalporen, wobei eine davon gleichzeitig die Madreporenplatte ist, sowie aus fünf Ocellarplatten. Im Schnitt durch einen Cidaris (Abb. 27-9 A) erkennt man, dass entlang der Ambulakralfelder die Radiärkanäle des Ambulakralsystems verlaufen, von denen Füßchen und Ampullen abzweigen (Abb. 27-9 C). Die Füßchen können durch das Mesodermalskelett nach außen gestreckt und wieder zurückgezogen werden. Am Ende der Radiärkanäle liegen die Ocellarplatten, über die das Ambulakralsystem mit dem Meerwasser verbunden ist. Die Ampulle dient als Gefäß für den Volumenausgleich. Weiterhin besteht das Ambulakralsystem aus dem Ringkanal, aus dem die fünf Radiärkanäle und der zentrale Steinkanal abzweigen. Der Steinkanal mündet in der Madreporenplatte (Madreporit, Siebplatte) im Interambulakralbereich neben dem After und ist ebenfalls mit dem Meerwasser verbunden. Neben den auffälligen großen Stachelwarzen sind im Interabulakralbereich noch die fünf Gonaden und die fünf Kieferelemente vorhanden, die als «Laterne des Aristoteles» bezeichnet werden. Der Bau des Kieferapparates ist für die Systematik relevant. Die Muskulatur für den Kiefer ist an den ringförmigen perignathischen Gürteln befestigt.

Aus den Cidaroida entwickelten sich weitere Regularia. Bei ihnen verschmelzen mehrere Platten der Ambulakralfelder; diese bilden dann ebenfalls große Stachelwarzen und können zahlreiche Porenpaare aufweisen. Auch in den Interambulakralfeldern sind nun mehrere Stachelwarzen pro Platte entwickelt. Die Größe der Stachelwarzen zwischen Ambulakral- und Interambulakralfeld ist nun in etwa gleich. Die Stacheln der regulären Seeigel (Abb. 27-9 D bis F) können keulenförmig bis spitz nadelförmig gestaltet sein. Sie sitzen auf einer kugelgelenkartigen Stachelwarze und sind dank ihrer Anbindung an die Muskulatur sehr beweglich. Große Stacheln sind oft ringförmig von kleinen Stacheln umgeben. Daneben gibt es noch die **Pedicellaria**, kleine zangenförmige Gebilde, die der Abwehr von Parasiten und zur Reinigung dienen (Abb. 27-9 G).

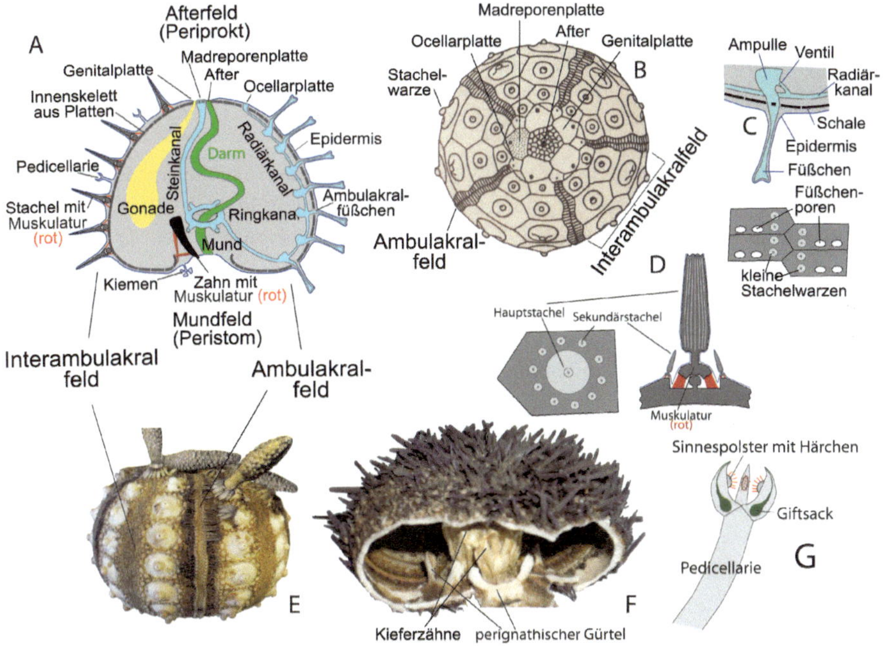

Abb. 27-9: Bauplanmerkmale der Echinodermata am Beispiel des Lanzenseeigels *(Cidaris)* (A–E) und des Steinseeigels (*Paracentrotus*, F und G). A: Querschnitt; B: Sicht von oben auf das Analfeld; C: Schema eines Füßchens und Plattenanordnung des Ambulakralfeldes; D: Primär- und Sekundärstacheln des Interambulakralfeldes; E: Gehäuse von außen mit großen und kleinen Stacheln; F: aufgebrochenes Gehäuse mit dem fünfteiligen Kiefer; G: Pedicellarie zur Parasitenabwehr.

Abb. 27-10: Beispiele regulärer Seeigel; A, B: *Balanocidaris* (Oberjura), A: Gehäuse mit Stacheln, B: Blick auf die Unterseite; C: *Stomechinus* (Oberjura); D: *Glypticus* (Mitteljura); E: *Paracentrotus* (rezent), E1: Oberseite, E2: von der Seite, E3: Unterseite; Maßstab A, B, D, E: 1 cm; C: 2 cm.

Bei den **«irregulären Seeigeln»** (auch **Irregularia,** Unterjura bis heute) wird die Pentamerie zugunsten einer bilateralen Symmetrie aufgegeben. Das Apikalsystem wird umgebaut, indem der Anus nach hinten oder auf die Unterseite wandert und der Mund häufig nach vorne verlagert wird. Die Genital- und Ocellarplatten sowie der Madreporit bleiben zentral auf der Oberseite, die nun als Aboralseite (dem Mund abgewandte Seite) bezeichnet wird. Die Zahl der Genital- und Ocellarplatten kann bei den Irregularia auf vier reduziert sein. Die Ambulakral- und Interambulakralfelder werden nach wie vor aus Plattenreihen gebildet, die nun aber deutlich verschoben sind. Je nach Taxon können beide Bereiche stark verkleinert oder verbreitert sein. Auf der Aboralseite sind die Ambulakralfelder häufig in blattförmigen Feldern **(Petalodien)** angeordnet (Abb. 27-12 C-E). Auf der oralen Seite (Mundseite) kann ein verzweigtes System von Nahrungsrinnen entwickelt sein (Abb. 27-12). Der Kieferapparat ist teilweise oder vollständig zurückgebildet. Mit den morphologischen Veränderungen geht eine Anpassung an eine semi-endobenthische bis endobenthische Lebensweise einher. Die Veränderungen betreffen auch die Stacheln, die nun zu einem haarähnlich feinem «Pelz» werden, der den Reibungswiderstand beim Graben reduziert.

Die Irregularia bilden heute die größte Gruppe der Seeigel. Sie sind paraphyletisch, möglicherweise mehrfach unabhängig entstanden. Es werden mehrere Ordnungen unterschieden, von denen vier hier vorgestellt werden. Bei der **Ordnung Holectypoida** (Jura bis rezent) ist die Schale noch halbkugelförmig. Ähnlich wie bei den Regularia, sind die

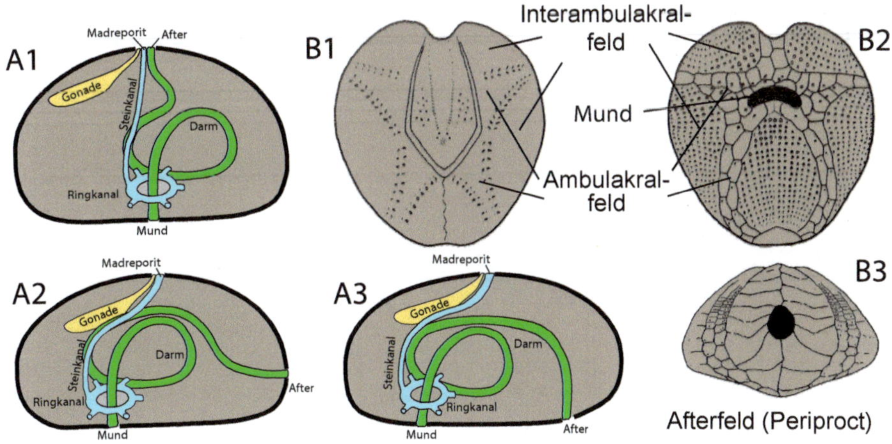

Abb. 27-11: Entwicklung und Bauplan der irregulären Seeigel. A1–A3: Schrittweise Verlagerung des Afters nach hinten und unten sowie die Verschiebung des Mundes nach vorne. B: der irreguläre Seeigel *Echinocardium*, B1: Blick auf die Aboralseite, B2: Blick auf die Oralseite, B3: Blick von hinten auf das Afterfeld; (kompiliert und modifiziert nach Clarkson 1998 und Ziegler 1998).

Ambulakralfelder enger als die Interambulakralfelder. Die Position des Anus ist teilweise noch subzentral auf der Oberseite («Schlüsselloch-After», Abb. 27-12 A). Der Kiefer ist noch vorhanden. Die Holectypoida werden als «Übergangsformen» zwischen den regulären und irregulären Seeigeln angesehen. Beispiele sind *Pygaster* und *Holectypus* aus dem Mitteljura.

Die **Ordnung Cassiduloida** kommt seit dem Lias vor. Die Gehäuse sind rundlich oval, mit fünf auffälligen Petalodien. Juvenilformen haben noch einen Kiefer, bei den Adultformen fehlt er. Es sind nur vier Genitalporen entwickelt. *Echinolampas* (Eozän bis rezent) ist für die Ordnung Cassiduloida ein bekanntes Beispiel.

Die Vertreter der **Ordnung Clypeasteroida** (Paläozän bis rezent) haben rundliche oder längsovale Gehäuse, die stark abgeflacht sind. Der Mund liegt zentral, der Anus randlich hinten. Die Petalodien auf der Oberseite und die Nahrungsrinnen auf der Unterseite sind stark ausgeprägt. Ein reduzierter Kiefer ist vorhanden. Teilweise sind schlitzförmige Durchbrüche im Gehäuse entwickelt (z. B. *Mellita*). Im Inneren haben sie Pfeiler zu Stabilisierung der Gehäuse entwickelt (Abb. 27-12 D3). Bekannte Beispiele sind *Clypeaster* und *Mellita*.

Die **Ordnung Spatangoida** (Herzseeigel) kommt seit der Unterkreide vor. Sie bilden sehr dünnschalige, längliche Gehäuse. Das vordere Ambulacrum ist häufig eingetieft, was zu einer herzförmigen Gestalt führt. Der Mund mit ausgeprägter Lippe ist nach vorne verschoben, der Periprokt liegt hinten. Es sind nur vier Genitalporen entwickelt und der Kiefer ist vollkommen zurückgebildet. *Micraster* (Cenoman bis Paläozän) und *Echinocardium* (Oligozän-rezent) sind bekannte Beispiele.

Abb. 27-12: Irreguläre Seeigel der Ordnungen Holectypoida, Cassiduloida, Clypeasteroida und Spatangoida. A, B: Holectypoida, A: *Pygaster* (Mitteljura) mit «Schlüsselloch-After», Oberseite; B: *Holectypus* (Mitteljura), Unterseite; C: Cassiduloida, *Echinolampas* (Eozän), Oberseite; D, E: Clypeasteroida, D: *Clypeaster* (rezent), D1: Oberseite, D2: Unterseite, D3: aufgebrochene Schale mit Pfeilerstrukturen; E: *Mellita* (rezent), E1: Oberseite, E2: Unterseite F, G: Spatangoida, F: *Micraster* (Oberkreide-Paläozän), F1: Oberseite, F2: Unterseite, G: *Echinocardium* (rezent), G1: Oberseite, G2: Unterseite; Maßstab A–C: 1,5 cm, D–G: 2 cm.

Stratigraphie

Seeigel sind Faziesfossilien und daher in der Regel keine guten Leitfossilien. Dank ihrer raschen evolutiven Entwicklung, vor allem in der Oberkreide, werden sie dennoch teilweise erfolgreich für die Stratigraphie verwendet (siehe Abb. 3-7).

Ökologie

Die Regularia leben überwiegend mobil epifaunal, teilweise bohren sie in Hartsubstrat, um sich vor Räubern zu schützen. Sie ernähren sich als Pflanzenfresser oder Carnivora. Zu ihrer Beute gehören Muscheln, Polychaeta, Schwämme und andere Echinodermen wie Seegurken, Crinoiden und Schlangensterne. Viele Formen weiden den Aufwuchs auf Hartsubstraten ab. Epifaunale Seeigel sind zwar durch ihre Stacheln, die giftig sein können, geschützt, trotzdem werden sie die Beute von vielen Fischen (z. B. Drückerfische), Krebsen, Schnecken, Möwen, Seesternen und Seeottern. Die Irregularia haben sich an eine

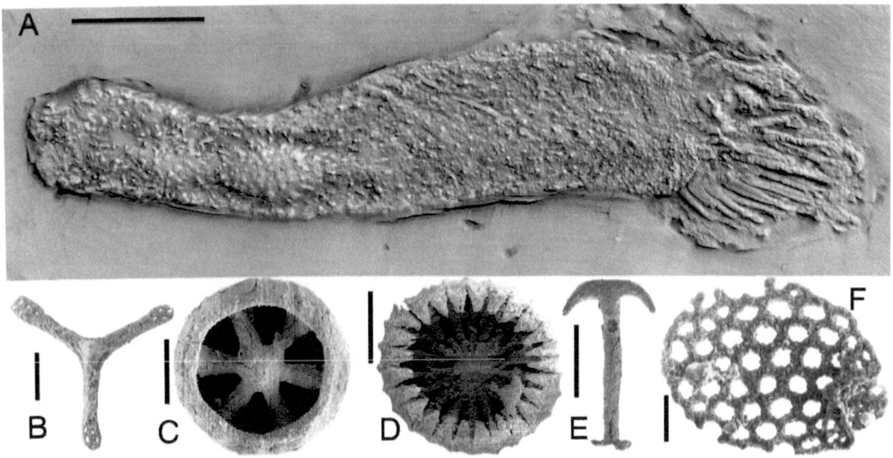

Abb. 27-13: Fossile Holothuroidea; A: *Palaeocucumaria*, eine vollständige Holothurie aus dem Unterdevon; B–F: Holothuriensclerite B: *Tribrachiodemas* (Oberordovizium); C: *Theelia*; D: *Hemisphaeranthos*; E: *Calcancora*; F: *Rigaudites*, (C–F Oberkreide); Maßstab A: 5 mm, B, C: 0,05 mm; D–F: 0,1 mm, (kompiliert und modifiziert nach Smith & Reich 2013, Reich 2010 und Reich & Wiese 2010).

semiinfaunale bis tiefgrabende Lebensweise angepasst. Die Clypeasteroidea graben relativ flach und ernähren sich von Kleinlebewesen, während die Spatangoida tiefgrabende Detritusfresser sind (siehe Abb. 3-7). *Echinocardium* gräbt sehr tief und hält mit seinen Füßchen eine Röhre bis an die Sedimentoberfläche zur Sauerstoffversorgung offen. Eine zweite Röhre (Sanitärröhre) führt vom After nach hinten, um die Exkremente möglichst weit entfernt zu deponieren (siehe Abb. 5-6).

Holothuroidea (Seegurken)

Die **Holothuroidea** sind die zweite Klasse des Unterstamms Echinozoa, erreichen aber aus paläontologischer Sicht nicht die Bedeutung der Echinoidea. Holothuroidea treten seit dem Ordovizium auf, haben einen walzenförmigen Körper und sind rezent mit etwa 1200 Arten bekannt. Ihre Größe variiert von einigen cm bis wenigen dm. Das Ambulakralsystem zieht sich seitlich entlang der Walzenform. Der Mund liegt bei den meisten Holothurien vorne und der After hinten. Der Schlund wird vom Ringkanal umschlossen. Um den Mund sind Tentakeln als modifizierte Ambulakralfüßchen entwickelt. Das Skelett der Holothurien ist weitgehend reduziert und besteht nur noch aus einem Schlundring und vielen kleinen Scleriten. Der Schlundring wird aus fünf (oder deren Vielfachen) verwachsenen Skelettelementen aufgebaut und dient als Verankerung der Muskulatur. Fossil treten überwiegend die kleinen und meist rädchen-, stern- oder ankerförmigen Sclerite auf (Abb. 27-13). Holothuriensclerite treten in manchen Abschnitten der Erdgeschichte, z. B. in der Trias, gehäuft auf und sind wertvolle stratigraphische Indikatoren. Die meisten Holothurien leben mobil benthisch, sowohl auf als auch im Substrat. Einige Formen können schwimmen oder leben sogar planktonisch. Viele Holothurien ernähren sich von Kleinlebewesen, andere von organischem Detritus, den sie entweder selektiert oder unselektiert aufnehmen.

27.4.2 Unterstamm Asterozoa (Asteroidea und Ophiuroidea)

Asterozoa sind abgeflacht fünfstrahlige Organismen mit deutlichen Armen. Der Mund und das Ambulakralsystem liegen auf der Unterseite, der Madreporit liegt subzentral auf der Oberseite. Zwei wichtige Klassen, die Asteroidea und die Ophiuroidea gehören hierher.

Seit dem Unterordovizium gibt es die Klasse **Asteroidea** (Seesterne). Sie umfasst rezent etwa 1600 Arten, die von einigen Zentimetern bis zu wenigen Dezimetern Größe erreichen können. Die Arme der Asteroidea sind deutlich entwickelt, aber nicht scharf vom zentralen Körper abgesetzt. Die Zahl der Arme beträgt normal fünf, kann aber auch deutlich höher sein. Der Ringkanal des Ambulakralsystems verläuft um den Mund. Die Radiärkanäle reichen bis in die Arme. Asteroidea bestehen aus zahlreichen differenzierten Skelettelementen, die aber nicht starr verbunden sind. Deshalb zerfallen Asteroidea in der Regel nach dem Tod in zahlreiche Einzelelemente, die zusätzlich noch leicht umgelagert werden. Seesterne sind mobile Benthosbewohner, die sich mit ihren Ambulakralfüßchen bewegen. Sie leben auf Hart- wie Weichböden und können sich oberflächlich in das Sediment eingraben. Sie sind vom Flachwasser bis in die Tiefsee verbreitet. Die meisten Seesterne ernähren sich räuberisch von Muscheln, Schnecken, Arthropoden, Polychaeten und anderen Echinodermen. Manche weiden die Polypen von Korallen ab oder leben als Filtrierer. Seesterne sind auch Beutetiere anderer Räuber: so z. B. von großen Gastropoda

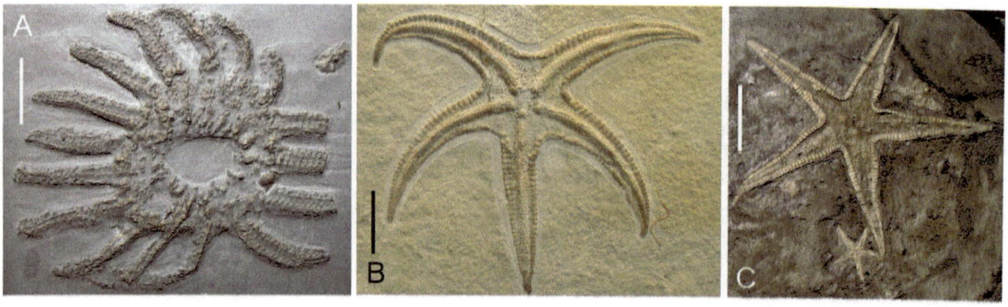

(*Charonia*), Krabben, Fischen, Möwen und Fischottern. Manche Seesterne sind giftig.

Abb. 27-14: Beispiele fossiler Asteroidea; A: *Helianthaster* (Unterdevon); B: *Riedaster* (Oberjura); *Astropecten* (Oberjura); Maßstab: 1 cm; (kompiliert und modifiziert aus Jahnke und Barthels 2000 und Wikipedia).

Die Klasse **Ophiuroidea** (Schlangensterne) ist ebenfalls seit dem Unterordovizium bekannt. Es gibt heute etwa 2000 rezente Arten. Damit sind sie die häufigste rezente Echinodermenklasse. Ophiuroidea bestehen aus einer zentralen, rundlichen oder fünfeckigen

Scheibe, von der deutlich abgesetzte Arme abzweigen, mit denen sie sich rasch fortbewegen können. Meist sind fünf Arme entwickelt, bei den Gorgonocephalidae (Gorgonenhäuptern), die über einen Meter groß werden können, sind die Arme hingegen vielfach verzweigt. Ophiuroidea haben keinen Enddarm und keinen After. Ähnlich wie die Asteroidea bestehen sie aus zahlreichen differenzierten Skelettelementen, die nicht starr verbunden sind. In der Regel zerfallen auch ihre Skelette nach dem Tod in zahlreiche Einzelelemente. Schlangensterne leben mobil am Meeresboden von Flachwasser bis in die Tiefsee, und setzen sich gerne auf andere Organismen (z. B. Schwämme). Sie ernähren sich von Detritus, Kleinlebewesen, Aas und teilweise auch von Plankton. Schlangensterne und

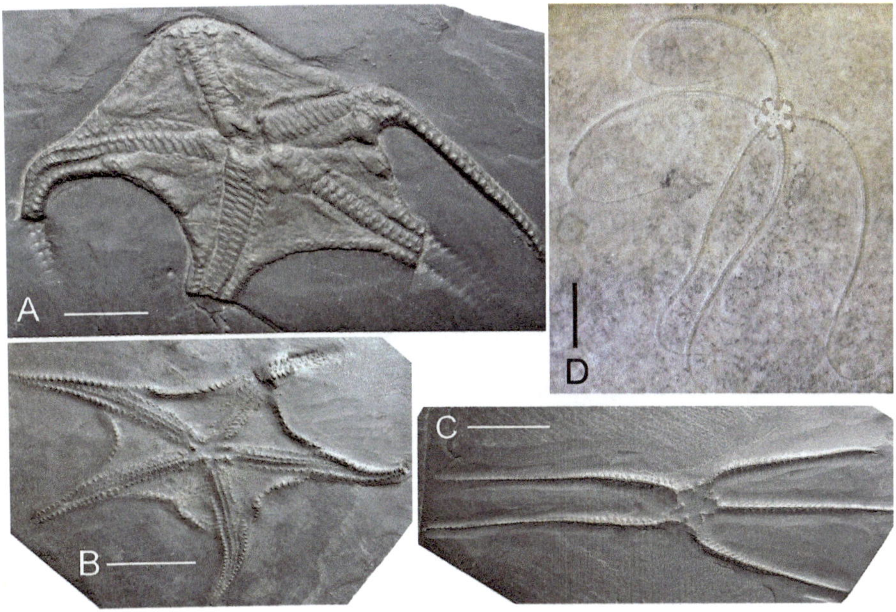

Seesterne zeigen beide ein erstaunliches Regenerationsvermögen. Sie können Arme, die bei einem Räuberbefall verloren gingen, rasch wieder regenerieren.

Abb. 27-15: Beispiele fossiler Ophiuroidea; A: *Encrinaster*, B: *Furcaster*, C: *Euzonosoma* (alle Unterdevon); D: *Geocoma* (Oberjura); Maßstab 1 cm.

Weiterführende Literatur

Barnes, R. D. (1987): Invertebrate Zoology.- 893 pp., Saunders.
Boardman, R. S. (1987 ed.): Fossil invertebrates.- 713 pp., Blackwell.
Clarkson, E. N. K. (1998): Invertebrate Palaeontology and Evolution.- 452, pp., Blackwell.
Hess, H., Ausich, W. I., Brett, C. E. & Simms, M. J. (2003, eds.): Fossil Crinoids.- 275 pp., Cambridge University Press.

Hopkins, M. J. & Smith, A. B. (2015): Dynamic evolutionary change in post-Paleozoic echinoids and the importance of scale when interpreting changes in rates of evolution.- PNAS 112: 3758–3763.
Lehmann, U. & Hilmer, G. (1997): Wirbellose der Vorzeit.- 304 S.; Enke.
Smith, A. B. (1984): Echinoid Paleobiology.- Special Topics in Palaeontology 190 p., Allen & Unwin.
Ziegler, B. (1998): Einführung in die Paläontologie.- Spezielle Paläontologie II.- 666 S. Schweizerbart.

Zitierte Literatur

Jahnke, H. & Bartels, C. (2000): Der Hunsrückschiefer.- In: Meischner, D. (ed.): Europäische Fossillagerstätten, 36–44; Springer.
Kraft, J & Kraft, P. (2000): Das Unterordovizium bei Pokycany, Tschechische Republik.- In: Meischner, D. (ed.): Europäische Fossillagerstätten, 24–27; Springer.
Müller, P:, Hahn, G. & Bohaty, J. (2013): Agelacrinitid Edrioasteroidea (Echinodermata) from the Middle Devonian of the Eifel (Rhenish Massif, Germany).- Paläontol Z 87: 455–472.
Oschmann, W. (2025): Evolution der Erde, 4. Auflage. Geschichte der Erde und des Lebens. 383 S., UTB/Haupt Verlag.
Reich, M. & Wiese, F. (2010): Apodid sea cucumbers (Echinodermata: Holothuroidea) from the Upper Turonian of the Isle of Wolin, NW Poland.- Cretaceous Research 31: 350–363.
Reich, M. (2010): The oldest synallactid sea cucumber (Echinodermata: Holothuroidea: Aspidochirotida).- Paläontol Z 84: 541–546.
Smith, A. & Reich, M. (2013): Tracing the evolution of the holothurian body plan through stem-group fossils.- Biological Journal of the Linnean Society 109: 670–681.
Sumrall, C. D. (2010): The systematics of Upper Ordovician Edrioasteroid pavement from Northern Kentucky.- J. Paleont. 84: 783–794.
Yang, Z.-C., Lin, J.-P., Zhang, Y.-P., Wu, Y.-S. & Meng, X.-Y. (2015): A new eocrinoid fauna (Cambrian Series 2) from Guizhou Province, South China.- Palaeoworld 24: 430–437.
Zamora, S. (2011): Cambrian echinoderms from Spain: current status and future perspectives.- Estudios Geológicos, 67(1) 59–81.

28 Stamm Hemichordata (Kiemenlochtiere)

Hemichordata sind marine Organismen, die am oder im Meeresboden leben. Rezent sind weniger als 100 Arten bekannt. Sie bestehen aus zwei Klassen, den Enteropneusta und Pterobranchia. Eine dritte Klasse, die Planctosphaeroidea, gehört vermutlich ebenfalls zu den Hemichordata. Sie ist nur durch die Larven einer einzigen Art bekannt. Über die verwandtschaftlichen Beziehungen der Hemichordata innerhalb der Deuterostomia ist wenig bekannt. Meistens werden die Hemichordata zwischen die Echinodermata und die Chordata (siehe Kap 29–33) gestellt. Enteropneusta haben einen knorpeligen Stab als Skelett, der von manchen Autoren als Vorläufer der Chorda dorsalis interpretiert wird. Daraus folgernd wird auch eine nahe Verwandtschaft zu den Chordatieren postuliert. Mehrheitlich werden die Hemichordata aber als nächste Verwandte der Echinodermata gesehen und mit diesen als Coelomorpha (oder Ambulacraria) zusammengefasst.

28.1 Enteropneusta

Die **Enteropneusta** (Eichelwürmer, Abb. 28-1 A) haben einen wurmartig in die Länge gezogenen dreiteiligen Körper. Der vordere Teil ist das spitz zulaufende Prosoma, es folgen das kragenförmige Mesosoma und ein langgezogener Hinterleib (Metasoma). Enteropneusta leben überwiegend infaunal, ihre Größe reicht von etwa 1 mm bis über 2 m. Eichelwürmer leben vom Gezeitenbereich bis in die Tiefsee. Sie legen U- bis J-förmige Grabgänge an und ernähren sich von organischem Detritus (z. B. *Dolichoglossus*). Ihre Grabgänge ähneln teilweise denen des polychaeten Wattwurms *Arenicola* (siehe Abb. 5-6). Enteropneusta sind fossil äußerst selten.

28.2 Pterobranchia

Auch die Vertreter der Klasse **Pterobranchia** (Flügelkiemer) haben einen langgestreckten Körper und leben benthisch in röhrenförmig verzweigten Skeletten aus Scleroprotein. Sie sind von der Küstenregion bis in die Tiefsee verbreitet. Die Gattung ***Rhabdopleura*** ist aus paläontologischer Sicht besonders von Interesse. *Rhabdopleura* lebt kolonial ähnlich wie viele Korallen oder Moostierchen (siehe Kap. 15 und 16). Ihre Individuen (Zooide) sind sehr klein (max. wenige Millimeter), leben in röhrenförmigen Theken und haben ebenfalls einen dreigeteilten Körper aus Pro-, Meso- und Metasoma. Das Prosoma ist scheibenförmig als Kopfschild ausgebildet, seine Drüsen bilden das Röhrenskelett. Am Mesosoma entspringen die paarigen Tentakeln. Sie filtrieren organische Schwebstoffe und transportieren sie zum benachbarten Mund. Das Metasoma enthält den Verdauungstrakt und geht fließend in das Stolon über, durch das die Individuen einer Kolonie verbunden sind (Abb. 28-1 B und C).

Rhabdopleura lässt bezüglich des Gehäusebaus große Ähnlichkeiten mit den fossilen **Graptolithida** erkennen. Früher wurden die Graptolithen als eigene Klasse der Hemichordata geführt. Heute wird *Rhabdopleura* meist zur Unterklasse Graptolithina gestellt, die als Teil der Klasse Pteriobranchia angesehen werden. Damit gelten die Graptolithen nicht mehr als ausgestorben.

Graptolithen vermehrten sich vermutlich wie die rezente *Rhabdopleura* geschlechtlich über freischwimmende Larven. Nach der Metamorphose siedeln sich die Larven entweder am Meeresboden an (Dendroidea) oder sie behalten die planktonische Lebensweise bei (Graptoloidea). In beiden Fällen beginnen sie eine Kolonie zu bilden. Das Gehäuse des ersten Individuums einer Kolonie ist die Sicula, mit der Prosicula als Embryonalkammer und der Metasicula, die bereits wie eine Theka aussieht. Die Theken werden aus den typischen Halbringen (**Fusullae**) gebildet, die eine charakteristische zickzackförmige Sutur aufweisen (Abb. 28-1 D). Von der Sicula zweigen alle weiteren röhrenförmigen Theken ab; in diesen sitzen die Individuen. Die Theken bestehen aus einem basalen Abschnitt, der Protheka, und aus einem distalen Abschnitt, der Metatheka, die häufig Stacheln an der Mündung zeigt. Bei den planktonischen Formen hängen die später gebildeten Theken an der fadenförmigen **Nema**, die am spitzen Ende der **Prosicula** beginnt. Die **Virgella** bildet einen kurzen, spitzen Fortsatz an der Metasicula.

Bei den ursprünglichen Graptolithida gibt es mehrere Thekentypen. Es wird vermutet, dass die etwas größeren Autotheken möglicherweise die Gehäuse von weiblichen Zooiden waren, während die kleineren Bitheken männlichen Zooiden zuzurechnen sind. Als «Stolonotheken» werden die Teile des Rhabdosoms bezeichnet, durch die das Stolon als Verbindung der Zooide führt. Bei den weiterentwickelten Graptolithen kommen nur noch Autotheken vor. Die Kolonie als Ganzes wird als Rhabdosom (oder Tubarium) bezeichnet.

Die **Unterklasse Graptolithina** (Mittelkambrium bis rezent) besteht aus zwei Ordnungen, den Dendroidea und den Graptoloidea. Zusätzlich gibt es noch viele frühe Formen, die schwer zuzuordnen und nur spärlich bekannt sind. Ihre Lebensweise war wahrscheinlich benthisch. Zu diesen frühen Formen wird auch Rhabdopleura gestellt.

Die **Ordnung Dendroidea** (Mittel- bis Oberkarbon) besteht aus buschförmig wachsenden, vielfach verzweigten Graptolithen, deren Äste meist durch Querstege (Dissepimente) verbunden sind. Sie waren in der Regel am Boden festgewachsen, lebten z. T. aber auch frei in der Wassersäule. Autotheka und Bitheka sind bei ihnen vorhanden; Beispiele sind *Dictyonema*, *Desmograptus* und *Acanthograptus* (alle Unterordovizium, Abb. 28-2).

Die Vertreter der **Ordnung Graptoloidea** (Ordovizium bis Devon, Abb. 28-3) lebten alle planktonisch. Als Theken gibt es nur noch Autotheken, die durch Knospung entstanden sind. Der generelle Trend der Entwicklung der Graptoloidea lässt eine Reduktion der Anzahl der Äste von vielfach verzweigt (*Rhabdinopora* und *Anisograptus*, beide Unterordovizium), über vierästige Formen (*Tetragraptus*, Unterordovizium), zweiästige Formen (*Didymograptus*, Mittelordovizium) und einästige Formen erkennen. Bei den einästigen Formen gibt es zweizeilige Vertreter (*Amplexograptus*, Mittel- bis Oberordovizium und

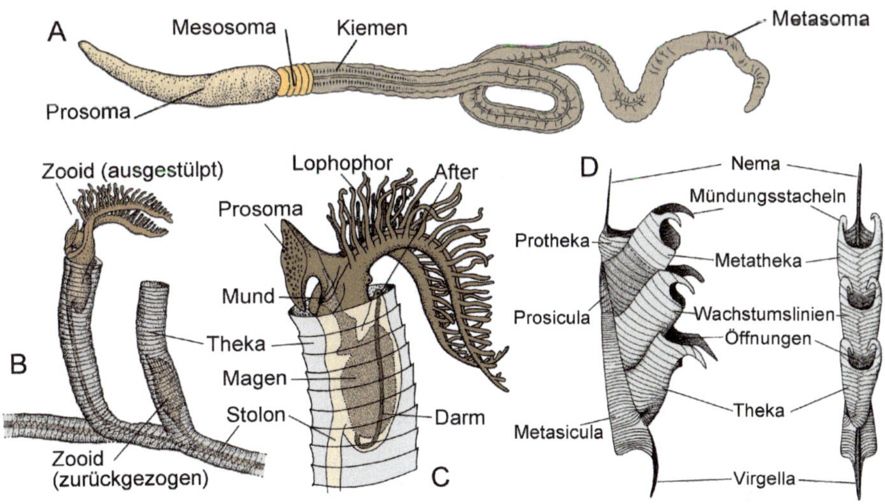

Abb. 28-1: A: Enteropneusta, der rezente Eichelwurm *Dolichoglossus*; B–D: Merkmale der Pteriobranchia, B: Ausschnitt einer Kolonie von *Rhabdopleura*; C: Ein Individuum von *Rhabdopleura* in seiner Theka; D: Ausschnitt eines Rhabdosoms von *Monograptus* mit den morphologischen Charakteristika (Seiten- und Frontalansicht, kompiliert und modifiziert nach Boardman 1987 und Clarkson 1998).

Geniculograptus, Oberordovizium) sowie einzeilige Vertreter (z. B. *Monograptus* mit vielen Arten; *Monograptus turriculatus* und *M. uniformis* im Silur und Devon), sowie Formen, deren Skelett weitgehend reduziert wurde und nur noch aus Spangen besteht (z. B. *Neogothograptus*, oberes Silur).

Abb. 28-2: Beispiele für Graptolithida der Ordnung Dendroidea aus dem Unterordovizium; A: *Dictyonema*; B: *Desmograptus*; C: *Acanthograptus;* Maßstab A: 2 cm, B: 1 cm, C: 1 mm; (kompiliert und modifiziert aus Kraft & Kraft 2000 und Maletz & Kozłowska 2013).

28.2.1 Ökologie, Taphonomie und Stratigraphie

Ökologie: Alle Pterobranchia kommen ausschließlich marin vor und lebten im vollmarinen Bereich. Die meisten Dendroidea besiedelten als kleine buschförmige Kolonien den Meeresboden. Ähnlich wie Rhabdopleura lebten sie wahrscheinlich filtrierend. Graptoloidea sind faziesunabhängig und zeigen eine weite Verbreitung. Daher wird seit langem eine planktonische bis nektoplanktonische Lebensweise im offenen Ozean postuliert, die es ihnen erlaubte, sich aktiv auf Nahrung in der unmittelbaren Umgebung zuzubewegen, während sie weitgehend mit der Wasserströmung drifteten. Auch sie lebten als Filtrierer und strudelten mit ihrem Lophophor die Nahrung herbei. Ein spezielles Auftriebsorgan ist bislang nicht belegt, allerdings sind Gasvakuolen und Fetttröpfchen als Auftriebshilfe durchaus denkbar. Möglicherweise waren sie leicht genug gebaut, um in der Wassersäule zu schweben. Aus der Zonierung bestimmter Taxa in Kontinentalschelf- und Abhangsedimenten lässt sich erkennen, dass verschiedene Graptolithenarten wahrscheinlich in unterschiedlichen Wassertiefen vom Oberflächenwasser bis in mehrere hundert Meter Tiefe gelebt haben.

Abb. 28-3: Beispiele für Graptolithina der Ordnung Graptoloidea; A: *Rhabdinopora*, B: *Anisograptus* (beide Unterordovizium); C, D: *Tetragraptus* (Unterordovizium), E, F: *Didymograptus* (Mittelordovizium); G: *Amplexograptus* (Mittel- bis Oberordovizium); H: *Geniculograptus* (Oberordovizium); I: *Monograptus turriculatus* (Unteres Silur); J: *Neogothograptus* (Oberes Silur); K: *Monograptus uniformis* (Unterdevon); Maßstab A, B: 5 mm; C: 0,5 mm, D: 2 mm, E: 1 cm, F, H: 1 mm, G: 5 mm, (kompiliert und modifiziert nach Maletz 2014 a, b, Wilson Wikipedia, Walsh Wikipedia, Kozłowska 2015).

Taphonomie: Das Skelett der Graptolithen besteht aus Scleroprotein und ist somit relativ leicht zersetzbar. Am besten erhalten sind sie deshalb in Schwarzschiefern, die im Ordovizium und Silur sehr weit verbreitet sind. Dort sind sie häufig die einzigen Fossilien.

Stratigraphie: Graptolithen sind als Planktonorganismen weit verbreitet und durchlaufen im Ordovizium, Silur und Unterdevon eine sehr dynamische evolutive Entwicklung.

Sie sind in diesem Zeitraum die wichtigsten Leitfossilien und erlauben eine sehr detaillierte stratigraphische Gliederung (Abb. 28-4). Die Stufen und Zonen des Ordoviziums und Silurs werden überwiegend mit Graptolithen definiert.

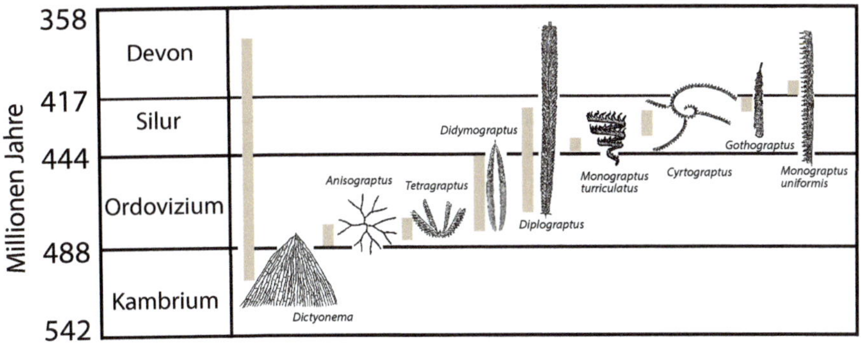

Abb. 28-4: Graptolithen sind die wichtigsten Leitfossilien im Zeitraum Ordovizium bis Unterdevon. Als Beispiele hierzu die stratigraphische Reichweite einiger leicht erkennbarer Gattungen und Arten.

Weiterführende Literatur

Barnes, R. D. (1987): Invertebrate Zoology.- 893 pp., Saunders.

Boardman, R. S. (1987 ed.): Fossil invertebrates.- 713 pp., Blackwell.

Clarkson, E. N. K. (1998): Invertebrate Palaeontology and Evolution.- 452, pp., Blackwell.

Lehmann, U. & Hilmer, G. (1997): Wirbellose der Vorzeit.- 304 S., Enke.

Ziegler, B. (1998): Einführung in die Paläontologie.- Spezielle Paläontologie II.- 666 S., Schweizerbart.

Zitierte Literatur

Cooper, R. A., Rigby, S. Loydell, D. K. & Bates, D. E. B. (2012): Palaeoecology of the Graptoloidea.- Earth-Science Reviews 112: 23–41.

Kozłowska, A.: (2015): Evolutionary history of the *Gothograptus* lineage of the Retiolitidae (Graptolithina).- Estonian Journal of Earth Sciences, 64: 56–61.

Kraft, J. & Kraft, P. (2000): Das Unterordovizium bei Pokycany, Tschechische Republik.- In: Meischner, D. (ed.): Europäische Fossillagerstätten, 24–27; Springer.

Maletz, J. & Kozłowska, A: (2013): Dendroid graptolites from the Lower Ordovician (Tremadocian) of the Yichang area, Hubei, China.- Paläontol Z 87: 445–454.

Maletz, J. (2014a): The classification of the Pterobranchia (Cephalodiscida and Graptolithina).- Bulletin of Geosciences 89: 477–540.

Maletz, J. (2014b): Hemichordata (Pterobranchia, Enteropneusta) and the fossil record.- Palaeogeography, Palaeoclimatology, Palaeoecology 398: 16–27.

Stamm Chordata (Chordatiere, Rückenseitentiere)

Stammübersicht

Die rezenten Chordata umfassen über 65 000 Arten und bestehen aus den Unterstämmen Tunicata (Urchordata oder Manteltiere), Cephalochordia (Acrania oder Schädellose) und Vertebrata (Craniata oder Wirbeltiere). Sie sind seit dem Unterkambrium nachgewiesen. Die gemeinsamen Merkmale sind die Chorda dorsalis und das Neuralrohr. Als **Chorda dorsalis** wird ein dorsal (rückenseitig) gelegener Stützstab aus Bindegewebe bezeichnet, der sich bei den Wirbeltieren zu einer mehr oder weniger stark verknöcherten Wirbelsäule entwickelt. Auch das **Neuralrohr** liegt dorsal. Es besteht aus einem Nervenstrang und entwickelt sich bei den Wirbeltieren zum Rückenmark. Der Verdauungstrakt liegt wie bei allen Deuterostomiern ventral (bauchseitig).

Ursprünglich hatten alle Chordatiere eine Larvalphase, die aber bei hochentwickelten Formen, den Amniota, zugunsten einer Embryonalentwicklung im Ei oder im Mutterleib modifiziert wurde. Während der Larvalphase und der frühen Embryonalphase wird ein Kiemendarm als Filtrierorgan entwickelt, bei dem die vordere Darmwand durch Kiemenspalten durchbrochen ist. Wasser wird durch den Mund aufgenommen; beim Wiederaustritt durch die Kiemenspalten werden die Schwebstoffe durch Wimpern zurückgehalten und dem Darm zugeführt.

Die Chordata sind ein sehr heterogener Stamm, bei dem sehr unterschiedliche Entwicklungshöhen erreicht wurden. Sie kommen in allen Lebensräumen vor. Als mutmaßlich älteste Chordata gelten Tunicata aus dem Neoproterozoikum vor 550 Mio. Jahren. Von manchen Autoren werden Ähnlichkeiten zu den Ediacara-Organismen vermutet.

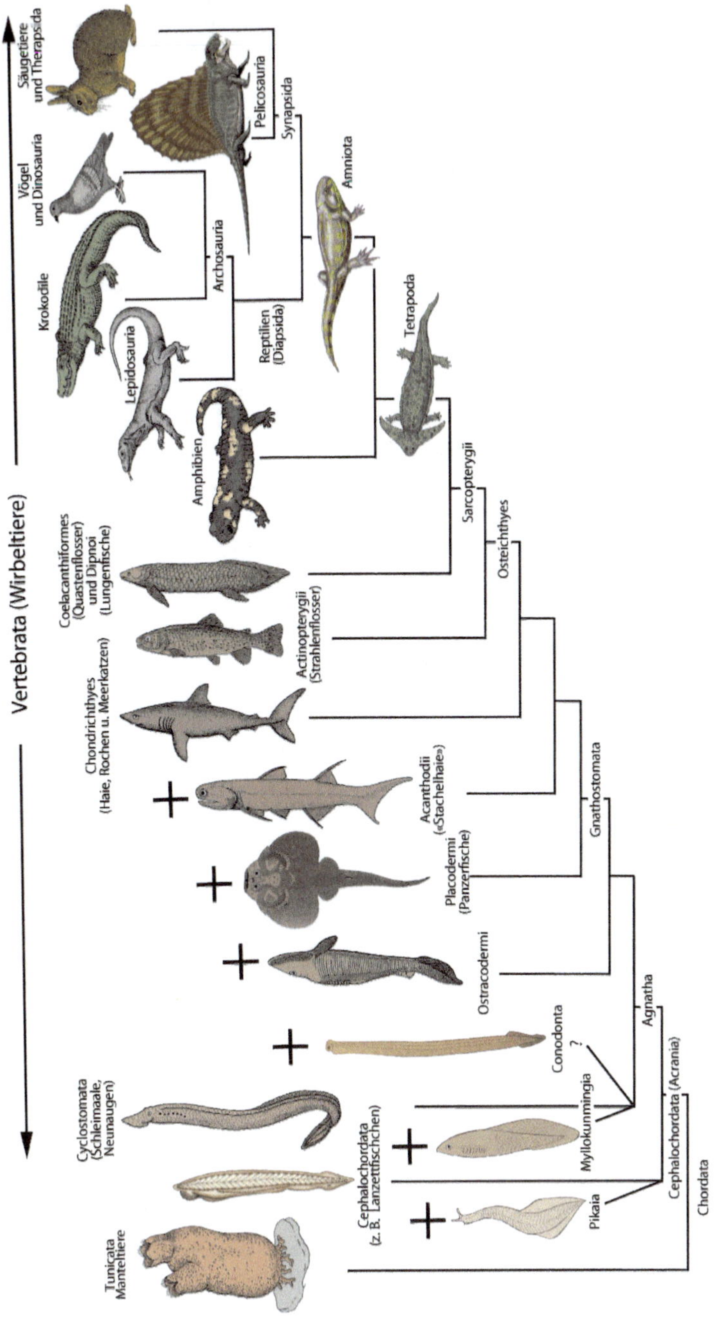

Abb. 29-1: Vereinfachter Stammbaum der Chordatiere. Mit + gekennzeichnete Taxa sind ausgestorben.

29 Tunicata, Cephalochordia und basale Vertebrata

29.1 Tunicata (Manteltiere)

Die Larvalstadien der Tunicaten zeigen eine Chorda, weshalb sie zu den Chordata gestellt werden. Tunicaten bestehen aus drei recht unterschiedlichen Klassen, die alle einen Kiemendarm als Filtrierorgan entwickelt haben. Die **Ascidiacea** (Seescheiden) sind sack- bis tonnenförmige, solitäre oder koloniale, benthisch lebende Organismen. Rezent gibt es etwa 2300 Arten, die meist nur wenige Zentimetern groß werden. **Salpen** sind freischwimmende Manteltiere, ebenfalls von nur wenigen Zentimeter Größe; auch sie kommen entweder solitär oder kolonial lebend vor. Die dritte Klasse, die **Larvacea,** ernährt sich ebenfalls filtrierend in den planktonreichen Oberflächenwässern der Ozeane. Auch sie werden maximal wenige Zentimeter lang. Fossile Tunicaten sind sehr selten, *Shankouclava* aus dem Maotianshan Shale (China) belegt ihre Existenz mindestens seit dem Kambrium.

29.2 Unterstamm Cephalochordia (Acrania, Schädellose)

Cephalochordia sind fischähnlich aussehende, nur wenige Zentimeter große Tiere, die heute noch durch wenige Arten mit der Typusgattung Lanzettfischchen *(Branchiostoma)* vertreten sind. Acrania haben weder einen Kopf noch Augen, Kiefer oder Zähne. Es gibt lediglich einen «Lochmund» mit Cirren. Der Darm ist als Kiemendarm mit Kiemenspalten entwickelt. An der Dorsalseite der Organismen ist ein Nervenstrang, (der dem Rückenmark der Wirbeltiere entspricht) und eine Chorda dorsalis (die als knorpeliger Stab der knöchernen Wirbelsäule der Wirbeltiere entspricht) vorhanden. Als älteste Vertreter gelten *Yunnanozoon* aus dem Maotianshan Shale (Unterkambrium) und *Pikaia* aus dem Burgess Shale (Mittelkambrium, Abb. 29-3). Bei den fossilen Vertretern sind die typischen, an der Chorda dorsalis verankerten V-förmigen Myomere (Muskelsegmente) an Rumpf und Schwanz gut erkennbar.

29.3 Unterstamm Vertebrata (Craniata, Wirbeltiere)

Heute kommen noch sechs Großgruppen (Klassen und Überklassen) der Wirbeltiere vor (Abb. 29-1), die Cyclostomata (Rundmäuler), die Chondrichthyes (Knorpelfische), die Osteichthyes (Knochenfische), die Amphibien, die Reptilien, die Aves (Vögel) und die Mammalia (Säugetiere). Dazu kommen noch die ausgestorbenen Ostracodermi, Placodermi (Panzerfische) und Acanthodii (Stachelhaie). Vertebrata kommen seit dem Kambrium vor.

Es gibt etwa 64 000 rezente Wirbeltierarten. Sie haben einen Schädel und eine Wirbelsäule, beide am Anfang der Entwicklung noch knorpelig ausgebildet, sowie ein Rückenmark. Das übrige Skelett ist je nach Organisationshöhe mehr oder weniger stark ausgeprägt. Aus dem Kiemendarm entwickeln sich richtige Kiemen mit verknorpelten Kiemenbögen, die für die Entwicklung der Kiefer von entscheidender Bedeutung sind. Die ursprünglichsten Formen haben keine Extremitäten, im Laufe der Zeit bilden sich aber zunehmend komplexere Flossen, später auch Beine und Flügel aus, die eine immer differenziertere Bewegungsbandbreite erlauben. Dazu ist es notwendig, dass die ursprünglich nur verknorpelten Strukturen aus Kollagen zunehmend Kalziumphosphatkristalle ($Ca_5(PO_4)_3(OH)$) einlagern und verknöchern. Zunächst verknöchert bevorzugt die Haut, z. B. bei den Ostracodermi und Placodermi. Später verknöchert die Chorda dorsalis als Wirbelsäule; auch andere interne Kollagenstrukturen bilden mit der Zeit zunehmend stabilere Knochen aus. Mit fortschreitender Evolution werden auch zahlreiche Sinnesorgane wie Augen, Gehör, Tast-, Geschmacks- und Geruchssinn entwickelt.

Wirbeltiere sind fast immer getrennt geschlechtlich. Sie vermehren sich, indem sie die Gameten in das Umgebungswasser abgeben, oder aber kopulativ. Ihre Entwicklung schließt häufig eine Larvalphase ein. Bei höher entwickelten Formen wird die Larvalphase entweder in ein Ei mit schützender Hülle verlagert oder sie sind vivipar (lebendgebärend).

29.4 «Fische»

Als «Fische» werden verschiedene, nur weitläufig miteinander verwandte Wirbeltiere mit Kiemen und Schädel zusammengefasst. Ihnen allen ist eine aquatische Lebensweise gemeinsam, sie bilden aber kein einheitliches Taxon, sondern eine paraphyletische Gruppe. Zu den Fischen zählen die Cyclostomata (Rundmäuler) inklusive der fossilen Conodonten und ebenfalls nur fossil bekannten Ostracodermen sowie die nur fossil bekannten Placodermi (Panzerfische) und Acanthodii (Stachelhaie). Weiterhin gehören die Chondrichthyes (Knorpelfische) und die Osteichthyes (Knochenfische) mit den Actinopterygii (Strahlenflossern) und den Sarcopterygii (Fleischflossern) dazu (Abb. 29-2).

29.4.1 Cyclostomata (Rundmäuler) und «Agnatha» (Kieferlose)

Die Überklasse Cyclostomata steht an der Basis der Wirbeltierentwicklung. Rezent sind nur noch wenige Arten der Myxini (Schleimaale) und der Hyperoartia (Neunaugen) bekannt. Sie zeigen einen langgestreckten, aalähnlichen Körperbau mit knorpeligem Innenskelett, der von einem dorsoventralen Flossensaum umgeben ist. Schuppen als Verstärkung der Außenhaut sowie paarige Flossen und ein Kiefer fehlen. Einfache Augen und ohrähnliche Strukturen sind entwickelt. Trotz des fehlenden Kiefers sind im Mund zahnähnliche Gebilde vorhanden, mit denen sie sich an Fischen festbeißen können, um dort parasitisch zu leben (Neunaugen). Schleimaale sind in der Lage, kleine Organismen zu fressen oder sich von Kadavern zu ernähren. Ihre Größe beträgt einige Dezimeter.

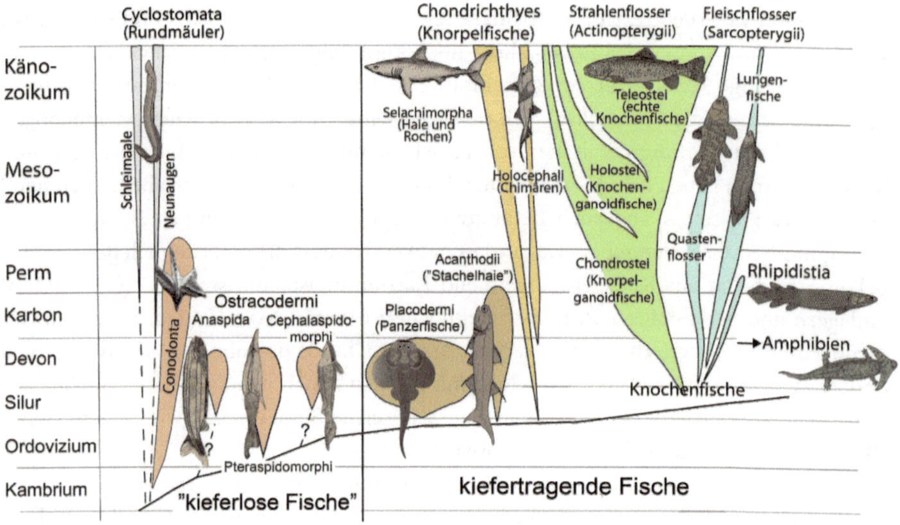

Abb. 29-2: Evolution der kieferlosen und kiefertragenden Fische im Phanerozoikum.

Im älteren Palöozoikum gibt es zahlreiche «kieferlose Fische», die als **«Agnatha»** zusammengefasst werden (Abb. 29-3 und 29-4), teilweise unter Einschluss der Cyclostomata. Sie sind vermutlich paraphyletisch und von recht variablem Aussehen. Mit *Haikouichthys* und *Myllokunmingia*, beide aus den Maotianshan Shale (China), sind bereits im Unterkambrium Vertreter der «Agnatha» bekannt. Für beide ist ein Kopf mit Augen nachgewiesen; vermutlich besaßen sie auch ein Hörvermögen. Die Klasse **Conodonta** (Abb. 29-3) gibt es ebenfalls seit dem Unteren Kambrium, ihre systematische Stellung ist umstritten, meist wird sie zu den «Agnatha» gestellt. In der Regel sind nur kleine (0,1–2 mm) zahnähnliche Gebilde zu finden, die aus Ca-Phosphat bestehen und entfernte Ähnlichkeiten mit den Zähnen höherer Wirbeltiere haben. Gelegentlich wurden Conodontentiere gefunden. Sie sind morphologisch ähnlich den rezenten Cyclostomata, aber nur wenige Zentimeter lang. Die meist paarigen zahnähnlichen Elemente waren in der Mundregion konzentriert und hatten, trotz des Fehlens eines Kiefers, möglicherweise die Funktion von Zähnen. Der langgestreckte Körper lässt Augen, eine Chorda dorsalis und V-förmige Myomere erkennen. Conodonten kommen vom Kambrium bis in die Obertrias vor und sind in diesem Zeitraum durchweg wichtige Leitfossilien.

Zu den «Agnatha» gehört auch die heterogene Gruppe der **Ostracodermi**, die im Paläozoikum vom Oberkambrium bis zum Oberdevon vorkommt. Ihr Charakteristikum ist ein Dermalskelett (Hautknochenpanzer), das meist am Kopf und im vorderen Rumpfbereich entwickelt ist. Der hintere Teil des Rumpfes und der Schwanz sind mit verknöcherten Schuppen bedeckt. Innere Skelettelemente sind nicht bekannt, sie bestanden wahrscheinlich aus Knorpel. Die Lebensweise der Ostracodermi war vermutlich bodenorientiert; ihr

Abb. 29-3: Cephalochordia, Cyclostomata und «Agnatha»; A: Cephalochordia, *Pikaia* (Mittelkambrium); B: Cyclostomata, *Myllokunmingia*, (Mittelkambrium); C: Conodontentier, D: Conodontenapparat; Maßstab A–C: 5 mm, D: 1 mm; (modifiziert und kompiliert nach Conway-Morris & Caron 2012, Shu et al. 1999 und Wikipedia).

Schwimmvermögen dürfte nicht sehr weit entwickelt gewesen sein. Sie ernährten sich mit ihrem saugfähigen Mund, indem sie kleine Beutetiere oder organischen Detritus verschluckten. Es sind über 500 Arten der Ostracodermi beschrieben, die Klassen Pteraspidomorphi und Anaspida sowie das ranglose Taxon Cephalaspidomorphi als wichtigste Gruppen sollen hier besprochen werden.

Die Klasse **Pteraspidomorphi** (Oberkambrium bis Oberdevon) bildete stark gepanzerte, teilweise bizarr aussehende Formen. Die Panzerung bestand im Kopfbereich aus großen Knochenplatten. Der Rest des Körpers war von knöchernen Schuppen bedeckt. Außer der Schwanzflosse waren keine weiteren Flossen entwickelt. Die Pteraspidomorphi waren artenreich und lebten in Schelfbereichen, Lagunen und Ästuaren, vermutlich auch im Süßwasser (z. B. *Pteraspis*, Oberes Silur und *Drepanaspis*, Unterdevon, Abb. 29-4).

Die Klasse **Anaspida** kommt vom Silur bis ins Oberdevon vor und zeigt gewisse Ähnlichkeiten zu den Hyperoartia (Neunaugen). Anaspida waren klein, mit fischähnlichen, spindelförmigen, seitlich abgeflachten Körpern. Bei ihnen fehlt der sonst typische Hautknochenpanzer an Kopf und Körper. Sie hatten außer der Schwanzflosse einen paarigen ventralen Flossensaum und z. T. eine Afterflosse. Beispiele sind *Pharyngolepis* und *Birkenia* (beide Oberes Silur, Abb. 29-4).

Die Vertreter der **Cephalaspidomorphi**, die die artenreiche Klasse **Osteostraci** enthalten, waren ebenfalls stark gepanzert und hatten große, abgeflachte Kopfschilde mit gut sichtbaren Augenöffnungen. Am Kopfschild waren weitere kleine Öffnungen vorhanden, die möglicherweise zu einem drucksensorischen Organ oder zu einem Geruchsorgan gehörten. Möglicherweise wurden auch beide Funktionen erfüllt. Cephalaspidomorphi besaßen als erste Wirbeltiere paarige Brustflossen. Der Mund war als Schlund entwickelt und lag auf der Unterseite. Sie lebten in Süßwasserseen und Deltas. Möglicherweise waren sie dank der Auftriebswirkung des Kopfschildes und der Brustflossen (z. B. *Hemicyclaspis*, Oberes Silur und *Cephalaspis*, Unterdevon) etwas bessere Schwimmer als andere Ostracodermi.

Abb. 29-4: Ostracodermi der Klassen Pteraspidomorphi, Anaspida, und Cephalaspidomorphi; A, B: Pteraspidomorphi, A: *Pteraspis* (Oberes Silur); B: *Drepanaspis* (Unterdevon); C, D: Anaspida, C: *Pharyngolepis*, D: *Birkenia* (beide Oberes Silur); E, F: Cephalaspidomorphi, E: *Hemicyclaspis* (Oberes Silur); F: *Cephalaspis* (Unterdevon); Maßstab 2 cm; (kompiliert und modifiziert nach Carroll 1988, Benton 2007 und Wikipedia).

30 Gnathostomata («kiefertragende Fische») und Amphibien

Der entscheidende Schritt für die weitere Entwicklung der Fische und der späteren Tetrapoda war die Bildung eines Kiefers, wodurch neue Ernährungsspektren erschlossen wurden, einschließlich der räuberischen Lebensweise. Gemäß der klassischen Theorie werden die ersten drei Kiemenbögen (eventuell auch nur der dritte) zu Ober- und Unterkiefer umgestaltet. Eine alternative Hypothese, abgeleitet aus der Embryonalentwicklung, postuliert eine Entstehung aus Zellen der Neuralleiste. Es ist unklar, ob Vorläufer der Cyclostomata oder eine Gruppe der «Agnatha» als Ausgangsgruppe der Gnathostomata infrage kommen. Sicher ist aber, dass ab dem Silur die ersten Gnathostomata auftreten. Zu ihnen gehören die noch recht ursprünglichen Placodermi (Panzerfische), die Chondrichthyes (Knorpelfische), die Acanthodii (Stachelhaie), die Osteichthyes (Strahlenflosser), die Sarcopterygii (Fleischflosser) und die Tetrapoda (Vierfüßer).

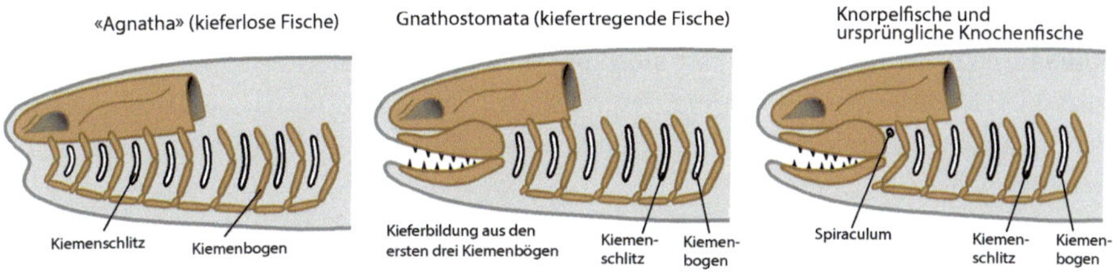

Abb. 30-1: Die Entstehung der Kiefer wird aus den verknorpelten ersten drei Kiemenbögen abgeleitet. Bei den Knorpelfischen und bei den ursprünglichen Knochenfischen ist noch ein Spiraculum (Spritzloch) als reliktischer Kiemenschlitz entwickelt. Es dient entweder zum Einsaugen des Atemwassers (Knorpelfische) oder als Hörorgan (ursprüngliche Knochenfische).

30.1 Placodermi (Panzerfische)

Die ersten Fische mit Kiefer zählen zu der Klasse **Placodermi,** die vom unteren Silur bis zum Ende des Devons vorkommen. Ähnlich wie bei den Ostracodermi war ihr Kopf- und Brustbereich von Hautknochenplatten bedeckt. Der hintere Teil des Körpers war meist mit kräftigen Schuppen überzogen. Das Innenskelett war knorpelig ausgebildet. Die Placodermi hatten zunächst nur eine Schwanzflosse und paarige Brustflossen. Mit der Zeit entwickelten sie auch paarige Bauchflossen, eine oder mehrere Rückenflossen und eine Afterflosse. Obwohl teilweise auch kleine Zähne ausbildet sind, wurde die Beißfunktion von Knochenplatten in Ober- und Unterkiefer übernommen. Die Placodermi waren sehr erfolgreich und lebten sowohl marin als auch in Süßwasserökosystemen. Ihr meist starrer

Knochenpanzer legt nahe, dass sie mehrheitlich eine bodenorientierte Lebensweise hatten. Vor einigen Jahren wurden bei zwei Gattungen ungeborene Embryonen im Mutterleib gefunden; sie gelten als ältester Nachweis für Viviparie. Zu den Placodermi werden 8–10 Ordnungen gestellt, von denen hier nur eine Auswahl vorgestellt wird (nämlich die Antiarchi, die Arthrodira und die Rhenanida).

Die bei Weitem umfangreichste Ordnung sind die **Arthrodira**. Die frühen Formen sind stark gepanzert, bei den späteren Arthrodira wurde der Knochenpanzer zurückgebildet. Diese Formen waren vermutlich auch nektonische Jäger (z. B. *Coccosteus*). Einige Arthrodira erreichten beachtliche Größen von etlichen Metern. *Duncleosteus* (Oberdevon, Abb. 30-2) war mit bis zu 7 m Länge der größte Räuber seiner Zeit. Andere ähnlich große Formen (z. B. *Titanichys*) waren vermutlich Filtrierer oder ernährten sich von Schwärmen kleiner Fische oder Krebse.

Die ebenfalls große Ordnung **Antiarchi** hatten durchweg einen schweren Knochenpanzer mit schmalen, spitz zulaufenden Brustflossen; Bauchflossen waren nicht entwickelt. Mit den Brustflossen bewegten sie sich möglicherweise pflügend durch das Substrat, um Beute aufzuscheuchen. Alternativ wird eine Ernährungsweise als Detritusfresser postuliert. Für manche Antiarchi (z. B. *Bothriolepis*) wird die Befähigung zur Lungenatmung diskutiert. Beispiele sind *Asterolepis* (Mitteldevon) und *Pterichthyodes* (Mitteldevon, Abb. 30-2).

Im Unterschied zu den meisten anderen Placodermi besteht der Panzer der Ordnung **Rhenanida** nicht aus großen verschmolzenen Knochenplatten, sondern aus vielen kleinen Plättchen. Die Rhenanida sind dorsoventral stark abgeflacht, wodurch sie ein Rochen-ähnliches Aussehen gehabt haben (z. B. *Gemuendina*, Unterdevon). Vermutlich sind sie die ursprünglichsten Placodermi.

Wie die Ostracodermi, so überlebten auch die Placodermi das Massenaussterben am Ende des Devons nicht.

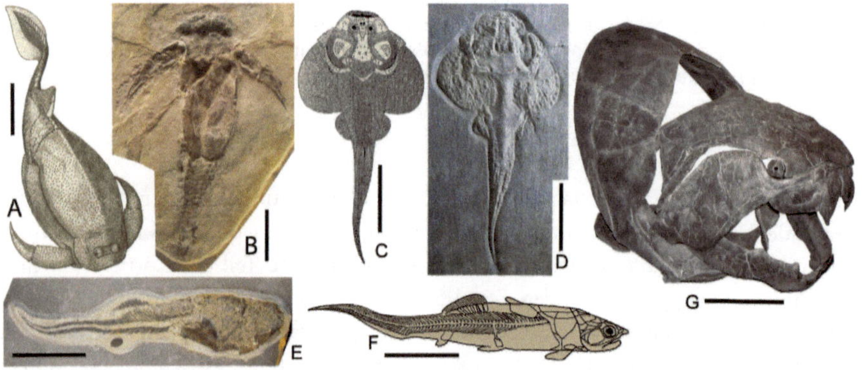

Abb. 30-2: Typische Vertreter der Placodermi; A, B: Antiarchi, A: *Asterolepis* (Mitteldevon); B: *Pterichthyodes* (Mitteldevon); C; D: Rhenanida, *Gemuendina* (Unterdevon); E–G: Arthrodira, E, F: *Coccosteus* (Mitteldevon); G: *Duncleosteus* (Oberdevon); Maßstab A: 20 cm, B: 4 cm, C–F: 10 cm, G: 50 cm; (kompiliert und modifiziert nach Janvier et al. 2003, Benton 2007 und Wikipedia).

30.2 Acanthodii (Stachelhaie)

Die Klasse Acanthodii kommt vom Oberordivizium bis in das untere Perm vor. Ihr Verbreitungsmaximum war das Devon. Acanthodii erinnern von ihrer Form entfernt an Haie. Ihr Körper ist mit kleinen rhombenförmigen Schuppen aus Dentin, einer knochenähnlichen Substanz, bedeckt. Der Schädel und der Schultergürtel sind teilweise verknöchert, während die Wirbelsäule und weitere Teile des Innenskeletts lediglich knorpelig ausgebildet waren. Acanthodii waren überwiegend kleine, schlanke Fische von wenigen Dezimetern Körperlänge; die größten Vertreter erreichten etwa zwei Meter. Sie hatten zahlreiche Flossen ausgebildet. Neben den Brust- und Bauchflossen waren eine Afterflosse und ein bis zwei Rückenflossen vorhanden. Bei den frühen Formen treten zusätzlich ventral bis zu sechs Paar Intermediärflossen auf. An der Vorderkante der Flossen waren Stacheln entwickelt, die zum Namen «Stachelhaie» führten. Für die Ordnung **Ischnacanthiformes** sind Zähne nachgewiesen, vermutlich lebten sie räuberisch (z. B. *Ischnacanthus* Abb. 30-3 C). Die Ordnungen **Acanthodiformes** und **Climatiiformes** hatten entweder keine Zähne oder sie waren nicht mit dem Kiefer verwachsen. Für diese Formen wird eine filtrierende Ernährungsweise diskutiert (z. B. *Cheiracanthus* und *Diplacanthus*). Ihr Lebensraum reichte vom offenen Ozean über den küstennahen Schelf bis in Süßwasserbereiche. Die Stellung der Acanthodii in der Evolution der Wirbeltiere ist umstritten. Teilweise werden sie als Vorläufer der Chondrichthyes (Knorpelfische), teilweise als Vorläufer der Osteichthyes (Knochenfische) gesehen. In einer weiteren Hypothese werden die Acanthodiformes und Climatiiformes als Vorläufer der Knorpelfische und die Ischnacanthiformes als Vorläufer der Knochenfische interpretiert.

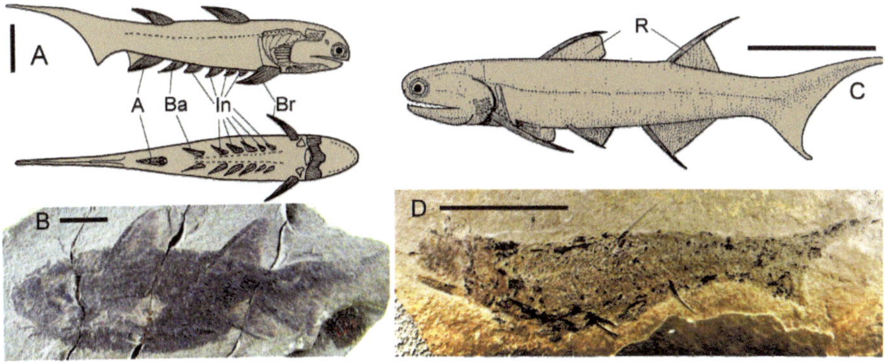

Abb. 30-3: Beispiele für Acanthodii aus dem Devon (Br: Brustflossen, Ba: Bauchflossen, In: Intermediärflossen, A: Afterflosse; R: Rückenflossen). A, B: Climatiiformes, A: *Climatius* (Unterdevon); B: *Diplacanthus* (Mitteldevon); C: Ischnacanthiformes, *Ischnacanthus* (Unterdevon); D: Acanthodiformes, *Cheiracanthus* (Devon); Maßstab A: 1 cm, B, D: 5 cm, C: 50 cm; (modifiziert und kompiliert aus Benton 2007, Carrol 1988 und Wikipedia).

30.3 Chondrichthyes (Knorpelfische)

Die Klasse der Knorpelfische ist seit dem Unteren Silur, möglicherweise sogar seit dem Oberordovizium bekannt. Zu den heutigen Vertretern gehören die Haie, Rochen und Seekatzen mit etwa 1200 rezenten Arten. Die meisten Chondrichthyes besitzen ein paariges Spritzloch (Spiraculum) als Relikt einer Kiemenspalte (Abb. 30-1). Es dient der Aufnahme des Atemwassers, welches durch die Kiemen wieder abgeleitet wird. Weiterhin haben sie gut entwickelte Kiefer mit Zähnen, die ständig erneuert werden. Ihr Innenskelett ist überwiegend knorpelig ausgebildet, wird aber durch Mineraleinlagerung verstärkt. Bei rezenten Formen ist der Körper von winzigen zähnchenförmigen Schuppen aus Dentin bedeckt, die bei den Rochen und Seekatzen teilweise auch reduziert sind. Die Zähne des Kiefers sind modifizierte Schuppen. Fossil erhalten sind in der Regel nur die stark mineralisierten Zähne, Kiefer und die Wirbelsäule. Die silurischen Chondrichthyes sind nur durch Schuppen und Zähne belegt. Mineralisierte Knorpel sind seit dem Unterdevon bekannt. Gut dokumentierte Formen gibt es seit dem Oberdevon (z. B. *Cladoselache* Abb. 30-4 A). Bereits die frühen Knorpelfische lassen die typische Stromlinienform der Haie erkennen. Sie waren, wie die heutigen Vertreter, wahrscheinlich gute Schwimmer. Die Vermehrung der heutigen Chondrichthyes ist kopulativ. Teilweise legen sie große dotterreiche Eier, viele sind lebendgebärend. Bei den frühen Formen fehlt das Fortpflanzungsorgan (Klasper) der männlichen Tiere. Möglicherweise gab es hier noch eine externe Befruchtung. Haie haben keine Schwimmblase, ihr geringes spezifisches Gewicht aufgrund der Knorpel statt Knochen und die große ölhaltige Leber sowie die tragflächenartigen Brustflossen sorgen für den Auftrieb (siehe Abb. 6-3 und 6-4). Die meisten Chondrichthyes leben marin; manche Formen bewegen und bewegten sich auch in Brack- und Süßwasserbereichen. Sie sind fast alle carnivor. Viele Haie sind aktive Jäger, z. T. als Spitzenprädatoren. Ihre Beute sind überwiegend Knochenfische. Etliche Haie und Rochen ernähren sich von Krebsen und Mollusken. Haie werden relativ groß, im Durchschnitt sind sie größer als die Knochenfische.

Die Chondrichthyes werden in die Unterklassen Elasmobranchii (Haie und Rochen) und in die Holocephali (Seekatzen) untergliedert. Die **Holocephali** waren im Karbon und Perm relativ häufig und den Elasmobranchii noch recht ähnlich. Fossile Reste bestehen überwiegend aus Zähnen und Zahnplatten. Am Ende des Perms sind sie nahezu ausgestorben. In der Trias fehlen die Holocephali fast vollständig, erst in der Obersten Trias treten die Vorläufer der heutigen Formen auf (z. B. *Ischyodus*, Mitteljura, Abb. 30-4 E). Sie sind aber generell wesentlich seltener als die modernen Elasmobranchii.

Die Unterklasse **Elasmobranchii** radiierte im Devon und Karbon und trat mit zahlreichen Formen auf (Abb. 30-4 und 30-5). Viele davon sterben in Perm und Trias wieder aus. Nur die Hybodonthoidea überlebten bis zur Kreide/Paläogen-Grenze. Vermutlich entwickelten sich aus diesen im Verlauf des unteren Mesozoikums die Neoselachii, die eine zweite Radiationsphase seit der Kreide durchlaufen und aus den Überordnungen Selachimorpha (Haie) und den Batoidea (Rochen) bestehen. Die **Selachimorpha** behalten

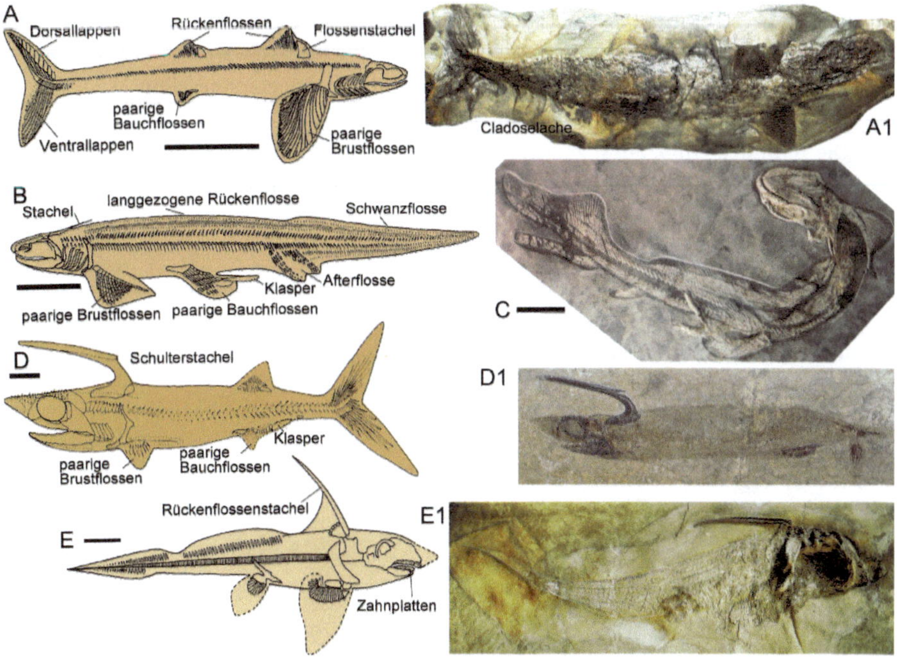

Abb. 30-4: Beispiele der Elasmobranchii aus dem Paläozoikum (A–D) und der Holocephali (E). A, A1: *Cladoselache*, Oberdevon; B: *Xenacanthus* (Unteres Perm); C: *Orthacanthus* (Unteres Perm); D, D1: *Falcatus* (Unterkarbon); E, E1: *Ischyodus* (Mitteljura); Maßstab A–D: 10 cm, E: 2 cm; (kompiliert und modifiziert aus Benton 2007, Carrol 1988 und Wikipedia).

Abb. 30-5 Beispiele meso- und känozoischer Selachimorpha. A: Carchariniformes (Grundhaie), *Galeocerdo* (Eozän), B: Lamniformes (Makrelenhaie), B: *Carcharodon (Carcharocles) megalodon* (Neogen), B1: Kiefer von *C. megalodon* (Neogen), B2: Zahn von *C. megalodon*; C: *Palaeocarcharias* (Oberjura); Maßstab A: Länge bis 5 m; B: Länge bis 10 m (möglicherweise bis 18 m); B1: Innenweite bis 2 m; B2: Länge bis 16 cm; C: 80 cm; (kompiliert und modifiziert aus Pimiento et al. 2010, Benton 2007 und Wikipedia).

die typische Körperform der Haie bei. Sie bilden z. T. sehr große räuberische Formen aus; *Cretoxyrhina* aus der Oberkreide erreichte 7 m, *Carcharodon* (*Carcharocles*) aus dem Neogen wird aus den unvollständigen Funden bis auf 18 m hochgerechnet. Eine ähnliche Größe erreicht auch der rezente planktonfressende Walhai.

Die **Batoidea** (Abb. 30-6) zeigen mit ihren stark abgeplatteten Körpern und den vergrößerten Brustflossen eine deutlich abgewandelte Form. Augen und Spritzloch sind auf die Körperoberseite gewandert. Die Brustflossen sind von Knorpelsträngen durchzogen und schließen teilweise den Kopf mit ein (z. B. *Heliobatis*, Eozän, Abb. 30-6 C). Viele Rochen haben sich an eine bodenorientierte Lebensweise angepasst und ernähren sich von schalentragenden Organismen (Muscheln, Schnecken, Krebsen und Seeigeln). Die großen Mantarochen (bis 9 m) ernähren sich von Plankton. Sägerochen haben am Kopf ein mit Zähnen besetztes Rostrum entwickelt.

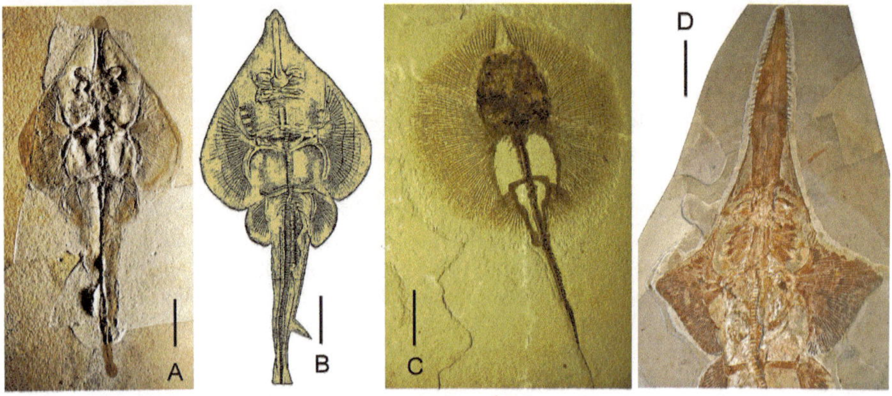

Abb. 30-6: Beispiele meso- und känozoischer Batoidea. A: *Asterodemus* (Oberjura); B: *Spathobatis* (Oberjura); C: *Heliobatis* (Eozän); D: *Libanopristis* (Sägerochen) Oberkreide; Maßstab A–C: 5 cm; D: 10 cm; (kompiliert und modifiziert aus Carrol 1988 und Wikipedia).

30.4 Osteichthyes (Knochenfische)

Die Überklasse der Knochenfische gibt es seit dem Oberen Silur. Die Arten dieser Überklasse unterscheiden sich von den Knorpelfischen dadurch, dass ihr Skelett teilweise oder vollständig verknöchert ist. Sie bestehen aus den Klassen Actinopterygii (Strahlenflossern) und Sarcopterygii (Fleischflossern). An der Basis der Knochenfische steht möglicherweise *Psarolepis*, der Merkmale von beiden Gruppen zeigt, aber auch noch Merkmalsrelikte der Placodermi und der Acanthodii aufweist. Die systematische Zuordnung von *Psarolepis* ist aber umstritten. Die Actinopterygii sind die heute bei Weitem erfolgreichste Fischgruppe, während die Sarcopterygii heute nur noch mit wenigen Arten vertreten sind. Ihre Bedeutung liegt im Wesentlichen darin, dass sie die Ausgangsgruppe der Landwirbeltiere sind.

30.4.1 Actinopterygii (Strahlenflosser)

Die Klasse der Strahlenflosser ist seit dem Oberen Silur bekannt; sie stellt heute etwa 30 000 Arten. Sie sind damit die bei Weitem größte Klasse der Chordata. Ihr charakteristisches Merkmal sind die aus dünnen Knochenstrahlen aufgebauten Flossen. Am Anfang der Entwicklung stehen *Cheirolepis* (Abb. 30-7 A) und verwandte Formen aus dem Mitteldevon. *Cheirolepis* war von kleinen, starren und verknöcherten Ganoidschuppen überzogen, die durch Häkchen gelenkig verbunden waren. Der Schädel hatte große Augenhöhlen und war stark verknöchert. Im Kiefer waren zahlreiche spitze Zähne vorhanden. *Cheirolepis* war vermutlich ein flinker Räuber. Noch im Devon beginnt eine erste Radiationsphase der Strahlenflosser. Diese ursprünglichen Actinopterygii sind eine heterogene, paraphyletische Gruppe, die oft als Unterklasse **Chondrostei** (Knorpelganoidfische oder Palaeopterygii) zusammengefasst werden. Ihre Hauptverbreitungszeit reicht vom Devon bis in die Trias. Sie zeichnen sich durch starre Ganoidschuppen und ein nur schwach verknöchertes Innenskelett aus. Die Wirbelsäule erstreckt sich in den oberen Lappen der Schwanzflosse, dadurch ist ihre Schwanzflosse oft asymmetrisch. Rezent gehören zu dieser Gruppe nur noch die Flösselhechte und die Störartigen.

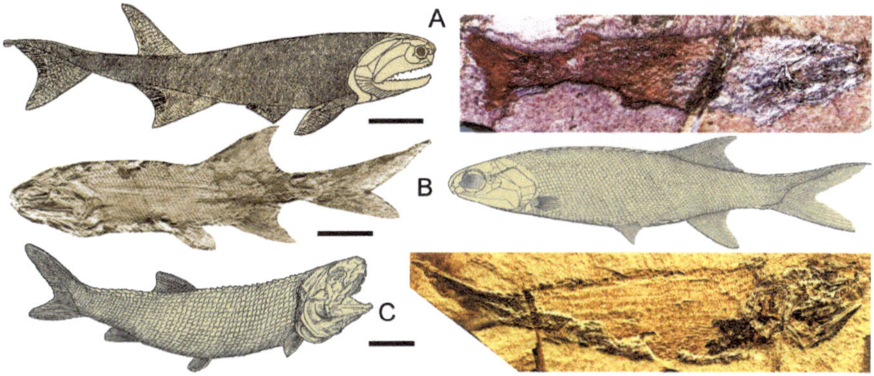

Abb. 30-7: Beispiele für ursprüngliche Actinopterygii (Unterklasse Chondrostei). A: *Cheirolepis* (Mitteldevon); B: *Kalops* (Unterkarbon); C: *Palaeoniscus* (Perm); Maßstab 3 cm; (kompiliert und modifiziert aus Benton 2007, Popin & Lund 2002, Brinkmann 1991 und Wikipedia).

In einer zweiten Radiationsphase im Zeitraum Perm bis Jura entstand die Unterklasse **Neopterygii**. Zu ihnen gehören die rezenten Knochenhechte (Lepisosteidae) und Schlammfische (Amiiformes), die als Infraklasse **Holostei** (Knochenganoidschupper) zusammengefasst werden, sowie die große Gruppe der Teleostei (siehe unten). Zu den Holostei zählen auch zahlreiche weitere mesozoische Gruppen (z. B. Semionotiformes und Macrosemiformes). Ihr Innenskelett besteht nun aus Knochen. Die Wirbelsäule reicht nur noch teilweise in den oberen Lappen der Schwanzflosse, die nun häufig symmetrisch ausgebildet ist. Im Laufe ihrer Entwicklung wurden bei vielen Gruppen die Schuppen dünner.

Statt der starren Ganoidschuppen wurden vermehrt rundliche, flexible Schuppen (Elasmoidschuppen) ausgebildet, die überlappend angeordnet waren. Ähnlich wie die Chondrostei waren auch die Holostei eine formenreiche aber paraphyletische Gruppe, die im Mesozoikum marine Ökosysteme und das Süßwasser bevölkerten. Die meisten Formen lebten räuberisch, manche waren auf schalentragende Organismen (Muscheln, Schnecken, Krebse und Seeigel) als Nahrung spezialisiert (z. B. *Proscinetes*). Ihr Gebiss bestand aus abgeplatteten Pflasterzähnen. Im Übergang zu den Teleostei stehen die Aspidorhynchiformes (*Aspidorhynchus*, Oberjura Abb. 30-8 D).

Abb. 30-8: Beispiele mesozoischer Holostei. A, B: Semionotiformes, A, A1: *Lepidotes* (Unterjura), B, B1: *Semionotus* (Oberjura), C, C1: Macrosemiidae, *Proscinetes* (Oberjura); D, D1: Aspidorhynchiformes, *Aspidorhynchus* (Oberjura); Maßstab: A: 10 cm, B, C: 4 cm, D: 5 cm; (kompiliert und modifiziert aus Oschmann 2000, McCune 2001, Benton 2007, Viohl 2000 und Wikipedia).

Zur Infraklasse **Teleostei** (echte Knochenfische) werden die überwiegende Mehrzahl der Actinopterygii gestellt. Sie entstanden in einer dritten Radiationsphase, die vom Jura bis heute andauert. Alle Teleostei haben überlappende Elasmoidschuppen. Ihre Wirbelsäule endet vor der Schwanzflosse, die nun von symmetrischen Knochenstrahlen durchzogen wird. Deshalb ist die Schwanzflosse nun meistens symmetrisch ausgebildet. Die Teleostei werden in etwa 40 Ordnungen unterteilt, die hier nicht im Detail dargestellt werden können.

Zu den ursprünglichen Teleostei gehören die Überordnung Elopomorpha (Aalartige) mit *Anaethalion* als fossilem Vertreter aus der Unterkreide, und die Überordnung Osteoglossomorpha, die rezent nur noch mit wenigen Arten vorkommt. Bekannte fossile Vertreter sind die nur wenige Zentimeter große Gattung *Leptolepis* (Oberjura) und der große Raubfisch (bis 6 m) *Xiphactinus* (Oberkreide, Abb. 30-9).

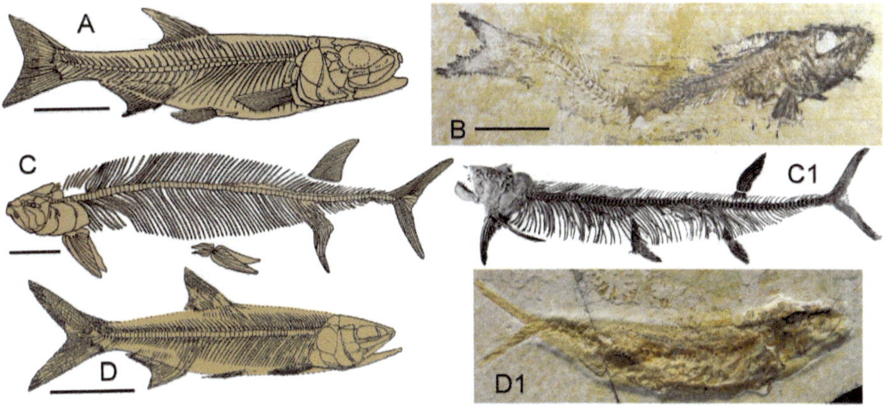

Abb. 30-9 Beispiele ursprüngliche Teleostei; A, B: Osteoglossomorpha, A: *Varasichthys*, B: *Leptolepis* (Oberjura); C, C1: *Xiphactinus*, D, D1: Elopomorpha, *Anaethalion* (Unterkreide); Maßstab A, B, D: 2 cm, C: 50 cm; (kompiliert und modifiziert aus Benton 2007, Carrol 1988 und Wikipedia).

Abb. 30-10: Beispiele ursprünglicher Teleostei der Otocephalia (A–C) und Eutheleostei (D) und Neoteleostei (E–F); A: Clupei, *Knightia* (Eozän); B, C: Karpfenartige B: *Amyzon*, C: *Jianghanichthys* (beide Eozän); D: Lachsartige, *Eurypholis* (Oberkreide); E: *Aipichthys*, F: *Perycopis* (beide Oberkreide); Maßstab A, D: 2 cm; B, C, F: 5 cm; E: 1 cm; (kompiliert und modifiziert aus Benton 2007, Carrol 1988 und Wikipedia).

Als Otocephalia (oder Ostarioclupeomorpha) werden verschiedene Ordnungen der Teleostei zusammengefasst, die z. B. die Heringsartigen (Clupei, z. B. *Knightia* aus dem Eozän) und die Ostariophysi (Karpfen-, Wels- und Salmlerartige, z. B. *Amyzon* und *Jianghanichthys*, Eozän) beinhalten. Die Eutheleostei (oder Euteleostheomorpha) setzen sich aus den Lepidogalaxii (Salamanderfischartigen), den Protacanthopterygii (Lachs- und Hechtartige, z. B. *Eurypholis*, Oberkreide), Stomiati (Stintartige und Maulstachler) und den Neoteleostei zusammen (Abb. 30-10).

Die Neoteleostei bestehen aus etwa 16 000 rezenten Arten. Sie bilden damit ebenso viele Arten wie alle anderen Actinopterygii zusammen. Sie sind sehr vielgestaltig und haben alle aquatischen Lebensräume erobert. Ihre Elasmoidschuppen haben einen kammartig gezahnten Hinterrand (Ctenoidschuppe). Als Beispiele seien hier *Aipichthys* und *Perycopis* (beide Oberkreide) genannt (Abb. 30-10 E und F).

30.4.2 Sarcopterygii (Fleischflosser)

Die Klasse der Fleischflosser hat, wie ihr Name sagt, fleischige, muskulöse Flossen mit einem knöchernen Innenskelett. Ihr Schädel war durch ein Gelenk zweigeteilt. Der vordere Teil wurde beim Öffnen des Mauls nach oben bewegt. Ähnlich wie bei den frühen Strahlenflossern (Chondrostei) war ihr Körper zunächst mit starren Rhomboidschuppen bedeckt, die aber im Laufe der Entwicklung zu Elasmoidschuppen umgewandelt oder ganz reduziert wurden. Rezent gibt es nur noch acht Arten, die in zwei Unterklassen zusammengefasst werden: die Actinista mit den Coelacanthimorpha (Quastenflosser) und die Dipnoi (Lungenfische). Im Devon und Karbon radiierten die Sarcopterygii und bildeten diverse Formen aus. Zu diesem Formenkreis gehören auch die Rhipidistia, die als Schwestergruppe der Quastenflosser und als Ausgangsgruppe der Lungenfische und Landwirbeltiere gesehen werden. Insgesamt erreichten die Sarcopterygii aber nie die Vielfalt der Actinopterygii. Im Mesozoikum und Känozoikum sinkt ihre Diversität bis auf die heutigen Reliktformen.

Die Unterklasse **Actinista** besteht heute nur aus der Ordnung Coelacanthimorpha (Quastenflosser). Fossile Actinista sind seit dem Devon bekannt, allerdings endet ihr Fossilbericht mit der Oberkreide. Deshalb galten die Quastenflosser lange als ausgestorben. Erst 1932 und 1997 wurden die beiden heute noch lebenden Arten von *Latimeria* entdeckt. Fossile Vertreter sind vor allem aus dem jüngeren Paläozoikum (Devon bis Perm) und aus dem älteren Mesozoikum (Trias und Jura) bekannt. Die Entwicklung der Quastenflosser verläuft sehr konservativ. Die rezente *Latimeria* sieht den mesozoischen und paläozoischen Formen sehr ähnlich (Abb. 30-11). Fossile Actinista lebten vermutlich, wie die rezente *Latimeria*, räuberisch; sie sind sowohl aus marinen als auch aus Süßwasserablagerungen bekannt.

Abb. 30-11: Beispiele rezenter und fossiler Actinista; A: *Latimeria* (rezent); B: *Coccoderma* (Oberjura); C: *Osteopleurus* (Trias); D: *Cardiosuctor* (Unterkarbon); Maßstab A: 10 cm, B: 5 cm, C: 1 cm, D: 2 cm; (kompiliert und modifiziert aus Benton 2007, Carrol 1988 und Wikipedia).

Die **Rhipidistia** (oder Dipnotetrapodomorpha, Abb. 30-12) sind ein Taxon, welches im weiteren Sinne die Dipnoi (Lungenfische) und die Tetrapoda einschließt. Im engeren Sinne sind es fossile Sarcopterygii, die vom Devon bis in das Perm in marinen und in Süßwasserökosystemen lebten. Innerhalb der Rhipidista werden die Dipnomorpha und Tetrapodomorpha unterschieden. Aus den **Dipnomorpha** entwickelten sich die Lungenfische, die rezent noch mit sechs Süßwasserarten vorkommen, welche auf den heute isolierten Kontinenten Südamerika, Afrika und Australien leben. Sie sind ein Beleg für die Existenz des ehemaligen Kontinents Gondwana (Abb. 8-4 B). Die heutigen Lungenfische haben sowohl Kiemen als auch Lungen und können so auch in sauerstoffarmen Gewässern überleben. Der Afrikanische Lungenfisch ist sogar in der Lage, vergraben im Schlamm ausgetrockneter Gewässer Trockenzeiten zu überdauern.

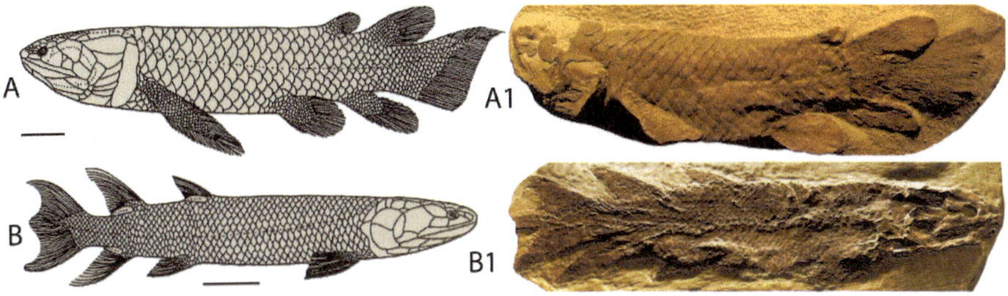

Abb. 30-12: Beispiele fossiler Rhipidistia; A, B: Dipnomorpha, *Holoptychius* (Devon); C, D: Tetrapodomorpha, *Eustenopteron* (Oberdevon), A: 4 cm, B: 10 cm; (kompiliert und modifiziert aus Benton 2007, Carrol 1988 und Wikipedia).

Als **Tetrapodomorpha** werden die Wirbeltiere mit vier Extremitäten (Amphibien, Reptilien, Säugetiere und Vögel) und ihre unmittelbaren Vorläufer zusammengefasst. Im Oberdevon entwickelten sich aus den basalen Tetrapodomorpha über etliche Zwischenschritte die ersten Amphibien (Abb. 30-13 und Abb. 30-15). Tetrapodomorpha wie *Eustenopteron* waren neben der Kiemenatmung auch zur Luftatmung fähig. Ihre Brust- und Bauchflossen hatten bereits einen Skelettaufbau, der dem der Tetrapoden ähnlich war (siehe Kap. 6 Abb. 6-10). Eine weitere Gemeinsamkeit sind die lamellenartig verfalteten Schmelzeinlagerungen der Zähne (labyrinthodonte Zähne).

30.5 Basale Tetrapoda (Landwirbeltiere) und Amphibien

Tetrapoda sind primär landlebende Wirbeltiere mit vier Extremitäten, die ihnen eine zunächst kriechende, später auch eine schnelle Fortbewegung und sogar das Fliegen erlaubten. Sie schließen die vier Klassen Amphibien, Reptilien, Säugetiere und Vögel ein. Die Aufzählung entspricht der Reihenfolge ihrer Entstehung.

Die **ersten Landwirbeltiere** treten im Oberdevon auf. Älteste Funde aus dem Übergangsbereich Fleischflosser/Amphibien stammen aus Ostgrönland, Ellesmere Island, den USA, Schottland, Lettland und Russland; also alle von dem ehemaligen Kontinent Laurussia. Die Form *Tiktaalik* vermittelt zwischen den Rhipidistia und den Amphibien. *Acanthostega* und *Ichthyostega* zählen bereits zu den Tetrapoda (Abb. 30-13 und 30-14). Sie gelten als klassische Beispiele für Mosaikformen (evolutionäre Bindeglieder), die Merkmale der Sarcopterygii und der Amphibien zeigen. Amphibien-ähnlich sind der Extremitätenbau und die Extremitätenanzahl (vier). Fischmerkmale betreffen den Zahnaufbau (labyrinthodont, wie bei den Rhipidistia), die Schädelstruktur (ohne verwachsenes Gaumendach und Schädelbasis) und ein fischartiger Schwanz. Die Atmung erfolgte wahrscheinlich wie bei den heutigen Amphibien über die Schleimhaut der Körperoberfläche und der Mundhöhle sowie über die Lunge. Die Lungenatmung hat wahrscheinlich bereits bei den Rhipidistia begonnen. Da noch kein geschlossener Brustkorb mit Muskulatur ausgebildet war, handelte es sich, wahrscheinlich ähnlich wie bei den heutigen Amphibien, um eine Schluckatmung, bei der Luft durch Schlucken in die Lunge gepresst wird.

Vermutlich gab es mehrere Auslöser für den Landgang der ersten Amphibien. Die tetrapodomorphen Rhipidistia lebten in Süßwasserbereichen, die immer wieder vom Austrocknen bedroht waren. Möglicherweise verließen sie einen ausgetrockneten Tümpel auf der Suche nach einem anderen, der noch ausreichend Wasser führte. Ein ähnliches Verhalten zeigen auch manche heutige Fische. Ein weiterer Grund für die Landbesiedlung war vermutlich ein ungenutztes Nahrungsangebot in einem großen, nur von Arthropoden besiedelten Ökosystem, in dem (zunächst) kein Räuberdruck herrschte.

30.5.1 Amphibia

Die Amphibien sind im paläontologischen Sinn kein Monophylum, da sich aus ihnen die höheren Wirbeltiere entwickelt haben und der Begriff somit Reptilien, Vögel und Säugetiere mit einschließt. Deshalb werden die rezenten Amphibien abgetrennt und auch als Unterklasse Lissamphibia bezeichnet. Die fossilen Amphibien werden in die Temnospondyli und Lepospondyli unterteilt, die teilweise als Unterklassen und teilweise als Ordnungen angesehen werden.

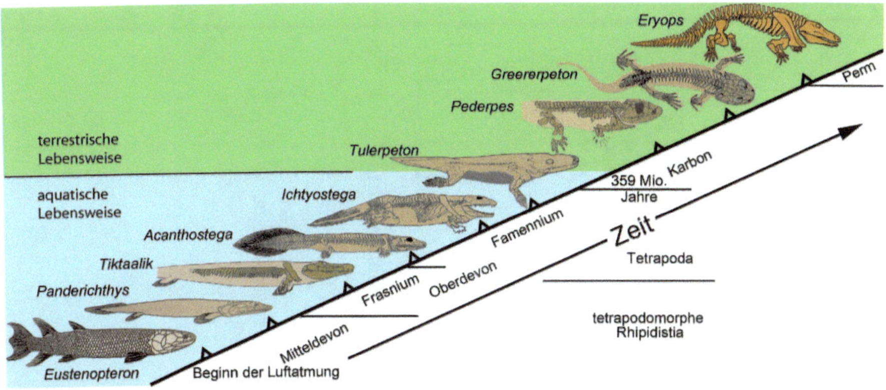

Abb. 30-13: Der Übergang von den tetrapodomorphen Rhipidistia zu den Amphibien (frühe Tetrapoda) in den durch Fossilfunde belegten Schritten. *Tiktaalik* wird derzeit als die Übergangsform angesehen. Von *Eusthenopteron* zu *Panderichtys* wurde die Flossenzahl (ohne Schwanzflosse) auf vier reduziert. Die Flossen waren aber noch «fischähnlich». Bei *Tiktaalik* ist der Schultergürtel bereits weitgehend ausgebildet. Ab *Acanthostega* sind Finger vorhanden und der Beckengürtel ist entwickelt. *Ichthyostega* zeigt längere Extremitäten, ab *Tulerpeton* ist die Anpassung an die Fortbewegung auf dem Festland weitgehend abgeschlossen. Bis einschließlich *Ichthyostega* wird eine bevorzugt aquatische Lebensweise angenommen (modifiziert nach Clack 2009).

Temnospondyli

Die Temnospondyli (Abb. 30-14 und 30-16) treten vom Unterkarbon bis in die Unterkreide auf. Es sind etwa 300 fossile Arten dokumentiert. Sie haben ein Salamander-ähnliches Aussehen und wurden z. T. sehr groß (bis 7 m Länge). Ihre Lebensweise war überwiegend aquatisch bis semiaquatisch in Flüssen, Seen und Sumpflandschaften, z. B. *Sclerocephalus* und *Eryops* aus dem Oberkarbon und Perm (Abb. 30-16). Wahrscheinlich ernährten sie sich von Fischen. Die meisten Temnospondyli sind an der Perm/Trias-Grenze ausgestorben. Nur die Capitosauria und die Trematosauria überlebten das Massenaussterben und bildeten im Mesozoikum z. T. sehr große aquatisch lebende Formen mit einer Krokodil-ähnlichen Lebensweise, z. B. *Mastodonsaurus* aus der Trias. Vermutlich führte die Konkurrenz zu den besser adaptierten Krokodilen zu ihrem Aussterben in der Unterkreide.

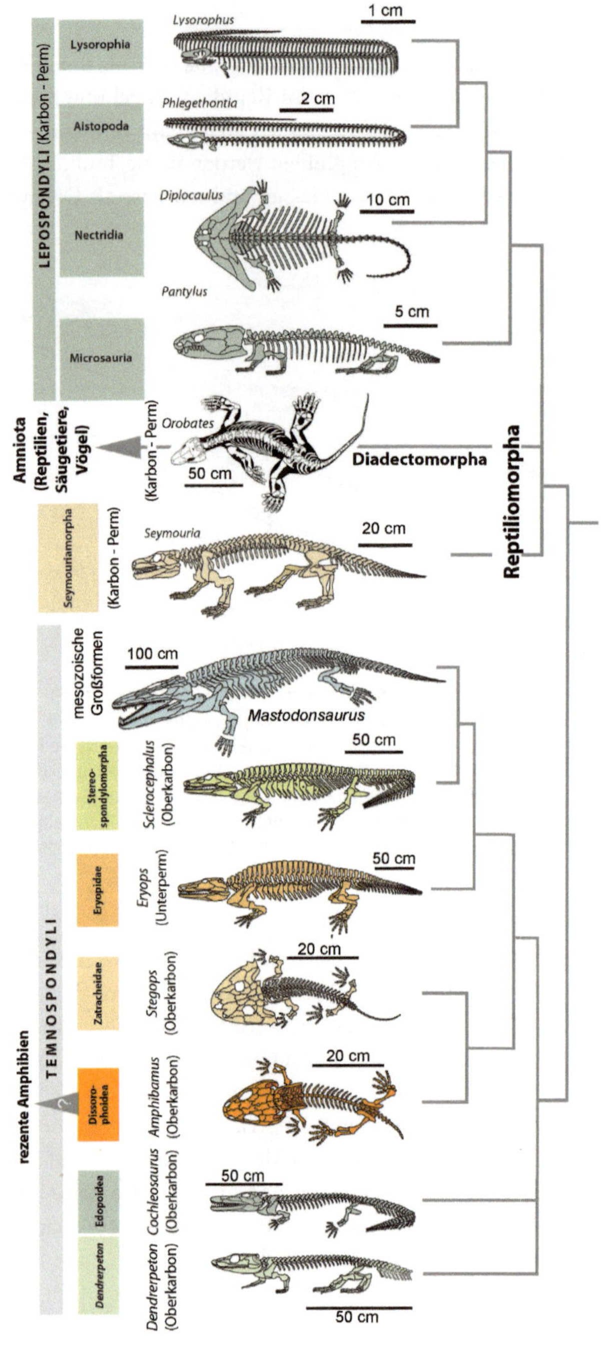

Abb. 30-14: Der vereinfachte Stammbaum der karbonischen und permischen Amphibien zeigt die rasche Diversifizierung in verschiedene Gruppen (siehe Text); (kompiliert aus Schoch 2009, 2010).

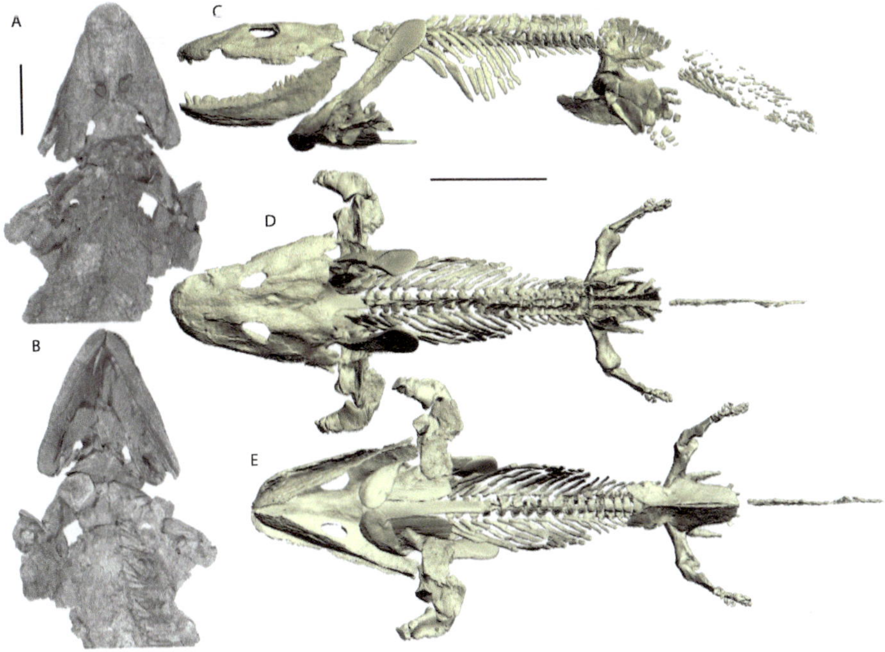

Abb. 30-15: A, B: *Tiktaalik* als Übergangsform zwischen tetrapodomorphen Rhipidistia und Tetrapoden aus Ellesmere Island, A: Ansicht von oben, B: Ansicht von unten; C, D, E: *Ichthyostega* in einer computertomographischen Aufnahme, C: Ansicht von der Seite, D: Ansicht von oben, E: Ansicht von unten; Maßstab 10 cm; (kompiliert und modifiziert aus Daeschler et al. 2006, Pierce et al. 2012).

Abb. 30-16: Beispiele temnospondyler Amphibien; A: *Sclerocephalus* (Oberkarbon); B: *Eryops* (unteres Perm); C: *Mastodonsaurus* (Trias), C1: Schädel von oben, C2: Schädel von unten; Maßstab A, B: 20 cm, C: 50 cm; (modifiziert und kompiliert aus Bechly Wikipedia und Schoch 1999).

Lepospondyli

Die Lepospondyli (Abb. 30-14 und 30-17) treten im Karbon und Perm mit etwa 90 Arten auf. Sie sind kleiner (meist 10–20 cm) und leichter gebaut als die Temnospondyli. Morphologisch ähneln sie z. T. auch den heutigen Salamandern; es waren auch Formen ohne Extremitäten entwickelt. Sie hatten kräftige Zähne, ihr Skelett war jedoch nur schwach verknöchert. Eine basale Gruppe der Lepospondyli, die Reptilomorpha, leiten über zu den Amniota (Reptilien, Säugetiere und Vögel). Die Seymouriamorpha (z. B. *Seymouria*) waren kleine räuberische Formen mit semiaquatischer bis terrestrischer Lebensweise. Als Stammgruppe der Amniota gelten die Diadectomorpha mit *Diadectes* als Typusart (Abb. 30-17). Die Diadectomorpha waren relativ große, carnivore und herbivore Amphibien mit einem kräftigen Skelettbau.

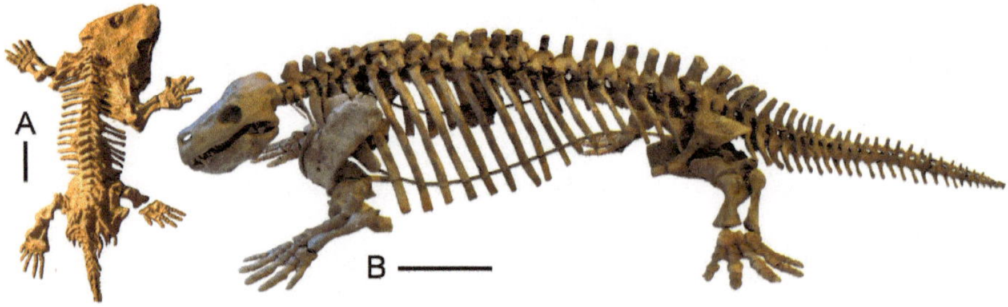

Abb. 30-17: Reptilomorphe Lepospondyli; A: *Seymouria*; B: *Diadectes* (beide Unteres Perm); Maßstab A: 10 cm, B: 50 cm; (modifiziert und kompiliert aus Wikipedia).

Unterklasse Lissamphibia

Die rezenten Lissamphibia werden in Schwanzlurche (Caudata oder Urodela), in Froschlurche (Anura oder Salientia) und in Schleichenlurche (Gymnophora) unterteilt. Schwanzlurche und Froschlurche werden auch als Batrachia zusammengefasst. Die Froschlurche sind die bei Weitem erfolgreichste Gruppe mit knapp 90 % der etwa 6500 rezenten Arten. Bei ihnen wurde der ursprüngliche Amphibienbauplan am stärksten modifiziert, während die Schwanzlurche sich vergleichsweise wenig verändert haben. Die Schleichenlurche haben ihre Extremitäten zurückgebildet.

Der Ursprung der Lissamphibien ist nicht abschließend geklärt, überwiegend wird aber postuliert, dass sie sich aus den Temnospondyli entwickelt haben (Abb. 30-14). Als möglicher Vorläufer der Batrachia gilt *Gerobatrachus* aus dem Unteren Perm (Abb. 30-18). Die ältesten Frosch-ähnlichen Formen gibt es in der Trias, seit dem Mitteljura sind Salamander bekannt. Schleichenlurche sind fossil sehr selten. Die ältesten sind aus dem Unterjura nachgewiesen. *Andrias scheuchzeri*, ein Salamander aus dem Miozän, wurde 1726 von Johann Jacob Scheuchzer für ein menschliches Skelett gehalten und als «homo diluvii testis» beschrieben. Scheuchzer ging davon aus, die Reste eines bei der Sintflut ertrunkenen Sünders vor sich zu haben.

Rezente Amphibien haben einen zweiphasigen Lebenszyklus mit einer aquatischen Larvalphase und einer terrestrischen Adultphase. Die Eier und die kiemenatmenden Larven können sich nur im Wasser entwickeln. Der Übergang von der Larval- in die Adultphase (Metamorphose) verläuft sehr rasch und ist mit ausgeprägten morphologischen Veränderungen verbunden. Teile des Skeletts werden erst mit der Metamorphose stark verknöchert. Zusätzlich bilden sich die Kiemen zurück, zugunsten einer Haut- und Lungenatmung. Die Schleimhaut der Körperoberfläche muss bei den Adultformen durch Drüsensekrete feucht gehalten werden, um die Atemfunktion zu erfüllen. Es ist sehr wahrscheinlich, dass das in gleicher Weise auch für alle fossilen Amphibien gilt. Auch der Verdauungstrakt wird umgebildet, da sich die Larven von Algen, Pflanzen und Detritus ernähren, während die Adultformen carnivor leben. Von vielen paläozoischen und triassischen Amphibien sind Larvalstadien bekannt. Die meisten davon veränderten sich langsam während der Ontogenie. Die sehr rasche Metamorphose der rezenten Formen ist wahrscheinlich erst zu einer späteren Zeit entwickelt worden.

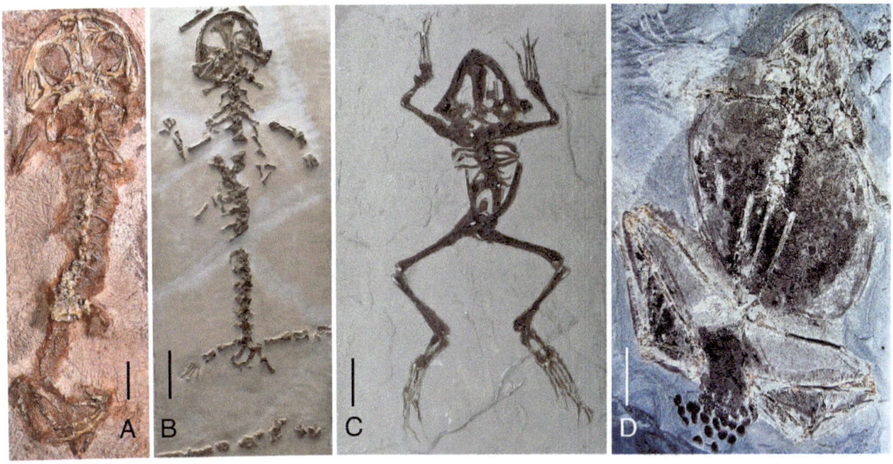

Abb. 30-18: Fossile Beispiele der Lissamphibia; A: *Gerobatrachus* (Unteres Perm); B: *Andrias scheuchzeri* (Miozän); C: *Palaeobatrachus* (Unterkreide); D: *Rana* mit Hautumrissen und Eigelege (Pliozän); Maßstab A, C, D: 1 cm, B: 10 cm; (modifiziert und kompiliert aus Anderson et al. 2008, Meischner 2000 und Wikipedia).

Weiterführende Literatur

Benton, M. (2007): Paläontologie der Wirbeltiere.- 472 S., Pfeil.
Carroll, R. (1988): Vertebrate paleontology and evolution.- 678 pp., Freeman.
Clarck, J. A. (2012): Gaining Ground. The origin and evolution of Tetrapods.- 544 pp. Barnes & Noble.
Nelson, J. S. (2006): Fishes of the world.- 461pp., Wiley.
Westheide, W: & Rieger, R: (2009): Spezielle Zoologie. Wirbel- oder Schädeltiere.- 319 S., Spektrum.

Zitierte Literatur

Anderson, J. S., Reisz, R. R., Scott, D., Fröbisch, N. B. & Sumida, S. S. (2009): A stem batrachian from the Early Permian of Texas and the origin of frogs and salamanders.- Nature 453: 515–518.

Brinkmann, R. (1991): Historische Geologie.- 404 S.; Stuttgart Enke.

Clack, J. A. (2009): The Fin to Limb Transition: New Data, Interpretations, and Hypotheses from Paleontology and Developmental Biology.- Annu. Rev. Earth Planet. Sci. 37: 163–79.

Conway Morris, S., & Caron, J.-B. (2012): *Pikaia gracilens* Walcott, a stem-group chordate from the Middle Cambrian of British Columbia. Biological Reviews 87: 480–512.

Daeschler, E. B., Shubin, N. H. & Jenkins, Jr. F. A. (2006): A Devonian tetrapod-like fish and the evolution of the tetrapod body plan.- Nature 440: 757–763.

Janvier, P., Racheboeuf, P., Nguyen Huu, H. & Doan Nhat, T. (2003): Devonian fish (Placodermi, Antiarcha) from Tra Ban Island (Bai Tu Long Bay, Quang Ninh Province, Vietnam) and the question of the age of the Doˆ Son Formation.- Journal of Asian Earth Sciences 21: 795–801.

McCune, A. R. (2001): Rapide speciation in species flocks.- In: Briggs, D. E. G. & Crowther, P. R. (eds.): Palaeobiology II. 143–146, Blackwell.

Meischner, D. (2000): Das Pliozän von Willershausen.- In: Meischner, D. (ed.): Europäische Fossillagerstätten, 223–228; Springer.

Oschmann, W. (2000): Der Posidonienschiefer (Toarc, Unterer Jura) in SW-Deutschland.- In: Meischner, D. (ed.): Europäische Fossillagerstätten, 71–142; Springer.

Pierce, S. E., Clack, J. A. & Hutchinson, J. R. (2012): Three-dimensional limp joint mobility in the early tetrapod Ichthyostega.- Nature 486: 524–527.

Pimiento, C., Ehret, D. J., MacFadden, B. J., Hubbell, G. (2010): Ancient Nursery Area for the Extinct Giant Shark Megalodon from the Miocene of Panama. PLoS ONE 5(5): e10552.

Poplin, C. N. & Lund, R. (2002): Two Carboniferous fine-eyed Palaeoniscoids (Pisces, Actinopterygii) from Bear Gulch (USA).- J. Paleont. 76: 1014–1028.

Schoch, R. (2009): Evolution of Life Cycles in Early Amphibians.- Annu. Rev. Earth Planet. Sci. 37: 135–62.

Schoch, R. (2010): Heterochrony: the interplay between development and ecology exemplified by a Paleozoic amphibian clade.- Paleobiology, 36: 318–334.

Schoch, R.: (1999): Comparative osteology of *Mastodonsaurus giganteus* (Jaeger, 1828) from the Middle Triassic (Lettenkeuper: Longobardian) of Germany (Baden-Württemberg, Bayern, Thüringen).- Stuttgarter Beitr. Naturk. Ser. B, 278: 175 pp.

Shu, D., Luo, H.-L., Conway Morris, S., Zhang, X.-L., Hu, S.-X., Chen, L., Han, J., Zhu, M., Li, Y. & Chen, L.-Z. (1999): Lower Cambrian vertebrates from south China.- Nature 402: 42–46.

Viohl, G. (2000): Die Solnhofener Plattenkalke.- In: Meischner, D. (ed.): Europäische Fossillagerstätten, 143–150; Springer.

31 Basale Amniota (Oberkarbon und Perm)

Die Amniota (oder Nabeltiere) entwickelten sich wahrscheinlich aus den basalen Lepospondyli, vermutlich aus der Verwandtschaft der Diadectomorpha. Ihr Körperbau und die Stellung der Extremitäten ist zunächst dem Grundbauplan dieser Amphibien sehr ähnlich. Unterschiede bestehen vor allem in einem deutlich komplexeren Schädelbau mit einem weitgehend abgeschlossenen Gehirnschädel und einem einfachen Gelenk (Condylus occipitlis) zwischen Schädel und Wirbelsäule. Die Außenhaut war mit Schuppen überzogen und damit vor Austrocknung geschützt. Damit einhergehend wurde die Lungenatmung verbessert, um den Verlust der Hautatmung auszugleichen.

Der wichtigste Unterschied betrifft die Embryonal- und Larvalentwicklung. Statt einer Eiablage im Wasser und einer anschließenden langen aquatischen Larvalphase mit Kiemenatmung, wird nun die Embryonal- und Larvalentwicklung in ein vor Austrocknung geschütztes Ei oder, als Weiterentwicklung, sogar in eine Plazenta verlagert (z. B. bei den Eutheria). Der erste Schritt in diese Richtung war die Ausbildung des **Amnioten-Eis**. Bei Fisch- und Amphibieneiern ist der Keimling in eine galertige Masse eingebettet, die leicht austrocknet und daher im Wasser abgelegt werden muss. Der neue Eityp ist als Schutz gegen Austrocknung mit sekundären Membranen (**Amnion,** auch «innere Eihaut» genannt, und **Chorion,** auch «Zottenhaut» genannt), umgeben. Zusätzlich verfügt er über einen großen Dottersack zur Versorgung des Embryos mit Nährstoffen. Das Amnion

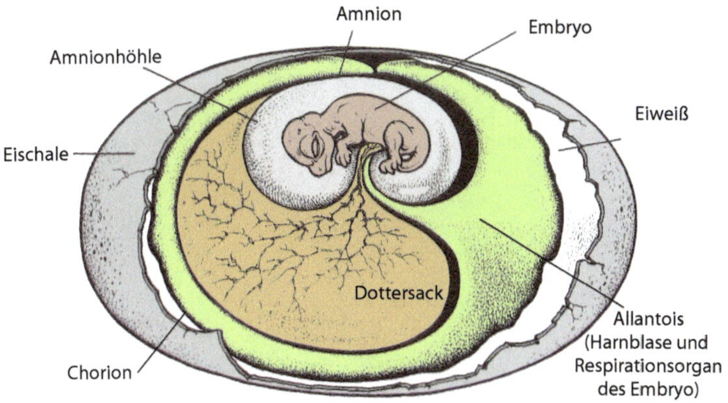

Abb. 31-1: Das Amnioten-Ei (am Beispiel des Hühnereis) ist mit einer Embryonalhülle (Amnion) ausgestattet. Zusätzlich gibt es einen Dottersack und eine embryonale Harnblase, die zusammen mit dem Embryo vom Chorion umgeben sind. Das Eiweiß und eine schützende Außenschale bilden den äußeren Teil des Amnioten-Eis. Das Larvalstadium der Amphibien wird nun als Embryonalphase im Ei durchlaufen. Dadurch wird eine Entwicklung unabhängig vom Wasser ermöglicht (modifiziert nach Fastovsky & Weishampel 2005).

umgibt den Embryo, das Chorion Embryo, Dottersack und Allantois (Harnblase und Respirationsorgan). Das Eiweiß (Albumen) dient als Flüssigkeitsspeicher. Dank des Schuppenkleides und des neuen Eityps sind die Amniota nicht mehr an das Leben am Wasser gebunden. Die ältesten fossilen Belege für das Amnioten-Ei stammen allerdings erst aus dem unteren Perm. Da bei allen heute noch vorkommenden eierlegenden Amnioten – den Reptilien, Vögeln und Monotremata (eierlegende Säugetiere) – der nahezu gleiche Eityp vorkommt, kann man davon ausgehen, dass das Amnioten-Ei älter ist als die Aufspaltung in die verschiedenen Amniotenuntergruppen. Letztere fand bereits im Oberkarbon statt.

Bereits die ältesten überlieferten Amniota können anhand der Schädelausbildung in verschiedene Entwicklungslinien getrennt werden. Eine Richtung führt zunächst zu den Synapsida, die nur ein Schädelfenster neben Augenhöhle und Nasenöffnung ausgebildet haben, und dann weiter Richtung Therapsida und Säugetiere. Die zweite Entwicklungslinie führt zu den Sauropsida und schließt alle rezenten und fossilen Reptilien und Vögel ein (Abb. 31-2, 31-5).

Die **Sauropsida** beinhalten neben den Eureptilia auch die Parareptilia. Die Sauropsida haben zunächst den anapsiden Schädeltyp (Abb. 31-2), der auch bei den Parareptilien beibehalten wird. Zu den aus dem Perm und der Trias bekannten **Parareptilia** (Abb. 31-3) gehören z.B. die Mesosauria aus dem unteren Perm, die wieder eine aquatische Lebensweise angenommen haben. Sie waren kleine, vermutlich flinke Schwimmer in Seeökosystemen des südlichen Gondwana (siehe Abb. 8-3). Ihr Gebiss aus vielen nadelförmigen Zähnen lässt auf kleine Fische und Krebse als Nahrung schließen. Eine andere Gruppe die Paraiasauridae lebten im höheren Perm und bildeten große und schwerfällige Formen mit bis zu 3 m Länge und 600 kg Gewicht (z. B. *Scutosaurus*). Der Körper und speziell der Schädel war mit verknöcherten, hornartigen Vorsprüngen und Knochenplatten versehen, vermut-

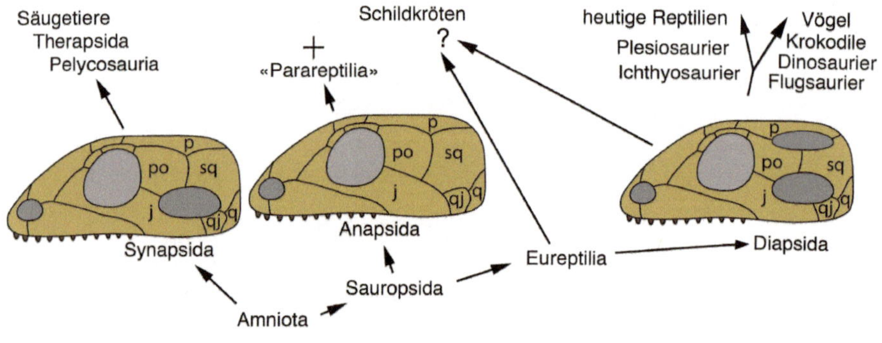

Abb. 31-2: Die Anordnung der Schädelknochen in den drei Hauptentwicklungslinien der Amniota wird (unter anderem) für die systematische Zuordnung verwendet. Anapsida haben außer der Nasen- und Augenöffnung keine weiteren Schädelfenster. Die Synapsida haben ein und die Diapsida zwei zusätzliche Schädelfenster. Abkürzungen der Schädelknochen: j: Os jugale (Jochbein); p: Os parietale (Scheitelbein), po: Os postorbitale (Hinteraugenknochen), q: Os quadratum (Quadratbein), qj: Os quadratojugale («zwischen Quadratbein und Jochbein»), sq : Os squamosum (Schuppenbein).

lich um sich vor großen räuberischen Therapsida (z. B. *Lycaenops*, Abb. 33-1) zu schützen. Ihr Gebiss weist sie als Pflanzenfresser aus. Die meisten Parareptilien starben beim Perm/Trias-Massenaussterben aus.

Die ältesten überlieferten Amniota, wie z. B. *Hylonomus* und *Paleothyris* (beide aus dem Oberkarbon, Abb. 31-3), gehören bereits zu den Eureptilia. Es waren kleine (bis 20 cm) eidechsenähnliche, insektenfressende Bewohner der karbonischen Steinkohlewälder. Aus ihnen entwickelten sich noch im Oberkarbon die Diapsida mit dem diapsiden Schädeltyp, der bei allen fossilen und rezenten Reptilien und Vögeln entwickelt ist, z.T. allerdings stark modifiziert. Lediglich die rezenten Schildkröten haben noch einen anapsiden Schädeltyp, der aber bei ihnen vermutlich sekundär gebildet wurde. Für die Stellung der Schildkröten im System gibt es folglich mehrere Interpretationsmöglichkeiten (Abb. 31-2, 31-5).

Als ältester Vertreter der **Diapsida** gilt *Petrolacosaurus* aus dem Oberkarbon, (Abb. 31-3). *Petrolacosaurus* war eine kleine (bis 40 cm), schlanke echsenartige Form mit kräftigem Gebiss, die vermutlich von Landarthropoden lebte. Neben den zwei Schädelfenstern sind die Diapsida durch ein verknöchertes Brustbein und einen einfachen Gelenkhöcker zwischen Kopf und erstem Halswirbel charakterisiert. Auch im weiteren Verlauf des Perms blieben die Diapsida klein und wenig spezialisiert. Eine Ausnahme davon ist *Coelurosauravus*, einer Form mit stark verlängerten, horizontal abgespreizten Rippen, die von Haut überzogen waren und wahrscheinlich zum Gleitflug befähigten. Insgesamt standen die paläozoischen Diapsiden im Schatten der Synapsida. Ihre Blütezeit beginnt erst mit dem Mesozoikum und dauert bis heute an (Abb. 31-5 und siehe Kap. 32).

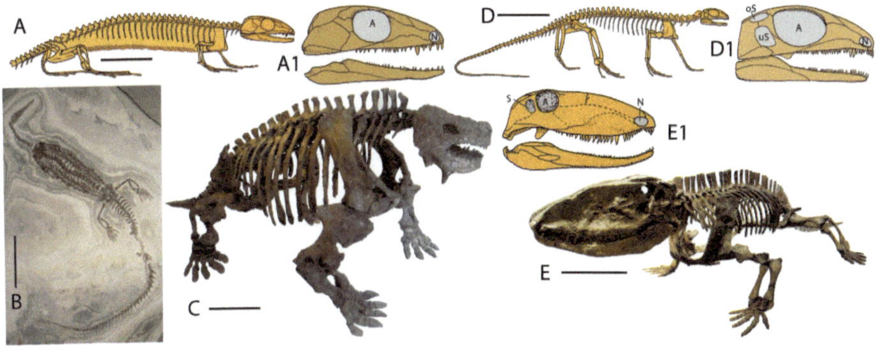

Abb. 31-3: Ursprüngliche Amniota aus dem Karbon und Perm. A: Eureptilia, A: *Paleothyris* (Oberkarbon); A1: anapsider Schädel von *Paleothyris*; B, C: Parareptilia, B: *Mesosaurus* (Unteres Perm); C: *Scutosaurus* (Oberes Perm); D: frühe Diapsida, *Petrolacosaurus* (Oberkerbon), D1: diapsider Schädel von *Petrolacosaurus*; E: Synapsida, *Ophiacodon* (Unteres Perm), E1: synapsider Schädel von *Ophiacodon*; Maßstab A: 4 cm, B: 10 cm, C, E: 50 cm, D: 6 cm; Legende: A: Augenhöhle, N: Nasenöffnung, oS: oberes diapsides Schädelfenster, uS: unteres diapsides Schädelfenster, S: synapsides Schädelfenster; (kompiliert und modifiziert aus Benton 2007, Carrol 1988 und Wikipedia).

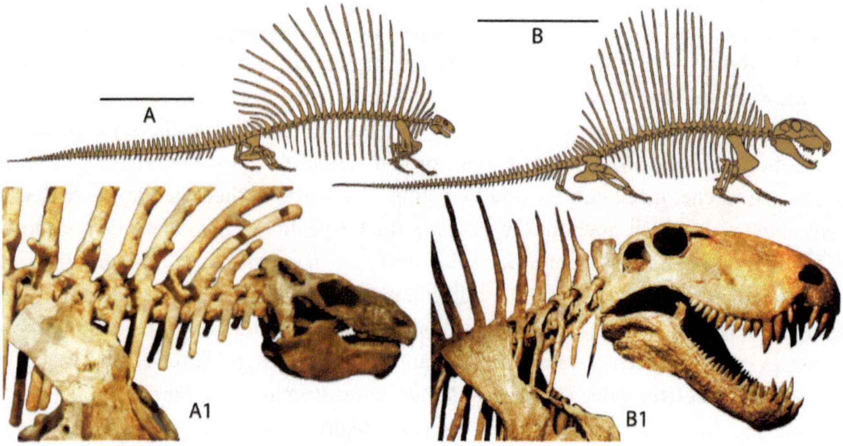

Abb. 31-4 Typische Pelycosaurier aus dem Unteren Perm. A: *Edaphosaurus* (Rekonstruktionszeichnung) und A1 Kopfbereich; B: *Dimetrodon* (Rekonstruktionszeichnung) und B1 Kopfbereich; Maßstab A: 50 cm, B: 1 m; (kompiliert und modifiziert aus Benton 2007, Carrol 1988 und Wikipedia).

Zweifellos waren die **Synapsida** die erfolgreichste Amniotengruppe im Jungpaläozoikum. Bereits im Karbon entstanden die Pelicosauria mit den Ophiacodontida, die z. T. bereits bis 3 m Länge erreichten (z. B. *Ophiacodon* Abb. 31-3). Im Übergang zum Perm diversifizierten die Synapsida. Zu den bekanntesten Formen aus dem Unteren Perm zählen die Edaphosauridae mit *Edaphosaurus* und die Sphenacodontidae mit *Dimetrodon* (Abb. 31-4). Beide sind durch lange Fortsätze der Hals- und Rückenwirbel charakterisiert, die große Rückensegel aufspannten. Die Funktion der Rückensegel wird oft mit einer externen Thermoregulation erklärt, bei der Wärme aufgetankt wurde, wenn das Segel quer zur Sonneneinstrahlung stand. Stand es mit der Schmalseite zur Sonne, konnte überflüssige Wärme abgegeben werden. Nach Energiebilanzierungen wird diese Funktion inzwischen jedoch in Frage gestellt. Stattdessen werden Camouflage, Geschlechtsdimorphismus und/oder Balztracht diskutiert. *Edaphosaurus* war einer der ersten Pflanzenfresser unter den Amniota. Mit bis zu 3 m Länge war er beachtlich groß. Morphologisch sehr ähnlich, aber noch größer, war der räuberisch lebende Dimetrodon. Er war der Topcarnivor des Unteren Perms. Ab dem Höheren Perm treten die **Therapsida** auf, die sich möglicherweise aus den Sphenacodontidae entwickelten. Sie sind die Stammgruppe der Säugetiere (Abb. 31-5 und siehe Kap. 33).

Weiterführende und zitierte Literatur

Benton, M. (2007): Paläontologie der Wirbeltiere.- 472 S., Pfeil; München.

Benton, M. (2015): Vertebrate Palaeontology.- 493 pp., Wiley-Blackwell; Chichester.

Carroll, R. (1988): Vertebrate paleontology and evolution.- 678 pp., Freeman, New York.

Clarck, J. A. (2012): Gaining Ground. The origin and evolution of Tetrapods.- 544 pp. Barnes & Noble.

Fastovsky, D. E. & Weishampel, B. D. (2005): The Evolution and Extinction of Dinosaurs. 485 pp., Cambridge University Press.

Westheide, W. & Rieger, R.: (2009): Spezielle Zoologie. Wirbel- oder Schädeltiere.- 319 S., Spektrum.

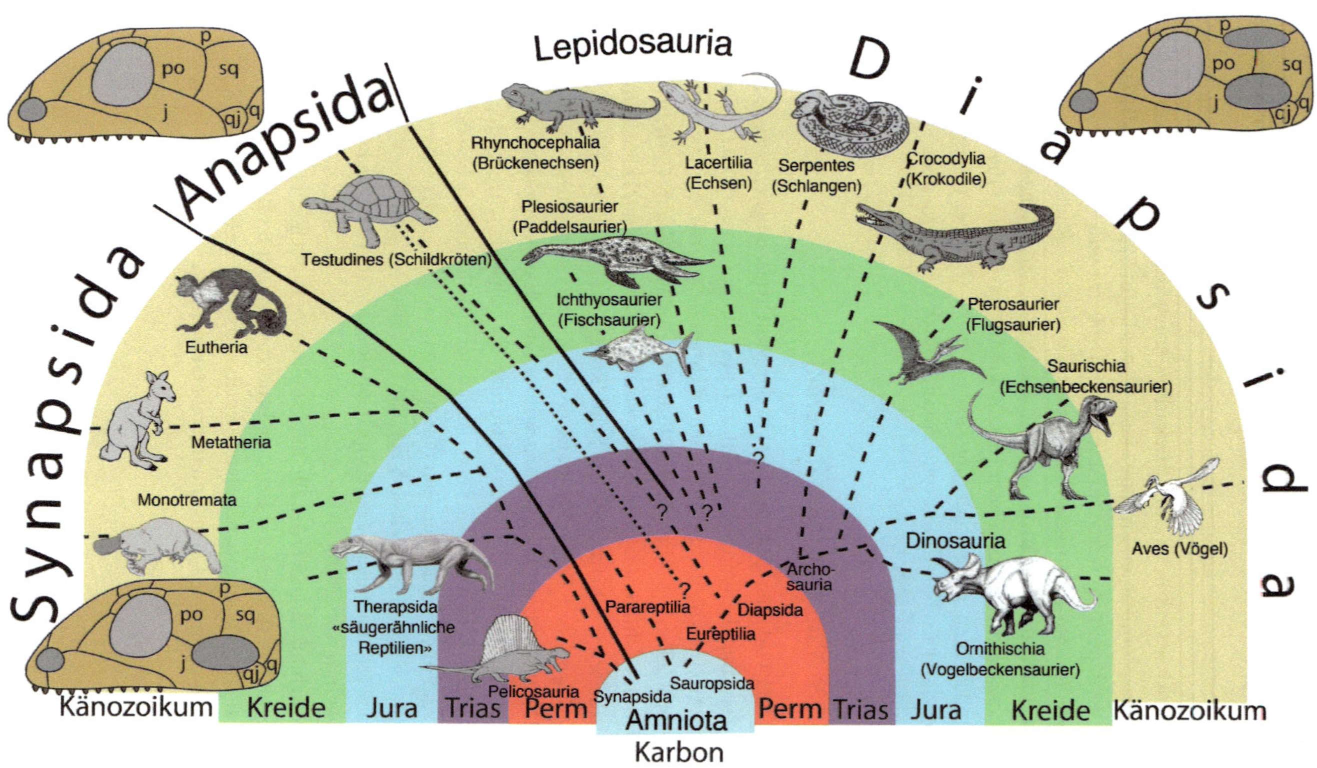

Abb. 31-5: Vereinfachter Stammbaum der Amniota mit den beiden Hauptentwicklungsrichtungen, die zu den Synapsida und zu den Diapsida führten. Bei den rezenten Anapsida (Schildkröten) ist der Ursprung unklar; entweder entwickelten sie sich aus den Eureptilien oder sie sind Teil der Diapsida, bei denen die Schädelfenster wieder rückgebildet wurden (siehe auch Abb. 31-2).

32 Amniota I: Diapsida und Vögel

Synapsida und Diapsida sind beide im Oberkarbon entstanden. Im Perm entwickelten sich die Synapsida zur dominanten Gruppe (siehe Kap. 31 und 33), während die Diapsida von untergeordneter Bedeutung waren. Erst im Obersten Perm und vor allem in der Trias, nachdem sehr viele Therapsida ausgestorben waren, begann die Radiation der Diapsida. Ähnlich wie später auch die Säugetiere waren die Diapsida sehr vielgestaltig und besiedelten erfolgreich das Festland, das Wasser (marin wie Süßwasser) und die Luft. Zu ihnen zählen wahrscheinlich auch die Schildkröten als randliche Gruppe, weiterhin die Lepidosauromorpha und die Archosauromorpha einschließlich der Pterosauria (Flugsaurier), Dinosauria und Vögel (siehe Abb. 31-5).

32.1 Testudinata (Chelonia, Schildkröten)

Schildkröten und ihre Vorläufer gibt es sicher seit der Mitteltrias, möglicherweise seit dem Perm. Sie sind auf warmen Festlandsbereichen, z. T. auch im Süßwasser und im Ozean mit etwa 300 rezenten Arten verbreitet. Schildkröten zeichnen sich durch ihren verknöcherten Panzer aus, der am Rücken aus Wirbeln und Rippen, am Bauch durch Gastralia (Bauchrippen) und Teilen des Schultergürtels gebildet wird. Die Kiefer haben keine Zähne, stattdessen aber schnabelartige Hornschneiden. Schildkröten sind überwiegend Allesfresser. Als derzeit älteste Form wird *Pappochelys* aus der Mitteltrias angesehen, die zwei Schädelfenster zeigt. Damit sind die Schildkröten wahrscheinlich den Diapsida zuzurechnen (vergleiche Abb. 31-2 und 31-5). Vermutlich wurden die Schädelfenster in der Folgezeit geschlossen. Bei *Pappochelys* ist noch kein Panzer entwickelt, jedoch bereits verdickte Gastralia. Zähne sind noch vorhanden. Bei den späteren Formen in der Obertrias (*Odontochelys* und *Proganochelys*) entwickelt sich zunächst der Bauch-, dann der Rückenpanzer, während die Zähne verloren gingen. Das Bauprinzip des Panzers ist bei vielen Formen bis heute nahezu unverändert.

Bei den Meeresschildkröten werden die Extremitäten zu Paddeln und der Panzer wird teilweise zurückgebildet (Abb. 32-1). Bei den Lederrückenschildkröten wurde er sogar ganz reduziert und durch Hautknochenplatten ersetzt. Die oberkretazische Meeresschildkröte *Archelon* erreichte bis 4 m Länge und über 2 t Gewicht.

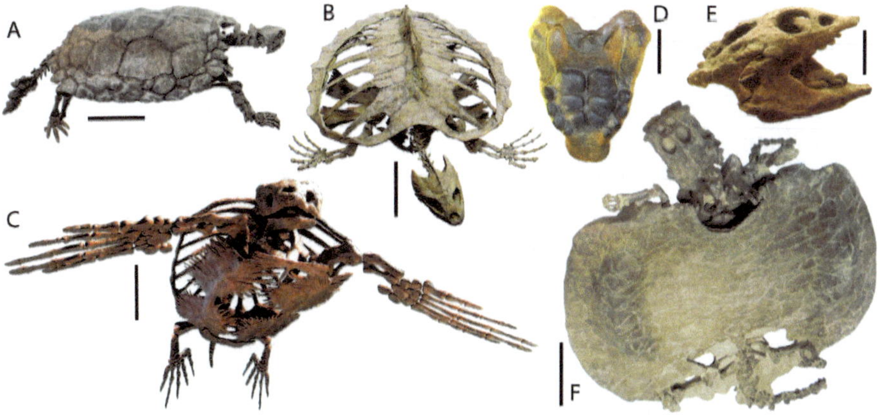

Abb. 32-1: Fossile Testudinata und Placodontia; A–C: Testudinata, A: *Proganochelys* (Obertrias); B: *Toxochelys* (Oberkreide); C: *Archelon* (Oberkreide); D–F: Placodontia, D: *Macroplacus* (Obertrias); E: *Placodus* (Mitteltrias); F: *Henodus* (Obertrias); Maßstab A, F: 25 cm, B: 50 cm, C: 1 m; D, E: 5 cm; (modifiziert und kompiliert aus Wikipedia)

32.2 Lepidosauromorpha

Die rezenten Lepidosauromorpha bestehen aus den Schlangen (Serpentes) und den Echsen (Lacertilia) sowie der Brückenechse als lebendes Fossil mit zusammen etwa 10 000 Arten. Sie zeichnen sich durch seitlich abgespreizte Extremitäten und eine schlängelnde Fortbewegung aus, die auch bei den Schlangen, deren Extremitäten zurückgebildet wurden, noch erkennbar ist.

Die **Rhynchocephalia** sind entfernte Verwandte der Brückenechse und gehen bis in die Trias zurück (z. B. *Homeosaurus* Abb. 32-2). Sie lebten terrestrisch und aquatisch, teilweise auch marin. Sie besetzten im Mesozoikum z. T. die gleichen Ökonischen wie die modernen Echsen heute, von denen sie schließlich fast vollständig verdrängt wurden.

Lacertilia («Echsen») (Abb. 32-2 A) sind eine seit der Obertrias bekannte poyphyletische Gruppe und stammen vermutlich von gemeinsamen Vorfahren mit den Rhynchocephalia aus dem Perm ab. Sie sind heute sehr erfolgreich und auf allen Kontinenten (außer der Antarktis) beheimatet. Die Lacertilia schließen die Geckos, Leguane, Skinke, Schleichen und Warane ein. In der Oberkreide entwickelten sich aus einer Seitenlinie der Waranvorläufer die **Mosasaurier** (Abb. 32-2), die eine aquatische, vorwiegend marine Lebensweise angenommen haben. Ihre Extremitäten verkürzten sich und wurden paddelförmig, wobei eine Vermehrung der Fingerknochen stattfand (siehe Abb. 6-14). Der Schwanz diente als Antrieb beim Schwimmen, möglicherweise war eine Schwanzflosse ähnlich wie bei den Ichthyosauriern entwickelt. Sie waren vermutlich endotherm und lebendgebärend. Ihre Länge variierte von zwei bis 15 m. Damit gehörten sie zu den Topcarnivora der Kreidemeere; ihre Beute waren Fische, Ammoniten, Haie, Schildkröten und kleinere Mosasaurier.

Serpentes (Schlangen, Abb. 32-2, B) gibt es seit dem Mitteljura. Sie haben sich vermutlich auch aus waranartigen Vorläufern entwickelt, möglicherweise aus der gleichen Seitenlinie wie die Mosasaurier. Sie bestehen hinter dem Kopf aus einer großen Zahl von etwa gleichförmig aussehenden Wirbeln (bis über 400), die außer im Hals- und im Schwanzbereich mit Rippen verbunden sind. Die ältesten Formen zeigen noch kurze Beinchen, die aber bei den meisten rezenten Formen zurückgebildet sind. Auch die Schlangen sind heute nahezu weltweit verbreitet, mit Ausnahme der Polargebiete. Alle Schlangen leben räuberisch; viele Formen sind giftig. Kiefer und Gaumen sind durch elastische Bänder verbunden, weshalb sie ihr Maul extrem weit öffnen können. So sind sie in der Lage, Beutetiere zu verschlingen, die im Vergleich zu ihrer eigenen Größe sehr groß sind.

Sauropterygia und Ichthypterygia: Der Ursprung der Sauropterygia und Ichthypterygia ist unklar, vermutlich gehören sie in die weitere Verwandtschaft der Lepidosauromorpha, denen sie jedenfalls näher stehen als den Archosauromorpha. Die **Sauropterygia** (Flossenechsen) sind eine ausgestorbene Gruppe, die sich aus Placodontia, Nothosauria, Pachypleurosauria und Plesiosauria zusammensetzen. Die **Placodontia** (Abb. 32-1 und Abb. 1-13) sind randmarine bis marine Sauropterygii, die in der Trias gelebt haben. Typisch ist ihr Pflasterzahngebiss aus abgeplatteten Zähnen (z. B. *Macroplacus* und *Placodus*), das zum Zerbeißen hartschaliger Nahrung (Muscheln oder Brachiopoden) diente. Teilweise hatten sie einen ähnlichen Panzer wie die Schildkröten (z. B. *Henodus*, Abb 32-1), der aber aus Hautknochenplatten gebildet wurde. Auch die **Nothosauria** und **Pachypleurosauria** sind auf die Trias beschränkt. Dabei handelt es sich um kleine bis mittelgroße echsenähnliche Formen mit langem Hals und langem Schwanz. Sie lebten in Flüssen und randmarinen Regionen des Tethys-Nordrandes und ernährten sich vermutlich von Fischen, z. B. *Ceresiosaurus* und *Pachypleurosaurus* (Abb. 32-3).

Vermutlich aus den Nothosauria entwickelten sich in der Obertrias die **Plesiosauria**, die bis in die Oberkreide existierten. Ihre Körper waren stromlinienförmig und ihre Extremitäten vollständig zu Flossen umgewandelt (siehe Abb. 6-14). Auch hier ist eine extreme Vermehrung der Fingerknochen zu beobachten. Sie waren vivipar (lebendgebärend), vermutlich auch endotherm («Warmblüter») und bestens an ein Leben im Meer angepasst. Wegen ihrer flügelähnlichen Flossen mit Auftriebsprofil (siehe Abb. 6-3) werden sie als Unterwasserflieger bezeichnet. Es gab zwei Typen von Plesiosauria, die Plesiosauroidea mit langem Hals und die Pliosauroidea mit kurzem Hals. Mit einer Größe von bis zu 15 m gehörten sie zu den großen Räubern der mesozoischen Meere. Ihre Nahrung bestand aus Tintenfischen (Belemniten, Teutoidea und Ammoniten), Fischen, Haien sowie kleineren Ichthyosauria und Plesiosauria.

Ichthyopterygia treten von der Mitteltrias bis in die Oberkreide auf. Bereits die frühesten Formen sind vollständig an ein Leben im Wasser angepasst. Ihre Größe variierte zwischen 1 und 20 m Länge. Ihr Ursprung ist unbekannt. Ichthyosauria waren morphologisch den Delfinen oder Walen sehr ähnlich, allerdings war ihre Schwanzflosse vertikal orientiert, wobei die Wirbelsäule in den unteren Flossenlappen verlief. Ihre Körper waren

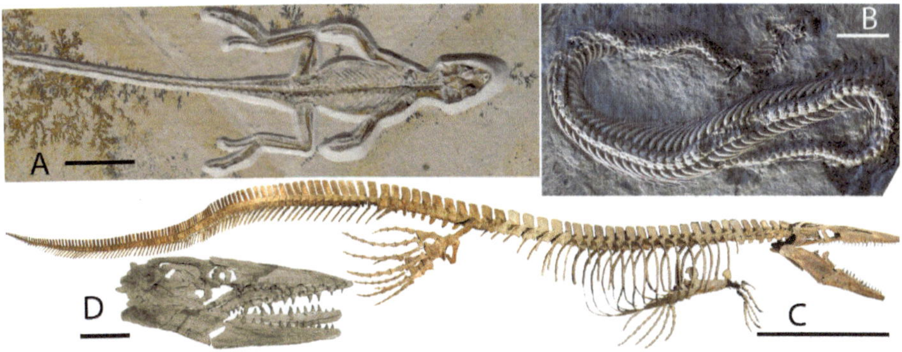

Abb. 32-2: Beispiele fossiler Lepidosauromorpha. A: Rhynchocephalia, *Homeosaurus* (Oberjura); B: Serpentes, *Pachyophis* (Oberkreide); C, D: Mosasauria, *Tylosaurus*, C: Adulttier (Oberkreide), Länge bis 13 m, D: Schädel eines Jungtiers; Maßstab A: 3 cm, B: 4 cm; D: 15 cm; (kompiliert und modifiziert aus Everhard 2005, Daderot und Gross Wikipedia).

stromlinienförmig und ihre Extremitäten vollständig zu Flossen umgewandelt (siehe Abb. 6-4 und 6-14). Ähnlich wie bei den Plesiosauria kam es zu einer extremen Vermehrung der Fingerknochen. Sie waren somit perfekt an ein permanentes Leben im Meer angepasst, konnten nicht mehr an Land, waren vivipar (siehe S. 12 und Abb. 1-4) und vermutlich auch endotherm. Ihre Lebensweise war räuberisch; Reste von Tintenfischen (Belemniten und Teutoidea) wurden als Nahrungsreste in den Mägen gefunden (siehe S. 15). Möglicherweise fraßen sie auch Fische und Ammonoideen. Neben den Mosasauria und den Plesiosauria stellten auch sie Nahrungskettenendglieder in den mesozoischen Meeren.

Abb. 32-3: Beispiele fossiler Sauropterygia und Ichthypterygia. A: Nothosauria, *Ceresiosaurus* (Mitteltrias); B: Pachypleurosauria, *Pachypleurosaurus* (Mitteltrias); C: Ichthyosaurier, *Stenopterygius* (Unterjura); D: Plesiosauria, *Liopleurodon* (Unterjura); Maßstab A: 30 cm; B: 20 cm, C: 50 cm, D: 1m; (kompiliert und modifiziert aus Rieber 2000, Oschmann 2000 und Wikipedia).

32.3 Archosauromorpha

Die Archosauromorpha kommen vom Oberen Perm bis heute vor. In der biologischen Systematik gehören zu ihnen die Krokodile und Vögel mit etwa 10 000 Arten. Zusätzlich schließen sie zahlreiche fossile Vertreter ein, zu denen auch die Pterosauria (Flugsaurier) und Dinosauria gehören. Die fossilen Archosauromorpha sind vor allem in der Trias weit verbreitet. Sie lösen die Therapsida als dominante Amniota am Land ab und bestehen aus fünf Untergruppen.

Die triassischen **Rhynchosauria** sind relativ schwerfällig gebaute Pflanzenfresser. Typisch ist der in der Aufsicht dreieckige Schädel. Ihr Oberkiefer war schnabelartig verlängert und nach unten gebogen. Sie wurden maximal 2,5 m groß. Sie sind die häufigsten Archosauromorpha (z. B. *Hyperodapedon*, Abb. 32-4).

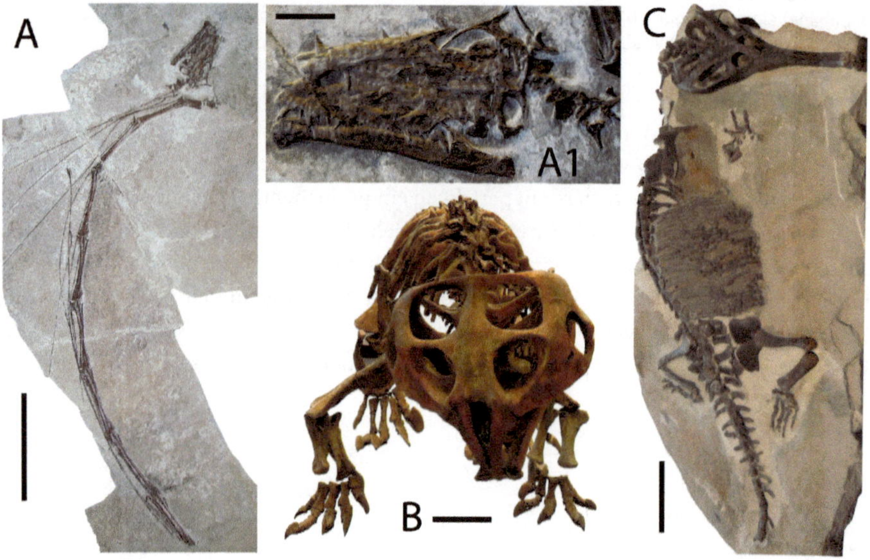

Abb. 32-4: Triassische Archosauromorpha; A: Prolaceriformes, *Tanystropheus* (Mitteltrias); A1: Detail des Kopfes; B: Rhynchosauria, *Hyperodapedon* (Obertrias, Ansicht von vorne); C: Choristodera, *Champsosaurus* (Oberkreide); Maßstab A: 50 cm, A1: 5 cm, B, C: 20 cm; (kompiliert und modifiziert aus Rieber 2000 und Daderot Wikipedia).

Auch die **Trilophosauria** wurden bis etwa 2,5 m groß und kamen nur in der Trias vor. Ihr Schädel war sehr kräftig gebaut und hatte eine schnabelförmige Schnauze, mit der sie auch harte Pflanzennahrung zerkleinern konnten.

Vom Höheren Perm bis in die Obertrias existierten die **Prolaceriformes**. Sie hatten ein etwa echsenartiges Aussehen, aber mit einem sehr langen Hals. Er bestand aus extrem verlängerten Halswirbeln mit langen Halsrippen, die parallel zur Wirbelsäule liefen und vermutlich zur Verankerung der Muskulatur dienten (z. B. *Tanystropheus*, Abb. 32-4). Die Bezahnung und Mageninhaltfunde zeigen, dass sie räuberisch lebten und sich von Fischen und Cephalopoden ernährten. Rhynchosauria, Trilophosauria und Prolaceriformes überlebten das Trias/Jura-Massenaussterben nicht.

Die **Choristodera** kamen von der Obertrias bis in das Miozän vor. Sie hatten ein krokodilähnliches Aussehen und eine semiaquatische bis aquatische Lebensweise. Ihre Schnauze war schlank und deutlich verlängert, ähnlich wie beim rezenten Gavial, was sie als Fischfresser ausweist (z. B. *Champsosaurus*, Abb. 32-4).

32.3.1 Archosauria

Die wichtigste Gruppe der Archosauromorpha sind die Archosauria, die die Crurotarsi (Krokodile und verwandte Vorläuferformen) sowie die Avemetatarsalia (im wesentlichen Flugsaurier, Dinosaurier und Vögel) enthalten, und von der Trias bis heute vorkommen. Ihr charakteristisches Merkmal ist die Bildung eines dritten Schädelfensters (triapsider Schädel), welches zwischen der Nasenöffnung und der Augenhöhle entsteht (Antorbitalfenster). Bei zahlreichen rezenten Archosauria (z. B. etlichen Krokodilverwandten und vielen Vogelgruppen) wurde es aber sekundär wieder geschlossen.

Die großen Landraubtiere der Trias gehören zu den **Crurotarsi**. Sie stellten mit Formen wie *Batrachotomus*, *Prestosuchus* oder *Postosuchus* die Topcarnivora ihrer Zeit (Abb. 32-5). Die Beine waren bereits weitgehend senkrecht unter dem Körper angeordnet. Ihre Fortbewegung war z. T. quadruped (vierfüßig), z. T. auch biped (zweifüßig) auf den Hinterbeinen. Der Schwanz diente zur Balance. Daneben gab es auch bis 5 m lange, mit Knochenplatten und hornartigen Fortsätzen an der Schulter gepanzerte Pflanzenfresser (z. B. *Desmatosuchus*). Ab der Obersten Trias wurden die terrestrisch lebenden Crurotarsi von den Dinosauria verdrängt und starben an der Trias/Jura-Grenze aus. Nur die Crocodylomorpha überleb-

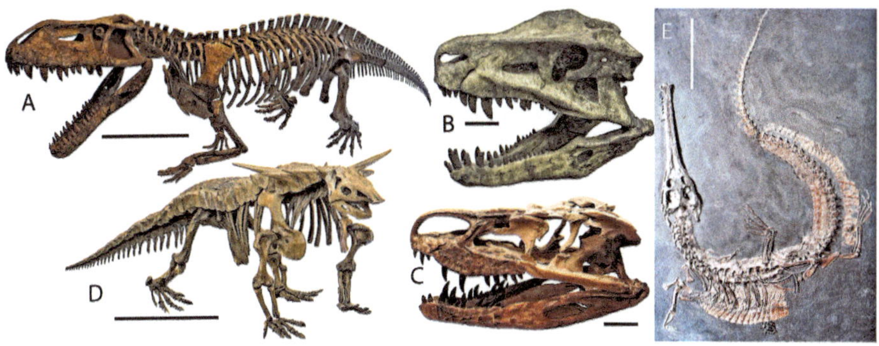

Abb. 32-5: Triassische und jurassische Archosauria; A: *Prestosuchus* (Obertrias); B: Schädel von *Postosuchus* (Obertrias); C: Schädel von *Batrachotomus* (Mitteltrias); D: *Desmatosuchus*; E: *Steneosaurus* (Unterjura); Maßstrab A, D: 1 m, B, C: 10 cm, E: 50 cm; (kompiliert und modifiziert nach Oschmann 2000 und Byzewski Wikipedia).

ten und entwickelten in der Folgezeit die aquatische Lebensweise, wie sie bis heute typisch für Krokodile ist (z. B. *Steneosaurus*, Unterjura, Abb. 32-5, siehe auch Umschlagbild).

Die **Avemetatarsalia** repräsentieren die zweite große Gruppe der Archosauria, die ab der Mitteltrias auftraten und die weitere mesozoische Entwicklung prägten. Sie führte zur Dominanz der Pterosauria und Dinosauria. An der Basis der Avemetatarsalia stehen relativ kleine Formen, wie etwa der vierfüßige *Asilisaurus* aus der Mitteltrias. Die Beine sind nun senkrecht unter dem Körper angeordnet. Das Schienbein (Tibia) war länger als der Oberschenkelknochen (Femur). Dieses Merkmal ist typisch für schnelle Läufer. Bei *Scleromochlus* (Abb. 32-6) aus der Obertrias waren die hinteren Extremitäten stärker betont. Für ihn wird vermutet, dass er überwiegend auf Bäumen lebte und zum Gleitflug befähigt war. *Scleromochlus* wird z.T. in die Nähe der basalen Pterosauria gestellt. Ebenfalls bereits aus der Mitteltrias sind Formen bekannt, die den Dinosauria nahestehen (z. B. *Lagosuchus* und *Marasuchus*, Abb. 32-6). Auch bei ihnen sind die Hinterextremitäten deutlich länger als die Vorderextremitäten. Vermutlich lebten sie als flinke bipede Räuber.

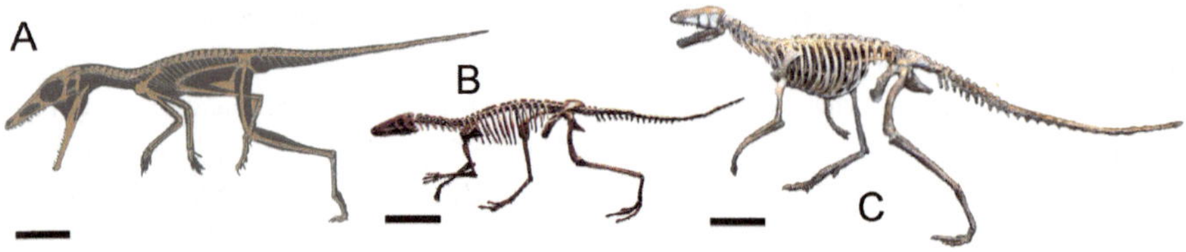

Abb. 32-6: Basale Avemetatarsalia aus der Trias; A: *Scleromochlus* (Obertrias); B: *Lagosuchus*; C: *Marasuchus* (beide Mitteltrias); Maßstab A: 2 cm, B: 5 cm, C: 10 cm; (kompiliert und modifiziert nach Wikipedia und Headden Wikipedia).

32.4 Pterosauria (Flugsaurier)

Die Pterosauria existierten von der Obertrias bis zum Ende der Kreide, wo sie mit dem Kreide/Paläogen-Massenaussterben verschwunden sind. Sie waren die ersten Wirbeltiere, die die Fähigkeit zum aktiven Fliegen erworben haben. Um Flugfähigkeit zu erreichen, waren ihre Vorderextremitäten extrem verlängert, wobei es vor allem der vierte Finger war, der auf weit über Armlänge gestreckt wurde und die Flughaut aufspannte (Abb. 32-7). Ihre Knochen waren hohl, dünnwandig und vermutlich teilweise mit Luft gefüllt. Die ersten drei Finger waren frei und mit Krallen versehen. Die Flughaut der Pterosauria war behaart und bestand aus einer durch Fasern (Fibrillen) verstärkten stabilen Struktur. Bei gut erhaltenen Fossilien wurden gelegentlich Flughautreste gefunden. Sie spannte sich zwischen Hals und Mittelfingerknochen vor dem Arm, und von der Flügelspitze bis zu den Beinen hinter dem Arm auf. Die Fortbewegung an Land war vermutlich quadruped, wobei der vierte Finger nach hinten umgelegt wurde. Kleine Flugsaurier waren zweifellos aktive Flieger. Die großen Formen aus der Kreide müssen in der Lage gewesen sein abzuheben, was sicher einen sehr hohen Kraft- und Energieaufwand bedeutete. Vermutlich starteten

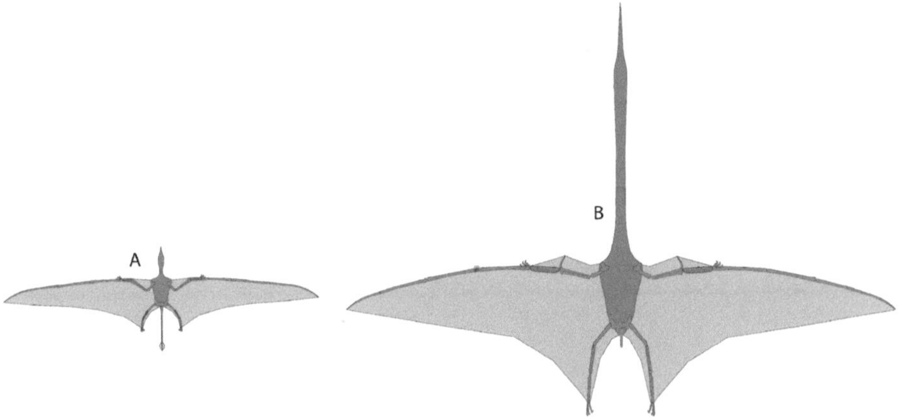

Abb. 32-7: Körperproportionen und rekonstruierte Ausdehnung der Flughaut. A: Rhamphorynchoidea, Flügelspannweite bis 2 Meter; B: Pterodactyloidea, Flügelspannweite bis über 10 Meter.

sie gegen den Wind, ähnlich wie es heute die Albatrosse tun. In der Luft waren sie wahrscheinlich eher Segel- oder Gleitflieger, die geschickt die Windströmungen nutzten.

Flugsaurier lebten durchweg als Räuber; als Beute dienten Insekten, Tintenfische, Fische und kleine Landwirbeltiere. Wegen der aktiven Lebensweise ist es sehr wahrscheinlich, dass sie warmblütig waren. Zumindest für einige Flugsaurier wird eine Atmung mit Luftsäcken ähnlich wie bei Vögeln vermutet. Bei dieser Atmung ändert sich nicht das Volumen der Lunge (wie dies bei den Säugetieren der Fall ist), sondern das Volumen der Luftsäcke. Sowohl beim Einatmen als auch beim Ausatmen wird die Luft durch die Lunge gepumpt, was den Sauerstoffanteil erheblich besser ausnutzt.

Die Pterosauria werden in zwei große Gruppen unterteilt, die **«Rhamphorynchoidea»** (Langschwanzflugsaurier) und die «Pterodactyloidea» (Kurzschwanzflugsaurier). Von der Obertrias bis in die Unterkreide existierten die «Rhamphorynchoidea» als eine paraphyletische Gruppe ursprünglicher Pterosauria. Sie bestanden überwiegend aus kleinen bis mittelgroßen Formen (bis 2 m Flügelspannweite) mit einem relativ kurzen Hals und bezahnten Kiefern. Besonders auffällig ist die lange Schwanzwirbelsäule mit einem Schwanzsegel (Abb. 32-7 und 32-8). Im Unterschied dazu ist die Schwanzwirbelsäule bei den **«Pterodactyloidea»** kurz, ein Schwanzsegel ist nicht mehr vorhanden. Ihr Armskelett hatte längere Mittelhandknochen. Sie existierten vom Mitteljura bis in die Oberkreide. Die frühen Formen hatten bezahnte Kiefer, während bei Formen aus der Oberkreide die Zähne oft fehlten. Die kleinsten Vertreter der «Pterodactyloidea» hatten etwa 1 m Flügelspannweite, die größten (z. B. *Quetzalcoatlus*) bis über 10 m (Abb. 32-7 und 32-9).

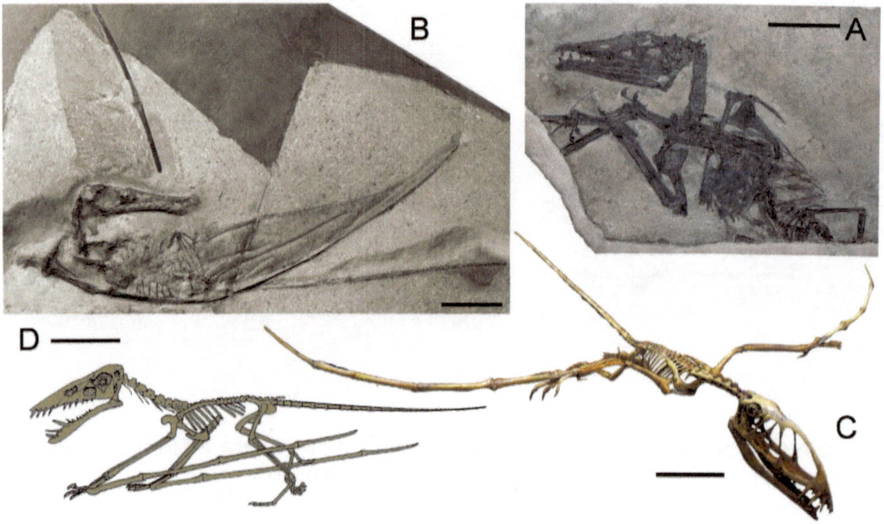

Abb. 32-8: «Rhamphorynchoidea»; A: *Eudimorphodon* (Obertrias); B und C: *Rhamphorynchus* (Oberjura); B: mit Flugmembran beider Flügel und Schwanzsegel, C: im Flug; D: *Dorygnathus* (Unterjura) bei der Fortbewegung am Boden; Maßstab A: 10 cm; B, C: 5 cm, D: 25 cm; (kompiliert und modifiziert nach Padian 2008, Bennett 2015 und Kovalchek Wikipedia).

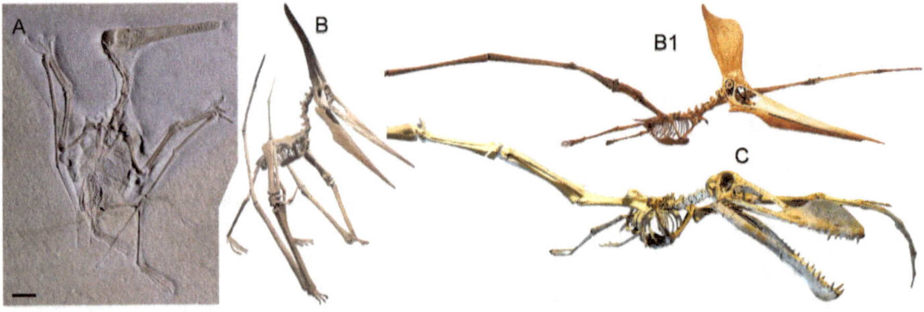

Abb. 32-9: «Pterodactyloidea»; A: *Pterodactylus* mit Resten der Flughaut (Oberjura); B: *Pteranodon*, mit zahnlosem Kiefer und ausgeprägtem Hinterhauptkamm bei der Fortbewegung am Boden (Oberkreide); B1: *Pteranodon*, im Flug); C: *Coloborhynchus*, mit bezahntem Kiefer (Oberkreide); Maßstab A: 2 cm; B, C: bis 7 m Spannweite; (kompiliert und modifiziert nach Vidovic & Martill 2014 und Wikipedia).

32.5 Dinosauria

Die Dinosauria sind die bei Weitem größte Eureptiliengruppe, zu der auch die rezenten Vögel mit etwa 10 000 Arten gehören. Sie gibt es seit der Obertrias. Die mesozoischen Dinosauria werden von den Vögeln abgegrenzt und als «non-avian dinosaurs» («Nicht-Vogel-Dinosaurier») bezeichnet. Sie sind am Ende der Kreide ausgestorben. Der Begriff «Dinosauria» wird im Folgenden in diesem Sinn verwendet (Abb. 32-10). Die genaue Anzahl der fossilen Dinosauriergattungen und Arten ist unbekannt. Schätzungen gehen von über 1000 Gattungen und mehreren Tausend Arten aus. Derzeit werden pro Jahr etwa 30 neue Arten entdeckt, die Zahl dürfte folglich auch zukünftig weiter steigen.

Die Dinosaurier sind eine vielfältige Gruppe überwiegend terrestrisch lebender Formen. Bereits kurz nach ihrem ersten Auftreten mit Formen wie *Eoraptor,* bildeten sich zwei getrennte Entwicklungslinien aus (Abb. 32-11). Als Saurischia oder Echsenbeckensaurier werden die z. T. riesigen Elefantenfußsaurier (Sauropodomorpha), und die kleinen bis großen Raubsaurier (Theropoda) zusammengefasst, die auch die Entwicklungslinie zu den Vögeln beinhaltet. Die Ornithischia oder Vogelbeckensaurier bestehen aus den mit Knochenplatten versehenen Stegosauria, den gepanzerten Ankylosauria, den pflanzenfressenden Ornithopoda (Vogelfußdinosauria) und den mit Hörnern und Nackenschilden ausgestatteten Ceratopsia (Horndinosaurier). Die Unterscheidung zwischen Saurischia und Ornithischia bezieht sich auf die Morphologie der Beckenknochen. Das Pubis (Schambein) der Saurischia zeigt nach vorne, das Ischium (Sitzbein) nach hinten. Bei den Ornithischia ist das Pubis langgestreckt und zeigt nach hinten und ist als Präpubis auch nach vorne verlängert. Der hintere Teil ist mit dem Sitzbein (Ischium) verwachsen. Neuerdings wird vermutet, dass die Theropoda näher mit den Ornithischia verwandt waren als mit den Sauropodomorpha. Im Folgenden wird hier aber der klassischen Systematik gefolgt.

In der Obertrias, am Anfang der Dinosaurierentwicklung, existierten viele Vertreter der Archosauromorpha, die mit den Dinosauria konkurrierten. Warum jene an der Trias/Jura-Grenze ausgestorben sind, die Dinosaurier aber überlebten, ist nicht geklärt. Eine interessante Hypothese bietet die Annahme, dass die Luftsack-Atmung, wie sie für einige Pteropoda vermutet wird, auch bei den Dinosauria vorhanden war und somit ein gemeinsames Merkmal der Avemetatarsalia bildete. Die Trias und vor allem der Übergang Trias/Jura war eine Zeit niedriger Sauerstoffgehalte in der Atmosphäre (nur etwa 12–15 % statt 21 % wie heute). Pteropoda und Dinosauria konnten das Trias/Jura-Massenaussterben daher dank eines effizienteren Atemsystems überleben. Bei etlichen Sauropodomorpha und Theropoda waren Luftsäcke wahrscheinlich vorhanden. Bei den Ornithischia fehlt allerdings der Nachweis.

Abb. 32-10: Stark vereinfachter Stammbaum der Dinosauria.

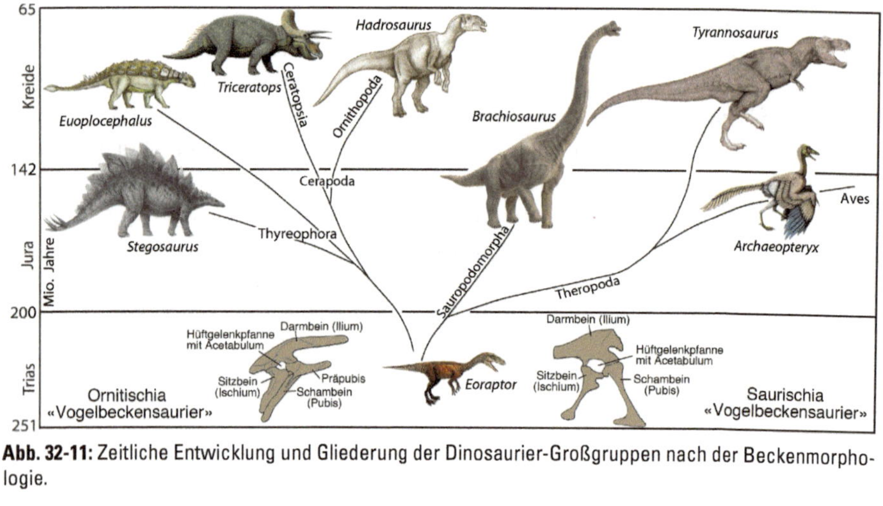

Abb. 32-11: Zeitliche Entwicklung und Gliederung der Dinosaurier-Großgruppen nach der Beckenmorphologie.

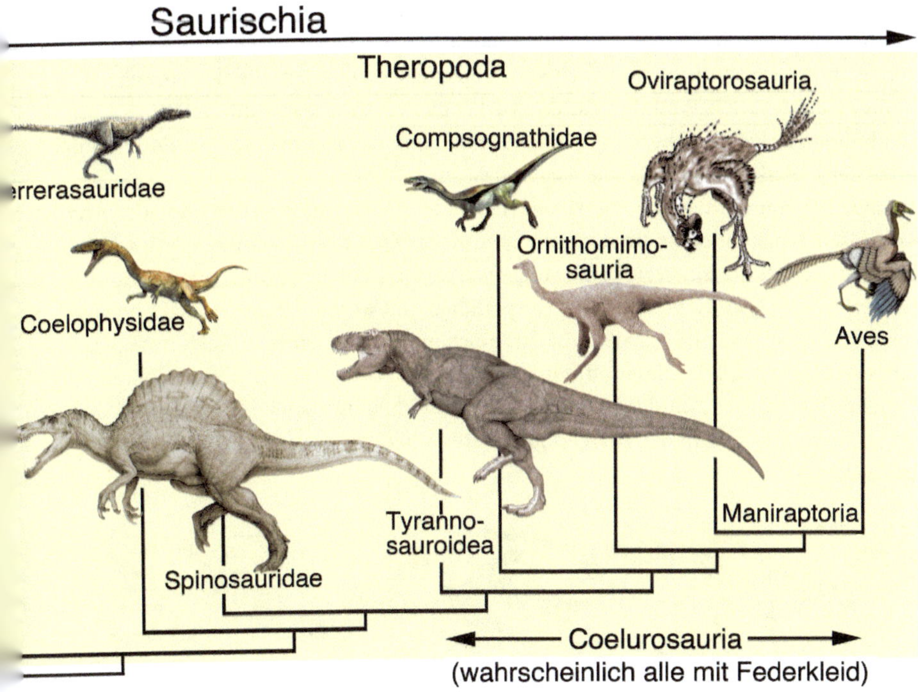

32.5.1 Ornithischia (Vogelbeckensaurier)

Die Ornithischia sind quadrupede und bipede, ausschließlich herbivore Dinosauria. Viele Formen sind mit Knochenplatten, Dornen oder Hörnern ausgestattet, um sich gegen Angriffe der Theropoda zu schützen. Das Antorbitalfenster als verbindendes Merkmal der Pterosauria und Dinosauria wurde bei den meisten Ornithischia wieder geschlossen. Ihre Diversität ist deutlich größer als die der Saurischia. Nahe der Basis der Ornithischia stehen *Pisanosaurus* aus der Obertrias und *Heterodontosaurus* aus dem Unterjura. Beide wurden etwa einen Meter lang und waren bipede Formen mit einem Pflanzenfressergebiss mit deutlichen Eckzähnen. Der Kiefer von *Heterodontosaurus* war zusätzlich mit einem Schnabel am Vorderende ausgestattet (Abb. 32-12). Im Unter- und Mitteljura entwickelten sich die zwei großen Gruppen der Ornithischia: die Thyreophora und die Cerapoda (Abb. 32-10 und 32-11).

Bereits im Unterjura entwickelten sich die **Thyreophora,** die aus den Stegosauria und den Ankylosauria bestehen. Dabei handelt es sich um relativ plump gebaute, quadrupede Formen mit Knochenplatten als Panzerung und Stacheln. Die **Stegosauria** erreichten bis 9 m Länge. Ihre Vorderbeine waren kürzer als die Hinterbeine. Der Schädel ist auffällig klein und langgestreckt mit einer einfachen Bezahnung. Das auffälligste Merkmal war die Doppelreihe von Knochenplatten oder Dornen auf der Dorsalseite, die sich von der

Halswirbelsäule bis in die Schwanzwirbelsäule erstreckten, aber nicht mit der Wirbelsäule verwachsen waren (Abb. 32-12). Am Hinterende der Schwanzwirbelsäule, bei manchen Formen auch im Schulterbereich, waren spitze Stacheln vorhanden, die der Abwehr von Fressfeinden dienten. Als Funktion für die Rückenplatten sind Sexualdimorphismus, Ablenkstrukturen für Feinde, Thermoregulation und Schutz vor Fressfeinden in Diskussion. Am Ende der Unterkreide starben die Stegosauria aus.

Ab dem Mitteljura traten die **Ankylosauria** auf. Sie existierten bis zum Ende der Kreide. Ankylosauria hatten einen breiten, plumpen Körperbau mit vier kurzen, stämmigen Extremitäten, wobei die hinteren Beine länger waren. Ihre Fortbewegung war vermutlich eher schwerfällig. Sie erreichten bis 6 m Körperlänge und waren auf der Dorsalseite vom Nacken bis zur Schwanzwirbelsäule mit Hautknochenplatten gepanzert. Auch das Augenlid war verknöchert und die Nasenöffnungen waren von schützenden Knochenplatten bedeckt. Bei vielen Formen war das Ende der Schwanzwirbelsäule keulenartig verdickt und diente der Feindabwehr. Ob die Thyreophora Herden bildeten (wie andere Ornithischia), ist nicht bekannt.

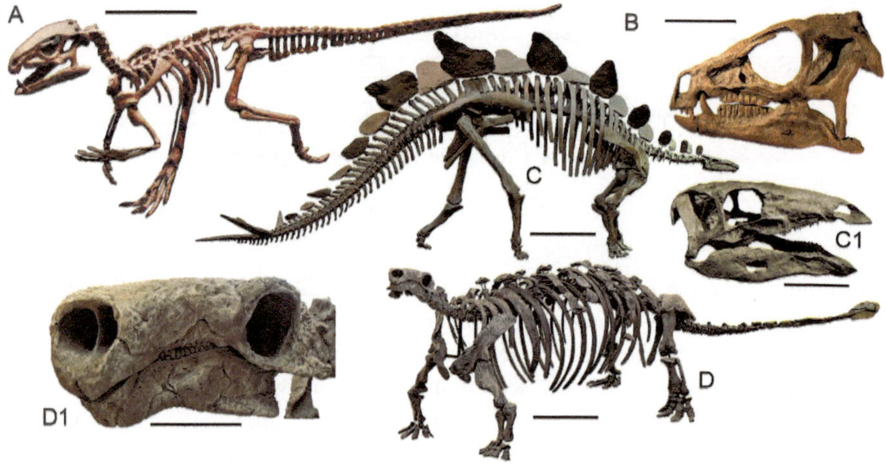

Abb. 32-12: Basale Ornithischia und Thyreophora; A: *Pisanosaurus* (Obertrias); B: Schädel von *Heterodontosaurus* (Unterjura); C: *Stegosaurus* (Oberjura), C1: Schädel von *Stegosaurus*; D: *Talarurus* (Oberkreide), D1: Schädel von *Talarurus*; Maßstab A, C1: 15 cm, B: 2 cm; C: 0,6 m; D: 0,5 m, D1: 10 cm; (kompiliert und modifiziert nach Sereno 2012 und Wikipedia).

Als **Cerapoda** wird eine große Gruppe quadrupeder und bipeder Pflanzenfresser zusammengefasst. Teilweise trugen sie am Kopf Hörner oder hatten eine stark verdickte Schädeldecke. Sie bestehen aus den Pachycephalosauria, den Ceratopsia und den Ornithopoda. Bei den ursprünglichen Vertretern wurde die Nahrung durch die Magenperistaltik unter Zuhilfenahme von Magensteinen zerkleinert, spätere Formen entwickelten spezielle Zähne und Kiefer, was die Zerkleinerung der Nahrung durch Kauen erlaubte. Die **Pachycephalosauria**

(«Dickkopfsaurier») waren bipede, mittelgroße (etwa 5 m) Ornithischia, die zum Teil hornartige Fortsätze am Kopf hatten und deren Schädeldecke bis zu 20 cm dick wurde. Vermutlich führten die Pachycephalosauria mit ihren Köpfen bei Rivalenkämpfen und vielleicht auch bei Angriffen von Feinden Rammstöße aus. Im Kiefer trugen sie relativ wenig differenzierte Zähne (Abb. 32-13). Die **Ceratopsia** («Horndinosaurier») existierten vom Oberjura bis in die Oberkreide; sie lebten in Herden. Ihre besonderen Merkmale waren Hörner auf Nase und Stirn sowie Nackenschilde. Beide Merkmale waren bei den nur 1–2 Metern großen Vorläuferformen (z. B. *Psittacosaurus*, Abb. 32-13 und Abb. 32-14) nur angedeutet vorhanden. Die späteren Horndinosaurier waren deutlich größer und schwerer. *Triceratops* erreichte bis 9 m Länge und 7 t Gewicht. Er hatte ein langes Nasenhorn und zusätzlich zwei Stirnhörner und ein Nackenschild ohne Durchbrüche. Andere Ceratopsia bildeten oft nur ein oder zwei Hörner aus, während der Nackenschild oft Durchbrüche zeigte oder aus Knochenstrahlen bestand (Abb. 32-13 und 32-14). Vermutlich diente der Nackenschild anfänglich als Ansatzpunkt für die Kaumuskulatur, später hatte er wahrscheinlich Schutzfunktion und war vermutlich auch ein Arterkennungsmerkmal. Die Hörner dienten der Abwehr der großen Theropoda und wurden möglicherweise auch bei Rivalenkämpfen eingesetzt. Die Ceratopsia hatten spitz zulaufende Kiefer mit einer verknöcherten, schnabelartigen Schnauze. Zähne waren nur im hinteren Teil des Kiefers vorhanden. Sie waren in mehreren Reihen übereinander angeordnet. Beim Kauen glitten die fast senkrecht stehenden Schneideflächen aneinander vorbei und quetschten und zerrieben die Nahrung.

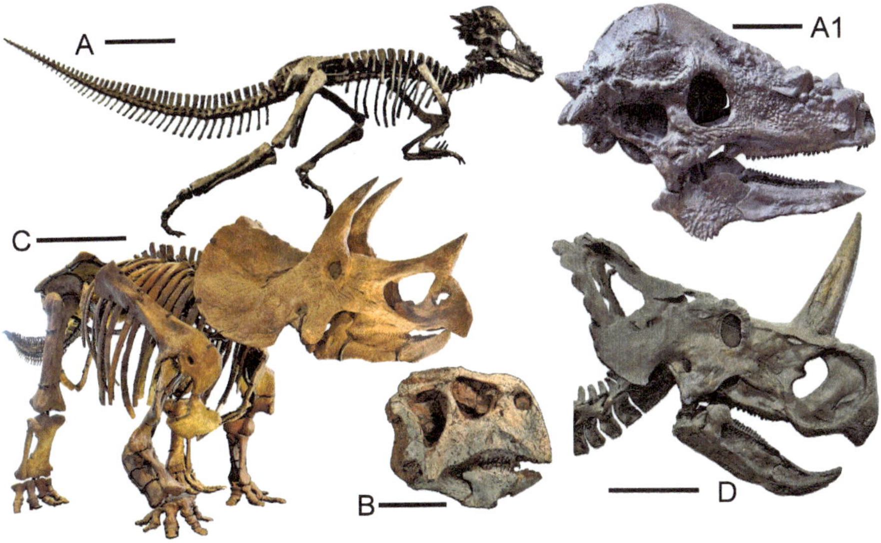

Abb. 32-13: Beispiele für Pachycephalosauria und Ceratopsia aus der Kreide. A: *Pachycephalosaurus* (Oberkreide), A1: Schädel von *Pachycephalosaurus*; B: *Psittacosaurus*; (Unterkreide), ein ursprünglicher Horndinosaurier; C: *Triceratops*; D: *Centrosaurus*; Maßstab A, D: 50 cm, A1: 15 cm, B: 10 cm, C: 1 m; (kompiliert und modifiziert nach Sereno et al. 2007, Caulfield und Ballista Wikipedia).

Die Entwicklung der **Ornithopoda** («Vogelfußdinosaurier») begann im Unterjura mit kleinen flinken bipeden Formen. Ihre Größe nahm rasch zu. Sie waren bis in die Oberkreide sehr erfolgreich. Ähnlich wie die Ceratopsia entwickelten sie spezielle Kiefer, die es ihnen ermöglichten, ihre Nahrung zu kauen und damit viel besser aufzuschließen als andere Pflanzenfresser. Die Ornithopoda sind die größte und bei Weitem erfolgreichste Gruppe der Ornithischia. Sie lebten in großen Herden mit vielen Individuen verschiedener Arten zusammen. Die wesentlichen Vertreter der Ornithopoda sind die Hypsilophodontidae, die Iguanodontidae und Hadrosauroidea. Die **Hypsilophodontidae** waren kleine bis mittelgroße, schnelle zweibeinige Läufer mit einem versteiften Schwanz, der der Balance diente (Abb. 32-15). Sie waren im Oberjura und in der Unterkreide in Europa weit verbreitet. Ihre Kiefer konnten Scherbewegungen zur Zerkleinerung der pflanzlichen Nahrung durchführen, was die Verdauung und Nahrungsnutzung erheblich verbesserte. Die **Iguanodontidae** waren mittelgroße bis große (Länge bis 12 m) und relativ schwere (bis 5 t) Ornithischia mit einem pferdeartigen Kopf. Ihre Vorderextremitäten waren kürzer als die hinteren, aber vermutlich lang genug, um eine zwei- und vierfüßige Fortbewegung zu erlauben. Die Hände und Füße hatten hufartige Bildungen an den Zehen. An den Händen waren die Mittelhandknochen verschmolzen und der Daumen bestand nur aus einem dornenartig verlängerten Glied, das als Waffe zur Verteidigung eingesetzt werden konnte. *Iguanodon* («Leguanzahn», Abb. 32-15) war einer der ersten Dinosaurier, der wissenschaftlich beschrieben wurde. Bei den ersten Rekonstruktionsversuchen 1835 und 1852 wurde allerdings der Daumendorn irrtümlicherweise auf die Nase platziert. Bezahnung und Gebiss von *Iguanodon* waren bereits ähnlich wie bei den Hadrosauridae. Beide Gruppen entwickelten sich aus gemeinsamen Vorläufern.

Die größte und formenreichste Gruppe der Ornithopoda waren die **Hadrosauroidea** (Entenschnabelsaurier), die in der Oberkreide lebten. Sie hatten ähnliche Körperproportionen wie die Iguanodontidae und konnten sich in ähnlicher Weise zwei- und vierfüßig fortbewegen. Die Ober- und Unterkiefer der Hadrosauridae waren am Vorderrand schnabelartig verbreitert und zahnlos (Abb. 32-16). Im Backenkiefer waren dafür mehrere dichte Reihen von gleichförmigen Zähnen vorhanden. Beim Kauen glitten die Zähne des Ober- und Unterkiefers in schrägem Winkel aneinander vorbei, wodurch die Pflanzennahrung sehr effektiv zerkleinert wurde. Dazu war allerdings im Gaumendach ein zusätzliches Gelenk (pleurokinetisches Gelenk) notwendig, das beim Schließen der Kiefer eine Bewegung der Oberkieferzähne nach außen erlaubte. Mumifizierte Funde lassen noch Reste der mineralisierten Haut und des Mageninhalts erkennen, der aus Nadeln und Zweigen von Koniferen (Nadelbäumen) und anderen Pflanzen bestand. Viele Hadrosaurier haben besondere knöcherne Auswüchse am Kopf, die helm- oder hornartig aussehen (Abb. 32-16). Die Knochen waren hohl und mit der Nasenhöhle verbunden. Für die Funktion dieser Auswüchse gibt es mehrere Erklärungsversuche. Vermutet werden schnorchelartige Fortsätze für ein Leben in Flüssen oder Seen, ein besonders leistungsfähiges Riechorgan oder ein trompetenartiges Organ zur Erzeugung von Tönen. Alternative Erklärungsmöglichkeiten vermuten artspezifische Erkennungsmerkmale und Sexualdimorphismus.

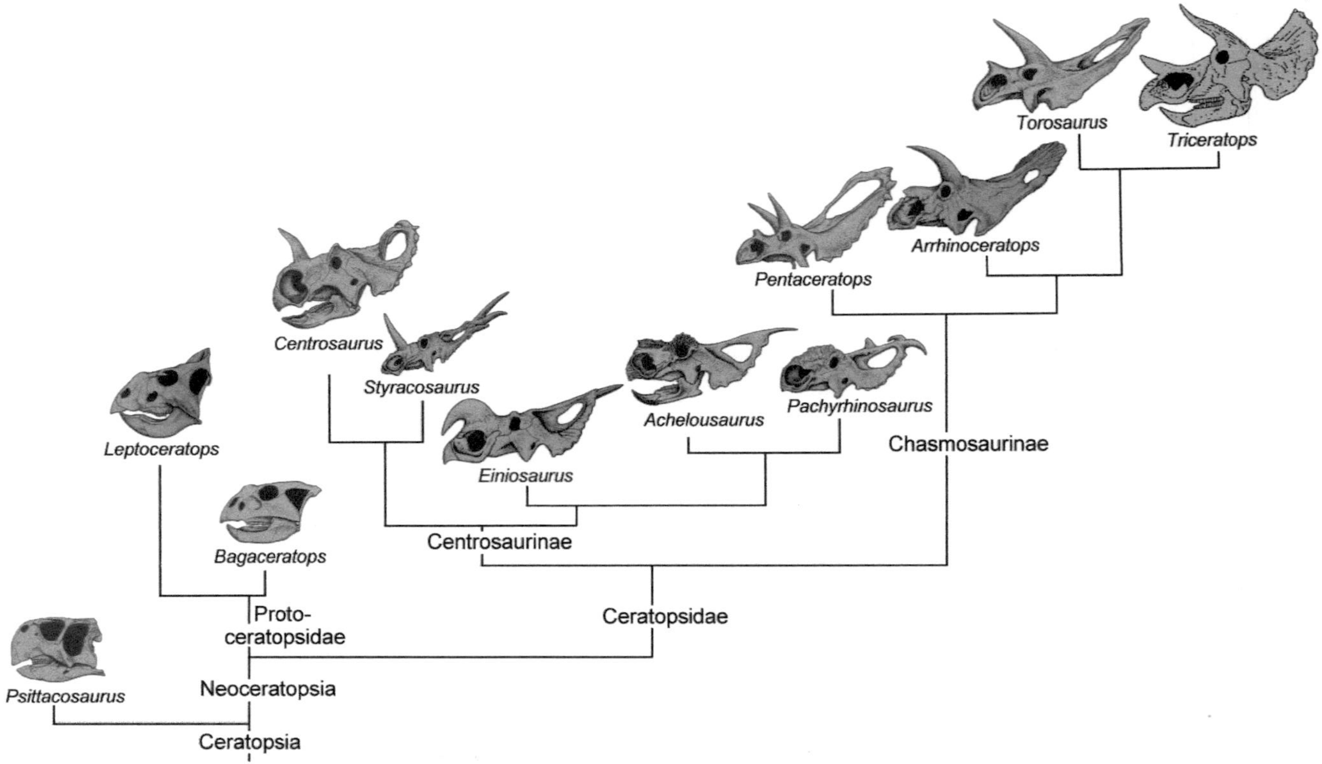

Abb. 32-14: Stark vereinfachter Stammbaum der Ceratopsia im Verlauf der Kreide. Die Entwicklung begann mit kleinen Formen wie *Psittacosaurus* in der Unterkreide, bei denen Horn und Nackenschild kaum vorhanden waren. Auch die Protoceratopsidae blieben kleinwüchsig. Die Ceratopsidae bildeten zahlreiche großwüchsige Formen mit ausgeprägten Hörnern und Nackenschilden. Die größte war *Triceratops* mit bis zu 9 m Länge und 7 t Gewicht (Bilder modifiziert nach Fastovski & Weishampel 2005).

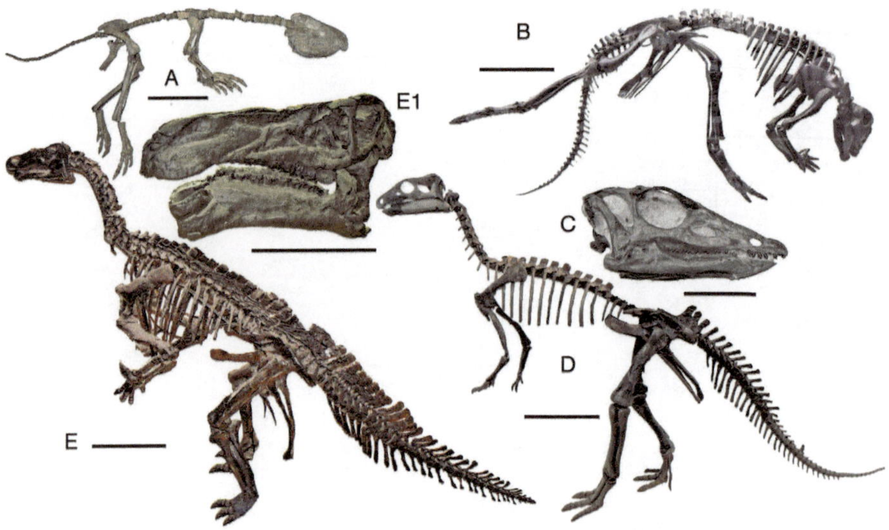

Abb. 32-15: Ursprüngliche Ornithopoda; A–C: Hypsilophodontidae, A: *Jeholosaurus*, B: *Hypsilophodon* (beide Unterkreide); C: Schädel von *Thescelosaurus* (Oberkreide); D und E: Iguanodontidae, D: *Camptosaurus* (Oberjura); E: *Iguanodon* (Unterkreide), E1: Schädel von *Iguanodon*; Maßstab A: 5 cm, B: 20 cm, C: 10 cm; D: 0,5 m, E: 1 m, E1: 40 cm; (kompiliert und modifiziert nach Boyd 2014 und Wikipedia).

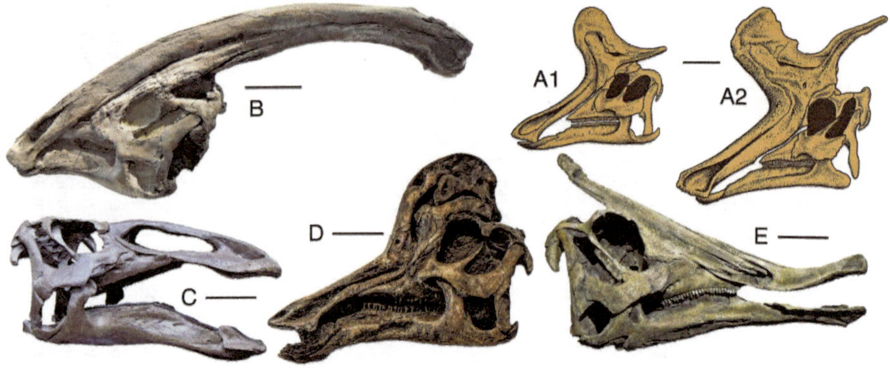

Abb. 32-16: Ornithopoda (Hadrosauroidea) aus der Oberkreide, zum Teil mit ausgeprägten Schädelfortsätzen; A: Schädel von *Lambeosaurus* mit Geschlechtsdimorphismus, A1: weiblich, A2: männlich; B: Schädel von *Parasaurolophus*; C: Schädel von *Edmontosaurus*; D: Schädel von *Corythosaurus*; E: Schädel von *Saurolophus*; Maßstab A: 10 cm, B–E: 20 cm; (kompiliert und modifiziert nach Fastovski & Weishampel 2005, Daderot und Descouens Wikipedia).

32.5.2 Saurischia (Echsenbeckensaurier)

Die Saurischia sind eine heterogene Gruppe pflanzenfressender und räuberischer bi- und quadrupeder Dinosaurier. Sie gliedern sich in zwei klar getrennte Gruppen, die Sauropodomorpha und die Theropoda (Abb. 32-10 und 32-11).

Die **Sauropodomorpha** waren ausschließlich Pflanzenfresser. Etliche Formen erreichten gewaltige Ausmaße mit bis zu 40 Metern Länge, 17 Metern Höhe und einem Gewicht von bis zu 80 Tonnen. Die ältesten Formen aus der Obertrias (z. B. *Saturnalia*, Abb. 32-17) waren allerdings noch kleine (etwa 1,5 m) vierfüßige Formen. Aber noch in der Trias begann der Größenwuchs. Bereits die **Prosauropoda** ereichten eine Länge von bis zu 10 Metern. *Plateosaurus* war einer der ersten großen Dinosaurier. Im Unterschied zu den meisten Sauropodomorpha waren die Prosauropoda wahrscheinlich biped. *Saturnalia* und *Plateosaurus* haben bereits den charakteristischen langen Hals und einen kleinen Kopf mit zahlreichen Zähnen (Abb. 32-17). Der lange Hals wird bei den späteren **Sauropoda** noch ausgeprägter. Zur Verankerung der Muskulatur des Halses wurden an den Halswirbeln lange Rippen entwickelt (z. B. *Argentinosaurus*, Abb. 32-18). Die Sauropoda sind eine sehr diverse Gruppe der Saurischia. Ihr tonnenförmiger Rumpf steht auf vier kräftigen, säulenartigen Beinen. Sie waren die größten Landtiere aller Zeiten, deren gigantische Ausmaße bis heute noch konstruktionstechnische und physiologische Rätsel aufgeben. Vollständige Skelette sind selten, meist sind nur Bruchstücke überliefert. Rekonstruktionen wie bei *Argentinosaurus* werden nach verwandten Formen extrapoliert. Weitere bekannte Sauropoda sind *Diplodocus*, *Brontosaurus*, *Apatosaurus*, *Brachiosaurus* und *Giraffatitan*. Die Schädel der Sauropodomorpha weisen einen triapsiden Bau auf, wie er für Archosauria typisch ist, und sind mit stift- bis spatelförmigen Zähnen ausgestattet. Vermutlich waren sie die Bewohner feuchter bis halbtrockener Standorte und ernährten sich von Pflanzen aller Art, einschließlich Blütenpflanzen und Gras. Zur Unterstützung der Verdauung sind im Magen Gastrolithen nachgewiesen. Die Frage nach der Thermoregulation bei den Sauropoda wird kontrovers diskutiert. Überwiegend werden sie als Warmblüter angesehen, was aber vermutlich alleine schon durch ihre Körpermasse bedingt gewesen sein könnte (Gigantothermie). Möglicherweise war das Problem eher ein ausreichender Kühlmechanismus, um überschüssige Wärme abzuführen, was über die Luftsacksysteme der Atmung denkbar wäre. Für Warmblütigkeit spricht auch das relativ rasche Wachstum der Sauropoda, welche schon mit 15 bis 30 Jahren geschlechtsreif waren. Aus parallel verlaufenden Trittspuren und Anhäufungen von Skelettfunden wurde geschlossen, dass die Sauropodomorpha Herdentiere waren.

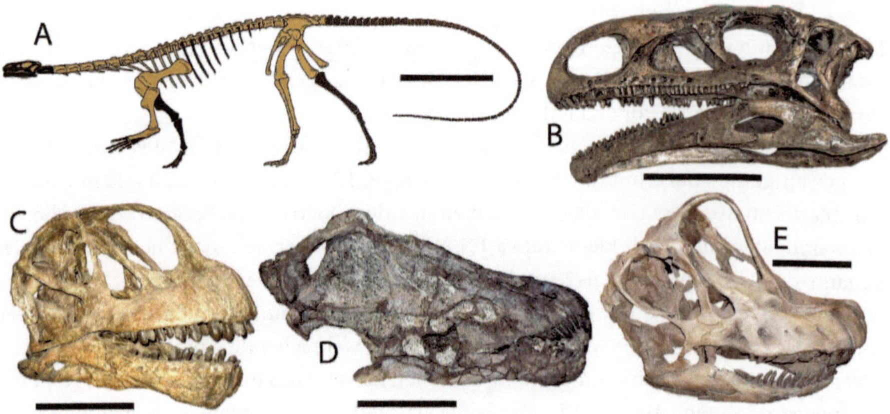

Abb. 32-17: Sauropodomorpha; A: *Saturnalia* (Obertrias); B: Schädel von *Plateosaurus*; C: Schädel von *Camarosaurus* (Oberjura); D: Schädel von *Diplodocus* (Oberjura); E: Schädel von *Giraffatitan* (Oberjura); Maßstab A: 30 cm; B, C, D und E: 10 cm; (kompiliert und modifiziert nach Fastovski & Weishampel 2005, Whitlock et al. 2010 und Wikipedia).

Abb. 32-18: Sauropodomorpha; A: Prosauropoda, *Plateosaurus* (Obertrias) Länge bis 10 m; B–D: Sauropoda, B: *Giraffatitan* (Oberjura), Höhe bis 13 m; C: *Apatosaurus* (Oberjura), Länge bis 25 m; D: *Argentinosaurus* (Oberkreide), Höhe bis 15 m; (kompiliert und modifiziert nach Wikipedia).

Die zweite große Gruppe der Saurischia sind die **Theropoda**. Aus ihnen sind die Vögel hervorgegangen, die Teil der Theropoda sind. Deshalb wird auch hier zwischen «non-avian theropods» («Nicht-Vogel-Theropoda»), die hier zunächst gemeint sind, und den Vögeln unterschieden. Das Grundmuster des Körperbaus ist bei den Nicht-Vogel-Theropoda weniger stark abgewandelt als bei den Ornithischia und Sauropodamorpha. Sie zeigt Ähnlichkeiten zu ihrer Stammgruppe, den Avimetatarsalia. Ihre Vorderbeine waren deutlich kürzer als die Hinterextremitäten. Sie waren durchweg, von fraglichen Ausnahmen abgesehen, biped. Der kräftige, lange Schwanz diente der Balance. Durch die senkrecht unter dem Becken angeordneten Beine waren die Theropoda sehr beweglich und hatten eine große Schrittlänge. Besonders die Formen kleiner und mittlerer Größe waren wahrscheinlich sehr flink. Die Körpergröße der Theropoda variierte zwischen 0,5 und 15 Metern. Das Gewicht der großen Formen wird auf bis zu 7 t geschätzt. Im Unterschied zu den Sauropodomorpha hatten die Theropoda große Schädel. Es sind drei große Schädelöffnungen vorhanden (triapsider Schädel); meistens ist ein typisches Raubtiergebiss entwickelt. Die dolchartigen Zähne sind seitlich abgeflacht und leicht gekrümmt, teilweise auch mit einem Sägezahnmuster versehen. Die Ernährungsweise der Theropoda war überwiegend carnivor (räuberisch und aasfressend), teilweise auch insektivor. Wenige Formen ernähren sich auch omnivor oder sogar herbivor (z. B. die Therizinosauridae). Ihre Zähne ähnelten eher denen der Sauropoda. Bei einigen fortgeschrittenen Theropoda (z. B. Oviraptorosauria) wurden die Zähne auch vollständig zurückgebildet. Anhand des Knochenfeinbaus und von Hochrechnungen der Wachstumsraten gibt es Hinweise, dass auch große Theropoda in 10–15 Jahren ihre Adultgröße erreichten. Ihre aktive Lebensweise und das bei vielen Formen nachgewiesene Federkleid lässt zusätzlich auf Warmblütigkeit schließen. Abschätzungen der Laufgeschwindigkeiten ergaben für große Taxa (*Allosaurus* oder *Tyrannosaurus* Werte von 25–30 km/h. Kleinere Theropoden waren wahrscheinlich deutlich schneller (bis 40 km/h). Für die Ornithomimosauria und Compsognathidae werden sogar bis zu 60 km/h vermutet.

Die ältesten Theropoda (wie *Eoraptor* und *Herrerasaurus*) stammen aus der Obertrias von Argentinien. Es waren kleine bis mittelgroße, flinke bipede Formen, die mit ähnlichen Formen (z. B. *Coelophysis*) auch noch im Jura weit verbreitet waren. Ab dem Mitteljura entwickelten sich die ersten großen bis sehr großen Formen, wie die **Carnosauria** mit *Allosaurus* oder *Giganotosaurus* und die **Spinosauroidea** mit *Spinosaurus* (Abb. 32-19). *Giganotosaurus* und *Spinosaurus* zählen mit Längen von 13 und 15 Metern zu den größten Theropoda. *Spinosaurus* lebte vermutlich semiaquatisch.

Abb. 32-19 Basale Theropoda; A: *Herrerasaurus* (Obertrias), bis 6 m Länge; B: *Eoraptor* (Obertrias), bis 1 m Länge; C: *Spinosaurus* (Unterkreide), bis 15 m Länge; D: *Giganotosaurus* (Oberkreide), bis 13 m Länge; (kompiliert und modifiziert nach Ibrahim et al. 2014 und Wikipedia).

Ab dem Oberjura traten die **Coelurosauria** («Hohlschwanzechsen») auf, die vermutlich alle ein Federkleid trugen und überwiegen klein bis mittelgroß waren. Dazu gehören sehr kleine Formen wie *Compsognathus*, aber auch der berühmte *Tyrannosaurus*, der bis 13 m Länge erreichte. Bei *Tyrannosaurus* und *Compsognathus* selbst wurden nur einfache Protofedern gefunden, aber bei nahe verwandten Formen (z. B. *Sinosauropteryx*, Abb. 32-20) aus der Unterkreide sind daunenartige Federn nachgewiesen. Für viele Coelurosauria wird aufgrund ihrer aktiv jagenden Lebensweise ein stereoskopisches Sehvermögen angenommen. Auch die 2–3 m hohen straußenähnlichen Ornithomimosauria (z. B. *Struthiomimus* oder *Gallimimus*) hatten Federn. Bei beiden waren im Kiefer keine Zähne mehr vorhanden. *Struthiomimus* hatte einen Hornschnabel. Im Magen einiger Ornithomimosauria wurden Gastrolithen gefunden. Deshalb wird vermutet, dass sie Allesfresser oder sogar Pflanzenfresser waren.

Die am weitesten entwickelte Gruppe der Coelurosauria sind die **Maniraptora** («Handräuber», Abb. 32-21). Sie entwickelten ein besonders bewegliches Handgelenk. Im Unterschied zu anderen Saurischia zeigt ihr Pubis (Schambein) nach hinten, ähnlich wie bei den Ornithischia. Die Maniraptora waren kleine bis mittelgroße, sehr agile, befiederte Tiere. Die meisten Formen lebten am Boden; es gab aber auch Baumkletterer und Flie-

Abb. 32-20: Coelurosauria; A: *Compsognathus* (Oberjura); B: *Sinosauropteryx* (Unterkreide) mit Federn; C: *Struthiomimus* (Oberkreide); D: Schädel von *Gallimimus* (Oberkreide) ohne Zähne; E: *Tyrannosaurus* (Oberkreide); Maßstab A, D: 10 cm, B: 20 cm, C: etwa 2 m hoch, E: bis 13 m Länge; (kompiliert und modifiziert nach Wikipedia).

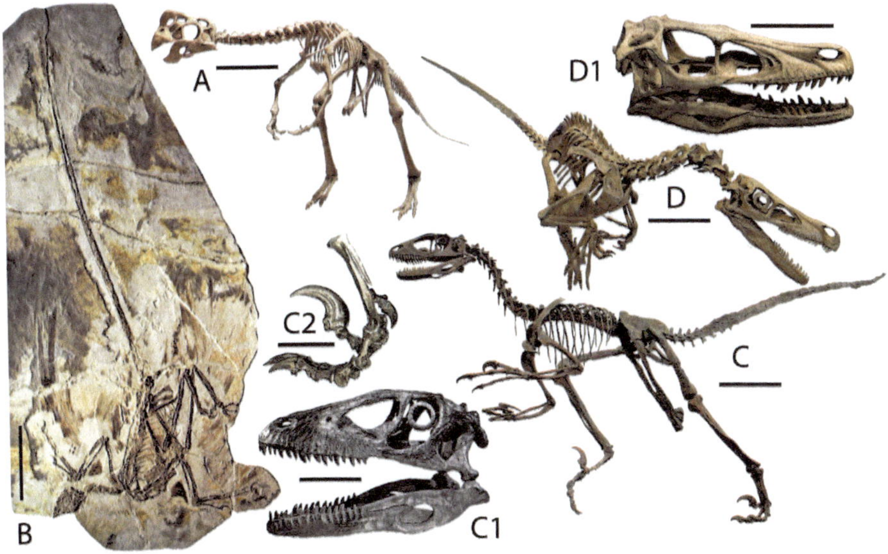

Abb. 32-21: Maniraptora; A: *Oviraptor* (Oberkreide); B: *Microraptor* (Unterkreide) mit Federn; C: *Deinonychus* (Unterkreide) bis 3 m Länge, C1: Schädel von *Deinonychus*, C2: Fußskelett von *Deinonychus* mit vergrößerter zweiter Zehe; D: *Velociraptor* (Oberkreide) bis 2 m Länge, D1: Schädel von *Velociraptor*, Maßstab A, D: 20 cm, B: 10 cm, C: 30 cm, C1, D1: 15 cm, C2: 5 cm; (kompiliert und modifiziert nach Ostrom 1969 und Wikipedia).

ger, vor allem bei den Dromaeosauridae (z. B. *Microraptor*, Unterkreide). Es wird kontrovers diskutiert, ob sie lediglich Gleitflieger waren, oder ob mit seinen Konturfedern ein richtiger Schlagflug möglich war. Viele Maniraptora hatten deutlich längere Arme als die übrigen Theropoda und waren somit morphologisch den Vögeln schon sehr ähnlich. Bei einigen Formen, z. B. *Deinonychus* («Schreckenskralle») und *Velociraptor* («schneller Räuber»), war die zweite Zehe deutlich vergrößert und mit einer sichelartig gebogenen Kralle versehen, die zurückgezogen werden konnte. Die Funktion dieser Kralle wird als Waffe gegen Beutetiere oder zum Anspringen und Festkrallen an großen Beutetieren oder auch zum Klettern auf Bäumen interpretiert. Möglicherweise jagten diese Formen in Rudeln. Aus den Maniraptora entwickelten sich auch die Vögel.

32.5.3 Aves (Vögel)

Als **Avialae** werden die von den Maniraptora abgeleiteten basalen Vögel bezeichnet. Zu ihnen gehören *Aurornis, Anchiornis* und *Xiaotingia* (alle aus China, Abb. 32-22) aus dem Zeitraum Mittel- bis Oberjura. Sie gelten als die ältesten Vertreter der engeren *Archaeopteryx*-Verwandtschaft, die bis zu 10 Mio. Jahre älter sind als *Archaeopteryx* selbst. Damit gilt *Archaeopteryx* nicht mehr als ältester «Vogel». Die Bedeutung von *Archaeopteryx* für die Paläontologie ist aber ungebrochen. *Archaeopteryx* und seine Verwandten zeigen eine Mischung aus Dinosaurier- und Vogelmerkmalen. Dinosauriermerkmale sind der bezahnte Kiefer, eine lange Schwanzwirbelsäule, Flügel mit drei Klauen und ein schwach entwickeltes Brustbein ohne Septum. Typische Vogelmerkmale sind leichte Röhrenknochen, zum Gabelbein verschmolzene Schlüsselbeine, die nach hinten orientierte erste Zehe am Fuß und ein Flügelbau mit Auftriebsprofil. Federn galten bis vor einigen Jahren auch als typisches Vogelmerkmal. Sie kommen aber auch bei den Coelurosauria vor und sind bereits früher, vermutlich aus Hautschuppen, entstanden und somit kein Vogelmerkmal. Federn entwickelten sich wahrscheinlich als Isolationsschutz bei Warmblütigkeit. Die Flugfähigkeit von *Archaeopteryx* gilt als gesichert aufgrund seiner großen Flügel und des asymmetrischen Baus der Schwungfedern, die jenen der heutigen Vögel ähnlich sind. Vermutlich war er aber nur bedingt zu einem ausdauernden Schlagflug fähig. Unklar ist, wie sich die Flügel während der Evolution ausbildeten, bevor sie zum Fliegen tauglich waren. Gängige Hypothesen sind:

- Die Flügel dienten zum Fangen von Insekten («Insektenklatscher-Modell») und erlaubten durch das Schlagen immer höhere und weitere Sprünge (auch als «ground up-Hypothese» bezeichnet).
- Die Flügel wurden zunächst für die Entwicklung des Gleitflugs zwischen Bäumen genutzt («trees down-Hypothese»). Die Krallen an den Füßen und Flügeln befähigten *Archaeopteryx* sicherlich zum Klettern.

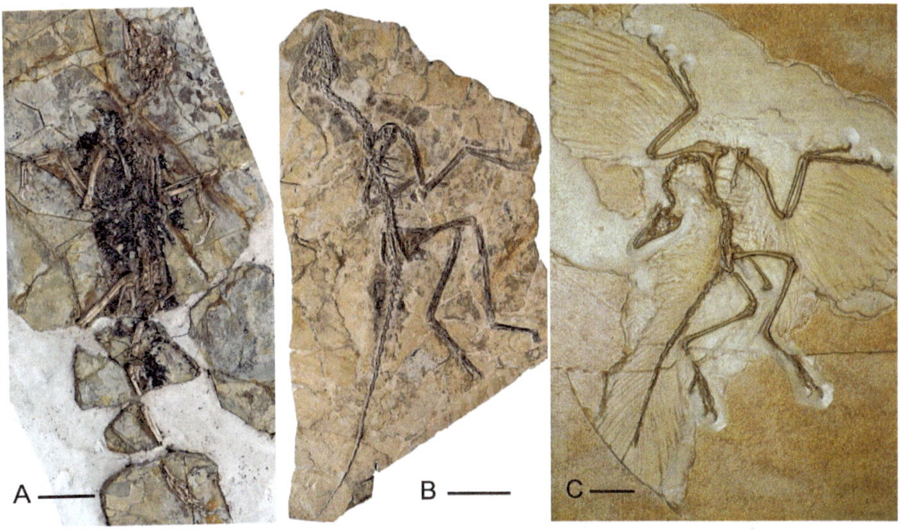

Abb. 32-22: *Xiaotingia* (A), *Aurornis* (B) und *Archaeopteryx* (C) sind drei Formen aus dem Übergangsbereich Maniraptora und Vögel; Maßstab 5 cm (kompiliert und modifiziert nach Godefroit et al. 2013, Xu et al. 2011, Wellnhofer 2000).

Im Verlauf der Kreide erwerben die Vögel schrittweise die Merkmale ihrer modernen Vertreter (Abb. 32-23). Die **Euavialae** bilden längere Arme und einen mobilerer Schultergürtel aus, haben aber noch eine lange Schwanzwirbelsäule (z. B. *Jeholornis*). Bei den **Pygostylia** wird die Schwanzwirbelsäule verkürzt und es kommt durch Fusion der letzten Schwanzwirbel zum Pygostyl (z. B. *Confuciusornis*). Als Nächstes folgen bei den **Ornithothoraces** die Fusion der Beckenwirbel und die Ausbildung eines Daumenfittichs (Befiederung des ersten Fingerglieds). Morphologische Änderungen im Schultergürtel und in den Flügeln führen zu einer verbesserten Flugfähigkeit. Zusätzlich wird die Anzahl der Brustwirbel reduziert.

Daraus entwickeln sich in der Unterkreide einerseits die **Enantiornithes** (z. B. *Zhouornis*, Unterkreide). Sie sind die artenreichste Gruppe der Vögel in der Oberkreide. Andererseits entstanden die **Ornithuromorpha** (oder **Euornithes**), bei denen es zur weiteren Verschmelzung der Rumpfwirbel kommt. Zusätzlich richten sich alle drei Beckenknochen nach hinten aus und das Pygostyl wird weiter verkürzt (z. B. *Hongshanornis*, Unterkreide). Hierzu gehört auch *Patagopteryx*, ein sekundär flugunfähiger Vogel mit reduziertem Brustbein, das keinen Kiel hat. Bei den **Ornithurae** wird die rudimentäre Schwanzwirbelsäule weiter verkürzt und mit dem Pygostyl nach oben gekrümmt. Zu dieser Gruppe gehören die flugunfähigen Tauchvögel (z. B. *Hesperornis*) aus der Oberkreide. Die **Carinatae** waren den modernen Vögeln schon sehr ähnlich. Sie hatten zwar noch Zähne, waren aber ansonsten weitgehend modern gebaut (mit einem ausgeprägten Kiel am Brustbein für die

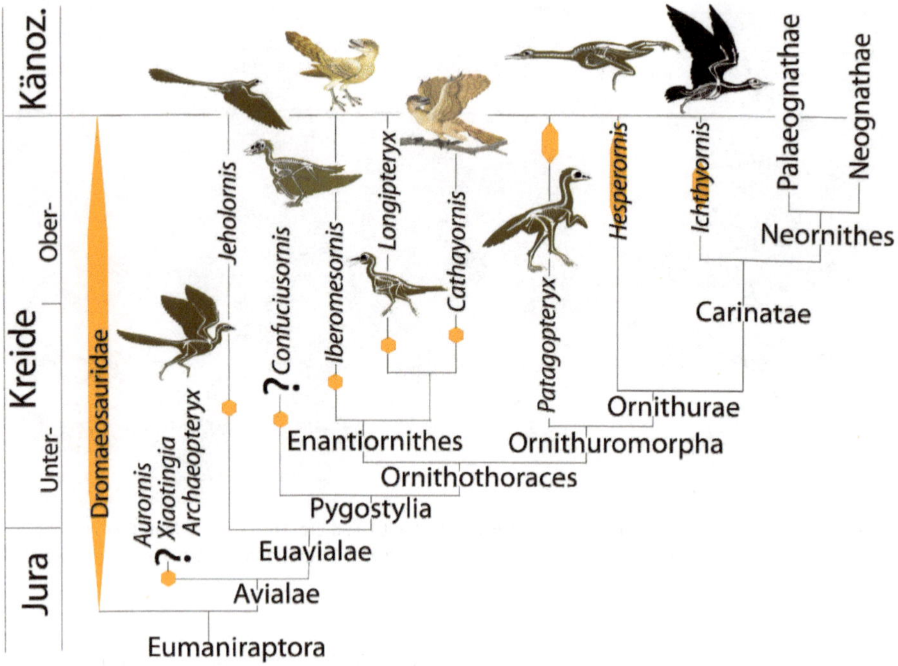

Abb. 32-23: Vereinfachter Stammbaum der Vögel in der Kreide mit ausgewählten Beispielen. Die kretazischen Vögel starben alle am Ende der Kreide aus. Lediglich die Neornithes (Palaeognathae und Neognathae), die alle modernen Vögel einschließen, überlebten die Kreide/Paläogen-Grenze (modifiziert nach Chiappe & Dyke 2006, Longrich et al. 2011, Wang et al. 2016).

Verankerung der Flugmuskulatur). Ein bekanntes Beispiel ist *Ichthyornis* aus der Oberkreide, der wahrscheinlich ein guter Flieger war und ähnlich wie Möwen lebte. Als **Neornithes** werden die modernen Vögel zusammengefasst. Sie haben keine Zähne mehr. Als einzige Gruppe der mesozoischen Vögel überlebten die Neornithes das Kreide/Paläogen-Massenaussterben.

Känozoische Vögel

Der Ursprung der Neornithes liegt wahrscheinlich in Südamerika (siehe Abb. 8-7). Von dort breiteten sie sich einerseits Richtung Nordamerika, Eurasien und Afrika und andererseits Richtung Antarktis und Australien aus. Als Australien bei seiner Wanderung nach Norden im Neogen mit Indonesien in Kontakt kam, eroberten die Vögel von dort aus auch Eurasien und Afrika.

Noch in der Kreide entwickelten sich aus den Neornithes die Palaeognathae (Urkiefervögel, Strauße und Steißhühner) und die Neognathae (Neukiefervögel). Aus diesen wie-

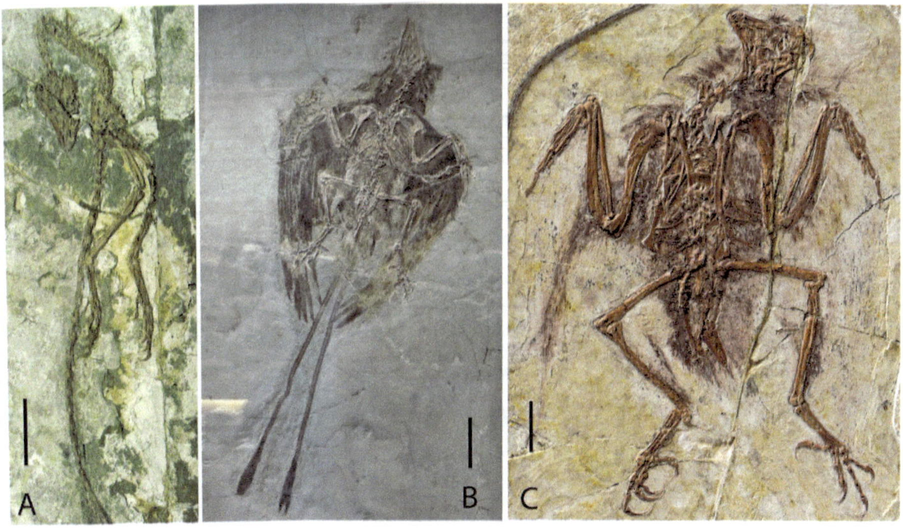

Abb. 32-24: Basale Vögel der Euaviale, Pygostylia und Enantiornithes. A: Euaviale, *Jeholornis* (Unterkreide); B: Pygostylia, *Confuciusornis* (Unterkreide); C: Enantiornithes, *Zhouornis* (Unterkreide); Maßstab A, B: 5 cm, C: 2 cm; (kompiliert und modifiziert nach Zhang et al. 2014 und Wikipedia).

Abb. 32-25: Fortschrittlichere Vögel der Ornithuromorpha, Ornithurae und Carinatae. A, B: Ornithuromorpha, *Hongshanornis* (Unterkreide); B: *Patagopteryx* (Oberkreide); C: Ornithurae, *Hesperornis* (Oberkreide); D: Carinatae, *Ichtyornis* (Oberkreide); Maßstab A: 1 cm, B, D: 10 cm, C: 25 cm; (kompiliert und modifiziert nach Chiappe et al. 2014 und Wikipedia).

derum entstanden die Galloanserae (Hühner- und Gänsevögel) und die Neoaves, welche alle übrigen modernen Vögel umfassen. Alle modernen Vogelgruppen sind seit dem Paläozän bekannt. Viele Ordnungen der modernen Vögel lassen sich bis in die Kreide oder das Paläogen zurückverfolgen. Die eigentliche Diversifizierungsphase fand weitgehend im

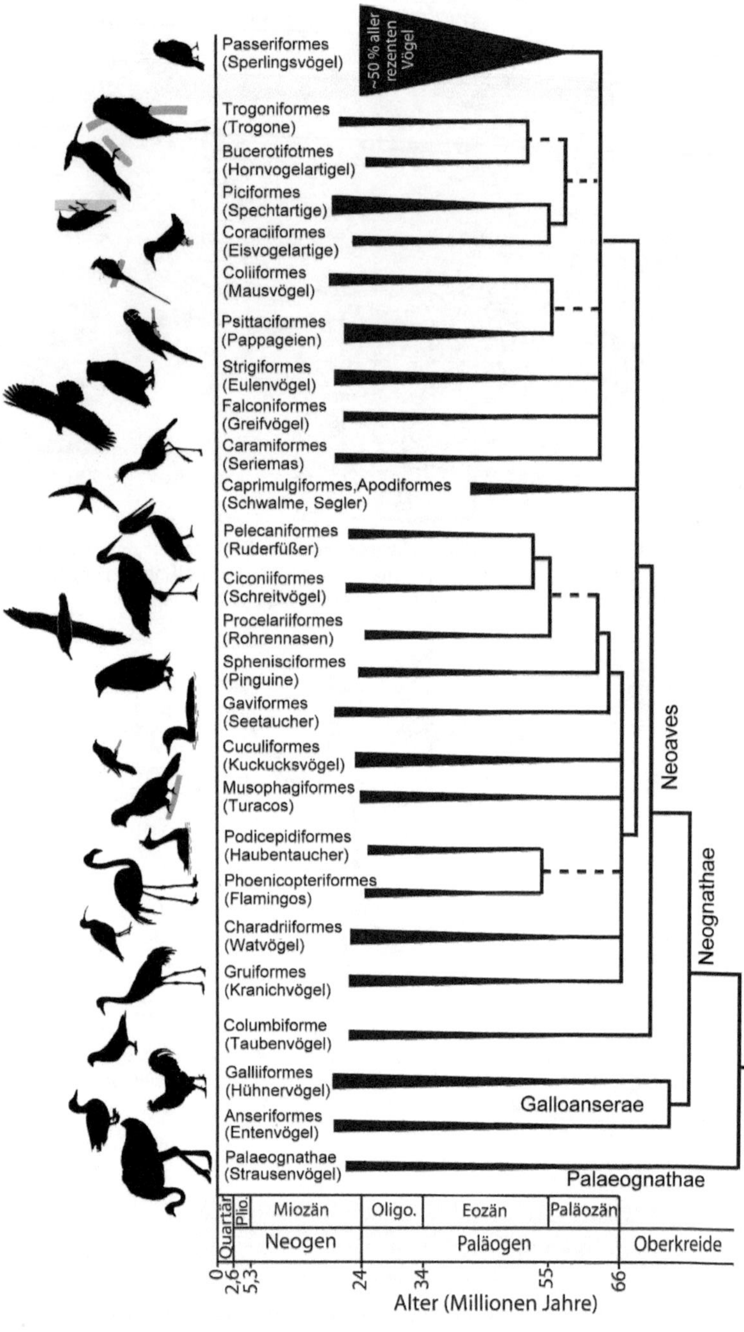

Abb. 32-26: Vereinfachter Stammbaum der Neornithes im Känozoikum. Die Neornithes überlebten das Kreide/Paläogen-Massenaussterben und radiierten sehr stark im Tertiär. Mit über 10 000 Arten sind sie die erfolgreichsten rezenten Tetrapoda (verändert nach Benton 2015).

Neogen statt (Abb. 32-26). Die Ordnung Passeriformes (Sperlingsvögel) umfasst mit über 5000 Arten etwa die Hälfte der modernen Vögel. Wegen ihres leichten Knochenbaus und der fehlenden Zähne sind Vogelfossilien selten. Im Tertiär gab es z. T. sehr große flugfähige und bodenlebende Formen. Der Albatros-ähnliche *Pelagornis* aus Südamerika hatte über 5 m Flügelspannweite (mit Schwungfedern vermutlich sogar 6 m). Sein Gewicht wird auf maximal 30 kg geschätzt. Ebenfalls aus Südamerika sind die flugunfähigen, räuberischen Phorusrhacidae («Terror Birds») aus dem Päläozän bis in das Pleistozän bekannt. Sie wurden bis 3 m hoch und 300 kg schwer, und gehörten zu den Topcarnivora des Tertiärs in Südamerika. In Europa und Nordamerika gab es ebenfalls sehr große flugunfähige Vögel. *Gastornis* (Anseriformes, Gänseartige) war bis über 2 m groß, hatte einen sehr kräftigen Schnabel und wurde lange als räuberisch lebend angesehen. Inzwischen wird aber eine Ernährung als Fruchtfresser favorisiert.

Abb. 32-27: Vögel aus dem Tertiär. A, B: *Pelagornis* (Pelagornithidae) ein Albatros-ähnlicher Pseudozahnvogel, aus dem Miozän (5 m Spannweite); B: Schädel mit gut sichtbaren, knöchernen Pseudozähnen; C, D: Regenpfeiferartige (Charadriiformes) aus dem Eozän von Dänemark, C: *Morsoravis*; D: *Scandiavis*; E: Schädel von *Phorusrhacos* einem flugunfähigen, räuberischen Vogel aus Südamerika; F: *Gastornis* (Eozän); Maßstab: B, E: 10 cm, C: 1 cm, D: 2 cm, F: 20 cm; (aus Mayr & Rubilar-Rogers 2010, Bertelli et al. 2010, 2013, Alvarenga & Höfling 2003 und Wikipedia).

Weiterführende Literatur

Baron, M. G., Norman, D. B. & Barrett, P. M. (2017): A new hypothesis of dinosaur relationships and early dinosaur evolution.- Nature 543: 501-506.

Benton, M. (2007): Paläontologie der Wirbeltiere.- 472 S., Pfeil; München.

Benton, M. (2015): Vertebrate Palaeontology.- 493 pps., Wiley-Blackwell; Chichester.

Carroll, R. (1988): Vertebrate Paleontology and evolution.- 678 pp., Freeman, New York.

Westheide, W. & Rieger, R. (2009, Hrsg.): Spezielle Zoologie. Teil 2: Wirbel- oder Schädeltiere. Spektrum Verlag, 788 S.

Zitierte Literatur

Bennett, S. C. (2015): New interpretation of the wings of the pterosaur Rhamphorhynchus muensteri based on the Zittel and Marsh specimens.- Journal of Paleontology, 89: 845–869.

Boyd, C. A. (2014): The cranial anatomy of the neornithischian dinosaur *Thescelosaurus neglectus*.- PeerJ 2:e669; DOI 10.7717/peerj.669

Chiappe, L. M. & Dyke, G. J. (2006): The early evolutionary history of Birds.- J. Paleont. Soc. Korea 22: 133–151.

Chiappe, L. M., Zhao, B., O'Connor, J. K., Chunling, G., Wang, X., Habib, M., Marugan-Lobon, J., Meng, Q. & Cheng, X. (2014): A new specimen of the Early Cretaceous bird *Hongshanornis longicresta*: insights into the aerodynamics and diet of a basal ornithuromorph. PeerJ 2:e234; DOI 10.7717/peerj.234

Everhard, M. J. (2005): *Tylosaurus kansasensis*, a new species of tylosaurine (Squamata, Mosasauridae) from the Niobrara Chalk of western Kansas, USA.- Geologie en Mijnbouw 84: 231–240.

Fastovski, D. E. & Weishampel, B. D. (2005): The evolution and extinction of Dinosaurs.- 485 pp., Cambridge University Press.

Godefroit, P.; Cau, A.; Hu, D.-Y.; Escuillié, F.; Wu, W.; Dyke, G. (2013): A Jurassic avialan dinosaur from China resolves the early phylogenetic history of birds.- Nature 498: 359–362.

Großmann, F. (2006): Taxonomy, phylogeny and palaeoecology of the plesiosauroids (Sauropterygia, Reptilia) from the Posidonia shale (Toarcian, Lower Jurassic) of Holzmaden, south west Germany.- 127 pp., Dissertation, Universität Tübingen.

Ibrahim, N., Sereno, P. C., Dal Sasso, C., Maganuco, S., Fabbri, M., Martill, D. M., Zouhri, S., Myhrvold, N. & Iurino, D. A. (2014): Semiaquatic adaptations in a giant predatory dinosaur.- Science 345: 1613–1616.

Longrich, N. R.,Tokaryk, T. & Field, D. J. (2011): Mass extinction of birds at the Cretaceous–Paleogene (K–Pg) boundary.- PNAS 108: 15253–15257.

Ostrom, J. H., (1969): A new theropod dinosaur from the Lower Cretaceous of Montana.- Postilla 128: 1–17.

Padian, K. (2008): The early Jurassic pterosaur *Dorygnathus banthensis* (Theodori, 1830).- Special Papers in Palaeontology 80: 1–64.

Sereno, P. C. (2012): Taxonomy, morphology, masticatory function and phylogeny of heterodontosaurid dinosaurs.- ZooKeys 226: 1–225.

Sereno, P.C., Zhao, X.–J., Brown, L. & Tan, L. (2007): New psittacosaurid highlights skull enlargement in horned dinosaurs.- Acta Palaeontologica Polonica 52: 275–284.

Vidovic, S. U. & Martill, D. M. (2014): *Pterodactylus scolopaciceps* Meyer, 1860 (Pterosauria, Pterodactyloidea) from the Upper Jurassic of Bavaria, Germany: The Problem of Cryptic Pterosaur Taxa in Early Ontogeny.- PLoS ONE 9(10): e110646.

Wang, M., Zheng, X., O'Connor, J. K., Lloyd, G. T., Wang, X., Wang, Y., Zhang, X. & Zhou, Z. (2015): The oldest record of Ornithuromorpha from the Early Cretaceous of China.- *Nature Communications* 6: Article number 6987. DOI: 10.1038/ncomms7987.

Wellnhofer, P. (2000): Der bayerische Urvogel, *Archaeopteryx bavarica*.- AvH-Mitteilungen 75, 3–10; Bonn.

Whitlock, J. A., Wilson, J. A. & Lamanna, M. C. (2010): Description of a nearly complete juvenile skull of Diplodocus (Sauropoda: Diplodocoidea) from the Late Jurassic of North America.- Journal of Vertebrate Paleontology 30: 442–457.

Xu, X., You, H., Du, K. & Han, F. (2011): An Archaeopteryx-like theropod from China and the origin of Avialae. Nature 475: 465–470.

Zhang, Y., O'Connor, J., Di, L., Qingjin, M., Sigurdsen, T. & Chiappe, L. M. (2014): New information on the anatomy of the Chinese Early Cretaceous Bohaiornithidae (Aves: Enantiornithes) from a subadult specimen of Zhouornis hani. PeerJ 2:e407

33 Amniota II: Therapsida und Säugetiere

Bei den Synapsida dominierten im Oberkarbon und Unteren Perm die Pelicosauria, die im Übergang zum Höheren Perm von den Therapsida abgelöst wurden. Zu den Therapsida gehören auch die heutigen Säugetiere. Man trennt deshalb die «non-mammalian therapsids» («nicht-mammalen Therapsiden») von den Säugetieren, und führt sie meist im Rang einer Ordnung oder Überordnung. Sie existierten vom Mittleren Perm bis in die Kreide. Der Höhepunkt ihrer Entwicklung dauerte vom Höheren Perm bis in die Mitteltrias. Vor allem im Höheren Perm waren sie die dominanten Landwirbeltiere. Zu dieser Zeit waren sie weitaus erfolgreicher als die Diapsida.

33.1 Therapsida

Es sind über 400 Gattungen und deutlich über 1000 Arten bekannt. Zu den charakteristischen morphologischen Merkmalen, die sich bei den Therapsiden ausgebildet haben, gehören unter anderem die Entwicklung eines Brustbeines, eines Gaumendachs und eines sekundären Kiefergelenks. Damit verbunden folgt auch die Umbildung der Gehörregion (siehe Abb. 6-8 und 6-9). Zwischen Kopf und erstem Halswirbel bildet sich ein doppelter Gelenkhöcker (Condulus occipidalis) aus. Das synapside Schläfenfenster wird zum Jochbogen umgestaltet und die Größe des Gehirnschädels nimmt langsam zu. Im Gebiss kommt es zu einer ausgeprägten Zahndifferenzierung, die es erlaubt, die Nahrung im Mund zu zerkleinern, was im Unterschied zum Schlucken großer Brocken (wie sie bei den meisten Reptilien erfolgt) eine bessere Nahrungsverwertung erlaubt. Die Beine rücken zunehmend direkt unter den Körper, was eine raschere Fortbewegung ermöglicht (Abb. 6-12). Für die Therapsida wird Warmblütigkeit diskutiert. Argumente dafür sind das Vorhandensein von Vibrissen (Schnurrhaare) und Hautabdrücke, die eine Haut ohne Schuppen, aber mit Drüsen (möglicherweise Schweißdrüsen) belegen. Die Knochen zeigen keine Wachstumsringe wie bei wechselwarmen Tieren, sondern sind denen der Säugetiere sehr ähnlich. Haarfunde in permischen Koprolithen (fossile Exkremente) sind ein weiteres Argument. Haare und Schnurrhaare gibt es rezent nur bei Säugetieren. Sie dienen als Tastsinn und zur Wärmedämmung. Die Therapsida waren eierlegend, ihre Nachkommen zeigen ein rasches Wachstum während der Juvenilphase, ähnlich jener der Säuger. Im Adultstadium wird eine Maximalgröße erreicht.

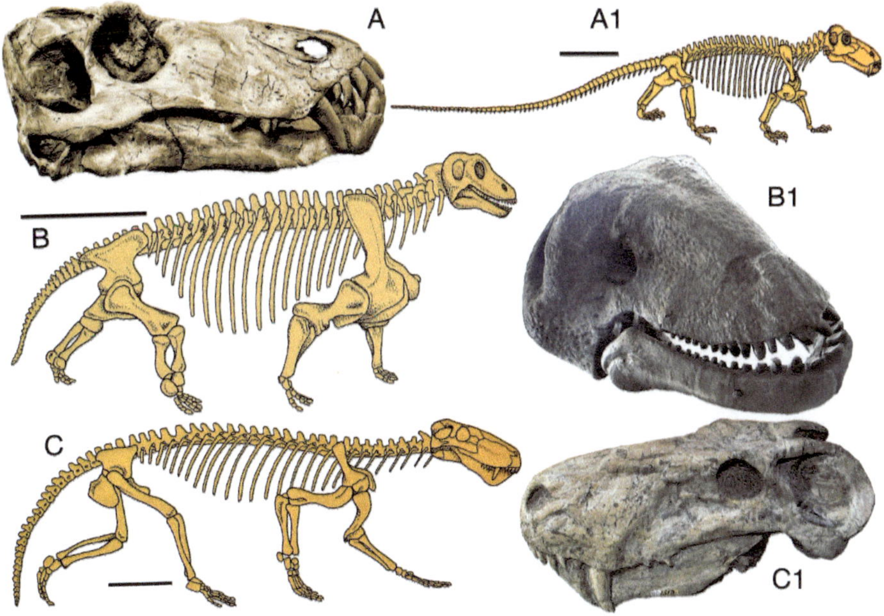

Abb. 33-1: Nicht-mammale Therapsiden; A, B: Dinocephalia, A: Schädel von *Titanophoneus* und A1: Skelettrekonstruktion; B: *Moschops*, Skelettrekonstruktion, B1: Schädel; C: Gorgonopsia, C: *Lycaenops* Skelettrekonstruktion, C1: Schädel von *Lycaenops*; Maßstab A1: 20 cm, B: 50 cm, C: 10 cm; (kompiliert und modifiziert aus Benton 2007, Carrol 1988 und Wikipedia).

Bei den Therapsida werden verschiedene Untergruppen unterschieden. Für das Perm sollen als Beispiele die Dinocephalia und die Gorgonopsia erwähnt werden (Abb. 33-1). Die Dinocephalia bildeten große Formen, teils als Pflanzenfresser (z. B. *Moschops*), teils auch als räuberische Formen. *Titanophoneus* erreichte bis 5 m Länge und 600 kg Gewicht und war einer der Topcarnivoren des höheren Perms. Auch die Gorgonopsia stellten mittelgroße, Wolf-ähnliche (z. B. *Lycaenops*) bis 4 m lange Räuber (z. B. *Inostrancevia*) im höheren Perm. Von der diversen Therapsiden-Lebewelt des Perms überlebten nur wenige Gruppen das Perm/Trias-Massenaussterben, vor allem die Dicynodontia und die Cynodontia (Abb. 32-2). Die Dicynodontia waren plump gebaute Pflanzenfresser von bis zu 3 m Größe (z. B. *Kannemeyeria*, Unter- und Mitteltrias), die möglicherweise in Herden lebten. Aus den Cynodontia sind die Säugetiere hervorgegangen. Die mittel- und obertriassischen Vertreter *Belesodon* und *Cynognathus* sind morphologisch den frühen Säugetieren bereits sehr ähnlich. Es sind etwa ein *(Belesodon)* bis zwei *(Cynognathus)* Meter große räuberische Formen mit relativ großem Kopf. Beide Gruppen starben in der Unterkreide aus.

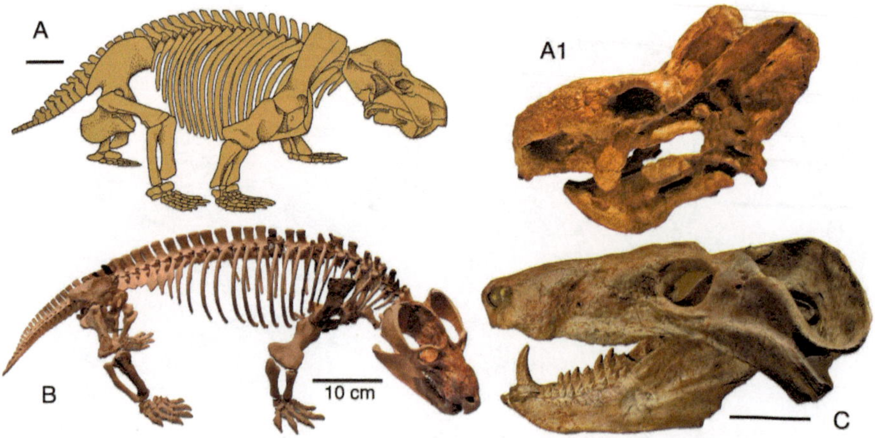

Abb. 33-2: Triassische Therapsida; A: Dicynodontia, Skelettrekonstruktion von *Kannemeyeria* (Unter-, Mitteltrias); A1: Schädel von *Kannemeyeria*; B, C: Cynodontia, B: *Belesodon* C: Schädel von *Cynognathus* (beide Mittel- bis Obertrias); Maßstab A: 20 cm, B: 10 cm, C: 5 cm; (kompiliert und modifiziert aus Benton 2007 und Wikipedia).

33.2 Mammalia (Säugetiere)

Die Säugetiere werden in der Biologie als Klasse der Wirbeltiere geführt, mit den Unterklassen **Monotremata** (oder Protheria, Kloakentiere, eierlegende Säugetiere), **Metatheria** (oder Marsupialia, Beuteltiere), und **Eutheria** (oder Placentalia, Plazentatiere). Es gibt etwa 5400 rezente Arten, davon gehören 5 zu den Monotremata und 320 zu den Beuteltieren.

Der Übergang von den nicht-mammalen Therapsiden zu den Säugetieren verlief fließend. Innerhalb der Cynodontia entwickelten sich in der Trias die bereits sehr säugerähnlichen Mammaliformes, aus denen wiederum im Bereich der Trias/Jura-Grenze die ersten Mammalia hervorgingen (Abb. 6-9). Welches Tier genau als erstes Säugetier anzusprechen ist, wird kontrovers diskutiert.

Folgende charakteristische Merkmale bildeten sich bei den Säugetieren aus: Sie sind endotherm (warmblütig) mit einer Körpertemperatur, die je nach Art zwischen 37 bis 42 °C variiert. Um die Körpertemperatur konstant zu halten, wurde ein Haarkleid entwickelt. Manche Gruppen haben sekundär die Haare wieder verloren (z. B. Wale). Durch eine artspezifische Farbgebung dient das Haarkleid auch zur Tarnung oder als Warnsignal. Säugetiere haben einen einmaligen Zahnwechsel vom Milchgebiss zum permanenten Gebiss. Sekundär wurden bei einigen Gruppen auch hochkronige (protohypsodonte) oder stetig wachsende (euhypsodonte) Zähne entwickelt. Es gibt auch zahnlose Formen. Alle Mammalia besitzen Milchdrüsen und säugen ihre Jungtiere. Die meisten sind lebendgebärend. Säugetiere sind durch eine erstaunliche Variabilität im Körperbau gekennzeichnet.

Die meisten Varianten entstanden aber erst nach dem Kreide/Paläogen-Massenaussterben. Größe und Gewicht differieren zwischen 4 cm und 2 g bei der kleinsten Spitzmaus und 33 m und 150 t beim Blauwal. Säugetiere eroberten alle Lebensräume an Land, im Wasser und in der Luft. Sie sind mit verschiedenen Sinnesorganen wie Augen, Ohren, Geruchssinn, Tastsinn, Geschmack und Elektrorezeptoren (z. B. bei Schnabeltier und manchen Delfinen) ausgestattet.

33.2.1 Radiation der mesozoischen Säugetiere

Die Fortpflanzung und Ontogenie der Monotremata ist interessant, da sie zumindest teilweise Rückschlüsse auf die mesozoischen Säuger zulässt. Kloakentiere sind Dämmerungs- und nachtaktive Arthropoden- und Annelidenfresser. Einige Wochen nach der Befruchtung legt das Weibchen ein bis drei dotterreiche Eier mit einer pergamentartigen Schale. Die Eier werden etwa 2 Wochen in einem Nest oder in einer Bauchfalte ausgebrütet. Danach schlüpfen unreife, nackte Jungtiere, die anschließend ungefähr 8–10 Wochen in einem Nest verbringen und gesäugt werden. Anschließend können die Jungtiere gelegentlich das Nest verlassen. Der Absetzungszeitpunkt (Ende der Stillzeit) folgt nach vier bis sieben Monaten. Es ist vorstellbar, dass bei vielen mesozoischen Taxa eine ähnliche Entwicklung erfolgte. Fossile Monotremata sind sehr selten und wurden überwiegend in Australien und wenige in Südamerika gefunden. Zum Zeitpunkt ihrer Entstehung im Mittel- bis Oberjura hingen Australien, Antarktika und Südamerika noch zusammen, sodass eine Ausbreitung über diese Kontinente möglich war. Die rezenten Monotremata und ihre fossilen Vertreter werden als Australosphenida (Abb. 33-6) bezeichnet.

Auch von den übrigen fossilen Säugetieren sind meist nur Zähne oder Teile des Schädels überliefert. In den letzten Jahrzehnten sind aber auch etliche mehr oder weniger vollständige Skelette, zum Teil sogar mit Haaren, gefunden worden.

Im Übergangsbereich der Mammaliformes zu den Mammalia stehen ***Sinoconodon*** und ***Morganucodon***. Beide zeigen den Übergang vom primären zum sekundären Kiefergelenk. Der etwa katzengroße Räuber *Sinoconodon* hatte noch einen mehrfachen Zahnwechsel, während bei *Morganucodon,* wie bei allen Säugetieren, nur noch ein einmaliger Zahnwechsel vollzogen wurde. Er lebte als nachtaktiver Insektenfresser und war etwa so groß wie eine Spitzmaus. Die Morganucodontida sind von der obersten Trias bis in den Oberjura verbreitet. Auch die überwiegend bodenlebenden **Docodontia** werden noch zu Mammaliformes gerechnet. Bei einigen Formen gibt es bereits die Anpassung an eine semiaquatische Lebensweise (z. B. *Haldanodon* und *Castorocauda*). *Castorocauda* aus dem Mitteljura hatte einen Biber-ähnlichen Körperbau mit einem dichten Fell und Schwimmhäuten an den Hinterextremitäten sowie einen unbehaarten, beschuppten Schwanz.

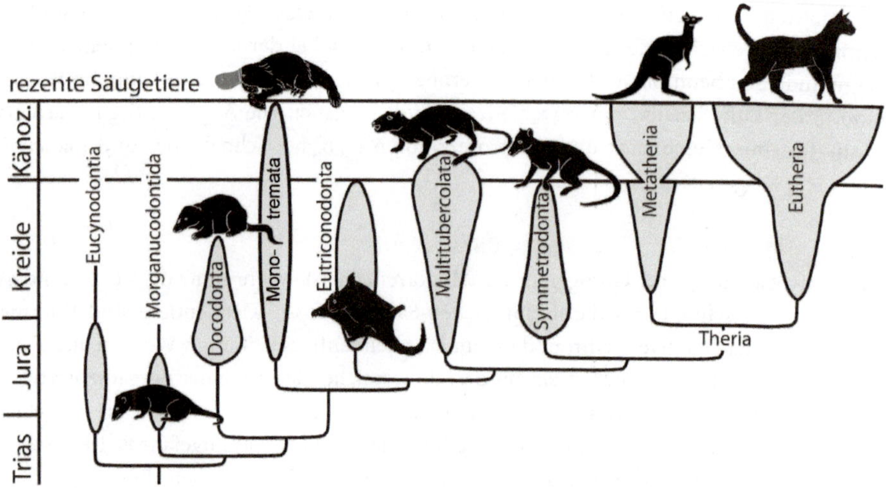

Abb. 33-3: Stark vereinfachter Stammbaum der Mammaliformes und Mammalia. In den letzten 20 Jahren sind zahlreiche Entwicklungslinien im Mesozoikum rekonstruiert worden. Die wichtigsten davon sind hier dargestellt (vereinfacht nach Luo et al. 2007, Luo et al. 2011).

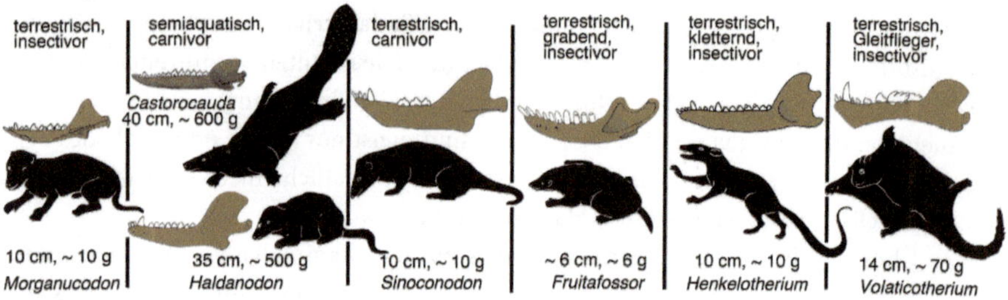

Abb. 33-4: Ökologische Vielfalt mesozoischer Mammaliformes und Mammalia. Die Anpassung an verschiedene Lebensräume war bereits weit entwickelt und zeigt einen hohen Spezialisierungsgrad (vereinfacht nach Luo 2007).

Fruitafossor wird zu den Mammalia gestellt, allerdings ist seine genauere Zuordnung unsicher. Es handelt sich dabei um ein kleines, grabend lebendes Tier aus dem Oberjura, das sich von Insekten, möglicherweise Ameisen oder Termiten, ernährte. Die **Eutriconodonta** sind eine heterogene Gruppe, deren gemeinsames Merkmal dreihöckrige Backenzähne sind, wobei die Höcker in einer Reihe angeordnet sind. Ihre verwandtschaftlichen Verhältnisse sind aber unklar. Sie kommen vom Mitteljura bis in die Oberkreide vor und ernährten sich vermutlich überwiegend insektivor und carnivor. Dazu gehört auch *Volaticotherium* mit einem Gleithörnchen-ähnlichen Aussehen und einer insektenfressenden Lebensweise. *Volaticotherium* ist ein weiteres Beispiel für eine morphologische Diversi-

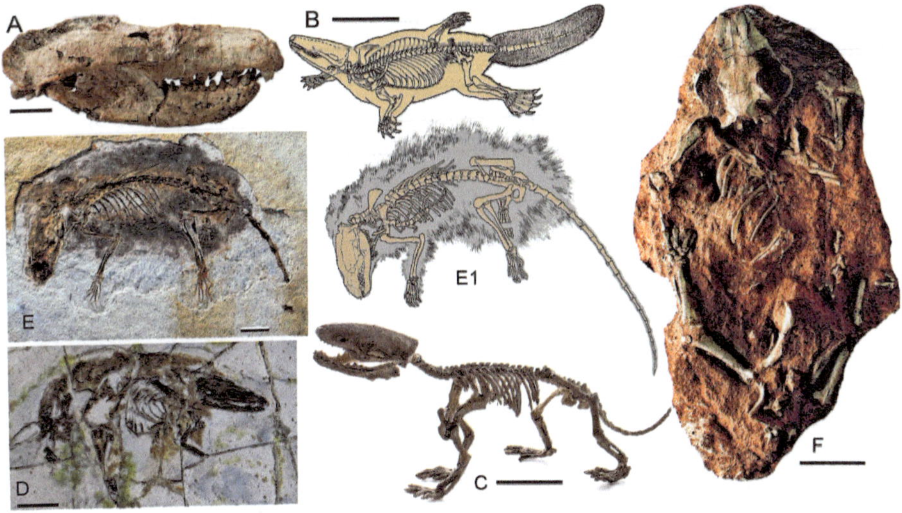

Abb. 33-5: Mesozoische Mammalia, A: Eutriconodonta, *Repenomamus* (Unterkreide); B: *Castorocauda* (Mitteljura); C: Symmetrodonta, *Zhangheotherium* (Unterkreide); D: Metatheria, Sinodelphys (Unterkreide) E, E1: Theria, *Eomaia* (Unterkreide), E1: Detailzeichnung; F: Multituberculata, *Catopsbaatar* (Oberkreide); Maßstab A, C, D: 2 cm, B: 5 cm, E: 1 cm, F: 4 cm; (kompiliert und modifiziert aus Hu et al. 2005, Ji et al. 2006, Kielan–Jaworowska et al. 2006, Hurum et al. 2008 und De Stefano Wikipedia).

fizierung und Anpassung an verschiedene Lebensräume der frühen Säugetiere. Es lebte im Oberjura und hatte Flughäute zwischen den relativ langen Extremitäten, ein dichtes Fell und einen glatten Schwanz.

Die meisten mesozoischen Formen sind kleinwüchsig, aber es gibt auch größere, wie etwa *Repenomamus*, der mit bis 1 m Länge der größte mesozoische Säuger war. Er lebte als Räuber in der Unterkreide und fraß auch junge Dinosaurier. In seinem Magen wurden Reste eines juvenilen Horndinosauriers (*Psittacosaurus*, Abb. 32-13) gefunden.

Die **Multituberculata** existierten vom Mitteljura bis zum Ende des Eozäns und waren die häufigsten Säugetiere in der Kreide. Sie überlebten das Kreide/Paläogen-Massenaussterben relativ unbeschadet. Multituberculata sind überwiegend kleinwüchsige Formen mit Nager-ähnlichen Schneidezähnen. Es wird spekuliert, ob sie möglicherweise lebendgebärend waren, mit winzigen, unreifen Jungtieren ähnlich wie bei den Beuteltieren. *Catopsbaatar* bewegte sich vermutlich hüpfend fort, ähnlich wie die rezenten Springmäuse. Auch die **Symmetrodonta** sind eine heterogene Gruppe, die über die Zähne definiert werden, deren verwandtschaftliche Verhältnisse aber unklar sind. Hier bilden die drei Höcker der Molaren (Backenzähne) ein Dreieck. *Zhangheotherium* aus der Unterkreide war vermutlich ein carnivorer oder insektivorer Baumbewohner.

Als **Theria** werden die **Metatheria** und die **Eutheria** zusammengefasst. Sie entwickelten sich bereits im Jura und sind lebendgebärend. Bei den Theria wurde das Rabenbein zurückgebildet. Die Dryolestoidea stehen den Theria bereits sehr nahe. Vermutlich gehen sie mit den Meta- und Eutheria auf gemeinsame Vorfahren zurück. Ein Beispiel ist *Henkelotherium* aus dem Oberjura als etwa mausgroßer Vertreter mit Insektenfressergebiss, langem Schwanz und kräftigen Krallen; er war wahrscheinlich ein Baumbewohner. Metatheria, Eutheria und ihre fossilen Vertreter werden auch als Boreosphenida (Abb. 33-6) bezeichnet. Als der älteste Vertreter der Metatheria aus der Unterkreide von China gilt *Sinodelphys,* ein etwa 15 cm langer Baumbewohner. Als früheste Form der Eutheria gilt *Juramaia* aus dem Oberjura. *Eomaia* ist aus der Unterkreide bekannt und exzellent erhalten. Es handelt sich dabei um kleine Spitzmaus-ähnliche Formen von etwa 10 cm Länge, die wahrscheinlich auf Bäumen lebten.

33.2.2 Känozoische Säugetiere

Obwohl die Säugetiere im Mesozoikum bereits deutlich diverser waren, als noch vor wenigen Jahrzehnten angenommen, erfolgte ihre eigentliche Radiation erst in der obersten Kreide und im Paläogen. Dem Massenaussterben an der Kreide/Paläogen-Grenze sind außer den Monotremata, den Multituberculata und den Theria (Metatheria und Eutheria), alle übrigen Gruppen der Säugetiere zum Opfer gefallen. Die Monotremata bleiben auch im Känozoikum ein sehr seltenes Taxon. Die wenigen Fossilfunde zeigen bereits Ähnlichkeiten zu den rezenten Formen (z. B. *Obdurodon*, Abb. 33-10). Im Unterschied dazu waren die Multituberculata im Paläozän noch sehr erfolgreich. *Taeniolabis* war eine große, bis 100 kg schwere Form in Nordamerika. Im Eozän folgte der Niedergang und im Übergang zum Oligozän starben die Multituberculata aus. Möglicherweise seit dem Oberjura, sicher aber seit der Unterkreide, entwickelten sich die **Metatheria** und Eutheria. Vermutlich von Asien ausgehend, breiteten sich die Beuteltiere nach Europa, Nordamerika, Südamerika, Antarktis und Australien aus (siehe Abb. 8-6). Heute sind die Beuteltiere auf Australien und Südamerika beschränkt, mit Ausnahme des Nordamerikanischen Opossums, welches im jüngsten Tertiär über die Panamalandbrücke nach Nordamerika wanderte. Australien, Antarktis und Südamerika waren seit der Oberkreide ein zusammenhängender und weitgehend isolierter Kontinent, der erst im Paläogen zerfiel. Während auf den übrigen Kontinenten die Beuteltiere z. T. an der Kreide/Paläogen-Grenze, z. T. im Verlauf des Paläogens und Neogens ausstarben, waren sie in Australien und Südamerika recht erfolgreich. Sie bildeten zahlreiche konvergente Arten zu den Eutheria aus, z. B. die Säbelzahnentwicklung bei *Tylacosmilus* (Abb. 6-6 und 33-10). Heute gibt es noch 320 Arten.

Die erfolgreichsten Säugetiere sind die **Eutheria** mit über 5000 Arten, die heute nach dem molekulargenetischen Stammbaum gegliedert werden (Abb. 33-6). Sie entstanden zu einer Zeit, als Pangaea gerade im Zerfall begriffen war. Trotz teilweise intensivem Faunenaustauschs lässt sich bis heute ein deutlicher Provinzialismus erkennen. Noch in der Kreide trennten sich die Afrotheria (aus Afrika stammend) von der kleinen Gruppe der Nebengelenktiere (Xenarthra) und der großen Gruppe der Boreoeutheria (aus dem Norden stammende Tiere). Zu den Afrotheria gehören die Rüsseltiere, Schliefer, Rüsselsprin-

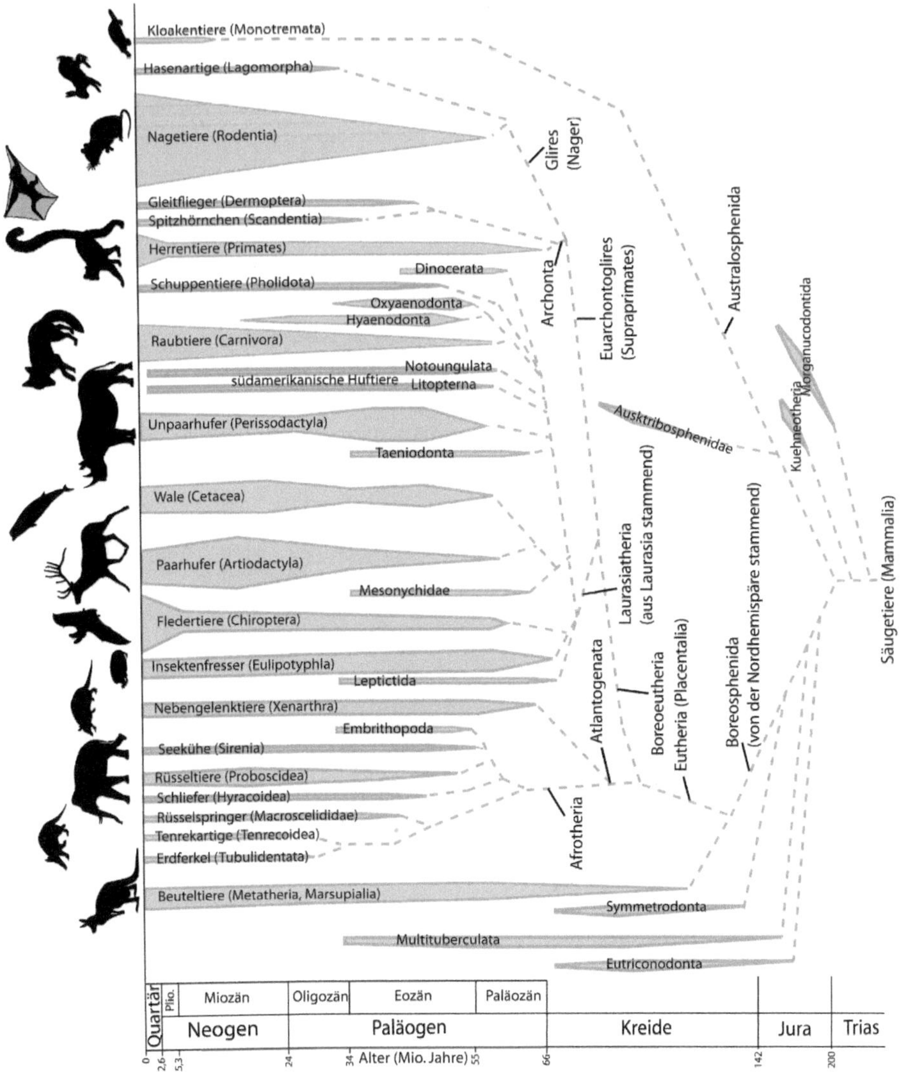

Abb. 33-6: Vereinfachter Stammbaum der Säugetiere im Meso- und Känozoikum (siehe auch Abb. 33-3). Heute existieren noch die Monotremata, die Metatheria und die Eutheria. Letztere stellen mehr als 95 % der rezenten Säugetiere. Etliche Ordnungen lassen sich bis in das frühe Paläogen, möglicherweise sogar bis in die späte Kreide zurückverfolgen. Im Bereich der Eozän/Oligozän-Grenze sind einige ursprüngliche Gruppen ausgestorben und einige neu entstanden (verändert nach Benton 2007).

ger, Tenrekartige und Erdferkel. Die Xenarthra (Ameisenbären, Faultiere und Gürteltiere) stammen aus Südamerika und sind bis heute überwiegend dort vertreten (siehe Kap. 8 Abb. 8-8). Afrotheria und Xenarthra werden teilweise auch als Atlantogenata zusammengefasst. Die größte Gruppe der Eutheria bilden die Boreoeutheria, die wiederum in die Laurasiatheria (aus Laurasia stammend) und die Euarchontoglires (oder Supraprimates) getrennt werden.

Die Entwicklung vieler Säugetierordnungen ist auch anhand von Fossilfunden sehr gut belegt. Es gibt etliche sehr schöne Beispiele für Entwicklungsreihen, z. B. die Entwicklung der Wale, der Elefantenverwandten und der Pferde (siehe Abb. 3-8). Die **Wale** (Abb. 33-7) entwickelten sich im Eozän und Oligozän über verschiedene Zwischenformen entweder aus herbivoren, semiaquatischen Artiodactyla (Paarhufer) oder aus den Mesonychida (räuberische Huftiere). Bereits im Unteroligozän war die Entwicklung der Zahnwale weitgehend abgeschlossen. Die Bartenwale entwickelten sich während des Oligozäns und hatten zunächst Zähne und Barten. Die Zähne wurden dann zurückgebildet. Die Entwicklung der **Rüsseltiere** (Abb. 33-8) zeigt eine deutliche Größenzunahme. Daneben sind der Rüssel

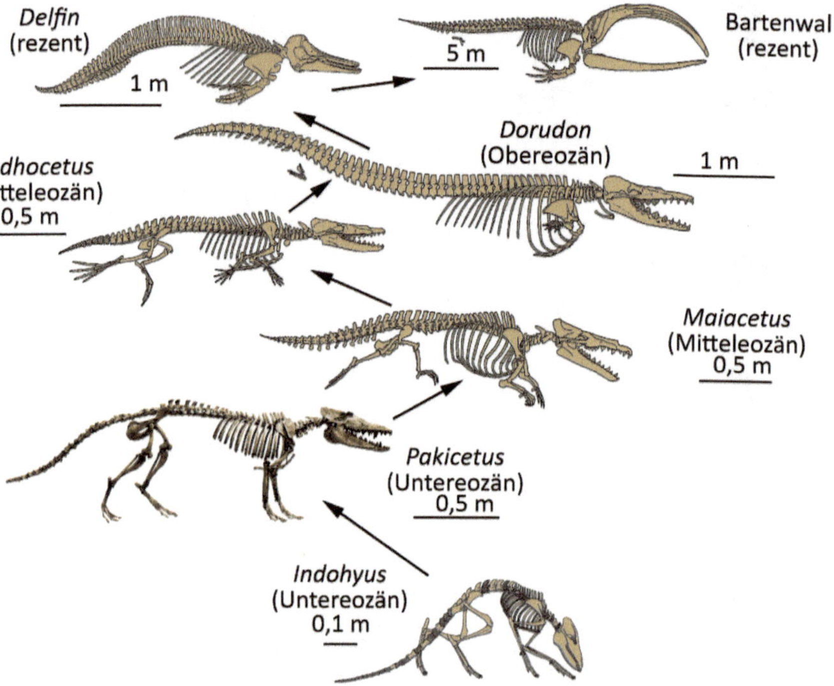

Abb. 33-7: Die Entwicklung der Wale fand im Wesentlichen im Eozän statt (modifiziert und kompiliert nach Thewissen et al. 2007, O'Leary & Gatesy 2008, Gingerich 2005, 2009).

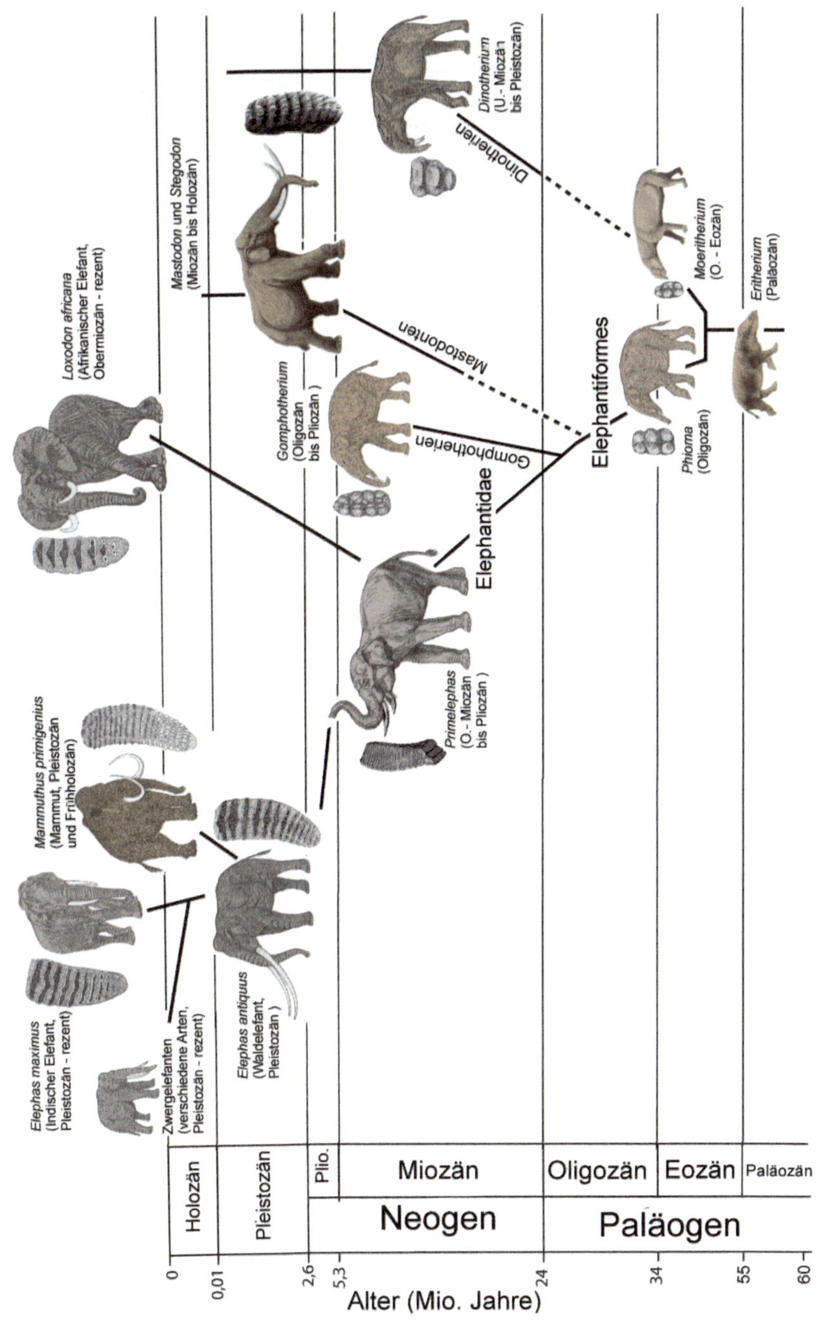

Abb. 33-8: Stark vereinfachte Darstellung der Entwicklung der Rüsseltiere (Zeitachse nicht linear; kompiliert nach Schmid 1995).

und die Ausbildung von Stoß- oder Hauerzähnen (modifizierte Schneidezähne) typisch. Sie sind im Ober- oder Unterkiefer, teilweise auch in beiden Kiefern vorhanden. Auch die Molaren (Backenzähne) verändern sich mit der Zeit. Ihre Größe und Höhe nimmt deutlich zu, dafür wird ihre Anzahl auf einen Backenzahn pro Kieferhälfte reduziert.

Bei anderen Gruppen, z. B. den Chiroptera (Fledertiere), sind die ältesten Funde aus dem späten Paläozän und Eozän (Abb. 33-10) den heutigen Formen morphologisch bereits sehr ähnlich. Ihre Entwicklung von Land- zu Flugtieren ist weitgehend unbekannt. Das größte fossile Säugetier an Land mit einer Schulterhöhe von bis zu 5 m und einem Maximalgewicht von 20 t war das *Paraceratherium* (Abb. 33-10), ein Paarhufer aus der Verwandtschaft der Nashörner aus dem Oligozän.

Das Eozän/Oligozän-Massenaussterben

Im Paläozän und Eozän gab es mehrere ursprüngliche Gruppen der Eutheria, die ab dem Mitteleozän bis in das obere Oligozän ausgestorben sind. Ab dem Oligozän beginnt die Dominanz der heute bekannten Ordnungen, vor allem der Nager und verwandter Formen sowie der großen Pflanzenfresser (Paarhufer, Unpaarhufer und Rüsseltiere). Dieses Massenaussterben betraf vor allem die Säugetierfauna, zählt aber nicht zu den «big five», den fünf großen Massenaussterben (siehe Abb. 7-9). Als Ursachen kommen eine rasche Abkühlung mit einer darauf folgenden Ausdehnung der Savannen- und Steppenareale sowie die Auswirkungen der Einschläge des Popigai- (Sibirien) und Chesepeake Bay-Kraters (USA) in Frage. Beide gehören mit etwa 100 resp. 85 km Durchmesser zu den größeren Einschlagskratern.

Bei diesem Ereignis sind zahlreiche Gruppen ausgestorben (Abb. 33-9). Die **Embrithopoda** (Eozän bis Unteroligozän) waren relativ große Elefanten-ähnliche Pflanzenfresser, z. T. mit Hörnern auf der Nase. *Arsinoitherium* war 3 m lang und mit einem sehr großen Doppelhorn versehen. **Mesonychidae** (Paläozän und Eozän) waren Raubtiere aus der Verwandtschaft der Ungulaten (Huftiere). *Mesonyx* hatte etwa die Größe eines Wolfes. *Andrewsarchus* erreichte bis 4 m Länge und war damit das größte Landraubtier seiner Zeit. **Creodonta** (Urraubtiere, Oberes Paläozän bis Untermiozän) waren morphologisch den heutigen Raubtieren ähnlich, aber nicht näher mit diesen verwandt. *Sarkastodon* war ein Topcarnivor des Eozäns. **Dinocerata** (Oberes Paläozän bis Mitteleozän) hatten stämmige Nashorn-artige Körper mit paarigen Hörnern am Schädel und hauerartigen oberen Eckzähnen. Sie waren Pflanzenfresser. *Uintatherium* erreichte bis zu 4 m Länge. **Notoungulata** (und andere Gruppen der «Südamerikanischen Huftiere») waren z. T. sehr große Pflanzenfresser. Sie lebten vom Paläozän bis in das Pleistozän und starben erst nach der Verbindung von Nord- und Südamerika durch die Panamalandbrücke aus (siehe Abb. 8-8). *Mixodoxodon* und *Toxodon* (Pliozän bis Pleistozän) waren etwa Nashorn-große Pflanzenfresser.

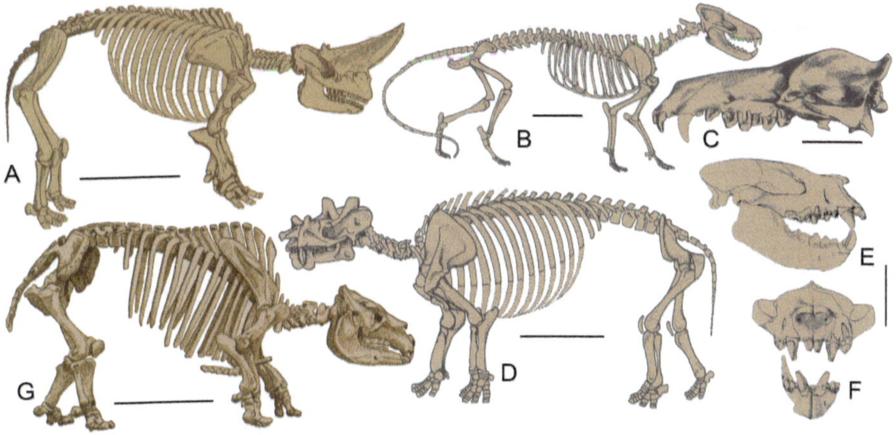

Abb. 33-9: A-F: Ursprüngliche Säugetiere aus dem Paläogen. A: *Arsinoitherium*; (Embrithopoda, Afrotheria) mit Doppelhorn auf der Nase; B–F: Laurasiatheria B: *Mesonyx*, C: Schädel von *Andrewsarchus* (Mesonychidae); D: *Uintatherium* (Dinocerata); E, F: *Sarkastodon* (Creodonta, Urraubtiere); G: *Toxodon* (Notoungulata, Pliozän); Maßstab: A, D, E: 1 m, B, C, F, G: 20 cm; (verändert nach Osborn 1924, Simpson 1948, Granger 1938, Flower & Lydekker 1891).

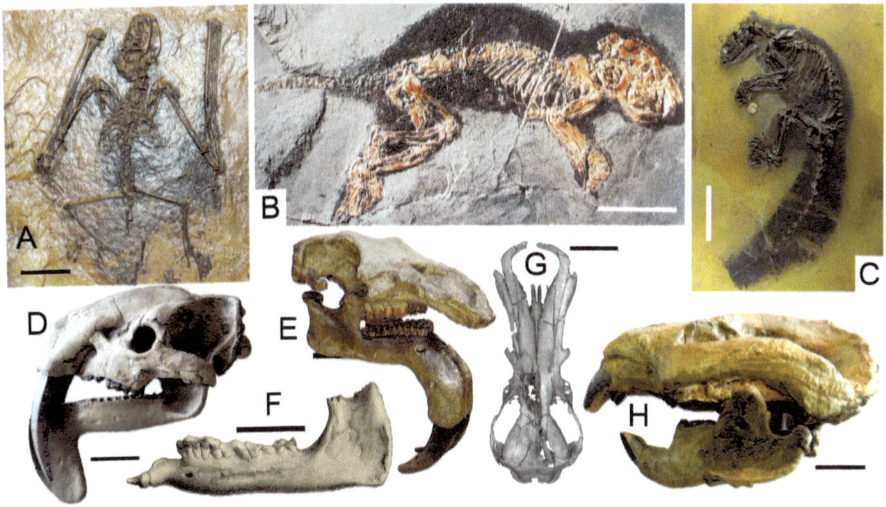

Abb. 33-10: Ausgewählte Beispiele für Säugetiere aus dem Tertiär. A–C: Fossilien aus dem Eozän von Messel, A: *Palaeochiropteryx*, eine Fledermaus; B: *Masillamys*, ein Nagetier; C: *Kopidodon*, ein hörnchenartiger Insektenfresser; D: Schädel von *Tylacosmilus* (Marsupialia, Pliozän, Südamerika); E: Schädel von *Dinotherium* (Proboscidea, Miozän); F: Unterkiefer von *Paraceratherium* (Perissodactyla, Unpaarhufer, Oligozän); G: Monotremata, *Obdurodon* (Miozän, Australien); H: Multituberculata, *Taeniolabis* (Paläozän, Nordamerika); Maßstab: A, G, H: 2 cm, B, D: 5 cm, C, E, F: 20 cm, (kompiliert und modifiziert aus Franzen & Schaal 2000, Forster-Cooper 1911 und Wikipedia).

Entwicklung der Primaten und Entstehung des Menschen

Die Wurzeln der Primaten als Ordnung der Euarchontoglires reichen bis in die Oberkreide zurück. Ihre nächsten Verwandten sind die Gleitflieger (Dermoptera) und die Spitzhörnchen (Scandentia). Im Paläogen diversifizierten die Primaten in verschiedene Unterordnungen. In Afrika und Asien entstanden im späten Eozän die Altweltaffen (Catarrhini), und im Untermiozän die Menschenaffen (Hominidae). Die Differenzierung der heutigen Menschenaffen in *Pongo* (Orang Utan), *Gorilla* und *Pan* (Schimpanse) erfolgte im Mittel- und Obermiozän. Aus dem jüngsten Miozän und Pliozän sind *Sahelanthropus*, *Orrorin* und *Ardipithecus* überliefert. Vor allem *Ardipithecus* gilt als enger Verwandter von *Australopithecus* und Mensch, und war wahrscheinlich bereits zum aufrechten Gang befähigt (Abb. 33-11).

Die ersten Vertreter von ***Australopithecus*** traten vor etwa 4,2 Mio. Jahren auf. Ihre Gehirngröße war noch gering und vergrößerte sich im Zeitraum von etwa 4,2–2 Mio. Jahren vor heute von 350 cm^3 auf 500 cm^3. In der *Australopithecus*-Gruppe werden verschiedene Arten unterschieden, die sich auf zwei Gruppen verteilen. Die «grazile Gruppe» (*anamensis*, *afarensis* und *africanus*) wird als Vorläufer der Gattung *Homo* angesehen. Die «robuste Gruppe» (*aethiopicus*, *boisei* und *robustus*) wird heute oft als eigene Gattung *Paranthropus* (Nebenmensch) abgetrennt und stellt eine Seitenlinie zur Gattung *Homo* dar (Abb. 33-12 und 33-13).

Die Gattung ***Homo*** trat mit *Homo rudolfensis* vor etwa 2,5 Mio. Jahren erstmals auf. Kurz darauf folgt *Homo habilis*. Ihr Gehirnvolumen erreichte etwa 700–750 cm^3. Ab etwa 2 Mio. Jahren vor heute folgten *Homo ergaster* und *Homo erectus*. Das Gehirnwachstum beschleunigte sich und nimmt auf bis zu 1000 cm^3 zu. *Homo erectus* besaß Stein- und Knochenwerkzeuge, kannte den Gebrauch des Feuers und hat als erste Art des Menschen Afrika verlassen. In diesem Verbreitungsgebiet entwickelten sich vor etwa 1.2 bis 0.6 Mio. Jahren fortschrittliche Vertreter des *Homo erectus*. Sie werden regional verschieden benannt, z. B. in Europa als *Homo antecestor* und *Homo heidelbergensis*, in Afrika *Homo rhodesiensis* und in Asien Peking-Mensch und Java-Mensch. Das Gehirnvolumen dieser Formen erreichte z. T. 1 200 cm^3. Die afrikanischen Vertreter des *Homo erectus*-Kreises sind mit großer Wahrscheinlichkeit die Ausgangsgruppe der weiteren Entwicklung, die durch molekulargenetische Untersuchungen recht gut belegt ist. Vor über 600 000 Jahren entstanden die Vorfahren von Denisova-Mensch, Neandertaler *(Homo neanderthalensis)* und modernem Mensch *(Homo sapiens)*. Denisovaner und Neandertaler sind vor etwa 500 000 Jahren nach Europa und Zentralasien ausgewandert. Die Neandertaler lebten bevorzugt in Europa, verbreiteten sich aber auch bis in das zentralasiatische Altaigebirge, wo sie sich mit Denisovanern kreuzten. Die geringe genetische Variation der Neandertaler lässt auf eine sehr geringe Populationsdichte schließen. Der moderne Mensch entstand vor 300 000 bis 200 000 Jahren in Afrika. Zwischen 200 000 und 45 000 Jahren vor heute ist der *Homo sapiens* in mehreren Einwanderungswellen nach Eurasien vorgedrungen, wobei erst die letzte Einwanderungswelle zur dauerhaften Besiedlung in großer Zahl führte. Dabei

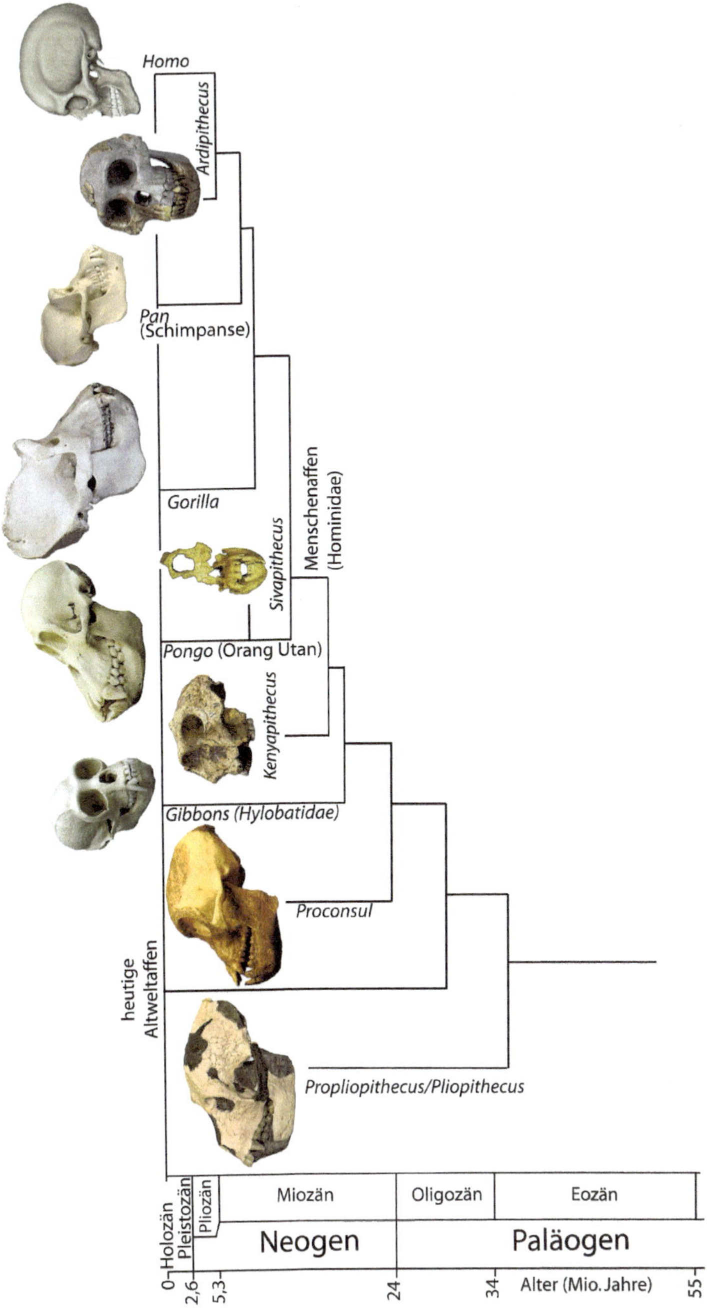

Abb. 33-11: Vereinfachter Stammbaum der Altweltaffen (Catarrhini) einschließlich der Hominidae, basierend auf molekulargenetischen Untersuchungen und Fossilfunden (kompiliert nach verschiedenen Quellen).

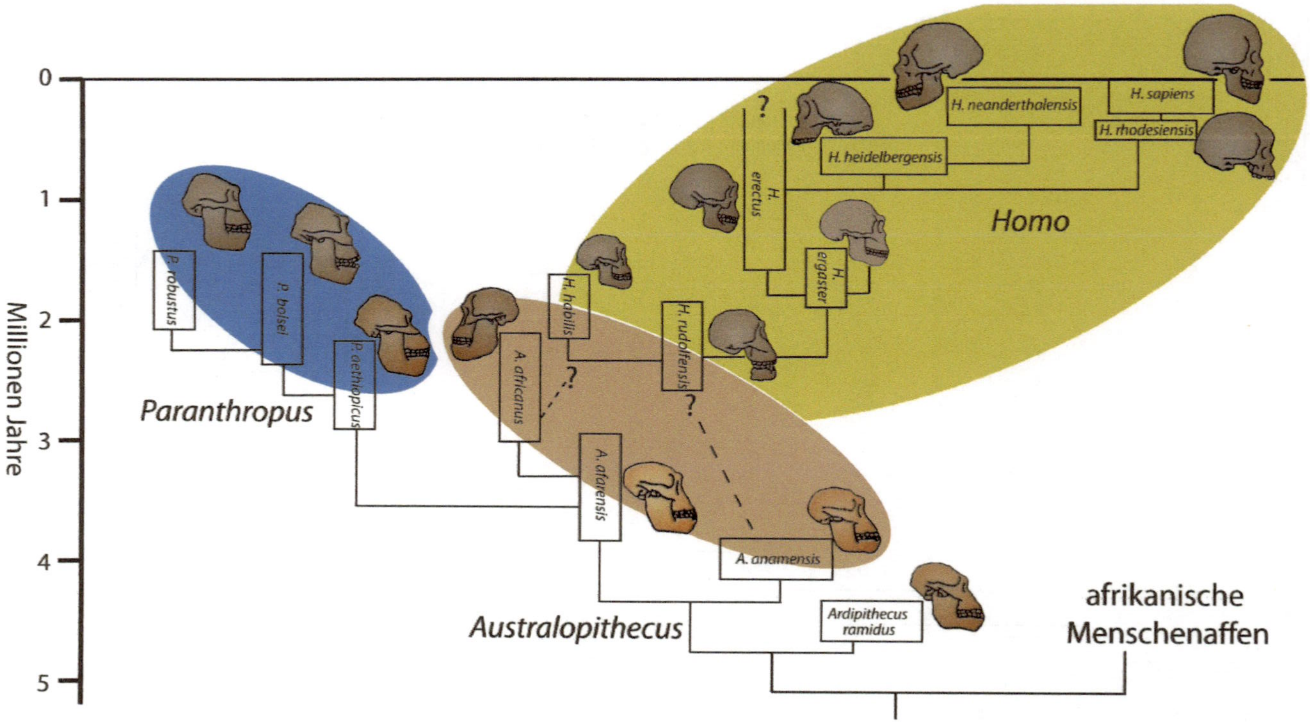

Abb. 33-12: Entwicklung der Hominiden in den letzten 4,5 Mio. Jahren (stark verändert nach Foley 2000). Der Hominidenstammbaum umfasst etliche Arten von *Austrolopithecus* (braun) und der Gattung *Homo* (gelb). Unsere Art, *Homo sapiens*, gibt es seit etwa 150 000 Jahren. Die robusten *Australopitecus*-Arten (*aethiopicus*, *boisei* und *robustus*, blau) werden heute auch als Gattung *Paranthropus* (Nebenmensch) zusammengefasst.

sind moderner Mensch, Neandertaler und Denisovaner verschiedentlich aufeinandergetroffen und haben sich genetisch gemischt. Das Gehirnvolumen von Neandertaler, Denisova-Mensch und modernem Menschen beträgt etwa 1400 cm^3. Zwischen etwa 100 000 und 50 000 Jahren vor heute lebten Neandertaler und moderner Mensch in der Levante nebeneinander wobei es zum Genaustausch kam. Auch in Europa lebten Neandertaler und moderner Mensch etliche tausend Jahre nebeneinander. Vor etwa 30 000 Jahren sind die letzten Vertreter von *Homo neanderthalensis* ausgestorben. Bis heute ist nicht ganz klar, warum der Neandertaler nicht konkurrenzfähig zu den modernen Menschen war. Bei Funden aus China (z. B. Dali-Mensch oder Dingcun-Mensch) ist die Zuordnung zu *Homo erectus*, Denisova- Mensch oder *Homo sapiens* noch strittig. Der Harbin-Schädel aus NO-China konnte aber durch DNA-Analysen dem Denisova-Mensch zugeordnet werden.

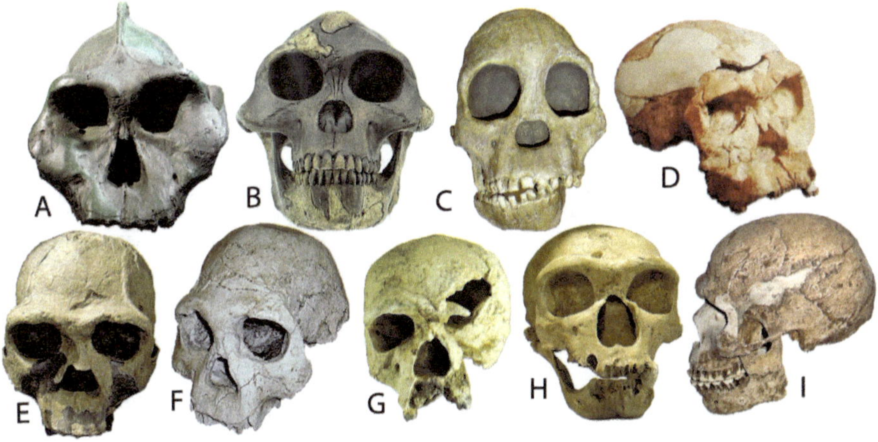

Abb. 33-13: Abbildungen von Schädelreplikaten der Hominiden. A: *Paranthropus aethiopicus*; B: *Australopithecus afarensis*; C: *Australopithecus africanus*; D: *Homo habilis*; E: *Homo ergaster*, F: *Homo erectus*; G: *Homo heidelbergensis*; H: *Homo neanderthalensis*; I: *Homo sapiens*.

Weiterführende Literatur

Benton, M. (2007): Paläontologie der Wirbeltiere.- 472 S., Pfeil.
Benton, M. (2015): Vertebrate Palaeontology.- 493 pps., Wiley-Blackwell.
Carroll, R. (1988): Vertebrate Paleontology and evolution.- 678 pp., Freeman.
Westheide, W: & Rieger, R: (2009): Spezielle Zoologie. Wirbel- oder Schädeltiere.- 319 S., Spektrum.
Clarck, J. A. (2012): Gaining Ground. The origin and evolution of Tetrapods.- 544 pp. Barnes & Noble.

Zitierte Literatur

Flower, W. H. & Lydekker, R. (1891): An introduction to the study of mammals, living and extinct. 763 pp., Adam and Charles Black.

Foley, R. (2000): Menschen vor Homo sapiens. Wie und warum sich unsere Art durchsetzte. 166 S., Thorbecke.

Forster-Cooper, C. (1911): *Paraceratherium bugtiense*, a new genus of Rhinocerotidae from the Bugti Hills of Baluchistan: preliminary notice.- Annals and Magazine of Natural History 8: 711–716.

Franzen, J. L. & Schaal, S. (2000): Der eozäne Messelsee.- In: Meischner, D. (ed.): Europäische Fossil-lagerstätten, 177–183; Springer.

Gingerich, P. D. (2005): Cetacea.- In: Rose, K. D. & Archibald, J. D. (eds.): Placental mammals: origin, timing, and relationships of the major extant clades. Johns Hopkins University Press, Baltimore 234–252.

Gingerich, P. D., Haq, M., Koenigswald, W. v., Sanders, W. J., Smith, B. H. & Zalmout, I. S. (2009): New protocetid whale from the middle Eocene of Pakistan: birth on land, precocial development, and sexual dimorphism. PLoS One 4: 1–20.

Granger, W. (1938): A giant oxyaenid from the upper Eocene of Mongolia.- American Museum Novitates 969: 1–5.

Hu, Y., Meng, J., Wang, Y. 6 Li, C. (2005): Large Mesozoic mammals fed on young dinosaurs.- Nature 433: 149–152.

Hurum, J.H. and Kielan-Jaworowska, Z. (2008): Postcranial skeleton of a Cretaceous multituberculate mammal *Catopsbaatar*.- *Acta Palaeontologica Polonica* 53: 545–566.

Ji, Q., Luo, Z.-X., Yuan, C.-X. & Tabrum, A. R. (2006): A Swimming Mammaliaform from the Middle Jurassic and Ecomorphological Diversification of Early Mammals. Science 311: 1123–1127.

Kielan-Jaworowska, Z. & Hurum, J. H. (2006): Limb posture in early mammals: Sprawling or parasagit-tal.- *Acta Palaeontologica Polonica* 51: 393–406.

Luo, Z.-X. (2007): Transformation and diversification in early mammal evolution.- Nature 450: 1011–1019.

Luo, Z.-X., Yuan, C.-X., Meng, Q.-J. & Ji, Q. (2011): A Jurassic eutherian mammal and divergence of marsupials and placentals.- Nature 476: 442–445.

O'Leary, M. A. & Gatesy, J. (2008): Impact of increased character sampling on the phylogeny of Cetartio-dactyla (Mammalia): combind analysis including fossils.- Cladistics 24: 397–442.

Osborn, H. F. (1924): Andrewsarchus, a giant Mesonychid of Mongolia.- American Museum Novitates 146: 1–5.

Schmid, U. (1995): Evolution: Die Ausstellung im Schloß Rosenstein.- 52 S., Staatliches Museum für Naturkunde, Stuttgart.

Simpson, G. G. (1948): The beginning of the age of mammals in South America. Part 1. Bull. Am. Mus. Nat. Hist. 91: 1–232.

Thewissen, J. G. M., Cooper, L. N., Clementz, M. T., Bajpai, S. & Tiwari, B. N. (2007): Whales originated from aquatic artiodactyls in the Eocene epoch of India. *Nature* 450: 1190–1194.

Glossar

Abdomen: Letzter Körperabschnitt bei Insekten.

Absolutalter ist ein mithilfe der Geochronologie ermitteltes Alter eines Gesteins oder Fossils.

Adultstadium: Erwachsen, geschlechtsreif.

aerob: Leben mit freiem Sauerstoff.

agglutiniert: Aus verklebten Sedimentpartikeln bestehend.

allochthon: Einbettung von Fossilien nach Transport.

Ambulakralsystem ist ein inneres Gefäßsystem und typisches Merkmal für den Stamm der Echinodermata.

Amniota: Sammelbegriff für alle Wirbeltiere mit Amnioten-Ei, dazu gehören Anapsida, Synapsida (Therapsida und Säugetiere) und Diapsida (Reptilien und Vögel).

anaerob: Leben ohne freien Sauerstoff.

Analogie: Baupläne oder Strukturen, die sich ähneln oder nahezu gleich sind. Analogie tritt bei nicht verwandten Formen mit gleicher Lebensweise auf.

Anapsida: Amniota, die außer den Nasen- und Augenöffnungen keine weiteren Schädelöffnungen aufweisen.

Apomorphie: Evolutive Veränderungen eines Merkmals, welches zur Bestimmung des Verwandtschaftsverhältnisses verwendet werden kann.

Aragonit: Orthorhombisches Ca-Karbonat, metastabile Phase von $CaCO_3$, häufig Skelettmineral.

Archosauria: Ab der Trias auftretende Vorläufergruppe der Krokodile, Pterosaurier, Dinosaurier und Vögel.

Areal: Verbreitungsgebiet einer Art.

Aufstromgebiet (Upwelling-Gebiet): Ozeanbereiche, in denen kaltes und nährstoffreiches Wasser aus der Tiefe aufsteigt.

autochthon: Einbettung von Fossilien am Lebensort ohne Transport.

Autotrophie: Lebewesen, die nur anorganische Grundstoffe für ihren Stoffwechsel verwenden.

benthische Lebewesen kommen am Boden eines Gewässers (meist eines Meeres) vor.

Benthos: Bodenleben der Meere.

Bilateria: «Zweiseitentiere»; Tiere mit einer bilateralen, also rechts/links-Symmetrie, die alle Tierstämme außer den Porifera und Cnidaria umfasst.

Biofazies: Gesteinscharakteristika und Fossilinhalt (→ Fazies).

Biomarker sind organische Substanzen in Sedimenten, die Rückschlüsse auf ihren biologischen Ursprung erlauben.

Blastula: Kugeliges Zellaggregat mit innerem Hohlraum als frühes embryonales Entwicklungsstadium.

Byssus: «Muschelseide» ist ein von verschiedenen Muscheln ausgebildetes faseriges → Scleroprotein, mit dem sie sich am Untergrund festheften.

C3-Pflanzen nutzen den Grundtyp der Photosynthese. Ihre Photosyntheseleistung sinkt mit sinkendem CO_2-Gehalt.

C4-Pflanzen nutzen einen abgewandelten Typ der Photosynthese. Ihre Photosyntheseleistung bleibt auch bei niedrigem CO_2-Gehalt hoch.

Ca-Phosphat (Kalziumphosphat): $Ca_5(PO_4)_3(OH)$, ein Skelettmineral bei Brachiopoden und Wirbeltieren.

CCD (Kalzit-Kompensationstiefe): Tiefenlage im Ozean, unter der Kalk gelöst wird und folglich keine Kalksedimente mehr abgelagert werden.

Cellulose ist ein Gerüstkohlehydrat, das bei Pflanzen vorkommt.

Cephalon: Kopf vieler Arthropoden.

Cheliceren: Kieferklaue am Prosoma von Cheliceraten.

Chemosymbiose: Chemotrophe Bakterien leben symbiotisch in anderen Organismen (→ Endosymbiose).

Chert: Sedimentär bis diagenetisch entstandenes Silikatgestein aus amorpher Kieselsäure.

Chitin ist ein Gerüstkohlehydrat, das vor allem bei Pilzen, Mollusken und Arthropoden vorkommt.

Coelom: Sekundäre Leibeshöhle, wird während der Ontogenese gebildet und vom Mesoderm umschlossen.

Destruenten: Zersetzer, Zerstörer; bauen organische Substanz ab (z. B. Pilze) oder zerstören Kalk durch Bohren und Lösen (z. B. Bohrschwämme).

Deuterostomia: Sekundärmünder, Überstamm der Tiere, bei denen in der Embryonalentwicklung der Urmund zum After wird und der Mund sekundär gebildet wird (→ Protostomia).

Diagenese: Veränderungen an Sedimentgesteinen und Fossilien durch Gesteinsauflast und Temperatur.

Diapsida: Amniota, die außer den Nasen- und Augenöffnungen zwei weitere Schädelöffnungen aufweisen.

Diatomeen: Bacillariophyceae (Kieselalgen), eine wichtige Gruppe der autotrophen Protista.

diploid: Es sind zwei Chromosomensätze vorhanden (als Ergebnis einer geschlechtlichen Vermehrung).

Ecdysozoa: Häutungstiere, dazu gehören u. a. die Arthropoda.

Ectoderm: Äußere Zellschicht während der Embryonalentwicklung; daraus bildet sich u.a. die Außenhaut des Organismus.

Endobenthos: → Infauna.

Endosymbiose: Bakterien oder Einzeller, die in anderen Organismen symbiotisch leben (z. B. → Photosymbiose oder → Chemosymbiose).

Entoderm: Innere Zellschicht während der Embryonalentwicklung; daraus bildet sich u. a. der Verdauungstrakt des Organismus.

Epifauna, Epibenthos: Leben auf dem Sediment, mobil oder sessil.

Exoskelett: Außenskelett; Tiere mit Außenskelett müssen sich beim Größenwachstum häuten (z. B. Arthropoda).

Exuvie: Abgeworfenes Außenskelett von Arthropoden und abgestreifte Haut von Reptilien.

Fäulnis: Zersetzung organischer Stoffe ohne Sauerstoff.

Fazies bezeichnet die Summe aller Gesteinsmerkmale, aus denen die Bildung (bei Sedimentgesteinen vor allem der Ablagerungsraum) und das Alter eines Gesteins rekonstruiert werden können.

fertil: Fruchtbar; Fähigkeit Nachkommen zu bilden.

Filtrierer ernähren sich von organischen Schwebstoffen im Wasser.

fixosessil: Am Untergrund festgewachsene Lebensweise (z. B. Korallen).

Fossillagerstätte: Fossilfundstelle mit besonders reichen und/oder besonders gut erhaltenen Fossilien.

Gameten: Geschlechtszellen.

Gametophyt: Gametenbildende, sexuelle Generation bei einem Pflanzen.

Gastrula: Einstülpung der → Blastula während der Embryonalphase; daraus bildet sich der Verdauungstrakt.

Generationswechsel: Wechsel zwischen geschlechtlicher Fortpflanzung (durch Gameten) und ungeschlechtlicher (durch Sporen).

Gerüsteiweiße: Skelette, oder Skelettteile aus polymeren Proteinen, z. B. Keratin.

Gerüstkohlehydrate: Skelette aus polymeren Kohlehydraten, z. B. Chitin und Cellulose.

Gigantothermie: Etwa gleichbleibende Körpertemperatur bei sehr großen, massigen Tieren.

haploid: Es ist nur ein Chromosomensatz (bei Spermien und Eizellen) vorhanden.

Heterotrophie: Lebewesen, die organische Substanzen aufnehmen (z. B. andere Lebewesen) und für ihren Stoffwechsel verwenden.

hydrothermal: Heiße Quellen, bilden spezielle Ökosysteme in der Tiefsee.

Ichnofazies: Spurenfossilgemeinschaften, die für einen bestimmten Ablagerungsraum typisch sind.

Infauna: Grabende Lebensweise im Sediment.

Isotope sind Elemente, bei denen es durch verschiedene Neutronenzahlen verschieden schwere aber chemisch gleiche Atome gibt.

Juvenilstadium: Frühes Entwicklungsstadium vor der Geschlechtsreife.

Kalzit-Kompensationstiefe: → CCD.

Kalzit: Trigonales Ca-Karbonat, stabile Phase von $CaCO_3$.

Karbonat: Aus Karbonationen (CO_3^{2-}) und einem Metallion aufgebauter Stoff, z. B. Kalk oder Kalziumkarbonat ($CaCO_3$).

Kladogramm: Schema, das durch eine Abfolge von Verzweigungen die phylogenetische Verwandtschaft zwischen mehreren Taxa darstellt. An den Verzweigungspunkten werden ein oder mehrere charakteristische Merkmale (→ Apomorphien) ausgebildet.

Klassifikation: Hierarchische Unterteilung von Taxa; Ordnung der Lebewesen in Gruppen (→ Systematik, → Taxonomie).

Kommissur: Trennlinie zwischen zwei Klappen bei Brachiopoda oder Muscheln.

Konvergenz: Ähnlichkeit von Taxa in Morphologie und Verhalten, die nicht auf der Verwandtschaft, sondern auf der gleichen Lebensweise beruht (→ Analogie).

Koprolith: Fossile Exkremente.

korallimorph: Organismen, die keine Korallen sind, nehmen die Wuchsform von Korallen an und werden pseudoradialsymmetrisch und fixosessil.

Leitfossil ist ein Fossil, anhand dessen das relative Alter von Gesteinsschichten bestimmt werden kann.

Lignin: Komplexes Makromolekül, das die Verholzung bei Pflanzen bewirkt.

Mandibel: Teil der Kiefer von Arthropoden.

Markasit: Schwefelkies (FeS_2) entsteht bei der anaeroben Sulfatreduktion, weniger stabil als → Pyrit.

Massenaussterben: Großes Artenaussterben, das weit über dem normalen Durchschnitt liegt und sich in relativ kurzer Zeit ereignet.

Matrix: Feinkörnige Grundmasse eines Gesteins oder Schalenrestes.

Maxillen: Teil der Kiefer von Arthropoden.

Meiose: Zellteilung, bei der Gameten für die geschlechtliche Vermehrung gebildet werden.

Mesoderm: Mittlere Zellschicht während der Embryonalentwicklung; daraus bildet sich z. B. Skelett und Muskulatur.

Metamorphose: Umwandlung vom Larvenstadium zur Adultform, die mit deutlichen morphologischen Veränderungen einhergeht (z. B. bei Insekten und Amphibien).

Metazoa: Vielzellige Tiere.

Mitose: Zellteilung, bei der identische Tochterzellen gebildet werden.

Molekulargenetik: Ermittlung verwandtschaftlicher Beziehungen mit Methoden der Genetik.

Monophyllum: Systematische Gruppe, die ein gemeinsames Ausgangstaxon hat.

monotypisch: Vergesellschaftungen, die nur aus einer Art bestehen.

Morphologie: Merkmalsausprägung bei Organismen.

Mutation bezeichnet jede Form von Veränderung des Genoms, z. B. die Neukombination bei der Zellteilung oder durch Replikationsfehler.

Nekton: Aktive Schwimmer in aquatischen Systemen.

Ontogenie: Individualentwicklung; Entwicklung eines Lebewesens von der Embryonalphase bis zum Adultstadium.

Opisthokonta (Hinterpolige): Sie werden wegen der Position ihrer Geißel so genannt. Zu ihnen gehören vor allem die Pilze und die Metazoa.

Opisthosoma: Hinterer Körperteil der Cheliceraten.

Paläogeographie: Geographie in erdgeschichtlichen Zeiten (Land-Meer-Verteilung usw.).

paraphyletisch bezeichnet in der → Systematik eine Gruppe, die einen gemeinsamen Ursprung umfasst, aber nur einen Teil der Nachkommen.

Pedipalpen: Tastfühler am Prosoma von Cheliceraten.

pelagisch: Küstenferne, flach- bis tiefmarine Lebens- und Ablagerungsräume.

Perlmutt: Kalkschale der Mollusken, bei der die Kalkkristalle mit Chitin verklebt sind.

Photosymbiose: Einzellige Primärproduzenten leben symbiotisch in anderen Organismen (→ Endosymbiose).

Phylogenie: Stammesgeschichtliche Entwicklung der Lebewesen und ihrer Verwandtschaftsbeziehungen.

Plankton: Leben im Oberflächenbereich der Ozeane, das durch Wasserströmung verdriftet wird.

polyphyletisch bezeichnet in der → Systematik eine Gruppe, die nicht auf gemeinsame Vorfahren zurückgeht.

Prosoma: Vorderer Körperteil der Cheliceraten.

Protostomia: Urmünder, Überstamm der Tiere, bei denen in der Embryonalentwicklung der Urmund zum Mund wird und der After sekundär gebildet wird (→ Deuterostomia).

Pygidium: Letzter Körperabschnitt bei Trilobiten.

Pygostyl: Verwachsene Schwanzwirbel bei Vögeln als Relikt der Schwanzwirbelsäule.

Pyrit: Schwefelkies oder Katzengold; entsteht bei der anaeroben Sulfatreduktion, stabiler als → Markasit.

Radiation bezeichnet das Auffächern einer Organismengruppe während der Evolution.

Radula: Raspelzunge; typisches Molluskenmerkmal.

Relativalter ist ein mit einer anderen stratigraphischen Methode als der Geochronologie ermitteltes Alter eines Gesteins oder Fossils.

Respiration: Atmung; → aerob oder → anaerob.

Schwarzschiefer: Feinkörnige Gesteine (Ton oder Silt) mit einem hohen Anteil an organischen Substanzen und → Pyrit, die unter Sauerstoffmangel (→ anaerob) gebildet wurden.

Scleroprotein: Gerüsteiweiß, Strukturprotein.

sessil beschreibt eine ortsfeste, wenig- bis unbewegliche Lebensweise am Boden von Gewässern (meist eines Meeres).

Sexualdimorphismus: Deutliche morphologische Unterschiede zwischen den Geschlechtern.

Siderit: Eisenkarbonat ($FeCO_3$).

Skelettopal: Skelett aus amorpher Kieselsäure (z. B. bei Diatomeen, Radiolarien und einigen Schwämmen).

Sporangien: Sporenbehälter, Träger der → Sporen.

Sporen: Über Sporen erfolgt die ungeschlechtliche Fortpflanzung bei vielen Einzellern und Sporenpflanzen.

Sporophyt: Diploide sporenbildende Generation bei einem Generationswechsel.

Spurenfossilien sind keine «echten» Fossilien. Sie stellen Lebensäußerungen und Verhaltensmuster meist von benthischen Organismen dar.

Steinkern: Mit Sediment gefüllter Innenhohlraum eines Fossils, bei dem anschließend die Schale gelöst wurde (z. B. viele Ammoniten).

Stele: Leitgewebe der Pflanze.

Substrat: Untergrund auf oder in dem Organismen leben.

Substratfresser ernähren sich von organischen Partikeln im Sediment.

Synapsida: Amniota, die außer den Nasen- und Augenöffnungen eine weitere Schädelöffnung aufweisen.

Systematik: Biologische Klassifizierung, bei der evolutive Beziehungen zwischen Organismen berücksichtigt werden.

Taxon (Plural: Taxa): Systematische Kategorie beliebiger Rangstufe.

Taxonomie: Einteilung und Benennung der Organismen (→ Klassifikation, → Systematik).

Tempestit: Durch einen Sturm erzeugte Ablagerung.

Theka: Aus Plattenreihen aufgebauter Kelch, der den Weichkörper des Tieres (z. B. einer Seelilie) schützt.

Therapsida: Untergruppe der Synapsida, Vorläufer der Säugetiere.

Thorax: Brust, mittlerer Körperteil vieler Tiere (z. B. Arthropoda).

Tracheen, Tracheiden: Gewebe für die Wasserleitung in Pflanzen.

Tracheen: Komplex verzweigtes Kanalsystem, dient der Atmung bei vielen Arthropoden (z. B. bei Insekten).

Tsunamit: Durch einen Tsunami erzeugte Ablagerung.

Turbidit: Ablagerung eines Trübestroms.

vegetative Vermehrung: Ungeschlechtliche Vermehrung bei Pflanzen und Einzellern.

Verwesung: Zersetzung organischer Stoffe mit Sauerstoffanwesenheit.

Xylem: Verholzter Teil der Pflanze mit Leitgewebe; übernimmt auch Stützfunktion.

Zoochlorellen: Einzellige Photosymbionten (Grünalgen), die z. B. in Radiolarien leben.

Zooid: Einzelindividuum bei kolonialen Organismen (z. B. bei Cnidaria, Bryozoa und Pterobranchia).

Zooxanthellen: Einzellige Photosymbionten (z. B. Dinoflagellaten), die in Foraminiferen, Korallen und Riesenmuscheln (z. B. Tridacna) leben.

Zyste: Dauerform von verschiedenen Protista, Pflanzen und Tieren, die sich bei ungünstigen Lebensbedingungen bilden. Sie dienen auch der Vermehrung und Ausbreitung.

Register